SÄCHSISCHE AKADEMIE DER WISSENSCHAFTEN
ZU LEIPZIG

JAHRBUCH
1960—1962

Mit 13 Tafeln und 7 Abbildungen

AKADEMIE-VERLAG · BERLIN
1964

Beilage: Ergänzungen zum Mitgliederverzeichnis

Nach dem Stande vom 31. Dezember 1962
Manuskript eingeliefert am 16. August 1963

Im Auftrage der Akademie bearbeitet von
Gertrud Lindemann, Dr. Maria Schwarzburger, Ilse Stohmann
Erschienen im Akademie-Verlag GmbH, Berlin W 8, Leipziger Straße 3–4

Lizenznummer: 202 · 100/24/64
Gesamtherstellung: VEB Druckhaus „Maxim Gorki", Altenburg
Bestellnummer: 1011/60–62 · ES 1 D · Preis: MDN 44,50

Beilage

zum Jahrbuch 1960—1962 der Sächsischen Akademie der Wissenschaften
zu Leipzig
(nach dem Stand vom 31. Dezember 1963)

Ergänzungen zum Mitgliederverzeichnis

Zuwahl im Jahr 1963

Als korrespondierendes Mitglied
der mathematisch-naturwissenschaftlichen Klasse

Nissen, Rudolf, Dr. med., o. ö. Professor der Chirurgie an der Universität Basel, Inhaber der Rudolf-Virchow-Medaille in Gold der Virchow-Society in New York und der Vesalius-Medaille, Senatsmitglied der Schweizerischen Akademie der Medizinischen Wissenschaften in Basel, Mitglied der Deutschen Akademie der Naturforscher Leopoldina in Halle, Präsident der Deutschen Gesellschaft für Chirurgie in Berlin-Charlottenburg und des International College of Surgeons, Ehrenmitglied der Bayerischen und der Nordwestdeutschen Chirurgen-Vereinigung, der Physikalisch-Medizinischen Societät zu Erlangen, der Virchow-Society in New York, der Société Hellénique de Chirurgie in Athen, des American College of Gastroenterology, der Society Thoracic Surgeon of Great Britain and Ireland und der Mark Twain Society (USA), geb. 9. IX. 1896 in Neisse (Schlesien), Riehen b. Basel, Höhenstraße 45, Tel. 512626 (20. IV. 1963).

Im Jahr 1963 verstarben

Philologisch-historische Klasse

Das ordentliche Mitglied
Hermann August Korff (11. Juli)

Das korrespondierende Mitglied
Eduard Spranger (17. September)

Vertreter

im neuen Redaktionsausschuß der Deutschen Literaturzeitung

Für den naturwissenschaftlichen Teil: Herr Ernst Neef
Für den geisteswissenschaftlichen Teil: Herr Gerhard Buchda

Historische Kommission

Zuwahl neuer Mitglieder

Herr Dr. Werner Coblenz, Direktor des Landesmuseums für Vorgeschichte in Dresden,

Herr Dr. Erich Neuß, Professor mit Lehrauftrag am Institut für Deutsche Geschichte der Martin-Luther-Universität Halle-Wittenberg.

Anschriftenänderungen

Mathematisch-naturwissenschaftliche Klasse

Ordentliche Mitglieder

Herr Hein: Jena, Gutenbergstraße 5 Eg
Herr Mothes: Halle (Saale), Hoher Weg 23

Philologisch-historische Klasse

Früher ordentliche, gegenwärtig auswärtige Mitglieder

Herr Behn: Mainz, Göttelmannstraße 8 A
Herr M. Jahn: Buckenhof b. Erlangen, Hallerstraße 33 I, Tel. Erlangen 8594
Herr Wieacker: Göttingen, Otfried-Müller-Weg 10
Herr Zucker: Hamburg-Großflottbek, Papenkamp 10

Korrespondierende Mitglieder

Herr Aebischer: Romont (Fribourg/Schweiz), route d'Arruffens
Herr Kahle: Düsseldorf, Graf-Recke-Straße 17
Herr Petschow: München-Harlaching, Mailänder Straße 8

Ehrungen und Auszeichnungen von Mitgliedern im Jahre 1963

Mathematisch-naturwissenschaftliche Klasse

Ordentliche Mitglieder

Herr Brednow, Ehrenmitglied der Deutschen Gesellschaft für Innere Medizin in Wiesbaden.

Herr Bürger, Ehrenmitglied der Rheinisch-westfälischen Gesellschaft für Innere Medizin.

Herr Deubel, Ehrenmitglied der Geologischen Gesellschaft in der Deutschen Demokratischen Republik.

Herr Emmrich, Fellow of the International College of Angiology in New York, Mitglied der Deutschen Akademie der Naturforscher Leopoldina in Halle.

Herr Hein, Ehrenmitglied auf Lebenszeit der New York Academy of Science.

Herr Langenbeck, korrespondierendes Mitglied der Heidelberger Akademie der Wissenschaften.

Herr Merrem, Mitglied der Deutschen Akademie der Naturforscher Leopoldina in Halle.

Herr Mothes, Ehren-Vizepräsident des X International Botanical Congress Edinburgh 3.—12. August 1964.

Herr Peiper, Dr. med. h. c. (Leipzig).

Herr Schwabe, Dr. rer. nat. h. c. (Technische Hochschule Karl-Marx-Stadt).

Herr Stubbe, ausländisches Mitglied der Polnischen Akademie der Wissenschaften in Warschau.

Früher ordentliche, gegenwärtig auswärtige Mitglieder

Herr Ackerknecht, Ehrenmitglied der Berliner Wissenschaftlichen Gesellschaft für Tierärzte.

Korrespondierende Mitglieder

Herr Eggert, Goldene Medaille der Universität Padua.

Philologisch-historische Klasse

Ordentliche Mitglieder

Herr Hempel, Dr. phil. h. c. (Graz).

Herr Johannes Jahn, Präsident des Museumsrates der Deutschen Demokratischen Republik.

Herr Peek, korrespondierendes Mitglied der Heidelberger Akademie der Wissenschaften.

Früher ordentliche, gegenwärtig auswärtige Mitglieder

Herr von Wartburg: Orden Pour le mérite für Verdienste um die Wissenschaft und um die Künste.

Korrespondierende Mitglieder

Herr Havránek, Dr. phil. h. c. (Leipzig).

*

Das Ehrenmitglied der Akademie

Herr Meister, Präsident der Österreichischen Akademie der Wissenschaften seit 1951, übergab am 11. Oktober 1963 sein Amt seinem Nachfolger.

Nachtrag zu den Angaben im Mitgliederverzeichnis: Inhaber des Goldenen Ehrenzeichens der Universität Wien, des Ehrenringes der Stadt Wien und der Kurverwaltung Bad Gastein, Ehrenmitglied der Ungarischen Akademie der Wissenschaften, korresp. Mitglied der Jugoslawischen Akademie der Wissenschaften.

Veröffentlichungen 1960—62 des im Jahr 1963 zugewählten Herrn Rudolf Nissen

Nissen, Rudolf u. R. H. L. Wilson: Pages in the History of Chest Surgery (Springfield 1960) 164 S.

— Neue Operationen bei Hiatushernie und Refluxoesophagitis. In: Symposium d. Schweizer. Ges. f. Gastroenterologie in Solothurn 1959. Bibl. gastroent. **1** (Basel 1960) S. 145f.

— Diskussionsbemerkungen am Symposium über Diagnose und Therapie der Hiatushernie, Solothurn 1959. Bibl. gastroent. **1** (Basel 1960) S. 166, S. 167, S. 168, S. 170, S. 172, S. 175, S. 178, S. 179.

— August Socin. In: Professoren der Universität Basel aus fünf Jahrhunderten (A. Staehelin) (Basel 1960) S. 192—193; Otto Hildebrand. Ebda, S. 258—259; Eugen Enderlen. Ebda, S. 278—279; Max Wilms. Ebda, S. 314—315; Friedrich de Quervain. Ebda, S. 316—317.

— Chirurgie. In: Lehre und Forschung an der Universität Basel. Zur Feier ihres fünfhundertjährigen Bestehens. (Basel 1960) S. 126—130.

— Repair of Esophageal Hiatal Hernia by Fixation to the Abdominal Wall. In: Current Surgical Management II (Hrsg. Mulholland, Ellison u. Friesen) (Philadelphia 1960).

— Dringliche Chirurgie im Alter. In: W. Doberauer, Geriatrie u. Fortbildg. (Wien 1960) S. 105f.

— Embolectomy in protracted fatal pulmonary embolism. In: Jubilee Volume 100th Anniversary Rudolf Virchow Medical Society in the City of New York, N. Y. (Basel-New York 1960) S. 317—327.

— u. W. Hess: Bauchschmerzen. In: Vom Symptom zur Diagnose. (Basel 1960).

— Die Konsequenzen der Ehrfurcht vor dem Leben. In: Albert Schweitzer. Sein Denken und sein Weg (H. W. Bähr) (Tübingen 1962) S. 321—325.

— Der hippokratische Eid in unserer Zeit. Edgar Salin zum 70. Geburtstag. In: Antidoron (Tübingen 1962) S. 194—199.

— Zwerchfell. In: Lehrbuch der Chirurgie (H. Hellner, R. Nissen, K. Voßschulte) 3. Aufl. (Stuttg. 1962) S. 550—556; Oesophagus. Ebda, S. 557—579; Peritoneum. Ebda, S. 580 bis 596; Magen und Duodenum. Ebda, S. 596—631.

— Werner Richters Berliner Hochschulpolitik aus der Sicht der Hochschule. In: Beiträge zur Geschichte der Universität Bonn. Nr. 14. In Memoriam Werner Richter (Bonn 1962).

— Verantwortung des Arztes. In: Mensch und Erde. Akad. Vorträge, gehalten an der Universität Basel (Basel 1962).

— u. M. Rossetti: Operationen am Zwerchfell. Ergänzungsbeitrag zu Bd 3, Beitr. 5. In: Chirurgische Operationslehre (B. Breitner, L. Zukschwerdt u. H. Krauss) (Wien-Innsbruck 1962).

— Die Konsequenzen der Ehrfurcht vor dem Leben für die Medizin. Zum 85. Geburtstag von A. Schweitzer. In: Universitas. **15** (1960) S. 83—88.

— Effect of Reduced Blood Flow in a Case of Combined Cardio-Aortic Injury. In: Exp. Med. Surg. **18** (1960) S. 124ff.

— Transthorakale Fundusraffung zur Beeinflussung besonderer Formen von Refluxoesophagitis. In: Langenbecks Arch. klin. Chir. **293** (1960) S. 365—372.
— Radikale und palliative Operationen beim Karzinom von Magen und Darm. In: Monatskurse f. d. ärztl. Fortbildg. **10** (1960) S. 257—261.
— Die chirurgische Operation. Eine historische und soziologische Betrachtung. In: Dtsch. med. Wschr. **85** (1960) S. 613—620.
— u. P. Miescher, O. Gsell: Connsches Syndrom: In: Schweizer. med. Wschr. **90** (1960) Nr. 8, S. 181—186.
— Erkrankungen der weiblichen Brustdrüse und ihre Behandlung. In: Geburtshilfe u. Frauenheilkde. **20** (1960) S. 1280.
— Einheit oder Spaltung der Chirurgie an den Westdeutschen Fakultäten? In: Dtsch. Univ.-Ztg. **15** (1960) H. 4, S. 19—21.
— u. J. C. Rudler: Editorial. In: Méd. et Hyg. **18** (1960) S. 455.
— Spätkomplikationen nach Gallenwegsoperationen. Ebda, **18** (1960) S. 461f.
— Vorwort zur Jenny Hartmann Gedächtnisvorlesung. In: Anaesthesist. **9** (1960) S. 189 bis 190.
— Beziehungen zwischen Hiatushernie und Refluxoesophagitis. In: Münchener med. Wschr. **102** (1960) S. 1472—1474.
— Professor Alfred Brunner zum 70. Geburtstag. In: Basler Nachr. **1960,** Aug. 29.
— Demonstrationen zur Chirurgie der malignen Geschwülste. In: Oncologia. **13** (1960) S. 136—141.
— Alfred Brunner zum 30. Aug. 1960. In: Helvet. chirurg. Acta. **27** (1960) S. 213—215.
— Subdiaphragmatische retroperitonäale Geschwülste. In: Helvet. chirurg. Acta. **27** (1960) S. 362—374.
— u. A. Brunner, E. K. Frey, W. Felix, H. Krauss: Erklärung der Schüler Sauerbruchs. In: Thoraxchirurgie. **8** (1960) S. 212—213.
— Günstiges und Ungünstiges aus der Alterschirurgie. In: Zs. Alternsforschg. **14** (1960) S. 301—307.
— Operative Unfälle in der Bauchchirurgie und ihre Korrektur. In: Dtsch. Zs. Chirurgie. **295** (1960) S. 384—400.
— Mechanische Einflüsse auf den Blutkreislauf; ihre klinische und chirurgisch-praktische Bedeutung. In: Schweizer. med. Wschr. **90** (1960) S. 1398—1402.
— Professor Heinrich Heusser Ordinarius. In: Basler Nachr. **1960,** Nov. 25.
— Die Operation der Fettleibigen. In: Münchener med. Wschr. **102** (1960) S. 2205—2207.
— Chirurgische Indikation beim Magen-Duodenalulkus. Frühe und späte Komplikationen der operativen Behandlung. In: Praxis. **50** (1961) S. 300f.
— Diskussionsbemerkungen am Schweizerischen Chirurgenkongreß in Genf 1960. In: Helvet. chirurg. Acta. **28** (1961) S. 26, S. 85, S. 90.
— Diskussion über Ileus. In: Bibl. gastroent. 3 (1961) S. 103—112.
— Dringlichkeitskategorien bei Massenkatastrophen und Notfallhilfe bei Brust- und Bauchverletzungen. In: Zs. Unfallmed. Berufskrankh. **54** (1961) S. 3ff.
— Chirurgie der Ileitis terminalis und des Dünndarmcarcinoids. In: Gastroenterologia. **95** (1961) S. 281—292; auch in: Verh. Dtsch. Ges. Verdauungs- und Stoffwechselkrankh. 1959. **1961,** S. 141—152.
— Die Diagnose der intraoperativen, massiven Lungenembolie. In: Schweizer. med. Wschr. **91** (1961) S. 793—795.
— Wandlungen des Krankenhauses: Erreichtes, Erhofftes und Umstrittenes. In: Krankenhausarzt. **34** (1961) S. 188—192; auch in: Zs. ärztl. Fortbildg. **50** (1961) S. 859—864.

— Der chirurgische Eingriff am Pankreas. In: Regensburger Jahrb. ärztl. Fortbildg. **9** (1961) S. 352—353; auch in: Internist. 2 (1961) S. 343—347.
— Extrakorporelle Zirkulation für langdauernde (30 Minuten) Atemunterbrechung zur Operation bifurkationsnaher Trachealgeschwülste. In: Schweizer. med. Wschr. **91** (1961) S. 957—960.
— Advances in Surgery. In: The Practitioner. **187** (1961) S. 420—425.
— Zur Reform des medizinischen Studiums. In: Med. Klinik. **56** (1961) S. 1840—1844.
— Können in der Bauchhöhle liegengebliebene Tupfer in das Darmlumen durchbrechen? Beantwortung einer Frage aus dem Leserkreis. In: Dtsch. med. Wschr. **86** (1961) S. 2192; **87** (1962) S. 462.
— Gastropexy and "Fundoplication" in Surgical Treatment of Hiatal Hernia. In: Amer. J. Digest. Diseases. **6** (1961) S. 954f.
— u. H. J. Fahrländer u. a.: Nicht-insulinproduzierendes Pancreasadenom mit Ulcus duodeni (Zollinger-Ellison-Syndrom). In: Schweizer. med. Wschr. **91** (1961) S. 1288—1292.
— u. R. u. A. L. Meier: Fermente, Vitamine, Hormone in der Chirurgie. In: Monatskurse f. d. ärztl. Fortbildg. **11** (1961) S. 261—267.
— u. M. Rossetti: Le Resezioni Polmonari. Editoriale. In: Arch. Ital. Chirurgia. **87** (1961) S. 213f.
— u. J. C. Rudler: Editorial. Spécialisation chirurgicale et cliniques chirurgicales universitaires. In: Méd. et Hyg. **19** (1961) S. 521.
— Die Diagnose der intraoperativen massiven Lungenembolie. In: Helvet. chirurg. Acta. **29** (1962) S. 6.
— Diskussionsbemerkungen zu G. Richter: Behandlungsergebnisse beim Bronchialcarcinom. In: Thoraxchirurgie, vask. Chir. **10** (1962) S. 1965.
— Die Resektion des Duodenalulkus. In: Chirurg. Praxis. **6** (1962) S. 37—45.
— Prof. Dr. Conrad Ramstedt zum 95. Geburtstag. In: Dtsch. med. Wschr. **87** (1962) S. 261.
— Operative Behandlung von Insuffizienz und Stenose der gastro-ösophagealen Anastomose nach Resektion. In: Bruns' Beiträge zur klin. Chirurgie. **204** (1962) S. 4—17.
— Die chirurgische Ausbildung. In: Dtsch. med. Wschr. **87** (1962) S. 765—768.
— Die Chirurgie des alternden Menschen. Indikationen und Kontraindikationen. In: Der Internist. 3 (1962) S. 151—155.
— Klinische „Frühdiagnose" des Magencarcinoms. In: Der Chirurg. **33** (1962) S. 205f.
— La formation chirurgicale. In: Méd. et Hyg. **20** (1962) S. 521f.
— Behandlung der Magenblutung bei Morbus Osler. Beantwortung einer Frage aus dem Leserkreis. In: Dtsch. med. Wschr. **87** (1962) S. 1439.
— Werner Richter. In: Mitt. d. List Ges. **3** (1960/62) Nr. 7 (vom 30. Juli 1962) S. 231—237.
— La formation du chirurgien. In: La Presse médicale. **70** (1962) S. 1748.
— Die chirurgische Ausbildung. In: Krankenhausarzt. **35** (1962) S. 260—263.
— Willi Felix. Nekrolog. In: Dtsch. med. Wschr. **87** (1962) S. 2498—2499.
— Chirurgie im Alter. In: Schweizer. med. Wschr. **92** (1962) S. 1470—1472.
— Der Chirurg in Publizistik und Publikumsmeinung. In: Chirurg. Praxis. **6** (1962) S. 595f.
— u. M. Rossetti: Chirurgie de la hernie hiatale et du syndrome de reflux. La fundoplicature et la gastropexie. In: J. de chirurgie. **83** (1962) S. 659f.
— u. M. Rossetti: Zur Indikation der Fundoplicatio und der Gastropexie bei der Hiatushernie. Warnung vor einer wahllosen Anwendung. In: Schweizer. med. Wschr. **92** (1962) S. 533f.

— u. M. Rossetti: La fundoplicatio et la gastropexie dans le traitement chirurgical de l'insuffisance du cardia et de la hernie hiatale. Indications, technique et résultats. In: Ann. Chir. 16 (1962) S. 825f.
— [Mithrsg.] Lehrbuch der Chirurgie (H. Hellner, R. Nissen, K. Voßschulte) 3. Aufl. (Stuttg. 1962) 1119 S.
— Geleitwort. In: H. Barthel, Mißbildungen des menschlichen Herzens. (Stuttg. 1960) S. V.
— Geleitwort. In: L. Eckmann, Tetanus. Prophylaxe u. Therapie. (Basel 1960) S. 5.
— Geleitwort. In: E. Alther, Das System des Ductus thoracicus und die Erkrankungen der regionalen Gefäße. (Basel/Stuttg. 1960) S. VII.
— Vorwort. In: L. Eckmann, Krebsdiagnostik des praktischen Arztes. Ciba-Symposium 1959 (Basel 1960).
— Vorwort. In: M. Klingler, Das Schädel-Hirntrauma. Leitfaden der Diagnostik und Therapie. (Stuttg. 1961) S. V—VI.
— Einleitung zur Monographie „Bewußtseinsstörungen" (H. Staub, H. Thölen) (Stuttg. 1961) S. 1—2.

INHALT

PRÄSIDIUM

Präsident der Akademie

Theodor Frings

em. Professor der deutschen Sprache und Literatur
an der Karl-Marx-Universität Leipzig, Leipzig N 22, Manetstraße 31
Tel. 51169

Vizepräsidenten der Akademie

Arthur Simon

em. Professor der anorganischen und anorganisch-technischen Chemie
an der Technischen Universität Dresden, Dresden A 19, Stübelallee 57
Tel. 31525
bis 5. V. 1962

Anton Arland

em. Professor der Acker- und Pflanzenbaulehre
an der Karl-Marx-Universität Leipzig, Leipzig O 5, Holsteinstraße 27

Ernst Neef

Professor der Geographie
an der Technischen Universität Dresden, Dresden A 20, Wiener Straße 71
Tel. 46379
seit 14. V. 1962 (in Stellvertretung)

Sekretar der philologisch-historischen Klasse

Erwin Jacobi

em. Professor des Staats-, Verwaltungs-, Arbeits- und Kirchenrechts
an der Karl-Marx-Universität Leipzig, Leipzig S 3, Meusdorfer Straße 5
Tel. 32160

Sekretar der mathematisch-naturwissenschaftlichen Klasse

Ernst Neef

Professor der Geographie
an der Technischen Universität Dresden, Dresden A 20, Wiener Straße 71
Tel. 46379

DIE PRÄSIDENTEN, VIZEPRÄSIDENTEN, SEKRETARE UND STELLVERTRETENDEN SEKRETARE

(seit der Wiedereröffnung 8. Dezember 1948)

Präsidenten

seit 1948	Theodor Frings

Vizepräsidenten

1948—1958	Ludwig Binder
1958—1959	Anton Arland in Stellvertretung
1959	Robert Schröder
1959—1962	Arthur Simon
seit 1960	Anton Arland
seit 1962	Ernst Neef in Stellvertretung

Die Sekretare der Klassen

Mathematisch-naturwissenschaftliche Klasse

1949—1960	Anton Arland
seit 1960	Ernst Neef

Philologisch-historische Klasse

seit 1948	Erwin Jacobi

Die stellvertretenden Sekretare der Klassen

Mathematisch-naturwissenschaftliche Klasse

1949—1956	wurde das Amt eines stellvertretenden Sekretars nicht besetzt
1957—1958	Heinrich Bredt
1959—1960	Ernst Neef
seit 1960	Erich Strack

Philologisch-historische Klasse

1949—1956	wurde das Amt eines stellvertretenden Sekretars nicht besetzt
1957—1958	Heinz Ladendorf
1958—1961	Siegfried Morenz
seit 1961	Edgar Lehmann

ZUWAHLEN

als ordentliche Mitglieder der mathematisch-naturwissenschaftlichen Klasse

Brednow, Walter	5. XII. 1960
Hoffmeister, Cuno	5. XII. 1960
Klinkowski, Maximilian	5. XII. 1960
Maier, Wilhelm	5. XII. 1960
Merrem, Georg	5. XII. 1960
Schulze, Gustav E. R.	5. XII. 1960
Wolf, Leopold	5. XII. 1960
Emmrich, Rolf	11. XII. 1961
Gersch, Manfred	11. XII. 1961

als ordentliche Mitglieder der philologisch-historischen Klasse

Blumenthal, Lieselotte	5. XII. 1960
Hentschel, Walter	11. XII. 1961
Jahn, Johannes	11. XII. 1961

als korrespondierendes Mitglied der mathematisch-naturwissenschaftlichen Klasse

Lange, Erich	19. VI. 1961

als korrespondierende Mitglieder der philologisch-historischen Klasse

van Giffen, Albert Egges	5. XII. 1960
Michałowski, Kazimierz	5. XII. 1960
Erben, Johannes	11. XII. 1961
Havránek, Bohuslav	10. XII. 1962
Petschow, Herbert	10. XII. 1962

MITGLIEDER

(Die eingeklammerten Zahlen bezeichnen das Datum der Wahl)

Ehrenmitglieder

Baethgen, Friedrich, Dr. phil., Dr. phil. h. c. (Rom), Präsident der Monumenta Germaniae Historica i. R. (seit 1. I. 1959), Hon.-Professor für mittelalterliche Geschichte an der Ludwig-Maximilians-Universität München, Träger des Großen Bundesverdienstkreuzes und des Bayerischen Verdienstordens, Präsident und o. Mitglied der Bayerischen Akademie der Wissenschaften in München, o. Mitglied der Deutschen Akademie der Wissenschaften zu Berlin, Ehrenmitglied der philos.-hist. Klasse der Österreichischen Akademie der Wissenschaften und des Instituts für Österreichische Geschichtsforschung in Wien, korresp. Mitglied der Mediaeval Academy of America und der Società Romana di Storia patria in Rom, geb. 30. VII. 1890 in Greifswald, München 19, Aiblinger Straße 3, Tel. 570750 (19. X. 1959).

Meister, Richard, Dr. phil., Dr. phil. h. c. (Athen), Dr. jur. h. c. (Wien), Dr. phil. h. c. (Graz), Hofrat, em. o. Professor der Pädagogik und Kulturphilosophie an der Universität Wien, Träger des Komturkreuzes des Griechischen Phönix-Ordens, Inhaber des Großen Silbernen Ehrenzeichens für Verdienste um die Republik Österreich, des Österreichischen Ehrenzeichens für Wissenschaft und Kunst und des Großen Silbernen Ehrenzeichens für Verdienste um die Republik Österreich mit dem Stern, Präsident und wirkl. Mitglied der Österreichischen Akademie der Wissenschaften in Wien (Vizepräsident 1945—1951), auswärt. Mitglied der Ungarischen Akademie der Wissenschaften in Budapest, Ehrenmitglied des Instituts für Österreichische Geschichtsforschung in Wien, wirkl. Mitglied des Österreichischen Archäologischen Instituts, geb. 5. II. 1881 in Znaim, Wien VIII, Mölkergasse 5, Tel. 332796 (21. I. 1957).

Ordentliche Mitglieder der mathematisch-naturwissenschaftlichen Klasse

Arland, Anton, Dr. phil., Dr. agr. h. c. (Leipzig), em. Professor mit Lehrstuhl für Acker- und Pflanzenbau an der Karl-Marx-Universität Leipzig, Träger des Vaterländischen Verdienstordens, Mitglied der Poggendorff-Kommission der Akademie, deren Vorsitzender bis 4. XII. 1960, o. Mitglied der Deutschen Akademie der Landwirtschaftswissenschaften zu Berlin, Mitglied des Präsidiums der Deutsch-

Arabischen Gesellschaft in Berlin, Mitglied des Wissenschaftlichen Rates der Internationalen Gesellschaft für Nahrungs- und Vitalstoff-Forschung in Hannover, aktives Mitglied der Société Française de Physiologie Végétale in Paris, geb. 20. VII. 1895 in Eisenbrod, Leipzig O 5, Holsteinstraße 27, Tel. im Institut 63002 (1. VII. 1948).

Brednow, Walter, Dr. med., em. Professor mit Lehrstuhl der inneren Medizin an der Friedrich-Schiller-Universität Jena, Obermedizinalrat, Mitglied der Deutschen Akademie der Naturforscher Leopoldina in Halle, der Deutschen Gesellschaft für Innere Medizin in Wiesbaden, der Internationalen Gesellschaft für Innere Medizin und der Gesellschaft Deutscher Naturforscher und Ärzte, geb. 13. II. 1896 in Berlin, Jena, Dornbluthweg 1, Tel. 5148 (5. XII. 1960).

Buchheim, Wolfgang, Dr. phil., Professor mit Lehrstuhl der theoretischen Physik und Geophysik an der Bergakademie Freiberg, Mitglied der Deutschen Akademie der Naturforscher Leopoldina in Halle, geb. 18. X. 1909 in Leipzig, Freiberg (Sa.), Richard-Wagner-Straße 25, Tel. 2132 (7. XII. 1959).

Buder, Johannes, Dr. phil., Dr. rer. nat. h. c. (Halle-Wittenberg), em. Professor mit Lehrstuhl der Botanik an der Martin-Luther-Universität Halle-Wittenberg, Träger des Vaterländischen Verdienstordens, Mitglied der Deutschen Akademie der Naturforscher Leopoldina in Halle, Ehrenmitglied des Verbandes deutscher Biologen, geb. 16. XI. 1884 in Berlin, Halle (Saale), Burgstraße 37a, Tel. 31038 (10. V. 1954).

Bürger, Max, Dr. med., Dr. med. h. c. (Bonn und Hamburg), Dr. rer. nat. h. c. (Leipzig), em. Professor mit Lehrstuhl der inneren Medizin und Lehrstuhl der speziellen Pathologie und Therapie an der Karl-Marx-Universität Leipzig, Nationalpreisträger, Hervorragender Wissenschaftler des Volkes, Inhaber der Paracelsus-Medaille der deutschen Ärzteschaft und der Cothenius-Medaille der Deutschen Akademie der Naturforscher Leopoldina in Halle, o. Mitglied der Deutschen Akademie der Wissenschaften zu Berlin, Mitglied der Deutschen Akademie der Naturforscher Leopoldina in Halle, Ehrenmitglied der Deutschen Gesellschaft für Innere Medizin in Wiesbaden, des Deutschen Sportärztebundes e. V. Münster, der Wiener Gesellschaft für Innere Medizin, der Nordwestdeutschen Gesellschaft für Innere Medizin, des Wissenschaftsrates des Internationalen Instituts für wissenschaftliche Forschung in Paris, der Österreichischen Gesellschaft für Geriatrie in Wien, der Deutschen Gesellschaft für Verdauungs- und Stoffwechselkrankheiten in Hamburg, der International Society for research on the coagulation of blood, capillary function and practical Myology in London, der Italienischen Gesellschaft für Gerontologie in Florenz, Mitglied des Wissenschaftlichen Rates beim Ministerium für Gesundheitswesen der Deutschen Demokratischen Republik in Berlin und des Senats für ärztliche Fortbildung in Dortmund, Vorstandsmitglied der Deutschen Gesellschaft für Kreislaufforschung in Bad Nauheim, der medizinisch-wissenschaftlichen Gesellschaft für Innere Medizin in Leipzig, des Landessekretariats der medizinisch-wissenschaftlichen Gesellschaften in Leipzig, der Deutschen Gesellschaft für Alternsforschung und der Gesellschaft deutscher Naturforscher und Ärzte e. V. in Bonn, Kuratoriumsmitglied der Deutschen Therapiewoche in Karlsruhe, geb. 16. XI. 1885 in Hamburg, Leipzig O 27, Naunhofer Straße 48, Tel. 80574 (16. I. 1950).

Deubel, Fritz, Dr. phil., Professor mit Lehrstuhl der Geologie an der Friedrich-Schiller-Universität Jena, Nationalpreisträger, Inhaber der Alexander-von-Humboldt-Medaille, o. Mitglied der Deutschen Akademie der Wissenschaften zu Berlin, Mitglied der Deutschen Geologischen Gesellschaft, der Geologischen Gesellschaft in der Deutschen Demokratischen Republik und des Oberrheinischen Geologischen Vereins, Ehrenmitglied der Tschechoslowakischen Gesellschaft für Mineralogie und Geologie in Prag, geb. 9. IX. 1898 in Weilar (Rhön), Ilmenau (Thür.), Gartenstraße 38, Tel. 2183 (11. II. 1957).

Emmrich, Rolf, Dr. med., Professor mit Lehrstuhl der inneren Medizin an der Karl-Marx-Universität Leipzig, Mitglied der Deutschen Gesellschaft für Innere Medizin und der Internationalen Gesellschaft für Innere Medizin, Vorsitzender der Sektion innere Medizin in der Deutschen Gesellschaft für klinische Medizin, geb. 26. VIII. 1910 in Freiberg (Sa.), Leipzig O 27, Naunhofer Straße 22, Tel. 82120 (11. XII. 1961).

Fromme, Albert, Dr. med., Dr. med. h. c. (Medizin. Akad. Dresden), em. Professor mit Lehrstuhl der Chirurgie an der Medizinischen Carl-Gustav-Carus-Akademie Dresden (deren 1. Rektor bis 1. IV. 1956), Hervorragender Wissenschaftler des Volkes, Verdienter Arzt des Volkes, korresp. Mitglied der Deutschen Akademie der Wissenschaften zu Berlin, Mitglied der Deutschen Akademie der Naturforscher Leopoldina in Halle, Ehrenmitglied der Deutschen Gesellschaft für Chirurgie in Berlin-Charlottenburg und der medizinisch-wissenschaftlichen Gesellschaft für Chirurgie an der Karl-Marx-Universität Leipzig, Ehrenvorsitzender der medizinisch-wissenschaftlichen Gesellschaft für Chirurgie an der Medizinischen Akademie Dresden, geb. 25. XI. 1881 in Gießen, Dresden-Weißer Hirsch, Collenbuschstraße 7, Tel. 36829 (13. II. 1950).

Gersch, Manfred, Dr. phil., Professor mit Lehrstuhl der Zoologie an der Friedrich-Schiller-Universität Jena, Nationalpreisträger, Inhaber des Heinrich-Greif-Preises, o. Mitglied der Deutschen Akademie der Wissenschaften zu Berlin, Mitglied der Deutschen Akademie der Naturforscher Leopoldina in Halle, geb. 12. VIII. 1909 in Dresden, Jena, Beethovenstraße 8, Tel. 3518 (11. XII. 1961).

Hanson, Horst, Dr. med., Professor mit Lehrstuhl der physiologischen Chemie an der Martin-Luther-Universität Halle-Wittenberg, Mitglied des Präsidiums der Deutschen Akademie der Naturforscher Leopoldina in Halle, geb. 5. VI. 1911 in Lauchhammer, Halle (Saale), Straße der deutsch-sowjetischen Freundschaft 93, Tel. 29324 (7. XII. 1959).

Hein, Franz, Dr. phil., Dr. rer. nat. h. c. (Freiburg i. B.), em. Professor mit Lehrstuhl der anorganischen Chemie an der Friedrich-Schiller-Universität Jena, Nationalpreisträger, Hervorragender Wissenschaftler des Volkes, Inhaber der Clemens-Winkler-Medaille der Chemischen Gesellschaft in der Deutschen Demokratischen Republik und der Alexander-von-Humboldt-Medaille, o. Mitglied der Deutschen Akademie der Wissenschaften zu Berlin, Mitglied der Deutschen Akademie der Naturforscher Leopoldina in Halle, Ehrenmitglied der Chemischen Gesellschaft in der Deutschen Demokratischen Republik, geb. 30. VI. 1892 in Grötzingen b. Karlsruhe (Baden), Jena, Reichardtstieg 3, Tel. im Institut 3472 und 2578 (7. V. 1951).

Hertwig, Paula, Dr. phil., Dr. med. h. c. (Halle-Wittenberg), em. Professor mit Lehrstuhl der allgemeinen Biologie an der Martin-Luther-Universität Halle-Wittenberg, Nationalpreisträgerin, Hervorragender Wissenschaftler des Volkes, Trägerin des Vaterländischen Verdienstordens, Inhaberin des Theobald-Christ-Preises der Senckenbergschen Stiftung in Frankfurt (Main), Mitglied der Deutschen Akademie der Naturforscher Leopoldina in Halle, geb. 11. X. 1889 in Berlin, Halle (Saale), Humboldtstraße 18, Tel. 26201 (14. III. 1955).

Hoffmeister, Cuno, Dr. phil. nat., Professor, Lehrbeauftragter für astronomische Spezialvorlesung an der Friedrich-Schiller-Universität Jena, Nationalpreisträger, Träger des Vaterländischen Verdienstordens, Inhaber der Leibniz-Medaille und der Alexander-von-Humboldt-Medaille, o. Mitglied der Deutschen Akademie der Wissenschaften zu Berlin und Direktor der Sternwarte zu Sonneberg (Thür.) dieser Akademie, Mitglied der Deutschen Akademie der Naturforscher Leopoldina in Halle und der Internationalen Astronomischen Union, geb. 2. II. 1892 in Sonneberg (Thür.), Sonneberg (Thür.), Sternwartestraße 34a, Tel. 2287 (5. XII. 1960).

Keller, Ott-Heinrich, Dr. phil. nat., Professor mit Lehrstuhl der Mathematik an der Martin-Luther-Universität Halle-Wittenberg, Mitglied der Deutschen Akademie der Naturforscher Leopoldina in Halle, 1961 Vorsitzender der Deutschen Mathematiker-Vereinigung, geb. 22. VI. 1906 in Frankfurt (Main), Halle (Saale), Dölauer Straße 82, Tel. 31480 (15. IX. 1958).

Klinkowski, Maximilian, Dr. agr., Professor mit Lehrstuhl der Phytopathologie an der Martin-Luther-Universität Halle-Wittenberg, Nationalpreisträger, o. Mitglied der Deutschen Akademie der Landwirtschaftswissenschaften zu Berlin und Direktor des Instituts für Phytopathologie Aschersleben dieser Akademie, Mitglied der Deutschen Akademie der Naturforscher Leopoldina in Halle, geb. 24. V. 1904 in Berlin-Steglitz, Aschersleben, Auf der Alten Burg 23, Tel. 3239 (5. XII. 1960).

König, Walter, Dr.-Ing., Dr. rer. nat. h. c. (Halle-Wittenberg), em. Professor mit Lehrstuhl der Farben- und Textilchemie an der Technischen Universität Dresden, Hervorragender Wissenschaftler des Volkes, Inhaber der August-Kekulé-Medaille der Chemischen Gesellschaft in der Deutschen Demokratischen Republik, der

Emil-Fischer-Medaille der Gesellschaft Deutscher Chemiker und der goldenen Ehrenmedaille des Vereins der Textilchemiker und Coloristen, korresp. Mitglied der Deutschen Akademie der Wissenschaften zu Berlin, Ehrenmitglied der Chemischen Gesellschaft in der Deutschen Demokratischen Republik und des Vereins der Textilchemiker und Coloristen, geb. 26. IX. 1878 in Annaberg (Erzgeb.), Radebeul 2, Rennerbergstraße 9, Tel. 74696 (21. III. 1949).

Langenbeck, Wolfgang, Dr. phil., Professor mit Lehrstuhl der organischen Chemie an der Martin-Luther-Universität Halle-Wittenberg, Nationalpreisträger, Inhaber der Kekulé-Medaille der Chemischen Gesellschaft in der Deutschen Demokratischen Republik, o. Mitglied der Deutschen Akademie der Wissenschaften zu Berlin und Direktor des Instituts für Katalyseforschung Rostock dieser Akademie, Mitglied der Deutschen Akademie der Naturforscher Leopoldina in Halle, Mitglied des Verwaltungsausschusses des Deutschen Museums in München, Ehrenmitglied der Polnischen Chemischen Gesellschaft in Warschau, geb. 21. VI. 1899 in Göttingen, Halle (Saale), Friedenstraße 14, Tel. 26301 (10. V. 1954).

Lissner, Anton, Dr. techn., em. Professor mit Lehrstuhl der anorganischen und technischen Chemie an der Bergakademie Freiberg, Ehrensenator der Bergakademie, früher Direktor, dzt. Abteilungsleiter des Deutschen Brennstoffinstituts Freiberg, Nationalpreisträger, Hervorragender Wissenschaftler des Volkes, Inhaber der Clemens-Winkler-Medaille der Chemischen Gesellschaft in der Deutschen Demokratischen Republik, korresp. Mitglied der Deutschen Akademie der Wissenschaften zu Berlin, Ehrenmitglied der Brennstofftechnischen Gesellschaft in Berlin, geb. 21. VIII. 1885 in Großschönau (Böhmen), Freiberg (Sa.), Johann-Sebastian-Bach-Straße 11, Tel. 2703 (11. II. 1957).

Maier, Wilhelm, Dr. phil., em. Professor mit Lehrstuhl der Mathematik an der Friedrich-Schiller-Universität Jena, geb. 4. I. 1896 in Neuenbürg (Schwarzwald), Jena, Schillbachstraße 2, Tel. 5021 (5. XII. 1960).

Merrem, Georg, Dr. med., Professor mit Lehrstuhl der Neurochirurgie an der Karl-Marx-Universität Leipzig, Verdienter Arzt des Volkes, Inhaber der Hufeland-Medaille, geb. 21. IX. 1908 in Königsberg, Leipzig S 3, Zauberweg 2, Tel. 30761 (5. XII. 1960).

Mothes, Kurt, Dr. phil., Dr. med. h. c. (Halle-Wittenberg), Dr. agr. h. c. (Kiel), Professor mit Lehrstuhl der Botanik und Pharmakognosie an der Martin-Luther-Universität Halle-Wittenberg, Nationalpreisträger, Träger des Vaterländischen Verdienstordens, Inhaber der Cothenius-Medaille der Deutschen Akademie der Naturforscher Leopoldina und der Hoest-Madsen-Medaille der Fédération Internationale Pharmaceutique, Mitglied der Poggendorff-Kommission der Akademie, Präsident der Deutschen Akademie der Naturforscher Leopoldina in Halle, o. Mitglied der Deutschen Akademie der Wissenschaften zu Berlin und Direktor des Instituts für Biochemie der Pflanzen dieser Akademie, korresp. Mitglied der Rajasthan Academy of Sciences in Pilani (Indien) und der Österreichischen Akademie der Wissenschaften in Wien, Vorsitzender der Gesellschaft Deutscher Naturforscher und Ärzte in Bonn, Mitglied der American Society of Plant Physiologists in Ithaca, der American Society of Pharmacognosy in Storrs/Con., der Fédération Internationale Pharmaceutique in Amsterdam, der British Society for Experimental Biology in London, der Japanese Society of Plant Physiologists in Tokio, der Societas Physiologiae Plantarum Scandinavica in Lund, Mitglied der Deutschen Arzneibuch-Kommission, Ehrenmitglied der Deutschen Vereinigung für angewandte Botanik in Berlin-Dahlem, der Indian Society of Plant Physiologists in New-Delhi und der Indian Botanical Society in Bombay, geb. 3. XI. 1900 in Plauen (Vogtland), Halle (Saale), Hoher Weg 23, Tel. 21717 (10. V. 1954).

Neef, Ernst, Dr. phil., Professor mit Lehrstuhl der Geographie an der Technischen Universität Dresden, Mitglied der Poggendorff-Kommission der Akademie, deren Vorsitzender seit 5. XII. 1960, Mitglied der Deutschen Akademie der Naturforscher Leopoldina in Halle, Ehrenmitglied der Geographischen Gesellschaft in Wien, korresp. Mitglied der Geographischen Gesellschaft in München, geb. 16. IV. 1908 in Dresden, Dresden A 20, Wiener Straße, 71, Tel. 46379 (17. XI. 1956).

Obenaus, Fritz, Dr.-Ing., Professor mit Lehrstuhl der Hochspannungstechnik an der Technischen Universität Dresden, Verdienter Techniker des Volkes, Träger des Vaterländischen Verdienstordens, o. Mitglied der Deutschen Akademie der Wissenschaften zu Berlin, geb. 9. XII. 1904 in Niedersedlitz, Dresden A 20, Donndorfstraße 37, Tel. 41331 (7. XII. 1959).

Peiper, Albrecht, Dr. med., Dr. med. h. c. (Humboldt-Universität Berlin), em. Professor mit Lehrstuhl der Kinderheilkunde an der Karl-Marx-Universität Leipzig, Nationalpreisträger, Verdienter Arzt des Volkes, Inhaber des Otto-Heubner-Preises der Deutschen Gesellschaft für Kinderheilkunde, o. Mitglied der Deutschen Akademie der Wissenschaften zu Berlin, Mitglied der Deutschen Akademie der Naturforscher Leopoldina in Halle, korresp. Mitglied der Deutschen Vereinigung für Jugendpsychiatrie in Marburg (Lahn), Ehrenmitglied der Deutschen Gesellschaft für Kinderheilkunde in Duisburg und der Sächsisch-Thüringischen medizinisch-wissenschaftlichen Gesellschaft für Kinderheilkunde in Leipzig., geb. 23. X. 1889 in Greifswald, Leipzig O 27, Kommandant-Prendel-Allee 91a, Tel. 80184 (14. III. 1955).

Rammler, Erich, Dr.-Ing., Dr.-Ing. E. h. (Aachen), Professor mit Lehrstuhl der Brennstofftechnik, Wärmewirtschaft und Brikettierung an der Bergakademie Freiberg, Direktor des Deutschen Brennstoffinstituts Freiberg, Nationalpreisträger, Verdienter Bergmann der Deutschen Demokratischen Republik, Träger des Vaterländischen Verdienstordens, Inhaber der Carl-Exter-Medaille der Brennstofftechnischen Gesellschaft, o. Mitglied der Deutschen Akademie der Wissenschaften zu Berlin, geb. 9. VII. 1901 in Tirpersdorf (Vogtland), Freiberg (Sa)., Richard-Wagner-Straße 12, Tel. 3388 (15. IX. 1958).

Runge, Franz, Dr. phil., em. Professor mit Lehrstuhl der technischen Chemie an der Martin-Luther-Universität Halle-Wittenberg, Nationalpreisträger, Mitglied der Poggendorff-Kommission der Akademie, Mitglied der Deutschen Akademie der Naturforscher Leopoldina in Halle, der Deutschen Chemischen Gesellschaft, der Deutschen Bunsengesellschaft, des Deutschen Museums in München und der Faraday Society in London, geb. 5. XII. 1893 in Göttingen, Halle (Saale), Eichenweg 8, Tel. 24200 (14. III. 1955).

Schmalfuß, Karl, Dr. rer. nat., Dr. agr. h. c. (Leipzig), Professor mit Lehrstuhl der Pflanzenernährung und Bodenkunde an der Martin-Luther-Universität Halle-Wittenberg, Nationalpreisträger, Träger des Vaterländischen Verdienstordens, o. Mitglied der Deutschen Akademie der Landwirtschaftswissenschaften zu Berlin, Mitglied der Deutschen Akademie der Naturforscher Leopoldina in Halle, geb. 5. XI. 1904 in Wedruschitz (Krs Saaz), Halle (Saale) NW 21, Weidenweg 7, Tel. 39452 (10. V. 1954).

Schulze, Gustav E. R., Dr. phil., Professor mit Lehrstuhl der Röntgenkunde und Metallphysik an der Technischen Universität Dresden, Inhaber der Verdienstmedaille der Deutschen Demokratischen Republik, Mitglied der Physikalischen Gesellschaft in der Deutschen Demokratischen Republik, der Deutschen Gesellschaft für Metallkunde, der Deutschen Mineralogischen Gesellschaft und des Institute of Metals in London, geb. 24. II. 1911 in Berlin, Dresden A 36, Kauschaer Straße 6, Tel. 42072 (5. XII. 1960).

Schwabe, Kurt, Dr.-Ing., Professor mit Lehrstuhl der physikalischen Chemie und Elektrochemie an der Technischen Universität Dresden, Rektor dieser Universität, 2. Direktor und Leiter des Bereichs Radiochemie des Zentralinstituts für Kernphysik in Rossendorf b. Dresden, Nationalpreisträger I. und II. Klasse, Träger des Ordens „Banner der Arbeit", Inhaber der Goldenen Ehrennadel der Kammer der Technik, der Hans-Clemm-Gedenkmünze und der Clemens-Winkler-Medaille, Mitglied des Forschungsrates der Deutschen Demokratischen Republik, o. Mitglied der Deutschen Akademie der Wissenschaften zu Berlin, Mitglied der Deutschen Akademie der Naturforscher Leopoldina in Halle, der Deutschen Bunsen-Gesellschaft für physikalische Chemie in Frankfurt (Main), der Electrochemical Society in New York, der Faraday Society in London, des Comité International de Thermodynamique et de Cinétique Electrochimiques in Brüssel, der Chemischen Gesellschaft in der Deutschen Demokratischen Republik in Berlin, Ehrenmitglied der Kammer der Technik in Berlin, geb. 29. V. 1905 in Reichenbach (Vogtland), Dresden A 20, Geinitzstraße 10, Tel. 42814 (11. XII. 1950).

Schwarz, Egbert, Dr. med., em. Professor mit Lehrstuhl der Chirurgie an der Medizinischen Akademie Erfurt (deren 1. Rektor bis 1. IX. 1959), Verdienter Arzt des Volkes, Träger des Vaterländischen Verdienstordens, Mitglied des Präsidiums der Deutschen Akademie der Naturforscher Leopoldina in Halle, korresp. Mitglied der Deutschen Akademie der Wissenschaften zu Berlin, Mitglied der Deutschen und der Nordwestdeutschen Gesellschaft für Chirurgie, der Wissenschaftlichen Tbc.-Gesellschaft in der Deutschen Demokratischen Republik und der Société Internationale de Chirurgie in Brüssel, Ehrenmitglied der Wissenschaftlichen Gesellschaft für Chirurgie an der Friedrich-Schiller-Universität Jena, geb. 22. VI. 1890 in Riga, Erfurt, Rankestraße 49, Tel. 27928 (7. XII. 1959).

Stather, Fritz, Dr. phil., Professor der Gerbereichemie und -technologie an der Technischen Universität Dresden, Direktor des Deutschen Lederinstituts in Freiberg, Hervorragender Wissenschaftler des Volkes, Preisträger 1958 des Vereins für Gerbereichemie und -technik, korresp. Mitglied der Deutschen Akademie der Wissenschaften zu Berlin, Ehrenmitglied der Kammer der Technik, geb. 5. XI. 1901 in Offenburg (Baden), Freiberg (Sa.), Terrassengasse 1, Tel. 2335 (15. IX. 1958).

Strack, Erich, Dr. med. et phil., em. Professor mit Lehrstuhl der physiologischen Chemie an der Karl-Marx-Universität Leipzig, Nationalpreisträger, Mitglied der Poggendorff-Kommission der Akademie, Mitglied der Deutschen Akademie der Naturforscher Leopoldina in Halle, geb. 20. XI. 1897 in Wollin (Pommern), Leipzig C 1, Philipp-Rosenthal-Straße 19, Tel. 35081 (14. II. 1949).

Stubbe, Hans, Dr. agr., Dr. agr. h. c. (Jena), Professor mit Lehrstuhl der allgemeinen und speziellen Genetik an der Martin-Luther-Universität Halle-Wittenberg, Nationalpreisträger I. und III. Klasse, Träger des Vaterländischen Verdienstordens in Gold und Silber und des Ordens „Banner der Arbeit“, Inhaber der Darwin-Plakette der Deutschen Akademie der Naturforscher Leopoldina und der Alexander-von-Humboldt-Medaille, Mitglied des Vorstandes des Forschungsrates der Deutschen Demokratischen Republik, Präsident der Deutschen Akademie der Landwirtschaftswissenschaften zu Berlin, o. Mitglied der Deutschen Akademie der Wissenschaften zu Berlin und Direktor des Instituts für Kulturpflanzenforschung Gatersleben dieser Akademie, Mitglied der Deutschen Akademie der Naturforscher Leopoldina in Halle, korresp. Mitglied der All-Unions-Akademie der Landwirtschaftswissenschaften W. I. Lenin in Moskau, ausländ. Mitglied der Bulgarischen Akademie der Wissenschaften in Sofia, Mitglied des Permanenten Internationalen Komitees für die Genetischen Kongresse in Paris, geb. 7. III. 1902 in Berlin, Gatersleben (Kr. Aschersleben), Tel. Hedersleben 134 (13. II. 1950).

Wolf, Leopold, Dr. phil., em. Professor mit Lehrstuhl der anorganischen Chemie an der Karl-Marx-Universität Leipzig, Nationalpreisträger, Träger des Vaterländischen Verdienstordens, korresp. Mitglied der Deutschen Akademie der Wissenschaften zu Berlin, geb. 23. XI. 1896 in Niederlungwitz (Sa.), Leipzig N 22, Quedlinburger Straße 27, Tel. 52224 (5. XII. 1960).

Todesfälle

Prell, Heinrich, Dr. phil., em. Professor mit Lehrstuhl der Zoologie an der Technischen Universität Dresden, geb. 11. X. 1888 in Kiel, Dresden N 54, Schillerstraße 27, Tel. 36919 (12. II. 1951). † 25. IV. 1962.

Simon, Arthur, Dr. phil., Dr.-Ing. E. h. (Darmstadt), em. Professor mit Lehrstuhl der anorganischen und anorganisch-technischen Chemie an der Technischen Universität Dresden, Nationalpreisträger, Träger des Vaterländischen Verdienstordens, Inhaber der Clemens-Winkler-Medaille der Chemischen Gesellschaft in der Deutschen Demokratischen Republik und der Alexander-von-Humboldt-Medaille, Mitglied der Poggendorff-Kommission der Akademie, o. Mitglied der Deutschen Akademie der Wissenschaften zu Berlin, Mitglied und Senator der Deutschen Akademie der Naturforscher Leopoldina in Halle, Mitglied des Verwaltungsausschusses des Deutschen Museums in München, Ehrenmitglied der Chemischen Gesellschaft in der Deutschen Demokratischen Republik, geb. 25. II. 1893 in Wuppertal-Barmen, Dresden A 19, Stübelallee 57, Tel. 31525 (1. VII. 1948). † 5. V. 1962.

Spackeler, Georg, Dr.-Ing., em. Professor mit Lehrstuhl der Bergbaukunde und Leiter der bergbaulichen Forschungsstelle an der Bergakademie Freiberg, Hervorragender Wissenschaftler des Volkes, Verdienter Bergmann der Deutschen Demokratischen Republik, o. Mitglied der Deutschen Akademie der Wissenschaften zu Berlin, Ehrenmitglied der Gesellschaft Deutscher Berg- und Hüttenleute in Berlin, geb. 1. II. 1883 in Hannover, Freiberg (Sa.), Agricolastraße 12, Tel. 2712 (16. I. 1950). † 6. VI. 1960.

Früher ordentliche, gegenwärtig auswärtige Mitglieder der mathematisch-naturwissenschaftlichen Klasse

Ackerknecht, Eberhard, Dr. med. vet., Dr. med. h. c. (Freie Universität Berlin), em. o. Professor der Veterinär-Anatomie an der Freien Universität Berlin, Mitglied der Deutschen Akademie der Naturforscher Leopoldina in Halle, Ehrenmitglied der Naturforschenden Gesellschaft in Schaffhausen und der Weltvereinigung der Veterinär-Anatomen, geb. 11. VI. 1883 in Baiersbronn, Zürich 7, Asylstraße 82, Tel. 245774 (25. VI. 1938).

Bredt, Heinrich, Dr. med., o. Professor der allgemeinen Pathologie und pathologischen Anatomie an der Johannes Gutenberg-Universität Mainz, Nationalpreisträger, o. Mitglied der Deutschen Akademie der Wissenschaften zu Berlin, Mitglied der Deutschen Akademie der Naturforscher Leopoldina in Halle, Mitglied des wissenschaftlichen Ausschusses der Gesellschaft deutscher Naturforscher und Ärzte, geb. 29. I. 1906 in Oberneudorf (Siebenbürgen), Mainz, Langenbeckstraße 1, Tel. 8131/305 (12. II. 1951).

Buchner, Paul, Dr. phil., Dr. med. h. c. (München), Dr. sci. biol. h. c. (Pavia), Dr. rer. nat. h. c. (Greifswald), em. o. Professor der Zoologie an der Ludwig-Maximilians-Universität München, Träger des Verdienstkreuzes 1. Klasse der Bundesrepublik Deutschland, Inhaber der Carus-Medaille und der Erzherzog-Rainer-Medaille der Österreichischen Zoologisch-Botanischen Gesellschaft, Ehrenbürger von Ischia, korresp. Mitglied der Bayerischen Akademie der Wissenschaften in

München und der Dansk Naturhist. Forening, Mitglied der Deutschen Akademie der Naturforscher Leopoldina in Halle, und der Accademia delle Scienze Napoli, Ehrenmitglied des Naturwissenschaftlichen Vereins für Neupommern und Rügen, geb. 12. IV. 1886 in Nürnberg, Porto d'Ischia (Napoli), Via S. Alessandro (5. VI. 1935).

Clara, Max, Dr. med., o. Professor der Anatomie i. P. z. Z. an der Medizinischen Fakultät der Universität Istanbul, Mitglied der Deutschen Akademie der Naturforscher Leopoldina in Halle, der Accademia Scientifica Veneto-Trentina in Padua, der Società Italiana di Anatomia, der Société Internationale pour les Recherches neurovégétatives, der Society for Biological Rhythm und der Histochemical Society, geb. 12. II. 1899 in Völs am Schlern, Istanbul-Beyazit, Üniversitesi, Tip Fakültesi, Histoloji ve Embryoloji Enstitüsü (15. VI. 1940).

Dabelow, Adolf, Dr. med. et phil. nat., Dr. med. h. c. (Salamanca), o. Professor der Anatomie an der Johannes Gutenberg-Universität Mainz, o. Mitglied der Akademie der Wissenschaften und der Literatur Mainz, korresp. Mitglied der Bayerischen Akademie der Wissenschaften in München, geb. 28. VI. 1899 in Magdeburg, Mainz, Anselm-von-Bentzel-Weg 4, Tel. 37239 (24. VI. 1944).

Debye, Peter, Dipl.-Ing., Dr. phil., Dr. rer. nat. h. c. (Technische Hochschule Zürich), Dr.-Ing. E. h. (Technische Hochschule Aachen), Dr. h. c. (Boston College-Boston [Mass.], Brooklyn Polytechnic-Brooklyn [New York], Brüssel, Colgate University-Hamilton [New York], Harvard-Cambridge [Mass.], Liège, Mainz, Seton Hall University-New Jersey, St. Lawrence University-New York State, University of Notre Dame-Notre Dame [Indiana], Oxford, Gustafus Adolphus College-St. Peter [Minn.], Clarkson College of Technology-Potsdam [New York], Providence College-Providence [Rhode Island], Sofia), em. o. Professor der Physik und Chemie an der Cornell-Universität Ithaca/New York, Nobelpreisträger, Inhaber der Rumford-Medaille, der Goldenen Lorentz-Medaille, der Franklin-Medaille, der Willard-Gibbs-Medaille, der Max-Planck-Medaille, der Faraday-Medaille, der Kenndall-Award, der Nichols-Award, der Priestley-Medaille, Kommandeur des Ordens Leopold II., Mitglied der Akademien der Wissenschaften Amsterdam, Bangalore, Berlin, Boston, Bruxelles, Budapest, Buenos Aires, Dublin, Göttingen, Heidelberg, Kopenhagen, Liège, Madrid, Moskau, München, New York, Vatikanstadt, Washington, Mitglied der Deutschen Akademie der Naturforscher Leopoldina in Halle, der Royal Society London, der Royal Institution of Great Britain in London, der Real Sociedad Española de Física y Química in Madrid, der Société Royale des Sciences de Liège, des National Institute of Sciences of India in New Delhi, des Franklin Institute Philadelphia und der American Philosophical Society in Philadelphia, geb. 24. III. 1884 in Maastricht (Holland), Ithaca/New York, USA., 104 Highgate Road (27. II. 1928).

Frenzel, Walter, Dr.-Ing., em. Professor mit Lehrstuhl für Textiltechnik an der Technischen Universität Dresden, Nationalpreisträger, Hervorragender Wissenschaftler des Volkes, o. Mitglied der Deutschen Akademie der Wissenschaften zu Berlin, geb. 29. IX. 1884 in Klein-Zschachwitz b. Dresden, Berlin 37 (Zehlendorf), Jaehnstraße 5, Tel. 846159 (11. XII. 1950).

Heisenberg, Werner, Dr. phil., Dr.-Ing. E. h. (Karlsruhe), D. Sc. h. c. (Universität Libre Brüssel), Direktor des Max-Planck-Instituts für Physik und Astrophysik in München, Hon.-Professor der theoretischen Physik an der Ludwig-Maximilians-Universität München, Präsident der Alexander-von-Humboldt-Stiftung in Bonn, Vorsitzender des Vorstandsrates des Deutschen Museums in München, Nobelpreisträger, Träger des Ordens Pour le mérite für Verdienste um die Wissenschaft und um die Künste, des Großen Bundesverdienstkreuzes mit Stern, des Bayerischen Verdienstordens, des Großkreuzes des Ordens „Alfonso X el Sabio", des Komturkreuzes des Ordens Georg I., des Kultur-Ehrenpreises der Stadt München, Inhaber der Hugo-Grotius-Medaille, der Max-Planck-Medaille, der Barnard-Medaille, der Matteucci-Medaille, der Goldenen Medaille der Medizinisch-naturwissenschaftlichen Gesellschaft in Jena, o. Mitglied der Deutschen Akademie der Wissenschaften zu Berlin, der Bayerischen Akademie der Wissenschaften in München und der Akademie der Wissenschaften in Göttingen, Mitglied der Deutschen Akademie der Naturforscher Leopoldina in Halle, der Kongelige Danske Videnskabernes Selskab in Kopenhagen, der Suomalainen Tiedeakatemia in Helsinki, der Koninklijke Nederlandse Akademie van Wetenschappen in Amsterdam, der Norske Videnskaps Akademi in Oslo, der Academia Republicii Populare Romîne in Bukarest, der Svenska Akademien in Stockholm, der Real Academia de Ciencias Exactas, Físicas y Naturales in Madrid, der Accademia Nazionale dei Lincei in Rom, der Pontificia Academia Scientiarum Vatikanstadt, der American Academy of Arts and Sciences in Boston, der American Philosophical Society in Philadelphia, der Société Philomatique in Paris, der Royal Society in London, der Physical Society in London, der Kongelige Norske Videnskabers Selskab in Trondheim, der Medizinisch-naturwissenschaftlichen Gesellschaft in Jena, Ehrenmitglied der New York Academy of Sciences, geb. 5. XII. 1901 in Würzburg, München 23, Föhringer Ring 6, Tel. 363201 (1. VII. 1930).

Helferich, Burckhardt, Dr. phil., Dr. rer. nat. h. c. (Technische Hochschule Stuttgart), em. o. Professor der Chemie an der Rheinischen Friedrich-Wilhelms-Universität Bonn, Träger des Großen Verdienstkreuzes des Verdienstordens der Bundesrepublik Deutschland, Inhaber der Emil-Fischer-Medaille der Gesellschaft Deutscher Chemiker, Ehrenmitglied der Chemischen Gesellschaft in der Deutschen Demokratischen Republik, Mitglied der Deutschen Akademie der Naturforscher Leopoldina in Halle, geb. 10. VI. 1887 in Greifswald, Bonn, Bonner Talweg 66, Tel. 23285 (23. II. 1931).

Hertz, Gustav, Dr. phil., Dr. rer. nat. h. c. (Humboldt-Universität Berlin und Leipzig), Dr.-Ing. E. h. (Dresden), em. Professor mit Lehrstuhl der Physik an der Karl-Marx-Universität Leipzig, Nobel-, Staats (UdSSR)- und Nationalpreisträger, Hervorragender Wissenschaftler des Volkes, Träger des Vaterländischen Verdienstordens und des Ordens „Banner der Arbeit“, Inhaber der Max-Planck-Medaille, der Helmholtz-Medaille, der Leibniz-Medaille, der Alexander-von-Humboldt-Medaille und der Ernst-Moritz-Arndt-Medaille, Vorsitzender des Wissenschaftlichen Rates für die friedliche Anwendung der Atomenergie beim Ministerrat und Mitglied des Forschungsrates der Deutschen Demokratischen Republik, o. Mitglied der Deutschen Akademie der Wissenschaften zu Berlin und der Československá Akademie Věd in Prag, korresp. Mitglied der Akademie der Wissenschaften in Göttingen, auswärt. Mitglied der Akademie der Wissenschaften der Sowjetunion in Moskau, Mitglied der Deutschen Akademie der Naturforscher Leopoldina in Halle und des Verwaltungsausschusses des Deutschen Museums in München, Ehrenmitglied der Magyar Tudományos Akadémia in Budapest, geb. 22. VII. 1887 in Hamburg, Berlin-Köpenick, Lienhardweg 47, Tel. 643177 (24. I. 1955).

Hölder, Ernst, Dr. phil., Professor der Mathematik an der Johannes Gutenberg-Universität Mainz, o. Mitglied der Deutschen Akademie der Wissenschaften zu Berlin, Mitglied der Deutschen Akademie der Naturforscher Leopoldina in Halle, geb. 2. IV. 1901 in Leipzig, Mainz-Gonsenheim, Heidesheimer Straße 40 (1. VII. 1948).

Hopf, Eberhard, Dr. phil., o. Professor der Mathematik an der Indiana Universität USA, korresp., früher o. Mitglied der Bayerischen Akademie der Wissenschaften in München, geb. 17. IV. 1902 in Salzburg, Bloomington (Ind. USA), 512 S. Swain Av. (26. XI. 1938).

Hund, Friedrich, Dr. phil., o. Professor der theoretischen Physik an der Georg-August-Universität Göttingen, Nationalpreisträger, Inhaber der Max-Planck-Medaille, o. Mitglied der Deutschen Akademie der Wissenschaften zu Berlin und der Akademie der Wissenschaften in Göttingen, Mitglied der Deutschen Akademie der Naturforscher Leopoldina in Halle, geb. 4. II. 1896 in Karlsruhe (Baden), Göttingen, Merkelstraße 55, Tel. 58589 (18. XI. 1933).

Kähler, Erich, Dr. phil., o. Professor der reinen und angewandten Mathematik an der Technischen Universität Berlin, o. Mitglied der Deutschen Akademie der Wissenschaften zu Berlin, Mitglied der Deutschen Akademie der Naturforscher Leopoldina in Halle, ausländ. Mitglied der Accademia Nazionale dei Lincei in Rom, geb. 16. I. 1906 in Leipzig, Berlin-Lankwitz, Waldmannstraße 23, Tel. 737578 (14. II. 1949).

Kersten, Martin, Dr.-Ing., Präsident der Physikalisch-Technischen Bundesanstalt (PTB), Hon.-Professor der Physik an der Technischen Hochschule Carolo-Wilhelmina Braunschweig, geb. 28. IV. 1906 in Zittau, Braunschweig, Bundesallee 100, Tel. 20521 (14. II. 1949).

König, Robert, Dr. phil., em. o. Professor der Mathematik an der Ludwig-Maximilians-Universität München, o. Mitglied der Bayerischen Akademie der Wissenschaften in München, geb. 11. IV. 1885 in Linz (Oberösterr.), München 13, Adelheidstraße 21, Tel. 376005 (31. VII. 1934).

Kramer, Kurt, Dr. med., o. Professor der Physiologie an der Georg-August-Universität Göttingen, o. Mitglied der Akademie der Wissenschaften in Göttingen, korresp. Mitglied der Gesellschaft zur Förderung der Naturwissenschaften in Marburg (Lahn), geb. 16. VI. 1906 in Münster (Westf.), Göttingen, Kirchweg 7, Tel. 56403 (24. VI. 1944).

Kulenkampff, Helmuth, Dr. phil., o. Professor der Physik an der Bayerischen Julius-Maximilians-Universität Würzburg, geb. 5. XII. 1895 in Bremen, Würzburg, Röntgenring 8, Tel. 53640 (19. VI. 1943).

Lendle, Ludwig, Dr. med., o. Professor der Pharmakologie und Toxikologie an der Georg-August-Universität Göttingen, o. Mitglied der Akademie der Wissenschaften in Göttingen, Mitglied der Deutschen Akademie der Naturforscher Leopoldina in Halle, geb. 6. II. 1899 in Wiesbaden, Göttingen, Stettiner Straße 17, Tel. 56307 (24. VI. 1944).

Leutwein, Friedrich, Dr. phil. nat., Directeur de Recherches (CNRS)/Centre de Recherches Pétrographiques et Géochimiques Nancy-Vandoeuvre, Hon.-Professor an der Universität Hamburg, Nationalpreisträger, o. Mitglied der Deutschen Akademie der Wissenschaften zu Berlin, Mitglied der Geologischen Vereinigung in Bonn, der Deutschen Mineralogischen Gesellschaft, der Gesellschaft Deutscher Metallhütten- und Bergleute in Clausthal und der Geochemical Society, geb. 9. VIII. 1911 in Berlin, Nancy-Vandoeuvre, Boîte Postale Nr. 682 Nancy, Tel. Nancy 537913 (17. XI. 1956).

Scheumann, Karl Hermann, Dr. phil., Dr. phil. h. c. (Frankfurt/Main), em. o. Professor der Mineralogie und Petrographie an der Rheinischen Friedrich-Wilhelms-Universität Bonn, Träger des Großen Verdienstkreuzes der Bundesrepublik Deutschland, Inhaber der Hans-Stille-Medaille und der Verdienstmedaille des Geologischen Forschungsinstitutes von Finnland, Ehrenmitglied der Isis und der Deutschen Mineralogischen Gesellschaft, korresp. Mitglied der Accademia di Belle Arti e Liceo Artistico in Bologna und der American Mineralogical Society in Cambridge (Mass.), geb. 25. II. 1881 in Metz, Bad Hersfeld, Wigbertstraße 9, Tel. 2545 (5. V. 1930).

Staude, Herbert, Dr. phil., Gastprofessor der physikalischen Chemie an der Johann-Wolfgang-Goethe-Universität Frankfurt am Main, Mitglied der Deutschen Bunsengesellschaft, der Gesellschaft Deutscher Chemiker, der Faraday Society in London und der Chemischen Gesellschaft in der Deutschen Demokratischen Republik, geb. 20. III. 1901 in Schmölln (Thür.), Frankfurt (Main), Schwanenstraße 9 (17. XI. 1956).

Thomas, Karl, Dr. med., Dr. med. h. c. (Freiburg i. B.), Dr. rer. nat. h. c. (Göttingen), em. oö. Professor der physiologischen Chemie an der Friedrich-Alexander-Universität Erlangen-Nürnberg, Hon.-Professor an der Georg-August-Universität Göttingen, em. Direktor der Medizinischen Forschungsanstalt der Max-Planck-Gesellschaft zur Förderung der Wissenschaften, komm. Leiter der Arbeitsgemeinschaft „Silikoseforschung“ der Medizinischen Forschungsanstalt der Max-Planck-Gesellschaft zur Förderung der Wissenschaften, Mitglied der Deutschen Akademie der Naturforscher Leopoldina in Halle, Ehrenmitglied der Deutschen Gesellschaft für Physiologische Chemie, der Schweizerischen Gesellschaft für Ernährungsforschung und der Japanese Biochemical Society in Tokyo, geb. 28. XI. 1883 in Freiburg i. B., Göttingen, Bunsenstraße 10, Tel. 23653 — 7 (27. II. 1922).

Treibs, Wilhelm, Dr. phil., Dr. rer. nat. h. c. (Humboldt-Universität Berlin), Gastprofessor der organischen Chemie an der Ruprecht-Karl-Universität Heidelberg, Nationalpreisträger, Hervorragender Wissenschaftler des Volkes, Träger des Vaterländischen Verdienstordens, Inhaber der August-Kekulé-Medaille der Chemischen Gesellschaft in der Deutschen Demokratischen Republik, o. Mitglied der Deutschen Akademie der Wissenschaften zu Berlin, Mitglied der Deutschen Akademie der Naturforscher Leopoldina in Halle, der Gesellschaft Deutscher Chemiker in der Bundesrepublik Deutschland und der Schweizerischen chemischen Gesellschaft, o. Mitglied der Chemical Society in London, Mitglied des Editorial Advisory Board des „Tetrahedron“ (International Journal of Organic Chemistry) und des Herausgeberstabes der „Chemischen Berichte,“ Ehrenmitglied der Chemischen Gesellschaft in der Deutschen Demokratischen Republik, geb. 6. XI. 1890 in Oberstein (Nahe), Heidelberg, Bergstraße 33 (14. III. 1955).

van der Waerden, Bartel, Dr. phil., o. Professor der Mathematik an der Universität Zürich, Mitglied der Deutschen Akademie der Naturforscher Leopoldina in Halle, korresp. Mitglied der Bayerischen Akademie der Wissenschaften in München und der Heidelberger Akademie der Wissenschaften, ausländ. Mitglied der Koninklijke Nederlandse Akademie van Wetenschappen in Amsterdam, geb. 2. II. 1903 in Amsterdam, Zürich 6, Bionstraße 18, Tel. 262814 (31. VII. 1934).

Todesfälle

Hueck, Werner, Dr. med., em. oö. Professor der allgemeinen Pathologie und pathologischen Anatomie an der Ludwig-Maximilians-Universität München, o. Mitglied der Bayerischen Akademie der Wissenschaften in München, Mitglied der Deutschen Akademie der Naturforscher Leopoldina in Halle, Ehrenmitglied des ärztlichen Vereins in München, geb. 18. IV. 1882 in Lüdenscheid (Westfalen), München 8, Prinzregentenstraße 64, Tel. 441128 (1. VII. 1925). † 1. VII. 1962.

Renner, Otto, Dr. phil., Dr. der Naturwiss. E. h. (Erlangen, Jena und Freiburg i. B.), em. o. Professor der Botanik an der Ludwig-Maximilians-Universität München, Träger des Ordens Pour le mérite für Verdienste um die Wissenschaft und um die Künste, Inhaber der Darwin-Plakette der Deutschen Akademie der Naturforscher

Leopoldina, o. Mitglied der Bayerischen Akademie der Wissenschaften in München, korresp. Mitglied der Deutschen Akademie der Wissenschaften zu Berlin, der Akademie der Wissenschaften in Göttingen und der Österreichischen Akademie der Wissenschaften in Wien, ausw. Mitglied der American Academy of Arts and Sciences in Boston, der Kungl. Svenska Vetenskapsakademie in Stockholm und der National Academy of Sciences in Washington, Mitglied der Botanical Society of America, der Kungl. Fysiografiska Sällskapet in Lund, der American Philosophical Society in Philadelphia und der Royal Society in London, Ehrenmitglied der Deutschen Akademie der Naturforscher Leopoldina in Halle, der Genetical Society of Great Britain, der Genetic Society of Japan und der Thüringischen und Bayerischen Botanischen Gesellschaften, geb. 25. IV. 1883 in Neu-Ulm, München 19, Menzinger Straße 63, Tel. 571627 (1. VII. 1933). † 8. VII. 1960.

Ruhland, Wilhelm, Dr. phil., Dr. rer. nat. h. c. (Erlangen), em. Hon.-Professor der Botanik an der Friedrich-Alexander-Universität Erlangen-Nürnberg, o. Mitglied der Bayerischen Akademie der Wissenschaften in München, korresp. Mitglied der Deutschen Akademie der Wissenschaften zu Berlin, der Akademie der Wissenschaften in Göttingen und der American Society of Plant Physiologists in Ithaca, Mitglied der Deutschen Akademie der Naturforscher Leopoldina in Halle, Ehrenmitglied der Physikalisch-medizinischen Societät zu Erlangen, geb. 7. VIII. 1878 in Schleswig, Unterdeufstetten über Crailsheim, Schloß (26. II. 1923). † 5. I. 1960.

Weickmann, Ludwig, Dr. phil., Dr. rer. nat. h. c. (Freie Universität Berlin), em. o. Professor der Geophysik an der Ludwig-Maximilians-Universität München, Präsident i. R. des Deutschen Bundeswetterdienstes, Träger des Großen Verdienstkreuzes der Bundesrepublik Deutschland, Inhaber der Silbernen und Goldenen Hellmann-Medaille, o. Mitglied der Bayerischen Akademie der Wissenschaften in München, Mitglied der Deutschen Akademie der Naturforscher Leopoldina in Halle, Ehrenmitglied der Deutschen und der Ungarischen Meteorologischen Gesellschaft, geb. 15. VIII. 1882 in Neu-Ulm, Bad Kissingen, Richard-Wagner-Straße 1, Tel. 2410 (1. VII. 1925). † 29. XI. 1961.

Korrespondierende Mitglieder der mathematisch-naturwissenschaftlichen Klasse

Chadwick, James, Sir, Ph. D., D. Sc. h. c., Ll. D. h. c., Master of Gonville and Caius College, Cambridge, Nobelpreisträger, Inhaber der Hughes Medal of the Royal Society, der Copley Medal und der Franklin Medal, Fellow of the Royal Society, Hon. Fellow of the Institute of Physics, ausländ. Mitglied der Kongl. Danske Videnskabernes Selskab in København und der Koninkl. Nederlandse Akademie van Wetenschappen in Amsterdam, geb. 20. X. 1891 in Cheshire, Wynne's Parc, Denbigh, Denbighshire (North Wales), Tel. Denbigh 62 (1. VII. 1932).

Eggert, John, Dr. phil., Dr.-Ing. E. h. (Karlsruhe), o. Professor der Photochemie und Photographie an der Eidgenössischen Technischen Hochschule Zürich, Inhaber der Goldenen Medaille der Photographischen Gesellschaft in Wien, der Traill Taylor Medal und der Progress Medal 1949 der Royal Photographic Society of Great Britain, der Médaille Péligot der Société Française de Photographie, der Plakette der Stadt Paris, der Gauss-Weber-Medaille der math.-nat. Fakultät der Georg-August-Universität Göttingen, der Special Citation der Photographers' Association of America, der Photokina-Plakette Köln, der Adolf-von-Baeyer-Denkmünze der Gesellschaft Deutscher Chemiker, Kulturpreis für Photographie der Deutschen Gesellschaft für Photographie, korresp. Mitglied der Bayerischen Akademie der Wissenschaften in München, der Heidelberger Akademie der Wissenschaften und der Société Royale des Sciences de Liège, Ehrenmitglied der Royal Photographic Society of Great Britain, der Photographic Society of America, der Society of Photographic Scientists and Engineers (USA), der japanischen Gesellschaft für wissenschaftliche Photographie, der Fédération internationale de l'art photographique, der Deutschen Bunsengesellschaft für physikalische Chemie und des Schweizerischen Photographenverbandes, Mitglied der Gesellschaft Deutscher Chemiker und der Deutschen Physikalischen Gesellschaft, geb. 1. VII. 1891 in Berlin, Zollikon b. Zürich, Höhestraße 44, Tel. (051) 248372 (12. V. 1958).

Hill, Archibald Vivian, Sc. D., Ll. D. h. c., D. Sc. h. c., M. D. h. c., Professor der Physiologie, Hon. Research Associate und Hon. Fellow am University College London, Hon. Fellow am Trinity College und King's College Cambridge, Nobelpreisträger, Inhaber der Copley Medal, Mitglied der National Academy of Sciences in Washington und der Deutschen Akademie der Naturforscher Leopoldina in Halle, geb. 26. IX. 1886 in Bristol, Physiology Department, University College, Gower Street, London W. C. I, Privatanschrift: 16 Bishopswood Road, London N 6, Tel. Mountview 1157 (1. VII. 1929).

Lange, Erich, Dr.-Ing., em. o. Professor der physikalischen Chemie an der Friedrich-Alexander-Universität Erlangen-Nürnberg, Mitglied der Deutschen Bunsengesellschaft, der Gesellschaft Deutscher Chemiker, des Internationalen Komitees für elektrochemische Thermodynamik und Kinetik, CITCE, Nomenklaturkommission, Gesellschaft Deutscher Naturforscher und Ärzte, der American Electrochemical Society, geb. 26. XI. 1896 in Hartha b. Waldheim, Erlangen, Hindenburgstraße 61, Tel. 2419 (19. VI. 1961).

Myrberg, Pekka Juhana, Dr. phil., Dr. techn. h. c. (Turku), Dr. phil. h. c. (Turku und Stockholm), em. o. Professor der Mathematik an der Universität Helsinki, ehem. Kanzler der Universität Helsinki, Mitglied der Suomalainen Tiedeakatemia in Helsinki, ausländ. Mitglied der Kongl. Danske Videnskabernes Selskab in København und der Norske Videnskaps Akademi in Oslo, geb. 30. XII. 1892 in Wiipuri, Helsinki, Mannerheimintie 75 (5. XII. 1942).

Täufel, Kurt, Dr. phil., Dr. rer. nat. h. c. (Technische Universität Dresden), em. Professor mit Lehrstuhl der Lebensmittelchemie und -technologie an der Humboldt-

Universität Berlin, Direktor am Institut für Ernährung in Potsdam-Rehbrücke der Deutschen Akademie der Wissenschaften zu Berlin, Vorsitzender der Sektion für Ernährung bei der Klasse für Medizin dieser Akademie, Nationalpreisträger, Hervorragender Wissenschaftler des Volkes, Inhaber der Wilhelm-Normann-Medaille der Deutschen Gesellschaft für Fettwissenschaft in Münster, des Hermann-Hertzer-Preises des Fachverbandes der Süßwaren-Industrie Detmold, Mitglied der Deutschen Akademie der Naturforscher Leopoldina in Halle und der Studiengruppe europäischer Ernährungswissenschaftler, Ehrenmitglied der Österreichischen Gesellschaft für Ernährungsforschung in Wien, Ehrenamtliches Mitglied der Deutschen Forschungsanstalt für Lebensmittelchemie in München, geb. 10. XII. 1892 in Crimmitschau (Sa.), Potsdam-Rehbrücke, In den Gehren 20, Tel. Rehbrücke 309 (23. II. 1959).

Wagner, Carl, Dr. phil., Dr. rer. nat. h. c. (Darmstadt), Hon.-Professor der physikalischen Chemie an der Georg-August-Universität Göttingen, Direktor des Max-Planck-Instituts für Physikalische Chemie, Inhaber der Palladium Medal der Electrochemical Society und der Wilhelm-Exner-Medaille des Österreichischen Gewerbevereins, o. Mitglied der Akademie der Wissenschaften in Göttingen, Mitglied der Deutschen Akademie der Naturforscher Leopoldina in Halle, der American Academy of Arts and Sciences in Boston, der Deutschen Bunsengesellschaft, der Deutschen Gesellschaft für Metallkunde, der Gesellschaft Deutscher Chemiker, der Faraday Society in London, der Electrochemical Society, der American Chemical Society for Metals, der American Physical Society, der National Association of Corrosion Engineers und des American Institute of Mining and Metallurgical Engineers, geb. 25. V. 1901 in Leipzig, Göttingen, Nikolausberger Weg 63, Tel. 23651/670 (9. III. 1959).

Todesfall

Blaschke, Wilhelm, Dr. phil., Dr. math. h. c. (Sofia und Padua), Dr. rer. nat. h. c. (Greifswald), Dr. rer. nat. E. h. (Karlsruhe), em. o. Professor der Mathematik an der Universität Hamburg, Nationalpreisträger, Inhaber der Joachim-Jungius-Medaille 1961 der Joachim-Jungius-Gesellschaft der Wissenschaften in Hamburg, o. Mitglied der Akademie der Wissenschaften und der Literatur in Mainz, korresp. Mitglied der Bayerischen Akademie der Wissenschaften in München, Mitglied der Deutschen Akademie der Naturforscher Leopoldina in Halle, der Real Academia de Ciencias y Artes de Barcelona, der Academia Republicii Populare Romîne in Bukarest, der Real Academia Española in Madrid, der Accademia di Belle Arti e Liceo Artistico in Neapel, der Accademia di scienze, lettere ed arti in Padua, der Accademia Nazionale dei Lincei in Rom, der Accademia di Belle Arti e Liceo Artistico in Venedig, Ehrenmitglied der Deutschen Akademie der Wissenschaften zu Berlin und der math.-nat. Klasse der Österreichischen Akademie der Wissenschaften in Wien, geb. 13. IX. 1885 in Graz, Hamburg 20, Heilwigstraße 123, Tel. 478267 (8. V. 1937). † 17. III. 1962.

Ordentliche Mitglieder der philologisch-historischen Klasse

Baetke, Walter, Dr. phil., D. theol. h. c. (Leipzig), em. Professor mit Lehrstuhl der nordischen Philologie und Religionsgeschichte an der Karl-Marx-Universität Leipzig, Hervorragender Wissenschaftler des Volkes, Träger des Vaterländischen Verdienstordens, geb. 28. III. 1884 in Sternberg (Neum.), Leipzig S 3, Turmweg 18, Tel. 36344 (19. VI. 1943).

Barwick, Karl, Dr. phil., em. Professor mit Lehrstuhl der klassischen Philologie an der Friedrich-Schiller-Universität Jena, geb. 14. V. 1883 in Oberndorf (Pfalz), Jena, Johann-Friedrich-Straße 1 (16. V. 1949).

Behn, Friedrich, Dr. phil., em. Professor mit Lehrstuhl der Vor- und Frühgeschichte an der Karl-Marx-Universität Leipzig, Mitglied der Historischen Kommission der Akademie, o. Mitglied des Deutschen Archäologischen Instituts, geb. 14. II. 1883 in Neustrelitz (Mecklenburg), Leipzig C 1, Ferdinand-Lassalle-Straße 15, Tel. 41034 (14. II. 1949).

Besseler, Heinrich, Dr. phil., Professor mit Lehrstuhl der Musikwissenschaft an der Karl-Marx-Universität Leipzig, Nationalpreisträger, Ehrenmitglied des Instituto Español de Musicologia in Barcelona, geb. 2. IV. 1900 in Dortmund-Hörde, Leipzig C 1, Nikischplatz 3, Tel. 25158 (14. III. 1955).

Blumenthal, Lieselotte, Dr. phil., Professor, wissenschaftliche Arbeitsleiterin in der Abteilung Werke Goethes des Instituts für deutsche Sprache und Literatur bei der Deutschen Akademie der Wissenschaften zu Berlin, geb. 30. IX. 1906 in Bielefeld, Weimar, Belvederer Allee 22a, Tel. 3461 (5. XII. 1960).

Buchda, Gerhard, Dr. jur., Professor mit Lehrstuhl der deutschen Rechtsgeschichte und des Handelrechts an der Friedrich-Schiller-Universität Jena, Träger des Vaterländischen Verdienstordens, Inhaber der Deutschen Friedensmedaille des Deutschen Friedensrates in Berlin, Mitglied der Historischen Kommission der Akademie, Mitglied der Vereinigung der Deutschen Rechtshistoriker, geb. 22. X. 1901 in Stadtroda (Thür.), Stadtroda (Thür.), Straße der Jugend 5, Tel. Stadtroda 579 (15. IX. 1958).

Eißfeldt, Otto, Dr. phil., D. theol. h. c. (Berlin), DD. (Glasgow), D. theol. h. c. (Budapest), em. Professor mit Lehrstuhl für Altes Testament und semitische Religionsgeschichte an der Martin-Luther-Universität Halle-Wittenberg, Ehrensenator dieser Universität, o. Mitglied der Deutschen Akademie der Wissenschaften zu Berlin, korresp. Mitglied der Akademie der Wissenschaften und der Literatur in Mainz, der Académie des Inscriptions et Belles Lettres in Paris und der British Academy in London, o. Mitglied des Deutschen Archäologischen Instituts, Ehrenmitglied der Deutschen Morgenländischen Gesellschaft, der British Society for Old Testament Study und der American Society of Biblical Literature and Exegesis, geb. 1. IX. 1887 in Northeim (Hann.), Halle (Saale), Steffensstraße 7, Tel. 29566 (1. VII. 1948).

Fischer, Rudolf, Dr. phil., Professor mit Lehrstuhl der Slawistik an der Karl-Marx-Universität Leipzig, Träger des Vaterländischen Verdienstordens, Mitglied der Historischen Kommission der Akademie, Mitglied des Comité International des Sciences Onomastiques, der Onomastischen Kommission des Internationalen Slawistenkomitees und Vorsitzender der Onomastischen Kommission des Deutschen Slawistenkomitees, geb. 18. XII. 1910 in Königsberg (Eger), Arnstadt (Thür.), Berggartenweg 21, Tel. 3042 (14. III. 1955).

Frings, Theodor, Dr. phil., Dr. phil. h. c. (Amsterdam), Dr. phil. h. c. (Gent), em. Professor mit Lehrstuhl der deutschen Sprache und Literatur an der Karl-Marx-Universität Leipzig, Nationalpreisträger I. und II. Kl., Hervorragender Wissenschaftler des Volkes, Träger des Vaterländischen Verdienstordens in Gold und Silber, Inhaber der Alexander-von-Humboldt-Medaille und der Goethe- und Schillerplakette, o. Mitglied der Deutschen Akademie der Wissenschaften zu Berlin und Direktor des Instituts für deutsche Sprache und Literatur dieser Akademie, korresp. Mitglied der Bayerischen Akademie der Wissenschaften in München, ausländ. Mitglied der Kungl. Gustav Adolfs-Akademien in Uppsala, der Kongl. Danske Videnskabernes Selskab in København, der Suomalainen Tiedeakatemia in Helsinki, der Kungl. Vitterhets Historie-och Antikvitetsakademien in Stockholm, der Suomalais-Ugrilainen Seura in Helsinki, der Finska Vetenskaps Societeten in Helsinki und der Provinciaal Utrechtsch Genootschap van Kunsten en Wetenschappen in Utrecht, Mitglied der Fryske Akademy in Leeuwarden, der Commission d'Enquête linguistique (CEL) sous-division du Comité International Permanent des Linguistes (CIPL) in Louvain, des Comité de patronage de l'Encyclopédie linguistique beim Centre International de Dialectologie Générale in Louvain, des Vorstandsrates (bis 5. V. 1962) seitdem des Verwaltungsausschusses des Deutschen Museums in München, der Zentraldirektion der Monumenta Germaniae Historica in München, Ausschußmitglied der Internationalen Vereinigung für germanische Sprach- und Literaturwissenschaft in Kopenhagen, Ehrenmitglied der philosophisch-historischen Klasse der Österreichischen Akademie der Wissenschaften in Wien, der Academia Republicii Populare Romîne in Bukarest, der Linguistic Society of America in Ithaca, der Modern Language Association of America in Washington, des International Committee of Onomastic Sciences in Leuven, der Maatschappij der Nederlandse Letterkunde te Leiden, geb. 23. VII. 1886 in Dülken (Rhld), Leipzig N 22, Manetstraße 31, Tel. 51169 (1. VII. 1930).

Fück, Johann, Dr. phil., em. Professor mit Lehrstuhl der semitischen Philologie und Islamkunde an der Martin-Luther-Universität Halle-Wittenberg, Nationalpreisträger, korresp. Mitglied der Akademie der arabischen Sprache der VAR in Kairo, Mitglied des Executive Committee of the Union for Scientific Collaboration in Islamic Studies, Membre Associé bei der Association pour l'Avancement des

Études Islamiques in Paris, Ehrenmitglied des Instituto Peruano de Altos Estudios Islámicos zu Lima, geb. 8. VII. 1894 in Frankfurt (Main), Halle (Saale), Karl-Liebknecht-Straße 23, Tel. 21090 (1. VII. 1948).

Hauschild, Richard, Dr. phil., Professor mit Lehrstuhl der vergleichenden Sprachwissenschaft und Indologie an der Friedrich-Schiller-Universität Jena, Mitglied der Deutschen Morgenländischen Gesellschaft und der Mommsen-Gesellschaft, geb. 2. XII. 1901 in Roschütz (Krs Gera), Jena, Schillbachstraße 43, Tel. 2801 (7. XII. 1959).

Hempel, Eberhard, Dr. phil., Dr.-Ing. E. h. (Hannover), em. Professor mit Lehrstuhl der Kunstgeschichte und Geschichte der Baukunst an der Technischen Universität Dresden, geb. 30. VII. 1886 in Dresden, Dresden A 1, Altenzeller Straße 44, Tel. 46224 (14. II. 1949).

Hentschel, Walter, Dr. phil., Professor mit Lehrstuhl der Kunstgeschichte und Denkmalpflege an der Technischen Universität Dresden, Mitglied der Historischen Kommission der Akademie, geb. 25. III. 1899 in Zwickau/Sa., Dresden A 19, Reinickstraße 3 (11. XII. 1961).

Jacobi, Erwin, Dr. jur., D. theol. h. c. (Leipzig), em. Professor mit Lehrstuhl für Staatsrecht, Verwaltungsrecht, Arbeitsrecht und Kirchenrecht an der Karl-Marx-Universität Leipzig, Träger des Vaterländischen Verdienstordens, korresp. Mitglied der Deutschen Akademie der Wissenschaften zu Berlin, geb. 15. I. 1884 in Zittau, Leipzig S 3, Meusdorfer Straße 5, Tel. 32160 (1. VII. 1948).

Jahn, Johannes, Dr. phil., em. Professor mit Lehrstuhl der Kunstgeschichte an der Karl-Marx-Universität, Leipzig, Direktor des Museums der Bildenden Künste Leipzig, Träger des Vaterländischen Verdienstordens, Vorsitzender der Lucas-Cranach-Kommission beim Ministerium für Kultur, geb. 22. XI. 1892 in Orlandshof (Krs Wissek), Leipzig C 1, Auenstraße 13, Tel. 22981 (11. XII. 1961).

Jahn, Martin, Dr. phil., em. Professor mit Lehrstuhl der Vor- und Frühgeschichte an der Martin-Luther-Universität Halle-Wittenberg, Direktor des Landesmuseums für Vorgeschichte in Halle, o. Mitglied des Deutschen Archäologischen Instituts, Mitglied der Deutschen Akademie der Naturforscher Leopoldina in Halle, geb. 20. IX. 1888 in Berlin, Halle (Saale), Eschenweg 8, Tel. 29612 (1. VII. 1948).

Karg-Gasterstädt, Elisabeth, Dr. phil., em. Professor mit vollem Lehrauftrag für Germanistik an der Karl-Marx-Universität Leipzig, Trägerin des Vaterländischen Verdienstordens, geb. 9. II. 1886 in Gröditz b. Riesa, Leipzig C 1, Grassistraße 40, Tel. 30086 (14. III. 1955).

Korff, Hermann August, Dr. phil., em. Professor mit Lehrstuhl der neueren deutschen Sprache und Literatur an der Karl-Marx-Universität Leipzig, Inhaber der Hindenburg-Medaille für Kunst und Wissenschaft, der Goethe-Medaille des Freien Deutschen Hochstifts, der Goethe-Medaille der Stadt Frankfurt (Main) und der Herder-

Medaille, geb. 3. IV. 1882 in Bremen, Leipzig O 27, Wachauer Straße 9, Tel. 81731 (24. I. 1955).

Kretzschmar, Hellmut, Dr. phil., em. Professor mit vollem Lehrauftrag der historischen Hilfswissenschaften und Landesgeschichte an der Karl-Marx-Universität Leipzig, em. Direktor des Sächsischen Landeshauptarchivs in Dresden, Mitglied und Leiter (bis 19. III. 1962) der Historischen Kommission der Akademie, Mitglied des wissenschaftl. Beirats des Museums für Deutsche Geschichte und des wissenschaftl. Beirats der Staatl. Archivverwaltung, geb. 12. VII. 1893 in Stolpen, Dresden-Weißer Hirsch, Plattleite 36, Tel. 36247 (17. XI. 1956).

Lehmann, Edgar, Dr. phil., Dr.-Ing. E. h. (Technische Hochschule Zürich), Professor mit Lehrstuhl der Geographie an der Karl-Marx-Universität Leipzig, Direktor des Deutschen Instituts für Länderkunde in Leipzig, Inhaber der Alexander-von-Humboldt-Medaille, Mitglied der Historischen Kommission der Akademie, o. Mitglied der Deutschen Akademie der Wissenschaften zu Berlin, Vorstandsmitglied der Geographischen Gesellschaft in der Deutschen Demokratischen Republik, Vizepräsident der Deutschen Gesellschaft für Kartographie, Mitglied des Arbeitskreises für Kartographie beim Forschungsrat der Deutschen Demokratischen Republik, geb. 25. III. 1905 in Berlin, Leipzig S 3, Papestraße 29, Tel. 31219 (7. XII. 1959).

Meyer, Rudolf, Dr. theol., D. theol. h. c. (Humboldt-Universität Berlin), Professor mit Lehrstuhl für Altes Testament an der Friedrich-Schiller-Universität Jena, geb. 8. IX. 1909 in Leipzig, Jena, Pestalozzistraße 15, Tel. 6372 (15. IX. 1958).

Morenz, Siegfried, Dr. phil., D. theol. h. c. (Tübingen), Professor mit Lehrstuhl der Ägyptologie an der Karl-Marx-Universität Leipzig, o. Professor der Ägyptologie an der Universität Basel, Nationalpreisträger, o. Mitglied des Deutschen Archäologischen Instituts, Vorstandsmitglied der Deutschen Morgenländischen Gesellschaft, geb. 22. XI. 1914 in Leipzig, Leipzig C 1, Schillerstraße 6, Tel. 21583, Basel, Ahornstraße 47, Tel. 397883 (14. III. 1955).

Müller, Joachim, Dr. phil., Professor mit Lehrstuhl der neueren und neuesten deutschen Literaturgeschichte an der Friedrich-Schiller-Universität Jena, korresp. Mitglied des Adalbert-Stifter-Institutes des Landes Oberösterreich, geb. 12. VII. 1906 in Oberwiesenthal, Jena, Schillbachstraße 39, Tel. 3808 (7. XII. 1959).

Peek, Werner, Dr. phil., Professor mit Lehrstuhl der klassischen Philologie an der Martin-Luther-Universität Halle-Wittenberg, Nationalpreisträger, korresp. Mitglied des Deutschen Archäologischen Instituts, geb. 6. VI. 1904 in Bielefeld, Halle (Saale), Am Krähenberg 21, Tel. 32822 (7. XII. 1959).

Schubart-Fikentscher, Gertrud, Dr. jur., em. Professor mit Lehrstuhl der Rechtsgeschichte und des Zivilrechts an der Martin-Luther-Universität Halle-Witttenberg, Trägerin des Vaterländischen Verdienstordens, Mitglied und Leiterin (seit 19. III. 1962) der Historischen Kommission der Akademie, korresp. Mitglied der Monumenta Germaniae Historica in München, geb. 23. XII. 1896 in Zwickau (Sa.), Halle (Saale), Marsstraße 10, Tel. 32710 (7. XII. 1959).

Straub, Werner, Dr. phil., Professor mit Lehrstuhl der Psychologie an der Technischen Universität Dresden, Träger des Vaterländischen Verdienstordens in Bronze und Silber, geb. 14. VII. 1902 in Stuttgart, Dresden-Weißer Hirsch, Collenbuschstraße 10, Tel. 36036 (16. V. 1949).

Weller, Friedrich, Dr. phil., em. Professor mit Lehrstuhl der Indologie an der Karl-Marx-Universität Leipzig, Nationalpreisträger, Mitglied der Deutschen Morgenländischen Gesellschaft und der Deutschen Gesellschaft für Natur- und Völkerkunde Ostasiens, korresp. Mitglied der School of Oriental and African Studies in London, geb. 22. VII. 1889 in Markneukirchen, Leipzig C 1, Stephanstraße 12, Tel. 25801 (19. VI. 1943).

Zucker, Friedrich, Dr. phil., em. Professor mit Lehrstuhl der klassischen Philologie und Papyruskunde an der Friedrich-Schiller-Universität Jena, Nationalpreisträger, o. Mitglied der Deutschen Akademie der Wissenschaften zu Berlin, o. Mitglied des Deutschen Archäologischen Instituts, geb. 30. VI. 1881 in Fürth (Bayern), Jena, Dr. Otto-Nuschke-Straße 10, Tel. 7142, App. 2678 (1. VII. 1948).

Todesfälle

Dornseiff, Franz, Dr. phil., Professor mit Lehrstuhl der klassischen Philologie an der Karl-Marx-Universität Leipzig, Nationalpreisträger, o. Mitglied des Deutschen Archäologischen Instituts, geb. 20. III. 1888 in Gießen, Leipzig-Markkleeberg 2, Mozartstraße 5, Tel. 32167 (14. II. 1949). † 22. V. 1960.

Schubart, Wilhelm, Dr. phil., Dr. jur. h. c. (Frankfurt/Main), em. Professor mit Lehrstuhl der Geschichte des Altertums an der Karl-Marx-Universität Leipzig, Hervorragender Wissenschaftler des Volkes, korresp. Mitglied der Deutschen Akademie der Wissenschaften zu Berlin, der Österreichischen Akademie der Wissenschaften in Wien, der Akademie der Wissenschaften in Göttingen und der British Academy in London, Ehrenmitglied der Society for the Promotion of Hellenic Studies, ausländ. Mitglied der Gesellschaft der Wissenschaften in Göteborg, geb. 21. X. 1873 in Liegnitz, Halle (Saale), Marsstraße 10, Tel. 32710 (29. XI. 1941). † 9. VIII. 1960.

Früher ordentliche, gegenwärtig auswärtige Mitglieder der philologisch-historischen Klasse

Aland, Kurt, D., D. theol. h. c. (Göttingen), D. D. h. c. (St. Andrews), o. Professor der Kirchengeschichte und neutestamentlichen Einleitungswissenschaft an der Ev. Theologischen Fakultät der Westfälischen Wilhelms-Universität Münster, Leiter der Arbeitsstelle Münster der Kommission für Patristik, Mitglied der Studiorum Novi Testamenti Societas (England), des Sodalicium Neotestamenticum Upsaliense (Schweden), des Kuratoriums der Vetus Latina in Beuron (Hohenzollern), Ehrenmitglied der Society of Biblical Literature and Exegesis (USA), geb. 28. III. 1915 in Berlin, Münster (Westf.), Schützenstraße 6, Tel. 48408 (14. III. 1955).

Bischoff, Karl, Dr. phil., o. Professor der deutschen Philologie und Volkskunde an der Johannes Gutenberg-Universität Mainz, Mitglied der Historischen Kommission der Akademie, korresp. Mitglied der Akademie der Wissenschaften in Göttingen, geb. 19. V. 1905 in Aken (Elbe), Mainz, Am Kuckucksschlag 9, Tel. 32705 (14. III. 1955).

Friedrich, Johannes, Dr. phil., em. o. Professor der altorientalischen Sprachen an der Freien Universität Berlin, Ehrenmitglied der Linguistic Society of America, korresp. Mitglied der Vooraziatisch-Egyptisch Gezelschap „Ex Oriente Lux" in Leiden und der Societas Orientalis Fennica in Helsinki, geb. 27. VIII. 1893 in Leipzig, Berlin 41 (Steglitz), Schloßstraße 49 I (20. III. 1940).

Gadamer, Hans-Georg, Dr. phil., o. Professor der Philosophie an der Ruprecht-Karl-Universität Heidelberg, o. Mitglied der Heidelberger Akademie der Wissenschaften, geb. 11. II. 1900 in Marburg, Heidelberg, Bergstraße 148 (15. VI. 1940).

Haenisch, Erich, Dr. phil., em. oö. Professor der ostasiatischen Kultur und Sprachwissenschaft an der Ludwig-Maximilians-Universität München, Träger des Ordens Pour le mérite für Verdienste um die Wissenschaft und um die Künste, o. Mitglied der Deutschen Akademie der Wissenschaften zu Berlin, korresp. Mitglied der Bayerischen Akademie der Wissenschaften in München, der Finnisch-Ugrischen Gesellschaft in Helsinki und der School of Oriental and African Studies an der Universität London, Ehrenmitglied der Deutschen Morgenländischen Gesellschaft, der Deutschen Gesellschaft für Natur- und Völkerkunde Ostasiens, der Societas Uralo-Altaica in Göttingen, geb. 27. VIII. 1880 in Berlin, Stuttgart-Schönberg, Birkheckenstraße 92 (5. V. 1930).

Heimpel, Hermann, Dr. phil., o. Professor der mittelalterlichen und neueren Geschichte an der Georg-August-Universität Göttingen, Direktor des Max-Planck-Instituts für Geschichte in Göttingen, o. Mitglied der Akademie der Wissenschaften in Göttingen, korresp. Mitglied der Deutschen Akademie für Sprache und Dichtung in Darmstadt, der Bayerischen Akademie der Wissenschaften in München, der Heidelberger Akademie der Wissenschaften, der Akademie der Wissenschaften und der Literatur in Mainz und der Royal Society in London, o. Mitglied der Zentraldirektion der Monumenta Germaniae Historica in München und der Historischen Kommission bei der Bayerischen Akademie der Wissenschaften in München, Mitglied des Verwaltungsausschusses des Germanischen Museums in Nürnberg, Ehrenmitglied des Instituts für Österreichische Geschichtsforschung in Wien, geb. 19. IX. 1901 in München, Göttingen, Dahlmannstraße 14, Tel. 59382 (5. VI. 1935).

Klingner, Friedrich, Dr. phil., em. o. Professor der klassischen Philologie an der Ludwig-Maximilians-Universität München, o. Mitglied der Bayerischen Akademie der Wissenschaften in München, korresp. Mitglied der Deutschen Akademie der Wissenschaften zu Berlin und der Österreichischen Akademie der Wissenschaften in Wien, auswärt. Mitglied der Kungl. Vitterhets Historie-och Antikvitetsakademien in Stockholm, geb. 7. VII. 1894 in Dresden, München 13, Josephsplatz 5 (5. VI. 1935).

Krauss, Werner, Dr. phil., Professor mit Lehrstuhl der romanischen Philologie an der Karl-Marx-Universität Leipzig, Nationalpreisträger, Träger des Vaterländischen Verdienstordens, Inhaber des Friedrich-Engels-Preises, o. Mitglied der Deutschen Akademie der Wissenschaften zu Berlin, korresp. Mitglied der Academia Nacional de Derecho y Ciencias Sociales in Buenos Aires, geb. 7. VI. 1900 in Stuttgart, Berlin-Hessenwinkel, Kanalstraße 35 (14. II. 1949).

Kühn, Johannes, Dr. phil., em. o. Professor der neueren Geschichte an der Ruprecht-Karl-Universität Heidelberg, Mitglied der Historischen Kommission bei der Bayerischen Akademie der Wissenschaften in München, geb. 24. I. 1887 in Bogschütz, Heidelberg-Ziegelhausen, Mühldamm 5, Tel. 50472 (19. VI. 1943).

Ladendorf, Heinz, Dr. phil., o. Professor der Kunstgeschichte an der Universität zu Köln, korresp. Mitglied des Deutschen Archäologischen Instituts, geb. 29. VI. 1909 in Leipzig, Kunsthistorisches Institut Köln-Lindenthal, Albertus-Magnus-Platz, Tel. 2024349 und Köln-Lindenthal, Kerpenerstraße 4, Tel. 416058 (14. III. 1955).

Leipoldt, Johannes, Dr. phil., D. theol. h. c. (Halle-Wittenberg), em. Professor mit Lehrstuhl der Neutestamentlichen Wissenschaft an der Karl-Marx-Universität Leipzig, Träger des Vaterländischen Verdienstordens in Gold und Silber, Inhaber der Deutschen Friedensmedaille, Domherr des Domkapitels Wurzen, korresp. Mitglied der Society of Coptic Archaeology in Kairo, geb. 20. XII. 1880 in Dresden, Ostseebad Ahrenshoop über Ribnitz-Damgarten, Hohes Ufer, Tel. Ostseebad Wustrow 125 (15. IX. 1958).

Lersch, Philipp, Dr. phil., oö. Professor der Psychologie und Philosophie an der Ludwig-Maximilians-Universität München, o. Mitglied der Bayerischen Akademie der Wissenschaften in München, der Deutschen Akademie der Naturforscher Leopoldina in Halle und der Deutschen Gesellschaft für Psychologie, korresp. Mitglied der Gesellschaft deutscher Neurologen und Psychiater, geb. 4. IV. 1898 in München, München 23, Dreschstraße 5, Tel. 335012 (20. VI. 1942).

Schadewaldt, Wolfgang, Dr. phil., o. Professor der klassischen Philologie sowie der Geschichte der Fortwirkung des Griechentums an der Eberhard-Karls-Universität Tübingen, Träger des Ordens Pour le mérite für Verdienste um die Wissenschaft und um die Künste, o. Mitglied der Deutschen Akademie der Wissenschaften zu Berlin und der Heidelberger Akademie der Wissenschaften, korresp. Mitglied der Österreichischen Akademie der Wissenschaften in Wien, Mitglied der Zentraldirektion des Deutschen Archäologischen Instituts und der Deutschen Akademie für Sprache und Dichtung in Darmstadt, Mitglied des P. E. N., geb. 15. III. 1900 in Berlin, Tübingen, Nägelestraße 19, Tel. 2230 (5. VI. 1935).

Schmidt, Eberhard, Dr. jur., Dr. med. h. c. (Göttingen), em. o. Professor der Rechte (Straf- und Strafprozeßrecht, Rechtsgeschichte) an der Ruprecht-Karl-Universität Heidelberg, Träger des Großen Verdienstkreuzes des Verdienstordens der Bundesrepublik Deutschland, Inhaber des Ehrenzeichens der deutschen Ärzteschaft, o. Mitglied der Heidelberger Akademie der Wissenschaften, korresp. Mitglied der Österreichischen Akademie der Wissenschaften in Wien und der Gesellschaft Deutscher Neurologen und Psychiater, geb. 16. III. 1891 in Jüterbog, Heidelberg, Werderplatz 9, Tel. 47096 (14. VI. 1941).

Schücking, Levin, Dr. phil., em. o. Professor der Anglistik an der Friedrich-Alexander-Universität Erlangen-Nürnberg, o. Mitglied der Bayerischen Akademie der Wissenschaften in München, korresp. Mitglied der Kungl. Vetenskaps Societeten in Lund, Ehrenmitglied der Modern Language Association of America, der American Academy of Arts and Sciences in Boston und der International Association of University Professors of English, geb. 29. V. 1878 in Burgsteinfurt, Farchant b. Garmisch (Obb.), Schulstraße 20 Haus Heorot, Tel. Garmisch 6225 (28. II. 1927).

Schweitzer, Bernhard, Dr. phil., oö. Professor der klassischen Archäologie an der Eberhard-Karls-Universität Tübingen, o. Mitglied der Heidelberger Akademie der Wissenschaften, korresp. Mitglied der Deutschen Akademie der Wissenschaften zu Berlin, Ehrenmitglied des Archaeological Institute of America, geb. 3. X. 1892 in Wesel, Tübingen, Stauffenbergstraße 48a, Tel. 3302 (17. II. 1934).

Thieme, Paul, Dr. phil., o. Professor der Indologie und vergleichenden Religionswissenschaft an der Eberhard-Karls-Universität Tübingen, geb. 18. III. 1905 in Berlin, Tübingen, Wilhelmstraße 36 (12. XI. 1949).

Vossler, Otto, Dr. phil., o. Professor der mittleren und neueren Geschichte an der Johann-Wolfgang-Goethe-Universität Frankfurt am Main, geb. 14. II. 1902 in Heidelberg, Frankfurt (Main), Grüneburgweg 143, Tel. 726269 (20. VI. 1942).

von Wartburg, Walther, Dr. phil., Dr. phil. h. c. (Lausanne, Leeds, Brüssel), o. Professor der romanischen Philologie an der Universität Basel, Träger der Gran Cruz de la Orden Civil de Alfonso X el Sabio, korresp. Mitglied der Deutschen Akademie der Wissenschaften zu Berlin, ausländ. Mitglied der Koninklijke Nederlandse Akademie van Wetenschappen in Amsterdam, der Suomalainen Tiedeakatemia in Helsinki, der Kungl. Svenska Vetenskapsakademien in Stockholm, der Accademia della Crusca in Florenz, der Accademia Nazionale dei Lincei in Rom, der Academia de Buenas Letras in Barcelona und des Consejo Superior de Investigaciones Científicas in Madrid, Mitglied des Comité de patronage de l'Encyclopédie Linguistique beim Centre International de Dialectologie Générale in Louvain, Präsident der Société de Linguistique Romane, Ehrenmitglied der Linguistic Society of America, geb. 18. V. 1888 in Riedholz b. Solothurn, Basel, Predigerhofstraße 25, Tel. 356700 (1. VII. 1930).

Wieacker, Franz, Dr. jur., Dr. phil. h. c. (Freiburg i. B.), o. Professor des römischen und bürgerlichen Rechts an der Georg-August-Universität Göttingen, o. Mitglied der Akademie der Wissenschaften in Göttingen, korresp. Mitglied der Heidelberger Akademie der Wissenschaften, geb. 5. VIII. 1908 in Stargard (Pomm.), Göttingen, Otfried Müller Weg 10 (14. VI. 1941).

Worringer, Wilhelm, Dr. phil., em. oö. Professor der neueren Kunstgeschichte an der Friedrich-Alexander-Universität Erlangen-Nürnberg, geb. 13. I. 1881 in Aachen, München 23, Heidelberger Platz 2, Tel. 331465 (12. XI. 1949).

Todesfälle

Koch, Herbert, Dr. phil., em. Professor mit Lehrstuhl der klassischen Archäologie an der Martin-Luther-Universität Halle-Wittenberg, o. Mitglied der Zentraldirektion des Deutschen Archäologischen Instituts, geb. 1. VII. 1880 in Reichenbach (Eulengeb.), Hamburg-Langenhorn N, Holitzberg 60, Tel. 532573 (1. VII. 1930). † 25. IX. 1962.

Litt, Theodor, Dr. phil., Dr. rer. pol. h. c. (München), Dr. theol. h. c. (Münster/Westf.), em. o. Professor der Philosophie und Pädagogik an der Rheinischen Friedrich-Wilhelms-Universität Bonn, Träger des Ordens Pour le mérite für Verdienste um die Wissenschaft und um die Künste, des Großen Verdienstkreuzes mit Stern des Verdienstordens der Bundesrepublik Deutschland, Inhaber des Österreichischen Ehrenzeichens für Wissenschaft und Kunst und der Goethe-Medaille, korresp. Mitglied der Deutschen Akademie der Wissenschaften zu Berlin, der Österreichischen Akademie der Wissenschaften in Wien und der Bayerischen Akademie der Wissenschaften in München, geb. 27. XII. 1880 in Düsseldorf, Bonn, Hausdorffstraße 237, Tel. 22410 (1. VII. 1926). † 16. VII. 1962.

Sommer, Ferdinand, Dr. phil., Geh. Regierungsrat, em. o. Professor der allgemeinen und indogermanischen Sprachwissenschaft an der Ludwig-Maximilians-Universität München, Träger des Bayerischen Verdienstordens, o. Mitglied der Bayerischen Akademie der Wissenschaften in München, korresp. Mitglied der Deutschen Akademie der Wissenschaften zu Berlin, der Akademie der Wissenschaften in Göttingen, des Istituto dei Studi Etruschi ed Italici in Florenz und des Comitato permanente per L'Etruria, Ehrenmitglied der Royal Irish Academy in Dublin, der Linguistic Society of America in Charlottesville (Va.), der Indogermanischen Gesellschaft und des Sodalizio Glottologico Milanese, geb. 4. V. 1875 in Trier, München 23, Destouchesstraße 13 (18. XI. 1922). † 3. IV. 1962.

Vasmer, Max, Dr. phil., Dr. phil. h. c. (Bonn), em. o. Professor der slawischen Philologie an der Freien Universität Berlin, Träger des Großen Verdienstkreuzes mit Stern des Verdienstordens der Bundesrepublik Deutschland, o. Mitglied der Deutschen Akademie der Wissenschaften zu Berlin und der Akademie der Wissenschaften und der Literatur in Mainz, korresp. Mitglied der Österreichischen Akademie der Wissenschaften in Wien, ausländ. Mitglied der Magyar Tudományos Akadémia in Budapest, der Suomalainen Tiedeakatemia in Helsinki, der Kongelige Danske Videnskabernes Selskab in Kopenhagen, der Akademie der Wissenschaften der UdSSR in Moskau, der Norske Videnskaps Akademi i Oslo, der Bulgarischen Akademie der Wissenschaften in Sofia, der Kungl. Svenska Vetenskapsakademien in Stockholm, der Suomalais-ugrilainen Seura in Helsinki und der Kungl. Vetenskaps Societeten in Lund, Mitglied der School of Slavistic Studies in London, der Gesellschaft für Anthropologie und Völkerkunde Moskau und des Internationalen Slawisten-Komitees in Moskau, Ehrenmitglied der Estnischen Gelehrten Gesellschaft in Tartu, geb. 28. II. 1886 in St. Petersburg, Berlin-Nikolassee, Libellenstraße 2 (30. VI. 1923). † 30. XI. 1962.

Korrespondierende Mitglieder
der philologisch-historischen Klasse

Aebischer, Paul, Dr. phil., Professor der Romanistik an der Universität Lausanne, korresp. Mitglied der Deutschen Akademie der Wissenschaften zu Berlin, der Academia de Buenas Letras de Barcelona, des Institut d'Estudis Catalans in Barcelona und der Accademia della Crusca in Florenz, auswärt. Mitglied der Accademia delle Scienze in Torino, geb. 8. XII. 1897 in Hauterive (Kanton Fribourg), Romont (Fribourg/Schweiz), route d'Arruffens (20. XI. 1943).

Baumgarten, Arthur, Dr. jur., Dr. phil. h. c. (Humboldt-Universität Berlin), Dr. jur. h. c. (Jena), em. Professor mit Lehrstuhl für Strafrecht und Völkerrecht an der Humboldt-Universität Berlin, Nationalpreisträger, Hervorragender Wissenschaftler des Volkes, Träger des Vaterländischen Verdienstordens, o. Mitglied der Deutschen Akademie der Wissenschaften zu Berlin, geb. 31. III. 1884 in Königsberg i. Pr., Berlin-Johannisthal, Sterndamm 39, Tel. 631213 (19. VII. 1948).

Erben, Johannes, Dr. phil., Professor mit Lehrauftrag für deutsche Sprache und Literatur an der Humboldt-Universität Berlin, stellvertr. Direktor des Instituts für deutsche Sprache und Literatur bei der Deutschen Akademie der Wissenschaften zu Berlin, Leiter der Abteilung Frühneuhochdeutsch dieses Instituts, Nationalpreisträger, geb. 12. I. 1925 in Leipzig, Berlin-Lichtenberg, Bleckmannweg 2 I, Tel. 557571 (11. XII. 1961).

van Giffen, Albert Egges, Dr. phil., Dr. phil. h. c. (Köln), em. Professor der Prähistorie an der Universität Groningen, Rijksadviseur voor de Bescherming en de Instandhouding van de Hunebedden en van gerestaureerde archaeologische Monumenten, Chevalier de l'Ordre National de la Légion d'Honneur, Ridder in de Orde van den Nederlandschen Leeuw, Inhaber der Gold Medal of the Society of Antiquaries in London, Mitglied der Koninkl. Akademie van Wetenschappen in Amsterdam, der Koninkl. Vlaamsche Academie in Gent, korresp. Mitglied der Académie Royale d'Archéologie de Belgique, der Akademie der Wissenschaften in Göttingen, Mitglied der Society of Antiquaries in London und der Society of Antiquaries of Scotland, der Hollandsche Maatschappij der Wetenschappen in Haarlem, o. Mitglied des Deutschen Archäologischen Instituts, ausländ. Mitglied der Suomen Muinaismuistoyhdistys-Finska Fornminnesföreningen in Helsinki, korresp. Mitglied des Institute Prehistory and Archaeology University Aarhus, Ehrenmitglied des Marschenrats zur Förderung der Forschung im Küstengebiet, geb. 14. III. 1884 in Noordhorn (Holland), Groningen, Heresingel 15a, Tel. K 5900:28153 (5. XII. 1960).

Grundmann, Herbert, Dr. phil., Präsident der Monumenta Germaniae Historica in München, Hon.-Professor der Geschichte des Mittelalters an der Ludwig-Maximilians-Universität München, o. Mitglied der Bayerischen Akademie der Wissenschaften in München, korresp. Mitglied der Akademie der Wissenschaften in Göttingen, o. Mitglied der Historischen Kommission bei der Bayerischen Akademie der Wissenschaften in München, geb. 14. II. 1902 in Meerane (Sa.), München 27, Kolberger Straße 11 I, Tel. 485787 (11. II. 1957).

Havránek, Bohuslav, Dr. phil., Dr. phil. h. c. (Leipzig), o. Professor der Slawistik an der Karls-Universität Prag, Träger des Ordens der Tschechoslowakischen Republik, Inhaber der Medaille des J. A. Comenius in Prag und der Medaille für Verdienste für Wissenschaft und Menschheit, o. Mitglied der Československá Akademie Věd in Prag und Direktor des Instituts für tschechische Sprache dieser Akademie, korresp. Mitglied der Deutschen Akademie der Wissenschaften zu Berlin, ausländ. Mitglied der Bulgarischen Akademie der Wissenschaften in Sofia und des Comité International Permanent des Linguistes, geb. 30. I. 1893 in Prag, Praha 1, Na valech 8, Tel. 325—103 (10. XII. 1962).

Iordan, Iorgu, Dr. phil., Dr. phil. h. c. (Humboldt-Universität Berlin), em. o. Professor der romanischen Philologie an der Universität „C. J. Parhon" Bukarest, Verdienter Wissenschaftler, Staatspreisträger II. und I. Klasse, Inhaber des „Ordinul Muncii" I. Klasse, des „Ordinul Steana Republicii Populare Romîne" I. Klasse, des Ordens „23. August" II. Klasse und der Medaille „40 de ani de la întemeiera Partidulni Comunist diu Romînia", o. Mitglied und Vizepräsident der Academia Republicii Populare Romîne in Bukarest und Präsident der Klasse für Sprache, Literatur und Kunst dieser Akademie, Präsident der Rumänischen Gesellschaft für romanische Sprachforschung und des Rumänischen Nationalkomitees für Volksmusik, Vizepräsident der Rumänischen Nationalkommission für UNESCO und der Rumänischen Gesellschaft für Beziehungen mit der Sowjetunion, Mitglied der Société de linguistique romane in Strasbourg, der Société de linguistique in Paris und des Internationalen Komitees für Namenforschung, geb. 29. IX. 1888 in Tecuči (Rumänien), București, str. Sofia 21, Tel. 121896 (10. III. 1958).

Kahle, Paul Ernst, Dr. phil., Lic. theol., D. theol. h. c. (Gießen), Hon. D. Litt. (Oxford), Hon. D. D. (Aberdeen), Dr. h. c. of Hebrew Letters (Jewish Theological Seminary of America in New York), em. o. Professor der orientalischen Sprachen an der Rheinischen Friedrich-Wilhelms-Universität Bonn, Hon.-Professor an der Westfälischen Wilhelms-Universität Münster (Westf.), Träger des Kgl. Preuß. Kronenordens und des Großen Verdienstkreuzes des Verdienstordens der Bundesrepublik Deutschland, Inhaber der Burkitt Medal for Biblical Studies und der Medaille eines Consejero de Honor des Consejo Superior de Investigaciones Científicas, Mitglied der British Academy in London, korresp. Mitglied der Deutschen Akademie der Wissenschaften zu Berlin und des Higher Institute of Coptic Studies in Cairo, auswärt. Mitglied der Académie Royale des Sciences, des Lettres et des Beaux-Arts de Belgique in Brüssel, Ehrenmitglied der Deutschen Morgenländischen Gesellschaft, der Franz-Delitzsch-Gesellschaft in Münster (Westf.), der Société Asiatique in Paris, der Society for Old Testament Study (England), der Society of Biblical Literature and Exegesis (USA), der School of Oriental and African Studies/University of London und des Consejo Superior de Investigaciones Científicas in Madrid, geb. 21. I. 1875 in Hohenstein (Ostpr.), Oxford, 89, St. Aldate's (England), Tel. Oxford 42879 (10. III. 1958).

Landsberger, Benno, Dr. phil., em. o. Professor der Assyriologie an der Universität Chicago, ausländ. Mitglied der Kongelige Danske Videnskabernes Selskab in Kopenhagen, der Suomalainen Tiedeakatemia in Helsinki und des Deutschen Archäologischen Instituts, korresp. Mitglied der British Academy in London, Mitglied der American Philosophical Society in Philadelphia, Ehrenmitglied der American Oriental Society in New Haven (Conn.), der Deutschen Morgenländischen Gesellschaft, der Société Asiatique in Paris und des Prager Orientalischen Institutes, geb. 21. IV. 1890 in Friedek, Chicago 37, Ill., 1450 E. 55th Place, Tel. Museum 4—1790 (13. X. 1958).

Michałowski, Kazimierz, Dr. phil., Dr. phil. h. c. (Strasbourg), o. Professor der klassischen Archäologie an der Universität Warszawa, zweifacher Träger des Goldenen Verdienstkreuzes, der Komandorkreuze Polonia Restituta und Corona d'Italia, des Offizierskreuzes der Ehrenlegion, o. Mitglied und Präsidiumsmitglied der Polnischen Akademie der Wissenschaften in Warszawa, Mitglied der Polnischen Gesellschaft für Philologie, der Polnischen Archäologischen Gesellschaft, der Polnischen Gesellschaft für Orientalistik, der Gesellschaft der Kunstgeschichtler und der Association Internationale des Études Classiques, o. Mitglied des Deutschen Archäologischen Instituts in Berlin und der Association Internationale des Égyptologues, Ehrenmitglied der Griechischen Gesellschaft für Archäologie, geb. 14. XII. 1901 in Tarnopol, Warszawa, Sewerynów 6, Tel. 63979 (5. XII. 1960).

Németh, Julius, Dr. phil., o. Professor der Turkologie an der Universität Budapest, o. Mitglied der Magyar Tudományos Akadémia in Budapest und Direktor des Sprachwissenschaftlichen Instituts dieser Akademie, Träger des Verdienstordens „Rote Fahne" und Inhaber des Kossuth-Preises, korresp. Mitglied der Deutschen

Akademie der Wissenschaften zu Berlin und der Bulgarischen Akademie der Wissenschaften in Sofia, auswärt. Mitglied der Polnischen und Finnischen Gesellschaften für Orientalforschung, Ehrenmitglied der Royal Asiatic Society Library in London, der Suomalais-ugrilainen Seura in Helsinki, der Societas Uralo-altaica in Göttingen, der Türk Dil Kurumu und der Türk Tarih Kurumu in Ankara, geb. 2. XI. 1890 in Karcag (Ungarn), Budapest XI, Karinthy út 24 III. 1, Tel. 257—382 (13. X. 1958).

Petschow, Herbert, Dr. phil. et jur., o. Professor der Antiken Rechtsgeschichte an der Ludwig-Maximilians-Universität München, Gastprofessor der Altorientalischen Rechtsgeschichte an der Karl-Marx-Universität Leipzig, o. Mitglied der Bayerischen Akademie der Wissenschaften in München, Mitglied der Deutschen Morgenländischen Gesellschaft in Mainz, geb. 26. XII. 1909 in Dresden, München-Harlaching, Mailänder Straße 8, Tel. 437894 (10. XII. 1962).

Préaux, Claire, Dr. phil., Dr. phil. h. c. (Strasbourg), Dr. jur. h. c. (Freiburg i. Br.), Professeur ordinaire à l'Université de Bruxelles, Chef de section à la Fondation Egyptologique Reine Elisabeth, Inhaberin des Prix de la Société pour l'Encouragement des Études grecques en France und des Prix Francqui, Mitglied der Académie Royale de Belgique in Bruxelles, korresp. Mitglied der Royal British Academy in London, geb. 21. XII. 1904 in Liège, Bruxelles 5, 109 rue de l'Abbaye, Tel. 442753 (14. III. 1955).

Siebenschein, Hugo, Dr. phil., em. o. Professor der deutschen Literaturgeschichte an der Karls-Universität Prag, Mitglied des Kuratoriums des Thomas-Mann-Archivs in Berlin, der Hölderlin-Gesellschaft in Tübingen, der Internationalen Vereinigung für germanische Sprachen und Literaturwissenschaft in Kopenhagen, der Fédération internationale des langues et littératures modernes in Liège, der Literaturwissenschaftlichen Gesellschaft der ČSSR in Prag, des Kreises der modernen Philologen bei der Československá Akademie Věd in Prag, Begründer und Vorstand des Adalbert-Stifter-Kreises in Prag, korresp. Mitglied des Thomas-Mann-Kreises in Potsdam, geb. 6. IV. 1889 in Strážnice (Mähren, ČSSR), Praha 7, Čechova 21, Tel. 76355 (23. II. 1959).

Spranger, Eduard, Dr. phil., Dr. phil. h. c. (Athen, Freie Universität Berlin, Budapest, Padua), Dr. jur. h. c. (Köln), Dr. rer. pol. h. c. (Mannheim), Dr. h. c. der Toyo-Universität (Tokio), em. o. Professor der Philosophie an der Eberhard-Karls-Universität Tübingen, Träger des Ordens Pour le mérite für Verdienste um die Wissenschaft und um die Künste, des Großen Verdienstkreuzes mit Stern und Schulterband des Verdienstordens der Bundesrepublik Deutschland, des Japanischen Ordens vom Heiligen Schatz II. Klasse und des Griechischen Erlöserordens, Inhaber der Verfassungsmedaille in Gold des Landes Baden-Württemberg, der Goldenen Bürgermedaille der Stadt Tübingen, des Pestalozzi-Weltpreises (Schweiz), des Goethe-Preises (Hamburg), des Cortina-Ulisse-Preises (Italien) und des Pestalozzi-Preises gestiftet vom Deutschen Lehrmittelverband, o. Mitglied der Deutschen Akademie der Wissenschaften zu Berlin, korresp. Mitglied der Österreichischen Akademie der Wissenschaften in Wien und der Heidelberger Akademie der Wissenschaften, Ehrenmitglied der Deutschen Akademie für Sprache und Dichtung in Darmstadt und des Vereins für Vaterländische Naturkunde in Stuttgart, geb. 27. VI. 1882 in Berlin-Lichterfelde, Tübingen, Rümelinstraße 12 (1. VII. 1929).

Tackenberg, Kurt, Dr. phil., o. Professor der Vor- und Frühgeschichte an der Westfälischen Wilhelms-Universität Münster, Mitglied des Deutschen Archäologischen Instituts, geb. 30. VI. 1899 in Tschammendorf (Schlesien), Münster (Westf.), Hittorfstraße 57, Tel. 43628 (19. X. 1959).

Todesfälle

Aistleitner, Joseph, Dr. theol., em. Professor der biblisch-orientalischen Sprachen an der Universität Budapest, Mitglied der Orientalischen Kommission der Magyar Tudományos Akadémia in Budapest, geb. 2. V. 1883 in Sopron (Ungarn), Budapest I, Naphegy út 13 I 1 (4. V. 1959). † 9. IX. 1960.

Böhm, Jaroslav, Dr. phil., o. Professor der Archäologie an der Karls-Universität Prag, Laureat des Staatspreises 1949, Träger des Ordens der Tschechoslowakischen Republik, o. Mitglied der Československá Akademie Věd in Prag und Direktor des Archäologischen Instituts dieser Akademie, korresp. Mitglied der Deutschen Akademie der Wissenschaften zu Berlin, Mitglied der Magyar Tudományos Akadémia in Budapest, des Archäologischen Instituts (RGK) in Frankfurt (Main), der Prehistoric Society in Oxford, des Conseil Permanent und Präsident der Union Internationale des Sciences Préhistoriques et Protohistoriques in Gent, geb. 8. III. 1901 in Holešov, Praha 1, Valentinská 1, Tel. 637—05 (19. X. 1959). † 6. XII. 1962.

Junker, Hermann, Dr. phil., D. theol. h. c. (Würzburg), D. lit. h. c. (Dublin), em. Hon.-Professor für Ägyptologie an der Universität Wien, ehem. Direktor des Deutschen Archäologischen Instituts in Kairo, Inhaber des Großen Verdienstkreuzes des Verdienstordens der Bundesrepublik Deutschland, wirkl. Mitglied der Österreichischen Akademie der Wissenschaften in Wien, korresp. Mitglied der Deutschen Akademie der Wissenschaften zu Berlin, der Bayerischen Akademie der Wissenschaften in München und der Kungl. Svenska Vetenskapsakademien in Stockholm, geb. 29. XI. 1877 in Bendorf (Rhein), Trier, Franz-Ludwig-Straße 7—9, Josef-Stift (16. XI. 1957). † 9. I. 1962.

EHRUNGEN

Nationalpreisträger

(Die ordentlichen Mitglieder beider Klassen)

Strack, Erich	1960
Stubbe, Hans (1949 III. Kl.) I. Kl.	1960
Besseler, Heinrich	1960
Schwabe, Kurt	1961
Frings, Theodor (1949 II. Kl.) I. Kl.	1961
Peek, Werner	1961

Nobelpreisträger

(Früher ordentliche, gegenwärtig auswärtige und korrespondierende Mitglieder der mathematisch-naturwissenschaftlichen Klasse)

Chadwick, James	1935	Physik
Debye, Peter	1936	Chemie
Heisenberg, Werner	1932	Physik
Hertz, Gustav	1925	Physik
Hill, Archibald Vivian	1922	Physiologie und Medizin

Hervorragende Wissenschaftler des Volkes

(Die ordentlichen Mitglieder beider Klassen)

Bürger, Max	1960
Treibs, Wilhelm	1960
Baetke, Walter	1961

(Das korrespondierende Mitglied der mathematisch-naturwissenschaftlichen Klasse)

Täufel, Kurt	1962

Verdienter Bergmann der Deutschen Demokratischen Republik

(Das ordentliche Mitglied der mathematisch-naturwissenschaftlichen Klasse)

Rammler, Erich 1960

Verdienter Arzt des Volkes

(Das ordentliche Mitglied der mathematisch-naturwissenschaftlichen Klasse)

Merrem, Georg 1961

Träger des Vaterländischen Verdienstordens

(Die ordentlichen Mitglieder beider Klassen,
einschließlich der gegenwärtig auswärtigen)

Leipoldt, Johannes (1954 in Silber)	1960 in Gold
Mothes, Kurt	1960
Schmalfuss, Karl	1960
Buchda, Gerhard	1961
Fischer, Rudolf	1961
Karg-Gasterstädt, Elisabeth	1961
Obenaus, Fritz	1961
Rammler, Erich	1961
Stubbe, Hans (1954 in Silber)	1961 in Gold
Wolf, Leopold	1961
Schubart-Fikentscher, Gertrud	1962
Straub, Werner (1960 in Bronze)	1962 in Silber

VERSTORBENE MITGLIEDER

seit der Gründung der Akademie 1846

(Ausführliche personelle Angaben siehe Jahrbuch 1957—1959, sie werden nur noch bei neuen Todesfällen gebracht. Bei den angeführten Schriftenverzeichnissen, Festschriften, Würdigungen und Nachrufen konnte auf Vollständigkeit kein Wert gelegt werden. Angestrebt wurde, das Wichtigste zu bringen. Aufsätze in Tageszeitungen blieben unberücksichtigt. — Die Angaben im Jahrbuch 1957—1959 werden ergänzt oder berichtigt.)

Ehrenmitglieder

Johann Paul von Falkenstein
1801—1882
Minister des Kultus
und des öffentlichen Unterrichts in Sachsen

Schriftenverzeichnis. Dr. Johann Paul Freiherr v. Falkenstein. Sein Leben und Wirken nach seinen eigenen Aufzeichnungen hrsg. v. J. Petzholdt (Dresd. 1882) S. 3, 19, 29, 72, 81.
Würdigungen. H. Beschorner, Allg. Dtsch. Biogr. *48* (Lpz. 1904) 489—494. — H. Kretzschmar, Neue Dtsch. Biogr. *5* (Bln 1961) 15—16. — Brockhaus *6* (Lpz. u. Wien 1894) S. 541. — Der Große Brockhaus *6* (Lpz. 1930) S. 38.
Nachrufe. Dr. Johann Paul Freiherr v. Falkenstein. Sein Leben und Wirken nach seinen eigenen Aufzeichnungen hrsg. v. J. Petzholdt (Dresd. 1882) VII, 115 S. (m. Bildn. u. Gedächtnisreden). — Vgl. weiterhin Allg. Dtsch. Biogr. *48* (Lpz. 1904) S. 494.

Carl Friedrich Wilhelm von Gerber
1823—1891
Prof. des deutschen Privat-, Staats- und Kirchenrechts,
Minister des Kultus
und des öffentlichen Unterrichts in Sachsen

Büste von unbekanntem Künstler in Univ.-Bibl. Leipzig
Schriftenverzeichnis. Der große Brockhaus *7* (Lpz. 1930) S. 203.
Würdigungen. H. Beschorner, Allg. Dtsch. Biogr. *49* (Lpz. 1904) 291—97; ders., Sächs. Lebensbilder *1* (Lpz. 1930) 87—108 (m. Bildn.). — Brockhaus *7* (Lpz. u. Wien 1894) 838—39. — Der Große Brockhaus *7* (Lpz. 1930) S. 203. — Dtsch. Juristen-Ztg *14* (1909) 996—1001.
Nachrufe. K. Polak, Karl-Marx-Universität Leipzig 1409—1959 *1* (Lpz. 1959) 343—49. — Geschichte der Universität Jena 1548/58—1958 *I* (Jena 1958) S. 445. — Vgl. weiterhin Allg. Dtsch. Biogr. *49* (Lpz. 1904) S. 297.

Friedrich Schmidt-Ott

1860—1956

Staatsminister
Präsident der Notgemeinschaft der deutschen Wissenschaft,
Ehrenpräsident der Deutschen Forschungsgemeinschaft,
Ehrensenator der Max-Planck-Gesellschaft

Schriftenverzeichnis. Kürschners Dtsch. Gelehrten-Kalender *3* (Bln u. Lpz. 1928/29) Sp. 2119; *6* (Bln 1941) Sp. 636. — DLZ *73* (1952) S. 707—10

Festschrift. Aus fünfzig Jahren dtsch. Wissenschaft. Die Entwicklung ihrer Fachgebiete in Einzeldarstellungen. Hrsg. v. Gustav Abb (Sr. Exz. Staatsminister D. Dr. Friedrich Schmidt-Ott zur Feier seines 70. Geb. überr.) (Bln-Freiburg-Mchn-Lpz. 1930) XI, 496 S. (m. Bildn.).

Würdigungen. Zum 70. Geburtstag: H. Konen, Forsch. u. Fortschr. *6* (1930) 217—18. — Zum 80. Geburtstag: E. W. Andrae, ebda *16* (1940) S. 186. — Zum 95. Geburtstag: H. Ficker, ebda *29* (1955) 190—91. — O. Hahn, Naturwiss. Rdsch. *5* (1950) S. 333. — R. Seeberg, in: Aus fünfzig Jahren dtsch. Wiss. hrsg. v. G. Abb (1930) 1—8 (m. Bildn.).

Nachrufe. H. Ficker, Alman. Österr. Akad. Wiss. *106.* 1956 (Wien 1957) 334—38 (m. Bildn. u. Faks.). — K. Noack, Forsch. u. Fortschr. *30* (1956) 316—18; ders., Jahrb. Dtsch. Akad. Wiss. *1956* (Bln 1957) 522—24. — M. Volmer, Wiss. Annalen *5* (1956) S. 621. — Jahrb. Sächs. Akad. Wiss. *1954—1956* (Bln 1958) S. 243 (m. Bildn. u. Faks.).

Kurt Damm Paul von Seydewitz

1843—1910

Minister des Kultus
und des öffentlichen Unterrichts in Sachsen

Schriftenverzeichnis. K. Lamprecht, Ber. Sächs. Akad. Wiss. phil.-hist. Kl. *63* (1911) S. 215 (im Text).

Würdigungen. Brockhaus *14* (Lpz. u. Wien 1895) S. 899. — Der Große Brockhaus *17* (Lpz. 1934) S. 334. — Wer ist's? *IV* (Lpz. 1909) S. 1320.

Nachrufe. K. Lamprecht, Ber. Sächs. Akad. Wiss. phil.-hist. Kl. *63* (1911) 211—19; ders., Biogr. Jahrb. u. Dtsch. Nekr. (A. Bettelheim) *15.* 1910 (Bln 1913) 125—28. — K. H. M. Waentig, Afranisches Ecce *16* (Dresd. 1911) 19—26 (m. Bildn.).

Karl August Wilhelm Eduard von Wietersheim

1787—1865

Minister des Kultus
und des öffentlichen Unterrichts in Sachsen

Ergänzung: ▭ Nöbdenitz (Thür.)

Schriftenverzeichnis. C. D. von Witzleben, Eduard von Wietersheim (Lpz. 1865) S. 88. — Jub.-Bd *1896*, phil.-hist. Kl. S. 33.

Würdigungen. Brockhaus *16* (Lpz. u. Wien 1895) S. 722. — G. Müller, Allg. Dtsch. Biogr. *55* (Lpz. 1910) 72—89. — (F. E. Raschig), Rückblicke auf die Wirksamkeit des Ministeriums v. Wietersheim in Sachen des vaterländischen Gelehrtenschulwesens (Zwickau 1848).
Nachrufe. C. D. von Witzleben, Eduard von Wietersheim (Lpz. 1865) 88 S. — Vgl. weiterhin Allg. Dtsch. Biogr. *55* (Lpz. 1910) 88—89.

Ordentliche, auswärtige und korrespondierende Mitglieder der mathematisch-naturwissenschaftlichen Klasse

(Die Zugehörigkeit der ao. Mitglieder erlosch mit ihrem Weggang von Leipzig)

Ernst Abbe

1840—1905

Prof. der theoretischen Physik

Schriftenverzeichnis. Poggendorffs Handwörterbuch *III* (Lpz. 1898) 2—3; *IV* (Lpz. 1904) S. 2; *V* (Lpz. 1926) S. 1. — Gesammelte Abhandlungen v. E. Abbe *1* —*3* (Jena 1904—06).
Würdigungen. F. Auerbach, E. A. Sein Leben, sein Wirken, seine Persönlichkeit (Lpz. 1918) XV, 512 S. m. 115 Textabb. u. 2 Brieffaksimiles. — E. Drude, Handwörterbuch d. Naturwissenschaften (R. Dittler, G. Joos) *1* ²(Jena 1931) S. 8. — P. G. Esche, Ernst Abbe (Lpz. 1963) 82 S. m. 13 Abb. (Biogr. hervorragender Physiker). — Th. Heuss, Neue Dtsch. Biogr. *1* (Bln 1953) 2—4. — H. Schrade, Wiss. Ann. *4* (1955) 55—57 (m. Bildn. u. Faks.) — Ernst Abbe (P. Görlich, H. Lucas, R. Tiedeken). Nachr. VEB Carl Zeiss (Jena 1962) S. 135—149 (m. 6. Bildn.).
Nachrufe. F. Auerbach, Naturwiss. Wschr. N. F. *4* (20) (1905) S. 78, 129—36 (m. Bildn. u. Faks.); ders. Plutus *2* (1905) v. 21. 1.; ders. Physikal. Zs. *6* (1905) 65—66. — G. Biedenkapp, Der Türmer *7*, 1 (1905) 768—71. — S. Czapski, Ber. Dtsch. physikal. Ges. *3* (1905) 89—121; ders. Verh. Dtsch. physikal. Ges. *7* (1905) S. 89; ders. Vorwort zum 3. Bd d. Gesammelten Abhandlungen v. E. Abbe (Jena 1906) (m. Bildn.). — E. Elster, S.-Ber. u. Abh. d. Genossenschaft Flora zu Dresden *8* (1905) 66—81; ders. Soziale Praxis *14* (1905) Nr. 17. — R. T. Glazebrook, Nature [London] *71* (1905) S. 278, 301—02. — H. Hartinger, Naturwissenschaften *18* (1930) 49—63 (m. mehreren Abbildungen). — L. Katscher, Das Wissen für Alle *5* (1905) Nr. 8. — O. Knopf, Jahresber. Dtsch. Mathematiker-Vereinigung *14* (1905) 218—30 (m. Bildn. u. Faks.); ders. Astron. Nachr. *167* (1905) 190—91; ders. Vjschr. astron. Ges. *40* (1905) 198—213. — A. Köhler, Zs. wiss. Mikroskopie u. mikroskop. Techn. *21* (1905) S. 417. — H. Krüß, Dtsch. Mechaniker-Ztg. *1905*, 161—64. — V. v. Lang, Alman. Österr. Akad. Wiss. *55* (1905) 285—87. — G. Linck, Chemiker-Ztg. *29* (1905) S. 49. — F. Löwe, Dtsch. opt. Wschr. *16* (1930) 52—54. — L. Michaelis, Med. Woche *6* (1905) S. 33. — O. Petrenz, Arbeiten aus d. med.-klin. Inst. Ludwig-Maximilians-Univ. München *1905*, 1—20. — W. Prausnitz, Mitteilungen d. Ver. d. Ärzte in Steiermark *42* (1905) 109—24. — E. Raehlmann, Münchener med. Wschr. *52* (1905) S 269. — W. Rein, Der Bildungsverein *35* (1905) 32—34. — M. v. Rohr, Zs. Instrumentenkunde *25* (1905) 61—69 (m. Bildn.); ders. Dtsch. opt. Wschr. *16* (1930) 45—51. — S., Dtsch. med. Wschr. *30* (1905) 190—92. — J. Schaffer, Wiener klin. Wschr. *18* (1905) 145—47. — M. *V.*, Dtsch. Rdsch. Jg. *32*, Bd *126*

(1906) 277—92. — W. Voigt, Nachr. Ges. Wiss. Göttingen, Geschäftl. Mitt. *1905*, 34 bis 44. — C. Voit, S.-Ber. Bayer. Akad. Wiss. München, Math.-physikal. Kl. *35* (1905) 346—55. — E. Wandersleb, Naturwiss. Rdsch. *20* (1905) 193—95. — O. Wiener, Ber. Kgl. Sächs. Ges. Wiss. *58* (1906) 629—46. — Winkelmann, Rede bei der von der Univ. Jena veranstalteten Gedächtnisfeier am 2. 5. 1905 (Jena 1905) 23 S. — Gedenkreden u. Ansprachen bei der Trauerfeier f. Ernst Abbe am 17. 1. 1905 (Jena 1905). — Comeniusblätter f. Volkserziehg. *1905*, S. 26; Korrespondenz-Blätter Allg. ärztl. Vereins v. Thür. *34* (1905) 41—44; Zentral-Ztg. Optik u. Mechanik *26* (1905) S. 41, S. 55; Der Mechaniker *13* (1905) 25—27; Illustr. Ztg. Leipzig *124* (1905) S. 95 (m. Bildn.); Concordia *12* (1905) S. 29; Zs. Gewerbe-Hygiene *12* (1905) 35—39.

Später auch Poggendorffs Handwörterbuch VII^a/Suppl.

Richard Altmann

1852—1900

Prof. der Anatomie

Schriftenverzeichnis. Poggendorffs Handwörterbuch *IV* (Lpz. 1904) S. 16.

Nachruf. Anatom. Anz. *18* (1900) 589—90.

Hermann Ambronn

1856—1927

Prof. der Botanik

Schriftenverzeichnis. Poggendorffs Handwörterbuch *IV* (Lpz. 1904) S. 18; *V* (Lpz. 1926) S. 19; *VI*$_1$ (Lpz.-Bln 1936) S. 46. — A. Frey, Ber. Dtsch. botan. Ges. *45* (1927) (67)—(71); ders. Verzeichnis d. wiss. Veröffentlichungen v. H. Ambronn u. seiner Schule, Kolloid-Zs. *44* (1927) 6—8.

Festschrift zum 70. Geburtstag von Freunden, Verehrern und Schülern, Kolloidchem. Beih. *23* (1926) 376 S.

Würdigung. Fr. Klemm, Neue Dtsch. Biogr. *1* (Bln 1953) S. 242.

Nachrufe. A. Frey, Ber. Dtsch. botan. Ges. *45* (1927) (60)—(67) (m. Bildn. u. Faks.); ders. Zs. wiss. Mikroskopie *44* (1927) 129—33.

Heinrich d'Arrest

1822—1875

Prof. der Astronomie

Schriftenverzeichnis. Poggendorffs Handwörterbuch *I* (Lpz. 1863) Sp. 66; *III* (Lpz. 1898) 43—44. — Monthly Notices astron. Soc. *36* (1876) S. 155.

Würdigung. E. Zinner, Neue Dtsch. Biogr. *1* (Bln 1953) S. 398. — Jub.-Bd 1896, XV—XVI.

Nachrufe. J. Dreyer, Vjschr. astron. Ges. Leipzig *11* (1876) 1—14. — S. Tromholdt, Gaea. Natur u. Leben *11* (1875) 492—96. — Vjschr. astron. Ges. Leipzig *10* (1875) S. 149; Jahrb. d. Erfindungen (H. Gretschel, H. Hirzel) *12* (Lpz. 1876) S. 449.

Heinrich Richard **Baltzer**

1818—1887

Prof. der Mathematik

Schriftenverzeichnis. Poggendorffs Handwörterbuch *III* (Lpz. 1898) S. 67; *IV* (Lpz. 1904) S. 60.
Würdigungen. M. Cantor, Allg. Dtsch. Biogr. *46* (Lpz. 1902) S. 192. — G. Faber, Neue Dtsch. Biogr. *1* (Bln 1953) S. 570.
Nachruf. Illustr. Ztg. Leipzig *89* (1887) S. 86.

Heinrich **Barkhausen**

1881—1956

Prof. der Schwachstromtechnik

Nach ihm benannt: Barkhauseneffekt, Barkhausensprünge
Schriftenverzeichnis. Poggendorffs Handwörterbuch *V* (Lpz. 1926) S. 59; VI_1 (Lpz.-Bln 1936) S. 126; VII_1^a (Bln 1956) S. 89.
Würdigungen. Zum 60. Geburtstag: M. Kluge, Akust. Zs. *6* (1941) 313—18 (m. Bildn.); ders. Hochfrequenztechn. u. Elektroakustik *58* (1941) 105—07 (m. Bildn.). — H. G. Möller, Telegr.-, Fernsprech-, Funk- u. Fernseh-Techn. *30* (1941) 364—65. — H. Rothe, Zs. techn. Physik *22* (1941) 271—72. — H. Wördemann, Funk *1942*, S. 1. — Elektrotechn. Zs. *62* (1941) 966—67 (m. Bildn.). — Zum 65. Geburtstag: Physikal. Blätter *2* (1946) 211 bis 12. — Zum 70. Geburtstag: H. Pohontsch, Elektrotechn. Zs. *72* (1951) 704—05 (m. Bildn.). — Frequenz *1951*, H. 11/12; Wiss. Zs. TH Dresden *1* (1951/52) 89—92. — Zum 75. Geburtstag: H. Frühauf, Hochfrequenztechn. u. Elektroakustik *65* (1957) 109—12. — Weitere Würdigungen: H. Schönfeld, Technik *5* (1950) 296—98. — Reichshandbuch Dtsch. Ges. *1* (Bln 1930) S. 61 (m. Bildn.).
Nachrufe. H. Frühauf, Jahrb. Dtsch. Akad. Wiss. (Bln 1956) 513—15; ders. Wiss. Ann. *5* (1956) 352—54; ders. Nachrichtentechnik *6* (1956) S. 145. — G. Hertz, Jahrb. Sächs. Akad. Wiss. *1954—1956* (Bln 1958) S. 265 (m.Bildn. nach S. 264). — F. J. Lauer, Naturwiss. Rdsch. *9* (1956) 248—49. — H. G. Möller, Valvo-Ber. *2* (1956) 45—47. — P. Neidhardt, Techn. Gemeinsch. *4* (1956) S. 149. — Otterbein, Hochschulwesen *4* (1956) H. 3. — H. Rothe, Arch. elektr. Übertragg. *10* (1956) 131—32; ders. Telefunken-Ztg. *29* (1956) Nr. 111, S. 3. — H. Schönfeld, Elektrotechn. Zs. (A) *77* (1956) S. 348. — Exp. techn. Physik *4* (1956) S. 49; Hochfrequenztechn. u. Elektroakustik *64* (1956) H. 5; Techn. Hausmitt. Nordwestdtsch. Rundfunk *8* (1956) 90—91.

Julius **Bauschinger**

1860—1934

Prof. der Astronomie

Schriftenverzeichnis. Poggendorffs Handwörterbuch *IV* (Lpz. 1904) S. 79; *V* (Lpz. 1926) S. 76; VI_1 (Lpz.-Bln 1936) S. 146; VII_1^a (Bln 1956) S. 108.
Würdigungen. Zum 70. Geburtstag: A. Kopff, Forsch. u. Fortschr. *6* (1930) 47—48. — E. Zinner, Neue Dtsch. Biogr. *1* (Bln 1953) 674—75. — Reichshandbuch Dtsch. Ges. *1* (Bln 1930) S. 79 (m. Bildn.).
Nachrufe. E. P. Heilmaier, Natur u. Kultur *31* (1934) S. 198. — J. Hopmann, Astron. Nachr. *252* (1934) 29—32; ders. Ber. Sächs. Akad. Wiss. *86* (1934) 299—306. — W. Lorey, Forsch. u. Fortschr. *10* (1934) S. 78. — G. Stracke, Monthly Not. Roy. astron. Soc. *95*

(1934) 366–67; ders. Vjschr. astron. Ges. Leipzig *69* (1934) 146–63 (m. Bildn.). – Sterne *14* (1934) S. 72; Himmelswelt *44* (1934) S. 112; Nordisk astron. T. *15* (1934) S. 41; Popular astron. T. *15* (1934) S. 84; Publ. astron. Soc. Pacific *46* (1934) S. 116.

Richard Beck

1858–1919

Prof. der Geologie und Lagerstättenkunde

Schriftenverzeichnis. Poggendorffs Handwörterbuch *III* (Lpz. 1898) S. 90; *IV* (Lpz. 1904) S. 83. – F. Kossmat, Ber. Sächs. Akad. Wiss. *71* (1919) 360–64. – O. Stutzer, Zs. prakt. Geol. *27* (1919) 151–53. – Dtsch. biogr. Jahrb. *II.* 1917–20 (Bln-Lpz. 1928) S. 712; Ber. Freiberger geol. Ges. *8* (1920) 23–25.

Würdigungen. W. Fischer, Neue Dtsch. Biogr. *1* (Bln 1953) 704–05. – Wer ist's? *7* (Lpz. 1914) S. 82. – Männer d. Technik (C. Matschoß) (Bln 1925) S. 15.

Nachrufe. F. Kossmat, Ber. Sächs. Akad. Wiss. *71* (1919) 347–60. – Schreiter, Jahrb. Berg- u. Hüttenwes. Sachsen *93* (1919) 9–21 (m. Bildn. u. Faks.). – O. Stutzer, Zs. prakt. Geol. *27* (1919) 149–51 (m. Bildn.). – Literar. Zbl. *70* (1919) Sp. 681; Petermanns geogr. Mitt. *65* (1919) S. 190; Sozialist. Monats-H. *25* (1919) S. 932; Dtsch. biogr. Jahrb. *II.* 1917–20 (Bln-Lpz. 1928) S. 712.

Ernst Beckmann

1853–1923

Prof. der Chemie

Ergänzung: Zuwahl 1. XII. 1890 sz. als ao. Mitgl.

Nach ihm benannt: Beckmann-Thermometer

Schriftenverzeichnis. G. Lockemann, Ber. Dtsch. chem. Ges. *61* (1928) (A) 125–30. – Poggendorffs Handwörterbuch *IV* (Lpz. 1904) S. 87; *V* (Lpz. 1926) 81–82; *VI*$_1$ (Lpz.-Bln 1936) 156–57. – Wer ist's? *7* (Lpz. 1914) S. 86.

Würdigungen. Zum 70. Geburtstag: F. Haber, Ber. Dtsch. chem. Ges. *57* (1923) Nr. 6, S. 42. – G. Lockemann, Angew. Chem. *36* (1923) 341–44. – W. Ostwald, Angew. Chem. *36* (1923) S. 344. – Weitere Würdigungen: G. Lockemann, E. Beckmann, sein Leben u. Wirken (Bln 1927) 65 S.; ders. Dtsch. biogr. Jahrb. *5* (1930) 17–22; ders. Neue Dtsch. Biogr. *1* (Bln 1953) 725–26.

Nachrufe. F. Haber, Ber. Dtsch. chem. Ges. *56* (1923) (A) 81–82. – G. Lockemann, Ber. Dtsch. chem. Ges. *61* (1928) 87–125 (m. Bildn.). – C. Paal, Ber. Sächs. Akad. Wiss. *76* (1924) 83–94. – H. R. Platzmann, Chemiker-Ztg. *47* (1923) S. 629. – W. Schlenk, S.-Ber. Preuß. Akad. Wiss. *1924*, S. CIV. – Illustr. Ztg. Leipzig *161* (1923) S. 62 (m. Bildn.); Pharmaz. Ztg. *68* (1923) S. 551; Angew. Chem. *38* (1925) S. 39.

Später auch Poggendorffs Handwörterbuch VII^a/Suppl.

Robert Behrend

1856–1926

Prof. der organischen und physikalischen Chemie

Schriftenverzeichnis. A. Skita, Ber. Dtsch. chem. Ges. *59* (1926) (A) 161–64. – Poggendorffs Handwörterbuch *IV* (Lpz. 1904) 90–91; *V* (Lpz. 1926) 84–85; *VI*$_1$ (Lpz.-Bln 1936) S. 162.

Würdigungen. G. Lockemann, Neue Dtsch. Biogr. *2* (Bln 1955) S. 11. — P. Trommsdorff, Lehrkörper TH Hannover (Hannover 1931) S. 20 (m. Bildn.).
Nachruf. A. Skita, Ber. Dtsch. chem. Ges. *59* (1926) (A) 158—61 (m. Bildn. u. Faks.).

Kurt Beyer

1881—1952

Prof. der technischen Physik

Berichtigung: gest. am 9. V. 1952

Schriftenverzeichnis. Poggendorffs Handwörterbuch VII^{a}_{1} (Bln 1956) S. 173.
Würdigung. H. Neuber, Neue Dtsch. Biogr. *2* (Bln 1955) S. 206.
Nachrufe. L. Binder, Wiss. Ann. Dtsch. Akad. Wiss. Berlin *1* (Bln 1952) S. 264; ders. Jahrb. Dtsch. Akad. Wiss. Berlin *1952—53* (Bln 1955) 214—15. — E. Heidebroek, Jahrb. Sächs. Akad. Wiss. Leipzig *1949—53* (Bln 1954) 45—46. — A. Hütter, Dtsch. Architektur *1* (1952) 54—55 (m. Bildn.); ders. Bauplanung u. Bautechn. *6* (1952) 334—35 (m. Bildn.). — W. Neuffer, Wiss. Zs. TH Dresden *1* (1951/52) 129—30 (m. Bildn.). — F. A. Willers, Zs. angew. Math. u. Mech. *32* (1952) S. 323; ders. Technik *7* (1952) S. 322.

Ludwig Albert Wilhelm von Bezold

1836—1868

Prof. der Physiologie

Schriftenverzeichnis. P. Diepgen, Unvollendete. Vom Leben und Wirken frühverstorbener Forscher und Ärzte aus anderthalb Jahrhunderten. (Stuttg. 1960) S. 46. — Poggendorffs Handwörterbuch *III* (Lpz. 1898) S. 125.
Würdigungen. P. Diepgen, Unvollendete. Vom Leben und Wirken frühverstorbener Forscher und Ärzte aus anderthalb Jahrhunderten. (Stuttg. 1960) 34—37 (m. Bildn.). — C. Voit, Allg. Dtsch. Biogr. *2* (Lpz. 1875) S. 607. — Biogr. Lexikon d. hervorragenden Ärzte (A. Hirsch) *1* [2](Bln-Wien 1929) S. 518; Geschichte der Univ. Jena *1* (Jena 1958) S. 437.
Nachrufe. F. von Recklinghausen, S.-Ber. phys.-med. Ges. Würzburg *1868*, XLI bis XLVIII. — Zs. f. d. Österr. Gymnasien *19* (1868) S. 403.
Später auch Poggendorffs Handwörterbuch VII^{a}/Suppl.

Wilhelm Biedermann

1854—1929

Prof. der Physiologie

Schriftenverzeichnis. Poggendorffs Handwörterbuch VI_1 (Lpz.-Bln 1936) S. 215. — F. N. Schulz, Ergebn. Physiol. *30* (1930) XXV—XXVIII.
Nachrufe. M. Gildemeister, Ber. Sächs. Akad. Wiss. *82* (1930) 141—44. — A. Noll, Korrespondenz-Bl. allg. ärztl. Ver. Thüringen *59* (1929) 264—65. — F. N. Schulz, Ergebn. Physiol. *30* (1930) XI—XXV (m. zwei Bildn.). — E. von Skramlik, Dtsch. med. Wschr. *56* (1930) S. 65 (m. Bildn.). — H. Winterstein, Ergebn. Biol. *6* (1930) 1—3. — Literar. Zbl. *80* (1929) Sp. 1731.

Ludwig Binder

1881—1958

Prof. der Starkstromtechnik

Nach ihm benannt: Binder-Bau (Hochspannungshalle TU Dresden)

Schriftenverzeichnis. Poggendorffs Handwörterbuch *VI_1* (Lpz.-Bln 1936) S. 226; *VII^*_1* (Bln 1956) S. 187.

Würdigungen. Zum 60. Geburtstag: Elektrotechn. Zs. *62* (1941) 491—92 (m. Bildn.). — Zum 70. Geburtstag: H. Müller, Elektrotechn. Zs. *72* (1951) S. 369. — Zum 75. Geburtstag: F. Obenaus, K. Pommer, Wiss. Zs. TH Dresden *5* (1955/56) 501—03.

Nachrufe. F. Obenaus, Jahrb. Sächs. Akad. Wiss. *1957—1959* (Bln 1961) 356—58 (m. Bildn. u. Faks. vor S. 357); ders. Jahrb. Dtsch. Akad. Wiss. Berlin *1958* (Bln 1959) 120 bis 121; ders. Elektrotechn. Zs. *80* (1959) S. 526. — Dtsch. Elektrotechnik *12* (1958) S. 375.

Vilhelm Bjerknes

1862—1951

Prof. der mathematischen Physik

Schriftenverzeichnis. Bibliografiske Monografier *2* (1951) 115—28. — Poggendorffs Handwörterbuch *IV* (Lpz. 1904) S. 129; *V* (Lpz. 1926) S. 120; *VI_1* (Lpz.-Bln 1936) S. 233.

Festschrift. Bjerknes Festband zum 70. Geburtstag (Lpz. 1932) VI, 310 S. (Beitr. Physik freien Atmosphäre 19).

Nachrufe. H. Flohn, Petermanns geogr. Mitt. *95* (1951) S. 193. — C. L. Godske, Naturen [Bergen] *8* (1962) 67—76. — E. Gold, Nature [London] *167* (1951) 838—39. — M. Robitzsch, Zs. Meteorol. *5* (1951) S. 257. — F. Rossmann, Naturwiss. Rdsch. *5* (1952) S. 218. — G. H. *S.*, Revista Geofisica [Madrid] *1951* A. 10. Nr. 39, 257—58. — Annuario Pontific. Accad. Scienze *1* (Città di Vatic. 1936/37) 144—50; Det Norske Videnskaps-akademi i Oslo, Årbok *1951* (1952) 59—72; Obituary Notices of Fellows of the Roy. Soc. *7* (1950/51) 314—17.

Wilhelm Blaschke

geb. am 13. IX. 1885 in Graz
gest. am 17. III. 1962 in Hamburg

Prof. der Mathematik

(Zuwahl: 8. V. 1937 als korresp. Mitglied)

Schriftenverzeichnis. W. Burau, Abh. math. Sem. Univ. Hamburg *26* (1964). — Jahrb. Sächs. Akad. Wiss. *1957—1959* (Bln 1961) 239—40. — Poggendorffs Handwörterbuch *V* (Lpz. 1926) S. 124; *VI_1* (Lpz.-Bln 1936) S. 239; *VII^*_1* (Bln 1956) 195—96.

Würdigungen. Zum 70. Geburtstag: E. Kähler, Forsch. u. Fortschr. *29* (1955) 286—87. — Weitere Würdigungen: Reichshandbuch Dtsch. Ges. *1* (Bln 1930) S. 145 (m. Bildn.).

Nachrufe. W. Burau, Mitt. math. Ges. Hamburg *9* (1963) H. 2 S. 24—30. — O. Haupt, Jahrb. Akad. Wiss. u. Lit. Mainz *1962* (1963) S. 44—51. — I. M. Jaglom, Uspechi mat.

Nauk *18* (1963) 135–43 (m. 2 Bildn.). – E. Kähler, s. vorliegendes Jahrb. S. 388–91 m. Bildn. nach S. 392). – M. E. Kruppa, Alman. Österr. Akad. Wiss. *112.* 1962 (Wien 1963) 419–29. – R. Sauer, Jahrb. Bayer. Akad. Wiss. *1962* (München 1962) S. 212–15 (m. Bildn. S. 208). – E. Sperner, Abh. math. Sem. Univ. Hamburg *26* (1964) 111–28. – W. Wunderlich, Nachr. Österr. math. Ges. *16* (1962) Nr. 71, S. 53–54.

Rudolf Boehm

1844–1926

Prof. der Pharmakologie, Toxikologie und Pharmakognosie

Plakette von C. Seffner im Pharmakol. Inst. Univ. Leipzig

Schriftenverzeichnis. I. Brennsohn, Die Ärzte Estlands (Riga 1922) S. 423. – Poggendorffs Handwörterbuch *III* (Lpz. 1898) S. 148; *IV* (Lpz. 1904) S. 143; *V* (Lpz. 1926) S. 134; VI_1 (Lpz.-Bln 1936) S. 258; VII_1^a (Bln 1956) S. 216.

Würdigungen. J. W. E. Büttner, Neue Dtsch. Biogr. *2* (Bln 1955) S. 379. – Biogr. Lexikon d. hervorragenden Ärzte (A. Hirsch) *1* (Wien-Lpz. 1884) S. 501. – Jubelfeier d. 500-jähr. Bestehens d. Univ. Leipzig (Lpz. 1909) S. 3 (m. Bildn.). – Bildn. in: Univ. Leipzig 1409 bis 1909. Gedenkblätter (Lpz. 1909) S. 67. – Das Leipziger med. Viertel (M. Weiser) (Lpz. 1914) u. (Lpz. 1922) 48–49 (m. Bildn.).

Nachruf. K. Thomas, Ber. Sächs. Akad. Wiss. *78* (1926) 348–57.

Ludwig Boltzmann

1844–1906

Prof. der theoretischen Physik, zuletzt in Wien

Schriftenverzeichnis. Poggendorffs Handwörterbuch *III* (Lpz. 1898) 155–56; *IV* (Lpz. 1904) 153–54; *V* (Lpz. 1926) S. 140; VI_1 (Lpz.-Bln 1936) S. 212.

Festschrift. Ludwig Boltzmann gewidmet zum 60. Geburtstag (Lpz. 1904) XII, 930 S. (m. Bildn.).

Würdigungen. G. Jäger, Neue Österr. Biogr. *2* (Wien 1925) 117–37 (m. Bildn.). – E. Drude, Handwörterbuch Naturwiss. *2* ²(Jena 1933) S. 136. – M. von Laue, zu L. Boltzmanns 100. Geburtstag, Forsch. u. Fortschr. *20* (1944) 46–47. – A. Sommerfeld, Neue Dtsch. Biogr. *2* (Bln 1955) 436–37.

Nachrufe. G. H. Bryan, Proc. Roy. Soc. London, Math.-Phys. Cl. *80* (1908) XI–XIII. – Th. Des Coudres, Ber. Kgl. Sächs. Ges. Wiss. *58* (1906) 615–28. – P. Ehrenfest, Math.-naturwiss. Bl. *3* (1906) 205–09. – P. u. T. Ehrenfest, Physikal. Zs. *8* (1907) 311 bis 14. – A. Höfler, Zs. physikal. u. chem. Unterr. *19* (1906) S. 357; ders. Süddtsch. Mh. *3*, 2 (1906) 418–22. – G. Jäger, Mh. Math. u. Physik, Wien *18* (1907) 3–8; Zs. Math. u. Physik *1906*. – A. Lampa, Naturwiss. Rdsch. *21* (1906) S. 552; Biogr. Jahrb. u. Dtsch. Nekrolog (A. Bettelheim) *11* (Bln 1908) 96–104. – V. von Lang, Alman. Akad. Wiss. Wien *57* (1907) 307–09 (m. Bildn.). – H. A. Lorentz, Verh. Dtsch. physikal. Ges. *8* (1906) S. 543; *9* (1907) 208–38; Ber. Dtsch. physikal. Ges. *5* (1907) 206–38. – St. Meyer, Österr. Rdsch. *8* (1906) 479–83. – A. Müller, Jahrb. Görres-Ges. *1907*, 85–90. – J. P., Illustr. Ztg. Leipzig *127*, 1 (1906) S. 456 (m. Bildn.). – Valaserna, Roma, Linc.,

Rend. *15* (1906). — W. Voigt, Physikal. Zs. *7* (1906) 649—50; Nachr. Ges. Wiss. Göttingen, Geschäftl. Mitt. *1907*, 69—82. — C. Voit, S.-Ber. Bayer. Akad. Wiss. *37* (1907) 262—67.

Später auch Poggendorffs Handwörterbuch VII^a/Suppl.

Karl-Friedrich Bonhoeffer

1899—1957

Prof. der physikalischen Chemie

Schriftenverzeichnis. Poggendorffs Handwörterbuch *VI*$_1$ (Lpz.-Bln 1936) S. 275; *VII*$^a_1$ (Bln 1956) S. 231.

Nachrufe. Kl. Clusius, Zs. Naturforsch. *12a* (1957) 449—50; *12b* (1957) S. 483. — J. Eggert, Jahrb. Bayer. Akad. Wiss. München *1958*, 189—96. — H. Gerischer, Mitt. Max-Planck-Ges. *1957*, 144f. (m. Bildn.). — P. Harteck, J. Colloid Science [New York] *13* (1958) Nr. 1, 1—2. — W. Jost, Naturwissenschaften *44* (1957) 625—26. — E. A. Moelwyn-Hughes, Nature [London] *180* (1957) Nr. 4575, 16—17. — G.-M. Schwab, Zs. Elektrochem. *62* (1958) 222—25. — H. Staude, Jahrb. Sächs. Akad. Wiss. *1957—1959* (Bln 1961) 338—45 (m. Bildn. nach S. 352). — P. A. Thießen, Jahrb. Dtsch. Akad. Wiss. *1958* (Bln 1959) 104—05.

Walther Bothe

1891—1957

Prof. der Physik

Schriftenverzeichnis. Poggendorffs Handwörterbuch *VI*$_1$ (Lpz.-Bln 1936) 289—90; *VII*$^a_1$ (Bln 1956) 240—41.

Würdigungen. H. Hartmann, Schöpfer d. neuen Weltbildes (Bonn 1952) 291—315. — Les Prix Nobel en 1954 (Stockholm 1955). — E. Hylleraas, Nobelprisen i fysikk 1954, fra fysikkens Verden. Norsk fysisk Tidsskrift [Oslo] Arg. 17, *1955* (1956) 1—4. — H. Maier-Leibnitz, Mitt. Max-Planck-Ges. *1954*, 232—34; ders. Ruperto-Carola *7* (1955) Nr. 17, S. 20—21 (m. Bildn.). — Physik-Nobelpreis f. W. Bothe u. M. Born, Dtsch. Forschungsdienst *1954*, Nr. 5, Bl. 2; Nobelpreis f. Physik 1954, Nature [London] *174* (1954) S. 907.

Nachrufe. R. Fleischmann, Naturwissenschaften *44* (1957) 457—60. — W. Gentner, Zs. Naturforsch. *12a* (1957) 175—76. — O. Hahn, Orden pour le mérite für Wissenschaften u. Künste. Reden u. Gedenkworte *2* (1956/57) 117—22. — W. Hanle, Gießener Hochschulblätter *4* (1956/57) Nr. 4, S. 3. — G. Hertz, Jahrb. Sächs. Akad. Wiss. *1957—1959* (Bln 1961) S. 335 (m. Bildn. nach S. 336). — R. Kuhn, Mitt. Max-Planck-Ges. *1957*, 2—5. — H. Maier-Leibnitz, Science [Washington] *126* (1957) Nr. 3267, S. 246—47. — L. Meitner, Nature [London] *179* (1957) Nr. 4561, 654—55. — R. Seeliger, Jahrb. Dtsch. Akad. Wiss. *1958* (Bln 1959) S. 103. — Atomkern-Energie *2* (1957) S. 118; Naturwiss. Rdsch. *10* (1957) S. 121.

Heinrich Brandt

1886—1954

Prof. der Mathematik

Schriftenverzeichnis. M. Eichler, Math. Nachr. *13* (1955) 325—26. — Poggendorffs Handwörterbuch *VI*$_1$ (Lpz.-Bln 1936) S. 311; *VII*$^a_1$ (Bln 1956) S. 247.

Nachrufe. M. Eichler, Math. Nachr. *13* (1955) 321–25. – E. Kähler, Jahrb. Sächs. Akad. Wiss. *1954–1956* (Bln 1958) 246–47 (m. Bildn.). – O.-H. Keller, Leopoldina (3) *1* (1955) 17–19. – R. Zaunick, Hochschulwesen *2* (1954) H. 12, S. 40–41.

Christian Wilhelm Braune

1831–1892

Prof. der Anatomie

Schriftenverzeichnis. Biogr. Lexikon d. hervorragenden Ärzte (A. Hirsch) *1* ²(Bln-Wien 1929) S. 685. – W. His, Arch. Anatom. u. Physiol., Anatom. Abt. *1892*, 253–55.

Würdigungen. W. Krause, Allg. Dtsch. Biogr. *47* (1903) 206–09. – Biogr. Lexikon d. hervorragenden Ärzte (A. Hirsch) *1* ²(Bln-Wien 1929) S. 685. – Jub.-Bd 1896, S. XIX.

Nachrufe. K. von Bardeleben, Anatom. Anz. *7* (1892) S. 440, S. 476. – W. His, Anatom. Anz. *8* (1893) S. 331; ders. Arch. Anatom. u. Physiol., Anatom. Abt. *1892*, 231–52 (m. Bildn. u. Faks. am Anf. d. Bandes). – Ecce, Landesschule Grimma *1892*, 31–41.

Carl Bruhns

1830–1881

Prof. der Astronomie

Schriftenverzeichnis. Alberti, Lexikon d. Schleswig.-holst. Schriftsteller *1* (Kiel 1885) 85–86. – Leopoldina *20* (1884) 23–24. – Poggendorffs Handwörterbuch *I* (Lpz. 1863) Sp. 318; *III* (Lpz. 1898) 205–07.

Würdigungen. Günther, Allg. Dtsch. Biogr. *47* (1903) 293–95. – W. Haan, Sächs. Schriftsteller-Lexikon (Lpz. 1875) S. 33.

Nachrufe. W. Foerster, Vjschr. astronom. Ges. Leipzig *18* (1883) 1–5 (m. Bildn.). – J. Loewenberg, Illustr. Ztg. Leipzig *77* (1881) 125–26 (m. Bildn.). – Astronom. Nachr. *100* (1881) Sp. 129–30; Dtsch. Rdsch. Geogr. u. Statistik *4* (1882) 43–44 (m. Bildn.); Globus. Illustr. Zs. Länder- u. Völkerkunde *41* (1882) S. 174; Jahrb. d. Erfindungen (H. Gretschel, H. Hirzel) *18* (Lpz. 1882) S. 439; Petermanns geogr. Mitt. *28* (1882) S. 99.

Heinrich Bruns

1848–1919

Prof. der Mathematik und Astronomie

Schriftenverzeichnis. J. Bauschinger, Vjschr. astronom. Ges. Leipzig *56* (1921) 67–69. – G. Herglotz, Ber. Sächs. Akad. Wiss. *71* (1919) 372–74. – Poggendorffs Handwörterbuch *III* (Lpz. 1898) S. 208; *IV* (Lpz. 1904) 196–97; *V* (Lpz. 1926) S. 197.

Würdigungen. E. Zinner, Neue Dtsch. Biogr. *2* (1955) S. 688. – Wer ist's? *7* (Lpz. 1914) S. 209.

Nachrufe. J. Bauschinger, Vjschr. astronom. Ges. Leipzig *56* (1921) 59–67 (m. Bildn. nach S. 56). – F. Hayn, Astronom. Nachr. *210* (1920) S. 15. – G. Herglotz, Ber. Sächs. Akad. Wiss. *71* (1919) 365–72. – H. Seeliger, Jahrb. Bayer. Akad. Wiss. *1919* (1920) 67–72. – Literar. Zbl. *70* (1919) Sp. 777; Petermanns geogr. Mitt. *65* (*1919*) S. 190.

Torsten Carleman

1892—1949

Prof. der Mathematik

Nach ihm benannt: Carleman-Theorem

Schriftenverzeichnis. F. Carlson, Acta math. [Stockholm] *82* (1950) IV—VI. — Jubjudning högtidlighet Lund *1924*, VII—VIII. — Poggendorffs Handwörterbuch *V* (Lpz. 1926) 203—04; *VI*$_1$ (Lpz.-Bln 1936) S. 399.

Nachrufe. F. Carlson, Acta math. [Stockholm] *82* (1950) I—III (m. Bildn. u. Faks.); ders. Kungl. Vetenskaps Societetens Årsbok *1949/50*, 32—36.

Carl Gustav Carus

1789—1869

Prof. der Gynäkologie, Maler und Naturphilosoph

Schriftenverzeichnis. Engelmanns Bibliotheca medico-chirurgica ^{6}(Lpz. 1848) S. 104—05; Suppl. (Lpz. 1868) 42—43. — W. Keiper, Gesamtverzeichnis d. Werke von C. G. Carus (Bln 1934) 15 S. — J. Walther, Leopoldina *3* (1928) 124—128. — E. Wunsch, S.-Ber. Ges. naturforsch. Freunde zu Berlin Jg. *1941*, (1943) 73—76. — R. Zaunick, C. G. Carus (Lpz. 1931) 23—34. — Gelehrten- u. Schriftstellernachlässe in den Bibliotheken der DDR *1* (Bln 1959) S. 22, Nr. 88.

Würdigungen. W. Harms, Handwörterbuch d. Naturwissenschaften (R. Dittler, G. Joos) *2* ^{2}(Jena 1933) 291—92. — Hecker-Carus, Allg. Dtsch. Biogr. *4* (Lpz. 1876) 37—38. — Ricarda Huch, Ausbreitung u. Verfall d. Romantik *2* (Lpz. 1902) 284—87. — H. Kern, C. G. Carus, Persönlichkeit und Werk (Bln 1942) 203 S. (m. Bildn.); ders. Leopoldina *3* (1928) 127—45. — B. Knauß, Neue Dtsch. Biogr. *3* (Bln 1957) 161—63. — M. Prause, in: Festschr. Joh. Jahn, zum 22. XI. 1957 (Lpz. 1958) 311—15. — J. Walther, Leopoldina *3* (1928) 113—24. — R. Zaunick, C. G. Carus (Lpz. 1931) 221 S. — Ärzte-Memoiren aus 4 Jahrhunderten (E. Ebstein) (Lpz. 1923) 177—96 (m. Bildn. vor S. 177).

Nachrufe. Merbach, Beilage Jber. Ges. Natur- u. Heilkunde in Dresden 1869—1870 (Dresden 1870) 26 S. — Th. Oelsner, Jber. Schles. Ges. vaterländ. Kultur *47* (1869) 366—71. — Jahrb. d. Erfindungen (H. Gretschel, H. Hirzel) *6* (Lpz. 1870) S. 466.

Julius Victor Carus

1823—1903

Prof. der Zoologie und vergleichenden Anatomie

Schriftenverzeichnis. G. Vapereau, Dictionnaire universel des Contemporains ^{6}(Paris 1893) S. 293. — E. Wunsch, S.-Ber. Ges. Naturforsch. Freunde zu Berlin Jg. *1941* (1943) 71 bis 73.

Würdigungen. W. Haan, Sächs. Schriftstellerlexikon (Lpz. 1875) S. 37. — W. Harms, Handwörterbuch d. Naturwissenschaften *2* ^{2}(Jena 1933) S. 292. — E. Wunsch, S.-Ber. Ges. Naturforsch. Freunde zu Berlin Jg. *1941* (1943) 71—73. — Biogr. Jahrb. u. Dtsch. Nekr. (A. Bettelheim) *8* (Bln 1905) 20*. — Biogr. Lexikon d. hervorragenden Ärzte (A. Hirsch) *1* ^{2}(Bln-Wien 1929) S. 847.

Nachrufe. K. von Bardeleben, Anatom. Anz. *23* (1903) S. 111. — C. Chun, Ber. Sächs. Akad. Wiss. *55* (1903) 421—28. — Grobben, Alman. Österr. Akad. Wiss. *53* (1903) 281—82. — von Hanstein, Naturwiss. Rdsch. *18* (1903) S. 245. — O. Taschenberg, Zoolog. Anz. *26* (1903) 473—84. — Insektenbörse *20* (1903) S. 97 (m. Bildn.); Jber. Leistungen u. Fortschritte ges. Medizin *38* (1903) S. 411; Leopoldina H. *39* (1903) 50 bis 64, 66—73.

Carl Chun

1852—1914

Prof. der Zoologie

Büste von C. Seffner im Zool. Inst. Univ. Leipzig

Schriftenverzeichnis. Dean, Bibliogr. fishes *1* (1916) 234—35. — Wer ist's? *7* (Lpz. 1914) S. 254. — Biologen-Kalender *1914*, 1 S. 180.

Festschrift C. Chun zu seinem 60. Geburtstag, 1. Okt. 1912, gewidmet, Zoologica *26* (1913) H. 67, 548 S. (m. Bildn. u. Faks. am Anfang).

Würdigungen. W. Harms, Handwörterbuch d. Naturwissenschaften (R. Dittler, G. Joos) *2* [2](Jena 1933) S. 738. — R. Mertens, Neue Dtsch. Biogr. *3* (Bln 1957) 253—54. — Das Leipziger med. Viertel (M. Weiser) (Lpz. 1914) u. (Lpz. 1922) 10—12 (m Bildn.).

Nachrufe, F. Braem, Int. Revue ges. Hydrobiol. u. Hydrogr. *7* (1914) 99—101. — M. Braun, Schriften physikal.-ökonom. Ges. zu Königsberg/Pr. *55* (1914) 216—24. — R. Hertwig, Jahrb. Bayer. Akad. Wiss. *1915*, 97—103. — H. Lohmann, Verh. naturwiss. Ver. Hamburg (3) *22* (1914/15) 1—4. — J. Partsch, Geogr. Anz. *15* (1914) 190—91; ders. Petermanns geogr. Mitt. *60*, 1 (1914) 339—40 (m. Bildn.). — W. Pfeffer, Ber. Kgl. Sächs. Ges. Wiss. *66* (1914) 179—93. — O. Steche, Jber. Schles. Ges. vaterländ. Kultur *92*, 1 (1914) Nekr., S. 4—7; ders. Mitt. Ges. Erdkunde Leipzig *1914* (1915) 43 bis 89 (m. Bildn. u. Faks.). — F. W. Winter, Ber. Senckenberg. naturforsch. Ges. Frankfurt/M. *45* (1914) 176—83 (m. Bildn.). — O. Zacharias, Arch. Hydrobiol. *9* (1914) S. 680. — Alman. Österr. Akad. Wiss. *64* (1914) S. 377; Biologen-Kalender *1914*, 1, S. 180; Geogr. Zs. *20* (1914) S. 294; Illustr. Ztg. Leipzig *142*, 2 (1914) S. 800 (m. Bildn.); Sozialist. Monats-H. Jg. *20* (1914) 855—56; Zs. angew. Entomol. *1* (1914) S. 373.

Julius Cohnheim

1839—1884

Prof. der Pathologie

Schriftenverzeichnis. Ges. Abh. von J. Cohnheim (E. Wagner) (Bln 1885) XLVII—LI. — Pagel, Biogr. Lexikon d. hervorragenden Ärzte (A. Hirsch) *2* [2](Bln-Wien 1930) 66—67. — C. Weigert, Berliner klin. Wschr. *21* (1884) S. 565.

Würdigungen. E. Gierke, Allg. Dtsch. Biogr. *55* (Lpz. 1910) 729—33. — Pagel, Biogr. Lexikon d. hervorragenden Ärzte (A. Hirsch) *2* [2](Bln-Wien 1930) 66—67. — W. Kühne, Ges. Abh. von J. C. (E. Wagner) (Bln 1885) VII—XLVI (m. Bildn. u. Faks. am Anfang). — F. Marchand, in: Das Leipziger med. Viertel (M. Weiser) (Lpz. 1914) u. (Lpz. 1922) S. 34 (m. Bildn.).

Nachrufe. Klebs, Arch. exp. Pathol. u. Pharmakol. *18* (1884) S. 1. — F. Marchand, Dtsch. med. Wschr. *10* (1884) 577—79, 596—99. — C. Weigert, Berliner klin. Wschr. *21* (1884) 564—65.

Carl Erich Correns

1864—1933

Prof. der Botanik

Ergänzung: Zuwahl 5. V. 1902 sz. als ao. Mitgl.

Schriftenverzeichnis. O. Renner, Neue Dtsch. Biogr. *3* (Bln 1957) S. 368. — H. Sierp, Naturwissenschaften *12* (1924) 778—80. — Ber. Dtsch. botan. Ges. *56*, 2 (1938) (154) bis (160).

Würdigungen. O. Renner, Neue Dtsch. Biogr. *3* (Bln 1957) S. 368. — H. Sierp, Naturwissenschaften *12* (1924) 772—78. — Reichshandbuch Dtsch. Ges. *1* (Bln 1930) S. 280. — Bildnisse berühmter Männer Dtsch. Akad. Wiss. (Bln 1950) S. 103 (m. Bildn.).

Nachrufe. E. Baur, Forsch. u. Fortschr. *9* (1933) S. 120; ders. Der Züchter *5* (1933) S. 67. — A. Bluhm, Eugenik, Erblehre, Erbpflege *3* (1933) 49—52. — Haberlandt, S.-Ber. Preuß. Akad. Wiss. Öff. Sitzg. v. 19. VI. 1933, CXXV—CXXXIII. — M. Hartmann, Minerva-Zs. N. F.: Geistige Arbeit *34* (1933) H. 4, S. 12. — M. Planck, Naturwissenschaften *22* (1933) S. 1. — I. Schwemmle, Med. Klinik *30* (1934) S. 1251. — E. Tschermak-Seysenegg, Alman. Österr. Akad. Wiss. *83* (1933) 290—93; ders. Biologia generalis [Wien] *9* (1933) I, 2, S. 1. — Fr. von Wettstein, Naturwissenschaften *22* (1933) 2—8. — Ber. Dtsch. botan. Ges. *56*, 2 (1938) (152)—(154); Blätter Volksgesundheitspflege *33* (1933) S. 49; Dtsch. Alman. Kunst u. Wissenschaft Berlin *1* (1933) S. 70; Familiengeschichtl. Blätter *31* (1933) S. 98; Wiener landwirtsch. Ztg. *83* (1933) S. 329.

Hermann Credner

1841—1913

Prof. der Geologie

Büste von C. Seffner im Geol. Inst. Univ. Leipzig

Schriftenverzeichnis. F. Etzold, Mitt. Ges. Erdkunde Leipzig *1913* (1914) 71—77; ders. Zbl. Mineral. *1914*, 587—92. — J. Felix, S.-Ber. naturforsch. Ges. Leipzig *40* (1914) 18—24. — E. Krenkel, Neue Dtsch. Biogr. *3* (Bln 1957) S. 405. — F. Wahnschaffe, Zs. Dtsch. geol. Ges., M.-Ber. *65* (1913) *482—88*. — Poggendorffs Handwörterbuch *III* (Lpz. 1898) 309—10; *IV* (Lpz. 1904) S. 280; *V* (Lpz. 1926) S. 248; *VI* (Lpz.-Bln. 1936) S. 491. — Wer ist's? *5* (Lpz. 1911) S. 244.

Würdigungen. W. Haan, Sächs. Schriftsteller-Lexikon (Lpz. 1875) S. 41. — E. Krenkel, Neue Dtsch. Biogr. *3* (Bln 1957) 404—05. — P. Wagner, S.-Ber. u. Abh. naturwiss. Ges. Isis Dresden *12* (1902) 116—26. — Wer ist's? *5* (Lpz. 1911) S. 244. — Zum 50. Todestag: K. Pietzsch, Geologie *12* (1963) 741—50 (m. 2 Bildn.).

Nachrufe. F. Etzold, Mitt. Ges. Erdkunde Leipzig *1913* (1914) 33—40; ders. Zbl. Mineral. *1914*, 577—86. — J. Felix, S.-Ber. naturforsch. Ges. Leipzig *40* (1914) S. 13—18. — D. H. Geogr. Zs. *19* (1913) S. 467. — R. Kukula, Bibliogr. Jahrb. Dtsch. Hochschulen *1913*, S. 122—23 u. Erg.-H. 1, S. 45. — F. Rinne, Ber. Kgl. Sächs. Ges. Wiss. *65* (1913) 387—408. — F. Wahnschaffe, Zs. Dtsch. geol. Ges. *65* (1913) *470—82* (m. Bildn. u. Faks. vor S. *409*). — Aschersons Univ.-Kalender, Ausg. *84*, W.-S. 1913/14, Tl 1, S. 332; Dtsch. Rdsch. Geogr. u. Statistik *36* (1913) S. 45; Geographen-Kalender *12* (1914) S. 58; Illustr. Ztg. Leipzig *141* (1913) S. 201 (m. Bildn.); Leopoldina H. *49* (1913) S. 65, S. 87; Literar. Zbl. *64* (1913) Sp. 1030.

Theodor Des Coudres

1862—1926

Prof. der theoretischen Physik

Schriftenverzeichnis. O. Wiener, Ber. Sächs. Akad. Wiss. *78* (1926) 368—70. — Poggendorffs Handwörterbuch *IV* (Lpz. 1904) 321—22; *V* (Lpz. 1926) S. 283; IV_1 (Lpz.-Bln 1936) S. 554.

Würdigung. W. Gerlach, Neue Dtsch. Biogr. *3* (Bln 1957) S. 615.

Nachrufe. W. Wien, Physikal. Zs. *28* (1927) 129—35 (m. Bildn. u. Faks.). — O. Wiener, Ber. Sächs. Akad. Wiss. *78* (1926) 358—68.

Ernst Diepschlag

1885—1953

Prof. der Eisenhüttenkunde

Schriftenverzeichnis. Poggendorffs Handwörterbuch VI_1 (Lpz.-Bln 1936) S. 566; VII_1^a (Bln 1956) 411—12.

Nachrufe. J. Czikel, Forsch. u. Fortschr. *28* (1954) 125—26. — F. Großer, Gießerei *41* (1954) S. 356. — G. Spackeler, Jahrb. Sächs. Akad. Wiss. *1954—1956* (Bln 1958) 245—46 (m. Bildn.). — Bergakademie [Freiberg] *6* (1954) S. 81 (m. Bildn.); Technik *9* (1954) S. 276.

Johann Wolfgang Döbereiner

1780—1849

Prof. der Chemie

Schriftenverzeichnis. A. C. P. Callisen, Med. Schriftsteller-Lexikon *5* (Copenhagen 1831) 244—52; *27* (Copenhagen 1839) 317—19. — R. Zaunick, Neue Dtsch. Biogr. *4* (Bln 1959) S. 12. — Catalogue scient. papers *2* (1868); *12* (1902). — Poggendorffs Handwörterbuch *I* (Lpz. 1863) Sp. 582—83; *IV* (Lpz. 1904) S. 337.

Würdigungen. Zum 100. Geburtstag: E. Fischer: Illustr. Ztg. Leipzig *76* (1881) 89—90 (m. Bildn.). — E. M. Oettinger, Bibliographie biogr. ou Dictionnaire de 26000 ouvrages, tant anciens que modernes, relatifs à la vie publique et privée des hommes célèbres etc. (Lpz. 1850). — Zum 100. Todestag: H. Walter, Süddtsch. Apotheker-Ztg. *89* (1949) 178—79 (m. Bildn.). — A. Wißner, Dtsch. Drogisten-Ztg. *4* (1949) 69—70 (m. Bildn.). — R. Zaunick, Neue Dtsch. Biogr. *4* (Bln 1959) 11—12. — Gesch. d. Univ. Jena *1* (Jena 1958) 414—16 (m. Bildn.).

Nachrufe. F. Schlaeger, M. J. Schleiden, Zur Erinnerung an J. W. Döbereiner (Jena 1849). — A. Vogel jun., Gelehrte Anzeigen Bayer. Akad. Wiss. *29* (1849) Sp. 993—1000. — H. Wackenroder, Arch. Pharmaz. *107* (1849) S. 349. — Leipziger Repertorium d. dtsch. u. ausländ. Literatur (E. G. Gersdorf) *26* (1849) S. 246. — Neuer Nekrolog d. Deutschen *27* (Weimar 1851) S. 237.

Später auch Poggendorffs Handwörterbuch VII^a/Suppl.

Edmund Drechsel

1843–1897

Prof. der physiologischen Chemie

Schriftenverzeichnis. G. Ronge, Neue Dtsch. Biogr. *4* (Bln 1959) S. 105. — Leopoldina H. *34* (1898) 65–67. — Poggendorffs Handwörterbuch *III* (Lpz. 1898) S. 380; *IV* (Lpz. 1904) S. 384.

Würdigungen. Pagel, Allg. Dtsch. Biogr. *48* (Lpz. 1904) S. 77. — G. Ronge, Neue Dtsch. Biogr. *4* (Bln 1959) 104–05. — Biogr. Lexikon d. hervorragenden Ärzte (A. Hirsch) *2* (Wien-Lpz. 1885) S. 215.

Nachrufe. A. Tschirch, Leopoldina H. *34* (1898) 43–46, 61–65; ders. Naturwiss. Rdsch. *12* (1897) 632–35. — Verh. Schweizer. naturforsch. Ges. *80* (1897) 234–37.

Moritz Wilhelm Drobisch

1802–1896

Prof. der Mathematik und Philosophie

Büste von J. Schilling im Univ.-Hauptgebäude Leipzig

Schriftenverzeichnis. A. Menne, Neue Dtsch. Biogr. *4* (1959) S. 127. — Börsenbl. dtsch. Buchhandel *63* (1896) 6318–19. — Poggendorffs Handwörterbuch *I* (Lpz. 1863) Sp. 603; *III* (Lpz. 1898) S. 381; *IV* (Lpz. 1904) S. 348.

Würdigungen. M. Brasch, Leipziger Philosophen (Lpz. 1894) 14–50. — W. Haan, Sächs. Schriftsteller-Lexikon (Lpz. 1875) S. 56. — M. Heinze, Allg. Dtsch. Biogr. *48* (1904) 80–82. — A. Menne, Neue Dtsch. Biogr. *4* (1959) S. 127. — W. Neubert-Drobisch, M. W. Drobisch, ein Gelehrtenleben (Lpz. 1902) VIII, 131 S. (m. Bildn.). — G. Vapereau, Dictionnaire universel des Contemporains [6](Paris 1893) S. 485. — Zs. math. u. naturwiss. Unterr. *24* (1893) S. 395.

Nachrufe. L. Credaro (Roma 1897) 21 S. — W. Fick, Evangel. Schulbl. u. dtsch. Schul-Ztg. *41* (1896) 221–24. — M. Heinze, Ber. Kgl. Sächs. Ges. Wiss. *48* (1896) 695–719. — C. Hermann, Biogr. Jahrb. u. Dtsch. Nekr. (A. Bettelheim) *1* (1897) 133–35. — Börsenbl. dtsch. Buchhandel *63* (1896) 6215–16; Illustr. Ztg. Leipzig *107* (1896) S. 442 (m. Bildn.); Leopoldina H. *32* (1896) S. 182; Zs. math. u. naturwiss. Unterr. *27* (1896) 626–31.

Oskar Drude

1852–1933

Prof. der Botanik

Ergänzung: Zuwahl 4. III. 1895 sz. als ao. Mitgl.

Nach ihm benannt: Drude-Bau (Inst. f. Botanik TU Dresden)

Schriftenverzeichnis. F. Tobler, Ber. Dtsch. botan. Ges. *51* (1933) (117)–(127). — Poggendorffs Handwörterbuch *IV* (Lpz. 1904) S. 349. — Gelehrten- u. Schriftstellernachlässe in den Bibliotheken d. DDR *1* (Bln 1959) S. 28, Nr. 140.

Festschrift zum 80. Geburtstag von O. Drude überreicht von Freunden u. Fachgenossen (Dsdn 1932) 566 S. (Botan. Zbl. Beihefte Bd *49*; Erg.-Bd).

Würdigungen. Zum 80. Geburtstag: F. Markgraf, Forsch. u. Fortschr. *8* (1932) S. 239. – Weitere Würdigung: R. Zaunick, Neue Dtsch. Biogr. *4* (Bln 1959) S. 138.

Nachrufe. W. Dänhardt, Flora. S.-Ber. u. Abh. Sächs. Ges. Botanik usw. zu Dresden N. F. H. *38* (1933) 9–12. – L. Diels, Petermanns geogr. Mitt. *79* (1933) S. 81. – W. Ruhland, Ber. Sächs. Akad. Wiss. *85* (1933) 166–71. – A. Schade, S.-Ber. u. Abh. naturwiss. Ges. Isis in Dresden *1932* (1933) 5–11; R. Schwede, ebda 21–27; F. Tobler, ebda 12–20; ders. Ber. Dtsch. botan. Ges. *51* (1933) 2. Gen.-Versammlg.-H. (96)–(117) (m. Bildn. u. Faks.). – Höh. Schule im Freistaat Sachsen *11* (1933) S. 71.

Paul Drude

1863–1906

Prof. der Physik

Schriftenverzeichnis. F. Stier, Neue Dtsch. Biogr. *4* (Bln 1959) S. 139. – Poggendorffs Handwörterbuch *IV* (Lpz. 1904) 349–50; *V* (Lpz. 1926) S. 306.

Würdigungen. Zum 100. Geburtstag: H. Falkenhagen, Forsch. u. Fortschr. *37* (1963) 220 bis 221. – Weitere Würdigungen: E. Drude, Handwörterbuch d. Naturwissenschaften (R. Dittler, G. Joos) *2* ²(Jena 1933) S. 1151. – F. Stier, Neue Dtsch. Biogr. *4* (Bln 1959) 138–39.

Nachrufe. Bühring, Zs. physikal. u. chem. Unterr. *19* (1906) S. 277. – F. Kiebitz, Naturwiss. Rdsch. *21* (1906) S. 413. – M. von Laue, Math.-naturwiss. Bl. *3* (1906) S. 174. – W. Lorey, L. Boltzmann, Abh. naturforsch. Ges. zu Görlitz *25* (1907) 217–22. – M. Planck, Ann. Physik (4) *20* (1906) *I–IV* (m. Bildn. u. Faks.); ders. Verh. physikal. Ges. *8* (1906) S. 599. – F. Richarz, W. König, Zur Erinnerung an P. Drude (Gießen 1906) 48 S. (m. Bildn.). – M. Voigt, Physikal. Zs. *7* (1906) S. 482. – Ber. Dtsch. physikal. Ges. *4* (1906) 599–630.

Später auch Poggendorffs Handwörterbuch VIIª/Suppl.

Wilhelm Ellenberger

1848–1929

Prof. der Veterinäranatomie und -physiologie

Schriftenverzeichnis. M. Stürzbecher, Neue Dtsch. Biogr. *4* (Bln 1959) S. 453.

Festschrift. Herrn Geheimrat W. Ellenberger zu seinem 70. Geburtstage gewidmet von den Professoren u. Dozenten d. Kgl. Tierärztl. Hochschule zu Dresden (Bln 1918) IX, 650 S. (m. Bildn.) (Arch. wiss. u. prakt. Tierheilkunde *44* Suppl. (1918)).

Würdigungen.. M. Stürzbecher, Neue Dtsch. Biogr. *4* (Bln 1959) S. 453. – Zum 80. Geburtstag: H. Zietzschmann, Arch. wiss. u. prakt. Tierheilkunde *57* (1928) 297–98. – Jahrb. Kunstwiss. *1928*, S. 209; Wer ist's? *9* (Lpz. 1928) S. 351.

Nachrufe. H. Baum, Anatom. Anz. *67* (1929) 529–35 (m. Bildn.). – Richter, Therapeut. Monats-H. Veterinärmedizin *3* (1929) S. 182, 187–96. (m. Bildn.). – K. Thomas, Ber. Sächs. Akad. Wiss. *81* (1929) 277–84. – Dtsch. biogr. Jahrb. *11*. 1929 (Stuttg.-Bln 1932) S. 349; Illustr. Ztg. Leipzig *172* (1929) S. 762 (m. Bildn.).

Friedrich Engel

1861—1941

Prof. der Mathematik

Schriftenverzeichnis. Dtsch. Math. *3* (1938) 701—19. — Poggendorffs Handwörterbuch *IV* (Lpz. 1904) S. 384; *V* (Lpz. 1926) S. 339; *VI*$_1$ (Lpz.-Bln 1936) S. 665; *VII*$^*_1$ (Bln 1956) S. 508.

Würdigungen. H. Boerner, Neue Dtsch. Biogr. *4* (Bln 1959) 501—02. — M. Schwarzburger, in: Karl-Marx-Univ. Leipzig 1409—1959. Beiträge zur Univ.-Gesch. *1* (Lpz. 1959) 367—68. — Gedenkband (K. Faber, E. Ullrich) Mitt. math. Seminar Univ. Gießen H. *34—36* (1945) als Manuskr. vervielf. — Zum 90. Geburtstag: E. Ullrich, Mitt. math. Seminar Univ. Gießen H. *40* (1951) (m. Bildn.); ders. Nachr. Gießener Hochschulges. *20* (1951) 139—54.

Nachrufe. P. Heegard, Norsk mat. T. *23* (1941) 129—31. — Jahrb. Sächs. Akad. Wiss. *1949—1953* (Bln 1954) S. 50.

Otto Linné Erdmann

1804—1869

Prof. der Chemie

Schriftenverzeichnis. G. Ronge, Neue Dtsch. Biogr. *4* (Bln 1959) S. 573. — Poggendorffs Handwörterbuch *I* (Lpz. 1863) Sp. 674; *III* (Lpz. 1898) S. 414.

Würdigungen. F. Henrich, Handwörterbuch d. Naturwissenschaften (R. Dittler, G. Joos) *3* ²(Jena 1933) S. 774. — Oppenheim, Allg. Dtsch. Biogr. *6* (Lpz. 1877) 188—89. — G. Ronge, Neue Dtsch. Biogr. *4* (Bln 1959) 572—73.

Nachrufe. H. Kolbe, Ber. Dtsch. chem. Ges. *3* (1870) 374—81; ders. J. prakt. Chem. *108* (1869) 449—58. — Jahrb. d. Erfindungen (H. Gretschel, H. Hirzel) *6* (Lpz. 1870) 466—67.

Gustav Theodor Fechner

1801—1887

Prof. der Physik

Nach ihm benannt: Weber-Fechnersches Gesetz

Schriftenverzeichnis. Werke u. Abh. Fechners *1* ²(Lpz. 1889) Anhang. — W. Wundt, Festschrift zum 100. Geburtstag (Lpz. 1901) 91—92. — Poggendorffs Handwörterbuch *I* (Lpz. 1863) 727—28; *III* (Lpz. 1898) S. 433; *IV* (Lpz. 1904) S. 408.

Festschrift zum 100. Geburtag (W. Wundt) (Lpz. 1901) V, 92 S.

Würdigungen. M. Brasch, Leipziger Philosophen (Lpz. 1894) 1—13. — W. Haan, Sächs. Schriftsteller-Lexikon (Lpz. 1875) S. 67. — G. Hennemann, Neue Dtsch. Biogr. *5* (Bln 1961) 37—38. — K. Kößler, G. Th. Fechner. Gedächtnisrede zur Säkularfeier seines Geburtstages (Lpz.-Wien 1901) 26 S. — W. Windelband, Allg. Dtsch. Biogr. *55* (Lpz. 1910) 756—63. — W. Wirth, in: Sächs. Lebensbilder *2* (Lpz. 1938) 97—113 (m. Bildn. u. weiteren Würdigungen).

Nachrufe. M. Brasch, Westermanns illustr. Monats-H. *64* (1888) 80—85 (m. Bildn.). — A. Elsas, Die Grenzboten *47* (1888) II, 73—80, 113—24. — J. E. Kuntze, G. Th. Fech-

ner [Dr. Mises]. Ein dtsch. Gelehrtenleben (Lpz. 1892) XI, 372 S. — K. Laßwitz, G. Th. Fechner (Stuttg. 1896), [2](1902), [3](1910) (Frommanns Klassiker d. Philos. Bd 1). — M. Radaković, Vjschr. wiss. Philosophie *14* (1890) 1—26. — R. Seydel, Wiss. Beil. zur Leipziger Ztg. *1887*, S. 561. — Alman. Österr. Akad. Wiss. *38* (1888) S. 196.
Später auch Poggendorffs Handwörterbuch VII[a]/Suppl.

Berend Wilhelm Feddersen

1832—1918

Physiker (Privatgelehrter)

Entdecker der oszillatorischen Entladung einer Leidener Flasche.
Stiftete mit seiner Frau Helga geb. Kjaer 100000 M zur Fortsetzung von Poggendorffs Handwörterbuch.

Schriftenverzeichnis. Poggendorffs Handwörterbuch *I* (Lpz. 1863) Sp. 730; *III* (Lpz. 1898) S. 434; *IV* (Lpz. 1904) S. 408; *V* (Lpz. 1926) S. 358; VI_2 (Lpz.-Bln 1937) S. 714.

Würdigungen. Zum 100. Geburtstag: W. Dudensing, Hochfrequenztechn. u. Elektroakustik *39* (1932) 77—78 (m. Bildn. u. Faks.); ders. Jber. physikal. Ver. zu Frankfurt/M. *1931/32* (1932) 33—43. — Weitere Würdigungen: A. Wißner, Neue Dtsch. Biogr. *5* (Bln 1961) 40—41. — Wer ist's? *7* (Lpz. 1914) S. 408; *8* (Lpz. 1922) S. 1772.

Nachrufe. F. S. Archenhold, Weltall *19* (1918) S. 44. — Th. Des Coudres, Physikal. Zs. *19* (1918) S. 393 (m. Bildn. u. Faks.). — Eichhorn, Jahrb. drahtlose Telegr. *13* (1918/19) S. 345. — W. Lobsien, Dtsch. Volkstum *1919*, S. 190. — A. von Oettingen, Ber. Sächs. Ges. Wiss. *70* (1918) 353—62. — Dtsch. biogr. Jahrb. Überleitungs-Bd *2*. 1918 (Bln-Lpz. 1928) S. 686; Literar. Zbl. *69* (1918) Sp. 573; Sozialist. Monats-H. Jg. *24* (1918) S. 1025.

Johannes Felix

1859—1941

Prof. der Geologie und Paläontologie

Schriftenverzeichnis. Poggendorffs Handwörterbuch *III* (Lpz. 1898) S. 436; *IV* (Lpz. 1904) 411—12; VI_2 (Bln 1937) S. 722.

Würdigungen. Zum 80. Geburtstag: R. Heinz, Forsch. u. Fortschr. *15* (1939) 322—23. — Weitere Würdigungen: R. Zaunick, Neue Dtsch. Biogr. *5* (Bln 1961) S. 70. — Reichshandbuch Dtsch. Ges. *1* (Bln 1930) S. 429 (m. Bildn.).

Nachrufe. K. H. Scheumann, Ber. Sächs. Akad. Wiss. *96* (1944) 57—60. — Zs. Dtsch. geol. Ges. *93* (1941) 160—61.

Alfred Fischer

1850—1913

Prof. der Botanik

Schriftenverzeichnis. J. Behrens, Ber. Dtsch. botan. Ges. *31* (1913) (116)—(117).

Nachrufe. J. Behrens, Ber. Dtsch. botan. Ges. *31* (1913) (111)—(116). — Zs. Gärungsphysiol. *2* (1913) 306—07.

Otto Fischer

1861—1916

Prof. der physiologischen Physik

Schriftenverzeichnis. R. Fick, Anatom. Anz. *50* (1917) 94—96. — Poggendorffs Handwörterbuch *IV* (Lpz. 1904) 425—26; *V* (Lpz. 1926) 370—71; *VI*$_2$ (Bln 1937) S. 753.

Würdigungen. D. Trincker, Neue Dtsch. Biogr. *5* (Bln 1961) S. 202. — Wer ist's? *7* (Lpz. 1914) S. 427. — Das Leipziger med. Viertel (M. Weiser) (Lpz. 1914) u. (Lpz. 1922) S. 25 (m. Bildn.).

Nachrufe. Bode, Unterr.-Blätter Math. u. Naturwiss. *23* (1917) S. 25. — R. Fick, Anatom. Anz. *50* (1917) 84—94 (m. Bildn.). — S. Garten, Ber. Kgl. Sächs. Ges. Wiss. *69* (1917) 535—52. — O. Herrmann (Lpz. 1917) 17 S. Als Manuskr. gedr. (m. Bildn.). — W. Lorey, Leopoldina H. *53* (1917) 55—60; ders. Unterr.-Blätter Math. u. Naturwiss. *23* (1917) 110—13. — R. Stein, Monats-H. naturwiss. Unterr. *10* (1917) 140—42. — Otto Fischer, Worte zu seinem Gedächtnis (Lpz. 1917) 51 S. (m. Bildn.); Bayer. Zs. Realschulwesen *25* (1917) S. 155.

Paul Flechsig

1847—1929

Prof. der Psychiatrie und Neurologie

Schriftenverzeichnis. R. A. Pfeifer, Dtsch. biogr. Jahrb. *11.* 1929 (Stuttg.-Bln 1932) 103—06; ders. Schweizer. Arch. Neurol. u. Psychiatrie *26* (1930) 263—64. — Winter, Biogr. Lexikon d. hervorragenden Ärzte (A. Hirsch) *2* [2](Bln-Wien 1930) S. 536.

Festschrift für P. Flechsig (Bln 1927) 462 S. (Mschr. Psychiatrie u. Neurol. Bd 65).

Würdigungen. W. Haymaker, The Founders of Neurology (Springfield/Ill. 1953) 31—35. — G. Sachse (Lpz. 1955) 83 S. (Masch. schr. Diss.). — H. Schipperges, Neue Dtsch. Biogr. *5* (1961) 226—27. — K. Seidel, in: Karl-Marx-Univ. Leipzig 1409—1959. Beiträge zur Univ.-Gesch. *1* (Lpz. 1959) 413—21 (m. Bildn. nach S. 496). — Winter, Biogr. Lexikon d. hervorragenden Ärzte (A. Hirsch) *2* [2](Bln-Wien 1930) S. 536. — Das Leipziger med. Viertel (M. Weiser) (Lpz. 1914) u. (Lpz. 1922) 98—99 (m. Bildn.).

Nachrufe. H. Held, Ber. Sächs. Akad. Wiss. *81* (1929) 269—76. — Henneberg, Med. Klinik *25* (1929) S. 1490. — R. A. Pfeifer, Dtsch. biogr. Jahrb. *11.* 1929 (Stuttg.-Bln 1932) 103-06; ders. Dtsch. med. Wschr. *55* (1929) S. 1601; ders. Schweizer. Arch. Neurol. u. Psychiatrie *26* (1930) 258—62. — F. Quensel, Dtsch. Zs. Nervenheilkunde *110* (1929) 161—65. — P. Schröder, Arch. Psychiatrie u. Nervenkrankh. *91* (1930) 1—9 (m. Bildn. u. Faks. vor S. 1).

Fritz Foerster

1866—1931

Prof. der anorganischen Chemie und Elektrochemie

Schriftenverzeichnis. H. Menzel, Zs. Elektrochem. *38* (1932) 6—7. — Poggendorffs Handwörterbuch *IV* (Lpz. 1904) S. 434; *V* (Lpz. 1926) S. 376; *VI*$_2$ (Bln 1937) 770—71.

Würdigung. A. Simon, Neue Dtsch. Biogr. *5* (Bln 1961) S. 274.

Nachrufe. M. Bodenstein, Ber. Dtsch. chem. Ges. *64* (1931) (A) 196—97. — F. Friedrichs, Glas u. Apparat *13* (1932) Nr. 3, 18—19. — C. Gäbler, Akad. Turnbundblätter

1931, S. 283. — G. Grube, Angew. Chem. *45* (1932) 57—59 (m. Bildn.). — G. Keppeler, Glastechn. Ber. *10* (1932) 305—06. — A. Lottermoser, S.-Ber. u. Abh. naturwiss. Ges. Isis Dresden *1931* (1932) 16—20 (m. Bildn.). — R. Luther, Ber. Sächs. Akad. Wiss. *84* (1933) 325—30. — H. Menzel, Chemiker-Ztg. *55* (1931) 769—70 (m. Bildn.); ders. Zs. Elektrochem. *38* (1932) 1—6 (m. Bildn.). — E. Müller, Zs. anorg. allg. Chem. *204* (1932) 1—19 (m. Bildn. u. Faks.). — VDI-Nachr. *13* (1931) Nr. 38, S. 4.

Max von Frey

1852—1932

Prof. der Physiologie

Schriftenverzeichnis. H. Rein, Ergebn. Physiol. *35* (1933) 3—9. — Poggendorffs Handwörterbuch *III* (Lpz. 1898) S. 475; *IV* (Lpz. 1904) S. 457; *V* (Lpz. 1926) S. 396; VI_2 (Bln 1937) S. 814. — Psychological Register *1932*, 793—94.

Würdigung. H. Schriever, Neue Dtsch. Biogr. *5* (Bln 1961) 419—20.

Nachrufe. O. Frank, Jahrb. Bayer. Akad. Wiss. *1931/32* (1932) 67—68. — B. Mc Glone, Scientific Monthly *34* (1932) 478—79 (m. Bildn.). — P. Hoffmann, Münchener med. Wschr. *79* (1932) S. 315; ders. Zs. Biol. *92* (1931/32) I—V. — H. Rein, Ergebn. Physiol. *35* (1933) 1—3; ders. Klin. Wschr. Berlin *11* (1932) S. 439. — V. von Weizsäcker, Med. Welt *1932*, Nr. 9, S. 324. — Zum Gedächtnis von M. v. Frey. Trauerfeier am 28. Jan. u. 3. Febr. 1932 (Würzberg 1932) 11 S.

Otto Funke

1828—1879

Prof. der Physiologie

Schriftenverzeichnis. Winter, Biogr. Lexikon d. hervorragenden Ärzte *2* ²(Bln-Wien 1930) S. 647. — Poggendorffs Handwörterbuch *I* (Lpz. 1863) Sp. 819.

Würdigung. Winter, Biogr. Lexikon d. hervorragenden Ärzte (A. Hirsch) *2* ²(Bln-Wien 1930) S. 647.

Siegfried Garten

1871—1923

Prof. der Physiologie

Ergänzung: Zuwahl 29. IV. 1907 sz. als ao. Mitgl.

Schriftenverzeichnis. Poggendorffs Handwörterbuch *V* (Lpz. 1926) S. 413; VI_2 (Bln 1937) S. 854; VII^{a}_{2} (Bln 1958) 164—65.

Würdigungen. Wer ist's? *7* (Lpz. 1914) S. 492. — Das Leipziger med. Viertel (M. Weiser) (Lpz. 1922) S. 32a (m. Bildn.).

Nachrufe. Dittler, Münchener med. Wschr. *51* (1923) S. 1511. — O. Frank, Zs. Biol. *81* (1924) 1—4. — W. Sulze, Dtsch. biogr. Jahrb. *5*. 1923 (Bln-Lpz. 1930) 100—03. — K. Thomas, Ber. Sächs. Akad. Wiss. *76* (1924) 159—69.

Carl Gegenbaur

1826—1903

Prof. der Anatomie

Schriftenverzeichnis. Biogr. Lexikon d. hervorragenden Ärzte (A. Hirsch) *2* ²(Bln-Wien 1930) S. 706. — Dean, Bibliogr. fishes *1* (1916) 444-45. — Fürbringer, Heidelberger Professoren *2* (Heidelberg 1903) 455—66. — G. Vapereau, Dictionnaire universel des Contemporains ⁶(Paris 1893) S. 659.

Würdigungen. Zum 100. Geburtstage: Maurer, Jenaische Zs. Naturwiss. *62* (1926) 501—18. — Weitere Würdigungen: C. Gegenbaur, Erlebtes u. Erstrebtes (Lpz. 1901) 114 S. (m. Bildn.). — W. Harms, Handwörterbuch d. Naturwissenschaften (R. Dittler, G. Joos) *4* ²(Jena 1934) S. 800. — Biogr. Lexikon d. hervorragenden Ärzte (A. Hirsch) *2* ²(Bln-Wien 1930) S. 706. — G. Vapereau, Dictionnaire universel des Contemporains ⁶(Paris 1893) S. 659. — Gesch. d. Univ. Jena *1* (Jena 1958) 436—37 (m. Bildn.).

Nachrufe. M. Fürbringer, Heidelberger Professoren aus d. 19. Jahrh. *2* (Heidelberg 1903) 391—454; ders. Anatom. Anz. *23* (1903) 589—608 (m. Bildn.); ders. Naturwiss. Wschr. N. F. *3* (*19*) (1903) 103—09 (m. Bildn.). — E. Göppert, Biogr. Jahrb. u. Dtsch. Nekr. (A. Bettelheim) *8* (Bln 1905) 324—39. — R. von Hanstein, Naturwiss. Rdsch. *18* (1903) S. 478, S. 490. — O. Hertwig, Dtsch. med. Wschr. *29* (1903) S. 525 (m. Bildn.). — C. Voit, S.-Ber. Bayer. Akad. Wiss. *34* (1904) 252—59. — Das Rote Kreuz *21* (1903) S. 435 (m. Bildn.); Illustr. Ztg. Leipzig *120* (1903) S. 971 (m. Bildn.); Med. Woche *4* (1903) S. 280.

Hans Geiger

1882—1945

Prof. der Physik

Berichtigung: gest. am 24. IX. 1945

Nach ihm benannt: Geiger-Nuttalsche Regel, Geiger-Müller-Elektronen-Zählrohr

Schriftenverzeichnis. M. von Laue, Jahrb. Dtsch. Akad. Wiss. Berlin *1946—1949* (Bln 1950) 155—58. — Poggendorffs Handwörterbuch *V* (Lpz. 1926) S. 418; VI_2 (Bln 1937) S. 864; VII_2^* (Bln 1958) S. 176—77.

Würdigungen. Zum 60. Geburtstag: W. Bothe, Geigersche Zählmethode, Naturwissenschaften *30* (1942) 593—99 (m. Bildn. u. Faks.). — Weitere Würdigung: Reichshandbuch Dtsch. Ges. *1* (Bln 1930) S. 528; Bildnisse berühmter Mitglieder Dtsch. Akad. Wiss. (Bln 1950) S. 111 (m. Bildn.).

Nachrufe. M. von Laue, Jahrb. Dtsch. Akad. Wiss. Berlin *1946—1949* (1950) 150—55. — M. von Laue u. R. W. Pohl, Zs. Physik *124* (1947) S. 1. — E. Stuhlinger, Zs. Naturforsch. *1* (1946) 50—52. — Th., Elektrotechn. Zs. *71* (1950) S. 634 (m. Bildn.).

Hanns Bruno Geinitz

1814—1900

Prof. der Geologie

Schriftenverzeichnis. F. E. Geinitz, Leopoldina H. *36* (1900) 98—101; ders. Zbl. Mineral. *1* (1900) 12—21; ders. H. Br. Geinitz, ein Lebensbild aus d. 19. Jahrh. (Halle 1900)

36—45. — W. Haan, Sächs. Schriftsteller-Lexikon (Lpz. 1875) 91—93. — Poggendorffs Handwörterbuch *I* (Lpz. 1863) 867—68; *III* (Lpz. 1898) 502—03; *IV* (Lpz. 1904) S. 488.
Würdigung. G. Vapereau, Dictionnaire universel des Contemporains *(Paris 1893) S. 660.
Nachrufe. H. Credner, Ber. Kgl. Sächs. Ges. Wiss. *52* (1900) 242—45. — F. E. Geinitz, H. Br. Geinitz, ein Lebensbild aus d. 19. Jahrh. (Halle 1900) 53 S. (m. Bildn.); ders. Leopoldina H. *36* (1900) 59—70, 85—89, 101—03; ders. Zbl. Mineral. *1* (1900) 6—12. — E. Kalkowsky, S.-Ber. u. Abh. naturwiss. Ges. Isis Dresden *1900*, V—XIII. — H. A. Lier, Biogr. Jahrb. u. Dtsch. Nekr. (A. Bettelheim) *5* (Bln 1903) 343—45. — F. von Richthofen, Zs. Dtsch. geol. Ges. *52* (1900) Protokoll S. *20*. — Apotheker-Ztg. *15* (1900) S. 874; Illustr. Ztg. Leipzig *114* (1900) S. 155.

Martin Gildemeister

1876—1943

Prof. der Physiologie

Berichtigung: geb. am 21. II. 1876

Schriftenverzeichnis. M. Monjé, Ergebn. Physiol. *46* (1950) 25—30. — Biologenkalender *1* (Lpz. 1914) S. 207. — Poggendorffs Handwörterbuch VI_2 (Bln 1937) S. 889; VII_2^a (Bln 1958) S. 204.
Nachrufe. A. Bethe, Pflügers Arch. ges. Physiol. *247* (1944) 618—22. — M. Monjé, Ergebn. Physiol. *46* (1950) 22—25 (m. Bildn. u. Faks.). — K. Thomas, Ber. Sächs. Akad. Wiss. *96* (1944) 61—66.

Oskar Gros

1877—1947

Prof. der Pharmakologie

Schriftenverzeichnis. Poggendorffs Handwörterbuch *IV* (Lpz. 1904) S. 538; VI_2 (Bln 1937) S. 959; VII_2^a (Bln 1958) S. 282.
Würdigungen. N. Gelbke, Die geschichtl. Entwicklg. d. Pharmakol. Inst. d. Leipziger Univ. unter bes. Berücksichtg. d. Gründerjahre. (Leipzig 1956) 22—28 (Diss. Mskr.). — Wer ist's? *10* (Lpz. 1935) S. 542.

Wilhelm Hallwachs

1859—1922

Prof. der Physik und Elektrotechnik

Nach ihm benannt: Hallwachs-Effekt

Schriftenverzeichnis. Poggendorffs Handwörterbuch *IV* (Lpz. 1904) 572—73; *V* (Lpz. 1926) S. 489.
Würdigung. Wer ist's? *7* (Lpz. 1914) S. 609.
Nachrufe. W. Hort, Zs. techn. Physik *3* (1922) S. 49 (m. Bildn.). — O. Wiener, Ber. Sächs. Akad. Wiss. *74* (1922) 291—316; ders. Physikal. Zs. *23* (1922) 457—62 (m. Bildn.). — Hellweg. Wschr. Dtsch. Kunst [Essen] *2* (1923/24) S. 535; Literar. Zbl. *73* (1922) Sp. 525.

Wilhelm Gottlieb **Hankel**

1814–1899

Prof. der Physik

Schriftenverzeichnis. Poggendorffs Handwörterbuch *I* (Lpz. 1863) Sp. 1011; *III* (Lpz. 1898) 581–82; *IV* (Lpz. 1904) S. 580.

Würdigung. R. Knott, Allg. Dtsch. Biogr. *49* (Lpz. 1904) 757–59.

Nachrufe. P. Drude, Ber. Kgl. Sächs. Ges. Wiss. *51* (1899) LXVII–LXXVI. – C. Neumann, ebda LXII–LXVI. – A. Oberbeck, Naturwiss. Rdsch. *14* (1899) S. 155. – C. Voit, S.-Ber. Bayer. Akad. Wiss. *30* (1900) 348–52. – Illustr. Ztg. Leipzig *112* (1899) S. 274 (m. Bildn.); Zs. math. u. naturwiss. Unterr. *30* (1899) 314–16.

Peter Andreas **Hansen**

1799–1874

Prof. der Astronomie, Dir. der Sternwarte Gotha

Schriftenverzeichnis. Alberti, Lexikon d. Schleswig.-holst. Schriftsteller *1* (Kiel 1885) 248–49. – Poggendorffs Handwörterbuch *I* (Lpz. 1863) Sp. 1013–15; *III* (Lpz. 1898) 584–85.

Würdigung. Bruhns, Allg. Dtsch. Biogr. *10* (Lpz. 1879) 535–41.

Nachrufe. von Kobell, S.-Ber. Bayer. Akad. Wiss. *5* (1875) 123–25. – W. S., Vjschr. astron. Ges. *10* (1875) 133–47. – Illustr. Ztg. Leipzig *62* (1874) S. 428 (m. Bildn.); Jahrb. d. Erfindungen (H. Gretschel, H. Hirzel) *11* (Lpz. 1875) S. 409.

Arthur **Hantzsch**

1857–1935

Prof. der Chemie

Schriftenverzeichnis. Poggendorffs Handwörterbuch *III* (Lpz. 1898) S. 586; *IV* (Lpz. 1904) 582–84; *V* (Lpz. 1926) 494–96; VI_2 (Bln 1937) S. 1023; VII_2^* (Bln 1958) 375–76.

Würdigungen. G. Woker, Schweiz u. die Forschg. *2* (1943) 18–19. – Große Männer (W. Ostwald) *4* (Lpz. 1917) 437–38. – Reichshandbuch Dtsch. Ges. *1* (Bln 1930) S. 655 (m. Bildn.). – Das Leipziger med. Viertel (M. Weiser) (Lpz. 1914) u. (Lpz. 1922) 4–5 (m. Bildn.).

Nachrufe. A. Burawoy, Ber. Dtsch. chem. Ges. *68* (1935) (A) 65–68. – F. Hein, Zs. Elektrochem. *42* (1936) 1–4; ders. Ber. Dtsch. chem. Ges. *74* (1941) (A) 147–63 (m. Bildn.). – B. Helferich, Ber. Sächs. Akad. Wiss. *87* (1935) 213–22; ders. Forsch. u. Fortschr. *11* (1935) S. 152. – T. S. Moore, J. chem. Soc. [London] *1936*, 1051–66. – E. Späth, Alman. Österr. Akad. Wiss. *85* (1936) 284–86. – Ecce d. Crucianer *1935*, 11–14.

Jürgen **Harms**

1885–1956

Prof. der Zoologie

Schriftenverzeichnis. Kürschners Dtsch. Gelehrten-Kalender *5* (Bln 1935) Sp. 486; *6* (Bln 1941) Sp. 638; *7* (Bln 1950) Sp. 710; *8* (Bln 1954) Sp. 810.

Würdigung. Reichshandbuch Dtsch. Ges. *1* (Bln 1930) S. 661.

Nachrufe. H. Bredt, Jahrb. Sächs. Akad. Wiss. *1954—1956* (Bln 1958) 270—71 (m. Bildn. vor S. 265). — Verh. Dtsch. zool. Ges., Leipzig *50* (1957) 485—89; Zool. Anz. *157* (1956) S. 265.

Axel Harnack

1851—1888

Prof. der Mathematik

Schriftenverzeichnis. Poggendorffs Handwörterbuch *III* (Lpz. 1898) S. 589; *IV* (Lpz. 1904) S. 586.

Würdigung. M. Cantor, Allg. Dtsch. Biogr. *50* (Lpz. 1905) 6—8.

Nachrufe. M. Noether, Zs. Math. *33* (1888) 121—24. — K. Rohn, S.-Ber. u. Abh. naturwiss. Ges. Isis, Dresden *1888*, 3—8. — A. Voss, Clebsch math. Ann. *32* (1888) 161—71.

Felix Hausdorff

1868—1942

Prof. der Mathematik

Schriftenverzeichnis. Poggendorffs Handwörterbuch *IV* (Lpz. 1904) S. 598; *V* (Lpz. 1926) S. 507; VI_2 (Bln 1937) S. 1048; VII_2^a (Bln 1958) S. 402.

Würdigung. F. von Krbeck, Festschr. zur 500-Jahrfeier Univ. Greifswald *2* (Greifswald 1956) 455—56 (m. Bildn.).

Nachruf. Chronik Rhein. Friedr.-Wilh.-Univ. *64* (1949) S. 62.

Enno Heidebroek

1876—1955

Prof. für Maschinenbau

Schriftenverzeichnis. Poggendorffs Handwörterbuch VII_2^a (Bln 1958) S. 414.

Würdigung. F. W. Häußler, in: Nationalpreisträger 1952 (Bln 1953) 177—79 (m. Bildn.).

Nachrufe. W. Frenzel, Jahrb. Sächs. Akad. Wiss. *1954—1956* (Bln 1958) 252—54 (m. Bildn. vor S. 247). — P. Nowak, Zs. handelswiss. Forsch. N. F. *7* (1955) S. 195. — W. Peppler, Zs. VDI *97* (1955) 391—92. — Die techn. Gemeinschaft *3* (1955) S. 99 (m. Bildn.); Mitt.-Bl. TH Dresden *1955*, Nr. 4 (m. Bildn.).

Hans Held

1866—1942

Prof. der Anatomie und Histologie

Ergänzung: Zuwahl am 5. V. 1902 sz. als ao. Mitgl.

Nach ihm benannt: Heldsche Bündel, Heldsche Endkelche, Heldsche Zellen.

Schriftenverzeichnis. Zs. mikroskop.-anatom. Forsch. *40* (1936) 25—28.

Würdigungen. Hans Held zu seinem 70. Geburtstag am 8. Aug. 1936. Zs. mikroskop.-anatom. Forsch. *40* (1936) 1—24. — Weitere Würdigungen: Biogr. Lexikon d. hervorragenden Ärzte (A. Hirsch) *1* ²(Bln-Wien 1929) 604—05. — Biologenkalender *1* (Lpz. 1914) S. 219.

Walther Hempel

1851–1916

Prof. der anorganischen Chemie

Nach ihm benannt: Hempelsche Gasöfen

Schriftenverzeichnis. F. Foerster, Ber. Kgl. Sächs. Ges. Wiss. *69* (1917) 580–88. – Poggendorffs Handwörterbuch *III* (Lpz. 1898) S. 612; *IV* (Lpz. 1904) 613–14; *V* (Lpz. 1926) S. 517.

Würdigungen. F. Henrich, Handwörterbuch d. Naturwissenschaften (R. Dittler, G. Joos) *5* ²(Jena 1934) S. 461. – Wer ist's? *7* (Lpz. 1914) S. 663.

Nachrufe. F. Foerster, Angew. Chem. *30* (1917) (A) 1–5; ders. Ber. Dtsch. chem. Ges. *50* (1917) 1–3; ders. ebda *53* (1920) 123–43 (m. Bildn. u. Faks); ders. Ber. Kgl. Sächs. Ges. Wiss. *69* (1917) 553–80. – E. Graefe, Chemiker-Ztg. *41* (1917) S. 85. – Zs. Vulkanol. *3* (1917) S. 268.

Gustav Herglotz

1881–1953

Prof. der Mathematik

Schriftenverzeichnis. Poggendorffs Handwörterbuch *V* (Lpz. 1926) S. 524; *VI₂* (Lpz. 1937) S. 1088; *VIIₐ²* (Lpz. 1958) S. 450.

Würdigungen. Zum 60. Geburtstag: Abh. math. Sem. Univ. Hamburg *14* (1941) H. 1 (m. Bildn. u. Faks.). – M. Schwarzburger, in: Karl-Marx-Univ. Leipzig 1409–1959. Beiträge zur Univ.-Gesch. *1* (Lpz. 1959) 369–70.

Nachrufe. H. Tietze, Forsch. u. Fortschr. *27* (1953) S. 121; ders. S.-Ber. Bayer. Akad. Wiss. *1953*, 163–67; ders. Jahrb. Bayer. Akad. Wiss. *1953*, 188–94 (m. Bildn.).

Ewald Hering

1834–1918

Prof. der Physiologie

Schriftenverzeichnis. E. Th. von Brücke, Dtsch. biogr. Jahrb. 1917–1920 (Bln-Lpz. 1928) S. 263. – Biogr. Lexikon d. hervorragenden Ärzte (A. Hirsch) *3* ²(Bln-Wien 1931) 181–82. – Poggendorffs Handwörterbuch *III* (Lpz. 1898) S. 618; *IV* (Lpz. 1904) 622 bis 623; *V* (Lpz. 1926) S. 524; *VI₂* (Bln 1937) 1088–89. – Prager med. Wschr. *20* (1895) 477–79. – [bis 1907]: Richets Dictionnaire de Physiol. *2* (1909) S. 554.

Würdigungen. Zum 70. Geburtstag: P. Grützner, Dtsch. med. Wschr. *30* (1904) S. 1175. – Biogr. Lexikon d. hervorragenden Ärzte (A. Hirsch) *3* (Wien-Lpz. 1886) 169–70 (m. Bildn.); *3* ²(Bln-Wien 1931) 181–82 (Bildn. Tafel 4 zw. S. 192–93). – Wer ist's? *7* (Lpz. 1914) S. 672; *8* (1922) S. 1776. – Das Leipziger med. Viertel (M. Weiser) (Lpz. 1914) u. (Lpz. 1922) 30–31 (m. Bildn.).

Nachrufe. A. Bielschowsky, Klin. Monats-Bl. Augenheilkunde *60* (1918) 818–25. – E. Th. von Brücke, Dtsch. biogr. Jahrb. 1917–20 (Bln u. Lpz. 1928) 258–63; ders. Zs. ärztl. Fortbildg. *15* (1918) S. 165. – R. Cords, Kölner Univ.-Ztg. *1919/20*, S. 2. – S. Exner, Alman. Österr. Akad. Wiss. *68* (1918) 255–59. – S. Garten, Ber. Sächs. Ges. Wiss. *70* (1918) 381–402; ders. Pflügers Arch. ges. Physiol. *170* (1918) 501–22. – H. Henning, Fortschr. Psychol. *5* (1918) 143–72. – C. Hess, Arch. Augenheilkunde *83* (1918) 89–97; ders. Naturwissenschaften *6* (1918) 505–08. – F. Hillebrand, E. H., ein Gedenkwort d. Psychophysik (Bln 1918) 108 S. — F. B. Hofmann, Münchener med. Wschr. *65* (1918) 539—42 (m. Bildn.). — Hürthle, Jahrb. Schles. Ges. vaterländ. Kultur *96* (1918) 21—22. — Tschermak, Med. Klinik *14* (1918) S. 329—31. — N. Zuntz, Dtsch. med. Wschr. *44* (1918) S. 215. — Leopoldina H. *54* (1918) S. 57; Sozialist. Monats-H. *24* (1918) 559—60; Verh. med. Ges. Leipzig *1918*, 9—12; Zbl. prakt. Augenheilkunde *42* (1918) S. 61; Zs. allg. Physiol. *18* (1918) 97—104.

David Hilbert
1862—1943
Prof. der Mathematik

Schriftenverzeichnis in: D. H., Gesammelte Abhandlungen *3* (Bln 1935) 434—35. — K. Siegel, Naturwissenschaften *10* (1922) 99—103. — Poggendorffs Handwörterbuch *IV* (Lpz. 1904) S. 637; *V* (Lpz. 1926) S. 536; VI_2 (Bln 1937) S. 1118; VII_2^a (Bln 1958) S. 489.

Würdigungen. Zum 60. Geburtstag: O. Blumenthal, Naturwissenschaften *10* (1922) 65—72; O. Toeplitz, ebda 73—77; M. Dehn, ebda 77—82; R. Courant, ebda 83—88; M. Born, ebda 88—93; P. Bernays, ebda 93—99. — Zum 70. Geburtstag: R. Courant, Forsch. u. Fortschr. *8* (1932) 39—40. — W. Lietzmann, Zs. math. u. naturwiss. Unterr. *63* (1932) 37—39. — H. Weyl, Naturwissenschaften *20* (1932) 57—58. — Jber. Dtsch. Mathematiker-Vereinigg. *42* (1932) 2. Abt., 67—68. — Zum goldenen Doktorjubil.: Jber. Dtsch. Mathematiker-Vereinigg. *45* (1935) 2. Abt., 1—2. — O. Blumenthal, in D. H., Gesammelte Abhandlungen *3* (Bln 1935) 388—429. — Zum 75. Geburtstag: Übergabe d. Mittag-Leffler-Medaille an D. H., Acta math. *69* (1937/38) XXVII—XXX. — Zum 80. Geburtstag: Alman. Österr. Akad. Wiss. *92* (1942) 217—18; Math. Ann. *118* (1942) S. 289.

Nachrufe. T. R. Bachiller, Rev. mat. Hisp.-Amer. *3* (1943) 77—81. — C. Carathéodory, S.-Ber. Bayer. Akad. Wiss. *1943*, 350—54. — G. Hamel, Zs. angew. Math. u. Mech. *23* (1943) S. 128. — W. Heisenberg, Physikal. Zs. *44* (1943) 277—78 (m. Bildn. u. Faks.). — K. Mayrhofer, Alman. Österr. Akad. Wiss. *93* (1943) 212—18 (m. Bildn. u. Faks.). — E. Schmidt, Forsch. u. Fortschr. *19* (1943) S. 108. — A. Sommerfeld, Jahrb. Akad. Wiss. Göttingen *1943/44*, 87—92. — A. Sommerfeld, C. Carathéodory, Naturwissenschaften *31* (1943) 213—14. — O. Taussky, Nature [London] *152* (1943) 182—83. — H. Weyl, Bull. Amer. math. Soc. *50* (1944) 612—54; ders. Yearb. Amer. philos. Soc. *1943*, 387—95; ders. Obituary Notices of Fellows of the Roy. Soc. *4* (1944) 547—53. — Nederl. Akad. Wetensch., Verslag *52* (1943) Nr. 3.

Wilhelm His
1831—1904
Prof. der Anatomie

Schriftenverzeichnis. J. Kollmann, Verh. Schweizer. naturforsch. Ges. *87* (1904) XXIX bis XXXIX. — G. Vapereau, Dictionnaire universel des Contemporains [6](Paris 1893) 798 bis 799. — Anatom. Anz. *25* (1904) 197—208. — Biogr. Lexikon d. hervorragenden Ärzte (A. Hirsch) *3* [2](Bln-Wien 1931) S. 240.

Würdigungen. Wilh. His jun., W. His, der Anatom (Bln-Wien 1932) IV, 79 S. — J. Kister, (Lpz. 1958) 46 S. (Masch. schr. Diss.). — C. Rabl, in: Das Leipziger med. Viertel (M. Weiser) (Lpz. 1914) 18—19. — G. Vapereau, Dictionnaire universel des Contemporains [6](Paris 1893) 798—99. — Wernich, Biogr. Lexikon d. hervorragenden Ärzte (A. Hirsch) *3* [2](Bln-Wien 1931) S. 240. — Illustr. Ztg. Leipzig *117* (1901) S. 62.

Nachrufe. H. K. Corning, Korrespondenzbl. Schweizer Ärzte *34* (1904) 472—75. — A. F. Dixon, J. Anatomy and Physiology *38* (1904) 503—05. — R. Fick, Anatom Anz. *25* (1904) 161—97 (m. Bildn. u. Faks.). — H. Held, Berliner klin. Wschr. *41* (1904) 684—87. — J. Kollmann, Verh. naturforsch. Ges. Basel *15* (1904) 434—64; ders. Verh. Schweizer. naturforsch. Ges. *87* (1904) XIII—XXIX. — Mall, Amer. J. Anatomy *4* (1905) Nr. 2. — F. Marchand, Ber. Kgl. Sächs. Ges. Wiss. *56* (1904) 323—40. — Nicolas, Bibliographie anatomique *13* (1904) H. 3. — B. Rawitz, Naturwiss. Rdsch. *19* (1904) S. 308. — W. Spalteholz, Biogr. Jahrb. u. Dtsch. Nekr. (A. Bettelheim) *9* (Bln 1906) 231—42; ders. Illustr. Ztg. Leipzig *122* (1904) 686—87 (m. Bildn.); ders. Münchener med. Wschr. *51* (1904) 972—73. — W. Stirling, The Lancet *82* (1904) 1446—49 (m. Bildn.). — W. Waldeyer, Dtsch. med. Wschr. *30* (1904) S. 1439, S. 1469, S. 1509. — Korrespondenzbl. ärztl. Kreis- u. Bezirksvereine im Kgr. Sachsen *1904*, S. 242.

Otto Hölder
1859—1937

Prof. der Mathematik

Nach ihm benannt: Hölder-Cesarosches Mittel

Schriftenverzeichnis. B. L. van der Waerden, Math. Ann. *116* (1938) 162—65. — Poggendorffs Handwörterbuch *IV* (Lpz. 1904) S. 651; *V* (Lpz. 1926) S. 547; VI_2 (Bln 1937) S. 1136; VII_2^a (Bln 1958) S. 509.

Festschrift Otto Hölder zu seinem 70. Geburtstag am 22. Dez. 1929 gewidmet. Math. Zs. *31* (1929/30) 161—440.

Würdigungen. L. Lichtenstein, Forsch. u. Fortschr. *6* (1930) 12—13. — H. Salié, in: Karl-Marx-Univ. Leipzig 1409—1959. Beiträge zur Universitätsgesch. *1* (Lpz. 1959) 377—81 (m. Bildn. zw. S. 496 u. 497). — M. Schwarzburger, ebda 368—69.

Nachrufe. B. L. van der Waerden, Math. Ann. *116* (1938) 157—62; ders. Ber. Sächs. Akad. Wiss. *90* (1938) 97—102.

Gerhard Hoffmann
1880—1945

Prof. der Experimentalphysik

Nach ihm benannt: Hoffmann-Elektrometer

Schriftenverzeichnis. Poggendorffs Handwörterbuch *V* (Lpz. 1926) S. 548; VI_2 (Bln 1937) S. 1139; VII_2^a (Bln 1958) S. 517.

Würdigung. Zum 60. Geburtstag: H. Pose, Naturwissenschaften *28* (1940) 513—14.

Nachrufe. Ch. Fischer, Physikal. Blätter *4* (1948) S. 347. — Jahrb. Sächs. Akad. Wiss. *1949—1953* (Bln 1954) S. 44.

Wilhelm Hofmeister
1824—1877

Prof. der Botanik

Schriftenverzeichnis. Poggendorffs Handwörterbuch *I* (Lpz. 1863) Sp. 1129; *III* (Lpz. 1898) S. 648.

Würdigungen. Zum 100. Geburtstag: K. Goebel, Arbeit und Leben eines Botanikers d. 19. Jahrh. (Lpz. 1924) 16 S. (Württ. Ges. Förderg. Wiss. Tübinger naturwiss. Abh. *1924*, H. 8). — K. Goebel u. C. Ganzenmüller-Hofmeister, Arbeit und Leben eines Botanikers d. 19. Jahrh. (Lpz. 124) 177 S. — Weitere Würdigungen: E. Pfitzer, Heidelberger Professoren aus d. 19. Jahrh. *2* (Heidelberg 1903) 267—358. — W. Ruhland, Handwörterbuch d. Naturwissenschaften (R. Dittler, G. Joos) *5* ²(Jena 1934) S. 485. — Wunschmann, Allg. Dtsch. Biogr. *12* (Lpz. 1880) 644—48.
Nachrufe. Haberlandt, Österr. botan. Ztg. 1877. — Jub.-Bd 1896 S. XVIII.

Werner Hueck

geb. am 18. IV. 1882 in Lüdenscheid
gest. am 1. VII. 1962 in München

Prof. der allg. Pathologie und pathologischen Anatomie

(Zuwahl: 1. VII. 1925 als o. Mitglied)

Schriftenverzeichnis. Kürschners Dtsch. Gelehrten-Kalender *6* (Bln 1941) Sp. 786; *8* (Bln 1954) Sp. 1005; *9* (Bln 1961) S. 838. — Ergebn. allg. Pathol. u. pathol. Anatomie *37* (1954) S. 177, S. 411; *38* (1958) S. 42.
Würdigungen. Glückwunschschreiben an Prof. Werner Hueck zu seinem 80. Geburtstag. Jahrb. Bayer. Akad. Wiss. *1962* (München 1962) 169—70. — Wer ist's? *10* (Bln 1935) 728—29. — Das Leipziger med. Viertel (M. Weiser) (Lpz. 1922) S. 42a (m. Bildn.).

Emil Huschke

1797—1858

Prof. der Anatomie und Physiologie

Schriftenverzeichnis. Waldeyer, Biogr. Lexikon d. hervorragenden Ärzte *3* (Wien-Lpz. 1886) 324—25; ders. ebda *3* ²(Bln-Wien 1931) S. 349. — Gelehrten- u. Schriftstellernachlässe in d. Bibliotheken d. DDR *1* (Bln 1959) S. 49, Nr. 306.
Würdigungen. Rüdinger, Allg. Dtsch. Biogr. *13* (Lpz. 1881) 449—51. — Waldeyer, Biogr. Lexikon d. hervorragenden Ärzte (A. Hirsch) *3* (Wien-Lpz. 1886) 324—25; ders. ebda *3* ²(Bln-Wien 1931) S. 349. — Gesch. d. Univ. Jena *1* (Jena 1958) 435—36 (m. Bildn.).

Ernst Joest

1873—1926

Prof. der Veterinäranatomie und -pathologie

Schriftenverzeichnis. W. Hueck, Ber. Sächs. Akad. Wiss. *78* (1926) 342—47.
Nachrufe. P. Cohrs, Zbl. allg. Pathol. u. pathol. Anatomie *38* (1926) 193—95. — W. Hueck, Ber. Sächs. Akad. Wiss. *78* (1926) 327—42. — O. Lubarsch, Ergebn. allg. Pathol. u. pathol. Anatomie *21* (1926) S. II, S. VIII. — Nieberle, Verh. Dtsch. pathol. Ges. 22. Tagg. *1926* (1927) 316—17. — von Ostertag, Zs. Infektionskrankh., parasitäre Krankh. u. Hyg. Haustiere *29* (1926) S. 241. — J. Richter, Berliner tierärztl. Wschr. *42* (1926) S. 501. — Steck, Schweizer. Arch. Tierheilkunde *67* (1926) S. 593.

Karl Kegel

1876—1959

Prof. für Bergbau und Bergwirtschaft

Schriftenverzeichnis. Bergakademie [Freiberg] *8* (1956) 232—34; *11* (1959) 450—52. — Poggendorffs Handwörterbuch *VII*$^{a}_{2}$ (Bln 1958) S. 712.

Würdigungen. Zum 75. Geburtstag: E. Rammler, Bergakademie [Freiberg] *2* (1950) Nr. 5, 9—10 (m. Bildn.). — O. Fleischer, Bergakademie [Freiberg] *3* (1951) Umschlagseite vor S. 33 (m. Bildn.). — Zum 80. Geburtstag: H. Härtig, E. Rammler, Bergakademie [Freiberg] *8* (1956) 231—32 (m. Bildn.); ders. Bergbautechnik *6* (1956) 335—36. — Weitere Würdigung: C. Schiffner, Aus dem Leben alter Freiberger Bergstudenten *3* (Freiberg/Sa. 1940) 116—17 (m. Bildn.).

Nachrufe. E. Rammler, Jahrb. Sächs. Akad. Wiss. *1957—1959* (Bln 1961) 361—63 (m. Bildn. vor S. 361); ders. Jahrb. Dtsch. Akad. Wiss. *1960* (Bln 1961) 136—37; ders. Bergakademie [Freiberg] *11* (1959) 446—50.

Felix Klein

1849—1925

Prof. der Mathematik

Schriftenverzeichnis. Mitt. Ges. Dtsch. Naturforscher u. Ärzte *2* (1925) 23—28. — Naturwissenschaften *7* (1919) 311—17. — Poggendorffs Handwörterbuch *III* (Lpz. 1898) 724—25; *IV* (Lpz. 1904) 756—57; *V* (Lpz. 1926) S. 636; *VI*$_2$ (Bln 1937) 1329—30.

Festschrift Felix Klein zur Feier seines 70. Geburtstages. Naturwissenschaften *7* (1919) H. 17 [S. 215—317] (m. Bildn. u. Faks.).

Würdigungen. Autobiogr. Mitt. d. Universitätsbundes Göttingen *5* (1923) 25 S. — H. Salié, in: Karl-Marx-Univ. Leipzig 1409—1959. Beiträge zur Univ.-Gesch. *1* (Lpz. 1959) S. 377. — M. Schwarzburger, ebda 366—67.

Nachrufe. F. S. Archenhold, Weltall *25* (1925) S. 17. — T. R. Bachiller, Rev. mat. Hisp.-Amer. *7* (1925) 4 S. — H. F. Baker, London math. Soc. *1* (1926) 8 S. — Berzolari, Rend. R. Ist. Lombardo *58* (1925) 4 S. — L. Bianchi, Atti R. Accad. Naz. Lincei, Rend., Roma *4* (1926) 10 S. — G. Castelnuovo, Ann. Mat. pura ed appl. *3* (1926) 5 S. — R. Courant, Jber. Dtsch. Mathematiker-Vereinigg. *34* (1925) 11—14, S. 89 (m. Bildn.); ders. Nachr. Ges. Wiss. Göttingen. Geschäftl. Mitt. *1925/26* (1926) 39—46; ders. Naturwissenschaften *13* (1925) 765—72. — W. von Dyck, Jahrb. Bayer. Akad. Wiss. *1925* (1926) 23—26; ders. Naturwissenschaften *14* (1926) 1042—43; ders. Verh. Ges. Dtsch. Naturforscher u. Ärzte, *89.* Versammlg. (1926) S. 1042—43. — W. von Dyck, F. Poske, Mitt. Ges. Dtsch. Naturforscher u. Ärzte *2* (1925) 21—23 (beigebunden an Naturwissenschaften *13* (1925). — H. Fehr, Enseignement math. *24* (1925) 4 S. — P. Heegard, Norsk mat. T. *8* (1926) 45—51 (m. Bildn.). — P. Kirchberger, Mathematikbüchlein *2* (Stuttg. 1926) 5—12. — W. Lietzmann, Zs. math. u. naturwiss. Unterr. *56* (1925) 257—63 (m. Bildn. u. Faks.). — W. Lorey, Leopoldina *1* (1926) 136—51. — G. A. Miller, Proc. nat. Acad. Sci. USA *13* (1927) 611—13. — F. Poske, Naturwissenschaften *13* (1925) 22—28. — A. Pottag, Päd. Rdsch. *1924/25*, 585—89. — L. Prandtl, Zs. Flugtechnik *16* (1925) S. 275 (m. Bildn.). — Rosemann, Unterr.-Bl. Math. u. Naturwiss. *31* (1925) S. 237. — H. E. Timerding, Unterr.-Bl. Math. u. Naturwiss. *31* (1925) 193—203. — H. Trommsdorff, Dtsch. Philologenblatt *33* (1925) 537—41. — A. Walther, Zs. techn. Physik *7* (1926) 2—5 (m. Bildn. u. Faks.). — M. Weber, Zs. angew. Math. u. Mech. *5* (1925)

358–59; ders. Zs. VDI *69* (1925) 1118–19 (m. Bildn.). – W. Wirtinger, Alman. Österr. Akad. Wiss. *76* (1926) 193–96. – W. H. *Y.*, Proc. Roy. Soc. London (A) *121* (1928) I–XIX (m. Bildn. u. Faks.). – Nachr.-Ztg. Ver. Dtsch. Ing. *5* (1925) Nr. 26; Unterr.-Bl. Math. u. Naturwiss. *32* (1926) S. 28; Zs. Hochschulpädagogik *16* (1925) S. 3.
Später auch Poggendorffs Handwörterbuch VII[a]/Suppl.

Johann August Ludwig Wilhelm Knop
1817–1891
Prof. der Chemie

Schriftenverzeichnis. Poggendorffs Handwörterbuch *I* (Lpz. 1863) 1282–83; *III* (Lpz. 1898) 729–30; *IV* (Lpz. 1904) S. 767. – W. Haan, Sächs. Schriftsteller-Lexikon (Lpz. 1875) 165–66.
Würdigung. W. Haan, Sächs. Schriftsteller-Lexikon (Lpz. 1875) S. 165.

Ludwig Knorr
1859–1921
Prof. der Chemie

Erfinder des Antipyrins
Schriftenverzeichnis. P. Duden, H. P. Kaufmann, Ber. Dtsch. chem. Ges. *60* (1927) (A) 30 bis 34. – Poggendorffs Handwörterbuch *IV* (Lpz. 1904) 768–69; *V* (Lpz. 1926) 645–46.
Würdigungen. Wer ist's? *7* (Lpz. 1914) S. 863; *8* (Lpz. 1922) S. 1778.
Nachrufe. F. H. Braunwarth, Umschau *25* (1921) 370–71. – P. Duden, Angew. Chem. *34* (1921) S. 269 (m. Bildn. u. Faks.). – P. Duden, H. P. Kaufmann, Ber. Dtsch. chem. Ges. *60* (1927) (A) 1–30 (m. Bildn.). – Pschorr u. Reisenegger, Ber. Dtsch. chem. Ges. *54* (1921) (A) 167–69. – W. Schneider, Chemiker-Ztg. *45* (1921) S. 609. – R. Scholl, Ber. Sächs. Akad. Wiss. *75* (1923) 155–65. – Literar. Zbl. *72* (1921) Sp. 486.

Paul Koebe
1882–1945
Prof. der Mathematik

Schriftenverzeichnis. Poggendorffs Handwörterbuch *V* (Lpz. 1926) 649–50; VI_2 (Bln 1937) S. 1348; VII_2^a (Bln 1958) S. 827.
Würdigung. Reichshandbuch Dtsch. Ges. *1* (Bln 1930) 967–68 (m. Bildn.).
Nachruf. Jahrb. Sächs. Akad. Wiss. *1949–1953* (Bln 1954) S. 44.

Günther Köhler
1901–1958
Prof. der Geographie
Berichtigung: geb. am 15. XI. 1901

Schriftenverzeichnis. Jahrb. Sächs. Akad. Wiss. *1954–1956* (Bln 1958) 184–85. – Oriens extremus *5* (1958) 248–51. – Petermanns geogr. Mitt. *102* (1958) 242–43. – Poggendorffs Handwörterbuch VII_2^a (Bln 1958) S. 831.

Nachrufe. H. Ertel, Jahrb. Dtsch. Akad. Wiss. *1960* (Bln 1961) 132—33. — E. Neef, Jahrb. Sächs. Akad. Wiss. *1957—1959* (Bln 1961) 355—56 (m. Bildn.). — G. Sendler, Petermanns geogr. Mitt. *102* (1958) 241—42 (m. Bildn.). — Wiss. Zs. Hochschule Verkehrswesen Dresden *6* (1958/59) H. 1, S. 1—2.

Hermann Kolbe
1818—1884
Prof. der Chemie

Schriftenverzeichnis. Poggendorffs Handwörterbuch *I* (Lpz. 1863) Sp. 1301; *III* (Lpz. 1898) 739—40; *IV* (Lpz. 1904) S. 788.
Würdigungen. F. Henrich, Handwörterbuch d. Naturwissenschaften (R. Dittler, G. Joos) *5* ²(Jena 1934) S. 1021. — G. Lockemann, in: Buch großer Chemiker (G. Bugge) *2* (Bln-Lpz. 1930) 124—35 (m. Bildn.). — A. Strigel, Allg. Dtsch. Biogr. *51* (Lpz. 1906) 321 bis 329. — W. Treibs, Karl-Marx-Univ. Leipzig 1409—1959. Beiträge zur Univ.-Gesch. *1* (Lpz. 1959) 467—70 (m. Bildn. nach S. 496).
Nachrufe. A. W. von Hofmann, Ber. Dtsch. chem. Ges. *17* (1884) S. 2809. — E. von Meyer, J. prakt. Chem. *30* (1884) 417—66 (m. Bildn. u. Faks. am Bd-Anfang).

Franz Kossmat
1871—1938
Prof. der Geologie und Paläontologie

Büste von A. Schwarz im Geol. Inst. Univ. Leipzig
Nach ihm benannt: Kossmaticeras, Kossmatella, Nautilus kossmati; Kossmatit
Schriftenverzeichnis. K. H. Scheumann, Ber. Sächs. Akad. Wiss. *91* (1939) 206—12. — Firgenwald *4* (1931) 86—87, 91. — Poggendorffs Handwörterbuch *IV* (Lpz. 1904) S. 795; VI_2 (Lpz. 1937) S. 1387; VII_3^a (Lpz. 1958) S. 885.
Würdigungen. H. Cloos, Geol. Rdsch. *33* (1942) S. 219 (m. Bildn. u. Faks.). — Reichshandbuch Dtsch. Ges. *1* (Bln 1930) S. 998 (m. Bildn.).
Nachrufe. F. Broili, S.-Ber. Bayer. Akad. Wiss. *1942*, 81—82. — K. H. Scheumann, Ber. Sächs. Akad. Wiss. *91* (1939) 195—206. — A. Winckler-Hermaden, Jahrb. geol. Landes-Anst. *88* (1938) 395—98 (m. Bildn. u. Faks.). — Alman. Österr. Akad. Wiss. *89* (1939) 213—21. — R. Zaunick, S.-Ber. u. Abh. naturwiss. Ges. Isis Dresden *1938/39* (1940) S. 58.

Gerhard Kowalewski
1876—1950
Prof. der Mathematik

Schriftenverzeichnis. Poggendorffs Handwörterbuch *IV* (Lpz. 1904) 797—98; *V* (Lpz. 1926) 675—76; VI_2 (Lpz. 1937) S. 1392; VII_3^a (Lpz. 1958) 886—87.
Würdigungen. Zum 60. Geburtstag: G. K. zum 27. März 1936 (Darmst. 1936) 75 S. — Weitere Würdigung: Bestand u. Wandel. Meine Lebenserinnerungen, zugl. ein Beitrag zur neueren Geschichte d. Mathematik (München 1950) 309 S. (m. Bildn.).
Nachruf. J. Heinhold, Naturwiss. Rdsch. *3* (1950) S. 284.

Martin Krause

1851—1920

Prof. der Mathematik

Schriftenverzeichnis. Poggendorffs Handwörterbuch *IV* (Lpz. 1904) 801—02; *V* (Lpz. 1926) S. 678.

Nachrufe. G. Herglotz, Ber. Sächs. Akad. Wiss. *72* (1920) 103—06. — W. Ludwig, S.-Ber. u. Abh. naturwiss. Ges. Isis Dresden *1920/21*, S. XI. — Bull. Amer. math. Soc. *27* (1920/21) S. 193; Illustr. Ztg. Leipzig *154*, 1 (1920) S. 352 (m. Bildn.); Literar. Zbl. *71* (1920) Sp. 238.

August Krogh

1874—1949

Prof. der Physiologie

Schriftenverzeichnis. Poggendorffs Handwörterbuch VI_2 (Bln 1937) S. 1411.

Würdigung. Les Prix Nobel en 1919—1920 (Stockholm 1922) 130—33 (m. Bildn. u. Faks).

Nachruf. E. Lundsgaard, Experientia *6* (1950) Nr. 1, S. 39.

Adalbert Krüger

1832—1896

Prof. der Astronomie

Schriftenverzeichnis. R. Renvall, Biografiska anteckningar öfver det Finska Universitetets (Helsingfors 1869) S. 107. — Poggendorffs Handwörterbuch *I* (Lpz. 1863) Sp. 1323; *III* (Lpz. 1898) S. 753; *IV* (Lpz. 1904) S. 808.

Würdigung. R. Renvall, Biografiska anteckningar öfver det Finska Universitetets (Helsingfors 1869) S. 106—07.

Nachrufe. A. Auwers, Astronom. Nachr. *140* (1896) 194—95. — A. *B.*, Naturwiss. Rdsch. *11* (1896) 362—63. — H. Kreutz, Vjschr. astronom. Ges. *31* (1896) 167—75 (m. Bildn.). — Schwahn, Himmel u. Erde *8* (1896) S. 429. — Dtsch. Rdsch. Geogr. u. Statistik *19* (1896) 134—35 (m. Bildn.).

Gustav Kunze

1793—1851

Prof. der Botanik

Nach ihm benannt: Kunzea (Gattung aus d. austral. Familie d. Myrtaceen).

Schriftenverzeichnis. E. Wunschmann, Allg. Dtsch. Biogr. *17* (Lpz. 1883) 400—03 (im Text).

Würdigung. E. Wunschmann, Allg. Dtsch. Biogr. *17* (Lpz. 1883) 400—03.

Nachrufe. L. Reichenbach, Worte zur Erinnerung an G. K., Vortrag in d. Sitzung d. naturforsch. Ges. zu Leipzig am 13. Mai 1851. — Botan. Ztg. *9* (1851) S. 376, 390—91; Flora, N. R. 9. Jg. Bd 1 (1851) S. 288, 412—16, 426—32; Neuer Nekrolog d. Deutschen *29* (Weimar 1853) 341—50.

Max Lagally

1881—1945

Prof. der Mathematik

Schriftenverzeichnis. Poggendorffs Handwörterbuch *V* (Lpz. 1926) S. 700; *VI*$_3$ (Bln 1938) S. 1446; *VII*$_3^a$ (Bln 1959) S. 5.

Würdigungen. Zum 60. Geburtstag: S. Finsterwalder, Zs. angew. Math. u. Mech. *21* (1941) S. 62. — Zum 75. Geburtstag: O. Czepa, Forsch. u. Fortschr. *30* (1956) 9—10.

Nachruf. Jahrb. Sächs. Akad. Wiss. *1949—1953* (Bln 1954) S. 44.

Max Le Blanc

1865—1943

Prof. der physikalischen Chemie

Schriftenverzeichnis. Poggendorffs Handwörterbuch *IV* (Lpz. 1904) S. 850; *V* (Lpz. 1926) S. 718; *VI*$_3$ (Bln 1938) S. 1480; *VII*$_3^a$ (Bln 1959) S. 44.

Würdigungen. Zum 70. Geburtstag: K. F. Bonhoeffer, Forsch. u. Fortschr. *11* (1935) 191 bis 192. — M. Volmer, Zs. Elektrochem. *41* (1935) 309—14. — Weitere Würdigung: Reichshandbuch Dtsch. Ges. *2* (Bln 1931) S. 1083 (m. Bildn.).

Nachrufe. K. F. Bonhoeffer, Forsch. u. Fortschr. *19* (1943) 371—72; ders. Zs. Elektrochem. *55* (1951) 74—75 (m. Bildn. u. Faks.).

Carl Gotthelf Lehmann

1812—1863

Prof. der physiologischen Chemie

Schriftenverzeichnis. Poggendorffs Handwörterbuch *II* (Lpz. 1863) 1411—12; *III* (Lpz. 1898) S. 791.

Würdigungen. Ladenburg, Allg. Dtsch. Biogr. *18* (Lpz. 1883) S. 147. — Winter, Biogr. Lexikon d. hervorragenden Ärzte (A. Hirsch) *3* ^{2}(Bln-Wien 1931) S. 727.

Rudolf Leuckart

1822—1898

Prof. der Zoologie

Zwei Büsten von C. Seffner im Zool. Inst. u. eine im Archiv Univ. Leipzig

Schriftenverzeichnis. G. Vapereau, Dictionnaire universel des Contemporains ^{6}(Paris 1893) S. 990. — Leopoldina H. *35* (1899) 103—12.

Würdigungen. G., Biogr. Lexikon d. hervorragenden Ärzte (A. Hirsch) *3* ^{2}(Bln-Wien 1931) 757—58. — W. Haan, Sächs. Schriftsteller-Lexikon (Lpz. 1875) S. 197. — W. Harms, Handwörterbuch d. Naturwissenschaften (R. Dittler, G. Joos) *6* ^{2}(Jena 1932) 139—40. — W. Heß, Allg. Dtsch. Biogr. *51* (Lpz. 1906) 672—75. — A. Jacobi, Das Leipziger med.

Viertel (M. Weiser) (Lpz. 1914) u. (Lpz. 1922) 8—9 (m. Bildn.). — G. Vapereau, Dictionnaire universel des Contemporains [6](Paris 1893) S. 990. — Progrès médical *5* (1887) S. 226.

Nachrufe. R. Blanchard, Arch. de Parasitol. *1* (1898) 185—90 (m. Bildn. u. Faks.). — J. V. Carus, Ber. Kgl. Sächs. Ges. Wiss. *50* (1898) 49—62. — C. Grobben, Verh. zool.-botan. Ges. Wien *48* (1898) 241—43. — R. von Hanstein, Naturwiss. Rdsch. *13* (1898) 242—46. — E. Mach, Alman. Österr. Akad. Wiss. *48* (1898) 335—37. — H. N., Zs. math. u. naturwiss. Unterr. *29* (1898) 152—53. — O. Taschenberg, Leopoldina, H. *35* (1899) 62—66, 82—94, 102—03. — C. Voit, S.-Ber. Bayer. Akad. Wiss. *28* (1898) 471 bis 475. — Illustr. Ztg. Leipzig *105* (1898) S. 741.

Leon Lichtenstein

1878—1933

Prof. der Mathematik

Schriftenverzeichnis. H. Steinhaus, Mathesis Polska *86* (1934). — Poggendorffs Handwörterbuch *V* (Lpz. 1926) 741—42; VI_3 (Bln 1938) 1523—24; VII_3^a (Bln 1959) S. 91. — Wiadomości mat., Warszawa *38* (1933) 137—54.

Würdigung. M. Schwarzburger, in: Karl-Marx-Univ. Leipzig 1409—1959. Beiträge zur Univ.-Gesch. *1* (Lpz. 1959) S. 368.

Nachrufe. O. Hölder, Ber. Sächs. Akad. Wiss. *86* (1934) 307—14. — W. Nikliborc, Mathesis Polska *86* (1934) 6 S. — J. Schauder, ebda 8 S. — H. Steinhaus, ebda 12 S. — Math. Zs. *38* (1933) 2 S. vor S. 1; Rev. philosophique *116* (1933) 1 S.; Vjschr. astronom. Ges. Leipzig *68* (1933) S. 289; Wiadomości mat., Warszawa *38* (1933) 131—36.

Sophus Lie

1842—1899

Prof. der Mathematik

Schriftenverzeichnis. F. Engel, Bibliotheca mathematica *1900*, 200—04. — Arch. for Mathematik og Naturvidenskab *21* (1899) XI—XII. — Poggendorffs Handwörterbuch *III* (Lpz. 1898) 808—09; *IV* (Lpz. 1904) S. 882; *V* (Lpz. 1926) S. 1524.

Würdigungen. M. Cantor, Allg. Dtsch. Biogr. *51* (Lpz. 1906) 695—98. — H. Salié, in: Karl-Marx-Univ. Leipzig 1409—1959. Beiträge zur Univ.-Gesch. *1* (Lpz. 1959) 380—81. — M. Schwarzburger, ebda 371—72. — Videnskabs Selskabets Skrifter, Christiania *1907*, Nr. 7, S. 1—31.

Nachrufe. A. von Braumühl, Biogr. Jahrb. u. Dtsch. Nekr. (A. Bettelheim) *4* (Bln 1899) 324—25. — F. Engel, Ber. Kgl. Sächs. Ges. Wiss. *51* (1899) XI—LXI; ders. Bibliotheca mathematica (3) *1* (1900) 166—200 (m. Bildn.); ders. Norsk mat. T. *4* (1922) 97—114; ders. Verh. Ges. Dtsch. Naturforscher u. Ärzte *II* (1900) H. 1, S. 4. — E. Holst, Umschau *3* (1899) 359—62. — E. Lampe, Naturwiss. Rdsch. *14* (1899) 216—18. — M. Noether, Math. Ann. *53* (1900) 1—41. — C. Voit, S.-Ber. Bayer. Akad. Wiss. *30* (1900) 339—45. — Arch. for Mathematik og Naturvidenskab *21* (1899) I—X (m. Bildn.); Illustr. Ztg. Leipzig *112* (1899) S. 299 (m. Bildn.); Jber. Dtsch. Mathematiker-Vereinigg. *8* (1899) H. 1, 30—46 (m. Bildn.); Zs. math. u. naturwiss. Unterr. *30* (1899) S. 237.

Heinrich Liebmann

1874–1939

Prof. der Mathematik

Schriftenverzeichnis. S.-Ber. Heidelberger Akad. Wiss. *1934*, Abh. 8–17, VII–XII. – Poggendorffs Handwörterbuch *IV* (Lpz. 1904) S. 887; *V* (Lpz. 1926) S. 744; VI_3 (Bln 1938) S. 1525; VII^*_3 (Lpz. 1959) 93–94.

Würdigung. Zum 60. Geburtstag: S.-Ber. Heidelberger Akad. Wiss. *1934*, Abh. 8–17, XII, 96 S. (m. Bildn.).

Nachrufe. E. Devrient, Mitt.-Bl. Bund ehemal. Carolo-Alexandriner in Jena Nr. 44, 2 S. – M. Steck, ebda Nr. 43, 2 S.

Bernhard August von Lindenau

1779–1854

Astronom, Staatsminister

Schriftenverzeichnis. P. von Ebart, B. August von Lindenau (Gotha 1896) 195–96. – O. Köhnke, Gesamtregister über die in den Schriften d. Akad. von 1700–1899 erschienenen wiss. Abh. u. Festreden (Bln 1900) S. 175. – Gelehrten- u. Schriftstellernachlässe in den Bibliotheken d. DDR *1* (Bln 1959) S. 59, Nr. 391. – Poggendorffs Handwörterbuch *I* (Lpz. 1863) Sp. 1465–66.

Würdigungen. P. von Ebart, B. Aug. von Lindenau (Gotha 1896) 196 S. – Pasch, Allg. Dtsch. Biogr. *18* (Lpz. 1883) 681–86. – A. Procksch, B. A. v. Lindenau als Kunstfreund (Altenburg 1899) V, 185 S. (m. Bildn.). – F. Volger, B. A. von Lindenau als Gelehrter, Staatsmann, Menschenfreund und Förderer d. schönen Künste (Altenburg 1896) 116 S. (m. Bildn.). – E. von Watzdorf-Bachoff, B. von Lindenau 1779 –1854. Gedenkrede zu seinem 100. Todestag (Altenburg 1954) 31 S. (m. Bildn.). – H. Wendorf, in: Sächs. Lebensbilder *2* (Lpz. 1938) 242–57 (m. weiteren Würdigungen).

Nachruf. Gersdorf, Leipziger Repertorium d. dtsch. u. ausländ. Literatur *48* (Lpz. 1854) 63–64.

Später auch Poggendorffs Handwörterbuch VII^a/Suppl.

Edmund O. von Lippmann

1857–1940

Prof. der Geschichte der Chemie und der Naturwissenschaften

Schriftenverzeichnis. Studien zur Geschichte der Chemie (J. Ruska) (Bln 1927) 228–33. – Poggendorffs Handwörterbuch *III* (Lpz. 1898) S. 820; *IV* (Lpz. 1904) 896–97; *V* (Lpz. 1926) S. 752; VI_3 (Bln 1938) S. 1542; VII^*_3 (Bln 1959) S. 111.

Festschrift zum 70. Geburtstag dargebracht aus Nah und Fern. Studien zur Geschichte d. Chemie (J. Ruska) (Bln 1927) VI, 242 S.

Würdigungen. Zum 75. Geburtstag: E. Färber, Naturwissenschaften *20* (1932) 25–28. – Zum 80. Geburtstag: J. R. Partington, Osiris *3* (1937) 5–21 (m. Bildn.). – F. Strunz, Österr. Chemiker-Ztg. *40* (1937) 61–63. – R. Zaunick, Naturwissenschaften *25* (1937)

33—34 (m. Bildn. u. Faks.). — Weitere Würdigungen: Große Männer (Wilh. Ostwald) *4* (Lpz. 1917) 451—52; Reichshandbuch Dtsch. Ges. *2* (Bln 1931) S. 1137 (m. Bildn.).

Carl Ludwig
1816—1895
Prof. der Physiologie

Schriftenverzeichnis. Biogr. Lexikon d. hervorragenden Ärzte (A. Hirsch) *3* ²(Bln-Wien 1931) 861—62. — Poggendorffs Handwörterbuch *I* (Lpz. 1863) Sp. 1514; *III* (Lpz. 1898) S. 840; *IV* (Lpz. 1904) S. 921.

Festschriften. Beiträge zur Anatomie u. Physiologie. Als Festgabe Carl Ludwig zum 15. Oct. 1874 gewidmet von seinen Schülern (Leipzig 1874) 72 S. — Zum 70. Geburtstag: Rudolph Boehm, Chemische Studien in Curare (Beiträge Physiol. 1886) 16 S. — Zu der 50jährigen Doctor-Jubelfeier des Herrn Carl Ludwig. Festschr. d. med. Fakultät zu Marburg (Marburg 1890) 121 S.

Würdigungen. E. Bauereisen, Wiss. Zs. Univ. Leipzig, Math.-nat. R. *6* (1956/57) 401—04. — O. Flößner, Handwörterbuch d. Naturwissenschaften (R. Dittler, G. Joos) *6* ²(Jena 1932) S. 586. — P. Grützner, Allg. Dtsch. Biogr. *52* (Lpz. 1906) S. 123. — Zum 100. Geburtstag: W. P. Lombard, Science [New York] *44* (1916) 363—75. — H. Kronecker, Biogr. Lexikon d. hervorragenden Ärzte (A. Hirsch) *3* ²(Bln-Wien 1931) 860—62 (m. Bildn. zw. S. 848 u. 49). — M. Siegfried, Das Leipziger med. Viertel (M. Weiser) (Lpz. 1914) u. (Lpz. 1922) 28—29 (m. Bildn.). — Jub.-Bd 1896, S. XIX—XX.

Nachrufe. Th. Beer, Wiener klin. Wschr. *8* (1895) 354—57. — Jul. Bernstein, Naturwiss. Rdsch. *10* (1895) 349—51. — A. Biedl, Wiener med. Blätter *18* (1895) S. 290, 298—300. — A. Fick, R. Tigerstedt, Biogr. Blätter (A. Bettelheim) *1* (1895) 265—79. — O. Frank, Münchener med. Wschr. *42* (1895) 495—98. — M. von Frey, Biol. Zbl. *15* (1895) 689—700. — P. Grützner, Dtsch. med. Wschr. *21* (1895) 310—11. — W. His, Anatom. Anz. *10* (1895) 591—92; ders. Ber. Kgl. Sächs. Ges. Wiss. *47* (1895) 627—38. — J. Kries (Freiburg-Lpz. 1895) 28 S. — H. Kronecker, Berliner klin. Wschr. *32* (1895) 466—67. — F. Lee, Science, N. S. *1* (1895) 630—32. — J. G. M'Kendrick, Glasgow med. J. *44* (1895) S. 321. — Pettenkofer, S.-Ber. Bayer. Akad. Wiss. *26* (1896) 326—38. — J. B. Sanderson, Proc. Roy. Soc. London *59* (1895) I—VIII. — W. Stirling, Med. Chronic, *1895*, June, S. 178. — R. Tigerstedt, Hygiea *1895*, S. 522. — W., Illustr. Ztg. Leipzig *104* (1895) S. 515 (m. Bildn.). — The Lancet *1895*, 1, S. 1223—24; Leopoldina H. *31* (1895) 105—06; Virchows Arch. *143* (1896) 678—79.

Später auch Poggendorffs Handwörterbuch VII^{a}/Suppl.

Graham Lusk
1860—1932
Prof. der Ernährungsphysiologie und -hygiene

Schriftenverzeichnis. Poggendorffs Handwörterbuch VI_3 (Bln 1938) S. 1593.

Nachrufe. E. F. du Bois, Science [New York] *76* (1932) 113—15. — L. B. Mendel, Scientific Monthly *35* (1932) 280—83 (m. Bildn.). — F. Müller, Münchener med. Wschr. *79* (1932) S. 1572. — J. M. Murlin, J. Nutrition *5* (1932). — Nature [London] *130* (1932) S. 300; Proc. Roy. Soc. Edinburgh *52* (1931/32) S. 466; Yale J. Biology *6* (1934) 487—506.

Robert Luther
1868–1945
Prof. für wissenschaftliche Photographie und Photochemie
Ergänzung: Zuwahl 17. VI. 1907 sz. als ao. Mitglied

Schriftenverzeichnis. Poggendorffs Handwörterbuch *IV* (Lpz. 1904) 928–29; *V* (Lpz. 1926) 778–79; *VI*$_3$ (Bln 1938) 1593–94; *VIIa*$_3$ (Bln 1959) S. 165.

Würdigungen. Zum 70. Geburtstag: M. Bodenstein, Zs. Elektrochem. *44* (1938) 1–2. – J. M. Eder, Photogr. Korrespondenz *74* (1938) 1–2. – J. Eggert, Angew. Chem. *51* (1938) 3–5 (m. Bildn.). – H. Joachim, Zs. techn. Physik *19* (1938) 2–3. – Forsch. u. Fortschr. *14* (1938) S. 12; Kinotechnik *19* (1938) 303–04; Licht *8* (1938) 13–14 (m. Bildn.); Zs. wiss. Photogr. *37* (1938) 1–2 (m. Bildn. u. Faks.). – Zum 75. Geburtstag: Zs. angew. Photogr. *4* (1942) S. 75. – Weitere Würdigung: Veröff. Dtsch. Ges. f. Photogr. H. 1 (Köln 1955) 32 S. (Gedenkheft) (m. Bildn.).

Nachrufe. J. Eggert, Zs. Naturforsch. *1* (1946) 357–59; ders. Zs. wiss. Photogr. *50* (1955) 4–14. – K. Leistner, Optik *2* (1947) 445–46. – M. Richter, Farbe *3* (1954) 133–35. – Foto-Kino-Technik *1* (1947) Nr. 4, 5–6; Jahrb. Sächs. Akad. Wiss. *1949–1953* (Bln 1954) S. 44.

Felix Marchand
1846–1928
Prof. der pathologischen Anatomie

Schriftenverzeichnis. W. Hueck, Verh. Dtsch. pathol. Ges. *23* (1928) 538–45.

Festschriften. Festschrift aus Anlaß seines 70. Geburtstages in Dankbarkeit gewidmet (Jena 1916) VI, 846 S. (Beiträge pathol. Anatomie u. allg. Pathol. *63* (m. Bildn.) Widmg. von M. Versé (2 S.) u. L. Aschoff (2 S.)). – Zum goldenen Doktor-Jubiläum. Münchener med. Wschr. *67* (1920) Nr. 28 (Widmg. v. F. Müller S. 817–18). – Zum 80. Geburtstag: S.-Ber. Ges. Beförderg. ges. Naturwiss. zu Marburg *61* (1926) 282 S. (m. Bildn., Faks. u. Widmg. S. V–VI).

Würdigungen. E. Korschelt, Fest-Ztg. Philipps-Univ. Marburg (Marburg 1927) S. 53. – Wernich, Biogr. Lexikon d. hervorragenden Ärzte (A. Hirsch) *4* (Wien-Lpz. 1886) 127–28. – Das Leipziger med. Viertel (M. Weiser) (Lpz. 1914) u. (Lpz. 1922) 38–41 (m. Bildn.). – Autobiogr. in: Medizin d. Gegenwart in Selbstdarstellungen *1* (Lpz. 1923) 59–104 (m. Bildn. u. Faks.).

Nachrufe. L. Aschoff, Beiträge pathol. Anatomie u. allg. Pathol. *79* (1928) H. 3, S. I; ders. Verh. Dtsch. pharmakol. Ges. Leipzig, 8. Tagg. (1928) 15–16. – C. Benda, Med. Klinik *24* (1928) S. 319. – Borst, Münchener med. Wschr. *75* (1928) S. 740. – G. Herzog, Zbl. allg. Pathol. u. pathol. Anatomie *42* (1928) S. 433. – W. Hueck, Ber. Sächs. Akad. Wiss. *80* (1928) 337–56; ders. Verh. Dtsch. pathol. Ges. *23* (1928) 533–38. – M. Versé, Beiträge pathol. Anatomie u. allg. Pathol. *80* (1928) 1-3; ders. Dtsch. biogr. Jahrb. *10*. 1928 (Stuttg.-Bln 1931) 167–72.

Richard Felix Marchand
1813–1850
Prof. der Chemie

Schriftenverzeichnis. Poggendorffs Handwörterbuch *II* (Lpz. 1863) 41–43.

Würdigung. Ladenburg, Allg. Dtsch. Biogr. *20* (Lpz. 1884) S. 296.

Nachruf. Neuer Nekrolog d. Deutschen *28*. 1850 (Weimar 1852) 452–54.

Adolph Mayer

1839—1908

Prof. der Mathematik

Schriftenverzeichnis. Gelehrten- u. Schriftstellernachlässe in den Bibliotheken d. DDR *1* (Bln 1959) S. 62, Nr. 415. — Poggendorffs Handwörterbuch *III* (Lpz. 1898) S. 892; *IV* (Lpz. 1904) S. 978.

Würdigungen. M. Schwarzburger, in: Karl-Marx-Univ. Leipzig 1409—1959. Beiträge zur Univ.-Gesch. *1* (Lpz. 1959) S. 365. — Wer ist's? *3* (1908) S. 884.

Nachrufe. O. Hölder, Ber. Kgl. Sächs. Ges. Wiss. *60* (1908) 353—74; ders. Biogr. Jahrb. *14* (Bln 1909) 376—81. — H. Liebmann, Jber. Dtsch. Mathematiker-Vereinigg. *17* (1908) 355—62.

Johannes Meisenheimer

1873—1933

Prof. der Zoologie

Schriftenverzeichnis. P. Buchner, Ber. Sächs. Akad. Wiss. *88* (1936) 116—18.

Nachrufe. P. Buchner, Ber. Sächs. Akad. Wiss. *88* (1936) 109—16. — G. Grimpe, Forsch. u. Fortschr. *9* (1933) S. 151.

Georg Mettenius

1823—1866

Prof. der Botanik

Schriftenverzeichnis. A. de Bary, Allg. Dtsch. Biogr. *21* (Lpz. 1885) 523—24 (im Text).

Würdigungen. A. de Bary, Allg. Dtsch. Biogr. *21* (Lpz. 1885) 523—24. — W. Stricker, Biogr. Lexikon d. hervorragenden Ärzte (A. Hirsch) *4* (Wien-Lpz. 1886) S. 216. — Jub.-Bd 1896, S. XVIII. — Unsere Zeit. Dtsch. Revue d. Gegenwart N. F. *2* (1862) 702—04.

Nachruf. S—l, Botan. Ztg. *24* (1866) S. 276.

Ernst Siegmund von Meyer

1847—1916

Prof. der Chemie

Ergänzung: Seit 23. VII. 1898 o. Mitgl.

Schriftenverzeichnis. Poggendorffs Handwörterbuch *III* (Lpz. 1898) S. 910; *IV* (Lpz. 1904) S. 997; *V* (Lpz. 1926) S. 840.

Würdigung. Wer ist's? *7* (Lpz. 1914) S. 1115.

Nachrufe. A. Hantzsch, Ber. Kgl. Sächs. Ges. Wiss. *68* (1916) 245—51. — W. Hempel, Angew. Chem. *29* (1916) (A) S. 189. — F. Henrich, Mitt. Gesch. Med. u. Naturwiss. *15* (1917) 277—81. — E. Mohr, J. prakt. Chem. N. F. *95* (1917) 1—36. — R. von Walther, Chemiker-Ztg. *40* (1916) S. 477. — Leopoldina H. *52* (1916) S. 43.

Später auch Poggendorffs Handwörterbuch VII^a/Suppl.

Hans Meyer

1858–1929

Prof. der Kolonialgeographie

Büste von F. Pfeifer im Dt. Inst. f. Länderkunde Leipzig

Schriftenverzeichnis. H. von Wissmann, in Festschrift zum 70. Geburtstag (s. unten) S. 328–41. – Poggendorffs Handwörterbuch *IV* (Lpz. 1904) 1002–03; *V* (Lpz. 1926) S. 842; VI_3 (Bln 1938) 1714–15.

Festschrift. Hans Meyer zum 70. Geburtstag am 22. März 1928. Dargebracht von seinen Freunden, Verehrern und Schülern, hrsg. von K. H. Dietzel, H. Rudolphi (Bln 1928) XVI, 341 S. [Koloniale Studien].

Würdigungen. Zum 60. Geburtstag: K. Weule, Illustr. Ztg. Leipzig *150* (1918) 350–51. – Zum 70. Geburtstag: O. Baschin, Forsch. u. Fortschr. *4* (1928) S. 92. – K. H. Dietzel, Geogr. Anz. *29* (1928) 74–76 (m. Bildn.). – Weitere Würdigung: Wer ist's? *9* (Lpz. 1928) S. 1046.

Nachrufe. K. H. Dietzel, Zs. Vulkanol. *13* (1930) 145–53. – J. Hohlfeld, Dtsch. biogr. Jahrb. *XI.* 1929 (Stuttg.-Bln 1932) 211–16. – F. Jaeger, Jahrb. Dtsch. Kolonien *7* (1914) 2–8; ders. Petermanns geogr. Mitt. *75* (1929) S. 266. – Methner, Mitt. Dtsch.-Österr. Alpenvereins *1930*, S. 143–44. – E. Obst, Zs. Geopolitik *6* (1929) S. 613. – Ramsay, Übersee- u. Kolonial-Ztg. *41* (1929) S. 302. – H. Schmitthenner, Geogr. Zs. *36* (1930) 129–45. – H. Schmitthenner, K. H. Dietzel, Gedächtnisfeier f. H. Meyer im Kolonialgeogr. Seminar am 19. VII. 1929 (Manuskr. im Besitz d. Kolonialgeogr. Seminars). – Ev.-luth. Missionsbl. Leipzig *84* (1929) S. 241; Mitt. Ges. Erdkunde Leipzig *1925–1929* (1930) 5–6 (m. Bildn. u. Faks. vor S. 5).

August Ferdinand Möbius

1790–1868

Prof. der Mathematik

Schriftenverzeichnis. Gesammelte Werke. Hrsg. von R. Baltzer (1. Teil) und F. Klein (2. Teil) (Lpz. 1886). – Poggendorffs Handwörterbuch *II* (Lpz. 1863) 165–66; *III* (Lpz. 1898) S. 923.

Würdigungen. R. Baltzer, Eine Erinnerung an Möbius und seinen Freund Weiske, Ber. Kgl. Sächs. Ges. Wiss. *37* (1885) 1–6. – M. Cantor, Allg. Dtsch. Biogr. *22* (Lpz. 1885) 38–43. – H. Salié, in: Karl-Marx-Univ. Leipzig 1409–1959. Beiträge zur Univ.Gesch. *1* (Lpz. 1959) 374–76. – M. Schwarzburger, ebda, S. 363.

Nachrufe. C. Bruhns, Astron. Nachr. *72* (1868) S. 287. – Illustr. Ztg. Leipzig *51* (1869) S. 332; Jahrb. d. Erfindungen (H. Gretschel, H. Hirzel) *5* (Lpz. 1869) S. 410.

Wilhelm Müller

1832–1909

Prof. der pathol. Anatomie

Schriftenverzeichnis. Wer ist's? *3* (Lpz. 1908) S. 946.

Würdigung. Wer ist's? *3* (Lpz. 1908) S. 946.

Nachrufe. P. Fürbringer, Münchener med. Wschr. *56* (1909) S. 1850 (m. Bildn.). – R. Kukula, Bibliogr. Jahrb. Dtsch. Hochschulen *1909/10*, S. 638. – E. Pfeiffer, Correspondenzblätter allg. ärztl. Vereins Thür. *38* (1909) S. 344.

Karl Friedrich Naumann

1797—1873

Prof. der Mineralogie, Kristallographie u. Geologie

Schriftenverzeichnis. Poggendorffs Handwörterbuch *II* (Lpz. 1863) 257—58; *III* (Lpz. 1898) S. 958. — W. Haan, Sächs. Schriftsteller-Lexikon (Lpz. 1875) S. 231.

Würdigungen. von Gümbel, Allg. Dtsch. Biogr. *23* (Lpz. 1886) 316—319. — W. von Seidlitz, Handwörterbuch d. Naturwissenschaften (R. Dittler, G. Joos) *7* ²(Jena 1932) 168 bis 69. — Illustr. Ztg. Leipzig *53* (1871) 221—22 (m. Bildn.). — P. Wagner, S.-Ber. u. Abh. naturwiss. Ges. Isis Dresden *1902*, II, 111—16.

Nachrufe. H. Credner, Worte d. Erinnerung an C. F. Naumann (Lpz. 1874) 12 S. — von Dechen, S.-Ber. Niederrhein. Ges. Naturwissenschaften *1873*. 2. Dez. — H. B. Geinitz, Neues Jahrb. Mineral. *1874*, S. 81, 147—54. — W. Haan, Sächs. Schriftsteller-Lexikon (Lpz. 1875) 230—31. — von Kobell, S.-Ber. Bayer. Akad. Wiss. *4* (1874) S. 81—84. — T., Jahrb. geol. Reichsanstalt Wien *23* (1873) H. 4, 2 S. vor S. 219. — Leopoldina H. *4* (1874) 83—87; Verh. geol. Reichsanstalt *1873*, 308—09; Verh. naturhistor. Ver. Preuß. Rheinl. u. Westphalen *30* (1873) S. 219—21.

Später auch Poggendorffs Handwörterbuch VII^a/Suppl.

Carl Gottfried Neumann

1832—1925

Prof. der Mathematik

Schriftenverzeichnis. O. Hölder, Ber. Sächs. Akad. Wiss. *77* (1925) 172—80. — Poggendorffs Handwörterbuch *II* (Lpz. 1863) 275—76; *III* (Lpz. 1898) 963—64; *IV* (Lpz. 1904) S. 1067; *V* (Lpz. 1926) S. 899.

Würdigungen. Zum 90. Geburtstag: O. Hölder, Math. Ann. *86* (1922) 161—62. — Weitere Würdigungen: W. Haan, Sächs. Schriftsteller-Lexikon (Lpz. 1875) S. 234. — H. Salié, in: Karl-Marx-Univ. Leipzig 1409—1959. Beiträge zur Univ.-Gesch. *1* (Lpz. 1959) 376 bis 377. — M. Schwarzburger, ebda, S. 365. — Jahrb. d. Erfindungen (H. Gretschel, H. Hirzel) *10* (Lpz. 1874) 408—09.

Nachrufe. F. S. Archenhold, Weltall *24* (1925) S. 167. — W. Dürll, Unterr.-Bl. Math. u. Naturwiss. *32* (1926) 222—23. — O. Hölder, Ber. Sächs. Akad. Wiss. *77* (1925) 154—72. — H. Liebmann, Jber. Dtsch. Mathematiker-Vereinigg. *36* (1927) 174—78. — F. Lindemann, Jahrb. Bayer. Akad. Wiss. *1924* (1925) 41—45. — Math. Ann. *94* (1925) 177—78.

Später auch Poggendorffs Handwörterbuch VII^a/Suppl.

Paul Niggli

1888—1953

Prof. der Mineralogie und Petrographie

Schriftenverzeichnis. Poggendorffs Handwörterbuch *V* (Lpz. 1926) S. 907; *VI*$_3$ (Bln 1938) 1860—62; *VII*$^a_3$ (Bln 1959) 431—32. — siehe auch Nachrufe am Schluß.

Festschrift zum 60. Geburtstag (Zürich 1948) X, 570 S.

Würdigungen. Gedenkheft. Zs. angew. Math. u. Physik *4* (1953) 415—506 (m. Bildn. u. Faks.); darin 415—18: E. Brandenberger, Seine Verdienste um d. Lehre d. festen Körpers. —

P. P. Ewald, Acta crystallogr. [Copenhagen] *6* (1953) 225—26. — Lebensbilder aus d. Aargau 1803—1953 (Aarau 1953) 469—72 (m. Bildn.).

Nachrufe. C. Burri, Geofis. pura e appl. *24* (1953) 214—15; ders. Jber. naturforsch. Ges. Graubündens *84* (1952/53) XI—XVII (m. Bildn.); ders. Vjschr. naturforsch. Ges. Zürich *98* (1953) 256—58. — H. O'Daniel, K. H. Scheumann, H. Schneiderhöhn, Neues Jahrb. Mineral., Mh. *1953*, 51—67 (m. Bildn.). — C. Faessler, Naturaliste Canad. *80* (1953) 158—60. — P. Karrer, Jber. Univ. Zürich *1952/53*, 76—78 (m. Bildn. u. Faks.). — P. Karrer, E. Brandenberger, Ansprache zu seinem Gedenken (Zürich 1953) (Kultur- u. staatswiss. Schr. Nr. 83 ETH Zürich). — F. Laves, Experientia *9* (1953) 197—98. — F. Machatschki, Alman. Österr. Akad. Wiss. *103*. 1953 (1954) 466—71. — A. Michel-Lévy, C. R. Acad. Sci. Paris *236* (1953) 433—35. — W. Nowacki, Fortschr. Mineral. *32* (1953) 98—101. — R. L. Parker, Amer. Mineralogist *39* (1954) 280—83. — F. de Quervain, Schweiz. mineral. petrogr. Mitt. *33* (1953) 1—20 (m. Bildn. u. Faks.). — K. H. Scheumann, Geologie *2* (1953) 124—30 (m. Bildn.). — W. C. Smith, Nature [London] *171* (1953) S. 675. — H. Steinmetz, Jahrb. Bayer. Akad. Wiss. *1953*, 185—88 (m. Bildn. S. 184/85). — Rocznik Towarz. Nauk Warszawskiego *27* (1934) 68—73.

Arthur von Oettingen
1836—1920
Prof. der Meteorologie

Schriftenverzeichnis. W. Ostwald, Ber. Sächs. Akad. Wiss. *73* (1921) 289—91. — Poggendorffs Handwörterbuch *III* (Lpz. 1898) 983—84; *IV* (Lpz. 1904) 1092—93; *V* (Lpz. 1926) S. 920.

Würdigungen. Wer ist's? *7* (Lpz. 1914) S. 1214; *8* (Lpz. 1922) S. 1782.

Nachrufe. G. R. W. Landesen, S.-Ber. naturforsch. Ges. Univ. Dorpat *27* (1921). — W. Ostwald, Ber. Sächs. Akad. Wiss. *73* (1921) 283—89. — M. Seydel, Die Stimme *15* (1920) S. 16. — Chemiker-Ztg. *44* (1920) S. 797; Illustr. Ztg. Leipzig *155* (1920) S. 337 (m. Bildn.); Leopoldina H. *56* (1921) S. 73; Literar. Zbl. *71* (1920) S. 725; Neue Musik-Ztg. *42* (1920) S. 47; Petermanns geogr. Mitt. *66* (1920) S. 235; Zs. Musikwissenschaft *3* (1920) S. 743.

Später auch Poggendorffs Handwörterbuch VII^a/Suppl.

Wilhelm Ostwald
1853—1932
Prof. der Chemie, Physik und Philosophie

Plakette von Unbekannt im Physikal.-Chem. Inst. Univ. Leipzig

Schriftenverzeichnis. Poggendorffs Handwörterbuch *III* (Lpz. 1898) S. 991; *IV* (Lpz. 1904) 1101—03; *V* (Lpz. 1926) 929—30; *VI*$_3$ (Bln 1938) 1928—29.

Festschrift aus Anlaß seines 60. Geburtstages. Hrsg. Monistenbund in Österreich (Wien-Lpz. 1913) 87 S. (m. Bildn.).

Würdigungen. Zum 100. Geburtstag: A. Kauffeldt, Hochschulwesen *1* (1953/45) H. 1, S. 34—36 (m. Bildn.). — Grete Ostwald, W. Ostwald, mein Vater (Stuttg. 1953) 290 S. — Walter Ostwald, Erinnerungen an meinen Vater. J. chem. Education *34* (1954) 328—30. — K. Schwabe, Jahrb. Sächs. Akad. Wiss. *1949—1953* (Bln 1954) 47—48; ders. Chem. Technik *5* (1953) 491—94. — Zum 25. Todestag: F. Herneck, Wiss. u.

Fortschr. *7* (1957) 69—72 (m. Bildn.). — H. Staude, in: Karl-Marx-Univ. Leipzig 1409 bis 1959. Beiträge zur Univ.-Gesch. *1* (Lpz. 1959) 481—91. — Autobiogr.: Lebenslinien. Eine Selbstbiogr. *1* (Bln 1926) VIII, 268 S.; *2* (Bln 1927) XI, 445 S.; *3* (Bln 1927) XI, 481 S.

Nachrufe. J. Baborovský, Chem. Listy *26* (1932) 3 S. — W. Z. Bancroft, Science, N. Y. *75* (1932) 454—55. — E. Baur, Naturwissenschaften *20* (1932) S. 321. — J. H. Bechhold, Umschau *36* (1932) 316—17. — M. Bodenstein, Ber. Dtsch. chem. Ges. *65* (1932) 1 S. — G. Bugge, Technik voran! *14* (1932) 139—40 (m. Bildn. S. 128). — M. Centnerszwer, Roczniki Chemji *1932*, 5 S. — F. G. Donnann, J. chem. Soc. London *1933*, 316—32 (m. Bildn. u. Faks.). — A. Findlay, Nature [London] *129* (1932) 750—51; ders. J. Pharm. Alsace Lorraine *59* (1932) 2 S. — P. Frei, Ingenieur-Zs. *12* (1932) S. 84. — P. Günther, Angew. Chem. *45* (1932) 489—96. — Haller, Melliand Textilber. *13* (1932) S. 253 (m. Bildn.). — E. Koenemann, VDI-Nachr. *12* (1932) Nr. 13, S. 3. — A. Kughardt, M. Richter, Farbenchemiker *3* (1932) 205—08. — M. Le Blanc, Forsch. u. Fortschr. *8* (1932) 174—75. — R. Luther, Ber. Sächs. Akad. Wiss. *85* (1933) 57—71. — W. Nernst, Zs. Elektrochem. *38* (1932) 337—41 (m. Bildn.). — V. Njegovan, Arh. Hem. i Farm. *6* (1932) 7 S. — G. Paech, Universum *1932*, S. 1148. — M. Pirani, Glastechn. Ber. *10* (1932) 409—11. — E. Ristenpart, Mschr. Textilindustrie *47* (1932) 229—30. — H. Schade, Münchener med. Wschr. *79* (1932) S. 923. — H. Schmidt, K. H. Schwarz, R. Riemann, Monist. Monats-H. *17* (1932) 141—48. — C. R. V., Farbe u. Lack *1932*, 194—95. — W. Vn., Zs. physikal. u. chem. Unterr. *45* (1932) 169—71. — P. Walden, Ber. Dtsch. chem. Ges. *65* (1932) 101—41 (m. Bildn.); ders. Chemiker-Ztg. *56* (1932) S. 293. — R. Wegscheider, Alman. Österr. Akad. Wiss. *82* (1932) 315—25; ders. Österr. Chemiker-Ztg. *35* (1932) 69—71. — E. V. Zenker, Freie Welt [Reichenberg] H. *282* (1932) 205—12. — C. E. Zinecker, Sudetendtsch. Schule [Prag] *617* (1932) S. 102. — Angew. Chem. *45* (1932) H. 1, S. I; Blätter Volksgesundheitspflege *32* (1932) S. 49; Bodenreform *43* (1932) S. 132; Chemiker-Ztg. *56* (1932) S. 925, S. 973; Farbenchemiker *3* (1932) S. 178; Höhere Schule Freistaat Sachsen *10* (1932) S. 99; Ingenieur-Zs. *12* (1932) S. 71; Leipziger Lehrer-Ztg. Wiss. Beilage *39* (1932) S. 290; Zs. ges. Textilindustrie *35* (1932) S. 187.

Später auch Poggendorffs Handwörterbuch VII^a/Suppl.

Wolfgang Ostwald

1883—1943

Prof. der Kolloidchemie

Schriftenverzeichnis. A. Lottermoser, Kolloid-Zs. *103* (1943) 91—94. — Poggendorffs Handwörterbuch *IV* (Lpz. 1904) S. 1103; *V* (Lpz. 1926) 930—31; *VI*$_3$ (Bln 1938) S. 1929; *VII*$^a_3$ (Lpz. 1959) 485—86.

Würdigungen. Zum 60. Geburtstag: A. Lottermoser, Kolloid-Zs. *103* (1943) 89—90 (m. Bildn. u. Faks.). — H. Freytag, Glastechn. Ber. *21* (1943) S. 261. — Chemiker-Ztg. *67* (1943) S. 188. — Weitere Würdigung: F. Henrich, Handwörterbuch d. Naturwissenschaften (R. Dittler, G. Joos) *7* ^{2}(Jena 1932) S. 1140.

Nachrufe. H. Erbring, Kolloid-Zs. *115* (1949) 3—5 (m. Bildn. u. Faks.). — M. H. Fischer, Kolloid-Zs. *145* (1956) 1—2. — E. A. Hauser, J. chem. Education *32* (1955) 2—9. — G. F. Hüttig, Forsch. u. Fortschr. *20* (1944) 118—19. — R. E. Oesper, J. chem. Education *22* (1945) S. 263. — Kolloid-Zs. *105* (1943) Vorsatzbl. vor S. 177; Gummi-Ztg. u. Kautschuk *20* (1944) S. 3.

Carl Paal

1860–1935

Prof. der Chemie

Schriftenverzeichnis. Poggendorffs Handwörterbuch *IV* (Lpz. 1904) 1106–07; *V* (Lpz. 1926) 932–33; *VI*$_3$ (Bln 1938) S. 1934.

Würdigung. Das Leipziger med. Viertel (M. Weiser) (Lpz. 1914) u. (Lpz. 1922) 6–7 (m. Bildn.)

Nachrufe. K. H. Bauer, Ber. Dtsch. chem. Ges. *68* (1935) 43–45. – B. Helferich, Ber. Sächs. Akad. Wiss. *87* (1935) 207–12. – Angew. Chem. *48* (1935) S. 206.

Wilhelm Pfeffer

1845–1920

Prof. der Botanik

Schriftenverzeichnis. H. Fitting, Ber. Dtsch. botan. Ges. *38* (1920) (58)–(63). – Jahrbücher wiss. Botanik *56* (1915) 793–804; Naturwissenschaften *3* (1915) 136–38. – Poggendorffs Handwörterbuch *III* (Lpz. 1898) 1033–34; *IV* (Lpz. 1904) S. 1152; *V* (Lpz. 1926) S. 966; *VI*$_3$ (Bln 1938) S. 1998.

Festschrift. Wilh. Pfeffer gewidmet von seinen dankbaren Schülern zur Feier des 50. Doktorjubiläums am 10. Febr. 1915 u. zu der des 70. Geburtstages am 9. März 1915. Jahrbücher wiss. Botanik *56* (1915) 832 S. (m. Bildn. u. Faks.). – Festschrift W. Pf. zur Feier seines 70. Geburtstages. Naturwissenschaften *3* (1915) H. 10 [S. 115–39] (m. Bildn.).

Würdigungen. W. Ruhland, Handwörterbuch d. Naturwissenschaften (R. Dittler, G. Joos) *7* ^{2}(Jena 1932) S. 813. – Wer ist's? *7* (Lpz. 1914) S. 1264; *8* (Lpz. 1922) S. 1783. – Das Leipziger med. Viertel (M. Weiser) (Lpz. 1914) u. (Lpz. 1922) 2–3 (m. Bildn.).

Nachrufe. F. M. Andrews, Plant Physiology *4* (1929) 4 S. (m. Bildn.). – F. Czapek, Alman. Österr. Akad. Wiss. *70* (1920) 167–76. – H. Fitting, Ber. Dtsch. botan. Ges. *38* (1920) (30)–(58); ders. Dtsch. biogr. Jahrb. Überleitungsbd II. 1917–1920 (Bln 1928) 578–82. – von Goebel, Jahrb. Bayer. Akad. Wiss. *1920* (1921) 24–25. – Wilh. Ostwald, Chemiker–Ztg. *44* (1920) S. 145. – -pe, S.-Ber. naturforsch. Ges. Leipzig *45–48* (1918–1921) S. X. – H. u. E. G. Pringsheim, Ber. Dtsch. chem. Ges. *53* (1920) (A) 36–39. – W. Ruhland, Ber. Sächs. Akad. Wiss. *75* (1923) 107–24. – K. Stich, Pharmazeut. Ztg. *73* (1928) 167–68. – Hessenland *34* (1920) S. 29; Illustr. Ztg. Leipzig *154*, 1 (1920) S. 186 (m. Bildn.); Literar. Zbl. *71* (1920) Sp. 181; Pharmazeut. Ztg. *65* (1920) S. 105.

Später auch Poggendorffs Handwörterbuch *VII*^{a}/Suppl.

Richard Arwed Pfeifer

1877–1957

Prof. der Hirnforschung

Schriftenverzeichnis. Festschr. Psychiatrie, Neurol. u. med. Psychol. *5* (1953) 2–4.

Festschrift. R. A. Pfeifer zum 75. Geburtstag. Psychiatrie, Neurol. u. med. Psychol. *4* (1952) 349 S.; *5* (1953) H. 1/2, 120 S.; darin J. Suckow, S. 1.

Nachrufe. H. Bredt, Jahrb. Sächs. Akad. Wiss. *1957–1959* (Bln 1961) 337–38 (m. Bildn.). – W. Wünscher, Psychiatrie, Neurol. u. med. Psychol. *9* (1957) 131–32; ders. Hochschulwesen *5* (1957) 285–87; ders. Karl-Marx-Univ. Leipzig 1409–1959. Beiträge zur Univ.-Gesch. *2* (Lpz. 1959) 225–27.

Max Planck
1858—1947
Prof. der Physik

Schriftenverzeichnis. Poggendorffs Handwörterbuch *III* (Lpz. 1898) S. 1047; *IV* (Lpz. 1904) S. 1172; *V* (Lpz. 1926) 982—83; *VI*$_3$ (Bln 1938) 2027—28; *VII*$^a_3$ (Bln 1958) S. 588.
Für die überragende Persönlichkeit Max Plancks existieren so zahlreiche Würdigungen und Nachrufe, daß hier von einer Aufführung abgesehen wird, zumal sich eine vollständige Übersicht [bis 1959] in Poggendorffs Handwörterbuch *VII*$^a_3$ (Bln 1959) 587—88 befindet.

Eduard Pöppig
1798—1868
Prof. der Zoologie

Schriftenverzeichnis. F. Ratzel, Mitt. Ver. Erdkunde, Leipzig Jg. *1887* (1888) 16—17. — Poggendorffs Handwörterbuch *II* (Lpz. 1863) Sp. 479.

Würdigungen. K. Chun, in: Festschr. zur Feier d. 500jähr. Bestehens d. Univ. Leipzig. *4*, 2 (Lpz 1909) 158—62. — M. Müller, Zum 150. Geburtstag. Naturwiss. Rdsch. *2* (1949) 516—18. — Weitere Würdigungen: F. Ratzel, Allg. Dtsch. Biogr. *26* (Lpz. 1888) 421—27; ders. Mitt. Ver. Erdkunde, Leipzig Jg. *1887* (1888) 2—15 (m. Bildn.). — I. Urban, Botan. Jahrbücher *21* (1896) Beibl. 53, S. 1—27 (m. Bildn.). — C. Wetzel, Geogr. Anz. *38* (1937) 204—07. — M. Zschommler, Unser Vogtland *2* (1895/96) 80—82.

Nachrufe. Illustr. Ztg. Leipzig *51* (1869) 243—45; Jahrb. d. Erfindungen (H. Gretschel, H. Hirzel) *5* (Lpz. 1869) S. 411.

Heinrich Prell
geb. am 11. X. 1888 in Kiel
gest. am 25. IV. 1962 in Dresden
Prof. der Zoologie
(Zuwahl: 12. II. 1951 als o. Mitglied)

Schriftenverzeichnis. Jahrb. Sächs. Akad. Wiss. *1957—1959* (Bln 1961) S. 250. — Wiss. Zs. TU Dresden *12* (1963) 1040—44.

Würdigungen. Zum 65. Geburtstag: J. Noll, Nachrichten-Bl. Dtsch. Pflanzenschutzdienst N. F. (33) *7* (1953) S. 220. — Zum 70. Geburtstag: H. Francke-Grosmann, Anz. Schädlingskunde *31* (1958) S. 156. — H. W. Nolte, Zs. angew. Entomologie *43* (1958) 231—32. — H. Stechow, Forsch. u. Fortschr. *32* (1958) S. 318. — Zieger, Arch. Forstwesen *7* (1959) 911—13.

Nachrufe. H. Geiler, Wiss. Zs. TU Dresden *12* (1963) 1039—40 (m. Bildn.). — M. Gersch, siehe vorliegendes Jahrb. S. 391—92 (m. Bildn. nach S. 392).

Karl Rabl
1853—1917
Prof. der Anatomie

Schriftenverzeichnis. A. Fischel, Anatom. Anz. *51* (1918) 77—79. — H. Held, Ber. Sächs. Ges. Wiss. *70* (1918) 378—80. — Alman. Österr. Akad. Wiss. *68* (1918) 270—74. — Biogr. Lexikon d. hervorragenden Ärzte (A. Hirsch) *4* (Wien-Lpz. 1886) S. 654.

Würdigungen. Biogr. Lexikon d. hervorragenden Ärzte (A. Hirsch) *4* (Wien-Lpz. 1886) S. 654. — Das Leipziger med. Viertel (M. Weiser) (Lpz. 1914) u. (Lpz. 1922) 20—22 (m. Bildn.). — Illustr. Ztg. Leipzig *123* (1904) S. 56.
Nachrufe. A. Fischel, Anatom. Anz. *51* (1918) 54—77. — H. Held, Ber. Sächs. Ges. Wiss. *70* (1918) 363—78; ders. Münchener med. Wschr. *65* (1918) S. 216. — F. Hochstetter, Alman. Österr. Akad. Wiss. *68* (1918) 260—70; ders. Wiener klin. Wschr. *31* (1918) S. 196.

Ferdinand Reich
1799—1882
Prof. der Physik

Schriftenverzeichnis. Leopoldina H. *18* (1882) 123—24. — Poggendorffs Handwörterbuch *II* (Lpz. 1863) Sp. 591; *III* (Lpz. 1898) S. 1100.
Würdigungen. K., Allg. Dtsch. Biogr. *27* (1888) 607—11. — Proc. Amer. Acad. Arts and Sci., Boston *77* (1948/49) S. 38.
Nachrufe. Jahrb. d. Erfindungen (H. Gretschel, H. Hirzel) *19* (Lpz. 1883) S. 433; Leopoldina H. *18* (1882) S. 74, S. 102, 122—23. — Mitt. Freiberger Altertumsvereins *19* (1882) S. 135—37.
Später auch Poggendorffs Handwörterbuch VII^a/Suppl.

Rudolf Reinhard
1876—1946
Prof. der Geographie

Schriftenverzeichnis. Kürschners Dtsch. Gelehrten-Kalender *5* (Bln-Lpz. 1935) Sp. 1095; *6* (Bln 1941) Sp. 445. — Reichshandbuch Dtsch. Ges. *2* (Bln 1931) 1502—03.
Würdigung. Reichshandbuch Dtsch. Ges. *2* (Bln 1931) 1502—03.
Nachruf. Jahrb. Sächs. Akad. Wiss. *1949—1953* (Bln 1954) S. 44.

Otto Renner
geb. am 25. IV. 1883 in Neu-Ulm
gest. am 8. VII. 1960 in München
Prof. der Botanik

(Zuwahl: 1. III. 1933 als o. Mitglied)

Schriftenverzeichnis. Jahrb. Sächs. Akad. Wiss. *1954—1956* (Bln 1958) S. 186; *1957—1959* (Bln 1961) S. 253. — K. Mägdefrau, Ber. Bayer. botan. Ges. *34* (1961) 101—13.
Würdigungen. R. Zaunick, Nova Acta Leopoldina N. F. 21 (1959) 287—88 (m. Bildn.). — Geschichte der Univ. Jena *1* (Jena 1958) S. 571.
Nachrufe. J. Buder, s. vorliegendes Jahrb. S. 377—85 (m. Bildn. vor S. 385). — K. v. Frisch, Gedenkworte f. Otto Renner. Orden Pour le mérite f. Wissenschaften u. Künste, Reden und Gedenkworte *4* (Heidelb. 1960/61) 129—37. — F. Knoll, Alman. Österr. Akad. Wiss. *112.* 1962 (Wien 1963) 429—35. — K. Mägdefrau, Ber. Bayer. botan. Ges. *34* (1961) 101—13. — F. Oehlkers, Ber. Dtsch. botan. Ges. *74* (1961) (82)—(92). — H. Stubbe, Jahrb. Dtsch. Akad. Wiss. *1961* (Bln 1962) 882—86.

Ferdinand von Richthofen

1833—1905

Prof. der Geographie

Schriftenverzeichnis. H. Haack, Geographenkalender *4* (1906) 239—40. — E. Thiessen, in: Männer d. Wissenschaft H. *4* (Bln 1906). — Poggendorffs Handwörterbuch *II* (Lpz. 1863) Sp. 638; *III* (Lpz. 1898) S. 1121; *IV* (Lpz. 1904) S. 1247; *V* (Lpz. 1926) S. 1048. — Gelehrten- u. Schriftstellernachlässe in den Bibliotheken d. DDR *1* (Bln 1959) S. 73, Nr. 505.

Würdigungen. W. von Seidlitz, Handwörterbuch d. Naturwissenschaften (R. Dittler, G. Joos) *8* ²(Jena 1933) 585—86. — G. Vapereau, Dictionnaire universel des Contemporains ⁶(Paris 1893) S. 1337. — Bildnisse berühmter Mitglieder Dtsch. Akad. Wiss. (Bln 1950) S. 79 (m. Bildn.).

Nachrufe. E. von Drygalski, F. v. R. Gedächtnisrede (Bln 1906) 18 S. (Männer d. Wiss. H. 4). — J. Früh, Verh. Schweizer. naturforsch. Ges. 88. Jahres-Versammlg. *1905*, CXLI—LV. — S. Günther, Naturwiss. Rdsch. *20* (1905) S. 656, 667—71. — H. Haack, Geographenkalender *4* (1906) 236—39. — V. Hantzsch, Biogr. Jahrb. u. Dtsch. Nekr. (A. Bettelheim) *10* (1905) 172—80. — G. Hellmann, E. von Drygalski, Gedächtnisfeier f. F. v. R., Beil. zur Allg. Ztg. München *1905*, Nr. 252. — A. Hettner, Geogr. Zs. *11/12* (1905/06) 1—11. — F. Lampe, Geogr. Anz. *1905*, 241—44. — V. von Lang, Alman. Österr. Akad. Wiss. *56* (1906) 304—08. — L. von Loczny, Geol. Mitt. *36* (1906) 221—24. — L. Mecking, Gaea *1905*, 70—77. — E. Oppermann, Zs. Schulgeogr. *27* (1905) 65—75. — S. Passarge, Jber. Schles. Ges. vaterländ. Kultur *83* (1905) I—X. — H. Probst, Praxis Volksschule *1908*, 161—68. — A. Rühl, Naturwiss. Wschr. N. F. *4* (*20*) (1905) 727—28 (m. Bildn.). — E. Schmidt, Pädagog. Arch. u. Centralorgan f. d. Interessen d. Realschulwesens *1905/06*, 276—82. — Sieger, Dtsch. Rdsch. Geogr. u. Statistik *28* (1905) 228—32 (m. Bildn.). — G. Stamper, Westermanns illustr. dtsch. Monats-H. *99* (1905) 468—71 (m. Bildn.). — E. Thiessen, Asien *5* (1905) 19—21. — E. Tietze, Verh. k. u. k. geol. Reichsanst. Wien *1905*, 309—18. — C. Voit, S.-Ber. Bayer. Akad. Wiss. *36* (1906) 472—77. — H. Wagner, Nachr. Ges. Wiss. Göttingen, Geschäftl. Mitt. *1906*, 71—81. — Wahnschaffe, Zs. Dtsch. geol. Ges. *57* (1905) *401 bis 16* (m. Bildn. u. Faks. am Bd-Anfang). — F. Zirkel, Ber. Kgl. Sächs. Ges. Wiss. *57* (1905) 321—23. — Carinthia II *96* (1906) S. 35; Illustr. Ztg. Leipzig *125*, 2 (1905) S. 549; *126*, 1 (1906) S. 141 (m. Bildn.); Zs. Ges. Erdkunde, Berlin *1905*, 678—97 (m. Bildn. u. Faks.).

Später auch Poggendorffs Handwörterbuch VII^a/Suppl.

Fritz Rinne

1863—1933

Prof. der Mineralogie

Schriftenverzeichnis. H. Stille, Kali, verwandte Salze u. Erdöl *27* (1933) 96—97. — Poggendorffs Handwörterbuch *IV* (Lpz. 1904) S. 1254; *V* (Lpz. 1926) 1054—55; VI_3 (Bln 1938) 2182—83; VII_3^a (Bln 1958) S. 779.

Würdigungen. Zum 50jähr. Doktorjubil.: A. Himmelbauer, K. H. Scheumann, Zs. Kristallogr. (B) *44* (1933) I—II (m. Bildn. u. Faks.). — K. H. Scheumann, Forsch. u. Fortschr. *9* (1933) S. 72. — Weitere Würdigungen: Reichshandbuch Dtsch. Ges. *2* (1931)

1535–36 (m. Bildn.); Catalogus Professorum TH Hannover 1831–1956 (Hannover 1956) 50–51 (m. Bildn.).

Nachrufe. J. W. Grüner, Amer. Mineralogist *19* (1934) 112–13. – K. H. Scheumann, Zbl. Mineral. (A) *1934*, 22–29; ders. Ber. Sächs. Akad. Wiss. *85* (1933) 172–81. – W. I. Schmidt, Biologe *4* (1935) S. 155. – L. J. Spencer, Mineral. Mag. *23* (1933) 1 S. (m. Bildn.). – H. Stille, Kali, verwandte Salze u. Erdöl *27* (1933) 93–96. – Nachr. Ges. Wiss. Göttingen, Jber. *1932/33*, 9–10; Zbl. Mineral. (A) *1933*, S. 81.

Max Robitzsch

1887–1952

Prof. der Geophysik und Meteorologie

Nach ihm benannt: Robitzsch-Aktinograph, Variometer u. a.

Schriftenverzeichnis. Poggendorffs Handwörterbuch *VI* (Bln 1938) 2193–94; VII^{a}_{3} (Bln 1958) S. 784.

Würdigung. Zum 65. Geburtstag: W. Hesse, Gerlands Beitr. Geophysik *62* (1952) 161–63 (m. Bildn. u. Faks.).

Nachrufe. M. Grotewahl, Polarforschung *22* (1952) S. 145. – W. Hesse, Geofis. pura e appl. *23* (1952) 236–37. – E. Hölder, Jahrb. Sächs. Akad. Wiss. *1949–1953* (Bln 1954) 46–47. – W. König, Zs. Meteorol. *6* (1952) 193–97 (m. Bildn. u. Faks.). – L. Weickmann, Meteorol. Rdsch. *5* (1952) S. 121. – DIN-Mitt. *31* (1952) S. 196; Rev. Geofis. *12* (1953) Nr. 45, 80–81; Riv. Meteorol. aeronaut. *12* (1952) Nr. 3, S. 59.

Karl F. W. Rohn

1855–1920

Prof. der Mathematik

Schriftenverzeichnis. O. Hölder, Ber. Sächs. Akad. Wiss. *72* (1920) 123–27. – F. Schur, Jber. Dtsch. Mathematiker-Vereinigg. *32* (1923) 208–11. – Poggendorffs Handwörterbuch *IV* (Lpz. 1904) S. 1264; *V* (Lpz. 1926) S. 1061; VI_3 (Bln 1938) S. 2203.

Würdigung. M. Schwarzburger, in: Karl-Marx-Univ. Leipzig 1409–1959. Beiträge zur Univ.-Gesch. *1* (Lpz. 1959) S. 369.

Nachrufe. O. Hölder, Ber. Sächs. Akad. Wiss. *72* (1920) 107–23. – F. Schur, Jber. Dtsch. Mathematiker-Vereinigg. *32* (1923) 201–08 (m. Bildn. u. Faks.). – Literar. Zbl. *71* (1920) Sp. 631.

Wilhelm Ruhland

geb. am 7. VIII. 1878 in Schleswig
gest. am 5. I. 1960 in Unterdeufstetten

Prof. der Botanik

(Zuwahl: 26. II. 1923 als o. Mitglied)

Schriftenverzeichnis. Handbuch d. Pflanzenphysiologie (W. Ruhland) *12*, 1 (Bln-G.-H. 1960) XXIII–XXXII. – Jahrb. Sächs. Akad. Wiss. *1954–1956* (Bln 1958) S. 188. – Poggendorffs Handwörterbuch VI_3 (Bln 1938) 2241–42; VII^{a}_{3} (Bln 1958) S. 849.

Würdigungen. Zum 70. Geburtstag: O. Renner, Zs. Naturforschg. *3b* (1948) 141—44. — W. Schumacher, Planta *36* (1948) S. 1 (m. Bildn. u. Faks.). — Zum 80. Geburtstag: W. Schumacher, Planta *52* (1958) 1—2 (m. Bildn. u. Faks.). — Weitere Würdigungen: Das Leipziger med. Viertel (M. Weiser) (Lpz. 1922) S. 2a (m. Bildn.); Jahrb. Bayer. Akad. Wiss. *1959* (München 1959) 131—32.

Nachrufe. L. Brauner, Jahrb. Bayer. Akad. Wiss. *1961* (München 1961) 173—78 (m. Bildn. zw. S. 176/77). — H. Ullrich, in: Handbuch d. Pflanzenphysiologie (W. Ruhland) *12*, 1 (Bln-G.-H. 1960) V—XXIII (m. Bildn. u. Faks.). — o. V., s. vorliegendes Jahrb. S. 375 (m. Bildn. nach S. 384).

Theodor Scheerer
1813—1875
Prof. der Mineralogie und Chemie

Schriftenverzeichnis. H. B. Geinitz, Leopoldina *11* (1875) 117—20. — Halvorsen, Norsk Forfatter Lexicon *5* (1901) 81—82. — Catalogue scient. papers *5* (1871); *8* (1879). — Poggendorffs Handwörterbuch *II* (Lpz. 1863) 777—79; *III* (Lpz. 1898) 1179—80.

Nachrufe. von Kobell, S.-Ber. Bayer. Akad. Wiss. *6* (1876) 113—16. — Jahrb. d. Erfindungen (H. Gretschel, H. Hirzel) *12* (Lpz. 1876) S. 456.

Später auch Poggendorffs Handwörterbuch VII[a]/Suppl.

Wilhelm Scheibner
1826—1908
Prof. der Mathematik und Astronomie

Schriftenverzeichnis. Poggendorffs Handwörterbuch *II* (Lpz. 1863) Sp. 783; *III* (Lpz. 1898) S. 1181; *IV* (Lpz. 1904) 1318—19; *V* (Lpz. 1926) S. 1107.

Würdigungen. M. Schwarzburger, in: Karl-Marx-Univ. Leipzig 1409—1959. Beiträge zur Univ.-Gesch. *1* (Lpz. 1959) S. 364. — Wer ist's? *3* (Lpz. 1908) S. 1193.

Nachrufe. C. Neumann, Ber. Kgl. Sächs. Ges. Wiss. *60* (1908) 375—90; ders. Biogr. Jahrb. u. Dtsch. Nekr. (A. Bettelheim) *14* (Bln 1909) 381—83. — Dtsch. Rdsch. Geogr. u. Statistik *30* (1908) S. 423; Geographenkalender *7* (1909) S. 352; Illustr. Ztg. Leipzig *130* (1908) S. 834; Leopoldina H. *44* (1908) S. 63.

August Schenk
1815—1891
Prof. der Botanik

Schriftenverzeichnis. O. Drude, Ber. Dtsch. botan. Ges. *9* (1891) (22)—(26). — G. Vapereau, Dictionnaire universel des Contemporains [6](Paris 1893) S. 1412.

Würdigung. E. Wunschmann, Allg. Dtsch. Biogr. *53* (Lpz. 1907) 749—51.

Nachrufe. O. Drude, Ber. Dtsch. botan. Ges. *9* (1891) (15)—(22) (m. Bildn. vor S. (1)). — D. Stur, Verh. geol. Reichsanst. *1891*, 151—53. — G. Vapereau, Dictionnaire universel des Contemporains [6](Paris 1893) S. 1412. — Botan. Ztg. *49* (1891) Sp. 248.

Arthur Scheunert
1879–1957
Prof. der Veterinärphysiologie,
Direktor des Instituts für Ernährungsforschung
und Vitamin-Prüfung in Potsdam-Rehbrücke

Schriftenverzeichnis. Jahrb. Sächs. Akad. Wiss. *1957–1959* (Bln 1961) 366–85. – Poggendorffs Handwörterbuch VI_4 (Bln 1939) 2314–16; VII^*_4 (Bln 1960) 94–96.

Festschriften. Zum 75. Geburtstag (E. Mangold) (Bln 1954) 291 S. (m. Bildn.) (Arch. Tierernährg., Beih. 5). – Pharmazie *9* (1954) 443–529; darin W. Stepp, 445–46; K. Täufel, 443–44 (m. Bildn.).

Würdigungen. Zum 60. Geburtstag: F. W. Krzywanek, Biedermanns Zbl. Agrikulturchem. (B) *11* (1939) 27 S. vor S.55 (m. Bildn. u. Faks.). – Berliner u. Münchener tierärztl. Wschr. *1939*, S. 354; Dtsch. tierärztl. Wschr. *47* (1939) S. 349; Tierärztl. Rdsch. *45* (1939) S. 456. – Zum 65. Geburtstag: F. W. Krzywanek, Biedermanns Zbl. Agrikulturchem. (B) *16* (1944) 2 S. vor S. 1 (m. Bildn. u. Faks.). – K.-H. Wagner, Vitamine u. Hormone *5* (1944) I–IV (m. Bildn. u. Faks.). – Zum 70. Geburtstag: E. Abderhalden, Ernähr. u. Verpfleg. *1* (1949) 71–72. – W. Ziegelmayer, ebda 65–70. – Zum 75. Geburtstag: H.-K. Gräfe, C. A. Scheunert – Forscher, Werk, Mensch (Bln 1954) 152 S. (m. Bildn. u. Faks.). – E. Mangold, Hochschulwesen *2* (1954) H. 6/7, S. 74; ders. Dtsch. Wirtschaftsgeflügelzucht *6* (1954) 564–65. – G. Marten, Arch. Gartenbau *2* (1954) 81–83. – 10 Jahre Dtsch. Akad. Landwirtschaftswiss. zu Berlin (Bln 1962) S. 19 (m. Bildn.).

Nachrufe. J. Brüggemann, Berliner u. Münchener tierärztl. Wschr. *1957*, S. 120 (m. Bildn.); ders. Landwirtsch. Forsch. *10* (1957) 73–74 (m. Bildn.). – J. Dobberstein, Mh. Veterinärmed. *12* (1957) 142–43 (m. Bildn.). – G. Dunken, Hochschulwesen *5* (1957) S. 92 (m. Bildn.). – H. Gebauer, Dtsch. tierärztl. Wschr. *64* (1957) S. 68 (m. Bildn.); ders. Tierärztl. Umschau *12* (1957) S. 59 (m. Bildn.). – H.-K. Gräfe, Beil. Dtsch. Gesundheitswesen *12* (1957) 4 S. (m. Bildn.); ders. Forsch. u. Fortschr. *31* (1957) 156–57. – H. Haenel, Int. Zs. Vitaminforsch. *27* (1957) 423–25 (m. Bildn.). – W. Heupke u. a., Vitalstoffe *1957*, 1–2. – E. Kraack, Woprossy pitanija *16* (1957) S. 84 (m. Bildn.). – E. Mangold, Arch. Tierernähr. *7* (1957) S. 65; ders. Dtsch. Landwirtsch. *8* (1957) 105–06 (m. Bildn.); ders. Jahrb. Dtsch. Akad. Wiss. *1958* (Bln 1959) 100–02; ders. Wiss. Ann. *6* (1937) 211–12. – H. Moll, Vitamine u. Hormone *8* (1958) 1–2 (m. Bildn.). – J. Reinhold, Arch. Gartenbau *4* (1956/57) 431–32. – H. Seel, Hippokrates *28* (1957) H. 5; ders. Pharmazie *12* (1957) Einlage zw. 64/65; ders. Pharmaz. Zentralhalle *96* (1957) 97–98. – W. Stahl, Tierzucht *11* (1957) 37–38 (m. Bildn.). – W. Stepp, Münchener med. Wschr. *99* (1957) 678–79 (m. Bildn.); ders. Nahrung *1* (1957) 5–7 (m. Bildn.). – K. Täufel, Nahrung *1* (1957) Beilage, 1 S.; ders. Zs. ärztl. Fortbild. *51* (1957) 177–79; ders. Jahrb. Sächs. Akad. Wiss. *1957–1959* (Bln 1961) 329–35 (m. Bildn. nach S. 336). – K. Täufel, M. Ulmann u. a. Ernährungsforschung *2* (1957) S. 1, 171–85. – Chemiker-Ztg. *81* (1957) S. 85.

Matthias Jacob Schleiden
1804–1881
Prof. der Botanik

Schriftenverzeichnis. W. Behrens, Botan. Zbl. *7* (1881) 188–90. – H. Schröder, Lexikon der Hamburger Schriftsteller *6* (Hamburg 1875) 555–56. – Alman. Österr. Akad. Wiss.

2 (1852) S. 201; Biogr. Lexikon d. hervorragenden Ärzte (A. Hirsch) *5* (Wien-Lpz. 1887) S. 232.

Würdigungen. M. Möbius, M. J. Schleiden. Zu seinem 100. Geburtstag. (Lpz. 1904) III, 106 S. (m. Bildn.). — Acta horti botan. Jurjev *5* (1904) 118—25. — Weitere Würdigungen: W. Ruhland, Handwörterbuch d. Naturwissenschaften (R. Dittler, G. Joos) *8* ²(Jena 1933) S. 1064. — E. Wunschmann, Allg. Dtsch. Biogr. *31* (Lpz. 1890) 417—21. — Biogr. Lexikon d. hervorragenden Ärzte (A. Hirsch) *5* (Wien-Lpz. 1887) S. 232. — Gesch. d. Univ. Jena *1* (Jena 1958) 434—35 (m. Bildn.).

Nachrufe. de Bary, Botan. Ztg. *39* (1881) 519—20. — W. Behrens, Botan. Zbl. *7* (1881) 150—56, 183—88 (m. Bildn. zw. 180/81). — M. L. Errera, Rev. scientifique de la France (3) *2* (1881) 1. Ann. 2ième p., S. 289—98. — E. Haller, Westermanns illustr. dtsch. Monatshefte *51* (1881/82) 348—58. — Jahrb. d. Erfindungen (H. Gretschel, H. Hirzel) *18* (Lpz. 1882) 448—49; Magy. növényt. lapok *5* (1881) Nr. 54/55, S. 61—65.

Oscar Schlömilch

1823—1901

Prof. der Mathematik

Schriftenverzeichnis. M. Cantor, Biogr. Jahrb. u. Dtsch. Nekr. (A. Bettelheim) *6* (Bln 1901) S. 120. — Catalogue scient. papers *5* (1871); *8* (1879); *11* (1896); *18* (1923). — Poggendorffs Handwörterbuch *II* (Lpz. 1863) 805—08; *III* (Lpz. 1898) 1194—95; *IV* (Lpz. 1904) S. 1333; VI_4 (Bln 1939) S. 2329.

Würdigung. G. Vapereau, Dictionnaire universel des Contemporains ⁶(Paris 1893) S. 1415.

Nachrufe. M. Cantor, Bibliotheca mathematica (3) *2* (1901) 260—81 (m. Bildn.); ders. Biogr. Jahrb. u. Dtsch. Nekr. (A. Bettelheim) *6* (Bln 1901) 119—22. — G. Helm, Zs. Math. u. Physik *46* (1901) 1—10 (m. Bildn.). — M. Krause, Ber. Kgl. Sächs. Ges. Wiss. *53* (1901) 507—20. — Illustr. Ztg. Leipzig *116* (1901) S. 227; Leopoldina H. *37* (1901) 39 bis 40; Zs. math. u. naturwiss. Unterr. *32* (1901) S. 157; Zentralber. Bauverwaltg. *21* (1901) S. 82.

Später auch Poggendorffs Handwörterbuch VIIa/Suppl.

Emil Schmidt

1837—1906

Prof. der Anthropologie

Schriftenverzeichnis. v.B.u.K., Anatom. Anz. *30* (1907) 30—31.

Nachrufe. R. Andree, Globus. Zs. Länder- u. Völkerkunde *90* (1906) 309—12 (m. Bildn.). — v.B.u.K., Anatom. Anz. *30* (1907) 26—29. — V. Hantzsch, Biogr. Jahrb. u. Dtsch. Nekr. (A. Bettelheim) *11* (1908) 168—71. — Dtsch. Rdsch. Geogr. u. Statistik *29* (1907) 182—84.

Rudolf Wilhelm Schmitt

1830—1898

Prof. der Chemie

Nach ihm benannt: Kolbe-Schmittsche Salicylsäure-Synthese

Schriftenverzeichnis. R. Kukula, Bibliogr. Jahrb. dtsch. Hochschulen (Innsbr. 1892) S. 820. — Poggendorffs Handwörterbuch *III* (Lpz. 1898) S. 1201; *IV* (Lpz. 1904) S. 1341.

Würdigungen. M. A. Bloch, Biogr. spraw. *2* (1931) 657—58. — F. Gundlach, Catalogus Professorum Acad. Marburgensis 1527—1910 (Marburg 1927) S. 469.

Nachrufe. W. Hempel, Ber. Dtsch. chem. Ges. *31* (1898) 3359—67 (m. Bildn. u. Faks.). — C. Liebermann, ebda 325—26. — E. von Meyer, Ber. Kgl. Sächs. Ges. Wiss. *50* (1898) 39—48; ders. J. prakt. Chem. *57* (1898) 397—408 (m. Bildn.). — Leopoldina H. *34* (1898) 57—58.

Heinrich Schmitthenner

1887—1957

Prof. der Geographie

Schriftenverzeichnis. H. Blume, Zs. Geomorphol. N. F. *2* (1958) S. 164. — F. Tichy, Petermanns geogr. Mitt. *98* (1954) 330—32. — Poggendorffs Handwörterbuch VI_4 (Bln 1939) 2346—47; VII_4^a (Bln 1960) 186—87.

Würdigungen. Zum 65. Geburtstag: E. Plewe, Petermanns geogr. Mitt. *98* (1954) 241—43 (m. Bildn.). — Zum 70. Geburtstag: E. Plewe, Mitt. Univ.-Bund Marburg *1957*, 37—53 (Sonder-Abdr. m. Bildn.).

Nachrufe. H. Blume, Zs. Geomorphol. N. F. *2* (1958) 149—63 (m. Bildn.). — F. Metz, Ber. Dtsch. Landeskunde *31* (1958) 47—54 (m. Bildn.). — E. Neef, Jahrb. Sächs. Akad. Wiss. *1957—1959* (Bln 1961) 335—37 (m. Bildn. vor S. 337). — Naturwiss. Rdsch. *10* (1957) S. 161.

Roland Scholl

1865—1945

Prof. der organischen Chemie und organisch-chemischen Technologie

Nach ihm benannt: Schollsche Synthese.

Schriftenverzeichnis. Gelehrten- u. Schriftstellernachlässe in den Bibliotheken d. DDR *1* (Bln 1959) S. 80, Nr. 565. — Poggendorffs Handwörterbuch *IV* (Lpz. 1904) S. 1345; *V* (Lpz. 1926) S. 1124; VI_4 (Bln 1939) S. 2359; VII_4^a (Bln 1960) 232—33.

Würdigung. Zum 70. Geburtstag: B. Helferich, Forsch. u. Fortschr. *11* (1935) 355—56.

Nachrufe. A. Skrabal, Alman. Österr. Akad. Wiss. *99* (1950) 305—12. — Jahrb. Sächs. Akad. Wiss. *1949—1953* (Bln 1954) S. 44.

Robert Schröder

1884—1959

Prof. der Gynäkologie und Geburtshilfe

Ergänzung: beigesetzt in Rostock

Schriftenverzeichnis. Dtsch. Gynäkologenkalender *1* (Lpz. 1928) S. 248. — Dtsch. Gynäkologen-Verzeichnis (W. Stoeckel) ²(Lpz. 1939) 429—31. — Wiss. Zs. Univ. Leipzig, Math.-nat. Reihe *3* (1953/54) Sonder-H. S. 111—15.

Festschriften. Zum 70. Geburtstag Robert Schröders (W. Möbius) (Lpz. 1955) 104 S. — Robert Schröder zum 70. Geburtstag. Wiss. Zs. Univ. Leipzig, Math.-nat. Reihe *3* (1953/54) Sonder-H. 119 S. (m. Bildn.).

Würdigungen. Reichshandbuch Dtsch. Ges. *2* (Bln 1931) S. 1711 (m. Bildn.). — Zum 70. Geburtstag: W. Stoeckel, Forsch. u. Fortschr. *28* (1954) 254—55.

Nachrufe. N. Aresin, Dtsch. Gesundheitswesen *14* (1959) 2225—26; ders. Forum *13* (1959) Nr. 43; ders. Med. Bild *7* (1959) S. 145. — H. Kraatz, Arch. Geschwulstforsch.

16 (1960) 301–10; ders. Zbl. Gynäkol. *82* (1960) H. 1, S. 1–8. — H. Kyank, Jahrb. Sächs. Akad. Wiss. *1957–1959* (Bln 1961) 363–65 (m. Bildn. vor S. 361); ders. Zs. ärztl. Fortbild. *54* (1960) 221–22. — H. Martius, Dtsch. med. Wschr. *85* (1960) 281 bis 282. — H. Runge, Geburtshilfe u. Frauenheilkunde *20* (1960) H. 1, S. 77–80. — H. Uebermuth, Zs. ges. innere Med. u. Grenzgebiete *14* (1959) 1099–1100. — Hochschulwesen *7* (1959) S. 549; Kulturspiegel Messestadt Leipzig Jg. *1959*, Nr. 11, S. 752; Universitäts-Ztg. Leipzig Jg. *3* (1959) Sonder-Nr. 5, S. 1; ebda Nr. 35, S. 3.

Victor Schumann

1841–1913

Ingenieur, Physiker, zuletzt Privatgelehrter in Leipzig

Schriftenverzeichnis. Th. Lyman, Spectroscopy of the extreme ultraviolet *1914*, 129–30. — Gelehrten- u. Schriftstellernachlässe in den Bibliotheken d. DDR *1* (Bln 1959) S. 81, Nr. 578. — Poggendorffs Handwörterbuch *IV* (Lpz. 1904) S. 1365.

Würdigungen. Zum 100. Geburtstag: J. Eggert, Zs. angew. Photogr. *3* (1941) S. 84. — Naturwissenschaften *29* (1941) 729–34.

Nachrufe. O. Wiener, Ber. Kgl. Sächs. Ges. Wiss. *65* (1913) 407–27. — Literar. Zbl. *64* (1913) S. 37.

Später auch Poggendorffs Handwörterbuch VII^a/Suppl.

Issai Schur

1875–1941

Prof. der Mathematik

Schriftenverzeichnis. Poggendorffs Handwörterbuch *V* (Lpz. 1926) 1140–41; VI_4 (Bln 1939) S. 2389; VII_4^a (Bln 1960) S. 331.

Würdigungen. Zum 80. Geburtstag: Math. Zs. *63* (1955/56) 541 S. (Widmung d. Schriftleitg. S. 1). — Weitere Würdigung: Brauer, Forum *1960*, 17. Nov., S. 9.

Christian Friedrich Schwägrichen

1775–1853

Prof. der Botanik

Schriftenverzeichnis. E. Wunschmann, Allg. Dtsch. Biogr. *33* (Lpz. 1891) S. 175.

Würdigung. E. Wunschmann, Allg. Dtsch. Biogr. *33* (Lpz. 1891) S. 175.

Nachrufe. H. G. *R.*, Botan. Ztg. *11* (1853) Sp. 512. — Leipziger Repertorium d. dtsch. u. ausländ. Literatur (E. G. Gersdorf) *45* (1854) S. 64.

Ludwig Friedrich Wilhelm August Seebeck

1805–1849

Prof. der Physik

Schriftenverzeichnis. Poggendorffs Handwörterbuch *II* (Lpz. 1863) 890–91.

Würdigung. K., Allg. Dtsch. Biogr. *33* (Lpz. 1891) 559–60.

Nachruf. Leipziger Repertorium d. dtsch. u. ausländ. Literatur (E. G. Gersdorf) *26* (1849) 245–46.

Später auch Poggendorffs Handwörterbuch VII^a/Suppl.

Max Siegfried

1864—1920

Prof. der physiol. Chemie

Ergänzung: Zuwahl 5. V. 1902 sz. als ao. Mitgl.

Schriftenverzeichnis. Poggendorffs Handwörterbuch *IV* (Lpz. 1904) S. 1394; *V* (Lpz. 1926) S. 1163.

Würdigungen. Wer ist's? *7* (Lpz. 1914) S. 1592; *8* (Lpz. 1922) S. 1788.

Nachrufe. S. Garten, Ber. Sächs. Akad. Wiss. *74* (1922) 145—56; ders. Ergebn. Physiol. *21/22* (1922) V—VIII. — C. Neuberg, Ber. Dtsch. chem. Ges. *53* (1920) (A) 77—79; ders. Biochem. Zs. *105* (1920) 2 S. vor S. 1. — B. Rassow, Angew. Chem. *33*, 1 (1920) S. 85. — Literar. Zbl. *71* (1920) S. 220; Münchener med. Wschr. *67* (1920) S. 308.

Arthur Simon

geb. am 25. II. 1893 in Wuppertal-Barmen

gest. am 5. V. 1962 in Dresden, ▭ Wuppertal

Prof. der anorganischen Chemie

(Zuwahl: 1. VII. 1948 als o. Mitglied)

Nach ihm benannt: Simon-Kryostat, Simon-Müller-Ofen.

Schriftenverzeichnis. Jahrb. Sächs. Akad. Wiss. *1954—1956* (Bln 1958) 190—93; ebda *1957* bis *1959* (Bln 1961) 256—58. — Poggendorffs Handwörterbuch VI_4 (Bln 1939) S. 2453; VII_4^a (Bln 1960) 414—16. — Wiss. Zs. TU Dresden *11* (1962) 900—04.

Würdigungen. Zum 60. Geburtstag: Zs. anorg. allg. Chem. *272* (1953) H. 1/4 (m. Bildn. u. Faks.). — Zum 65. Geburtstag: J. prakt. Chem. (4) *5* (1958) H. 5/6; Nachr. aus Chem. u. Techn. *6* (1958) S. 71. — Zur Verleihung d. Nationalpreises: E. Baumgärtel, Math., Physik u. Chem. in d. Schule *3* (1954) 16—19 (m. Bildn.). — Silikattechnik *4* (1953) S. 481 (m. Bildn.). — Zur Verleihung d. Clemens-Winkler-Medaille: G. Ackermann, Mitt.-Bl. Chem. Ges. DDR *1956*, H. 6, 4—5 (m. Bildn.). — Zum 25jähr. Dienstjubiläum: M. Lang, Mitt.-Bl. TH Dresden *4* (1957) Nr. 8, S. 1 (m. Bildn.). — Tonindustrie-Ztg. *81* (1957) S. 106 (m. Bildn.). — Weitere Würdigung: R. E. Oesper, J. chem. Education *29* (1952) S. 609—10.

Nachrufe. E. Baumgärtel, K. Pohl, Wiss. Zs. TU Dresden *11* (1962) 897—99. — F. Hein, Jahrb. Dtsch. Akad. Wiss. *1962* (Bln 1963) 157—58. — H. Kriegsmann, Zs. anorg. u. allg. Chem. *319* (1962) 120—25. — L. Wolf, siehe vorliegendes Jahrb. S. 392—96 (m. Bildn. u. Faks. vor S. 393); ders. Forsch. u. Fortschr. *36* (1962) 380—81; ders. physik. Chem. [Leipzig] *221* (1962) 285—87.

Georg Spackeler

geb. am 1. II. 1883 in Hannover

gest. am 6. VI. 1960 in Berlin, ▭ Freiberg/Sa.

Prof. der Bergbaukunde

(Zuwahl: 16. I. 1950 als o. Mitglied)

Schriftenverzeichnis. Gimm, Höfer, Bergakademie [Freiberg] *10* (1958) S. 105; *13* (1961) 51—52. — Poggendorffs Handwörterbuch VII_4^a (Bln 1960) 444—45.

Würdigungen. Zum 75. Geburtstag: Gimm, Höfer, Bergakademie [Freiberg] *10* (1958) 104—05 (m. Bildn.). — Weitere Würdigungen: H. Levi, Bergakademie [Freiberg] *2* (1950) Nr. 5, S. 11—12 (m. Bildn.); ebda *4* (1952) 130—31 (m. Bildn.). — W. Gösel, ebda S. 131.

Nachrufe. H. Barth, Neue Hütte *5* (1960) S. 375. — Gimm, Bergakademie [Freiberg] *13* (1961) 47—51 (m. Bildn.). — O. Meißer, Jahrb. Dtsch. Akad. Wiss. *1960* (Bln 1961) 152—53. — E. Rammler, siehe vorliegendes Jahrb. S. 375—77 (m. Bildn. nach S. 384). — H. Wöhlbier, Bergbauwissenschaften *7* (1960) S. 494. — Bergakademie [Freiberg] *12* (1960) S. 365 (m. Bildn.); Bergbautechnik *10* (1960) S. 435; Schlägel u. Eisen *1960*, 643 bis 644 (m. Bildn.).

Ernst Stahl
1848—1919
Prof. der Botanik

Schriftenverzeichnis. W. Detmar, Flora *111/112* (1918) 45—47. — H. Kniep, Ber. Dtsch. botan. Ges. *37* (1919) Beil. S. 102—04.

Festschrift zum 70. Geburtstag von E. Stahl (Jena 1918) VIII, 724 S.; darin Biogr. v. W. Detmar, S. 1—45 (Flora *111/112*).

Würdigungen. W. Ruhland, Handwörterbuch d. Naturwissenschaften (R. Dittler, G. Joos) *9* ²(Jena 1934) S. 517. — Wer ist's? *7* (Lpz. 1914) S. 1628.

Nachrufe. K. Gerhardt, Naturwiss. Wschr. *35* (1920) 145—49. — von Goebel, Jahrb. Bayer. Akad. Wiss. *1919* (1920) 74—82; ders. Naturwissenschaften *8* (1919) 141—46. — H. Kniep, Ber. Dtsch. botan. Ges. *37* (1919) Beil., 85—102. — J. Meisenheimer, Ber. Sächs. Akad. Wiss. *72* (1920) 129—38. — H. Molisch, Alman. Österr. Akad. Wiss. *70* (1920) 163—67. — Leopoldina H. 56 (1922) S. 44; Literar. Zbl. *70* (1919) Sp. 988; Sozialist. Monats-H. *25* (1919) S. 1234.

Friedrich Ritter von Stein
1818—1885
Prof. der Zoologie

Schriftenverzeichnis. Alman. Österr. Akad. Wiss. *35* (1885) 200—02.

Nachrufe. J. Stefan, Alman. Österr. Akad. Wiss. *35* (1885) 190—200. — Zool. Anz. *8* (1885) S. 56.

Hans Stobbe
1860—1938
Prof. der organischen Chemie

Ergänzung: Zuwahl 17. VI. 1907 sz. als ao. Mitgl.

Schriftenverzeichnis. Poggendorffs Handwörterbuch *IV* (Lpz. 1904) S. 1442; *V* (Lpz. 1926) 1211—12; VI_4 (Lpz. 1939) 2549—50.

Nachrufe. B. Helferich, Ber. Sächs. Akad. Wiss. *92* (1940) 115—18. — M. Le Blanc, im Vorwort zu I. C. Poggendorffs biogr.-literar. Handwörterbuch VI_3 (Lpz. 1938) und VI_4 (Lpz. 1939). — C. Weygand, Ber. Dtsch. chem. Ges. *71* (1938) (A) 188—90; ders. Kolloid-Zs. *87* (1939) 1—3.

Friedrich Stohmann
1832–1897
Prof. der Agrikulturchemie

Schriftenverzeichnis. Wilh. Ostwald, Ber. Dtsch. chem. Ges. *30* (1897) 3222–26. – Börsenbl. Dtsch. Buchhandel *64* (1897) S. 8389. – Poggendorffs Handwörterbuch *II* (Lpz. 1863) Sp. 1015; *III* (Lpz. 1898) S. 1297; *IV* (Lpz. 1904) S. 1445.

Würdigungen. W. Haan, Sächs. Schriftsteller-Lexikon (Lpz. 1875) 332–33. – F. Henrich, Handwörterbuch d. Naturwissenschaften (R. Dittler, G. Joos) *9* ²(Jena 1934) 746–47. – R. Kukula, Bibliogr. Jahrb. dtsch. Hochschulen (Innsbruck 1892) S. 905; Erg-H. 1, S. 240. – C. Leisewitz, Allg. Dtsch. Biogr. *54* (Lpz. 1907) S. 543.

Nachrufe. M. Güntz, Handbuch landwirtsch. Literatur *2* (Lpz. 1897) S. 282. – Wilh. Ostwald, Ber. Dtsch. chem. Ges. *30* (1897) 3214–22; ders. Ber. Kgl. Sächs. Ges. Wiss. *49* (1897) 741–47. – Soxhlet, J. Landwirtschaft *46* (1897) S. 75, 153–67. – Börsenbl. Dtsch. Buchhandel *64* (1897) S. 8091; Illustr. Ztg. Leipzig *109* (1897) S. 666.

Johannes Thomae
1840–1921
Prof. der Mathematik

Schriftenverzeichnis. H. Liebmann, Jber. Dtsch. Mathematiker-Vereinigg. *30* (1921) 140 bis 144. – Poggendorffs Handwörterbuch *III* (Lpz. 1898) 1337–38; *IV* (Lpz. 1904) S. 1491; *V* (Lpz. 1926) S. 1251.

Würdigung. Wer ist's? *7* (Lpz. 1914) S. 1709.

Nachrufe. Haussner, Verh. Versammlg. Dtsch. Philologen u. Schulmänner, Leipzig *53* (1921) S. 89. – G. Herglotz, Ber. Sächs. Akad. Wiss. *74* (1922) 157–60. – H. Liebmann, Jber. Dtsch. Mathematiker-Vereinigg. *30* (1921) 133–40. – Sozialist. Monats-H. Jg. *27* (1921) S. 409.

August Toepler
1836–1912
Prof. der Physik

Schriftenverzeichnis. Poggendorffs Handwörterbuch *III* (Lpz. 1898) 1355–56; *IV* (Lpz. 1904) S. 1510.

Würdigungen. Zum 100. Geburtstag: M. Gebhardt, S.-Ber. u. Abh. Isis Dresden *1936/37* (1938) 19–22. – M. Toepler, Zu August Toeplers 100. Geburtstag (Dresden 1936) 15 S. – Weitere Würdigung: R. Kukula, Bibliogr. Jahrb. Dtsch. Hochschulen (Innsbruck 1892) 930–31; Erg.-H. 1, S. 246.

Nachrufe. W. Hallwachs, Ber. Kgl. Sächs. Ges. Wiss. *64* (1912) 479–98; ders. Biogr. Jahrb. u. Dtsch. Nekr. (A. Bettelheim) *17* (Bln 1915) 159–68. – G. F. Helm, S.-Ber. u. Abh. naturwiss. Ges. Isis Dresden *1912*, V–VII. – Alman. Österr. Akad. Wiss. *62* (1912) S. 343; Börsenbl. Dtsch. Buchhandel *1912*, S. 3074; Illustr. Ztg. Leipzig *138* (1912) S. 674 (m. Bildn.); Kalender Techn. Hochschulen *5* (1912/13) S. 201; Korrespond.-Bl. naturforsch. Verein Riga *55* (1912) 19–22; Leopoldina H. *48* (1912) S. 33, S. 48; Literar. Zbl. *63* (1912) Sp. 404; Zs. physikal. u. chem. Unterr. *26* (1912) S. 186.

Später auch Poggendorffs Handwörterbuch VII[a]/Suppl.

Alfred Wilhelm Volkmann

1800—1877

Prof. der Anatomie und Physiologie

Schriftenverzeichnis. Pagel, Biogr. Lexikon d. hervorragenden Ärzte (A. Hirsch) *6* (Wien-Lpz. 1888) 148—49. — Leopoldina H. *14* (1878) 98—100. — Poggendorffs Handwörterbuch *II* (Lpz. 1863) 1229—30; *III* (Lpz. 1898) S. 1400. — Gelehrten- u. Schriftstellernachlässe in den Bibliotheken d. DDR *1* (Bln 1959) S. 90, Nr. 652.

Würdigungen. Zum 50jähr. Dr.-Jubiläum: Berliner klin. Wschr. *13* (1876) S. 498. — Weitere Würdigungen: Pagel, Biogr. Lexikon d. hervorragenden Ärzte (A. Hirsch) *6* (Wien-Lpz. 1888) 148—49; ders. Allg. Dtsch. Biogr. *40* (Lpz. 1896) 236—37.

Nachruf. Unsere Zeit. Dtsch. Revue d. Gegenwart N. F. *13* (1877) S. 148.

Später auch Poggendorffs Handwörterbuch VII^a/Suppl.

Wilhelm Volz

1870—1958

Prof. der Geographie

Schriftenverzeichnis. R. Rauch, Die Arbeiten v. W. Volz, 1894—1930, Mitt. Ver. Geographen Univ. Leipzig *10* (1930) 55—63. — Poggendorffs Handwörterbuch *IV* (Lpz. 1904) S. 1580; VI_4 (Bln 1939) S. 2776; VII^a_4 (Bln 1960) S. 790.

Festschriften. W. Volz. Zum oberschlesischen Problem. Einzelabhandlungen hrsg. zu seinem 60. Geburtstag als Festgabe von H. Lukaschek u. K. Urbanek (Gleiwitz 1930) 147 S. — Stiftung f. dtsch. Volks- u. Kulturbodenforschg. Leipzig (o. O. 1930) 12+532+7 S.

Würdigungen. Zum 60. Geburtstag: G. Stratil-Sauer, Das geogr. Seminar d. Univ. Leipzig *9* (1930) 1—7. — Zum 80. Geburtstag: R. Käubler, Forsch. u. Fortschr. *26* (1950) 212—13. — Zum 85. Geburtstag: E. Müller, Wiss. Zs. Univ. Halle *5* (1956) 535—40. — Autobiogr.: Ein halbes Jahrhundert Geograph, Zs. Erdkunde *10* (1942) 717—33.

Nachruf. R. Käubler, Petermanns geogr. Mitt. *102* (1958) 5—6.

Johannes Walther

1860—1937

Prof. der Geologie und Paläontologie

Berichtigung: gest. am 4. V. 1937 in Hofgastein, ▭ Eisenach

Schriftenverzeichnis. J. Weigelt, Zs. Dtsch. geol. Ges. *89* (1937) 653—56. — Poggendorffs Handwörterbuch *IV* (Lpz. 1904) S. 1595; VI_4 (Bln 1939) S. 2805; VII^a_4 (Bln 1960) S. 848.

Festschrift zum 70. Geburtstag (J. Weigelt) Leopoldina Bd *6* (1930) 668 S. (m. Bildn. u. Faks.).

Würdigung. Reichshandbuch Dtsch. Ges. *2* (Bln 1931) S. 1983 (m. Bildn.).

Nachrufe. Fr. X. Schaffer, Mitt. geol. Ges. Wien *30/31* (1939) 199—201. — W. Steinert, Hallesches Monats-H. Heimat u. Kultur *4* (1957) 227—28. — J. Weigelt, Biologe *6* (1937) 406—07; ders. Geol. Meere u. Binnengewässer *2* (1938) 323—33; ders. Jahrb. Halle, Verb. Erforsch. Bodenschätze *16* (1938) 7—12; ders. Petermanns geogr. Mitt. *83* (1937) S. 213; ders. Zs. Dtsch. geol. Ges. *89* (1937) 647—53 (m. Bildn. u. Faks.).

Eduard Friedrich Weber
1806—1871
Prof. der Anatomie

Schriftenverzeichnis. Winter, Biogr. Lexikon d. hervorragenden Ärzte (A. Hirsch) *6* (Wien-Lpz. 1888) 211—12. — Poggendorffs Handwörterbuch *II* (Lpz. 1863) Sp. 1274.

Würdigungen. A. C. P. Callisen, Med. Schriftsteller-Lexikon *33* (Altona 1845) S. 230. — Pagel, Allg. Dtsch. Biogr. *41* (Lpz. 1896) S. 287. — Winter, Biogr. Lexikon d. hervorragenden Ärzte (A. Hirsch) *6* (Wien-Lpz. 1888) 211—12. — Handbuch d. Gesch. d. Medizin *2* (Jena 1903) S. 373.

Nachruf. Jahrb. d. Erfindungen (H. Gretschel, H. Hirzel) *8* (Lpz. 1872) S. 396.

Ernst Heinrich Weber
1795—1878
Prof. der Anatomie und Physiologie

Schriftenverzeichnis. A. C. P. Callisen, Med. Schriftsteller-Lexikon *20* (Copenhagen 1834) 450—54. — Winter, Biogr. Lexikon d. hervorragenden Ärzte (A. Hirsch) *6* (Wien-Lpz. 1888) 210—11. — Alman. Österr. Akad. Wiss. *2* (1852) 203—11. — Annotationes anatomicae et physiologicae; programmata collecta (Lpz. 1851) 3 H. — Catalogue scientific papers *6* (1872); *11* (1896). — Index-Cat. Surgeon-General's Office *16* (1895) S. 328. — Poggendorffs Handwörterbuch *II* (Lpz. 1863) Sp. 1273.

Würdigungen. A. C. P. Callisen, Med. Schriftsteller-Lexikon *20* (Copenhagen 1834) S. 450; *33* (Altona 1845) S. 230. — O. Flößner, Handwörterbuch d. Naturwissenschaften (R. Dittler, G. Joos) *10* ²(Jena 1935) S. 604. — Pagel, Allg. Dtsch. Biogr. *41* (Lpz. 1896) S. 290. — Winter, Biogr. Lexikon d. hervorragenden Ärzte (A. Hirsch) *6* (Wien-Lpz. 1888) 210—11. — Handbuch d. Gesch. d. Med. *2* (Jena 1903) S. 373, S. 401; Illustr. Ztg. Leipzig *45*, 2 (1865) S. 214; Jub.-Bd 1896 (Lpz. 1896) S. XVIII.

Nachrufe. C. Ludwig, Rede zum Gedächtnis an E. H. Weber (Lpz. 1878) 23 S. — Dtsch. Zs. prakt. Med. *1878*, S. 165—66; Leopoldina H. *14* (1878) 34—37; Nachr. Ges. Wiss. Göttingen *1878*, S. 709—16; Proc. Roy. Soc. London *29* (1879) XXVIII—XXXII.

Später auch Poggendorffs Handwörterbuch VIIᵃ/Suppl.

Wilhelm Weber
1804—1891
Prof. der Physik

Nach ihm benannt: Weber-Fechnersches Gesetz

Bestimmte als einer der sieben ihres Amtes entsetzten Göttinger Professoren die ihm zur Verfügung gestellten 1400 Taler als „Göttinger Stiftung" für die physikalisch-mathematische Klasse der Akademie.

Schriftenverzeichnis. Poggendorffs Handwörterbuch *II* (Lpz. 1863) 1273—74; *III* (Lpz. 1898) S. 1421; *IV* (Lpz. 1904) S. 1601.

Würdigungen. E. Drude, Handwörterbuch d. Naturwissenschaften (R. Dittler, G. Joos) *10* ²(Jena 1935) S. 604. — R. Knott, Allg. Dtsch. Biogr. *41* (Lpz. 1896) 358—61. — J. St. Pütter, Versuch einer academ. Gelehrten-Geschichte von der G.-A.-Universität zu Göttingen, fortgesetzt von F. Saalfeld u. G. H. Oesterley *4* (Göttingen 1838) S. 463. — G. Vapereau, Dictionnaire universel des Contemporains [6](Paris 1893) S. 1586. — Handbuch d. Gesch. d. Medizin *2* (Jena 1903) S. 373—74.

Nachrufe. E. Riecke, Abh. Ges. Wiss. Göttingen, Phil.-hist. Cl. *38* (1892) VIII, 1—44. — H. Weber, W. Weber. Eine Lebensskizze (Breslau 1893) III, 111 S. (m. Bildn.); ders. Dtsch. Revue *17* (1891) III. 183—202, 324—45; IV. 99—118. — H. von Zobeltitz, Daheim *27* (1891) S. 720. — Alman. Österr. Akad. Wiss. *42* (1891) S. 194; Arch. Post u. Telegraphie *19* (1891) S. 516; Gartenlaube Jg. *1891*, S. 516 (m. Bildn.); Illustr. Ztg. Leipzig *97* (1891) S. 13 (m. Bildn.); Wiedemanns Ann. Physik *44* (1891) S. 176.

Später auch Poggendorffs Handwörterbuch VII[a]/Suppl.

Ludwig Weickmann

geb. am 15. Aug. 1882 in Neu-Ulm
gest. am 29. Nov. 1961 in Kissingen, ▭ Starnberg

Prof. der Geophysik

(Zuwahl: 1. VII. 1925 als o. Mitglied)

Schriftenverzeichnis. Jahrb. Sächs. Akad. Wiss. *1954—1956* (Bln 1958) S. 194. — H. Scherhag, Jahrb. Akad. Wiss. u. Lit. Mainz (Wiesbaden 1962) 66—70. — Poggendorffs Handwörterbuch *VI_4* (Bln 1939) 2829—30; VII_4^a (Bln 1961) 890—91. — Zs. Meteorologie *16* (1962) 124—26.

Festschrift zum 70. Geburtstag, Ber. Dtsch. Wetterdienst US Zone *6* (1952) Nr. 38, VIII, 440 S. (m. Bildn. u. Faks.).

Würdigungen. Zum 60. Geburtstag: Ann. Hydrogr. *70* (1942) 214—15; Meteorol. Zs. *59* (1942) S. 266. — Zum 70. Geburtstag: K. Keil, Meteorol. Rdsch. *5* (1952) S. 121. — R. Lauterbach, Geologie *1* (1952) 321—22 (m. Bildn. u. Faks.). — Zum 75. Geburtstag: Fr. Model, Dtsch. hydrogr. Zs. *10* (1957) 61—62. — Beitr. Physik freien Atmosph. *30* (1957) 2—3 (m. Bildn. u. Faks.); Meteorol. Rdsch. *10* (1957) S. 113.

Nachrufe. W. Buchheim, s. vorliegendes Jahrb. S. 385—88 (m. Bildn. vor S. 385). — R. Geiger, Jahrb. Bayer. Akad. Wiss. *1962* (Münch. 1962) 201—04 (m. Bildn. vor S. 193). — B. Haurwitz, Zs. Geophysik *28* (1962) 50—51. — H. Philipps, Zs. Meteorologie *16* (1962) 121—23. — H. Scherhag, Jahrb. Akad. Wiss. u. Lit. Mainz *1961* (Wiesbaden 1962) 64—66 (m. Bildn. zw. S. 64/65). — W. Schwerdtfeger, Meteorol. Rdsch. *15* (1962) 1—3 (m. Bildn.).

Johannes Weigelt

1890—1948

Prof. der Geologie und Paläontologie

Schriftenverzeichnis. Poggendorffs Handwörterbuch *VI_4* (Bln 1939) 2831—32; *VII_4^a* (Bln 1960) 896—97.

Würdigungen. G. Heberer, Die Evolution d. Organismen [2](Stuttg. 1954) 203—05 (m. Bildn. u. Faks.). — Angew. Chem. *47* (1934) S. 800.

Nachrufe. H. Gallwitz, Forsch. u. Fortschr. *25* (1949) S. 71. — O. Schleier, Zs. Erzbergbau u. Metallhüttenwesen, N. F. *1* (1948) S. 95.

Eilhard Wiedemann

1852—1928

Prof. der experimentellen Physik

Schriftenverzeichnis. Poggendorffs Handwörterbuch *III* (Lpz. 1898) S. 1442; *IV* (Lpz. 1904) 1631—32; *V* (Lpz. 1926) 1364—65; *VI*$_4$ (Bln 1939) S. 2874.

Würdigung. E. Drude, Handwörterbuch d. Naturwissenschaften (R. Dittler, G. Joos) *10* ²(Jena 1935) S. 658.

Nachrufe. J. Ruska, Archeion *9* (1928) S. 158. — G. C. Schmidt, Physikal. Zs. *29* (1928) 185—90 (m. Bildn. u. Faks.). — H. J. Seemann, Isis *14* (1930) 21 S.

Gustav Heinrich Wiedemann

1826—1899

Prof. der Physik

Schriftenverzeichnis. Poggendorffs Handwörterbuch *II* (Lpz. 1863) Sp. 1319; *III* (Lpz. 1898) S. 1441; *IV* (Lpz. 1904) S. 1631.

Würdigung. E. Drude, Handwörterbuch d. Naturwissenschaften (R. Dittler, G. Joos) *10* ²(Jena 1935) S. 658.

Nachrufe. E. Hagenbach, Naturwiss. Rdsch. *14* (1899) 307—10. — Fr. Kohlrausch, Verh. Dtsch. physikal. Ges. *1* (1899) 155—67. — Wilh. Ostwald, Ber. Kgl. Sächs. Ges. Wiss. *51* (1899) LXXVII—LXXXIII. — C. Voit, S.-Ber. Bayer. Akad. Wiss. *30* (1900) 353—59. — Wiedeburg, Zs. Elektrochem. *5* (1899) S. 549. — Illustr. Ztg. Leipzig *112* (1899) S. 398; Mutter Erde *2* (1899) S. 57 (m. Bildn.).

Max Wien

1866—1938

Prof. der Physik

Berichtigung: gest. am 24. II. 1938 in Jena

Schriftenverzeichnis. G. Hoffmann, Ber. Sächs. Akad. Wiss. *90* (1938) 231—34. — Poggendorffs Handwörterbuch *IV* (Lpz. 1904) S. 1634; *V* (Lpz. 1926) S. 1368; *VI*$_4$ (Bln 1939) S. 2878; *VIIa*$_4$ (Bln 1962) S. 991.

Würdigungen. Zum 70. Geburtstag: H. Busch, Elektr. Nachr.-Techn. *14* (1937) 1—5 (m. Bildn.). — G. Joos, Forsch. u. Fortschr. *12* (1936) 457—58. — E. Lamla, Zs. physikal. u. chem. Unterr. *50* (1937) S. 33. — W. Rogowski, Elektrotechn. Zs. *58* (1937) 167—68. — K. W. Wagner, Naturwissenschaften *25* (1937) 65—67 (m. Bildn.). — J. Zenneck, Hochfrequenztechn. u. Elektroakustik *49* (1937) S. 1. — Zs. techn. Physik *18* (1937) 1—3 (m. Bildn. u. Faks.). — Weitere Würdigungen: E. Rüchardt, in: Geist u. Gestalt *2* (Münch. 1959) 114—16. — Geschichte d. Univ. Jena *1* (Jena 1958) S. 478; S. 571 (m. Bildn.).

Nachrufe. Buchwald, Verh. Dtsch. physikal. Ges. (3) *19* (1938) S. 110. — P. Debye, Verh. Dtsch. physikal. Ges. (3) *19* (1938) S. 1. — A. Esau, Physikal. Zs. *40* (1939) 41 bis 43; ders. Verh. Dtsch. physikal. Ges. *19* (1938) 118—21; ders. Zs. techn. Physik *20* (1939) 1—3. — E. Grüneisen, Ann. Physik (5) *31* (1938) S. 569. — G. Hoffmann,

Ber. Sächs. Akad. Wiss. *90* (1938) 225—31. — E. Lübcke, Elektrotechn. Zs. *59* (1938) S. 352. — H. Rukop, Telefunken-Hausmitt. *19* (1938) Nr. 38, 1—4 u. Vorsatzbl. — E. Waetzmann, Akust. Zs. *3* (1938) 113—14. — Elektr. Nachr.-Techn. *15* (1938) S. 70; Nachr. Ges. Wiss. Göttingen, Jber. *1937/38*, 10—11; Zs. techn. Physik *19* (1938) S. 91.

Otto Wiener
1862—1927
Prof. der Physik

Schriftenverzeichnis. Poggendorffs Handwörterbuch *IV* (Lpz. 1904) S. 1635; *V* (Lpz. 1926) S. 1369; VI_4 (Bln 1939) S. 2880. — L. Weickmann, Ber. Sächs. Akad. Wiss. *79* (1927) 119—23. — Gelehrten- u. Schriftstellernachlässe in den Bibliotheken d. DDR *1* (Bln 1959) S. 94, Nr. 680.

Würdigungen. E. Drude, Handwörterbuch d. Naturwissenschaften (R. Dittler, G. Joos) *10* ²(Jena 1935) S. 658. — Das Leipziger med. Viertel (M. Weiser) (Lpz. 1914) u. (Lpz. 1922) 13—15 (m. Bildn.).

Nachrufe. K. Lichtenecker, Physikal. Zs. *29* (1928) 73—78 (m. Bildn.). — W. Möbius, Zs. techn. Physik *8* (1927) 129—31 (m. Bildn.); ders. Physikal. Zs. *28* (1927) S. 129. — L. Schiller, Leipziger Zs. Luftfahrt *4* (1927) 36—39. — L. Weickmann, Ber. Sächs. Akad. Wiss. *79* (1927) 107—18. — Zs. techn. Physik *8* (1927) S. 87.

Friedrich Adolf Willers
1883—1959
Prof. der Mathematik

Schriftenverzeichnis. Poggendorffs Handwörterbuch VI_4 (Bln 1939) S. 2889; VII^a_4 (Bln 1962) 1012—13. — Zs. angew. Math. u. Mech. *40* (1960) 5—8.

Festschrift. Zum 70. Geburtstag: Wiss. Zs. TH Dresden *2* (1952/53) H. 3; darin M. Draeger, S. 325—26 (m. Bildn.).

Würdigungen. Zur Emeritierung: Mitt. Bl. Dresden *3* (1956) Nr. 14, S. 2 (m. Bildn.); Dtsch. Akad. Wiss. Berlin *1946—1956* (Bln 1956) 120—33. — Weitere Würdigung: C. Schiffner, Aus dem Leben alter Freiberger Bergstudenten *3* (1940) 165—66 (m. Bildn.).

Nachrufe. H. Heinrich, Forsch. u. Fortschr. *33* (1959) S. 190; ders. Zs. angew. Math. u. Mech. *39* (1959) Nr. 1/2, Beil. — O.-H. Keller, Jahrb. Sächs. Akad. Wiss. *1957—1959* (Bln 1961) S. 359 (m. Bildn. nach S. 360). — N. J. Lehmann, Die Technik [Berlin] *14* (1959) S. 305 (m. Bildn.). — R. Sauer, H. Heinrich, Zs. angew. Math. u. Mech. *40* (1960) 1—5 (m. Bildn.). — Zs. angew. Math. u. Mech. *40* (1960) 152 S. (m. Bildn.).

Clemens Winkler
1838—1904
Prof. der Chemie

Entdecker des Germaniums.

Schriftenverzeichnis. O. Brunck, Ber. Dtsch. chem. Ges. *39* (1906) 4543—48. — Poggendorffs Handwörterbuch *III* (Lpz. 1898) S. 1453; *IV* (Lpz. 1904) S. 1650—51; VI_4 (Bln 1939) S. 2903.

Würdigungen. Zum 50. Todestag: A. Lissner, Freiberger Forschungshefte D 8 (1954) 51—68. — Chem. Technik *7* (1955) 105—08. — Weitere Würdigungen: O. Brunck, in: Buch großer Chemiker (G. Bugge) *2* (Bln -Lpz. 1930) 336—50 (m. Bildn. u. Faks.). — F. Henrich, Handwörterbuch d. Naturwissenschaften (R. Dittler, G. Joos) *10* ²(Jena 1935) 675—76. — E. Treptow, Männer d. Technik (C. Matschoß) (Bln 1925) 296—97.

Nachrufe. E. Beckmann, Ber. Kgl. Sächs. Ges. Wiss. *56* (1904) 341—48. — J. Biehringer, Naturwiss. Rdsch. *20* (1905) 141—43, 153—55. — O. Brunck, Ber. Dtsch. chem. Ges. *39* (1906) 4491—4543. — Th. Döring, Angew. Chem. *18* (1904) 1—7. — E. Erdmann, Zs. Naturwissenschaften *77* (1904) 365—71. — E. Papperitz, Jahrb. Berg- u. Hüttenwesen im Kgr. Sachsen *78* (1904) 1—12. — O. Witt, Ber. üb. d. V. int. Kongr. f. angew. Chem. Berlin 1903, *4* (Bln 1904) S. 1154. — Chemiker-Ztg. *28* (1904) 995—96; Illustr. Ztg. Leipzig *123* (1904) S. 613 (m. Bildn.).

Johannes Wislicenus
1835—1902
Prof. der organischen Chemie

Büste von C. Seffner im Archiv der Univ. Leipzig

Schriftenverzeichnis. E. Beckmann, Ber. Dtsch. chem. Ges. *37* (1904) 4928—31. — Poggendorffs Handwörterbuch *II* (Lpz. 1863) Sp. 1342; *III* (Lpz. 1898) S. 1455; *IV* (Lpz. 1904) 1653—54.

Würdigungen. F. Henrich, Handwörterbuch d. Naturwissenschaften (R. Dittler, G. Joos) *10* ²(Jena 1935) S. 676. — W. Sonne, Erinnerungen an J. W. aus den Jahren 1876—1881 (Lpz. 1907) 36 S. — W. Wislicenus, in: Lebensläufe aus Franken *2* (o. O. 1922) 12 S. — Dtsch. akad. Jahrb. *2* (Lpz. 1877) S. 515.

Nachrufe. E. Beckmann, Ber. Dtsch. chem. Ges. *37* (1904)4861—4927 (m. Bildn. u. Faks.). — J. Biehringer, Naturwiss. Rdsch. *18* (1903) 192—94, 204—07. — E. Boedtker, Rev. gén. Chim. pure et appl. *1903*, 3 S. (m. Bildn.). — Hasselik, Alldtsch. Bl. *1903*, Nr. 51. — Wilh. Ostwald, Ber. Kgl. Sächs. Ges. Wiss. *55* (1903) 409—20. — B. Rassow, Angew. Chem. *15* (1902) S. 1281 (m. Bildn. u. Faks.); ders. ebda *16* (1903) 1—4 — C. Voit, S.-Ber. Bayer. Akad. Wiss. *33* (1903) 539—50. — Chemiker-Ztg. *26* (1902) S. 1189; Illustr. Ztg. Leipzig *119* (1902) 914—15 (m. Bildn.); Leopoldina H. *38* (1902) S. 136; ebda H. *39* (1903) 47—48; Proc. Roy. Soc. London *78* (1906) III—XII (m. Bildn.); Schweizer. Wschr. Chem. u. Pharmazie *40* (1902) Nr. 52; Vjschr. naturforsch. Ges. Zürich *47* (1902) 456—58.

Wilhelm Wundt
1832—1920
Prof. der Philosophie und Psychologie

Büste u. Plakette von F. Pfeifer im Psychol. Inst. der Univ. Leipzig

Schriftenverzeichnis. W. Wundts Werk, ein Verzeichnis seiner sämtl. Schriften, hersg. von Eleonore Wundt (München 1927) VIII, 78 S. — Amer. J. Psychology *19* (1908) 541 bis 556; *20* (1909) S. 570; *21* (1910) 603—04; *22* (1911) 586—87; *23* (1912) S. 532; *24* (1913) S. 586; *25* (1914) S. 599; *33* (1922) 260—62. — Poggendorffs Handwörterbuch *II* (Lpz. 1863) Sp. 1375; *III* (Lpz. 1898) S. 1471; *IV* (Lpz. 1904) S. 1647; *V* (Lpz. 1926) S. 1397.

Würdigungen. Zum 100. Geburtstag: O. Klemm, Forsch. u. Fortschr. *8* (1932) S. 310. — Weitere Würdigungen: Ärzte-Memoiren aus vier Jahrhunderten (E. Ebstein) (Lpz. 1923) 346—65 (m. Bildn. vor S. 347). — W. Wundt, eine Würdigung (A. Hoffmann) *2* [2](Erfurt 1924) H. 3, III, 101 S; H. 4, III, 81 S. — M. Brasch, Leipziger Philosophen (Lpz. 1894) 51—76. — E. Eschler, in: Karl-Marx-Univ. Leipzig 1409—1959. Beiträge zur Univ.-Gesch. *1* (Lpz. 1959) 392—412. — W. Fischel, ebda 382—91. — W. Nef, Die Philosophie Wundts (Lpz. 1923) X, 358 S. — G. Vapereau, Dictionnaire universel des Contemporains [6](Paris 1893) S. 1607. — Wer ist's? *7* (Lpz. 1914) S. 1896. — Autobiogr. Erlebtes u. Erkanntes (Stuttg. 1920) XII, 399 S.

Nachrufe. O. Conrad, Blätter f. Fortbildg. d. Lehrers u. d. Lehrerin *13* (1920) 654—60; ders. Konservative Mschr. *78* (1920) 1—6. — E. K. Fischer, Kunstwart *34*, 1 (1920/21) 35—36. — Fortunatus, Neue Bahnen *31* (1920) S. 311. — J. Fröbes, Stimmen d. Zeit *100* (1920) 412—24. — K. J. Grau, Preuß. Jahrbücher *182* (1920) 110—13. — A. Günther, Psychische Studien *1920*, 505—10. — B. Hausding, Meine Heimat *1920/21*, S. 278. — Hecker, Neue Bahnen *36* (1925) 82—88. — A. Heussner, Leipziger Lehrer-Ztg. *27* (1920) Wiss. Beil. 65—69. — E. Huber, Schweizer. Juristen-Ztg. *17* (1920) S. 90. — E. Hylla, Die dtsch. Schule *1921*, 289—95. — E. Kraepelin, Zs. ges. Neurol. u. Psychiatrie, Orig., *61* (1920/21) 351—62. — H. Kubsch, Der Türmer *23*, 1 (1920) 31—34. — M. Küsters, Zs. Missionswiss. *11* (1921) 202—12. — M. Maurenbrecher, Glaube u. Deutschtum *1* (1920) H. 24, S. 1—12. — C. Meinhof, Zs. Kolonialsprachen *10* (1920/21) S. 241. — Mennicke, Sozialist. Monats-H. *26* (1920) 1094—95. — W. Nef, Schweizer. pädagog. Zs. *1921*, 289—92. — A. Rodewisch, M. Loesche, Neue Sächs. Kirchenblatt *1920*, S. 649. — H. Rolle, Pharus *1920*/21, 1—15. — E. Saupe, Dtsch. Blätter f. erzieh. Unterr. *1920*, S. 369, S. 377. — W. Schaller, Christl. Welt *34* (1920) S. 636. — J. Schlag, Zs. Kinderforsch. *25* (1920) S. 393. — E. Schmidt, Dtsch. Lehrer-Ztg. 1920, S. 405. — Chr. Schreiber, Philosoph. Jahrb. Görres-Ges. *33* (1920) 417—20. — R. Schulze, Leipziger Lehrer-Ztg. *27* (1920) S. 521. — K. Thieme, Zs. Theologie u. Kirche, N. F. *1920/21*, 213—38. — J. Volkelt, Ber. Sächs. Akad. Wiss. *73* (1921) 327—42. — W. Weygandt, Münchener med. Wschr. *68* (1921) S. 521. — Eleonore Wundt, Dtsch. biogr. Jahrb. Überleitungsbd *II*. 1917—1920 (Bln-Lpz. 1928) 626—36. — Th. Ziehen, Dtsch. med. Wschr. *46* (1920) S. 1147. — Ärztl. Vereinsblätter f. Dtschl. *49* (1920) S. 179; Dtsch. Juristen-Ztg. *25* (1920) S. 767; Illustr. Ztg. Leipzig *155* (1920) S. 294 (m. Bildn.); Literar. Zbl. *71* (1920) Sp. 702.

Gustav Anton Zeuner

1828—1907

Prof. der technischen Mechanik, Hydraulik und technischen Wärmelehre

Schriftenverzeichnis. Poggendorffs Handwörterbuch *II* (Lpz. 1863) 1407—08; *III* (Lpz. 1898) S. 1482; *IV* (Lpz. 1904) S. 1689; *V* (Lpz. 1926) S. 1410.

Würdigung. A. Weichold, Wiss. Ann. *5* (1956) 416—17 (m. Bildn.).

Nachrufe. Helm, Naturwiss. Rdsch. *23* (1908) 61—63. — M. Krause, Ber. Kgl. Sächs. Ges. Wiss. *60* (1908) 339—52. — R. Mollier, Zs. VDI *52* (1908) 1221—24. — G. Vapereau, Dictionnaire universel des Contemporains [6](Paris 1893) S. 1614. — Biogr. Jahrb. u. Dtsch. Nekr. (A. Bettelheim) *12* (1909) 252—55; Leopoldina H. *44* (1908) 63—64; Zur Erinnerung an d. großen Forscher u. Lehrer d. Technik. Volkswohl *31* (1907) Nr. 44; Vjschr. naturforsch. Ges. Zürich *52* (1907) 553—58; Zs. VDI *51* (1907) 2049—51 (m. Bildn.).

Ferdinand Zirkel
1838–1912
Prof. der Mineralogie und Geologie

Schriftenverzeichnis. F. Rinne, Ber. Kgl. Sächs. Ges. Wiss. *64* (1912) 505–08. – Poggendorffs Handwörterbuch *III* (Lpz. 1898) S. 1487; *IV* (Lpz. 1904) S. 1693; *V* (Lpz. 1926) S. 1412.
Würdigungen. R. Kukula, Bibliogr. Jahrb. Dtsch. Hochschulen (Innsbr. 1892) S. 1055. – K. Spangenberg, Handwörterbuch d. Naturwissenschaften (R. Dittler, G. Joos) *10* [2](Jena 1935) S. 947. – G. Vapereau, Dictionnaire universel des Contemporains [6](Paris 1893) S. 1616. – Wer ist's? *5* (Lpz. 1911) S. 1667.
Nachrufe. R. Brauns, Zbl. Mineral. *1912*, 512–21. – P. von Groth, Jahrb. Bayer. Akad. Wiss. *1912* (1913) 81–86. – M. Henglein, Zs. prakt. Geol. *20* (1912) S. 383. – K. Pietzsch, Math.-Naturwiss. Blätter *9* (1912) S. 145. – F. Rinne, Ber. Kgl. Sächs. Ges. Wiss. *64* (1912) 499–504; ders. Biogr. Jahrb. u. Dtsch. Nekr. (A. Bettelheim) *17* (Bln 1915) 158–59; ders. Mitt. Ver. Erdkunde, Leipzig *1912* (1913) 51–59 (m. Bildn.). – B. Sander, Verh. k. u. k. geol. Reichsanst. *1912*, 235–37. – H. Steinmetz, Naturwiss. Rdsch. *27* (1912) S. 467. – C. Viola, Rendiconti della R. Accademia dei Lincei, math.-nat. Cl. *22* (1913) 393–99. – Wahnschaffe, Zs. Dtsch. geol. Ges., Mber. *64* (1912) *353–63* (m. Bildn. u. Faks. zw. *352/53*). – Münze auf d. Geologen F. Zirkel, Blätter f. Münzfreunde Bd *13*, Jg. 48 (1913) S. 5387; Dtsch. Rdsch. Geogr. u. Statistik *34* (1912) S. 581; Geogr. Anz. *13* (1912) Beil. 10, S. 92; Geographen-Kalender *11* (1913) S. 69; Leopoldina H. *48* (1912) 71–72.

Johann Carl Friedrich Zöllner
1834–1882
Prof. der Astrophysik

Schriftenverzeichnis. Neuer Anz. f. Bibliogr. *1883*, 4–7, 242–43, 265–68. – Poggendorffs Handwörterbuch *II* (Lpz. 1863) 1418–19; *III* (Lpz. 1898) 1488–89; *IV* (Lpz. 1904) S. 1694.
Würdigungen. E. Drude, Handwörterbuch d. Naturwissenschaften (R. Dittler, G. Joos) *10* [2](Jena 1935) S. 969. – R. Knott, Allg. Dtsch. Biogr. *45* (Lpz. 1900) 426–28. – F. Körber, K. Fr. Zöllner (Bln 1899) VI, 123 S. (Sammlung, popul. Schr. Urania 53).
Nachrufe. K. W. Whistling, Illustr. Ztg. Leipzig *78* (1882) S. 374 (m. Bildn.). – M. Wirth, F. Zöllner. Ein Vortrag, zum Gedächtnis gehalten im akad. philosoph. Verein zu Leipzig am 4. Mai 1882 [2](Lpz. 1882) 32 S. – Jahrb. d. Erfindungen (H. Gretschel, H. Hirzel) *19* (Lpz. 1883) S. 438; Neuer Anz. Bibliogr. u. Bibliothekswiss. *1883*, 1–7; J. Petzholdt, ebda 54–57.

Otto zur Strassen
geb. am 9. V. 1869 in Berlin
gest. am 21. IV. 1961 in Oberstedten (Taunus)
Prof. der Zoologie und vergleichenden Anatomie, zuletzt in Frankfurt/Main
(Zuwahl: 1. VIII. 1903 sz. als ao. Mitglied)

Schriftenverzeichnis. Kürschners Dtsch. Gelehrten-Kalender *2* (Bln-Lpz. 1926) Sp. 2246; *3* (1928/29) Sp. 2778; *4* (1931) Sp. 3411; *7* (Bln 1950) Sp. 2050. – Wer ist's? *10* (Bln 1935) S. 1568; *13* (Bln 1958) S. 1254.

Würdigungen. Zum 80. Geburtstag: Fr., Naturwiss. Rdsch. *2* (1949) S. 471. — Zum 90. Geburtstag: A. Bückmann, Burschenschaftl. Blätter. Monatsschr. Dtsch. Burschenschaftler *74* (1959) S. 238. — R. Merten, Natur u. Volk. Ber. Senckenberg. Naturforsch. Ges. *89* (1959) 157—61. — Entomolog. Zs. *69* (1959) 197—98; Säugetierkundl. Mitt. *7* (1959) 120—21.

Ordentliche, auswärtige und korrespondierende Mitglieder der philologisch-historischen Klasse

Hans Achelis

1865—1937

Prof. der Kirchengeschichte

Schriftenverzeichnisse. E. Schäfer, Neue Dtsch. Biogr. *1* (Bln 1953) 29—30. — Hallesches akad. Vademecum *1* (Halle 1910) 25—26.

Würdigungen. Zum 70. Geburtstag: Reil, Neues Sächs. Kirchenbl. *42* (1935) 163—66. — E. Schäfer, Forsch. u. Fortschr. *11* (1935) S. 107. — Weitere Würdigungen: F. Lau, RGG *1* ³(Tüb. 1957) Sp. 83. — E. Schäfer, Neue Dtsch. Biogr. *1* (Bln 1953) 29—30.

Nachruf. A. Alt, Ber. Sächs. Akad. Wiss. *90* (1938) H. 3, S. 1—9.

Joseph Aistleitner

geb. am 2. V. 1883 in Sopron (Ungarn)
gest. am 9. IX. 1960 in Budapest

Prof. der biblisch-orientalischen Sprachen

(Zuwahl: 4. V. 1959 als korresp. Mitglied)

Nachrufe. K. Czeglédy, Acta Orientalia Hungarica *10* (1960) 309—10. — O. Eißfeldt, s. vorlieg. Jahrb. S. 401—03 (m. Bildn. vor S. 401). — H. Michaud, Syria *39* (1962) 124—25.

Wilhelm Eduard Albrecht

1800—1876

Prof. des deutschen Staats- und Kirchenrechts

Schriftenverzeichnisse. R. Hübner, Allg. Dtsch. Biogr. *45* (Lpz. 1900) S. 749. — H. Schönebaum, Neue Dtsch. Biogr. *1* (Bln 1953) S. 185.

Würdigungen. R. Hübner, Allg. Dtsch. Biogr. *45* (Lpz. 1900) 743—50. — H. Schönebaum, Neue Dtsch. Biogr. *1* (Bln 1953) 185—86. — G. v. Selle, Die Georg-August-Universität zu Göttingen 1737—1937 (Gött. 1937) 269—70, 272. — R. Stintzing u. E. Landsberg, Geschichte d. dtsch. Rechtswissensch. *3*, 2 (Münch.-Bln 1910) 318—27. — Die sieben Göttinger Professoren nach ihrem Leben und Wirken (Braunschw. 1838) 19—24.

Nachrufe. H. Blum, Grenzboten *1876*, 2 S. 361—68. — K. Maurer, Münch. krit. Vjschr. *19* (1877) 181—89. — O. Stobbe, Im neuen Reich *6*, 2 (1876) 10—26, 41—55.

Albrecht Alt

1883–1956

Prof. der alttestamentlichen Wissenschaft

Schriftenverzeichnisse. K. H. Mann, Beitr. z. hist. Theol. *16* (1953) 211–223. – S. Schauer unter Mitw. v. G. Bröker u. H. J. Kandler, Wiss. Zs. Univ. Leipzig. Gesellsch.- u. sprachwiss. R *3* (1953/54) Sonderh. S. 173–78; Nachtr.: ThLZ. *81* (1956) 573–74. – Geschichte und Altes Testament (Tüb. 1953) 211–23.

Festschriften. Festschrift Albrecht Alt zum 70. Geburtstag gewidmet. Wiss. Zs. Univ. Leipzig. Gesellsch.- u. sprachwiss. R. *3* (1953/54) Sonderh. 178 S. (m. Bildn.). – Geschichte und Altes Testament. Aufsätze von W. F. Albright u. a. (Tüb. 1953) 223 S. (m. Bildn.). = Beitr. z. hist. Theol. 16.

Würdigungen. Zum 60. Geburtstag: Zs. d. Dtsch. Palästinaver. *66* (1943) 113–14. – Zum 70. Geburtstag: H. Bardtke, ThLZ. *78* (1953) 537–42. – O. Eißfeldt, Forsch. u. Fortschr. *27* (1953) 126–27. – Weitere Würdigungen: M. Noth, RGG *1* [3](Tüb. 1957) 247–48. – K. Rudolph, Religionsgeschichte (Lpz. 1962) S. 134.

Nachrufe. H. Bardtke, Wiss. Zs. Univ. Leipzig. Gesellsch.- u. sprachwiss. R. *5* (1955/56) 315–16; ders. ThLZ *81* (1956) 513–22. – K. Elliger, Arch. Orientforsch. *17* (1954 bis 1956) 482–84 (m. Bildn.). – S. Morenz, ÄZ. 81 (1956) H. 1, S. I–III (m. Bildn.); ders., Jahrb. Sächs. Akad. Wiss. *1954–1956* (Bln 1958) 266–68 (m. Bildn. nach S. 264). – L. Rost, Forsch. u. Fortschr. *30* (1956) 286–87.

Karl von Amira

1848–1930

Prof. des deutschen Rechts

Schriftenverzeichnisse. H. Liermann, Neue Dtsch. Biogr. *1* (Bln 1953) S. 249; ders., in: Lebensläufe aus Franken hrsg. v. A. Chroust *5* (Erlangen 1936) 8–9. – P. Puntschart, K. v. Amira und sein Werk (Weimar 1932). – Alman. Bayer. Akad. *1909* S. 203–05. – Rivista storia diritto ital. *3* (1930) 516–20.

Festschrift für Karl von Amira. Zu seinem sechzigsten Geburtstage gewidmet von seinen Schülern (Bln 1908) 233 S.

Würdigungen. H. E. Feine, in: Geist u. Gestalt *1* (Münch. 1959) 232–239 (m. Bildn. Bd 3 S. 167). – H. Liermann, Neue Dtsch. Biogr. *1* (Bln 1953) S. 249; ders., in: Lebensläufe aus Franken hrsg. v. A. Chroust *5* (Erlangen 1936) 1–9. – P. Puntschart, K. v. Amira und sein Werk (Weimar 1932) 86 S. (m. Bildn.). – H. Thieme, in: Aus der Geschichte der Rechts- und Staatswissenschaften in Freiburg. Hrsg. v. H. J. Wolff (Freiburg/Br. 1957) 132ff.

Nachrufe. K. Beyerle, Jahrb. Univ. Münch. *1929/30* (Münch. 1931) 13–17. – E. Eichmann, Jahrb. Bayer. Akad. Wiss. *18.* 1930/31 (Münch. 1931) 23–27. – A. Schultze, Ber. Sächs. Akad. Wiss. *82* (1930) H. 2 S. 31–36. – C. v. Schwerin, ZSS Germ. Abt. *51* (1931) XI–XLV. – H. v. Voltelini, Alman. Österr. Akad. Wiss. *81* (Wien 1931) 221–39. – Bayerland *1930* S. 751–52 (m. Bildn.).

Christoph Friedrich von Ammon

1766–1850

Prof. der Theologie

Schriftenverzeichnis. F. Lau, Neue Dtsch. Biogr. *1* (Bln 1953) S. 254.

Würdigungen. F. Blanckmeister, Pastorenbilder aus dem alten Dresden (Dresden 1917) 154–58 (m. Bildn.). — G. Frank, Geschichte d. protestantischen Theologie *3* (Lpz. 1875) 293–97. — W. Gaß, Geschichte d. protestantischen Dogmatik in ihrem Zusammenhange m. d. Theologie überhaupt *4* (Bln 1867) 311–24. — F. Lau, Neue Dtsch. Biogr. *1* (Bln 1953) 253–54; ders., RGG *1* [3](Tüb. 1957) S. 326. — J. D. Schmidt, Die theol. Wandlungen des Christoph Friedrich von Ammon. Erlangen, Theol. Diss. 1953 [Masch.schr.].

Nachrufe. J. Papst, Lebens- und Charakterumrisse Christoph Friedrichs von Ammon (Dresden 1850) 24 S. — Christoph Friedrich von Ammon, nach Leben, Ansichten und Wirken (Lpz. 1850) 38 S. (m. Bildn.). — Neuer Nekrolog d. Deutschen *28,* 2 (Weimar 1852) 921–40.

Philipp August Becker

1862–1947

Prof. der romanischen Philologie

Schriftenverzeichnisse. W. Th. Elwert, Neue Dtsch. Biogr. *1* (Bln 1953) S. 721. — Hauptfragen der Romanistik (Heidelb. 1922) XI–XXIII.

Festschrift. Hauptfragen der Romanistik. Festschrift für Philipp August Becker zum 1. Juni 1922 (Heidelb. 1922) XXVII, 322 S. (Samml. roman. Elementar- und Handbücher, R. 5, 4).

Würdigung. W. Th. Elwert, Neue Dtsch. Biogr. *1* (Bln 1953) S. 721.

Nachrufe. K. Mras, Alman. Österr. Akad. Wiss. *99.* 1949 (Wien 1950) 247–50. — Jahrb. Sächs. Akad. Wiss. *1949–1953* (Bln 1954) S. 48.

Wilhelm Adolf Becker

1796–1846

Prof. der klassischen Archäologie

Schriftenverzeichnis. L. Urlichs, Allg. Dtsch. Biogr. *2* (Lpz. 1875) 229–31 (im Text).

Würdigungen. L. Urlichs, Allg. Dtsch. Biogr. *2* (Lpz. 1875) 229–31. — A. Weinhold, Wilhelm Adolf Becker (Meißen 1898).

Hugo Berger

1836–1904

Prof. der historischen Geographie

Schriftenverzeichnisse. E. Lehmann, Neue Dtsch. Biogr. *2* (Bln 1955) S. 83. — W. Ruge, Biogr. Jahrb. Altertumsk. *29.* 1906 (Lpz. 1907) 1–11.

Würdigung. E. Lehmann, Neue Dtsch. Biogr. *2* (Bln 1955) 82–83.

Nachrufe. V. Hantzsch, Biogr. Jahrb. u. dtsch. Nekrolog (A. Bettelheim) *9.* 1904 (Bln 1906) 218–20. – M. Kießling, Geogr. Zs. *12* (1906) S. 21. – K. Kretschmer, Geogr. Zs. *11* (1905) 489–97. – W. Ruge, Biogr. Jahrb. Altertumsk. *29.* 1906 (Lpz. 1907) 1–11; ders., Mitt. Ver. Erdk. Lpz. *1904* (1905) 31–57 (m. Bildn.). – Globus *86* (1904) S. 336. – Geographen-Kal. *3* (1905) 176–77.

Vittorio Bertoldi

1888–1953

Prof. der romanischen Philologie

Schriftenverzeichnis. M. J. Minicucci, Archivio glottologico Italiano *39* (1954) 20–26.
Nachruf. C. Battisti, Archivio glottologico Italiano *39* (1954) 1–19.

Giulio Bertoni

1878–1942

Prof. der romanischen Philologie

Schriftenverzeichnis. G. Stendardo, Cultura neolatina *12* (1952) Nr. 1 S. 15–74.
Würdigungen. I. Iordan, Lingvistica Romanica (București 1962) 146–48, 245; ders., Einführung in d. Geschichte u. Methoden d. roman. Sprachwissenschaft (Bln 1962) 167–70; 274–75. – A. Monteverdi, Cultura neolatina *12* (1952) Nr. 1 S. 5–14.
Nachrufe. P. Aebischer, Arch. storico della Svizzera ital. *17* (1942) S. 118. – F. Neri, Nuova Antologia *421* (1942) 221–25.

Erich Bethe

1863–1940

Prof. der klassischen Philologie

Schriftenverzeichnis. H. Helbig, Neue Dtsch. Biogr. *2* (Bln 1955) S. 185.
Würdigungen. Zum 70. Geburtstag: A. Körte, Forsch. u. Fortschr. *9* (1933) 195–96. – Zum 100. Geburtstag: F. Zucker, ebda *37* (1963) 124–25. – Weitere Würdigung: H. Helbig, Neue Dtsch. Biogr. *2* (Bln 1955) S. 185.
Nachrufe. O. Kern, Gnomon *17* (1941) 142–44. – A. Körte, Ber. Sächs. Akad. Wiss. *94* (1942) H. 3 S. 1–8. – L. Rademacher, Hess. Bl. f. Volkskde *39* (1941) 176–77.

Adolf Birch-Hirschfeld

1849–1917

Prof. der romanischen Sprachen und Literatur

Schriftenverzeichnis. W. Th. Elwert, Neue Dtsch. Biogr. *2* (Bln 1955) S. 252.
Würdigung. W. Th. Elwert, Neue Dtsch. Biogr. *2* (Bln 1955) S. 252.
Nachrufe. M. Förster, Ber. Kgl. Sächs. Ges. Wiss. *69* (1917) H. 8, S. 3+–14+. – L. Fränkel, Zs. f. franz. u. engl. Unterr. *16* (1917) 195–99.

Jaroslav Böhm

geb. am 8. III. 1901 in Holešov
gest. am 6. XII. 1962 in Prag

Prof. der Archäologie

(Zuwahl: 19. X. 1959 als korresp. Mitgl.)

Schriftenverzeichnis. S. J. Rataj, Památky archeologické *52*, 1 (1961) 6–12.
Festschrift. Památky archeologické *52*, 1.2 (1961). Jaroslavo Böhm sexagenario amici sodales discipuli libentes merito dedicant (m. Bildn.).
Würdigung. J. F., Památky archeologické *52*, 1 (1961) 3–5 [tschech. u. dtsch.].
Nachruf. F. Behn, s. vorlieg. Jahrb. S. 416 (m. Bildn. vor S. 409).

Heinrich Boehmer

1869–1927

Prof. der Kirchengeschichte

Berichtigung: geb. am 6. X. 1869 in Zwickau (Sa.).

Schriftenverzeichnisse. H. Bornkamm, Neue Dtsch. Biogr. *2* (Bln 1955) S. 393. — E. Wolf, RGG *1* [3](Tüb. 1957) Sp. 1342.
Würdigungen. H. Bornkamm, Neue Dtsch. Biogr. *2* (Bln 1955) S. 393. — G. Kunze, Monatsschr. f. Pastoraltheol. *41* (1952) 118–21. — E. Wolf, RGG *1* [3](Tüb. 1957) Sp. 1342.
Nachrufe. Doerne-Löbau, Sächs. Kirchenbl. *77* (1927) 160–62; ders., Allg. ev.-luth. Kirchenztg *60* (1927) 401–03. — W. L., ebda. 302–04. — U. Stutz, ZSS Kanon. Abt. *48* (1928) 706–08.

Otto Böhtlingk

1815–1904

Prof. des Sanskrit

Schriftenverzeichnisse. W. Kirfel, Neue Dtsch. Biogr. *2* (Bln 1955) 396–97. — C. Salemann u. S. Oldenburg, Mélanges Asiatiques tirés du Bull. de l'Académie Impériale des Sciences de St.-Pétersbourg *10*, 2 (1892) 247–56.
Festschrift. Festgruß an Otto von Böhtlingk zum Doktor-Jubiläum, 3. Februar 1888 von seinen Freunden (Stuttg. 1888). IV, 121 S.
Würdigungen. Zum 100. Geburtstag: E. Windisch, Idg. Jahrb. *3*. 1915 (Straßburg 1916) 176–87. — Weitere Würdigungen: W. Kirfel, Neue Dtsch. Biogr. *2* (Bln 1955) 396–97 (dort Hinweis auf weitere Würdigungen). — E. Windisch, Gesch. d. Sanskrit-Philologie u. ind. Altertumsk. *2* (Bln-Lpz. 1920) 238–46.
Nachrufe. B. Delbrück, Idg. Forsch. Anz. *17*. 1904 (1905) 131–36; ders., Ber. Kgl. Sächs. Ges. Wiss. *56* (1904) 253–58. — L. v. Schroeder, Alman. Österr. Akad. Wiss. *54* (1904) 388–90.

Hans Otto de **Boor**

1886—1956

Prof. für Zivilprozeßrecht, bürgerliches Recht,
Urheber-, Erfinderrecht und Rechtsvergleichung

Schriftenverzeichnis. Hans-Otto de Boor zum Gedenken. Ansprachen u. Reden gehalten b. d. Gedächtnisfeier der Rechts- u. Staatswissenschaftlichen Fakultät der Georg-August-Univ. zu Gött. am 29. Juni 1956 (Gött. 1956) im Text.

Nachrufe. A. Baumgarten, Jahrb. Dtsch. Akad. Wiss. *1956* (Bln 1957) S. 512. — E. Jacobi, Jahrb. Sächs. Akad. Wiss. *1954—1956* (Bln 1958) 264—65 (m. Bildn. vor S. 257). — M. Volmer, Wiss. Annalen *5* (1956) S. 355. — Hans Otto de Boor zum Gedenken. Ansprachen u. Reden gehalten b. d. Gedächtnisfeier der Rechts- u. Staatswissenschaftlichen Fakultät der Georg-August-Univ. zu Gött. am 29. Juni 1956 von Georg Erler, Werner Weber, Eugen Ulmer, Karl Michaelis (Gött. 1956) 36 S. (Gött. Universitätsreden. 17.).

Erich **Bräunlich**

1892—1945

Prof. der Semitistik

Schriftenverzeichnis. H. J. Kissling, ZDMG *100* (1950) 39—41.

Nachrufe. H. J. Kissling, ZDMG *100* (1950) 37—39 (m. Bildn.). — Jahrb. Sächs. Akad. Wiss. *1949—1953* (Bln 1954) S. 48.

Erich **Brandenburg**

1868—1946

Prof. der neueren Geschichte

Schriftenverzeichnis. H. Helbig, Neue Dtsch. Biogr. *2* (Bln 1955) S. 517.

Festschrift. Staat und Persönlichkeit. Erich Brandenburg zum 60. Geburtstag dargebracht von Alfred Doren u. a. (Lpz. 1928) III, 269 S. (m. Bildn.).

Würdigungen. Zum 70. Geburtstag: H. Oncken, Forsch. u. Fortschr. *14* (1938) 259—60. — Weitere Würdigung: H. Helbig, Neue Dtsch. Biogr. *2* (Bln 1955) S. 517.

Nachrufe. W. Goetz, Jahrb. Bayer. Akad. Wiss. *1949* (Münch. 1949) 105—06. [Auch in:] W. Goetz, Historiker in meiner Zeit (Köln-Graz 1957) 376—77. — K. Griewank, ZSS Germ. Abt. *65* (1947) 486—87. — Jahrb. Sächs. Akad. Wiss. *1949—1953* (Bln 1954) S. 48.

Lujo **Brentano**

1844—1931

Prof. der Nationalökonomie

Schriftenverzeichnisse. H. Neisser, u. M. Palyi, Lujo Brentano. Eine Bio-Bibliographie (Bln 1924) 15—50. — F. Zahn, Neue Dtsch. Biogr. *2* (Bln 1955) 596—97.

Festschriften. Festschrift für Lujo Brentano zum 70. Geburtstag (Münch.-Lpz. 1916) VIII, 470 S. — Die Wirtschaftswissenschaften nach dem Kriege. 29 Beiträge über den Stand der deutschen und ausländischen sozialökonomischen Forschung nach dem Kriege. Festgabe für Lujo Brentano zum 80. Geburtstag. Hrsg. unter Mitw. von . . . M. J. Bonn

u. M. Palyi. Bd 1.2 (Münch. 1925). — Lujo Brentano. Grußwort und Reden bei der Feier der 110. Wiederkehr seines Geburtstages in der Ludwig-Maximilians-Universität zu München am 14. Dezember 1954 (Bln 1956).

Würdigungen. F. Fürstenberg, RGG *1* ³(Tüb. 1957) Sp. 1400. — Fr. Lütge, in: Geist und Gestalt *1* (Münch. 1959) 299—305 (dort Hinweis auf weitere Würdigungen; Bildn. Bd. 3, S. 180). — H. Neisser u. M. Palyi, Lujo Brentano. Eine Bio-Bibliographie (Bln 1924) 50 S. (dort Hinweis auf weitere zahlr. Würdigungen). — F. Zahn, Neue Dtsch. Biogr. *2* (Bln 1955) 596—97.

Nachrufe. G. Eysoldt-Stocker, Forsch. u. Fortschr. *7* (1931) 391—92. — W. Lotz, Schmollers Jahrb. *56* (Münch.-Lpz. 1932) 1—6. — W. Stieda, Ber. Sächs. Akad. Wiss. *83* (1931) H. 5 S. 13—24. — Jahrb. Univ. München *1931/32* (Münch. 1932) 7—9.

Carl Brockelmann

1868—1956

Prof. der Semitistik und Turkologie

Schriftenverzeichnisse. J. Fück, Wiss. Zs. Univ. Halle-Witt. Gesellsch. -u. sprachwiss. R. *7* (1957/58) 863—75. — O. Spies, Verzeichnis der Schriften von Carl Brockelmann (Lpz. 1938).

Würdigung. Zum 85. Geburtstag: J. Fück, Forsch. u. Fortschr. *27* (1953) 122—23.

Nachrufe. J. Fück, Jahrb. Sächs. Akad. Wiss. *1954—1956* (Bln 1958) 268—70 (m. Bildn. vor S. 265); ders., Wiss. Zs. Univ. v. Halle-Witt. Gesellsch.- u. sprachwiss. R. *7* (1957/58) 857—63 (m. Bildn.); ders., ZDMG *108* (1958) 1—13 (m. Bildn.); ders., Forsch. u. Fortschr. *30* (1956) 255—56. — H. L. Gottschalk, Arch. Orientforsch. *18* (1957—1958) 226—27 (m. Bildn.). — R. Hartmann, Jahrb. Dtsch. Akad. Wiss. *1956* (Bln 1957) 527—29.

Hermann Brockhaus

1806—1877

Prof. der Indologie

Schriftenverzeichnisse. W. Haan, Sächs. Schriftsteller-Lex. (Lpz. 1875) S. 31. — W. Kirfel, Neue Dtsch. Biogr. *2* (Bln 1955) 626—27.

Würdigungen. H. C. Kellner, Allg. Dtsch. Biogr. *47* (Lpz. 1903) 263—72. — W. Kirfel, Neue Dtsch. Biogr. *2* (Bln 1955) 626—27. — E. Windisch, Gesch. d. Sanskrit-Philologie u. ind. Altertumsk. *1* (Straßburg 1917) S. 145; *2* (Bln-Lpz. 1920) 211—14. — Jub.-Bd. 1896 S. XXXI.

Nachrufe. C. v. Prantl, Sitzgsber. Bayer. Akad. Wiss. *1877* S. 61—64. — Unsere Zeit. Dtsch. Revue d. Gegenwart. N. F. *13*, 2 (1877) 310—11.

Karl Brugmann

1849—1919

Prof. der indogermanischen Sprachwissenschaft

Schriftenverzeichnisse. F. Sommer, Neue Dtsch. Biogr. *2* (Bln 1955) S. 667. — W. Streitberg, Karl Brugmanns Schriften 1871—1909, Idg. Forsch. *26* (1910) 425—40; 1909 bis 1919, Idg. Jahrb. *7*. 1919 (Bln-Lpz. 1921) 148—52.

Festschrift für Karl Brugmann [zur 25jährigen Tätigkeit als Ordinarius] hrsg. v. W. Streitberg. T. 1.2 (Straßburg 1909/10) = Idg. Forsch. 25.
Würdigung. F. Sommer, Neue Dtsch. Biogr. *2* (Bln 1955) S. 667.
Nachrufe. M. Förster, Idg. Jahrb. *6.* 1918 (Bln-Lpz. 1920) VII–X (m. Bildn.). – P. Kretschmer, Alman. Österr. Akad. Wiss. *70* (1920) 256–61. – W. Streitberg, Ber. Sächs. Akad. Wiss. *73* (1921) H. 2 S. 25+–40+; ders., Jahrb. Bayer. Akad. Wiss. *1919* (Münch. 1920) 31–36; ders., Idg. Jahrb. *7.* 1919 (Bln-Lpz. 1921) 143–48.

Leo Bruhns

1884–1957

Prof. der Kunstgeschichte

Schriftenverzeichnisse. H. Ladendorf, Jahrb. Sächs. Akad. Wiss. *1957–1959* (Bln 1961) 385–95. – Römisches Jahrb. f. Kunstgesch. *8* (1958) 13–15.
Festschrift. Miscellaneae Bibliothecae Hertzianae zu Ehren von Leo Bruhns, Franz Wolff Metternich, Ludwig Schudt (Münch.-Wien 1961) 520 S. m. 385 Abb. (Röm. Forsch. d. Bibliotheca Hertziana. Bd 16.).
Nachrufe. H. Ladendorf, Jahrb. Sächs. Akad. Wiss. *1957–1959* (Bln 1961) 345–50. – A. Lipinsky, Das Münster *11* (1958) H. 1–2 S. 80. – F. Graf Wolff Metternich, Kunstchronik *11* (1958) 140–42.

Karl Bücher

1847–1930

Prof. der Nationalökonomie

Berichtigung: gest. am 13. XI. 1930 in Leipzig

Schriftenverzeichnis. W. Braeuer, Neue Dtsch. Biogr. *2* (Bln 1955) S. 719.
Festschrift. Karl Bücher zu seinem 80. Geburtstag am 16. 2. 1927. In: Zs. ges. Staatswiss. *82* (1927) 225–593.
Würdigungen. Zum 80. Geburtstag: E. Everth, Minerva-Zs. *3* (1927) 49–54. – Weitere Würdigungen: H. Barthel u. a., in: Karl-Marx-Universität Leipzig 1409–1959 Bd *2* (Lpz. 1959) 78–91. – W. Braeuer, Neue Dtsch. Biogr. *2* (Bln 1955) 718–19. – K. Bücher, Lebenserinnerungen *1.* 1847–1890 (Tüb. 1919) VII, 462 S. – D. Schmidt u. F. Knipping, in: Karl-Marx-Universität Leipzig 1409–1959 Bd *2* (Lpz. 1959) 57–77. – H. Voelcker, in: Nassauische Lebensbilder. Hrsg. v. F. A. Schmidt *2* (Wiesb. 1943) 280–94 (m. Bildn.).
Nachrufe. G. Brodnitz, Zs. ges. Staatswiss. *90* (1931) 1–7. – W. Goetz, Ber. Sächs. Akad. Wiss. *83* (1931) H. 5 S. 1–12. [Auch in:] W. Goetz, Historiker in meiner Zeit (Köln-Graz 1957) 277–85. – G. Kessler u. O. v. Zwiedineck, Zum Gedächtnis von Karl Bücher (Lpz. 1930). – G. Kessler, Forsch. u. Fortschr. *6* (1930) S. 470. – W. Lotz, Jahrb. Bayer. Akad. Wiss. *1930/31* (Münch. 1931) S. 48. – Volkswirtsch. Bl. *29* (1930) 338–43.

Conrad Bursian

1830—1883

Prof. der klassischen Philologie

Schriftenverzeichnisse. C. v. Prantl, Sitzgsber. Bayer. Akad. Wiss. *1884* (1885) 248—55 (im Text). — R. Richter, Biogr. Jahrb. Altertumsk. *6.* 1883 (Bln 1884) 5—10.
Würdigungen. A. Baumeister, Allg. Dtsch. Biogr. *47* (Lpz. 1903) 401—06. — G. Goetz, Gesch. d. klass. Studien (Jena 1928) 90—93.
Nachrufe. C. v. Prantl, Sitzgsber. Bayer. Akad. Wiss. *1884* (1885) 248—55. — R. Richter, Biogr. Jahrb. Altertumsk. *6.* 1883 (Bln 1884) 1—11.

Otto Clemen

1871—1946

Prof. der Kirchengeschichte

Schriftenverzeichnis. R. Jauernig, ThLZ. *78* (1953) 544—60.
Würdigungen. R. Jauernig, Neue Dtsch. Biogr. *3* (Bln 1957) 280—81; ders., ThLZ. *78* (1953) 541—44. — H. Volz, RGG *1* ³(Tüb. 1957) Sp. 1830.
Nachruf. Jahrb. Sächs. Akad. Wiss. *1949—1953* (Bln 1954) 48—49.

August Conrady

1864—1925

Prof. der Sinologie

Schriftenverzeichnisse. E. Haenisch, Neue Dtsch. Biogr. *3* (Bln 1957) S. 341. — P. Pelliot, T'oung-pao *24* (Leiden 1926) 131—32. — B. Schindler, Asia Major *3* (1926) 104—15.
Würdigungen. Zum 60. Geburtstag: F. Weller, Japan.-Dtsch. Zs. f. Wissensch. u. Techn. *2* (1924) S. 122. — Zum 90. Geburtstag: E. Erkes, Wiss. Zs. Univ. Leipzig Gesellsch.- u. sprachwiss. R. *4* (1954/55) 199—205. — Weitere Würdigungen: E. Erkes, Karl-Marx-Universität Leipzig 1409—1959 Bd *1* (Lpz. 1959) 452—63. — E. Haenisch, Neue Dtsch. Biogr. *3* (Bln 1957) S. 341.
Nachrufe. E. Erkes, Artibus Asiae *1* (1925) 145—47. — J. Hertel, Ber. Sächs. Akad. Wiss. *77* (1925) H. 4 S. 7+—14+. — E. Schmitt, Ostasiat. Zs. *13* (1926) 77—81.

Georg Curtius

1820—1885

Prof. der klassischen Philologie und vergleichenden Sprachwissenschaft

Berichtigung: gest. am 12. VIII. 1885 in Hermsdorf b. Warmbrunn

Schriftenverzeichnisse. E. Alberti, Schlesw.-holstein. Schriftsteller *1* (Kiel 1885) 117—18. — W. Haan, Sächs. Schriftsteller-Lex. (Lpz. 1875) 42—43.

Würdigungen. Zum 25jähr. Prof.-Jub.: F. Hultsch, Neues Jahrb. f. Philol. u. Päd. *21*, 2 (Lpz. 1875) 257—69. — Weitere Würdigungen: I. Iordan, Lingvistica Romanica (București 1962) 30—31; ders., Einführung in d. Geschichte u. Methoden d. romanischen Sprachwissenschaft (Bln 1962) 41—42. — R. Meister, Allg. Dtsch. Biogr. *47* (Lpz. 1903) 597—602. — E. Windisch, Georg Curtius. Eine Charakteristik (Bln 1887) 56 S. — Jub.-Bd 1896 S. XXXIII.

Nachrufe. C. Angermann, Beitr. z. Kunde d. indogerman. Sprachen (A. Bezzenberger) *10* (1886) 325—40. — Zum Andenken an Georg Curtius. Reden an seinem Grabe von G. Baur, E. Windisch, F. Zarncke (Lpz. 1885) 19 S. — E. Curtius, Erinnerungen an Georg Curtius, als Vorwort zu den Kleinen Schriften von Georg Curtius, hrsg. v. E. Windisch (Lpz. 1886). — H. Siegel, Alman. Österr. Akad. Wiss. *36* (Wien 1886) 162—64. — E. Windisch, Biogr. Jahrb. Altertumsk. *9*. 1886 (Bln 1887) 75—128.

Berthold Delbrück

1842—1922

Prof. der indogermanischen Sprachwissenschaft

Schriftenverzeichnisse. E. Hermann, Berthold Delbrück (Jena 1923) 152—58. — E. Kuhn, u. W. Streitberg, Berthold Delbrücks Schriften 1862—1912, Idg. Forsch. *31* (1912/13) 507—13. — W. Wüst, Neue Dtsch. Biogr. *3* (Bln 1957) 574—75.

Festschrift. Berthold Delbrück zum siebzigsten Geburtstag am 26. Juli 1912 von Freunden und Schülern (Straßburg 1912/13) 534 S. (Idg. Forsch. 31.)

Würdigungen. G. Goetz, Gesch. d. klass. Studien (Jena 1928) 106—21. — E. Hermann, Berthold Delbrück, ein Gelehrtenleben aus Deutschlands großer Zeit (Jena 1923) 158 S. (m. 2 Bildn.). — E. Windisch, Gesch. d. Sanskrit-Philologie u. ind. Altertumsk. *2* (Bln-Lpz. 1920) 414—21. — W. Wüst, Neue Dtsch. Biogr. *3* (Bln 1957) 574—75. — Geschichte der Universität Jena *1* (Jena 1958) 470—71 (m. Bildn.).

Nachrufe. E. Hermann, Dtsch. biogr. Jahrb. *4*. 1922 (Stuttg.-Bln-Lpz. 1929) 25—29; ders., Idg. Jahrb. *8*. 1920/21 (Bln-Lpz. 1922) 259—66.

Friedrich Delitzsch

1850—1922

Prof. der Assyriologie

Schriftenverzeichnisse. E. Littmann, Neue Dtsch. Biogr. *3* (Bln 1957) S. 582. — H. Zimmern, ZDMG *77* (1923) 121—29 (im Text).

Würdigungen. B. Landsberger, Forsch. u. Fortschr. *36* (1962) S. 220. — E. Littmann, Neue Dtsch. Biogr. *3* (Bln 1957) S. 582. — F. H. Weissbach, in: Reallex. d. Assyriol. (E. Ebeling u. B. Meissner) *2* (Bln-Lpz. 1933) S. 198. — Selbstbiogr., Mein Lebenslauf, Reclams Universum *36* (1920) H. 47.

Nachrufe. B. Meissner, Dtsch. biogr. Jahrb. *4*. 1922 (Stuttg.-Bln-Lpz. 1929) 31—35. — H. Zimmern, ZDMG *77* (1923) 121—29.

Franz Dornseiff

geb. am 20. III. 1888 in Gießen
gest. am 22. V. 1960 in Markkleeberg b. Leipzig

Prof. der klassischen Philologie, zuletzt in Leipzig

(Zuwahl: 14. II. 1949 als o. Mitgl.)

Schriftenverzeichnisse. H. Kusch, in: Festschrift Franz Dornseiff zum 65. Geburtstag (Lpz. 1953) 13—28. — J. Werner, Wiss. Zs. Univ. Leipzig. Gesellsch.- u. sprachwiss. R. *9* (1959/60) H. 5 Beil.

Festschrift Franz Dornseiff zum 65. Geburtstag. Hrsg. v. H. Kusch (Lpz. 1953) 384 S. (m. Bildn.).

Würdigungen. Zum 70. Geburtstag: W. Kilian, Forsch. u. Fortschr. *32* (1958) S. 92. — Weitere Würdigung: J. Werner, Sprachpflege *9* (1960) S. 208.

Nachrufe. W. Kilian, Sprachpflege *9* (1960) S. 149. — J. Werner, Wiss. Zs. Univ. Leipzig. Gesellsch.- u. sprachwiss. R. *9* (1959/60) H. 5 Beil.; ders., Forsch. u. Fortschr. *34* (1960) 252—53 (m. Bildn.); ders., Gnomon *32* (1960) 779—82. — Fr. Zucker, s. vorlieg. Jahrb. S. 396—98 (m. Bildn. nach S. 400).

Johann Gustav Droysen

1808—1884

Prof. der Geschichte

Schriftenverzeichnisse. H. Astholz, Das Problem „Geschichte" unters. bei J. G. Droysen (Bln 1933) 211—12. — J. G. Droysen, Politische Schriften (Münch. 1933) 355—72. — R. Hübner [Hrsg.], Briefwechsel Joh. Gust. Droysens 2 Bde (Bln-Stuttg. 1928). — Th. Schieder, Neue Dtsch. Biogr. *4* (Bln 1959) S. 137.

Würdigungen. F. Gilbert, in: Pommersche Lebensbilder hrsg. v. A. Hofmeister u. a. *1* (Stettin 1934) 141—54 (m. Bildn.) (dort Hinweis auf weitere Würdigungen). — O. Hintze, Allg. Dtsch. Biogr. *48* (Lpz. 1904) 82—114 (dort Hinweis auf weitere Würdigungen). — F. Meinecke, Hist. Zs. *41* (1930) 249—87. — Th. Schieder, Neue Dtsch. Biogr. *4* (Bln 1959) 135—37.

Nachruf. M. Duncker, Biogr. Jahrb. Altertumsk. *7*. 1884 (Bln 1885) 110—18.

Georg Ebers

1837—1898

Prof. der Ägyptologie

Schriftenverzeichnisse. K. Richter, Neue Dtsch. Biogr. *4* (Bln 1959) 249—50. — Ägyptische Studien und Verwandtes von Georg Ebers (Stuttg.-Lpz. 1900) 511—17.

Festschrift. Aegyptiaca. Festschrift für Georg Ebers zum 1. 3. 1897 (Lpz. 1897) VII, 152 S.

Würdigungen. A. Erman, Mein Werden und mein Wirken (Lpz. 1929) 110—11; 255—57; ders., ÄZ *36* (1898) 100—101. — Pietschmann, Allg. Dtsch. Biogr. *55* (Lpz. 1910) 469—73 (dort Hinweis auf weitere Würdigungen). — K. Richter, Neue Dtsch. Biogr. *4*

(Bln 1959) 249–50. – Selbstbiogr., Die Geschichte meines Lebens. Vom Kind bis zum Manne (Stuttg.-Lpz.-Bln-Wien 1893) 522 S. (m. Bildn.). – Festschr. Univ. Lpz. 1909 Bd *4*, 1 (Lpz. 1909) 69–73.

Nachrufe. A. Erman, Ber. Kgl. Sächs. Ges. Wiss. *51* (1899) 221–23; ders., ÄZ *36* (1898) 104–42. – E. Meyer, Biogr. Jahrb. u. dtsch. Nekrolog (A. Bettelheim) *3.* 1898 (Bln 1900) 86–99.

Adolf Ebert

1820–1890

Prof. der Romanistik und Anglistik

Schriftenverzeichnis. A. Noyer-Weidner, Neue Dtsch. Biogr. *4* (Bln 1959) S. 253.

Würdigungen. L. Fränkel, Allg. Dtsch. Biogr. *48* (Lpz. 1904) 230–41 (dort Hinweis auf weitere Würdigungen). – A. Noyer-Weidner, Neue Dtsch. Biogr. *4* (Bln 1959) S. 253. – Jub.-Bd 1896 S. XXXII.

Eduard Erkes

1891–1958

Prof. der Sinologie

Schriftenverzeichnis. Wiss. Zs. Univ. Leipzig. Gesellsch.- u. sprachwiss. R. *9* (1959/60) 661 bis 665.

Würdigungen. F. Gruner, in: Karl-Marx-Universität Leipzig 1409–1959 Bd *2* (Lpz. 1959) 390–99. – Universitätszeitung Leipzig *5* (1961) Nr. 30 Wiss. Beil. Nr. 3.

Nachrufe. E. Haenisch, Jahrb. Sächs. Akad. Wiss. *1957–1959* (Bln 1961) 352–53 (m. Bildn. vor S. 353). – M. Piasek, Hochschulwesen *6* (1958) 255–56. – Eduard Erkes in memoriam 1891–1958. Mit Vorw. v. J. Schubert [Lpz. 1963]. Getr. Seitenzählung m. Portr. u. Abb.

August Fischer

1865–1949

Prof. der Orientalistik

Schriftenverzeichnisse. J. Fück, ZDMG *100* (1950) 10–18; ders., Neue Dtsch. Biogr. *5* (Bln 1961) S. 180. – M. Plessner, in: Islamica *2* (Lpz. 1926) 621–27.

Festschrift. August Fischer zum 60. Geburtstag (Lpz. 1926) XV, 646 S. (m. Bildn.) (Islamica. Vol. 2.).

Würdigungen. Zum 70. Geburtstag: B. Landsberger, Forsch. u. Fortschr. *11* (1935) 62 bis 63. – Weitere Würdigungen: G. Bergsträsser, in: Islamica *2* (Lpz. 1926) XI–XV. – J. Fück, Die arabischen Studien in Europa (Lpz. 1955) 309–10; ders., Neue Dtsch. Biogr. *5* (Bln 1961) S. 180. – Festschrift Univ. Leipzig 1909 Bd *4*, 1 (Lpz. 1909) 81–83.

Nachrufe. J. Fück, Forsch. u. Fortschr. *25* (1949) S. 119; ders., ZDMG *100* (1950) 1–10 (m. Bildn.). – Jahrb. Sächs. Akad. Wiss. *1949–1953* (Bln 1954) S. 49.

Willy Flach

1903—1958

Prof. der historischen Hilfswissenschaften

Schriftenverzeichnis. F. Facius, Der Archivar *12* (1959) 250—53.

Würdigung. W. Huschke, Mitteldtsch. Familienkunde *1* (1963) H. 11 S. 105—08.

Nachrufe. F. Facius, Der Archivar *12* (1959) 243—50. — H. Kretzschmar, Jahrb. Sächs. Akad. Wiss. *1957—1959* (Bln 1961) 353—54 (m. Bildn. nach S. 356). — H. Patze, Jahrb. f. d. Gesch. Mittel- u. Ostdeutschlands *8* (Tüb. 1959) 349—63. — Wirkendes Wort *8* (1957/58) S. 255.

Alfred Fleckeisen

1820—1899

Gymnasialprof. der klassischen Philologie

Berichtigung: gest. am 7. VIII 1899 in Dresden

Schriftenverzeichnisse. R. Beutler, Neue Dtsch. Biogr. *5* (Bln 1961) S. 228. — G. Goetz, Biogr. Jahrb. Altertumsk. *23* (Lpz. 1900) 143—47. — H. Usener, Allg. Dtsch. Biogr. *48* (Lpz. 1904) S. 582.

Festschrift. Commentationes Fleckeisenianae. Alfredo Fleckeiseno natalicia septuagesima gratulantur Collegae Dresdenses (Lpz. 1890) VI, 300 S. (m. Bildn.).

Würdigungen. R. Beutler, Neue Dtsch. Biogr. *5* (Bln 1951) S. 228. — H. Usener, Allg. Dtsch. Biogr. *48* (Lpz. 1904) 576—83 (dort Hinweis auf weitere Würdigungen).

Nachrufe. G. Goetz, Ber. Kgl. Sächs. Ges. Wiss. *51* (1899) 239—41; ders., Biogr. Jahrb. Altertumsk. *23* (Lpz. 1900) 125—43. — H. A. Lier, Biogr. Jahrb. u. dtsch. Nekrolog (A. Bettelheim) *4.* 1899 (Bln 1900) 268—69. — Jahresber. d. Vitzthumschen Gymnasiums *39* (1900) 6—7.

Heinrich Leberecht Fleischer

1801—1888

Prof. der Orientalistik

Schriftenverzeichnisse. G. Dugat, Histoire des orientalistes de L'Europe du XIIe au XIXe siècle *2* (Paris 1870) 77—87. — H. L. Fleischer, Kleinere Schriften 1—3 (Lpz. 1885 bis 1888). — J. Fück, Neue Dtsch. Biogr. *5* (Bln 1961) S. 232. — W. Haan, Sächs. Schriftsteller-Lex. (Lpz. 1875) 72—74.

Festschrift. Morgenländische Forschungen. Festschrift Herrn Prof. Dr. H. L. Fleischer zu seinem 50jährigen Doktor-Jubiläum am 4. März 1874 gewidmet von seinen Schülern . . . (Lpz. 1875) 310 S.

Würdigungen. G. Dugat, Histoire des orientalistes de l'Europe du XIIe au XIXe siècle *2* (Paris 1870) 74—90. — A. Fischer, in: Sächs. Lebensbilder *1* (Dresden 1930) 39—61 (m. Bildn.). — J. Fück, Die arabischen Studien in Europa (Lpz. 1955) 170—73; ders., Neue Dtsch. Biogr. *5* (Bln 1961) 231—32. — I. Goldziher, Allg. Dtsch. Biogr. *48* (Lpz. 1904) 584—93 (dort Hinweis auf weitere Würdigungen). — W. Reuschel, in: Karl-Marx-Universität Leipzig 1409—1959 Bd *1* (Lpz. 1959) 422—38. — Jub.-Bd 1896 S. XXXI.

Nachrufe. A. Müller, Beiträge z. Kunde d. indogerman. Sprachen *15* (1889) 319—37. — H. Thorbecke, ZDMG *42* (1888) 695—700.

Gustav Flügel

1802—1870

Prof. der Arabistik

Schriftenverzeichnisse. G. Dugat, Histoire des orientalistes de L'Europe du XIIe au XIXe siècle *2* (Paris 1870) 93—99. — J. W. Fück, Neue Dtsch. Biogr. *5* (Bln 1961) S. 261.

Würdigung. G. Dugat, Histoire des orientalistes de L'Europe du XIIe au XIXe siècle *2* (Paris 1870) 91—100.

Max Förster

1869—1954

Prof. der englischen Philologie

Schriftenverzeichnisse. W. Clemen, Neue Dtsch. Biogr. *5* (Bln 1961) 279—80. — H. Schöffler, Bibliogr. d. wiss. Veröff. Max Försters. Anläßl. seines 70. Geburtstages am 8. März 1939 (Bochum-Langendreer 1939) 87 S. (Köln. anglist. Arbeiten. 35.) Erg.: Th. Göhler, Anglia *74* (1956) 416—26.

Festschrift. Britannica. Max Förster zum 60. Geburtstage (Lpz. 1929) VII, 350 S. (m. Bildn.).

Würdigungen. Zum 75. Geburtstag: H. Schöffler, Forsch. u. Fortschr. *20* (1944) S. 70. — Weitere Würdigung: W. Clemen, Neue Dtsch. Biogr. *5* (Bln 1961) 279—80.

Nachrufe. W. Clemen, Jahrb. Bayer. Akad. Wiss. *1955* (Münch. 1955) 180—84; ders., Shakespeare-Jahrb. *91* (Heidelb. 1955) S. 369. — H. Huscher, Anglia *73* (1955) 1—5. — R. Willard, Review of English Studies *6* (Oxford 1955) 273—79.

Friedrich Franke

1805—1871

Klassischer Philologe, Rektor d. Fürstenschule St. Afra zu Meißen

Schriftenverzeichnis. W. Haan, Sächs. Schriftsteller-Lex. (Lpz. 1875) S. 79.

Würdigung. Flathe, Allg. Dtsch. Biogr. *7* (Lpz. 1878) S. 265.

Hans Conon von der Gabelentz

1807—1874

Sprachwissenschaftler, Geheimer Regierungs- und Kammerrat, Präsident des Altenburger Landtages

Schriftenverzeichnis. A. Leskien, Allg. Dtsch. Biogr. *8* (Lpz. 1878) 287—88.

Würdigungen. E. Erkes, in: Karl-Marx-Universität Leipzig 1409—1959 Bd *1* (Lpz. 1959) 439—40. — H. G. Conon v. d. Gabelentz, Ber. Kgl. Sächs. Ges. Wiss. *36* (1886) 217 bis 241. — A. Leskien, Allg. Dtsch. Biogr. *8* (Lpz. 1878) 286—88 (dort Hinweis auf weitere Würdigungen). — Jub.-Bd 1896 S. XXX—XXXI.

Nachruf. R. Rost, The Athenaeum 2459 (1874) 789—90.

Hans Georg Conon von der Gabelentz

1840—1893

Prof. der ostasiatischen Sprachen

Schriftenverzeichnis. W. Grube, Allg. Dtsch. Biogr. *50* (Lpz. 1905) 550—54.
Würdigungen. E. Erkes, in: Karl-Marx-Universität Leipzig 1409—1959 Bd *1* (Lpz. 1959) 439—52; ders. Wiss. Zs. Univ. Leipzig. Gesellsch.- u. sprachwiss. R. *3* (1953/54) 385—92. — W. Grube, Allg. Dtsch. Biogr. *50* (Lpz. 1905) 548—55 (dort Hinweis auf weitere Würdigungen). — Jub.-Bd 1896 S. XXXI.

Oskar von Gebhardt

1844—1906

Theologe, Direktor der Universitätsbibliothek Leipzig

Schriftenverzeichnis. E. Jacobs, Zbl. f. Bibliothekswesen *24* (1907) 15—25.
Würdigung. Schi., in: Lex. d. ges. Buchwesens (K. Löffler u. J. Kirchner) *1* (Lpz. 1935) S. 606.
Nachrufe. A. Hauck, Ber. Kgl. Sächs. Ges. Wiss. *58* (1906) 179—90. — R. Helssig, Zbl. f. Bibliothekswesen *23* (1906) 253—56.

Heinrich Gelzer

1847—1906

Prof. der klassischen Philologie und alten Geschichte

Schriftenverzeichnisse. E. Gerland, Byzantin. Zs. *16* (1907) 424—30. — Byzantina Chronica *14* (1907) 210—14.
Würdigung. G. Goetz, Gesch. d. klass. Studien (Jena 1928) 140—57.
Nachrufe. E. Gerland, Byzantin. Zs. *16* (1907) 417—24. — G. Goetz, Nachruf für Heinrich Gelzer (Jena o. J.) [als Manuskr. gedruckt]. — J. Leipoldt, Hist. Vjschr. *10* (1907) 139—41. — W. Reichardt, Biogr. Jahrb. Altertumsk. *30* (Lpz. 1907) 1—48. — J. Stiglmayr, Hist.-pol. Blätt. f. d. kath. Dtschl. *141* (1908) 743—57. — U. Wilcken, Ber. Kgl. Sächs. Ges. Wiss. *58* (1906) 199—205.

Karl Ernst Gotthelf Gersdorf

1804—1874

Theologe, Oberbibliothekar an der Universitätsbibliothek Leipzig

Schriftenverzeichnis. W. Haan, Sächs. Schriftsteller-Lex. (Lpz. 1875) S. 95.
Würdigungen. K. Bader, Lex. dtsch. Bibliothekare (Lpz. 1925) 73—74. — Eckstein, Allg. Dtsch. Biogr. *9* (Lpz. 1879) 55—56.
Nachrufe. J. Petzholdt, N. Anz. f. Bibliogr. u. Bibliothekswiss. *1874* S. 55—58. — N. Lausitz. Mag. *51* (1874) 279—80, 291.

Carl Wilhelm Göttling

1793—1869

Prof. der klassischen Philologie

Schriftenverzeichnis. C. Guil. Goettlingii Opuscula academica (Lpz. 1869).
Würdigungen. C. Bursian, Allg. Dtsch. Biogr. *9* (Lpz. 1879) 487—89. — G. Goetz, Gesch. d. klass. Studien (Jena 1928) 50—67. — G. Lothholz, Programm d. Gymnas. zu Stargard *1876* u. *1887*. — Geschichte der Universität Jena *1* (Jena 1958) 401, 447—48 (m. Bildn.).
Nachrufe. K. Fischer, Vorwort zu C. G. Goettlingii Opuscula academica (Lpz. 1869) III—VIII. — C. Nipperdeii Memoria Caroli Goettlingii, in: Index Scholarum Hibernarum publice et privatim in Universitate Litterarum Ienensi (Jena 1869/70) 3—9.

Georg Goetz

1849—1932

Prof. der klassischen Philologie

Schriftenverzeichnis. K. Barwick, Biogr. Jahrb. Altertumsk. *60* (Lpz. 1934) 164—71.
Würdigungen. Geschichte der Universität Jena *1* (Jena 1958) S. 470. — Selbstbiogr., in: G. Goetz, Gesch. d. klass. Studien (Jena 1928) 158—73.
Nachrufe. K. Barwick, Biogr. Jahrb. Altertumsk. *60* (Lpz. 1934) 146—64. — W. v. Wartburg, Ber. Sächs. Akad. Wiss. *84* (1932) H. 7 S. 1—7.

Walter Goetz

1867—1958

Prof. der mittleren und neueren Geschichte

Schriftenverzeichnis. Geschichtswissenschaft der Gegenwart in Selbstdarstellungen hrsg. v. S. Steinberg *1* (Lpz. 1925) 168—70.
Festschriften. Kultur- und Universalgeschichte. Walter Goetz zu seinem 60. Geburtstage (Lpz. 1927) IV, 567 S. — Lebenskräfte in der abendländischen Geistesgeschichte. Dank- und Erinnerungsgabe an Walter Goetz zum 80. Geburtstage am 11. November 1947 dargebracht v. B. Bischoff u. a. Hrsg. v. W. Stammler (Marburg 1948) 358 S. — Walter Goetz, Historiker in meiner Zeit. Gesammelte Aufsätze. Zum 90. Geburtstag des Verfassers hrsg. v. H. Grundmann (Köln-Graz 1957) VII, 463 S. (m. Bildn.).
Würdigungen. Zum 60. Geburtstag: A. Herrmann, Die Hilfe *33* (1927) 548—50. — Zum 80. Geburtstag: H. Grundmann, Die Sammlung *2* (1947) 584—89. — Zum 85. Geburtstag: Arch. f. Kulturgesch. *35* (1953) 5—6. — Zum 90. Geburtstag: H. Grundmann, Nachwort zu W. Goetz, Historiker in meiner Zeit (Köln-Graz 1957) 452—54. — Weitere Würdigung: Selbstbiogr., in: Geschichtswissenschaft d. Gegenwart in Selbstdarstellungen hrsg. v. S. Steinberg *1* (Lpz. 1925) 129—68.
Nachrufe. F. Baethgen, Mediaevalia *2* (Stuttg. 1960) 520—25. [Auch in:] Jahrb. Bayer. Akad. Wiss. *1959* (Münch. 1959) 137—45 (m. Bildn.); ders., Dtsch. Arch. f. Erforsch. d. Mittelalters *15* (1959) 609—10. — F. Hartung, Jahrb. Dtsch. Akad. Wiss. *1960* (Bln 1961) 134—35. — H. Kretzschmar, Jahrb. Sächs. Akad. Wiss. *1957—1959* (Bln 1961) 358—59 (m. Bildn. nach S. 360).

Hermann Alfred von Gutschmid

1831—1887

Prof. der klassischen Philologie und Geschichte des alten Orients

Schriftenverzeichnis. Kleine Schriften hrsg. v. F. Rühl *5* (Lpz. 1894) 718—33.

Würdigungen. G. Goetz, Gesch. d. klass. Studien (Jena 1928) 129—32. — K. J. Neumann, Entwicklung und Aufgaben d. alten Gesch. (Straßb. 1910) 75—76. — F. Rühl, Allg. Dtsch. Biogr. *49* (Lpz. 1904) 646—52; ders., in: Kleine Schriften *5* (Lpz. 1894) IXff. — — Jub.-Bd 1896 S. XXIX—XXX.

Gustav Hänel

1792—1878

Prof. des römischen Rechts

Schriftenverzeichnis. W. Haan, Sächs. Schriftsteller-Lex. (Lpz. 1875) 117—18.

Würdigungen. W. Haan, Sächs. Schriftsteller-Lex. (Lpz. 1875) 117—18. — A. Hänel u. E. Landsberg, Allg. Dtsch. Biogr. *49* (Lpz. 1904) 751—55. — Kranichfeld u. Fitting, Dtsch. Jur.-Ztg. *14* (1909) 1003—04. — Jub.-Bd 1896 S. XXV.

Ferdinand Hand

1786—1851

Prof. der klassischen Philologie

Schriftenverzeichnis. H. Doering, Neuer Nekrolog der Deutschen *29*, 1. 1851 (Weimar 1853) 226—40 (im Text).

Würdigungen. G. Goetz, Gesch. d. klass. Studien (Jena 1928) 42—50. — Halm, Allg. Dtsch. Biogr. *10* (Lpz. 1879) 499—500.

Nachruf. H. Doering, Neuer Nekrolog der Deutschen *29*, 1. 1851 (Weimar 1853) 226—40.

Gustav Hartenstein

1808—1890

Prof. der Philosophie,
als Emeritus Leiter der Universitätsbibliothek Jena

Schriftenverzeichnisse. M. Heinze, Allg. Dtsch. Biogr. *50* (Lpz. 1905) 22—23. — F. Ueberweg, Gdr. Gesch. Philos. *4* [12](Bln 1923) S. 267.

Würdigungen. M. Heinze, Allg. Dtsch. Biogr. *50* (Lpz. 1905) 21—24 (dort Hinweis auf weitere Würdigungen). — Jub.-Bd 1896 S. XXXIV.

Nachruf. Zbl. f. Bibliothekswesen *7* (1890) 174—76.

Friedrich Christian August Hasse

1773—1848

Prof. der historischen Hilfswissenschaften

Schriftenverzeichnis. H. Döring, Neuer Nekrolog der Deutschen *26.* 1848 (Weimar 1850) 149—54 (im Text).
Würdigung. Allg. Dtsch. Biogr. *10* (Lpz. 1879) S. 754.
Nachruf. H. Döring, Neuer Nekrolog der Deutschen *26.* 1848 (Weimar 1850) 149—54.

Albert Hauck

1845—1918

Prof. der Kirchengeschichte

Schriftenverzeichnisse. H. Böhmer, Beiträge z. sächs. Kirchengesch. *33.* 1919 (Lpz. 1920) 76—78. — G. Seeliger, Ber. Sächs. Ges. Wiss. *70* (1918) H. 7 S. 29+—30+. — Zs. f. Kirchengesch. *54* (1935) 565—75.
Festschrift. Geschichtliche Studien. Albert Hauck zum 70. Geburtstage dargebr. v. Freunden, Schülern, Fachgenossen u. d. Mitarbeiterkreise d. Realenzyklopädie f. protestant. Theologie u. Kirche (Lpz. 1916) XII, 352 S.
Würdigungen. E. Beyreuther, RGG *3* [3](Tüb. 1959) Sp. 87. — F. Hauck, Albert Hauck, Leben und Werk (1947; Masch. schr.). — B. Scholz, Der Geschichtsschreiber Albert Hauck, Persönlichkeit und Werk (Diss. Jena 1951).
Nachrufe. H. Böhmer, Beiträge z. sächs. Kirchengesch. *33.* 1919 (Lpz. 1920) 1—76. — G. N. Bonwetsch, Allg. Evang.-Luth. Kirchenzeitung *51* (1918) 514—20. — W. Caspari, ebda 668—73. — D. Dibelius, Beiträge z. sächs. Kirchengesch. *32.* 1918 (Lpz. 1919) 1—2. — H. v. Grauert, Jahrb. Bayer. Akad. Wiss. *1919* (Münch. 1920) 90—98. — L. H. Ihmels, Allg. Evang.-Luth. Kirchenzeitung *51* (1918) 492—95. — C. Mirbt, Dtsch. Biogr. Jahrb. *II.* 1917—1920 (Stuttg.-Bln-Lpz. 1928) 253—58. — G. Seeliger, Ber. Sächs. Ges. Wiss. *70* (1918) H. 7 S. 17+—28+; ders., Hist. Vjschr. *19* (1920) 438—40.

Moritz Haupt

1808—1874

Prof. der germanischen Philologie

Schriftenverzeichnisse. Moritz Haupt als akademischer Lehrer (Bln 1879) 319—35 [nur Rezensionen]. — Pfeiffers Germania. N. F. *7* (1874) 373—77 [nur german. Schriften].
Würdigungen. W. Scherer, Allg. Dtsch. Biogr. *11* (Lpz. 1880) 72—80 (dort Hinweis auf weitere Würdigungen u. Nachrufe). — U. v. Wilamowitz-Moellendorf, Gesch. d. klass. Philologie (Lpz. 1921) 63—64. — Jub.-Bd 1896 S. XXVI—XXVII.
Nachruf. J. Vahlen, Alman. Österr. Akad. Wiss. *24* (Wien 1874) 215—16.

Georg Heinrici

1844—1915

Prof. der Theologie

Schriftenverzeichnisse. A. Hauck, Ber. Kgl. Sächs. Ges. Wiss. *67* (1915) S. 130. — Hettler, Theol. Kal. *2* (1905/06) 160—61. — C. F. G. Heinrici, Die Hermes-Mystik und das Neue Testament, hrsg. v. E. v. Dobschütz (Lpz. 1918) XIX—XXII.

Festschrift. Neutestamentliche Studien. Georg Heinrici zu seinem 70. Geburtstag dargebracht (Lpz. 1914).
Würdigungen. E. Dinkler, RGG *3* [3](Tüb. 1959) 205—06. — C. F. G. Heinrici, Die Hermes-Mystik und das Neue Testament, hrsg. v. E. v. Dobschütz (Lpz. 1918) VII bis XVII. — W. G. Kümmel, Das Neue Testament. Geschichte der Erforschung seiner Probleme (Freib.-Münch. 1958) 267—68, 410—11 (Orbis Academicus III. 3.)
Nachruf. A. Hauck, Ber. Kgl. Sächs. Ges. Wiss. *67* (1915) 121—30.

Max Heinze

1835—1909

Prof. der Philosophie

Schriftenverzeichnis. G. Heinrici, Ber. Kgl. Sächs. Ges. Wiss. *61* (1909) 209—34 (im Text).
Festschrift. Philosophische Abhandlungen. Max Heinze zum 70. Geburtstage gewidmet von Freunden und Schülern (Bln 1906) V, 246 S.
Nachrufe. P. Barth, Biogr. Jahrb. Altertumsk. *34* (Lpz. 1911) 186—89. — G. Heinrici, Ber. Kgl. Sächs. Ges. Wiss. *61* (1909) 209—34; ders., Biogr. Jahrb. u. Dtsch. Nekrolog (A. Bettelheim) *14*. 1909 (Bln 1912) 221—31. — H. Vaihinger, Kantstudien *14* (1909) 755—57.

Richard Heinze

1867—1929

Prof. der klassischen Philologie

Schriftenverzeichnis. A. Körte, Ber. Sächs. Akad. Wiss. *81*. 1929 (Lpz. 1930) H. 2 S. 28—30.
Würdigung. A. Körte, Dtsch. biogr. Jahrb. *11*. 1929 (Stuttg.-Bln 1932) 123—29.
Nachrufe. F. Klingner, Gnomon *6* (1930) 58—62. — A. Körte, Ber. Sächs. Akad. Wiss. *81*. 1929 (Lpz. 1930) H. 2 S. 13—27. — E. Norden, Das humanistische Gymnasium *41* (1930) 21—24.

Gottfried Hermann

1772—1848

Prof. der klassischen Philologie

Schriftenverzeichnisse. C. Bursian, Allg. Dtsch. Biogr. *12* (Lpz. 1880) 176—80. — O. Gruppe, Gesch. d. klass. Mythologie u. Religionsgesch. während d. Mittelalters u. während d. Neuzeit (Lpz. 1921) 145—47 (im Text).
Würdigungen. E. Bethe, in: Sächs. Lebensbilder *2* (Lpz. 1938) 198—206 (m. Bildn.). — C. Bursian, Allg. Dtsch. Biogr. *12* (Lpz. 1880) 174—80 (dort Hinweis auf weitere Würdigungen). — O. Gruppe, Gesch. d. klass. Mythologie u. Religionsgesch. während d. Mittelalters u. während d. Neuzeit (Lpz. 1921) 145—47. — O. Jahn, Biogr. Aufsätze [2](Lpz. 1866) 89—132. — K. Rudolph, Religionsgeschichte (Bln 1962) S. 72. — U. v. Wilamowitz-Moellendorff, Gesch. d. klass. Philologie (Lpz. 1921) 49—50. — Jub.-Bd 1896 S. XXV.
Nachruf. Neuer Nekrolog d. Deutschen *26*. 1848 (Weimar 1850) 803—11.

Paul Herrmann

1859—1935

Prof. der Archäologie

Schriftenverzeichnis. Kürschners Dtsch. Gelehrten-Kalender *1* (Bln-Lpz. 1925) Sp. 390.
Würdigung. Zum 75. Geburtstag: B. Schweitzer, Forsch. u. Fortschr. *10* (1934) S. 423.
Nachruf. G. Rodenwald, Archäol. Anz. *1935* S. 639.

Johannes Hertel

1872—1955

Prof. der Indologie

Schriftenverzeichnisse. B. Schindler, Asia Major *8* (1933) 2—22; Nachtr.: U. Schneider, Jahrb. Sächs. Akad. Wiss. *1954—1956* (Bln 1958) 263—64.
Würdigung. Zum 60. Geburtstag: B. Schindler, Asia Major *8* (1933) 1—2 (m. Bildn.).
Nachruf. Fr. Weller, Jahrb. Sächs. Akad. Wiss. *1954—1956* (Bln 1958) 259—62 (m. Bildn. vor S. 257).

Theodor Hetzer

1890—1946

Prof. der mittleren und neueren Kunstgeschichte

Schriftenverzeichnis. G. Berthold, in: F. Klingner, Theodor Hetzer (Frankf./M. 1947) 22—23.
Nachrufe. F. Klingner, Theodor Hetzer. Gedächtnisrede, gehalten in der Universität Leipzig am 15. Januar 1947 (Frankf./M. 1947) 21 S. (Wiss. u. Gegenwart. 15.) — Jahrb. Sächs. Akad. Wiss. *1949—1953* (Bln 1954) S. 49.

Rudolf Hirzel

1846—1917

Prof. der klassischen Philologie

Schriftenverzeichnis. A. Körte, Ber. Sächs. Ges. Wiss. *70* (1918) H. 7 S. 14+—16+.
Würdigung. G. Goetz, Gesch. d. klass. Studien (Jena 1928) 174—87.
Nachrufe. B. v. Hagen, Biogr. Jahrb. Altertumsk. *39.* 1919 (Lpz. 1920) 56—80. — A. Körte, Ber. Sächs. Ges. Wiss. *70* (1918) H. 7 S. 3+—14+. — O. Metzger gen. Hoesch, Das humanistische Gymnasium *30* (1919) 98—99. — A. Rehm, Jahrb. Bayer. Akad. Wiss. *1918* (Münch. 1918) 29—31.

Friedrich Hultsch

1833—1906

Klassischer Philologe, Gymnasialdirektor

Schriftenverzeichnisse. W. Haan, Sächs. Schriftsteller-Lex. (Lpz. 1875) S. 141. — A. Reichardt, Biogr. Jahrb. u. dtsch. Nekrolog (A. Bettelheim) *11.* 1906 (Bln 1908) 181—82.

Würdigung. A. Reichardt, Biogr. Jahrb. u. dtsch. Nekrolog (A. Bettelheim) *11.* 1906 (Bln 1908) 180—82.
Nachrufe. H. Lipsius, Ber. Kgl. Sächs. Ges. Wiss. *58* (1906) 191—98. — F. Poland, Biogr. Jahrb. Altertumsk. *32* (Lpz. 1909) 141—56 (dort Hinweis auf weitere Nachrufe).

Johannes Ilberg

1860—1930

Klassischer Philologe, Gymnasialdirektor

Schriftenverzeichnis. F. E. Kind, Biogr. Jahrb. Altertumsk. *58* (Lpz. 1932) 34—37.
Würdigung. Zum 70. Geburtstag: H. Schöne, Forsch. u. Fortschr. *6* (1930) S. 258.
Nachrufe. E. Bethe, Ber. Sächs. Akad. Wiss. *82* (1930) 21—30. — F. E. Kind, Biogr. Jahrb. Altertumsk. *58* (Lpz. 1932) 7—34. — R. Richter, Das humanistische Gymnasium *41* (1930) 214—17.

Friedrich Jacobs

1764—1847

Klassischer Philologe, Oberbibliothekar

Schriftenverzeichnisse. K. Goedeke, Grundr. z. Gesch. d. dtsch. Dichtung *10* (1913) 13—19. — B. Hain, Neuer Nekrolog d. Deutschen *25,* 1. 1847 (Weimar 1849) 249—53. — Schi., Lex. d. ges. Buchwesens (K. Löffler u. J. Kirchner) *2* (Lpz. 1935) 132—33.
Würdigungen. K. Bader, Lex. d. dtsch. Bibliothekare (Lpz. 1925) S. 117 (Zbl. f. Bibl. Beih. 55.) — R. Ehwald, Aus d. coburg-goth. Landen. Heimatblätter *7* (1910) S. 1. — K. Regel, Allg. Dtsch. Biogr. *13* (Lpz. 1881) 600—12 (dort Hinweis auf weitere Würdigungen).
Nachruf. B. Hain, Neuer Nekrolog d. Deutschen *25,* 1. 1847 (Weimar 1849) 244—49.

Otto Jahn

1813—1869

Prof. der klassischen Philologie und Archäologie

Schriftenverzeichnis. A. Michaelis, Allg. Dtsch. Biogr. *13* (Lpz. 1881) 684—86.
Würdigungen. F. Koepp, Vers. dtsch. Philologen u. Schulmänner *52* (1913) S. 69; ders., Zs. Gymnasialwesen *1914* S. 65—74. — A. Michaelis, Allg. Dtsch. Biogr. *13* (Lpz. 1881) 668—84. — L. Wickert [Hrsg.], Theodor Mommsen/Otto Jahn, Briefwechsel 1842—1868 (Frankf./M. 1962) XII, 389 S. — Festschr. Univ. Leipzig. 1909 Bd *4*,1 S. 39. — Jub.-Bd 1896 S. XXVII—XXVIII.
Nachrufe. A. Springer, Grenzbote *1869* IV, 201ff. — J. Vahlen, Alman. Österr. Akad. Wiss. *20* (Wien 1870) 117—38.

Hubert Janitschek

1846—1893

Prof. der Kunstgeschichte

Schriftenverzeichnis. R. Kukula, Bibliogr. Jahrb. d. dtsch. Hochschulen (Innsbr. 1892) S. 401; dass. 1893 S. 120.

Hermann Junker

geb. am 29. XI. 1877 in Bendorf (Rhein)
gest. am 9. I. 1962 in Wien

Professor der Ägyptologie

(Zuwahl: 16. XI. 1957 als korresp. Mitgl.)

Schriftenverzeichnis. E. Winter, in: Festschrift Hermann Junker (Wien 1957) VII–XV.
Festschriften. Hermann Junker zum 29. November 1937 (Bln 1939) 71 S., 14 Taf. (Mitt. Dtsch. Inst. f. Ägypt. Altertumsk. in Kairo. 8,2.) — Festschrift Hermann Junker. Zum 80. Geburtstag gewidmet von seinen Freunden und Schülern. Zusammengest. v. G. Thausing (Wien 1957) XV, 292 S., 9 Bl. Abb. — Mitteilungen des Dtsch. Archäologischen Instituts. Abt. Kairo Bd 15.16. Festschrift zum 80. Geburtstag von Hermann Junker. Teil 1.2 (Wiesb. 1957/58).
Würdigung. Zum 80. Geburtstag: R. Meister, Alman. Österr. Akad. Wiss. *107.* 1957 (Wien 1958) 430–33.
Nachrufe. 'Abdel-Mun'im Abū Bakr, Arab Bulletin *1* (1962). — A. Grohmann, Alman. Österr. Akad. Wiss. *112.* 1962 (Wien 1963) 329–55 (m. Bildn.). — S. Morenz, s. vorlieg. Jahrb. S. 403–05 (m. Bildn. vor S. 401). — H. W. Müller, Jahrb. Bayer. Akad. Wiss. *1963* (Münch. 1963) 166–73 (m. Bildn. vor S. 161). — G. Thausing, ÄZ *88* (1962) I–II; dies., Österr. Hochschulzeitung *14* (1962) Nr. 3 S. 3. — E. Winter, Forsch. u. Fortschr. *36* (1962) 283–85.

Bruno Keil

1859–1916

Prof. der klassischen Philologie

Schriftenverzeichnisse. R. Kukula, Bibliogr. Jahrb. d. dtsch. Hochschulen (Innsbr. 1892) S. 427. — H. Lipsius, Ber. Kgl. Sächs. Ges. Wiss. *68* (1916) H. 6, S. 3+–15+ (im Text).
Nachruf. H. Lipsius, Ber. Kgl. Sächs. Ges. Wiss. *68* (1916) H. 6, S. 3+–15+.

Friedrich Kluge

1856–1926

Prof. der deutschen Philologie

Berichtigung: geb. am 21. VI. 1856 in Köln

Schriftenverzeichnis. O. Dammann, in: Festschr. Fr. Kluge zum 70. Geburtstage (Tüb. 1926) 5–20.
Festschrift Friedrich Kluge zum 70. Geburtstage am 21. Juni 1926 dargebracht v. O. Behaghel u. a. (Tüb. 1926) V, 164 S. (m. Bildn.).
Würdigung. Geschichte der Univ. Jena 1548/58–1958 Bd *1* (Jena 1958) S. 472.
Nachrufe. O. Basler, The Journal of English and Germanic Philology *26* (1927) 281–83. — V. Michels, Ber. Sächs. Akad. Wiss. *79.* 1927 (1928) 7+–13+. — L. Sütterlin, Idg. Jahrb. *11.* 1926/27 (Bln-Lpz. 1927) 586–91.

Herbert Koch

geb. am 1. VII. 1880 in Reichenbach (Eulengeb.)
gest. am 25. IX. 1962 in Hamburg

Prof. der klassischen Archäologie,
zuletzt in Hamburg

(Zuwahl: 1. VII. 1930 als o. Mitgl.)

Würdigung. Zum 75. Geburtstag: W. G., Hochschulwesen *3* (1955) H. 9/10 S. 91.
Nachruf. B. Schweitzer, s. vorlieg. Jahrb. S. 412—14 (m. Bildn. vor S. 409).

Reinhold Köhler

1830—1892

Klassischer Philologe, Oberbibliothekar

Schriftenverzeichnis. E. Schmidt, Zs. Ver. Volksk. *2* (1892) 426—37.
Würdigungen. E. Schmidt, Allg. Dtsch. Biogr. *51* (Lpz. 1906) 317—18. — Lex. d. ges. Buchwesens (K. Löffler u. J. Kirchner) *2* (Lpz. 1936) S. 243.
Nachrufe. F. Kluge, Jahrb. dtsch. Shakespeare-Ges. *28* (Lpz. 1893) 342—44. — E. Schmidt, Zs. Ver. Volksk. *2* (1892) 418—26 (m. Bildn. vor Titelbl.) — Zbl. f. Bibliothekswesen *9* (1892) 422—24.

Alfred Körte

1866—1946

Prof. der klassischen Philologie

Berichtigung: geb. am 5. IX. 1866 in Berlin

Schriftenverzeichnis. H. Ruppert, Jahrb. Sächs. Akad. Wiss. *1949—1953* (Bln 1954) 101—21.
Würdigung. Zum 70. Geburtstag: W. Schadewaldt, Forsch. u. Fortschr. *12* (1936) S. 315.
Nachrufe. T. B. L. Webster, Gnomon *21* (1949) 179—80. — Jahrb. Sächs. Akad. Wiss. *1949—1953* (Bln 1954) S. 49.

Albert Köster

1862—1924

Prof. der neueren Literaturgeschichte

Schriftenverzeichnis. C. Höfer, Bibliographia Kösteriana (Lpz. 1923) 5—20 nebst Nachtrag.
Festschriften. Studien zur Literaturgeschichte. Albert Köster zum 7. November 1912 überreicht (Lpz. 1912) 265 S. — Bibliographia Kösteriana. Zum 7. November 1922 in Druck gegeben. Hrsg. v. C. Höfer. 20 S. nebst Nachtrag.
Würdigungen. Zum 100. Geburtstag: J. Müller, Forsch. u. Fortschr. *36* (1962) 349—50. — H. Richter, Universitätszeitung Leipzig *8* (1962) Nr. 45 S. 7.

Rudolf Kötzschke

1867—1949

Prof. der Landesgeschichte

Schriftenverzeichnis. H. Helbig, in: Von Land und Kultur. Zum 70. Geburtstag Rudolf Kötzschkes (Lpz. 1937) 9—14.

Festschriften. Deutsche Siedlungsforschungen. Rudolf Kötzschke zum 60. Geburtstage dargebracht von Freunden, Fachgenossen und Schülern. Hrsg. v. W. Uhlemann (Lpz.-Bln 1927) V, 297 S. m. 5 Kart. — Von Land und Kultur. Beiträge zur Geschichte des mitteldeutschen Ostens. Zum 70. Geburtstag Rudolf Kötzschkes, hrsg. v. W. Emmerich (Lpz. 1937) 254 S. (m. Bildn.).

Würdigungen. Zum 70. Geburtstag: W. Emmerich, Forsch. u. Fortschr. *13* (1937) S. 239. — J. Leipoldt, Mitteldtsch. Bl. f. Volkskde *12* (1937) 141—45. — Weitere Würdigung: G. Heitz, in: Karl-Marx-Universität Leipzig 1409—1959 Bd *2* (Lpz. 1959) 262—74 (dort Hinweis auf weitere Würdigungen).

Nachrufe. H. Helbig, ZSS Germ. Abt. *67* (1950) 524—30; ders. Ber. z. Dtsch. Landesk. *9* (1950) 31—37; ders., Forsch. u. Fortschr. *26* (1950) 52—54. — H. Kretzschmar, Blätter f. Dtsch. Landesgesch. *89* (1952) 343—46. — W. Schlesinger, Hist. Zs. *170* (1950) 450—51; ders., Vjschr. f. Sozial- u. Wirtschaftsgesch. *38* (1951) 298—304. — Jahrb. Sächs. Akad. Wiss. *1949—1953* (Bln 1954) S. 49.

Sten Konow

1867—1948

Prof. der Indologie

Schriftenverzeichnis. Norsk bibliografisk Bibliotek *3*, 5 (1942) 92—96.

Nachrufe. G. Morgenstern, Acta Orientalia *21* (Leiden 1950). — Chr. S. Stang, Norsk Tidsskrift f. Sprogvidenskab *15* (1949) 462—68.

Paul Koschaker

1879—1951

Prof. des römischen Rechts

Ergänzung: gest. am 1. VI. 1951 in Basel ▭ Walchensee

Schriftenverzeichnis. K.-H. Below, ZDMG *104* (1954) 31—44.

Festschriften. Symbolae ad iura orientis antiqui pertinentes Paulo Koschaker dedicatae. Quas adiuvante Th. Folkers ed. J. Friedrich u. a. (Leiden 1939) 246 S. (m. Bildn.) (Studia et Documenta ad iura orientis antiqui pertinenti. 2.) — Festschrift Paul Koschaker. Mit Unterstützung d. Rechts- u. staatswiss. Fakultät d. Friedrich-Wilhelm-Univ. Berlin u. d. Leipziger Juristenfakultät zum 60. Geburtstag überreicht von seinen Fachgenossen. 3 Bde (Weimar 1939).

Würdigungen. W. Kunkel, in: Geist und Gestalt *1* (Münch. 1959) 263—68 (dort Hinweis auf weitere Würdigungen; Bildn. Bd *3* S. 210). — Paolo Koschaker. Vol. 1.2 (Milano 1954).

Nachrufe. K.-H. Below, ZDMG *104* (1954) 1—30 (m. Bildn.); ders. u. A. Falkenstein, ZSS Roman. Abt. *68* (1951) IX—XIX. — C.-A. Emge, Jahrb. Akad. Wiss. u. Lit. Mainz 1951 (Wiesb. 1951) 155—59 (m. Bildn.). — E. Jacobi, Jahrb. Sächs. Akad. Wiss. *1949—1953* (Bln 1954) 54—55. — M. San Nicolò, Jahrb. Bayer. Akad. Wiss. *1952* (Münch. 1953) 163—65 (m. Bildn. nach S. 160); ders., Alman. Österr. Akad. Wiss. *103*. 1953 (Wien 1954) 361—67. — E. W., AfO. *15* (1945—1951) 179—80.

Ludolf Krehl

1825—1901

Prof. der Orientalistik

Schriftenverzeichnisse. W. Haan, Sächs. Schriftsteller-Lex. (Lpz. 1875) S. 179. — R. Kukula, Bibliogr. Jahrb. d. dtsch. Hochschulen (Innsbr. 1892) S. 497.

Nachrufe. A. Fischer, Ber. Kgl. Sächs. Ges. Wiss. *53* (1901) 63—74. — E. Zarncke, Zbl. f. Bibliothekswesen *18* (1901) 616—18.

Johannes Kromayer

1859—1934

Prof. der alten Geschichte

Schriftenverzeichnis. O. Th. Schulz, Biogr. Jahrb. Altertumsk. *56* (Lpz. 1936) 77—79.

Nachrufe. H. Berve, Ber. Sächs. Akad. Wiss. *87*. 1935 (1936) H. 3 S. 1—9. — O. Th. Schulz, Biogr. Jahrb. Altertumsk. *56* (Lpz. 1936) 49—77.

Felix Krueger

1874—1948

Prof. der Philosophie und Psychologie

Schriftenverzeichnis. Ganzheit und Struktur *3* (Münch. 1934) 121—34.

Festschrift. Ganzheit und Struktur. Festschrift zum 60. Geburtstag Felix Kruegers. Hrsg. O. Klemm. 1—3 (Münch. 1934) (Neue psychol. Studien. 12.).

Würdigung. Zum 70. Geburtstag: F. Sander, Forsch. u. Fortschr. *20* (1944) 188—89.

Nachrufe. E. Heuß, Schweiz. Zs. f. Psychol. u. ihre Anwendung, Beih. 15 (1948) 103—04. — Jahrb. Sächs. Akad. Wiss. *1949—1953* (Bln 1954) S. 49.

Karl Lamprecht

1856—1915

Prof. der Geschichte

Büste von M. Klinger bei Prof. Schönebaum, Leipzig

Schriftenverzeichnis. R. Kötzschke, Ber. Kgl. Sächs. Ges. Wiss. *67* (1915) 105—19. — H. Schönebaum, Wiss. Zs. Univ. Leipzig. Gesellsch.- u. sprachwiss. R. *5* (1955/56) 9—21.

Festschrift. Studium Lipsiense. Ehrengabe Karl Lamprecht dargebracht aus Anlaß der Eröffnung des Kgl. Sächs. Inst. f. Kultur- u. Universalgeschichte bei der Univ. Leipzig von Schülern aus der Zeit seiner Leipziger Wirksamkeit (Bln 1909) VI, 409 S.

Würdigungen. Zum 70. Geburtstag: F. Arens, Preuß. Jahrb. *203* (Bln 1926) 191—213, 306—28. — Zum 100. Geburtstag: H. Schönebaum, Wiss. Zs. Univ. Leipzig. Gesellsch.- u. sprachwiss. R. *5* (1955/56) 7—9. — Weitere Würdigungen: E. Engelberg, in: Karl-Marx-Universität Leipzig 1409—1959 Bd *2* (Lpz. 1959) 23—38. — R. Kötzschke, Dtsch. Biogr. Jahrb. *I.* 1914—16 (Stuttg.-Bln-Lpz. 1925) 139—49. — L. Langerbeck, in: Karl-Marx-Universität Leipzig 1409—1959 Bd *2* (Lpz. 1959) 39—48. — H. Schönebaum, Forsch. u. Fortschr. *33* (1959) 117—23; ders., Arch. f. Kulturgesch. *43* (1961) 217—39. — Arch. f. Kulturgesch. *37* (1955) S. 271.

Nachrufe. O. H. Brandt, Eckart *9* (1915) 647—64. — K. Bücher, Ber. Kgl. Sächs. Ges. Wiss. *67* (1915) 93—104. — R. Kötzschke u. A. Tille, Karl Lamprecht. Eine Erinnerungsschrift der Deutschen Geschichtsblätter (Gotha 1915) 35 S. (m. Bildn.). — F. Meinecke, Hist. Zs. *114* (1915) 696—98. — G. Seeliger, Hist. Vjschr. *19* (1920) 133—44. — W. Wundt u. M. Klinger, Karl Lamprecht. Ein Gedenkblatt (Lpz. 1915) 18 S. (m. Bildn.). — Karl Lamprecht zum Gedächtnis. Trauerfeier in der Universitätskirche zu St. Pauli am Himmelfahrtstag, den 13. Mai 1915 (Lpz. o. J.) 32 S. (m. Bildn.).

Ludwig Lange
1825—1885

Prof. der klassischen Philologie

Schriftenverzeichnis. K. J. Neumann. Ludwig Lange. Ein Nekrolog (Bln 1886) 28—33; ders., Biogr. Jahrb. Altertumsk. *9.* 1886 (Bln 1887) 56—61.

Würdigungen. G. Lothholz, Allg. Dtsch. Biogr. *51* (Lpz. 1906) 573—76. — Hess. Biographien *2* (Darmst. 1920) 31—32.

Nachrufe. K. J. Neumann, Ludwig Lange. Ein Nekrolog (Bln 1886) 33 S.; ders., Biogr. Jahrb. Altertumsk. *9.* 1886 (Bln 1887) 31—56. — Jub.-Bd 1896 S. XXIX—XXX.

Hans Leisegang
1890—1951

Prof. der Philosophie

Schriftenverzeichnis. J. Müller, Philos. Studien *1950/51* S. 246—48.

Nachruf. H.-J. Lieber, Philos. Studien *1950/51* S. 253—54 (m. Bildn. vor S. 247).

Otto Lenel
1849—1935

Prof. des römischen und bürgerlichen Rechts

Schriftenverzeichnisse. O. Pringsheim, Alman. Österr. Akad. Wiss. *85.* 1935 (Wien 1936) 367—77. — Die Rechtswissenschaft d. Gegenwart in Selbstdarstellungen hrsg. v. H. Planitz *1* (Lpz. 1924) 151—52.

Festschrift. Symbolae Friburgenses in honorem Ottonis Lenel (Lpz. 1935) 482 S.
Würdigung. Selbstbiogr., in: Die Rechtswissenschaft d. Gegenwart in Selbstdarstellungen hrsg. v. H. Planitz *1* (Lpz. 1924) 133—50 (m. Bildn.).
Nachrufe. L. Wenger, ZSS Roman. Abt. *55* (1935) VII—XI. — M. Wlassak, Alman. Österr. Akad. Wiss. *85.* 1935 (Wien 1936) 309—36.

August Leskien
1840—1916
Prof. der Slawistik

Schriftenverzeichnis. W. Streitberg, ZfslPh. *9* (1932) 1—10.
Würdigungen. Zum Gold. Doktor-Jub.: W. Streitberg, Idg. Jahrb. *1.* 1913 (Straßb. 1914) 216—18 (m. Bildn. vor Titelbl.). — Weitere Würdigung: G. Goetz, Gesch. d. klass. Studien (Jena 1928) 105—06.
Nachrufe. K. Brugmann, Ber. Kgl. Sächs. Ges. Wiss. *68* (1916) H. 6 S. 16+—30+. — E. W. Enking, Die Heimat (Kiel) *1917* S. 57—61. — V. Jacić, Alman. Österr. Akad. Wiss. *67* (Wien 1917) 481—99; ders., Arch. f. slaw. Philol. *37* (1918) 270—80. — E. Sievers, Idg. Jahrb. *4.* 1916 (Straßb. 1917) 250—52. — W. Streitberg, Jahrb. Bayer. Akad. Wiss. *1917* (Münch. 1917) 15—20; ders., Dtsch. Biogr. Jahrb. *I.* 1914—1916 (Stuttg.-Bln-Lpz. 1925) 230—33; ders., Idg. Jahrb. *7.* 1919 (Bln-Lpz. 1921) 138—43.

Martin Lintzel
1901—1955
Prof. der mittleren und neueren Geschichte

Schriftenverzeichnisse. A. Schneider, in: Martin Lintzel, Ausgewählte Schriften *2* (Bln 1961) 613—31; dies., Wiss. Zs. Univ. Halle-Witt. Gesellsch.- u. sprachwiss. R. *5* (1955/56) 519—25.
Würdigung. A. Schneider, Forsch. u. Fortschr. *36* (1962) 248—52.
Nachrufe. K. Bischoff, Jahrb. Sächs. Akad. Wiss. *1954—1956* (Bln 1958) 254—56 (m. Bildn. nach S. 256). — H. Haussherr, Jahrb. Dtsch. Akad. Wiss. *1958* (Bln 1960) 96—98; ders., Wiss. Zs. Univ. Halle-Witt. Gesellsch.- u. sprachwiss. R. *5* (1955/56) 511— 19; ders., Hochschulwesen *3* (1955) 89—90. — H. Helbig, ZSS Germ. Abt. *73* (1956) 562—69. — K. Jordan, Hist. Zs. *181* (1956) 240—41. — L. Stern, Wiss. Annalen *4* (1955) 718—19; ders., Zs. Geschichtswiss. *3* (1955) 817—19.

Julius Lips
1895—1950
Prof. der Völkerkunde und Vergleichenden Rechtssoziologie

Schriftenverzeichnis. Kürschners Dtsch. Gelehrten-Kalender *7* (Bln 1950) 1225—26.
Würdigung. E. Lips, Universitäts-Ztg Leipzig *5* (1961) Nr. 19 Wiss. Beil. 1, 8 S. (m. Bildn.).
Nachrufe. F. Behn, Jahrb. Sächs. Akad. Wiss. *1949—1953* (Bln 1954) 51—53. — A. H. Schreiner, Aufbau. Kulturpol. Monatsschr. m. lit. Beitr. *6* (1950) 274—78.

Justus Hermann Lipsius

1834—1920

Prof. der klassischen Philologie

Schriftenverzeichnis. F. Poland, Biogr. Jahrb. Altertumsk. *44.* 1924 (Lpz. 1925) 30—36.
Festschrift. Griechische Studien. Hermann Lipsius zum 60. Geburtstag dargebracht (Lpz. 1894) III, 187 S.
Würdigung. F. Poland, Biogr. Jahrb. Altertumsk. *44.* 1924 (Lpz. 1925) 1—30 (dort Hinweis auf weitere Würdigungen).
Nachruf. A. Körte, Ber. Sächs. Akad. Wiss. *73* (1921) H. 2 S. 41+—50+.

Theodor Litt

geb. am 27. XII. 1880 in Düsseldorf
gest. am 16. VII. 1962 in Bonn

Prof. der Philosophie und Pädagogik

(Zuwahl: 1. VII. 1926 als o. Mitgl.)

Schriftenverzeichnisse. P. Vogel, Theodor Litt (Bln 1955) 53—54. — Erkenntnis und Verantwortung. Festschr. f. Th. Litt (Düsseld. 1960) 473—83.
Festschriften. P. Vogel, Theodor Litt (Bln 1955) 54 S. — Geist und Erziehung. Aus dem Gespräch zwischen Philosophie und Pädagogik. Kleine Bonner Festgabe für Theodor Litt. Hrsg. J. Derbolav u. F. Nicolin (Bonn 1955) XII, 224 S. (m. Bildn.). — Erkenntnis und Verantwortung. Festschrift für Theodor Litt. Hrsg. v. J. Derbolav u. F. Nicolin (Düsseld. 1960) 483 S. (m. Bildn.).
Würdigungen. Zum 70. Geburtstag: A. Reble, Theodor Litt (Stuttg. 1950) 176 S. — Zum 80. Geburtstag: Alman. Österr. Akad. Wiss. *110.* 1960 (Wien 1961) 486—89. — Weitere Würdigung: A. Reble, RGG *4* ^{3}(Tüb. 1960) Sp. 400.
Nachrufe. A. Dempf, Jahrb. Bayer. Akad. Wiss. *1963* (Münch. 1963) 187—92 (m. Bildn. vor S. 177). — R. Meister, Alman. Österr. Akad. Wiss. *112.* 1962 (Wien 1963) 408—12. — E. Spranger, s. vorlieg. Jahrb. S. 410—12 (m. Bildn. nach S. 408).

Erich Marcks

1861—1938

Prof. der neueren Geschichte

Schriftenverzeichnis. Jahrb. Preuß. Akad. Wiss. *1939* (Bln 1940) 168—74.
Festschrift. Von staatlichem Werden und Wesen. Festschrift Erich Marcks zum 60. Geburtstage dargebr. v. L. Bergsträßer u. a. (Stuttg.-Bln 1921) 233 S. (m. Bildn.).
Würdigung. Zum 70. Geburtstag: W. Goetz, Historiker in meiner Zeit (Köln-Graz 1957) 326—28.
Nachrufe. F. Hartung, Jahrb. Preuß. Akad. Wiss. *1939* (Bln 1940) 167—68. — H. R. v. Srbik, Alman. Österr. Akad. Wiss. *89.* 1939 (Wien 1940) 286—90. — K. Stählin, Hist. Zs. *160* (1939) 496—533.

David Samuel Margoliouth

1858–1940

Prof. der arabischen Sprache

Schriftenverzeichnis. Who's who *91* (London 1939) 2107–08.

Würdigungen. J. Fück, Die arabischen Studien in Europa (Lpz. 1955) 273–78. – G. Murray, Dictionary of National Biographies 1931–1940 (Oxford 1950) 597–99.

Carl Joachim Marquardt

1812–1882

Klassischer Philologe, Gymnasiallehrer

Schriftenverzeichnis. Programm Gymnasium Ernestinum Gotha *1883* S. 17.

Würdigungen. Zum 150. Geburtstag: K. Barwick, Forsch. u. Fortschr. *36* (1962) 125–26. – Weitere Würdigung: E. Förstemann, Allg. Dtsch. Biogr. *20* (Lpz. 1884) 413–16.

Nachrufe. R. Ehwald, Programm Gymnasium Ernestinum Gotha *1883* S. 1–16; ders., Biogr. Jahrb. Altertumsk. *5.* 1882 (Bln 1883) 107–08.

Friedrich Marx

1859–1941

Prof. der klassischen Philologie

Schriftenverzeichnis. Kürschners Dtsch. Gelehrten-Kal. *3* (Bln-Lpz. 1928/29) Sp. 1502.

Würdigung. Zum 75. Geburtstag: H. Herter, Forsch. u. Fortschr. *10* (1934) S. 148.

Nachruf. E. Bickel, Gnomon *18* (1942) S. 122.

Wilhelm Maurenbrecher

1838–1892

Prof. der mittleren und neueren Geschichte

Schriftenverzeichnis. G. Wolf, Wilhelm Maurenbrecher (Bln 1893) 30–32.

Würdigungen. W. Busch, Allg. Dtsch. Biogr. *52* (Lpz. 1906) 244–48. – Levickij, Jurevsk. Univ. *2* (1903) 391–92.

Nachrufe. G. Wolf, Wilhelm Maurenbrecher. Ein Lebens- und Schaffensbild (Bln 1893) 32 S. – Jahrb. Sächs. Akad. Wiss. *1949–1953* (Bln 1954) S. 50.

Richard Meister

1848–1912

Klassischer Philologe, Gymnasiallehrer

Schriftenverzeichnisse. K. Meister, Idg. Jahrb. *1.* 1912/13 (Straßburg 1914) 223–27; ders., Biogr. Jahrb. Altertumsk. *36* (Lpz. 1914) 59–62.

Nachrufe. K. Brugmann, Ber. Kgl. Sächs Ges. Wiss. *65* (1913) 221–28. – K. Meister, Idg. Jahrb. *1.* 1912/13 (Straßburg 1914) 219–22; ders., Biogr. Jahrb. Altertumsk. *36* (Lpz. 1914) 52–59. – H. Voigt, Jber. Städt. Gymnasium St. Nicolai Leipzig *1913* S. 3–13.

Herbert Meyer

1875—1941

Prof. der deutschen Rechtsgeschichte, des bürgerlichen und Handelsrechts

Schriftenverzeichnis. Ch. Mallon, ZSS German. Abt. *62* (1942) XXXI—XLII.
Nachrufe. E. Heymann, ZSS Germ. Abt. *62* (1942) XIII—XXX. — S. Reicke, Forsch. u. Fortschr. *17* (1941) 163—64.

Wilhelm Meyer-Lübke

1861—1936

Prof. der romanischen Philologie

Schriftenverzeichnis. G. Moldenhauer, Zs. f. franz. Sprache u. Lit. *61* (1938) 385—440.
Festschrift. Prinzipienfragen der romanischen Sprachwissenschaft. Wilhelm Meyer-Lübke zur Feier der Vollendung seines 50. Lehrsemesters und seines 50. Lebensjahres gewidmet... T. 1. 2. 3a (Halle 1910—12) (Zs. f. roman. Philol. Beih. 26. 27. 28a.)
Würdigungen. Zum Gold. Doktor-Jub.: E. Richter, Forsch. u. Fortschr. *9* (1933) S. 118. — I. Iordan, Lingvistica Romanica (Bucureşti 1962) 26—30; ders., Einführung in d. Gesch. u. Methoden d. roman. Sprachwissenschaft (Bln 1962) 36—40.
Nachrufe. C. Battisti, Archivum Romanum *21* (1937) 419—35. — O. Boerner, Die neueren Sprachen *45* (1937) S. 38. — K. v. Ettmayer, German. — Roman. Monatsschr. *25* (1937) 145—53; ders., Alman. Österr. Akad. Wiss. *87* (Wien 1337) 324—31 (m. Bildn.). — E. Gamillscheg, Zs. franz. Spr. u. Lit. *60* (1936) 385—406. — A. Kuhn, ZfrPh. *57* (1937) 778—84 (m. Bildn.). — G. Reichenkron, Zs. neusprachl. Unterr. *36* (1937) S. 32.

August von Miaskowski

1838—1899

Prof. der Nationalökonomie

Schriftenverzeichnisse. K. Bücher, Allg. Dtsch. Biogr. *52* (Lpz. 1906) 373—74. — Hwb. Staatswiss. *6* [3](Jena 1910) 683—84.
Würdigung. K. Bücher, Allg. Dtsch. Biogr. *52* (Lpz. 1906) 372—74.
Nachruf. K. Bücher, Ber. Kgl. Sächs. Ges. Wiss. *52* (1906) 351—58.

Victor Michels

1866—1929

Prof. der deutschen Philologie

Schriftenverzeichnis. E. Sievers, Ber. Sächs. Akad. Wiss. *81.* 1929 (1930) H. 2 S. 1—9 (im Text).
Nachruf. E. Sievers, Ber. Sächs. Akad. Wiss. *81.* 1929 (1930) H. 2 S. 1—9.

Andreas Ludwig Jacob Michelsen

1801—1881

Prof. des Staats- und Völkerrechts

Schriftenverzeichnisse. E. Alberti, Lex. Schlesw.-Holst. Schriftsteller *2* (Kiel 1868) 58—63; dass. Bd *2* (Kiel 1886) S. 44.

Würdigung. M. Michelsen, Allg. Dtsch. Biogr. *21* (Lpz. 1885) 695—97 (dort Hinweis auf weitere Würdigungen und Nachrufe).

Ludwig Mitteis

1859—1921

Prof. des römischen Rechts

Schriftenverzeichnis. L. Wenger, Ludwig Mitteis und sein Werk (Wien-Lpz. 1923) 75—82.

Festschrift. Gedenkschrift für Ludwig Mitteis, verfaßt von Mitgliedern der Leipziger Juristen-Fakultät (Lpz. 1926) VII, 233 S. (Lpz. rechtswiss. Studien. 11.)

Würdigungen. E. Weiß, Erinnerungen an Ludwig Mitteis (Lpz. 1922) 32 S. — L. Wenger, Ludwig Mitteis und sein Werk (Wien-Lpz. 1923) 82 S. (m. Bildn.); ders., Dtsch. biogr. Jahrb. *3.* 1921 (Stuttg.-Bln-Lpz. 1927) 200—03.

Nachrufe. Albertario, Bull. dell'Istituto di Diritto Romano *32* (1922) 231—34.— G. Ferrari, Archivio Giuridico *88* (1922) Fasc. 1. — P. de Francisci, Aegyptus *3* (1922) 82—83. — P. Koschaker, Ber. Sächs. Akad. Wiss. *74* (1922) 21+—29+. — J. Partsch, ZSS Roman. Abt. *43* (1922) V—XXXI. — P. Vinogradoff, The Journal of Egyptian Archaeology *8* (1922) 258—59. — M. Wlassak, Alman. Österr. Akad. Wiss. *72.* 1922 (Wien 1923) 29—63.

Eugen Mogk

1854—1939

Prof. der nordischen Philologie

Berichtigung: gest. am 4. V. 1939 in Leipzig

Schriftenverzeichnis. E. Karg-Gasterstädt, in: Festschrift. Eugen Mogk zum 70. Geburtstag (Halle 1924) XI—XLVIII.

Festschrift. Eugen Mogk zum 70. Geburtstag 19. Juli 1924 (Halle 1924) LII, 652 S. (m. Bildn. u. 2 Taf.).

Würdigungen. E. Karg-Gasterstädt, Mitteldtsch. Bl. f. Volkskde *16* (1941) 96—104. — K. Rudolph, Religionsgeschichte (Bln 1962) 99—100.

Nachrufe. B. H., Ethnol. Anz. *4* (1940) S. 348. — K. Helm, Hess. Bl. f. Volkskde *37* (1939) 191—92. — Grimmaisches Ecce *60* (1930) 21—24.

Theodor Mommsen

1817—1903

Prof. der römischen Geschichte und des römischen Rechts

Schriftenverzeichnisse. H. Dressel, Zs. Numismatik *24* (1904) 372—76. — L. M. Hartmann, Theodor Mommsen (Gotha 1908) Anhang. — K. Zangenmeister u. E. Jacobs, Mommsen als Schriftsteller (Bln 1905) XI, 189 S.

Festschriften. Commentationes Philologae in Honorem Theodori Mommseni Scripserunt, Amici ... (Bln 1877) 828 S. — Festschrift Theodor Mommsen zum 50jährigen Doktorjubiläum überreicht von P. Jörs u. a. (Marburg 1893) V, 65, 56 u. 55 S.

Würdigungen. Zum 80. Geburtstag: F. Jonas, Dtsch. Rdsch. *93* (1897) 399—416. — Weitere Würdigungen: A. Dove, Ausgewählte Aufsätze. Hrsg. v. F. Meinecke (Münch. 1925) 165—90. — L. M. Hartmann, Theodor Mommsen. Eine biogr. Skizze (Gotha 1908) V, 259 S., ders., Biogr. Jahrb. u. dtsch. Nekrolog (A. Bettelheim) *9.* 1904 (Bln 1906) 441—516. — E. Hoffmann, Sokrates N. F. *6* (1918) 145—50. — K. Kupisch, RGG *4* ³(Tüb. 1960) Sp. 1091. — W. Weber, Theodor Mommsen. Zum Gedächtnis seines 25. Todestages (Stuttg. 1929) 27 S. (m. Bildn.). — L. Wickert, Theodor Mommsen, Lebendige Gegenwart. Gedächtnisrede (Bln-Dahlem 1954) 24 S. (m. Bildn.) (Veröff. Fr. Univ. Bln); ders., Theodor Mommsen 3 Bde (Frankf./M. 1959ff.); ders. [Hrsg.], Theodor Mommsen / Otto Jahn. Briefwechsel 1842—1868 (Frankf./M. 1962) XII, 389 S. — U. v. Wilamowitz-Moellendorff, Sokrates N. F. *6* (1918) 1—10. — A. Wucher, Saeculum *2* (1951) 256—70; *4* (1953) 414—36. — Bildnisse berühmter Mitglieder der Dtsch. Akad. d. Wiss. zu Berlin (Bln 1950) S. 47 (m. Bildn.).

Nachrufe. C. Bardt, Theodor Mommsen (Bln 1903) 38 S. — Th. Barth, Die Nation *21* (1903) Nr. 6. — E. Bormann, Theodor Mommsen, Ansprache bei der Gedächtnisfeier der Wiener Universität am 30. Nov. 1903 (Wien 1903) 190 S. — H. Dressel, Zs. Numismatik *24* (1904) 369—72. — O. Gradenwitz, ZSS Roman. Abt. *25* (1904) 1—31. — A. Harnack, Rede bei der Gedächtnisfeier Theodor Mommsens (Lpz. 1903) 14 S. — O. Hirschfeld, Gedächtnisrede auf Theodor Mommsen (Bln 1904) 38 S. (Abh. Preuß. Akad. Wiss.). — Ch. Huelsen, Mitt. Dtsch. Archäol. Inst. *17* (1903) 177—84. — J. Kaerst, Hist. Vjschr. *1904* S. 313—42. — K. J. Neumann, Die Zeit *37* (1903) Nr. 475 S. 61—63; ders., Hist. Zs. *92* (1904) 193—238. — E. Schwartz, Nachr. Ges. Wiss. Gött.; Gesch. Mitt. *1904* H. 1 S. 1—16. — C. Wachsmuth, Ber. Kgl. Sächs. Ges. Wiss. *55* (1903) 155—73. — A. Heuss, Th. Mommsen u. d. 19. Jh. (Kiel 1956) 288 S.

Matija Murko
1861—1952
Prof. der slawischen Philologie

Schriftenverzeichnis. M. Murko, Spomini (Ljubljana 1951) 265—96 (bis 1937).

Würdigungen. Zum 90. Geburtstag: I. Esik, Hrvatsko kolo. Zagreb *1951* Nr. 1/2 S. 150 bis 152. — Zum 100. Geburtstag: M. Vasmer, ZfslPh. *30* (1962) 233—36. — Weitere Würdigungen: R. Fischer, ZfSl. *7* (1962) S. 150; ders., Karl-Marx-Universität Leipzig 1409—1959 Bd *2* (Lpz. 1959) 49—56. — M. Murko, Pameti (Praha 1949) 252 S.; dass. in slov. Sprache: Spomini (Ljubljana 1951); ders., Rozpravy z oboru slovanské filologie *1937*, S. 584—97. — A. Slodjnjak, Slavistična revija *1954* No. 5/7 S. 41—57.

Nachrufe. A. Mazon u. A. Vaillant, Revue des études slaves *30* (1953) 318—20. — Jahrb. Sächs. Akad. Wiss. *1949—1953* (Bln 1954) 57—58.

Percy Edward Newberry
1869—1949
Prof. der alten Geschichte und Archäologie

Schriftenverzeichnis. Who was who *4.* 1941—1950 (London 1952) S. 841.

Nachruf. W. R. Dawson, The Journal of Egyptian Archaeology *36* (1950) 101—03 (m. Bildn.).

Carl Nipperdey
1821—1875
Prof. der klassischen Philologie

Schriftenverzeichnis. R. Schoell, Caroli Nipperdeii opuscula (Bln 1877) VI, 602 S.
Würdigungen. C. Bursian, Gesch. d. klass. Philologie (Münch.-Lpz. 1883) 762—63, 960. — G. Goetz, Gesch. d. klass. Studien (Jena 1928) 69—76. — R. Hoche, Allg. Dtsch. Biogr. *23* (Lpz. 1886) 701—02.
Nachruf. R. Schoell, Karl Nipperdey, akad. Gelegenheitsrede 16. Januar 1875.

Carl von Noorden
1833—1883
Prof. der neueren Geschichte

Ergänzung: gest. am 25. XII. 1883 in Leipzig ▭ Bonn

Schriftenverzeichnis. C. v. Noorden, Historische Vorträge, eingel. u. hrsg. v. W. Maurenbrecher (Bln 1884) 53+—58+.
Würdigungen. G. Buchholz, Allg. Dtsch. Biogr. *23* (Lpz. 1886) 768—72. — W. Maurenbrecher, in: Carl von Noorden. Historische Vorträge, eingel. u. hrsg. v. W. Maurenbrecher (Bln 1884) 1+—52+ (m. Bildn.).
Nachrufe. G. Buchholz, Grenzbote *1884* Nr. 5. — G. Ebers. Über Land und Meer *51* (1884) S. 363 u. 366 (m. Bildn. S. 361). — W. v. Giesebrecht, Sitzgsber. Bayer. Akad. Wiss. *1884* (1885) 259—63.

Johannes Adolf Overbeck
1826—1895
Prof. der klassischen Archäologie

Schriftenverzeichnis. Th. Schreiber, Ber. Kgl. Sächs. Ges. Wiss. *47* (1895) 359—63.
Festschrift für Johannes Overbeck. Aufsätze seiner Schüler zur Feier seines 40jährigen Professoren-Jubiläums dargebr. (Lpz. 1893) 206 S. m. 6 Taf. u. 29 Textfig.
Würdigungen. O. Gruppe, Gesch. d. klass. Mythol. (Lpz. 1921) 208—09. — W. Haan, Sächs. Schriftsteller-Lex. (Lpz. 1875) 250—51. — F. Studniczka, in: Univ. Leipzig 1909 Bd *4*, 1 (Lpz. 1909) 41—47. — H. Th., Allg. Dtsch. Biogr. *55* (Lpz. 1910) 852—54.
Nachrufe. W. Miller, American Journal of Archaeology *11* (1896) 361—70 (m. Bildn.). — Th. Schreiber, Ber. Kgl. Sächs. Ges. Wiss. *47* (1895) 351—59. — Archäol. Anz. *1895* S. 195. — Jub.-Bd. 1896 S. XXVIII.

Joseph Partsch
1851—1925
Prof. der Geographie

Schriftenverzeichnisse. Poggendorffs Handwörterbuch *VI.* 1923—1931 (Bln 1938) 1954—55. — E. Hauck, in: Joseph Partsch, Aus fünfzig Jahren. Verlorene Schriften. Hrsg. v. H. Waldbaur (Breslau 1927) 170—84.
Würdigungen. Zum 100. Geburtstag: H. Kirrinnis, Der Schlesier *3* (1951) Nr. 20 S. 6. — H. Overbeck, Ber. Dtsch. Landesk. *12* (1953) 34—56 (m. Bildn.). — P. Platen, Natur-

wiss. Rdsch. *7* (1954) S. 85. — Weitere Würdigungen: M. Friederichsen, in: Schlesische Lebensbilder *2* (Bresl. 1926) 380—89 (m. Bildn.). — J. Siebelt, in: 300 Jahre Matthiasgymnasium zu Breslau 1638—1938 (Bresl. 1938) 182—84 (m. Bildn.). — H. Waldbaur, in: Joseph Partsch, Aus fünfzig Jahren. Verlorene Schriften (Breslau 1927) 7—34; ders., Die Erde *3* (1951/52) S. 60—64.

Nachrufe. F. W. P. Lehmann, Geogr. Zs. *31* (1925) 321—29; ders. Mitt. Ges. Erdk. Lpz. 1923—1925 (1926) 5—7 (m. Bildn.). — A. Penck, Zs. Ges. Erdk. Bln *63* (1928) 81—98. — H. Praesent, Mitt. Geogr. Ges. Münch. *19* (1926) 202—10 (m. Bildn.; dort Hinweis auf weitere Nachrufe).

Wilhelm Pertsch
1832—1899
Indologe, Bibliotheksdirektor

Schriftenverzeichnis. M. Berbig, Allg. Dtsch. Biogr. *53* (Lpz. 1907) 18—19 (im Text).

Würdigung. M. Berbig, Allg. Dtsch. Biogr. *53* (Lpz. 1907) 18—19.

Nachrufe. R. A. Fritzsche, Zbl. f. Bibliothekswesen *16* (1899) 579—80. — E. Windisch, Ber. Kgl. Sächs. Ges. Wiss. *51* (1899) 235—37.

Oscar Ferdinand Peschel
1826—1875
Prof. der Geographie

Schriftenverzeichnis. F. Ratzel, Allg. Dtsch. Biogr. *25* (Lpz. 1887) 416—30 (im Text).

Würdigungen. F. v. Hellwald, Oscar Peschel, sein Leben und Schaffen (Augsb. 1876) 72 S. (m. Bildn.). — H. Louis, in: Geist u. Gestalt *2* (Münch. 1959) S. 282. — F. Ratzel, Allg. Dtsch. Biogr. *25* (Lpz. 1887) 416—30 (dort Hinweis auf weitere Würdigungen).

Nachrufe. G. Ebers, Mitt. Ver. Erdk. Lpz. *15* (1875) 3—20 (m. Bildn). — Petermanns Mitt. *22* (1876) S. 76.

Hermann Peter
1837—1914
Klassischer Philologe, Gymnasiallehrer

Schriftenverzeichnis. A. Weinhold, Biogr. Jahrb. Altertumsk. *37.* 1915 (Lpz. 1917) 40—61 (im Text).

Nachrufe. R. Heinze, Ber. Kgl. Sächs. Ges. Wiss. *66* (1914) 111—18. — A. Weinhold, Biogr. Jahrb. Altertumsk. *37.* 1915 (Lpz. 1917) 40—61.

Wilhelm Pinder
1878—1947
Prof. der Kunstgeschichte

Schriftenverzeichnis. Der Große Brockhaus *9* [16](Wiesb. 1956) S. 201.

Festschrift zum 60. Geburtstag überreicht von Freunden und Schülern (Lpz. 1938) 444 S. m. 170 Abb.

Würdigungen. Zum 70. Geburtstag: W. Boehlich, Hamburg. akad. Rdsch. *3* (1948/49) 213—16. — E. Ruhmer, Aufbau. Kulturpolit. Monatsschr. *4* (1948) S. 524.

Nachrufe. J. Fierz, Weltwoche Zürich *15* (1947) Nr. 698. — R. Hamann, Jahrb. Dtsch. Akad. Wiss. *1946—1949* (Bln 1950) 213—16. — A. Jantzen, Jahrb. Bayer. Akad. Wiss. *1944—1948* (Münch. 1948) 178—79; ders. Zs. f. Kunstwiss. *1* (1947) 73—76. — Jahrb. Sächs. Akad. Wiss. *1949—1953* (Bln 1954) S. 50.

Ludwig Preller

1809—1861

Prof. der klassischen Philologie und Archäologie

Schriftenverzeichnis. R. Köhler, in: Ausgewählte Aufsätze aus dem Gebiete der Altertumswissenschaft von Ludwig Preller (Bln 1864) 543—50.

Würdigungen. A. Baumeister, Allg. Dtsch. Biogr. *26* (Lpz. 1888) 561—66. — Jub.-Bd 1896 S. XXXVIII.

Sextil Puşcariu

1877—1948

Prof. der rumänischen Sprachwissenschaft

Schriftenverzeichnis. N. Georgescu-Tistu, Revista filologica *1* (1927) 1—28; Erg.: S. Puşcariu, Etudes de linguistique roumaine (Bukarest-Cluj 1937) VII—XII.

Festschrift. S. Puşcariu, Etudes de linguistique roumaine, traduites du roumain à l'occasion du 60-ème anniversaire de l'auteur, avec une préface de Th. Capidan (Bukarest-Cluj 1937).

Würdigungen. I. Iordan, Lingvistica Romanica (Bucureşti 1963) 46—47; ders., Einführung in d. Geschichte u. Methoden d. roman. Sprachwissenschaft (Bln 1962) 60—61. — Dtschl., Österr.-Ung. u. d. Schweiz Gelehrte, Künstler u. Schriftsteller in Wort u. Bild (Hann. 1911) 447—48 (m. Bildn.).

Nachrufe. C. Isopescu, Aevum *22* (Mailand 1948) 369—82. — K. Jaberg, Vox Romanica *10* (Bern 1948—49). — S. Pop, Aevum *23* (1949). — I. Popinceanu, Romanische Forschungen *61* (1948) 107—09.

Friedrich Ratzel

1844—1904

Prof. der Geographie

Ergänzung: gest. am 9. VIII. 1904 in Ammerland (Starnberger See) ▭ Münsing

Schriftenverzeichnisse. V. Hantzsch, Ratzel-Bibliographie 1867—1905. Verzeichnis der selbständigen Werke, Abhandlungen und Bücherbesprechungen Friedrich Ratzels (Münch.-Bln 1905). — F. Ratzel, Kleine Schriften *2* (1906) Anh. V—LXII.

Festschrift. Zu Friedrich Ratzels Gedächtnis. Geplant als Festschrift zum 60. Geburtstage nun als Grabspende dargebracht von Fachgenossen und Schülern, Freunden und Verehrern (Lpz. 1904) VIII, 471 S. (m. Bildn.).

Würdigungen. Th. Achelis, Nord u. Süd *84* (1898) 263—76 (m. Bildn.); ders. Westermanns illustr. dtsch. Monatsh. *90* (1901) 223—29 (m. Bildn.). — M. Eckert, Geogr. Zs. *28* (1922) 253—61. — H. Louis, in: Geist und Gestalt *2* (Münch. 1959) 283—84 (m. Bildn. Bd *3* S. 154).
Nachrufe. Th. Achelis, Geogr. Anz. *5* (1904) S. 265. — G. Antze, Politisch-anthropol. Revue *3* (1904) S. 517. — J. Brunhes, La Géographie *10* (1904) 103—108. — H. Haack, Geographenkalender *3* (1905) 201—03. — V. Hantzsch, Biogr. Jahrb. u. dtsch. Nekrolog (A. Bettelheim) *9*. 1904 (Bln 1906) 144—52 (m. Bildn.). — K. Hassert, Geogr. Zs. *11* (1905) 305—25, 361—80. — H. Heine, Neue Bahnen *15* (1904) 668—75. — H. Helmolt, Dtsch. Rdsch. *31* (1904) H. 1. — O. Kämmel, Die Grenzboten *63*, 3 (1904) 420—21. — E. Kaiser, Pädagog. Blätt. *33* (1904) 492—96, 545—49. — R. Kittel, Die Grenzboten *63*, 3 (1904) 516—24. — M. Krug-Genthe u. C. F. Semple, Bull. Amer. Geogr. Soc. *36* (1904) 550—53. — K. Lamprecht, Ber. Kgl. Sächs. Ges. Wiss. *56* (1904) 259—69. — H. Lindau, Die Nation *22* (1904) Nr. 3—4. — O. Marinelli, Revista geogr. Ital. *12* (1905) 8—18, 102—26. — F. Nüchter, Blätt. f. d. Schulprax. *1904* S. 293ff. — E. Oppermann, Zs. f. Schulgeogr. *26* (1904/5) 1—7. — A. Penck, Die Zeit *1904* Nr. 675. — H. Reishauer, Mitt. dtsch. u. österr. Alpenver. Jahresber. Skt. Leipzig *1905*, Nr. 16, 30 S. — Schulze, Pädagog. Studien *1904* Nr. 6. — K. Weule, Dtsch. Erde *3* (1904) 150—51; ders., Mitt. Ver. Erdk. Lpz. *1904* (1905) 1—30 (m. Bildn.).

Karl Reinhardt
1886—1958
Prof. der klassischen Philologie

Schriftenverzeichnis. Varia variorum. Festgabe für Karl Reinhardt (Münster-Köln 1952) nach S. 280.
Festschrift. Varia variorum. Festgabe für Karl Reinhardt, dargebracht von Freunden und Schülern zum 14. Februar 1951 (Münster-Köln 1952) 280 S. u. Schriftenverz. (m. Bildn.).
Nachrufe. H.-G. Gadamer, Die neue Rdsch. (Frkf. a. M.) *69* (1958) 161—68. — K. Hildebrand, Die neue Rdsch. (Frkf. a. M.) *69* (1958) S. 154. — U. Hölscher, Die Gegenwart *13* (1958) 110—13; ders. Gnomon *30* (1958) 557—60 (m. Bildn.). — R. Pfeiffer, Jahrb. Bayer. Akad. Wiss. *1959* (Münch. 1959) 147—52 (m. Bildn.). — H. Rahn, Forsch. u. Fortschr. *32* (1958) 220—21. — W. Schadewaldt, Schweizer Monatsh. *38* (1958/59) 737—44. — B. Snell, Jahrb. Dtsch. Akad. f. Sprache u. Dichtung *1958* (Darmst. 1959) 134—37. — F. Zucker, Jahrb. Sächs. Akad. Wiss. *1957—1959* (Bln 1961) 351—52 (m. Bildn.); ders., Jahrb. Dtsch. Akad. Wiss. *1960* (Bln 1961) 126—27.

George Andrew Reisner
1867—1942
Prof. der Ägyptologie

Berichtigung: gest. am 6. VI. 1942 in Giseh

Schriftenverzeichnisse. Ann. du Service des antiquités de l'Egypte *42* (1943) 15—18. — Who was who *4*. 1941—50 (London 1952) S. 964.
Nachrufe. A. H. Gardiner, Nature [London] *150* (1942) S. 84. — A. Scharff, AfO. *15* (1945—1951) 187—88.

Otto Ribbeck

1827—1898

Prof. der klassischen Philologie

Kopf von C. Seffner im Archiv der Univ. Leipzig

Schriftenverzeichnisse. E. Alberti, Lex. d. Schlesw.-Holst.-Lauenburg. u. Eutin. Schriftsteller von 1866—1882 Bd *2* (Kiel 1886) 172—73. — R. Kukula, Bibliogr. Jahrb. d. dtsch. Hochschulen (Innsbr. 1892) S. 744.

Festschrift. Commentationes Philologae quibus Ottoni Ribbeckio praeceptori illustri sexagesimum aetatis magisterii Lipsiensis decimum annum (Lipsia 1888) IV, 557 S.

Würdigungen. G. Müller, Allg. Dtsch. Biogr. *53* (Lpz. 1907) 329—40 (dort Hinweis auf weitere Würdigungen). — E. Ribbeck, Otto Ribbeck. Ein Bild seines Lebens aus seinen Briefen (Stuttg. 1901) VIII, 352 S. (m. 2 Bildn.).

Nachrufe. W. Dilthey, Dtsch. Rdsch. *96* (1898) 450—54. — R. Opitz, Biogr. Jahrb. u. dtsch. Nekrolog (A. Bettelheim) *3.* 1898 (Bln 1900) 271—83. — C. Wachsmuth, Ber. Kgl. Sächs. Ges. Wiss. *50* (1898) 177—96.

Friedrich Wilhelm Ritschl

1806—1876

Prof. der klassischen Philologie

Schriftenverzeichnisse. W. Haan, Sächs. Schriftsteller-Lex. (Lpz. 1875) 289—99. — F. W. Ritschl, Opuscula *5* (Lpz. 1879) 727—66.

Würdigungen. W. Haan, Sächs. Schriftsteller-Lex. (Lpz. 1875) 289—99. — L. Müller, Friedrich Ritschl. Eine wissenschaftliche Biographie ²(Bln 1878) XVIII, 165 S. [m. Suppl.]. — O. Ribbeck, Allg. Dtsch. Biogr. *28* (Lpz. 1889) 653—61; ders., Friedrich Wilhelm Ritschl. Ein Beitrag zur Geschichte der Philologie. 2 Bde (Lpz. 1879, 1881) (m. 2 Bildn.). — E. Rohde, Kleine Schriften *2* (Tüb.-Lpz. 1901) 452—62. — U. v. Wilamowitz-Moellendorff, Geschichte der Philologie (Lpz. 1921) 60—61. — Jub.-Bd 1896 S. XXVI.

Nachrufe. C. v. Prantl, S.-Ber. Bayer. Akad. *1877* S. 48—56. — P. Schuster, Im neuen Reich *6*, 2 (1876) 1001—06.

Erwin Rohde

1845—1898

Prof. der klassischen Philologie

Schriftenverzeichnis. W. Schmid, Biogr. Jahrb. Altertumsk. *22.* 1899 (Lpz. 1900) 110—14.

Würdigungen. O. Crusius, Erwin Rohde. Ein biogr. Versuch (Tüb. 1902) VI, 296 S. (m. Bildn.). — G. Goetz, Gesch. d. klass. Studien (Jena 1928) 135—40. — C. Hölk, Erinnerungen an Erwin Rohde, in: Cimbria. Beitr. z. Gesch., Altertumsk., Kunst u. Erziehungslehre (Dortm. 1926) 37—41. — O. Regenbogen, in: Synopsis. Festgabe für Alfred Weber. 30. VII. 1869 — 30. VII. 1948 (Heidelb. 1948) 359—96. — F. Schoell, Allg. Dtsch. Biogr. *53* (Lpz. 1907) 426—44 (dort Hinweis auf weitere Würdigungen).

Nachrufe. J. Meltzer, Neues Korr.-Bl. f. d. Gel. u. Realschulen Württ. *1898* S. 205—10. — W. Schmid, Biogr. Jahrb. Altertumsk. *22.* 1899 (Lpz. 1900) 87—110. — F. Schoell, Das humanist. Gymnasium *1898* S. 71—74. — E. Weber, Biogr. Jahrb. u. dtsch. Nekrolog (A. Bettelheim) *6.* 1901 (Bln 1904) 450—65.

Wilhelm Roscher
1817–1894
Prof. der Nationalökonomie

Büste von C. Seffner im Archiv der Univ. Leipzig

Schriftenverzeichnis. A. v. Miaskowski, Ber. Kgl. Sächs. Ges. Wiss. *46* (1894) 222–26.

Würdigungen. K. Bücher, Allg. Dtsch. Biogr. *53* (Lpz. 1907) 486–92 (dort Hinweis auf weitere zahlr. Würdigungen). – W. Haan, Sächs. Schriftsteller-Lex. (Lpz. 1875) 292–93. – M. Weber, Ges. Aufsätze z. Wissenschaftslehre [2](Tüb. 1951) 1–42. – Jub.-Bd 1896 S. XXXIII–XXXIV.

Nachrufe. A. Huber, Alman. Österr. Akad. Wiss. *45* (Wien 1895) 246–48. – A. v. Miaskowski, Ber. Kgl. Sächs. Ges. Wiss. *46* (1894) 203–22.

Wilhelm Heinrich Roscher
1845–1923
Klassischer Philologe, Gymnasiallehrer

Schriftenverzeichnis. K. Goldammer, RGG *5* [3](Tüb. 1961) Sp. 1182.

Würdigung. K. Goldammer, RGG *5* [3](Tüb. 1961) Sp. 1182.

Nachruf. Linder, Afranisches Ecce *28* (Dresd. 1923) 8–11.

Sophus Ruge
1831–1903
Prof. der Geographie und Ethnographie

Schriftenverzeichnisse. H. Gravelius, Mitt. Ver. Erdk. Lpz. *1904* (1905) 79–94 (im Text). – L. Hugues, Sophus Ruge. Cenni biografici e bibliografici (Torino 1904).

Würdigung. A. Kohut, Globus *79* (1901) 174–75 (m. Bildn.).

Nachrufe. H. Gravelius, Mitt. Ver. Erdk. Lpz. *1904* (1905) 79–94 (m. Bildn.). – H. Haack, Geographen-Kalender *2* (1904/05) 201–02. – V. Hantzsch, Geogr. Zs. *10* (1904) 65–74; ders., Biogr. Jahrb. u. dtsch. Nekrolog (A. Bettelheim) *8*. 1903 (Bln 1905) 34–39. – L. Hugues, Sophus Ruge. Cenni biografici e bibliografici (Torino 1904). – J. Partsch, Geogr. Anz. *2* (1901) 33–35 (m. Bildn.).

Hermann Sauppe
1809–1893
Prof. der klassischen Philologie

Berichtigung: gest. am 16. IX. 1893 in Göttingen

Schriftenverzeichnis. C. Trieber, H. Sauppes Ausgewählte Schriften (Bln 1896) 829–44.

Festschrift. Satura Philologa. Hermanno Sauppio obtulit amicorum conlegarum decas (Bln 1879) 180 S.

Würdigung. E. Ziebarth, Allg. Dtsch. Biogr. *55* (Lpz. 1910) 146–58 (dort Hinweis auf weitere Würdigungen).

August Schleicher

1821—1868

Prof. der vergleichenden Sprachwissenschaft

Schriftenverzeichnisse. J. Dietze, in: R. Fischer, August Schleicher zur Erinnerung (Bln 1962) S. 27—44. — R. v. Miklosich, Alman. Österr. Akad. Wiss. *19* (Wien 1869) 290—92.

Würdigungen. R. Fischer, August Schleicher zur Erinnerung (Bln 1962) 52 S. (m. Bildn.) (Ber. Sächs. Akad. Wiss. Phil.-hist. Kl. Bd 107 H. 5; dort S. 45—71 Hinweis auf weitere zahlreiche Würdigungen, zusammengest. v. J. Dietze). — G. Goetz, Gesch. d. klass. Studien (Jena 1928) 102—05.

August Schmarsow

1853—1936

Prof. der Kunstgeschichte

Schriftenverzeichnis. Der Große Brockhaus *10* [16](Wiesb. 1956) S. 427.

Festschrift. Kunstwissenschaftliche Beiträge, August Schmarsow gewidmet zum fünfzigsten Semester seiner akademischen Lehrtätigkeit ... (Lpz. 1907) VII, 179 S. (Kunstgesch. Monogr. Beih. 1.)

Würdigungen. Zum 80. Geburtstag: H. Weizsäcker, Forsch. u. Fortschr. *9* (1933) 226—27. — O. Wulff, Zs. f. Kunstgesch. *2* (1933) 207—09. — Weitere Würdigungen: E. Voigtländer, Leipzig. Eine Monatsschrift *1* (1924/25) 239—42. — Selbstbiogr., in: Die Kunstwiss. d. Gegenwart in Selbstdarstellungen. Hrsg. v. J. Jahn (Lpz. 1924) 135—56 (m. Bildn.).

Nachruf. J. Jahn, Zs. f. Aesthetik u. allg. Kunstwiss. *30* (1936) 179—82.

Ludwig Schmidt

1862—1944

Prof. der Geschichte, Oberbibliothekar

Schriftenverzeichnis. Kürschners Dtsch. Gelehrten-Kalender *1.* 1925 (Bln-Lpz. 1925) 907—08.

Nachruf. Jahrb. Sächs. Akad. Wiss. *1949—1953* (Bln 1954) S. 49.

Richard Schmidt

1862—1944

Prof. des Straf-, Zivilprozeß- und Staatsrechts,
der Rechts- und Staatslehre

Schriftenverzeichnis. Kürschners Dtsch. Gelehrten-Kalender *3.* 1928/29 (Bln-Lpz. [1929]) Sp. 2114; *6*, 2. 1940/41 (Bln 1941) Sp. 629.

Festschriften. Richard Schmidt, der Forscher und Lehrer. 6 Aufsätze zum 70. Geburtstag v. O. Koellreutter u. a. (Bln 1932) (Zs. f. Politik. 21.) — Festgabe für Richard Schmidt. Zu seinem 70. Geburtstag. Bd 1. 2 (Stuttg. 1932). — Festschrift der Leipziger Juristenfakultät für Dr. Richard Schmidt zum 1. November 1934 (Lpz. 1936) V, 246 S. (Lpz. rechtswiss. Stud. 91.)

Würdigung. P. Ritterbusch, Zs. f. Politik *21* (1932) 624—29.

Nachruf. Jahrb. Sächs. Akad. Wiss. *1949—1953* (Bln 1954) S. 49—50.

Ferdinand Josef Schneider

1879–1954

Prof. der neueren deutschen Sprache und Literatur

Schriftenverzeichnis. W. Hecht, in: Gedenkschrift für Ferdinand Josef Schneider (Weimar 1956) 372–77.

Würdigung. Gedenkschrift für Ferdinand Josef Schneider (1879–1954). Hrsg. v. K. Bischoff (Weimar 1956) 377 S. (m. Bildn.).

Nachrufe. K. Bischoff, in: Gedenkschrift für Ferdinand Josef Schneider (Weimar 1956) 1–5. – W. Hecht, Forsch. u. Fortschr. *29* (1955) S. 30. – H. A. Korff, Jahrb. Sächs. Akad. Wiss. *1954–1956* (Bln 1958) 247–52 (m. Bildn. vor S. 247).

Eberhard Schrader

1836–1908

Prof. der alttestamentlichen Theologie und der Assyriologie

Schriftenverzeichnis. C. Bezold, Zs. f. Assyriol. *22* (1908) 365–85.

Nachrufe. C. Bezold, Zs. f. Assyriol. *22* (1908) 355–65 (m. Bildn. vor Titelbl.). – F. Cunze, Braunschweig. Magazin *1908* Nr. 10. – J. v. Karabacek, Alman. Österr. Akad. Wiss. *59* (Wien 1909) 371–72. – E. Meyer, Gedächtnisrede auf Eberhard Schrader (Bln 1909) 15 S. (Abh. Preuß. Akad. Wiss.). – E. Schrader, Protestantenbl. *41* (1908) Nr. *43*. – H. Zimmern, Ber. Kgl. Sächs. Ges. Wiss. *60* (1908) 195–205.

Theodor Schreiber

1848–1912

Prof. der Archäologie

Schriftenverzeichnis. Original u. Reproduktion *1* (1909) 197–98.

Würdigung. O. Waser, Original u. Reproduktion *1* (1909) 195–96 (m. Bildn.)

Nachrufe. G. Kirstein, Kunstchronik. N. F. *23* (1911/12) 305–06. – F. Studniczka, Ber. Kgl. Sächs. Ges. Wiss. *64* (1912) 187–200.

Wilhelm Schubart

geb. am 21. X. 1873 in Liegnitz

gest. am 9. VIII. 1960 in Altenhof (Schorfheide) ▭ Halle-Trotha.

Prof. der Geschichte des Altertums, zuletzt in Leipzig

(Zuwahl: 28. XI. 1941 als o. Mitgl.)

Schriftenverzeichnis. H. Kortenbeutel u. M.-C. v. Krause, in: Aus Antike und Orient. Festschrift Wilhelm Schubart zum 75. Geburtstag (Lpz. 1950) 7–24.

Festschrift. Aus Antike und Orient. Festschrift Wilhelm Schubart zum 75. Geburtstag. Hrsg. v. S. Morenz (Lpz. 1950) 165 S.

Würdigungen. Zum 60. Geburtstag: F. Zucker, Forsch. u. Fortschr. *9* (1933) 443–44. – Zum 70. Geburtstag: U. Wilcken, ebda *19* (1943) 311–12. – Zum 80. Geburtstag: F. Zucker, ebda *27* (1953) 123–24.

Nachrufe. S. Morenz, ÄZ *86* (1961) I—II (m. Bildn.). — C. Préaux, Extrait de la Chronique d'Egypte *36* (1961) 423ff. — E. Schönbauer, Alman. Österr. Akad. Wiss. *110.* 1960 (Wien 1961) 390—99. — G. Schrot, Wiss. Zs. Univ. Leipzig Gesellsch.- u. sprachwiss. R. *10* (1961) 207—08. — H. J. Wolff, ZSS Roman. Abt. *78* (1961) 547—49. — F. Zukker, Gnomon *33* (1961) 108—09; ders., Jahrb. Dtsch. Akad. Wiss. *1961* (Bln 1962) 887 bis 888; ders., s. vorlieg. Jahrb. S. 398—400 (m. Bildn. nach S. 400). — Universitätszeitung Leipzig *4* (1960) Nr. 33 S. 2.

Alfred Schultze
1864—1946

Prof. des deutschen Rechts und Kirchenrechts

Berichtigung: gest. am 3. VII. 1946 in Leipzig

Schriftenverzeichnis. G. Schubart-Fikentscher, ZSS Germ. Abt. *65* (1947) XLIV—XLVI.

Festschriften. Festschrift Alfred Schultze zum 70. Geburtstage dargebracht von Schülern, Fachgenossen und Freunden ..... (Weimar 1934) VIII, 520 S. (m. Bildn.). — Festschrift der Leipziger Juristenfakultät für Dr. Alfred Schultze zum 19. März 1936 (Lpz. 1938) 249 S. (Lpz. rechtswiss. Studien. 100).

Würdigungen. Zum 70. Geburtstag: W. Merk, Forsch. u. Fortschr. *10* (1934) S. 63. — Zum 80. Geburtstag: H. Planitz, ebda *20* (1944) S. 46.

Nachrufe. H. Planitz, Alman. Österr. Akad. Wiss. *97.* 1947 (Wien 1948) 393—95. — E. Riezler, Jahrb. Bayer. Akad. Wiss. *1949* (Münch. 1949) 125—26. — G. Schubart-Fikentscher, ZSS Germ. Abt. *65* (1947) XXVII—XLIV. — Jahrb. Sächs. Akad. Wiss. *1949 bis 1953* (Bln 1954) S. 50.

Claudius Freiherr von Schwerin
1880—1944

Prof. der Rechtsgeschichte, des deutschen Rechts, deutschen bürgerlichen Rechts und Handelsrechts

Schriftenverzeichnis. Kürschners Dtsch. Gelehrten-Kalender *1.* 1925 u. folg. Jgg.

Würdigungen. H. E. Feine, in: Geist u. Gestalt *1* (Münch. 1959) 239—43 (Bildn. Bd 3 S. 241). — H. Thieme, in: Aus der Geschichte der Rechts-Staatswissenschaften in Freiburg. Hrsg. v. H. J. Wolff (Freib. 1957) 132ff.

Nachrufe. J. Heckel, Jahrb. Bayer. Akad. Wiss. *1944—1948* (Münch. 1948) 117—20. — B. Rehfeldt, ZSS Germ. Abt. *67* (1950) 492—501. — Jahrb. Sächs. Akad. Wiss. *1949 bis 1953* (Bln 1954) S. 51.

Gerhard Seeliger
1860—1921

Prof. der historischen Hilfswissenschaften

Schriftenverzeichnis. R. Kötzschke, Hist. Vjschr. *20.* 1920/21 (1922) 482—96 (im Text).

Festschrift. Festgabe. Gerhard Seeliger zum 60. Geburtstage dargebracht von Rudolf Bemmann, Walter Gerlach u. a. (Lpz. 1920) 240 S.

Nachrufe. R. Kötzschke, Hist. Vjschr. *20.* 1920/21 (1922) 482—96. — F. Rörig, Dtsch. biogr. Jahrb. *3.* 1921 (Stuttg.-Bln—Lpz. 1927) 242—44; ders., Hist. Zs. *125* (1922) 552 bis 55.

August Seidler

1779—1851

Prof. der klassischen Philologie

Schriftenverzeichnis. R. Hoche, Allg. Dtsch. Biogr. *33* (Lpz. 1891) 640—41 (im Text).
Würdigungen. C. Bursian, Gesch. d. klass. Philologie (Münch.-Lpz. 1883) 725—26. — R. Hoche, Allg. Dtsch. Biogr. *33* (Lpz. 1891) 640—41.
Nachruf. Neuer Nekrolog d. Deutschen *1851*,2 (Weimar 1853) 1280—81.

Woldemar von Seidlitz

1850—1922

Kunsthistoriker

Schriftenverzeichnis. Der Große Brockhaus *17* [15](Lpz. 1934) S. 250.
Nachrufe. M. Lehrs, Kunstchronik u. Kunstmarkt *57* (1922) 335—41 (m. Bildn.). — K. Woermann, Ber. Sächs. Akad. Wiss. *74* (1924) H. 2 S. 7*—*20**

Gustav Seyffarth

1796—1885

Prof. der Archäologie mit ägyptologischer Lehrtätigkeit

Schriftenverzeichnis. Meyers Konversations-Lexikon. *14* [4](Lpz. 1889) S. 905.
Würdigungen. K. Knortz, Gustav Seyffarth. Eine biographische Skizze (New York 1886) 122 S. (m. Bildn.). — K. Rudolph, Religionsgeschichte (Bln 1962) 72—77. — G. Steindorff, in: Festschrift Univ. Leipzig 1909 Bd *4*,1 (Lpz. 1909) 65—69.
Nachruf. G. Ebers, ZDMG *41* (1887) 193—231.

Heinrich Siber

1870—1951

Prof. des römischen Rechts und deutschen bürgerlichen Rechts

Schriftenverzeichnis. Iura. Riv. int. di diritto romano e antico *3* (1952) 500—02.
Festschrift der Leipziger Juristenfakultät für Dr. Heinrich Siber zum 10. April 1940. Bd 1.2 (Lpz. 1941 u. 1943) (Lpz. rechtswiss. Studien. 124.)
Würdigungen. Zum 70. Geburtstag: P. Koschaker, Forsch. u. Fortschr. *16* (1940) S. 120. — Zum 80. Geburtstag: ZSS Roman. Abt. *67* (1950) VII—VIII (m. Bildn.).
Nachrufe. E. Jacobi, Jahrb. Sächs. Akad. Wiss. *1949—1953* (Bln 1954) 55—56. — M. Kaser, Iura. Riv. int. di diritto romano e antico *3* (1952) 497—500. — F. Wieacker, ZSS Roman. Abt. *68* (1951) XIX—XXXII.

Eduard Sievers

1850—1932

Prof. der germanischen Philologie

Büste von M. Molitor im Althochdtsch. Wörterbuch der Sächs. Akad. Wiss. und im Inst. f. dtsch. u. german. Philol. der Univ. Leipzig

Schriftenverzeichnis. E. Karg-Gasterstädt, in: Ber. Sächs. Akad. Wiss. *85* (1933) H. 1 S. 57—92.

Festschriften. Philologische Studien. Festgabe für Eduard Sievers. Zum 1. Oktober 1896 (Halle 1896) VI, 441 S. — Germanica. Eduard Sievers zum 75. Geburtstage 25. November 1925 (Halle 1925) X, 727 S. (m. 2 Bildn.).

Würdigungen. Zum 60. Geburtstag: W. Streitberg, Germ.-Roman. Monatsschr. *2* (1910) 577—92. — D. Germann, Wiss. Ann. *6* (1957) 485—93; ders., Jahrb. Sächs. Akad. Wiss. *1957—1959* (Bln 1961) 419—40. — Geschichte der Universität Jena *1* (Jena 1958) 171 bis 172 (m. Bildn.).

Nachrufe. Th. Frings, Beitr. z. Gesch. d. dtsch. Sprache u. Lit. *57* (1933) I—XVIII; ders., Ber. Sächs. Akad. Wiss. *85* (1933) H. 1 S. 1—56. — W. Keller, Jahrb. d. Shakespeare-Ges. *68* (Lpz. 1932) 151—52. — J. H. Kern, Jaarboek Koninkl. Akad. v. Wetenschappen *1931/32* (Amsterdam) 1—4. — C. v. Kraus, Jahrb. Bayer. Akad. Wiss. *1931/32* (Münch. 1932) 44—58. — K. Luick, Alman. Österr. Akad. Wiss. *82* (Wien 1932) 215—33 (m. Bildn.). — E. Schröder, Hessenland *43* (1932) 76—79.

Albert Socin

1844—1899

Prof. der Orientalistik

Berichtigung: gest. am 24. VI. 1899 in Leipzig

Schriftenverzeichnis. E. Kautzsch, Zs. Dtsch. Palästinaver. *22* (1899) 14—17.

Würdigung. J. Fück, Die arabischen Studien in Europa (Lpz. 1955) 241—42.

Nachrufe. E. Kautzsch, Allg. Dtsch. Biogr. *54* (Lpz. 1908) 371—75; ders., Zs. Dtsch. Palästinaver. *22* (1899) 1—14. — E. Windisch, Ber. Kgl. Sächs. Ges. Wiss. *51* (1899) 225—33.

Rudolph Sohm

1841—1917

Prof. des deutschen und römischen Rechts

Schriftenverzeichnisse. H. Fehr, Dtsch. Biogr. Jahrb. *II.* 1917—20 (Stuttg.-Bln-Lpz. 1928) 150—56 (im Text). — S. Grundmann, RGG *6* ³(Tüb. 1962) Sp. 117.

Festschriften. Festgabe für Rudolph Sohm dargebracht zum goldenen Doktorjubiläum von Freunden, Schülern und Verehrern (Münch. 1914) V, 427 S. — Festgabe der Leipziger Juristenfakultät für Dr. Rudolph Sohm zum 8. Juli 1914 (Münch.) VII, 275 S.

Würdigungen. S. Grundmann, RGG *6* ³(Tüb. 1962) 116—17 (dort Hinweis auf weitere Würdigungen). — E. Wohlhaupter, Krit. Vjschr. f. Gesetzgebung u. Rechtswiss. *61* (1931) 56—62. — Selbstbiogr., in: Dtsch. Juristenztg *14* (1909) 1017—19 (m. Bildn.).

Nachrufe. K. v. Amira, Jahrb. Bayer. Akad. Wiss. *1918* (Münch. 1918) 81–86. – H. Fehr, Dtsch. Biogr. Jahrb. *II.* 1917–20 (Stuttg.-Bln-Lpz. 1928) 150–56; ders., ZSS German. Abt. *38* (1917) LIX–LXXVIII. – F. Rendtorff, R. Schmidt, A. Hauck u. V. Ehrenberg, Rudolph Sohm, Gedenkworte (Lpz. [1917]) 23 S. – R. Schmidt, Ber. Kgl. Sächs. Ges. Wiss. *69* (1917) H. 8 S. 15*–34*. – G. Seeliger, Hist. Vjschr. *19* (1920) 543–49.

Ferdinand Sommer

geb. am 4. V. 1875 in Trier
gest. am 3. IV. 1962 in München

Prof. der allgemeinen und indogermanischen Sprachwissenschaft

(Zuwahl: 18. XI. 1922 als o. Mitgl.)

Schriftenverzeichnis. Idg. Forsch. *62* (1956) 78–96; Erg.: Gnomon *34* (1962) S. 844 Anm. 2.
Festschriften. Münchener Studien zur Sprachwissenschaft. Arbeiten des Sprachwissenschaftlichen Seminars der Universität München. H. 1: Veröffentlicht zu Ferdinand Sommers fünfzigjährigem Professorenjubiläum am 9. April 1952 (Münch. 1952) 80 S.; H. 2: Gabe zu Ferdinand Sommers 76. Geburtstag am 4. Mai 1951 (Münch. 1952) 135 S. – Corolla linguistica. Festschrift Ferdinand Sommer zum 80. Geburtstag am 4. Mai 1955 dargebracht von Freunden, Schülern und Kollegen. Hrsg. H. Krahe (Wiesb. 1955) 254 S. (m. Bildn.).
Würdigungen. Zum 80. Geburtstag: R. Pfister, Forsch. u. Fortschr. *29* (1955) S. 158. – Jahrb. Bayer. Akad. Wiss. *1955* (Münch. 1955) 149–50. – Zum 85. Geburtstag: Jahrb. Bayer. Akad. Wiss. *1960* (Münch. 1960) 120–21.
Nachrufe. R. Hauschild, s. vorlieg. Jahrb. S. 405–10 (m. Bildn. nach S. 408). – A. Scherer, Gnomon *34* (1962) 844–47.

Adolf Spamer

1883–1953

Prof. der germanischen Philologie und Volkskunde

Berichtigung: gest. am 20. VI. 1953 in Dresden-Bühlau

Schriftenverzeichnis. H. Bellmann, in: Beiträge zur sprachlichen Volksüberlieferung (Bln 1953) 292–96; Nachtr.: W. Steinitz, Jahrb. Dtsch. Akad. Wiss. *1954* (Bln 1956) S. 386.
Festschrift. Beiträge zur sprachlichen Volksüberlieferung, hrsg. v. I. Weber-Kellermann u. W. Steinitz (Bln 1953) 296 S. (Dtsch. Akad. Wiss. Veröff. d. Komm. f. Volksk. 2.) [Festschr. f. A. Spamer z. 70. Geburtstag.]
Würdigungen. Zum 70. Geburtstag: I. Weber-Kellermann, Wiss. Ann. *2* (1953) S. 334. – Weitere Würdigungen: M. Bachmann, in: Dtsch. Volkskunst (Dresd. 1952) 25–27; ders., Volkskunst *1* (1952) H. 1 S. 26. – K. E. Fritzsch, Mitteldtsch. Bl. f. Volksk. *11* (1936) 87–95. – I. Weber-Kellermann, Dtsch. Jahrb. f. Volksk. *1956*, 2 (Bln 1956) 237–45.
Nachrufe. F. Geissler, Jahrb. Sächs. Akad. Wiss. *1949–1953* (Bln 1954) 58–60. – H. Hepding, Hess. Bl. f. Volksk. *44* (1953) 161–67. – F. Lerner, ebda 154–61. – G. A. Megas, Laographia *15* (Athen 1953) 172–74 [griech.] – H. Moser, Bayer. Jahrb. f. Volksk. *1953* (Regensb. 1953) 192–94. – J. M. Ritz, Zs. f. Volksk. *50* (1953) 303–05. – L. Schmidt, Österr. Zs. f. Volksk. *56* (1954) S. 149. – F. Sieber, Dtsch. Jahrb. f.

Volksk. *1955*, 1 (Bln 1955) 249—51. — W. Steinitz, Jahrb. Dtsch. Akad. Wiss. *1954* (Bln 1956) 384—86. — I. Weber-Kellermann, Forsch. u. Fortschr. *27* (1953) S. 94; dies., Wiss. Ann. *2* (1953) S. 652; dies., Schweizer Arch. f. Volksk. *49* (1953) 219—25. — A. Zirkler, Mitteldtsch. Bl. f. Volksk. *8* (1953) 88—95.

Anton Springer

1825—1891

Prof. der Kunstgeschichte

Büste von C. Seffner im Archiv der Univ. Leipzig

Die Verleihung eines Reisestipendiums für Kunsthistoriker aus der „Anton Springer Stiftung" stand der phil.-hist. Klasse der Akademie aus den dreijährigen Erträgnissen des Stiftungsfonds, erstmalig 1888, zu.

Schriftenverzeichnis. H. Janitschek, in: A. Springer, Aus meinem Leben (Bln 1892) 358 bis 382 (im Text). — R. Kukula, Allg. dtsch. Hochschulen-Alman. (Wien 1888) S. 827.

Festschriften. Straßburger Festgruß an Anton Springer zum 4. Mai 1885 (Stuttg. 1885) 43 S. — Gesammelte Studien zur Kunstgeschichte. Eine Festgabe zum 4. 5. 1885 für Anton Springer (Lpz. 1885) 266 S.

Würdigungen. Zum 60. Geburtstag: J. Lessing, Zs. f. bild. Kunst *1885* S. 173. — Weitere Würdigungen: C. Clemen, Allg. Dtsch. Biogr. *35* (Lpz. 1893) 315—17 (dort Hinweis auf weitere zahlr. Würdigungen). — R. Feldhusen, RGG *6* ³(Tüb. 1962) Sp. 284. — J. Jahn, Universitätszeitung Leipzig *3* (1959) Nr. 43/44 S. 6. — W. Waetzold, Dtsch. Kunsthistoriker *2* (Lpz. 1924) 106—29. — Selbstbiogr., Aus meinem Leben (Bln 1892) 357 S. (m. 2 Bildn.). — Jub.-Bd 1896 S. XXXIV.

Nachruf. W. v. Seidlitz, Zs. f. Bildende Kunst N. F. *3* (1892) 1—6, 25—31 (m. Bildn.). — Hinweis auf weitere Nachrufe, in: Allg. Dtsch. Biogr. *35* (Lpz. 1893) S. 317.

Walter Stach

1890—1955

Prof. der mittellateinischen Sprache und Literatur

Nachruf. H. Kusch, Jahrb. Sächs. Akad. Wiss. *1954—1956* (Bln 1958) 256—58 (m. Bildn.).

Carl Bernhard Stark

1824—1879

Prof. der klassischen Philologie und Archäologie

Berichtigung: geb. am 2. X. 1824 in Jena

Schriftenverzeichnis. Biogr. Jahrb. Altertumsk. *2.* 1879 (Bln 1880) 44—45.

Würdigungen. C. Bursian, Gesch. d. klass. Philologie (Münch.-Lpz. 1883) 1100—1102. — R. Hoche, Allg. Dtsch. Biogr. *35* (Lpz. 1893) 488—90.

Nachruf. Frommel, Biogr. Jahrb. Altertumsk. *2.* 1879 (Bln 1880) 40—44.

Georg Steindorff

1861–1951

Prof. der Ägyptologie

Schriftenverzeichnis. J. H. Breasted jr., Journal of the American Oriental Society *66* (1946) 76ff. u. *67* (1947) 141–42, 326–27.

Würdigungen. J. Jahn, Das Neue Leipzig *2* (1931) S. 389. – S. Morenz, ÄZ *79* (1954) V–VI (m. Bildn.).

Nachrufe. H. Bonnet, ZDMG *102* (1952) 21–27 (m. Bildn.). – H. Stock, AfO. *15* (1945–1951) 168–69. – Jahrb. Sächs. Akad. Wiss. *1949–1953* (Bln 1954) 56–57.

Wilhelm Stieda

1852–1933

Prof. der Nationalökonomie

Schriftenverzeichnis. W. E. Biermann, Wilhelm Stieda (Greifsw. 1922) 59–72.

Festschriften. Volkswirtschaftliche und wirtschaftsgeschichtliche Abhandlungen. Wilhelm Stieda als Festgruß zur 60. Wiederkehr seines Geburtstages (Lpz. 1912) III, 352 S. – E. W. Biermann, Wilhelm Stieda. Ansprache, gehalten bei akadem. Nachfeier seines 70. Geburtstages am 29. April 1922 in Leipzig (Greifsw. 1922).

Würdigung. Dtschl., Österr.-Ung. u. d. Schweiz Gelehrte, Künstler u. Schriftsteller in Wort und Bild [3](Hann. 1911) S. 592.

Nachruf. W. Goetz, Ber. Sächs. Akad. Wiss. *85.* 1933 (1934) H. 3 S. 1–12. [Auch in:] W. Goetz, Historiker in meiner Zeit (Köln-Graz 1957) 286–95.

Johann Ernst Otto Stobbe

1831–1887

Prof. der deutschen Rechtsgeschichte und des deutschen Privatrechts

Schriftenverzeichnis. E. Friedberg, Otto Stobbe (Bln 1887) 35–40.

Würdigung. E. Landsberg, Allg. Dtsch. Biogr. *36* (Lpz. 1893) 262–66.

Nachruf. E. Friedberg, Otto Stobbe. Rede gehalten bei der akademischen Gedächtnisfeier der Leipziger Juristenfakultät am 28. Juni 1887 (Bln 1887) 31 S. (m. Bildn.).

Wilhelm Streitberg

1864–1925

Prof. der indogermanischen Sprachwissenschaft

Schriftenverzeichnis. Stand und Aufgaben der Sprachwissenschaft. Festschrift für Wilhelm Streitberg (Heidelb. 1924) VII–XIX; Erg.: Idg. Jahrb. *10.* 1924/25 (Bln u. Lpz. 1926) S. 413.

Festschriften. Ein hethitischer Mythus. Streitberg-Festgabe. (Lpz. 1924) XV, 441 S. (m. Bildn.). – Stand und Aufgaben der Sprachwissenschaft. Festschrift für Wilhelm Streitberg (zum 60. Geburtstag am 23. Februar 1924) (Heidelb. 1924) XIX, 683 S.

Nachrufe. W. Porzig, Biogr. Jahrb. Altertumsk. *48* (Bln 1928) 58–72; ders., Idg. Jahrb. *10.* 1924/25 (Bln u. Lpz. 1926) 408–13. – F. Sommer, Ber. Sächs. Akad. Wiss. *78* (1926) H. 4 S. 7*–11*.

Franz Studniczka

1860—1929

Prof. der klassischen Archäologie

Bronzekopf von F. Hackebeil und Denkmal m. Bronzeplakette von K. Kluge im Archäol. Inst. der Univ. Leipzig

Schriftenverzeichnis. H. Koch, Ber. Sächs. Akad. Wiss. *82.* 1930 (1931) H. 2 S. 15—20.

Nachrufe. C. Curtius, Röm. Mitt. *44* (1929) I—III. — H. Koch, Ber. Sächs. Akad. Wiss. *82.* 1930 (Lpz. 1931) H. 2 S. 1—14. — E. Löwy, Alman. Österr. Akad. Wiss. *80* (Wien 1930) 200—07. — K. A. Neugebauer, Forsch. u. Fortschr. *6* (1930) 29—30. — W. Pinder, Ges. Aufsätze (Lpz. 1938) 152—60. — A. Rumpf, Biogr. Jahrb. Altertumsk. *60* (Lpz. 1934) 51—119 (m. Bildn. vor Titelbl.). — Th. Wiegand, Archäol. Anz. *1930* Sp. 187—91. — P. Wolters, Gnomon *6* (1930) 108—12.

Hans Stumme

1864—1936

Prof. der Orientalistik

Schriftenverzeichnis. Kürschners Dtsch. Gelehrten-Kalender *1.* 1925 u. folg. Jgg.

Würdigung. Zum 70. Geburtstag: A. Klingenheben, Forsch. u. Fortschr. *10* (1934) 375—76.

Reinhold Trautmann

1883—1951

Prof. der slawischen Sprachen und Literaturen

Schriftenverzeichnis. R. Olesch u. H. Schroeder, ZfslPh. *22* (1954) 5—11; Erg.: F. W. Neumann, ebda S. 394.

Würdigungen. R. Fischer, Wiss. Zs. Univ. Leipzig. Gesellsch.- u. sprachwiss. R. *11* (1962) 511—15 (m. Bildn.). — E. Hexelschneider, Wiss. Zs. Univ. Greifswald. Gesellsch. u. sprachwiss. R. *8* (1958/59) 521—25.

Nachrufe. H. H. Bielfeldt u. W. Wissmann, Jahrb. Dtsch. Akad. Wiss. *1952—1953* (Bln 1954) 229—32. — M. Vasmer, ZfslPh. *22* (1954) 1—5. — Jahrb. Sächs. Akad. Wiss. *1949—1953* (Bln 1954) S. 57.

Georg Treu

1843—1921

Prof. der klassischen Archäologie und Kunstgeschichte

Schriftenverzeichnis. Wer ist's? (H. A. L. Degener) *6* (Lpz. 1912) S. 1642.

Nachruf. F. Studniczka, Ber. Sächs. Akad. Wiss. *73* (1921) H. 2 S. 51*—62*.

Friedrich Tuch
1806—1867
Prof. der alttestamentlichen Theologie und Orientalistik

Schriftenverzeichnis. V. Ryssel, in: Realencykl. protest. Theol. (J. J. Herzog u. A. Hauck) *20* ³(Lpz. 1908) 146—48 (im Text).
Würdigungen. V. Ryssel, Zs. kirchl. Wissensch. u. Leben *1886* S. 169ff.; ders., in: Realencykl. protest. Theol. (J. J. Herzog u. A. Hauck) *20* ³(Lpz. 1908) 146—48. — C. Siegfried, Allg. Dtsch. Biogr. *38* (Lpz. 1894) 754—56 (dort Hinweis auf weitere Würdigungen).
Nachruf. Unsere Zeit. Dtsch. Rev. d. Gegenwart. N. F. *3*, 2 (1867) 303—05.

Friedrich August Ukert
1780—1851
Geograph, Oberbibliothekar

Schriftenverzeichnisse. H. Doering, Neuer Nekrolog d. Deutschen *29*, 1. 1851 (Weimar 1853) 393—94. — K. Goedeke, Grdr. Gesch. dtsch. Dichtg *6* (Dresden 1906) 337—39.
Würdigungen. K. Bader, Lex. dtsch. Bibliothekare (Lpz. 1925) S. 266. — C. Bursian, Gesch. d. klass. Philologie (Münch.-Lpz. 1883) S. 559. — W., Allg. Dtsch. Biogr. *39* (Lpz. 1895) 175—76.
Nachruf. H. Doering, Neuer Nekrolog d. Deutschen *29*, 1. 1851 (Weimar 1853) 392—93.

Max Vasmer
geb. am 28. II. 1886 in St. Petersburg
gest. am 30. XI. 1962 in Berlin-Nikolassee
Prof. der slawischen Philologie,
zuletzt in West-Berlin
(Zuwahl: 30. VI. 1923 als o. Mitgl.)

Schriftenverzeichnis. Festschrift für Max Vasmer zum 70. Geburtstag (Wiesb. 1956) 1—22; Erg.: M. Woltner, ZfslPh. *31* (1963) 19—21.
Festschrift für Max Vasmer zum 70. Geburtstag am 28. Februar 1956. Zusammengest. v. M. Woltner u. H. Bräuer (Wiesb. 1956) 576 S. (m. Bildn.).
Würdigungen. Zum 75. Geburtstag: H. H. Bielfeld, Forsch. u. Fortschr. *35* (1961) 61—62. — Weitere Würdigung: ders., Wiss. Zs. Univ. Berlin Jub.-Jg. *1959/60* Beih. S. 39—40.
Nachrufe. H. H. Bielfeld, Jahrb. Dtsch. Akad. Wiss. *1962* (Bln 1963) 164—65. — R. Fischer, s. vorlieg. Jahrb. S. 414—16 (m. Bildn. vor S. 409). — M. Woltner, ZfslPh. *31* (1963) 1—19. — Nachtrag s. S. 157.

Georg Voigt
1827—1891
Prof. der Geschichte

Schriftenverzeichnisse. W. Haan, Sächs. Schriftsteller-Lex. (Lpz. 1875) S. 353. — Der Große Brockhaus *19* ¹⁵(Lpz. 1934) S. 638.
Würdigungen. W., Allg. Dtsch. Biogr. *40* (Lpz. 1896) S. 204. — Jub.-Bd 1896 S. XXXIII.
Nachruf. M. Lehnert, Biogr. Jahrb. Altertumsk. *17.* 1894 (Bln 1895) 43—63.

Moritz Voigt

1826—1905

Prof. des römischen Rechts

Schriftenverzeichnis. R. Kukula, Jahrb. d. dtsch. Hochschulen *1892* (Innsbr. 1892) S. 959; *1893* S. 252.

Nachruf. L. Mitteis, Ber. Kgl. Sächs. Ges. Wiss. *57* (1905) 299—304.

Johannes Volkelt

1848—1930

Prof. der Philosophie

Schriftenverzeichnis. H. Volkelt, in: Festschrift Johannes Volkelt zum 70. Geburtstag dargebracht (Münch. 1918) 417—28.

Festschriften. Festschrift Johannes Volkelt zum 70. Geburtstag dargebracht von P. Barth u. a. (Münch. 1918) VII, 428 S. (m. Bildn.). — Zwischen Philosophie und Kunst. Johannes Volkelt zum 100. Lehrsemester. Hrsg. v. W. Schuster (Lpz. 1926) IV, 134 S.

Würdigungen. Zum 70. Geburtstag: F. Lipsius, Kant-Studien *23.* 1918/19 (1919) 333—41. — Weitere Würdigung: Die Philosophie der Gegenwart in Selbstdarstellungen. Hrsg. v. R. Schmidt *1* ²(Lpz. 1923) 215—43 (m. Bildn.).

Nachrufe. F. Krueger, Ber. Sächs. Akad. Wiss. *82.* 1930 (1931) H. 1, 14 S. — E. Utitz, Kant-Studien *36* (1931) 158—60.

Curt Wachsmuth

1837—1905

Prof. der alten Geschichte und klassischen Philologie

Schriftenverzeichnis. B. A. Müller, Biogr. Jahrb. Altertumsk. *30* (Bln 1907) 186—97.

Festschrift. Philologisch-historische Beiträge. Curt Wachsmuth zum 60. Geburtstag (Lpz. 1897) VII, 218 S.

Nachrufe. H. Lipsius, Ber. Kgl. Sächs. Ges. Wiss. *57* (1905) 287—97. — F. Marx, Biogr. Jahrb. u. dtsch. Nekrolog (A. Bettelheim) *10.* 1905 (Bln 1907) 42—48. — B. A. Müller, Biogr. Jahrb. Altertumsk. *30* (1907) 164—86 (dort Hinweis auf weitere Nachrufe).

Wilhelm Wachsmuth

1784—1866

Prof. der Geschichte

Berichtigung: geb. am 28. XII. 1784 in Hildesheim

Schriftenverzeichnis. Wegele, Allg. Dtsch. Biogr. *40* (Lpz. 1896) 423—24 (im Text).

Würdigung. Wegele, Allg. Dtsch. Biogr. *40* (Lpz. 1896) 423—24.

Carl Georg von Wächter

1797—1880

Prof. des römischen Rechts und Strafrechts

Ergänzung: gest. am 15. I. 1880 in Leipzig ▭ Röcknitz

Schriftenverzeichnisse. O. v. Wächter, Carl Georg von Wächter. Leben eines deutschen Juristen (Lpz. 1881) 143—57. — B. Windscheid, Carl Georg von Wächter (Lpz. 1880) 82—91.

Festschriften. G. Hänel, Lebensskizzen einiger in Sachsen außerhalb Leipzig geb. Juristen, welche sich um die Gesch. d. röm. Rechts . . . verdient gemacht haben. Festschrift z. d. 25jähr. Ordinariats-Jub. d. Herrn Carl Georg von Wächter (Lpz. 1878) 43 S. — Herrn Carl Georg von Wächter . . . zur Feier s. fünfzigj. Professorjub. am. 13. Aug. 1869 überreicht von der Juristenfakultät zu Leipzig (Lpz. 1869) 46 S.

Würdigung. v. Eisenhart, Allg. Dtsch. Biogr. *30* (Lpz. 1896) 435—40 (dort Hinweis auf weitere Würdigungen).

Nachrufe. O. v. Wächter, Carl Georg von Wächter, Leben eines deutschen Juristen (Lpz. 1881) XI, 192 S. — B. Windscheid, Carl Georg von Wächter (Lpz. 1880) 91 S. — Hinweis auf weitere Nachrufe, in: Allg. Dtsch. Biogr. *30* (Lpz. 1896) S. 440.

Anton Westermann

1806—1869

Prof. der klassischen Philologie

Schriftenverzeichnis. Meyers Konversations-Lex. *16* [4](Lpz.-Wien 1890) S. 553.

Würdigungen. C. Bursian, Gesch. d. klass. Philologie (Münch.-Lpz. 1883) 890—94. — Festschrift Universität Leipzig 1909 Bd *4*, 1 (Lpz. 1909) S .6 u. 15. — Jub.-Bd 1896 S. XXIX.

Ulrich Wilcken

1862—1944

Prof. der alten Geschichte

Schriftenverzeichnis. Alman. Österr. Akad. Wiss. *95.* 1945 (Wien 1947) 226—28.

Festschrift. Udalrico Wilcken septuaginta vitae annos feliciter complenti (Milano 1933) 692 S. (Aegyptus. 13.)

Würdigungen. Zum 70. Geburtstag: W. Schubart, Forsch. u. Fortschr. *8* (1932) 459—60. — Zum 80. Geburtstag: L. Wenger, ebda *18* (1942) 358—59. — Zum 100. Geburtstag: R. Günther, Wiss. Zs. Univ. Leipzig. Gesellsch.- u. sprachwiss. R. *12* (1963) 548—50. — J. Irmscher, ebda 550—53. — G. Klaffenbach, ebda 546—48. — W. Müller, ebda 554—57. — G. Schrot, ebda 553—54. — F. Zucker, ebda 544—46; ders., Forsch. u. Fortschr. *36* (1962) 378—79. — Weitere Würdigung: Bildnisse berühmter Mitglieder der Deutschen Akademie der Wissenschaften zu Berlin (Bln 1950) S. 105 (m. Bildn.).

Nachrufe. W. Enßlin, Jahrb. Bayer. Akad. Wiss. *1944—1948* (Münch. 1948) 159—62. — M. Gelzer, Jahrb. Dtsch. Akad. Wiss. *1946—1949* (Bln 1950) 244—51. — E. Kießling, Forsch. u. Fortschr. *21—23* (1947) 62—64. — W. Schubart, Gnomon *21* (1949)

88–90. — L. Wenger, Alman. Österr. Akad. Wiss. *95.* 1945 (Wien 1947) 199–226; ders., ZSS Roman. Abt. *65* (1947) XI–XX. — F. Zucker, Arch. f. Papyrusforsch. *15* (1953) 1–3 (m. Bildn.). — Jahrb. Sächs. Akad. Wiss. *1949–1953* (Bln 1954) S. 51.

Ernst Windisch

1844–1918

Prof. des Sanskrit

Schriftenverzeichnis. E. Kuhn, in: Festschrift für Ernst Windisch zum 70. Geburtstag (Lpz. 1914) 366–80; Nachtr.: ZDMG *73* (1919) S. 185 Anm.

Festschrift Ernst Windisch zum siebzigsten Geburtstag am 4. September 1914 dargebracht von Freunden und Schülern (Lpz. 1914) VIII, 380 S.

Würdigung. F. Weller, Journal of the Pāli Text Society *1924–1927* (1927) 27–29.

Nachrufe. M. Förster, ZDMG *73* (1919) 183–88 (m. Bildn.). — J. Hertel, Ber. Sächs. Akad. Wiss. *73* (1921) H. 2 ,S. 9*–24*. — E. Hultsch, ZDMG *73* (1919) S. 188.

Moriz Wlassak

1854–1939

Prof. der römischen Rechtsgeschichte

Berichtigung: gest. am 24. IV. 1939 in Wien

Schriftenverzeichnisse. L. Wenger, Alman. Österr. Akad. Wiss. *89.* 1939 (Wien 1940) 282 bis 285; ders., ZSS Roman. Abt. *60* (1940) XLII–XLV.

Würdigung. Zum 80. Geburtstag: ZSS Roman. Abt. *55* (1935) 497–98.

Nachrufe. L. Wenger, Alman. Österr. Akad. Wiss. *89.* 1939 (Wien 1940) 260–81 (m. Bildn.); ders., Forsch. u. Fortschr. *15* (1939) S. 239; ders., ZSS Roman Abt. *60* (1940) IX–XLII (m. Bildn.).

Karl Woermann

1844–1933

Prof. der Kunstgeschichte, Direktor der Dresdner Gemäldegalerie

Schriftenverzeichnis. Original u. Reproduktion *1* (1909) 307–10 (1866–1910).

Würdigungen. J. Jahn, Forsch. u. Fortschr. *6* (1930) 283–84. — H. Menz, Wiss. Zs. Univ. Leipzig. Gesellsch.- u. sprachwiss. R. *12* (1963) 331–36. — K. Woermann, Erinnnerungen eines Achtzigjährigen 2 Bde (Lpz. 1924). — Selbstbiogr., in: Die Kunstwissenschaft der Gegenwart in Selbstdarstellungen. Hrsg. v. J. Jahn (Lpz. 1924) 199–227 (m. Bildn.). — Original u. Reproduktion *1* (1909) S. 307 (m. Bildn.).

Nachrufe. L. Bruhns, Ber. Sächs. Akad. Wiss. *85.* 1933 (1934) H. 3 S. 15–24. — E. Hempel, Zs. f. Kunstgesch. *2* (1933) 209–12.

Richard Paul Wülker

1845–1910

Prof. der Anglistik

Schriftenverzeichnis. Wer ist's? (H. A. L. Degener) (Lpz. 1905) S. 233.

Nachrufe. A. Birch-Hirschfeld, Ber. Kgl. Sächs. Ges. Wiss. *62* (1910) 493–500. — M. Deutschbein, Engl. Studien *42* (1910) 154–59.

Friedrich Zarncke

1825–1891

Prof. der deutschen Philologie

Schriftenverzeichnisse. F. Vogt, Zs. f. dtsch. Philologie *25* (1892) 85–90. – E. Zarncke, in: Kleine Schriften von Friedrich Zarncke *2* (Lpz. 1898) 376–97.

Würdigungen. F. Schulze, in: Otto Glauning zum 60. Geburtstag. Festgabe aus Wissenschaft u. Bibliothek. Hrsg. v. H. Schreiber *1* (Lpz. 1936) 185–87. – E. Sievers, Allg. Dtsch. Biogr. *44* (Lpz. 1898) 700–06. – S. Streller, in: Karl-Marx-Universität Leipzig 1409–1959 Bd *1* (Lpz. 1959) 115–28. – E. Zarncke, in: Sächs. Lebensbilder *1* (Lpz. 1930) 420–32 (m. Bildn.).

Nachrufe. F. Vogt, Zs. f. dtsch. Philologie *25* (1892) 71–85. – E. Zarncke, in: Kleine Schriften vn Friedrich Zarncke *2* (Lpz. 1898) 376–97.

Heinrich Zimmern

1862–1931

Prof. der Assyriologie

Schriftenverzeichnis. F. A. Weissbach, Zs. f. Assyriologie N. F. *6* (1931) 144–62.

Würdigungen. Zum 100. Geburtstag: B. Landsberger, Forsch. u. Fortschr. *36* (1962) 219–20. – K. Rudolph, Religionsgeschichte (Bln 1962) 96–98.

Nachrufe. B. Landsberger, Zs. f. Assyriologie N. F. *6* (1931) 133–43 (m. Bildn.). – E. Weidner, Arch. f. Orientforsch. *7* (1931) 146–47. – F. H. Weissbach, Litterae Orientales *46* (1931) 15–18.

Nachtrag zu M. Vasmer S. 153: H. Bräuer, Jahrb. Akad. Wiss. u. Lit. *1963* (Wiesb. 1964) 62–76 (m. Bildn.). – H. Hunger, Alman. Österr. Akad. Wiss. *113.* 1963 (Wien 1964) 469–75 (m. Bildn.).

GEDENKTAGE

100. Geburtstage

1960

Ehrenmitglieder

Schmidt-Ott, Friedrich	4. Juni

Mathematisch-naturwissenschaftliche Klasse

Bauschinger, Julius	28. Januar
Stobbe, Hans	9. Juni
Paal, Carl	1. Juli
Walther, Johannes	20. Juli

Philologisch-historische Klasse

Seeliger, Gerhard	30. April
Ilberg, Johannes	10. Juli
Studniczka, Franz	14. August

1961

Mathematisch-naturwissenschaftliche Klasse

Fischer, Otto	26. April
Engel, Friedrich	26. Dezember

Philologisch-historische Klasse

Meyer—Lübke, Wilhelm	30. Januar
Murko, Matija	10. Februar
Steindorff, Georg	12. November
Marcks, Erich	17. November

1962

Mathematisch-naturwissenschaftliche Klasse

Hilbert, David	23. Januar
Des Coudres, Theodor	13. März
Bjerknes, Vilhelm	14. März
Wiener, Otto	15. Juni

Philologisch-historische Klasse

Schmidt, Richard	19. Januar
Becker, Philipp August	1. Juni
Zimmern, Heinrich	14. Juli
Schmidt, Ludwig	16. Juli
Köster, Albert	7. November
Wilcken, Ulrich	18. Dezember

150. Geburtstage

1962

Mathematisch-naturwissenschaftliche Klasse

Lehmann, Carl Gotthelf	7. März

Philologisch-historische Klasse

Marquardt, Carl Joachim	19. April

BIBLIOTHEK UND ARCHIV

Bibliothekar im Nebenamt: Joachim Dietze (bis 31. XII. 1961 Rolf Trauzettel) wissenschaftlicher Bibliothekar an der Universitätsbibliothek Leipzig, Leipzig C 1, Beethovenstraße 6, Tel. 34391
Bibliothekarin im Nebenamt: Barbara Jahn
Magazinverwalter: Max Damies

KASSE

Leiter im Nebenamt: Herbert Kaesehagen, Leiter der Abteilung Haushalt an der Karl-Marx-Universität Leipzig, Leipzig C 1, Ritterstraße 26, Tel. 7971
Buchhaltung: Lea Zimmermann
Gehaltsrechnerin: Inge Gröbe

VERWALTUNG UND SEKRETARIAT

Leipzig C 1, Universitätsstraße 3—5, Tel. 26090 und 22886

Verwaltungsleiterin: Ilse Stohmann
Bibliothekarin: Gertrud Lindemann
Wiss. Assistentin: Dipl. phil. Elisabeth Lea
Angestellte: Frieda Lehmann, Heinz Kunze, Horst Kischel (bis 15. VII. 1962)

VERLAG DER AKADEMIE

Akademie-Verlag GmbH, Berlin W 8, Leipziger Straße 3—4, Tel. 220441

KOMMISSIONEN UND UNTERNEHMUNGEN

Mathematisch-naturwissenschaftliche Klasse

Kommission für Poggendorff's biographisch-literarisches Handwörterbuch der exakten Naturwissenschaften

Leipzig C 1, Universitätsstraße 3—5, Tel. 26090 u. 22886

Vorsitzender: bis 4. XII. 1960 Arland, seit 5. XII. 1960 Neef
Mitglieder: Arland, Mothes, Runge (seit 14. V. 1962), Simon †, Strack, Prof. Dr. Hans Salié und Prof. Dr. Rudolph Zaunick als außerakademische Mitglieder

Redaktion (Leipzig C 1, Beethovenstraße 6, Tel. 30823 u. 32431 App. 88 u. 89): Prof. Dr. Hans Salié, Prof. Dr. Rudolph Zaunick

Wissenschaftliche Oberassistenten: Dr. Maria Schwarzburger (bis 31. XII. 1961), Dr. Lebrecht Weichsel; wissenschaftliche Assistentin: Dipl. phil. Lili Schneyer; Bibliothekarinnen: Dr. Hildegard Delling, Dorothea Johow, Luise Lützenberg, Martha Thon (bis 31. XII. 1961); bibliothekarische Hilfskräfte: Lona Meischner (seit 1. I. 1962), Margot Mohs; wissenschaftliche Sekretärin: Ella Kandtler; Mitarbeiter: Dr. Maria Schwarzburger, Margarete Storch

Kommission für größere Forschungsangelegenheiten der mathematisch-naturwissenschaftlichen Klasse

Leipzig C 1, Universitätsstraße 3—5, Tel. 26090 u. 22886

Vorsitzender: Arland
Mitglieder: Schwabe, Simon †, Strack, Wolf (seit 14. V. 1962)

Düngung der Pflanzen

Leipzig O 5, Johannisallee 19, Tel. 63002
Leiter: Arland
Mitarbeiter: Dr. Ruth Zwicker, Irene Glitsch, Fritz Schulz

Laboratorium für Alternsforschung

Leipzig C 1, Johannisallee 32, Tel. 34481
Leiter: Bürger
Technische Hilfskraft: Dieter Richter

Versuche zur Verbesserung der Synthese von Phenylchromverbindungen

Jena, August-Bebel-Straße 2, Tel. 3472
Leiter: Hein
Mitarbeiter: Dipl.-Chem. Eberhard Brink (bis 31. V. 1962), Dipl.-Chem. Johannes Hähle, Dipl.-Chem. Wolfgang Bergholz, Dipl.-Chem. Günter Stolze

Erweiterte Regionalbibliographie von Mitteldeutschland

Dresden A 27, Münchner Platz 3, Tel. 4834894
Leiter: Neef
Mitarbeiter: Dipl.-Geogr. Ernst Benedict

Reinigung von Abwässern mit Hilfe von Adsorbentien

Halle (Saale), Schloßberg 2, Tel. 21191
Leiter: Runge
Mitarbeiter: Dipl.-Chem. Werner Faulmann, Dipl.-Chem. Werner Hülsmann

„Forschungsauftrag Robert Schröder" (Untersuchungen zur Frauenheilkunde)

Rostock, Doberaner Straße 142, Tel. 6201
Leiter: Prof. Dr. Helmut Kyank
Chemisch-technische Assistentin: Ingrid Haberer

Kristallstruktur und Katalyse. Holzimprägnierung

Dresden A 27, Mommsenstraße 6, Tel. 4830, App. 3334
Leiter: Simon† (bis 5. V. 1962); seitdem: Schwabe
Mitarbeiter: Dipl.-Chem. Christian Oehme (bis 31. XII. 1960), Klaus-Bernd Börner (bis 14. I. 1962), Brigitte Karschunke (bis 1. IV. 1961), Dr. Friedemann Arnold, Dipl.-Chem. Dieter Klau, Dipl.-Chem. Dieter Treibmann, Chem.-techn. Assistentin Karin Dürrschmidt (seit 15. IX. 1961)

Abwässer-Biochemie

Leipzig C 1, Liebigstraße 16, Tel. 31114, App. 387
Leiter: Strack

Arbeiten an der Herausgabe der Briefe Alexander von Humboldts der Deutschen Akademie der Wissenschaften zu Berlin

Leipzig C 1, Universitätsstraße 3—5, Tel. 26090 u. 22886
Mitarbeiter: Dipl. phil. Winnifred Schenk

Philologisch-historische Klasse

Althochdeutsches Wörterbuch

Leipzig C 1, Beethovenstraße 6, Tel. 30823 u. 32431, App. 83—85
Leiter: Frings und Karg-Gasterstädt
Wissenschaftliche Arbeitsleiter: Dr. Heinrich Götz, Dr. Gertraud Müller Dr. Elfriede Ulbricht, Dr. Gerhard Wolfrum
Wissenschaftliche Assistenten: Dr. Siegfried Blum, Dr. Christa Donath (bis 31. VII. 1962), Dipl. phil. Sybille Habermann
Mitarbeiter: Studienrat i. R. Hildegard Schellenberg, Studienrat i. R. Karl Steinborn

Altnordisches Wörterbuch

Leipzig C 1, Universitätsstraße 3—5, Tel. 22886
Leiter: Baetke
Wissenschaftlicher Oberassistent: Dr. Rolf Heller
Wissenschaftliche Assistentin: Dipl. phil. Gudrun Rietzsch (bis 30. VI. 1960), Dipl. phil. Ingrid Pak (1. VII. 1960—30. IX. 1961), Dr. Ingeborg Benath
Wissenschaftliche Hilfskräfte: Dipl. phil. Gisela Mövius, Dipl. phil. Lothar Wezel
Mitarbeiter: Dipl. phil. Gudrun Rietzsch, Dr. Ernst Walter

Wörterbuch der obersächsischen Mundarten

Leipzig C 1, Universitätsstraße 3—5, Tel. 22886
Leiter: Frings, als Vertreter Dozent Dr. Rudolf Große
Wissenschaftliche Assistenten: Dr. Joachim Göschel (bis 30. IX. 1961), Dr. Gunter Bergmann, Dipl. phil. Lieselotte Flechsig
Wissenschaftliche Hilfskräfte: Dipl. phil. Dagmar Helm, Dipl. phil. Volkmar Hellfritzsch, Dipl. phil. Horst Weber
Sekretärin: Eva Jungnickel

Bibliographie zur Vor- und Frühgeschichte Mitteldeutschlands

Halle (Saale), Richard-Wagner-Straße 9—10, Tel. 7961, App. 326
Leiter: M. Jahn
Bearbeiter: Prof. Dr. Walther Schulz, Liddy Bierbaum

Herausgabe der syrischen liturgischen Lieder

Leiter: Besseler und Meyer
Bearbeiter: Dr. Rolf Dempe

Erschließung der Handschriftenbestände des Hauptarchivs der Franckeschen Stiftungen in Halle

Halle (Saale), Franckeplatz 1, Tel. 8147
Leiter: Eißfeldt
Bearbeiter: Dr. Wilhelm Schäfer

Untersuchungen zu den Beziehungen Ägyptens, Syriens und Griechenlands

Leipzig C 1, Schillerstraße 6, Tel. 21583
Leiter: Morenz
Mitarbeiter: Dr. Dieter Müller (bis 30. XI. 1960)

Untersuchungen sprachlicher Überlieferungen in den Gebieten am Niederrhein

Leipzig C 1, Universitätsstraße 3—5, Tel. 27673
Leiter: Frings mit Dr. Gabriele Schieb
Mitarbeiterin: Dipl. phil. Helga Diersch

Historische Kommission

Leipzig C 1, Universitätsstraße 3—5, Tel. 22886
Vorsitzender: Kretzschmar (bis 19. III. 1962), Schubart-Fikentscher
Stellv. Vorsitzender: Prof. Dr. Walter Markov
Beisitzer: Prof. D. Franz Lau

Mitglieder: Dr. Friedrich Beck, Prof. Dr. F. Behn, Prof. Dr. K. Bischoff, Dr. Karlheinz Blaschke, Prof. Dr. G. Buchda, Dr. Hans Eberhardt, Prof. Dr. R. Fischer, Dr. Hanns Gringmuth-Dallmer, Prof. Dr. Gerhard Harig, Prof. Dr. Gerhard Heitz, Prof. Dr. W. Hentschel, Dr. Otto Korfes (bis 26. X. 1962), Kurt Krenz (bis 13. XII. 1962), Prof. Dr. Dr.-Ing. E. h. E. Lehmann, Dr. Ernst Müller, Dr. Paul Nowotny, Dr. Horst Schlechte, Prof. Dr. Friedrich Schneider († 11. I. 1962), Prof. Dr. Max Steinmetz, Prof. Dr. Leo Stern, Dr. Manfred Unger, Dr. Hans Walther, Prof. Dr. Dr. Hermann Weidhaas

Wissenschaftlicher Sekretär: Dr. Hans Walther

Verwaltung: Inge Schilbach

Deutsch-Slawische Forschungen (in Verbindung mit dem Staatssekretariat für das Hoch- und Fachschulwesen)

Leiter: Frings und Fischer

Mitarbeiter: hauptamtlich: Dr. Hans Walther (zugleich als Geschäftsführer), Dr. Ernst Eichler, Dr. Horst Naumann (bis 31. VIII. 1962); nebenamtlich: Dr. Karl Elbracht (bis 30. VI. 1960), Dr. Erhard Müller

Bibliographie zur Sächsischen Geschichte

Leiter: Schubart-Fikentscher

Ergänzungen, Biographien, Dresden-Bibliographie (in Verbindung mit der Sächsischen Landesbibliothek)

Bearbeiter: Dorothee Denecke

Leipzig-Bibliographie (in Verbindung mit dem Stadtarchiv)

Leiter: Dr. Manfred Unger

Bearbeiter: Dr. Edith Rothe, Hildegard Heilemann

Korrespondenz des Herzogs Georg von Sachsen

Leiter: Schubart-Fikentscher und Prof. D. Franz Lau

Bearbeiter: Dr. Elisabeth Werl

Korrespondenz des Kurfürsten Moritz von Sachsen

Leiter: Schubart-Fikentscher und Prof. D. Franz Lau

Bearbeiter: Dr. Johannes Herrmann, Dr. Siegfried Seifert (bis 31. III. 1962), Dipl. theol. Barbara Schneidereit (1. IV.—31. VII. 1962), Dipl. theol. Gerhard Schneidereit (1. IX. —31. XII. 1962), Dipl. theol. Rüdiger Minor (seit 1. VIII. 1962)

Historischer Atlas von Sachsen

Leiter: Lehmann mit Dr. Karlheinz Blaschke

ZUSCHÜSSE

werden geleistet für die Veröffentlichungen
der Monumenta Germaniae Historica,
des Thesaurus Linguae Latinae,
der Gesammelten Abhandlungen von Sophus Lie.

Für die Unternehmungen der deutschen Akademien der Wissenschaften innerhalb der Union Académique Internationale ist je ein Mitarbeiter eingesetzt:

für das Corpus Vasorum Antiquorum: Dr. Eberhard Paul,
für das Mittellateinische Wörterbuch: Dr. Anneliese Grau.

VERTRETER DER AKADEMIE

Vertreter der Akademie in der Zentraldirektion
der Monumenta Germaniae Historica
Theodor Frings

Vertreter der Akademie bei der Internationalen Thesaurus-Kommission
Friedrich Klingner

Vertreter der Akademie im Vorstandsrat des Deutschen Museums
Theodor Frings (bis 5. V. 1962)
im Verwaltungsausschuß:
Theodor Frings (seit 6. V. 1962), Wolfgang Langenbeck, Arthur Simon †

Vertreter der Akademie im Redaktionsausschuß der Deutschen Literaturzeitung
Walter Baetke

Vertreter der Akademie im Redaktionsausschuß der Forschungen und Fortschritte
Franz Dornseiff † (bis 22. V. 1960), Siegfried Morenz,
Ott-Heinrich Keller

Vertreter der Akademie bei der Kommission für die Herausgabe einer Encyklopädie
der mathematischen Wissenschaften
Ernst Hölder

Vertreter der Akademie bei den Unternehmungen der deutschen Akademien der Wissenschaften innerhalb der Union Académique Internationale

Corpus Vasorum Antiquorum
Herbert Koch † (bis 25. IX. 1962), Siegfried Morenz

Mittellateinisches Wörterbuch
Friedrich Klingner

SITZUNGSKALENDER FÜR DIE JAHRE 1960—1962

Die Vorträge werden nacheinander gehalten und vom Plenum entgegengenommen. Im Anschluß an die Vorträge finden getrennte Geschäftssitzungen der Klassen statt, an diese anschließend Gesamtsitzungen.

1960

		Mathematisch-naturwissenschaftliche Klasse	*Philologisch-historische Klasse*
Montag,	25. Januar	Keller	Jacobi
Montag,	15. Februar	Schmalfuß	Straub
Montag,	14. März	Buder	Behn
Sonnabend,	23. April	Öffentliche Gesamtsitzung zur Erinnerung an den Geburtstag von Leibniz	Rammler
Montag,	16. Mai	Stather	Leipoldt
Montag,	20. Juni	Mothes	Besseler
Montag,	10. Oktober	Hertz	Meyer
Sonnabend,	12. November	Öffentliche Gesamtsitzung zur Erinnerung an den Todestag von Leibniz	Grundmann
Montag,	5. Dezember	Treibs	Buchda

1961

Montag,	23. Januar	Obenaus	Straub
Montag,	13. Februar	Buchheim	Hauschild
Montag,	13. März	Runge	Jahn
Sonnabend,	15. April	Öffentliche Gesamtsitzung zur Erinnerung an den Geburtstag von Leibniz	Hertz
Montag,	15. Mai	Treibs	Müller
Montag,	19. Juni	Arland	Schubart-Fikentscher
Montag,	16. Oktober	Frenzel	Fischer
Sonnabend,	18. November	Öffentliche Gesamtsitzung zur Erinnerung an den Todestag von Leibniz	Lehmann
Montag,	11. Dezember	Schwabe	Peek

1962

		Mathematisch-naturwissenschaftliche Klasse	*Philologisch-historische Klasse*
Montag,	22. Januar	Wolf	Straub
Montag,	12. Februar	Merrem	Hempel
Montag,	19. März	Hanson	Fück
Sonnabend,	14. April	Öffentliche Gesamtsitzung zur Erinnerung an den Geburtstag von Leibniz	Schwarz
Montag,	14. Mai	Klinkowski	Blumenthal
Montag,	18. Juni	Maier	Müller
Montag,	15. Oktober	Brednow	Weller
Sonnabend,	17. November	Öffentliche Gesamtsitzung zur Erinnerung an den Todestag von Leibniz	Hauschild
Montag,	10. Dezember	Schulze	Baetke

ANSPRACHE DES PRÄSIDENTEN, HERRN FRINGS

bei der öffentlichen Gesamtsitzung am 18. November 1961

Nach altem Brauch hält die Sächsische Akademie der Wissenschaften ihre öffentliche Novembersitzung zur Erinnerung an den Todestag ihres Patrons, des Philosophen und Forschers Gottfried Wilhelm Leibniz, der am 14. November 1716, vor 245 Jahren gestorben ist.

In der öffentlichen Novembersitzung pflegt die Akademie verstorbener Mitglieder zu gedenken. Wir sind glücklich, daß in diesem Jahre, zum ersten Male seit Neubegründung der Akademie im Jahre 1948, keines unserer Mitglieder von uns gegangen ist.

So wenden wir heute den Blick zurück auf zwei bedeutende Mitglieder der Vergangenheit.

Wir erinnern uns aus Anlaß des 100. Geburtstages an den Ägyptologen Georg Steindorff, geb. am 12. November 1861, aus Anlaß des 140. Geburtstages an den Sprachforscher August Schleicher, geb. am 19. Februar 1821.

Georg Steindorff war der Sohn einer Dessauer Kaufmannsfamilie. Fast neunzig Jahre alt, am 28. August 1951, schloß er im fernen Kalifornien die Augen. Mit ganzer Liebe war er allzeit seiner mitteldeutschen Heimat und im besonderen der Universität Leipzig verbunden, der er als Ausgräber von Weltruf, als Gelehrter und Museumsdirektor, als Herausgeber großer orientalischer Zeitschriften, auch als Rector magnificus im Amtsjahr 1923/24 gedient hat. Er verließ uns als 78jähriger, um sich vor dem nationalsozialistischen Terror zu schützen. So ziemt es uns, seiner in Dankbarkeit zu gedenken und in Kürze festzuhalten, was er für uns alle geleistet hat.

Ausgebildet von Adolf Erman, dem Schöpfer der modernen ägyptischen Philologie, und als Direktorialassistent am Berliner Museum mit den Denkmälern der Nilkultur vertraut geworden, trat Georg Steindorff, trefflich gerüstet, 1893 die Nachfolge des Leipziger Ägyptologen Georg Ebers an, des Namenspaten des großen Medizinischen Papyrus Ebers der Leipziger Universitätsbibliothek, gleichfalls Mitglied unserer Akademie. Die Sächsische Akademie der Wissenschaften betreute er viele Jahre als umsichtiger Vorsitzender.

Die Veröffentlichungen seiner eigenen Grabungen, die Ausgabe koptischer Texte, die Pflege der koptischen Grammatik, die Betreuung der internationalen Zeitschrift für ägyptische Sprache und Altertumskunde machten ihn zu einem der angesehensten Ägyptologen der Welt. Das Werk „Die Kunst der Ägypter", versehen mit ausgezeichneten Abbildungen, ist der Allgemeinheit ein geschätztes Buch geworden.

Die liebenswerte Persönlichkeit bezauberte alle Herzen, wo immer er auftrat. Ein allseitiges Geschick zu verhandeln, sicherte ihm Mittel und Möglichkeit der Forschungsreisen in Ägypten und Nubien.

Ich gedenke zur Stunde des bewegten Augenblicks, wo ich, sein Nachfolger als Vorsitzender, im Jahre 1937, zugleich mit seinem Abgang, den Vorsitz in dieser Akademie niederlegte.

Wir freuen uns, seinen Nachfolger, das Akademiemitglied Herrn Siegfried Morenz, jetzt in Basel und Leipzig, bei uns begrüßen zu dürfen. Er wird übermorgen im Ägyptologischen Institut sprechen anläßlich des 100. Geburtstages von Georg Steindorff.

In der Plenarsitzung der Sächsischen Akademie der Wissenschaften am 16. Oktober 1961 hat unser ordentliches Mitglied, Herr Rudolf Fischer, des großen Jenenser Gelehrten August Schleicher gedacht.

Sein Hauptwerk, das „Kompendium der vergleichenden Grammatik der indogermanischen Sprachen“ erschien vor genau 100 Jahren, 1861. Ausgehend von Franz Bopp, dem Begründer der vergleichenden Grammatik der indogermanischen Sprachen, wurde er der große Vorläufer unseres großen Mitgliedes Carl Brugmann, dessen „Vergleichende Grammatik der indogermanischen Sprachen“ 1886 zu erscheinen begann und bis heute nicht übertroffen ist. Eine ordentliche Professur für deutsche und vergleichende Sprachwissenschaft an der Universität Prag von 1850—56, vor seiner Rückkehr an die Universität Jena, führte Schleicher zur Slawistik, der er in Deutschland ein Wegbereiter wurde. Der Leipziger August Leskien, ebenfalls ein hervorragendes Mitglied unserer Akademie, war sein Schüler. Der Slawistik schenkte August Schleicher ein „Handbuch der litauischen Sprache“, der allgemeinen Sprachwissenschaft die bemerkenswerte Arbeit über „Die Darwinsche Theorie und die Sprachwissenschaft“, dem Deutschen 1859 ein Buch über „Die deutsche Sprache“, das bis 1887 fünf Auflagen erlebte und heute noch eine reizende Lektüre bietet. Darin stehen Seiten über den Übelstand und die schlimme Verwirrung unserer Rechtschreibung, die wie eine überhörte Mahnung sind.

Arbeiten von Georg Steindorff und August Schleicher sind Zierden der Sitzungsberichte und Abhandlungen, die die Akademie veröffentlichte. Beide Forscher stehen in der langen Reihe derer, die in 115 Jahren mit Arbeit und Forschung der Akademie verbunden waren.

Über den Fortschritt der wissenschaftlichen Unternehmungen der Akademie hat der Herr Sekretar der mathematisch-naturwissenschaftlichen Klasse in der Frühjahrssitzung berichtet. Man gestatte mir heute einen kurzen Überblick über das, was seit rund 5 Jahren in den Schriften der Akademie erschienen ist.

Die mathematisch-naturwissenschaftliche Klasse hat 20, die philologisch-historische Klasse 29 Berichte gedruckt, die mathematisch-naturwissenschaftliche Klasse 13, die philologisch-historische Klasse ebenfalls 13 bedeutende Abhandlungen veröffentlicht.

In der mathematisch-naturwissenschaftlichen Klasse wurden dringliche Fragen von allgemeiner Bedeutung behandelt und geklärt, so Fragen des Alterns, der Kristallstruktur, der Katalyse, der Landwirtschaft, der Medizin, Mathematik, Biologie, Chemie und Geographie. Von Poggendorff's biographisch-literarischem Handwörterbuch der exakten Naturwissenschaften, einem Nachschlagwerk von Weltruf, wurden insgesamt 24 Lieferungen herausgebracht, die wir dem unverdrossenen Fleiß von sechs Mitarbeitern verdanken, unter der Leitung von Hans Salié. Am Abschluß von Band VIIa fehlen noch fünf Lieferungen, die bis Ende 1962 fertig und zum Druck gegeben sein sollen. Dann beginnen die Arbeiten an Band VIIb.

In der philologisch-historischen Klasse konnte das Althochdeutsche Wörterbuch, nach der ersten und zweiten Lieferung von 1952, soeben seine 13. Lieferung vorlegen. Mitglieder und Mitarbeiter der philologisch-historischen Klasse veröffentlichten Arbeiten zur Sprachgeschichte und Mundartforschung, zur Literatur- und Geistesgeschichte, zur Vorgeschichte und zur Kunstgeschichte. Es wurden Fragen des Rechts, der klassischen und indischen Philologie behandelt. Nordistik, Musikgeschichte und Theologie sind mit gewichtigen Untersuchungen vertreten. In den Schriftenreihen der Historischen Kommission der Akademie konnten in den „Mitteldeutschen Studien" in der Berichtszeit 6 neue umfängliche Bände erscheinen, so daß die Reihe nunmehr 22 Nummern umfaßt. Die „Mitteldeutschen Studien" dienen vor allem der Erforschung der Sprache des mitteldeutschen Ostens als Grundlage der Sprache Luthers und des Neuhochdeutschen. Die „Deutsch-Slawischen Forschungen zur Namenkunde und Siedlungsgeschichte", 1956 begonnen, brachten es bis heute auf 11 Bände. Sie klären grundlegend das Verhältnis von Deutschen zu Slawen im Rahmen des alten Wettinischen Staates.

In meiner Übersicht nannte ich kein Mitglied der Akademie mit Namen. Uns allen soll das Bewußtsein genügen, den gewaltigen Strom der Wissenschaft still zu speisen.

Wir vermerken mit besonderer Genugtuung, daß wir mit 46 Ländern und 300 Akademien und gelehrten Gesellschaften rund 750 Veröffentlichungen tauschen. Die aus aller Welt einlaufenden Tauschexemplare werden der Universitätsbibliothek Leipzig anvertraut. Die Arbeit der Mitglieder der Sächsischen Akademie der Wissenschaften macht es also möglich, daß an dieser Stelle der Deutschen Demokratischen Republik das moderne wissenschaftliche Schrifttum weiter Teile der Welt jederzeit zu allseitiger Benutzung bereitsteht.

Abgesehen vom Druck ihrer Schriftenreihen unterstützt die Sächsische Akademie der Wissenschaften gesamtdeutsche und internationale Unternehmungen.

Sie hat es zu ihrem besonderen Anliegen gemacht, den Nachdruck aller im Jahr 1943 verbrannten Lieferungen des Thesaurus Linguae Latinae zu ermöglichen. Mit der Verlagsgesellschaft B. G. Teubner in Leipzig, die das große Werk von Anbeginn druckte, hat die Akademie ein Übereinkommen getroffen, das der Wissenschaft der Welt alles Fehlende so schnell wie möglich ersetzt. Der Vorsitzende der Internationalen Thesaurus-Kommission, Herr Prof. Dr. Albin Lesky in Wien, hat den Dank der Kommission an die Akademie in die Worte gefaßt: „Wenn dank dieser großzügigen Unterstützung in etwa acht Jahren der gesamte Thesaurus Linguae Latinae wieder greifbar sein wird, so schließt sich damit eine seit langem beklagte Lücke und ergibt sich über die naheliegenden Vorteile hinaus ein ermutigender Auftrieb für die Wissenschaft, der gemeinsam zu dienen unser aller Anliegen ist."

In Zusammenarbeit mit den Akademien der Wissenschaften in Berlin und München ist die Akademie beteiligt am „Mittellateinischen Wörterbuch". Drei Lieferungen konnten bereits erscheinen. Mit den Gesetzen der germanischen Völker, die in ihrer

Gesamtheit einbezogen sind, mit historischen und hagiographischen Werken, sowie mit Urkunden der Merowingerzeit schließt das Mittellateinische Wörterbuch unmittelbar an den Thesaurus Linguae Latinae an. Das Mittellateinische Wörterbuch endet mit dem Tod des Albertus Magnus (1280). Damit wird das 13. Jahrhundert, das an sprachlichen Neuschöpfungen so reich ist, noch zu einem wesentlichen Teil einbezogen. Die beiden Werke ordnen das Material nach Möglichkeit unter gleichen Gesichtspunkten. So wird die Entwicklung des Lateins von den Anfängen bis ins 13. Jahrhundert ohne Bruch zu verfolgen sein.

Mit Hilfe der Akademie konnte ein Teil der Vasensammlung des Archäologischen Instituts der Karl-Marx-Universität bearbeitet und ein erstes Faszikel im Rahmen des internationalen Unternehmens eines „Corpus Vasorum Antiquorum“ als „Deutschland Band 14, Leipzig, Archäologisches Institut der Karl-Marx-Universität, Band 1“ veröffentlicht werden. Ein zweites Faszikel wird bald in Druck gegeben. Alle Nationen bemühen sich, den antiken Besitz ihrer Museen im Corpus Vasorum Antiquorum zu vereinigen.

Die genannten drei großen internationalen Unternehmen stehen im Schutz der Union Académique Internationale mit dem Sitz in Brüssel, die ihre diesjährige achttägige Sitzung in Stockholm abhielt. Im nächsten Jahr werden die Vertreter der Akademien der Welt wieder nach Brüssel einberufen. Vier Jahre, von 1957—1960, konnte der Vorsitzende dieser Akademie zusammen mit Herrn Prof. Dr. Paul Lehmann, München, alle deutschen Akademien in den Sitzungen der Union Académique Internationale vertreten.

Bei Gelegenheit der Zusammenkunft der Präsidenten der deutschen Akademien der Wissenschaften und der Österreichischen Akademie der Wissenschaften am 7. Juli dieses Jahres in Berlin wurde auch über die Reform der deutschen Rechtschreibung verhandelt. Schon 1920 wurde ich als junger Bonner Professor gebeten, an der Vorbereitung einer Reform teilzunehmen. Verhandlungen kamen nicht zustande. Während des zweiten Weltkrieges wurde eine Kommission von vier Gelehrten gebildet, der ich angehörte, und ihre gemäßigten Vorschläge fanden zunächst die Billigung der zuständigen staatlichen Stelle, wurden dann aber ohne Begründung verworfen. Im Jahr 1952 fanden sich im Bewußtsein einer großen Verantwortung Gelehrte aus Österreich, der Schweiz, aus der Bundesrepublik Deutschland und der Deutschen Demokratischen Republik in Stuttgart zusammen und einigten sich aufs neue in gemäßigten Reformvorschlägen, den sogenannten ‚Stuttgarter Empfehlungen‘. Diese Vorschläge wurden auf Einladung der Schweiz und Österreichs in den nächsten Jahren gewissenhaft geprüft. Man versuchte vor allem über drei Punkte einig zu werden:

1. Über grundsätzliche Kleinschreibung, wie sie den romanischen und den germanischen Völkern außer den Deutschen eigen ist; Dänemark hatte schon seit langem die Großschreibung der Substantiva oder Hauptwörter oder Dingwörter oder Nennwörter, wie immer man sie bezeichnen will, aufgegeben.
2. Ein gelockerter Gebrauch des Kommas, wie es dem Englischen eigentümlich; man hat die Deutschen einmal scherzhaft eine verkommatisierte Nation genannt;

man hat auch die Klassiker und Goethe verkommatisiert, ohne zu beachten, mit welch innerer Feinheit Goethe die Satzzeichen gesetzt hat.

3. Eine gewisse Freiheit bei Zusammensetzungen, um der Bildung von Wortungeheuern zu begegnen, wie sie die Setzer in den Druckereien lieben, z. B. auseinandersetzen, ein Wort, zusammenzuziehen, ein Wort.

Doch dann hat die Bundesrepublik Deutschland eigene Vorschläge in den sogenannten ‚Wiesbadener Empfehlungen' vom Jahr 1958 zusammengefaßt, und in Österreich erschien ein Aufsatz in der Zeitschrift für Erziehung und Unterricht mit dem Titel: Österreichs Lehrer fordern eine Rechtschreibereform.

Da entschloß sich der umsichtige und weitblickende Präsident der Österreichischen Akademie der Wissenschaften, unser Ehrenmitglied Prof. Richard Meister, dem Bundesminister für Unterricht, Herrn Dr. Heinrich Drimmel, mit dem ich mich wiederholt besprechen konnte, vorzuschlagen, eine österreichische Kommission für die Orthographiereform einzusetzen. Die Kommission ist unter dem Vorsitz des Herrn Präsidenten Meister zusammengetreten und hat im Schutze der Österreichischen Akademie der Wissenschaften das Ergebnis ihrer ersten Beratungen vorgelegt.

Lassen Sie mich nicht viel sagen über Sinnlosigkeiten unserer Rechtschreibung, die wir zum Teil über die Jahrhunderte mit uns schleppen. Die Zeitvergeudung kennt nur einer, der, wie ich selbst, mehrere Jahre Deutschunterricht und Rechtschreibeunterricht auf den Unterklassen einer höheren Schule erteilt hat, von der Belastung der nachhelfenden und verzweifelten Mütter, vom Strom der Tränen und der roten Tinte abgesehen. Wir schreiben *für* mit *f* und *vor* mit *v*, obwohl es von Hause gleiche Wörter sind. Wir schreiben *Vater* mit *v* und *Frau* mit *f*, und ich habe bei Gelegenheit darauf aufmerksam gemacht, daß wir mit der Unsicherheit zwischen *v* und *f* einen Klosterstreit zwischen irischen und lateinischen Mönchen aus der Zeit vor 1000 weiterführen. Eine Scheidung zwischen *daß* mit *sz* und *das* mit rundem *s* oder von *wieder* mit *ie* in *Wiedervereinigung* und von *wider* mit *i* in *Widerruf* haben die Schulmeister des 17. Jahrhunderts erfunden. Kein Niederländer kommt in Schwierigkeiten, wenn er statt unserer beiden *das daß*, sein einfaches *dat* schreibt, und *wieder* bedeutet ursprünglich soviel wie ‚hin und her' und bedarf keiner orthographischen Spaltung. Wir schreiben unbekümmert ‚*der Tor steht am Tor*', aber das Kind muß lernen ‚*der Mohr* (mit *oh*) *steht am Moor* (mit zwei *o*). Die *Waagen* zum wiegen mit zwei *a* und die Wagen zum fahren mit einem *a* verdanken ihre zwei *a* oder ihr ein *a* einer Eingabe von Zollbeamten. In der Sprechsituation und im Zusammenhang des Gesprochenen und Geschriebenen kann es kein Mißverständnis geben.

Groß- oder Kleinschreibung steht im Augenblick im Mittelpunkt, so auch in der ersten Denkschrift der Österreichischen Akademie der Wissenschaften, die gerade bei uns eingelaufen ist.

Man hat viele Sachverständige aufgeboten: Die Akademie der Wissenschaften und die Rektorenkonferenz der Hochschulen, Schulinspektoren, Lehrer aller Art von der Universität bis zur Volksschule, PEN-Club und Presseclub, den Bund der Schriftsteller, Reformer und Stenographen, das Buchgewerbe, auch die Psychologen.

Und am Ende stehen die österreichischen wie die westdeutschen Vorschläge vor unüberwindbaren Schwierigkeiten, wenn man die Großschreibung beibehalten will. Soll man *Rad fahren* schreiben, großes *R* und abgetrenntes *fahren* oder *radfahren* in einem Wort mit kleinem *r*, *zu Hause* getrennt und *Haus* mit großen *H* oder *zuhause* zusammen und klein geschrieben? Substantive oder Hauptwörter oder Dingwörter oder Nennwörter oder wie man sie nennen will, sollen groß geschrieben werden. Aber der Begriff des Hauptwortes oder wie immer der Lehrer es nennt, geht über das Fassungsvermögen eines Kindes, das schreiben lernt, hinaus. Also verfällt der arme Lehrer auf „Faustregeln", wie man es genannt hat, und sagt etwa: Ein Dingwort nennt man etwas, was angefaßt werden kann, und was man anfassen kann, wird groß geschrieben. Der Lehrer diktiert: *die Bank ist hart, der Bleistift ist spitz*. In unbeugsamer Logik stutzt gerade der begabte Anfänger, sagen wir der achtjährige Hans, wenn der Lehrer weiter diktiert: *der Hund beißt*. Einen bissigen Hund faßt er nicht an, also schreibt er folgerichtig *Bank* und *Bleistift* groß, *Hund* aber klein. Dies ist ein wirkliches pädagogisches Erlebnis. Man verteidigt die Großschreibung mit dem gewichtigen Wort: Wahrung des Kulturerbes. Großschreibung und Rechtschreibung überhaupt gehören nicht in den Bereich des kulturellen Erbes. Es sind Gepflogenheiten, die sich langsam herausgebildet haben. Die Großschreibung der Substantive geht zusammen mit der Entwicklung des Substanzbegriffes, daher der Name Substantiv. Einbezogen in diese Benennung ist die falsche Vorstellung, daß das „Substantiv" das wichtigste Glied, das „Hauptwort des Satzes" sei. Die Großschreibung diente zunächst dazu, Erhabenes und Bedeutendes hervorzuheben. *Gott* wird Anfang des 16. Jahrhunderts groß geschrieben. 1522 bleiben die Schriftgelehrten noch bescheiden bei kleinem *sch* und *schrifft* und *gelertenn*, beide klein, werden getrennt. Aber 1546 schreiben sich die *Hohepriester* und die *Schrifftgelerten* groß wie *Gott*.[1] Der böse *könig Herodes* jedoch wird beim kleinen *k* belassen, trotz des großen *H* im Eigennamen. Die Großschreibung hat sich wie andere Regelungen, so *daß* mit *sz* und die Scheidung von *wieder* und *wider*, nur langsam durchgesetzt. Das gedruckte Handexemplar eines Wieland'schen Werkes, das wir besitzen, zeigt an Korrekturen des Autors, daß Wieland noch 1812 mit den Setzern um groß und klein gerungen hat. Auch die Klassiker mußten sich schließlich dem Zwang von Sprachregeln fügen, die nicht von ihnen stammen. Immerhin bleibt zu beachten, daß das Ausland Deutsch und Großschreibung vielfach als eine Einheit nimmt. Bei einer Rundfrage über amerikanische Universitäten wurde gemeldet, daß die Studenten Stefan George nicht gern lesen, weil er klein schreibt. Von 32 Germanisten an amerikanischen Universitäten haben bei einer Befragung 10 für und 21 gegen die Kleinschreibung entschieden. Nur eine Stimme konnte sich nicht entscheiden. Das gibt zu denken. Und dennoch: sollen wir unseren Kindern wirklich zumuten, 23 Regeln über Anfangsbuchstaben im Kopf zu haben, wie es der allmächtige Duden will? Es wird auf die schwierige Schreibung des Englischen verwiesen, die — konservativ wie die Angelsachsen sind — aus dem 14. Jahrhundert stammt, und doch gelernt und ge-

[1] Vgl. Helene Malige-Klappenbach: Die Entwicklung der Großschreibung im Deutschen. — In: Wissenschaftl. Annalen 4. Jg (1955), S. 102—118.

lesen wird. Da man nicht reformiert, schreiten die amerikanischen Zeitungen zur Selbsthilfe und schreiben etwa *enough* ‚genug' mit *uf* statt *ough*. Die amerikanischen Universitäten sehen sich gezwungen, Lese- und Schreibkurse abzuhalten. Ich fürchte, auch wir sind von einer solchen Maßnahme nicht allzu weit entfernt.

Die Präsidenten der Akademien der Wissenschaften deutscher Zunge haben bei ihrer Berliner Sitzung im Juli vorgesehen, daß die Wiener Akademie zu einer Besprechung einlädt in Verbindung mit der feierlichen Sitzung der Bayerischen Akademie der Wissenschaften Anfang Dezember 1961. Vor rund 100 Jahren hat unser Mitglied August Schleicher, worauf ich schon wies, nach Abhilfe gerufen. Wird auch unser Ruf verhallen?

BERICHT DES SEKRETARS DER MATHEMATISCH-NATURWISSENSCHAFTLICHEN KLASSE, HERRN NEEF, ÜBER DEN STAND DER ARBEITEN DER AKADEMIE

Erstattet in der öffentlichen Gesamtsitzung am 14. April 1962

Die Arbeiten der Akademie sind im Berichtsjahr 1961/62 in beiden Klassen planmäßig weitergeführt worden.

In der mathematisch-naturwissenschaftlichen Klasse hatten die von Herrn Arland zum Problem „Düngung der Pflanzen" durchgeführten Versuche den Wachstumsverlauf verschieden mit Stickstoff versorgter Haferpflanzen zum Gegenstande. Es ergaben sich enge Beziehungen zwischen Ernährung, Wachstum, Proteinsynthese und Zellsaftkonzentration, wobei intensivstes Spreitenwachstum von niedrigster Zellsaftkonzentration begleitet war. Die Aktivität der Proteinsynthese verlief im Blaulicht (Mittagslicht) intensiver als im Rotlicht (Vormittagslicht). Das bedeutet, daß mit forschreitender Jahreszeit Spreitenwachstum und Proteinsynthese bei höheren Stickstoffgaben eine Förderung erfahren. Bei Stickstoffmangel nahm die Zellsaftkonzentration bis zum 4-Blattstadium erheblich zu; Wachstumshemmungen traten ein, die Pflanzen altern früher, der Wasser- und Stofftransport scheint gehemmt, wodurch der Ertrag begrenzt wird. Bei optimaler Stickstoff-Versorgung ist die Pflanze in der Lage, selbst unter extremen Bedingungen, die Wasserverluste der Vakuole aktiv zu regulieren, wodurch die Transpiration eine Einschränkung erfährt (der Anwelktest bewährt sich auch hier). — Im Laboratorium für Alternsforschung hat Herr Bürger seine Untersuchungen auf die seitenverschiedene Struktur des Herzklappenapparates ausgedehnt. Die Flächengewichte liegen bei der Aorta ascendens höher als bei der Arteria pulmonalis. Das linke Herz läßt mit zunehmendem Alter eine steilere Gewichtszunahme erkennen als das rechte. Der Stickstoffgehalt der Aortenklappen wie der Aorta sinkt im Laufe des Lebens ab. Er liegt beim linken Herz niedriger als beim rechten, während der Mineralgehalt, insbesondere bei Kalzium, wesentlich mehr ansteigt. Auch der Gesamt-Aschegehalt sowie der Hexosamingehalt der Aorta ascendens liegt höher als der der Arteria pulmonalis. Die Untersuchungen über Funktion und Struktur von tierischen Augenlinsen — und zwar von Kälbern, Rindern, Hunden und Pferden — ergaben einen lebensdauernden Wandel. Das Gel dieser Säugetierlinsen wird mit zunehmendem Alter wasserärmer. Der Wassergehalt sinkt bei Pferden von 73% auf 69% bei den ältesten Tieren ab. Die Trockensubstanz der Säugetierlinsen besteht ca. 85 bis 90% aus Mukopolysacchariden, zu ca. 1 bis 2% aus Skleroproteiden und zu ca. 3 bis 4% aus Lipoiden. Die Mengenverhältnisse der Gel-Konstituenten wandeln sich lebensdauernd. — Herr Hein setzte seine Untersuchungen über den „Bildungsmechanismus von Chromorganoverbindungen" fort. Die Wechselwirkung von Chromaromaten, Null-Komplexen mit Dicyan ergab merkwürdigerweise komplizierte Umsetzungen, die anscheinend eine primäre Polymerisation des Dicyans zur Voraussetzung hatten. Auch mit $Hg(CN)_2$ war nicht das normale Cyanid zu erzielen. — Die Arbeiten an der „Erweiterten Regionalbibliographie von Mitteldeutschland“, die unter der Leitung von Herrn Neef stehen, wurden nach der Zusammenstellung der bibliographischen Hilfsmittel für die landeskundliche Forschung im Akademiebereich auf die Nachweisung der grundlegenden Kartenwerke und Einzelkarten ausgedehnt. Die für Teilregionen und einzelne Themenkreise im Vorjahr genannten kritischen Literaturübersichten wurden in Form von Forschungsstandsberichten verarbeitet und sind zum größeren Teil abgeschlossen. Die planmäßige Ergänzung in thematischer und regionaler Hinsicht ist im Gange. — Herr Runge konnte seine Untersuchungen über die „Reinigung von Abwässern mit Hilfe von Adsorbentien“ mit dem Ergebnis abschließen, daß die Adsorption von Phenolen an Hochpolymeren nicht ein Ionenaustausch ist, sondern eine Neutraladsorption, die durch die Ausbildung von Wasserstoffbrückenbindungen zustande kommt. — Die von Herrn Schröder, dem 1959 verstorbenen Vizepräsidenten der Akademie, begonnenen „Untersuchungen zur Frauenheilkunde“ wurden von Herrn Professor Kyank in Rostock weitergeführt. Zur Klärung der Spätschwangerschaftstoxikosen wurde die Ausscheidung der Glucocorticoide bestimmt. Sowohl bei freien Glucocorticoiden wie bei gebundenen Glucocorticoiden stellten sich gegenüber den im Mittel bei normalen Nichtschwangeren gemessenen Werten Abweichungen heraus. In ihrer Gesamtheit unterscheiden sich die Werte bei Spätschwangerschaftstoxikosen nicht von normalen Spätschwangeren, jedoch machen sich deutliche Unterschiede bemerkbar, wenn eine exakte Klassifizierung vorgenommen wird. Dabei treten charakteristische Abweichungen vom Mittelwert sowohl bei freien wie bei gebundenen Glucocorticoiden in Erscheinung. Für die statistische Sicherung der bisherigen Ergebnisse ist noch eine größere Anzahl von Untersuchungen nötig. — Herr Simon hat seine Untersuchungen über „Kristallstruktur und Katalyse“ auf reines Zinkoxyd ausgedehnt. Die Bestimmung von atomarem Zink ist in apparativer Hinsicht sehr aufwendig und diffizil. Die Meßergebnisse zeigen, daß ein Zusammenhang von katalytischer Aktivität und Gehalt an atomarem Zink existiert, und zwar im Hinblick auf die Dehydrierung von Isopropanol. Röntgenographische Untersuchungen mit einem Zählrohrgoniometer erfaßten unregelmäßige Gitterstörungen, Teilchengrößen und Gitterverzerrungen. Außerdem wurden Lösungswärmenmessungen, Messungen der elektrischen Leitfähigkeit, Wassergehaltsbestimmung, BET-Messungen, elektronenmikroskopische Aufnahmen, DTA-Untersuchungen, z. T. auch Adsorptionswärmemessungen mit Sauerstoff sowie katalytische und kinetische Untersuchungsmethoden angewandt. Die Messung von Chemisorptionswärmen verdient insofern besondere Beachtung, als sie die Eigenschaften der oberflächennahen Bezirke zu charakterisieren vermag, die auch bei der Katalyse selbst in Aktion treten. Die Arbeiten werden mit einer leistungsfähigeren Apparatur fortgesetzt. — Herr Strack hat im Rahmen eines Forschungsauftrages „Abwässer-Biochemie“ seine Untersuchungen fortgesetzt, die darauf gerichtet sind, die Reinigungskraft der Belebtschlämme insbesondere für Schwelwässer der Braunkohlenindustrie zu steigern. Die Milieubedingungen für die schnelle und rationelle Vermehrung der Mikrobenflora wurden studiert. Durch die

Kenntnis dieser Bedingungen kann erreicht werden, daß die Reinigungskraft von Abwässern dann außerordentlich gesteigert werden kann, wenn Abwässer verschiedenen Herkommens mit unterschiedlichen Inhaltsstoffen gelenkt miteinander vermischt werden. Auch die Schadenswirkung in Flur und Fluß könnten dann beträchtlich gemildert werden. Bei diesen Arbeiten wurden 2 neue, bisher noch unbekannte Fermente in Neurospora crassa aufgefunden und charakterisiert. Weiterhin wurden Untersuchungen darüber angestellt, unter welchen Bedingungen der aus Abwässern anfallende Belebtschlamm industriell genutzt werden kann. — Von Poggendorff's biographisch-literarischem Handwörterbuch der exakten Naturwissenschaften sind die 6., 7. und 8. Lieferung des vierten Teilbandes VIIa erschienen. Die 9. Lieferung wurde imprimiert. Mit den Lieferungen 10 und 11, die jetzt in den Umbruch gehen, schließt Band VIIa, der unter der Leitung von Herrn Professor Salié bearbeitet worden ist, ab. Die bibliographischen Arbeiten für den Supplement-Band VIIa, der die Bibliographien der biographischen Literatur über die in den früheren Poggendorff-Bänden vertretenen Autoren enthalten wird, wurden unter der Leitung von Herrn Professor Zaunick in Halle fortgesetzt. Für Band VIIb, der die Biobibliographien von ausländischen Gelehrten bringen wird, sind unter Leitung von Herrn Professor Salié bereits wichtige Vorarbeiten geleistet worden. — An der von allen deutschen Akademien der Wissenschaften und der Österreichischen Akademie der Wissenschaften beschlossenen historisch-kritischen Gesamtausgabe der Briefe Alexander von Humboldts arbeitet die Sächsische Akademie der Wissenschaften weiterhin mit. Im Berichtsjahr wurden Notizen und Aufzeichnungen aus Humboldts Tagebüchern während seiner Südamerika-Expedition in den Jahren 1799—1804 transkribiert und bearbeitet, ferner 200 Orginalbriefe Humboldts aus der Cotta'schen Handschriftensammlung in Marbach am Neckar, aus der Königlichen Bibliothek Kopenhagen und aus den Staatlichen Museen in Berlin.

In der philologisch-historischen Klasse konnte die Ausarbeitung der Artikel des „Altnordischen Wörterbuches" unter der Leitung von Herrn Baetke fortgesetzt werden. Die Artikel bis einschließlich des Buchstaben L wurden fertiggestellt, dazu einige aus technischen Gründen bisher zurückgestellte Wörter mit umfangreicherem Belegmaterial. Die Artikel mit dem Buchstaben M sind in Arbeit und werden in Kürze abgeschlossen. Alle bisher vorliegenden Artikel wurden einer erneuten Durchsicht unterzogen, um auf Grund gewonnener Erfahrungen ihre Anlage zu verbessern und zu vereinheitlichen. — Die philologisch-historische Klasse übernahm die „Herausgabe der syrischen liturgischen Lieder". Es handelt sich um 900 Lieder mit liturgischem Text, die von Herrn Dr. Rolf Dempe bearbeitet werden. Die Herren Besseler und Meyer werden das Vorhaben betreuen und Herrn Dr. Dempe beratend und helfend zur Seite stehen. — Die Arbeiten am „Wörterbuch der Obersächsischen Mundarten" unter der Leitung von Herrn Frings und seines Mitarbeiters Herrn Dr. Rudolf Große zeichneten sich durch besonders guten Fortgang aus. Die Materialsammlung lag wie immer vor allem in den Händen der ehrenamtlichen Helfer aus allen Bevölkerungsschichten. Sie hatten es bei der Erfassung des Wortschatzes zum ‚Ackerwagen' recht schwer, und ihnen muß für die im Berichtsjahr eingegangenen 1660 Bogen, auf denen durchschnittlich 80 Fragen stehen, hohe Anerkennung gezollt werden. Der Gesamtfundus von 11600 Fragebogen ist einzig das Verdienst der Mitarbeiter im Lande. Nicht unerwähnt soll bleiben, daß im Frühjahr erstmalig die Studenten der Germanistik im Rahmen eines gesellschaftlichen Praktikums an den Fragebogenerhebungen beteiligt waren. Knapp zwei Drittel der jetzt vorhandenen 322000 Zettel mit Einzelbelegen stammen ebenfalls von Helfern aus dem Arbeitsgebiet, während 120000 selbst aus der wissenschaftlichen Literatur verzettelt wurden. Die Hälfte dieser Zettel ist bearbeitet, davon 41000 im Berichtsjahr. Die Wörterbuch-Probeentwürfe, die als semasiologische Fragelisten an die besten Mitarbeiter gesandt werden, sind vom Buchstaben L bis Sa- fortgeschritten. Die neu geschaffene vorgedruckte Grundkarte, in die alle Gemeinden des Arbeitsgebietes eingezeichnet sind, legte den Grundstein zum beschleunigten Fortgang der wortgeographischen Auswertung der Fragebogen. So konnten den bisher vorhandenen 16 Karten 21 und eine Skizze hinzugefügt werden. Mit mehreren Publikationen konnten die Mitarbeiter der Arbeitsstelle den ehrenamtlichen Helfern aufklärende Hinweise für ihre Sammeltätigkeit geben. — Vom „Althochdeutschen Wörterbuch" unter der Leitung von Frau Karg-Gasterstädt und Herrn Frings konnten zwei Lieferungen erscheinen, die 13. und die 14. Die 15. Lieferung wird noch in diesem Monat zum Druck gegeben. — Unter der Leitung von Herrn Frings stehen weiterhin „Untersuchungen sprachlicher Überlieferungen in den Gebieten am Niederrhein". Über den Fortgang dieser Arbeiten wird im nächsten Jahr berichtet. — Die „Bibliographie zur Vor- und Frühgeschichte Mitteldeutschlands" unter Leitung von Herrn M. Jahn ist in anerkennenswerter Weise gefördert worden. Der von Herrn Professor Walther Schulz verfaßte 1. Band der Bibliographie, der die Länder Sachsen-Anhalt und Thüringen behandelt, liegt jetzt nach 13jähriger Bearbeitungszeit vollständig gedruckt vor. Der in drei Teilen hergestellte Band umfaßt mehr als 1100 Druckseiten und dürfte die umfangreichste und ausgefeilteste Bibliographie der Vorgeschichte einer Landschaft sein, die bisher erschienen ist. Das Manuskript des Hauptteiles des Bandes 2, der Sachsen behandelt, wird in den nächsten Wochen abgeschlossen werden. — Die Arbeit an der „Erschließung der Handschriftenbestände in der Hauptabteilung des Archivs der Franckeschen Stiftungen in Halle" wurde an den Kurzbiographien fortgesetzt und die im Vorjahr begonnene Durchprüfung der Bildnissammlung vollendet. Die Zahl der bisher erarbeiteten Kurzbiographien ist auf annähernd 1700 gestiegen, das sind etwa 26% der vorhandenen Namen. — Die Historische Kommission führte ihre bibliographischen Arbeiten unter der Leitung ihres bisherigen Vorsitzenden Herrn Kretzschmar, der am Ende des Berichtsjahres aus Gesundheitsrücksichten ausscheiden mußte, fort. Die Bibliographie Karl-Marx-Stadt wurde vorerst vom Druck zurückgestellt, da die Ergänzungen noch längere Zeit beanspruchen. Von der Leipzig-Bibliographie erschien nunmehr der 2. Band ‚Karl-Marx-Universität Leipzig', bearbeitet von Dr. Edith Rothe und Hildegard Heilemann; die fertigen Manuskripte für Band 3 und 4 gehen 1963 in den Satz. Bei den Quelleneditionen werden gegenwärtig noch Bestände des Landeshauptarchivs Weimar für die Korrespondenz des Kurfürsten Moritz in Regestenform bearbeitet. Das älteste Stadtbuch von Dresden wird als Band 1 einer neuen Publikationsreihe „Quellen und Forschungen zur sächsischen Geschichte“ noch 1962 veröffentlicht werden. Bei den historisch-geographischen Arbeiten kommt die erste Lieferung des ‚Historischen Atlas von Sachsen‘ voraussichtlich noch im Jahr 1962 zum Druck; die zweite Lieferung wird unmittelbar daran anschließen. Von den „Deutsch-Slawischen Forschungen zur Namenkunde und Siedlungsgeschichte“ erschienen die Bände 11: Wolfgang Fleischer, Namen und Mundart im Raum von Dresden, Teil 1, und 14: Dietrich Freydank, Ortsnamen der Kreise Bitterfeld und Gräfenhainichen. Von der Schriftenreihe „Mitteldeutsche Studien“ kam Band 23 heraus: Gerhard Kettmann, Die Sprache der Elbschiffer, Teil 2. Das Plenum der Akademie wählte das ordentliche Mitglied Frau Schubart-Fikentscher zur neuen Leiterin der Kommission. Wir möchten nicht versäumen, Herrn Kretzschmar auch an dieser Stelle unseren Dank zu sagen für seine langjährige Tätigkeit, in der er die Arbeiten der Kommission mit großem Erfolg förderte. Als neues Mitglied wurde durch die Akademie Herr Prof. Dr. Max Steinmetz bestätigt.

Im Rahmen unserer Mitarbeit an den Untersuchungen der Union Académique Internationale wurde die Exzerpierung neuerer Literatur für das Mittellateinische Wörterbuch fortgesetzt. Aus Büchern, Zeitschriftenaufsätzen und Besprechungen, die wiederum zum größten Teil dem Gebiet der Rechts- und Verfassungsgeschichte angehörten, wurden rund 1350 Exzerpte gewonnen. Die Leitung des Wörterbuches bei der Bayerischen Akademie der Wissenschaften in München erhielt in kürzeren Zeitabständen über 1400 Exzerpte der Originalserie, die Berliner Arbeitsstelle bei der Deutschen Akademie der Wissenschaften über 1300 Exzerpte der zweiten Serie. — Auch die Arbeiten am Corpus Vasorum Antiquorum wurden fortgesetzt. Nach der Erfassung der vollständig erhaltenen Gefäße begann die Bearbeitung der Scherbensammlung für das zweite Faszikel des Bandes Leipzig. Dabei machten sich umfangreiche Restaurierungsarbeiten nötig. Als Sondergattung der attischen Keramik wurden die schwarzfigurig-weißgrundigen Gefäße der Nikosthenes-Werkstatt bearbeitet, die auf Grund ihrer besonderen Technik dem Fotografen ganz neue Aufgaben stellten. Ein intensives Studium der ausgestellten und magazinierten Bestände der Vasensammlung des Louvre im Juni 1961 kommt dem wissenschaftlichen Bearbeiter der Leipziger Vasen außerordentlich zugute.

AUS DEN PROTOKOLLEN ÜBER DIE SITZUNGEN DER JAHRE 1960–1962

Mathematisch-naturwissenschaftliche Klasse

1960

Sitzung am 25. Januar

Vortrag des Herrn Keller: „Zur Berechnung der Galois'schen Gruppe". — Es gibt in der Mathematik Schlußweisen, bei denen die Existenz eines mathematischen Gegenstandes erwiesen wird, ohne daß damit ein Verfahren, ja oft ohne daß dabei die Möglichkeit gegeben ist, diesen Gegenstand zu finden oder zu konstruieren. Es gibt andere Schlußweisen, bei denen man ein Verfahren angeben kann, diesen Gegenstand in endlich vielen Schritten zu berechnen. Aber häufig würde die tatsächliche Ausführung eines solchen Verfahrens auch in einfachen Fällen einige Millionen Jahre unausgesetzten Rechnens erfordern. Man mag das bedauern, aber entbehren kann man solche Schlußweisen nicht; der Wert der Schlußweise wird dadurch nicht geschmälert. Es können dadurch allgemeine Sätze bewiesen, die Unmöglichkeit der Lösung gewisser Aufgaben an den Tag gelegt oder ein tieferes Verständnis vorhandener brauchbarer Verfahren vorbereitet werden. Trotzdem scheint es wünschenswert, diese Schlußweisen so weit zu vereinfachen, daß man in einfachen Fällen mit erträglichem Rechenaufwand zum Ziel kommt. — So ist seit etwa 130 Jahren bekannt, daß man jeder algebraischen Gleichung $f(x) = 0$ eine Gruppe von Permutationen ihrer Wurzeln zuordnen kann, und zwar in endlich vielen Schritten, etwa in der folgenden Weise: Sind $\alpha_1, \alpha_2 \ldots \alpha_n$ die Wurzeln, $u_1, \ldots u_n$ Unbestimmte, so heißt das Polynom $F(z) = \Pi(z - \sum_1^n u_i \alpha_i)$ (das Produkt über alle Permutationen der Wurzeln genommen) die Galois'sche Resolvente. Man hat sie in irreduzible, d. h. unzerlegbare, Faktoren zu zerlegen. Dann ist die Galois'sche Gruppe gerade die Gruppe derjenigen Transformationen der Unbestimmten, die einen dieser Faktoren in sich überführen. Dies steht seit 100 Jahren in allen Lehrbüchern der Algebra. Um nun die Galois'sche Resolvente einer Gleichung 5. Grades aufzustellen, sind rund 10^{80} Multiplikationen auszuführen; sie selbst ist ein Polynom mit etwa 10^{10} Gliedern. Es sind auch andere Verfahren angegeben, die Galois'sche Gruppe zu berechnen, bei denen aber der Rechenaufwand nicht geringer ist. Obwohl es also praktisch nicht möglich ist, die Galois'sche Gruppe einer beliebig vorgelegten Gleichung zu berechnen, sind doch die Erfolge der Theorie auch in zahlreichen konkreten Fällen kaum zu überschätzen, vor allem bei den Unmöglichkeitsbeweisen. Trotzdem scheint es sehr unbehaglich, von Dingen zu sprechen, die man im allgemeinen in keiner Weise in die Hand bekommen kann, und es scheint sinnvoll, nach Verfahren auszuschauen, die die Rechnung vereinfachen. — Das wesentlichste Hindernis für die Rechnung ist das Auftreten der Unbestimmten $u_1, \ldots, u_n$ und es muß vor allem versucht werden, sie durch bestimmte Zahlen b_i zu ersetzen. Man sieht leicht, daß es darauf ankommt, daß $\sum_1^n b_i \alpha_i$ ein primitives Element des durch $\alpha_1, \ldots, \alpha_n$ erzeugten Körpers ist. Der Verfasser legt nun folgenden Satz vor: „Ist der Grad n eine Primzahl, so dürfen für die b_i beliebige verschiedene ganze rationale Zahlen gesetzt werden, da zwischen den Wurzeln keine lineare Relation mit rationalen Koeffizienten besteht." Mit Hilfe dieses Satzes läßt sich nicht nur die Rechnung bei dem angegebenen Verfahren zur Bestimmung der Galois'schen Gruppe, sondern auch bei der Konstruktion der Wurzeln wesentlich verkürzen. — Erschienen in den „Berichte(n)" Bd 104 (1961), Heft 5. — Vorgelegt werden Veröffentlichungen der Herren Wilhelm Blaschke, Erich Rammler, Kurt Täufel und Wilhelm Treibs. — Vgl. auch DLZ (Akademieberichte) 81. Jg, Heft 5, Sp. 471—473 (1960).

Sitzung am 15. Februar

Vortrag des Herrn Schmalfuß: „Über das Ausmaß der biologischen Bindung des elementaren Stickstoffs, insbesondere unter dem Einfluß assimilierbarer Stickstoffverbindungen". — In dem Vortrag wurden Versuchsergebnisse mitgeteilt, die sich mit der Stickstoffbindung der frei im Boden lebenden Bakterien (Azotobacter) und der Knöllchenbakterien von Leguminosen (Rhizobium) befassen, wobei insbesondere der Einfluß von Ammonsalzen und Nitraten auf die Höhe der Stickstoffbindung studiert wurde. — Dabei zeigte sich, daß Azotobacter (in Reinkultur) seine Stickstoffbindung aus der Atmosphäre in dem Maße verringerte und schließlich ganz einstellte, je mehr ihm gebundener Stickstoff in Form der genannten Salze in der Nährlösung angeboten wurde. — Versuche mit Pferdebohnen in Wasserkulturen mit und ohne Knöllchenbakterien (Rhizobium) ließen erkennen, daß Stickstoffangebote in Form von Ammonnitrat oder Calciumnitrat Wachstum und Stickstoffbindung zum Teil ganz erheblich förderten. Die Ernteerträge der Pflanzen mit Wurzelknöllchen waren höher als die der Pflanzen der ungeimpften Reihen. Die Stickstoffgehalte von Sproß und Wurzel waren sowohl durch die zugefügten Salze wie auch durch ihren Besatz mit Wurzelbakterien sehr stark erhöht, somit die Gewinne an symbiontisch gebundenem Stickstoff sehr groß. — Erschienen in den „Berichte(n)" Bd 104 (1960), Heft 1. — Vorgelegt werden Veröffentlichungen der Herren Anton Lissner und Erich Rammler. — Vgl. auch DLZ (Akademieberichte) 81. Jg, Heft 5, Sp. 474 (1960).

Sitzung am 14. März

Vortrag des Herrn Buder: „Phototropismus einzelliger chlorophyllhaltiger Organe". Er knüpfte dabei an seine Ausführungen in einem früheren Vortrag (vgl. DLZ 76, 1955, 9, Sp. 708ff.) an. — Die zunächst für den Phototropismus der Sporangienträger von *Phycomyces* von Blaauw aufgestellte Hypothese konnte durch die mannigfach variierten Versuche des Vortr. und seiner Mitarbeiter zu einer wohlfundierten Theorie des Phototropismus einzelliger Organe ausgebaut werden. Dabei hatte sich für zahlreiche verschiedene chlorophyllfreie Organe bis jetzt kein Befund erheben lassen, der sich nicht in den Rahmen der Theorie fügte. Sogar solche Ergebnisse, die zunächst ganz unerwartet waren, erwiesen sich bei genauer Analyse als besonders beweiskräftige Bestätigungen für den direkten Zusammenhang zwischen jeweiliger Lichtwachstumsreaktion (LWR) und den durch sie bewirkten verschiedenen phototropischen Krümmungen (Kr.). Die LWR kann positiv oder negativ sein oder fehlen (0), die Kr. desgleichen. Dabei kann eine Linsenwirkung der zylindrischen oder paraboloiden Zelle ins Spiel kommen oder fehlen. Die bisher beobachteten Fälle lassen sich übersichtlich in der folgenden Tabelle zusammenfassen:

	I	II	III	IV
Organ	phototropisch			aphototr.
Linsenwirk.	vorhanden		fehlt	
LWR	+	−	−	0
Kr. i. Luft	+	−	+	0
Kr. i. Paraff.	−	+	+	0

Es war nun von Interesse, auch chlorophyllhaltige Organe zu untersuchen. Bisher sind die Algen *Nitella* und *Protosiphon* sowie die Protonemen einiger Laubmoose geprüft worden. Die Internodialzellen von *Nitella* krümmen sich positiv in Wasser, Luft und Paraffin. Das Entstehen eines Brennstreifens in Luft wird durch das dichte Filter der Chloroplasten verhindert. Die LWR erwies sich in allen drei Medien als negativ, die Alge wäre also in die Kategorie III einzuordnen. Wirksam für LWR und Kr. ist nur die kurzwellige Strahlung bis etwa 540 mμ. Bei Belichtung einer schmalen Querzone bleibt die Krümmung auf diese beschränkt. Eine „Reizleitung" war wie bei den chlorophyllfreien Organen nicht zu beobachten. — Von *Protosiphon* wurden die zylindrischen Zellen der Jugendstadien untersucht, die sich aus Aussaaten von Sporen auf Agar entwickeln. In jeder Zelle liegt an der äußersten (allein wachstumsfähigen) Spitze ein glockenförmiger Chloroplast der Zellhaut an, so daß es bei einseitiger Belichtung nicht zur Bildung eines Brennstreifens kommen kann, da auch hier nur die kurzwellige Strahlung bis etwa 540 mμ wirksam ist. Auch dieser Fall gehört zur Kategorie III. Die Krümmungen wurden nur in Luft und in Paraffin untersucht, da unter Wasser das Wachstum aufhört und die Zelle nach wenigen Stunden zur Sporenbildung übergeht. — An den Moosprotonemen (*Leptobryum*, *Funaria*, *Ceratodon*) zeigten die normalen, in Luft, Wasser und Paraffin positiv phototropischen Chloronemafäden, wie zu erwarten, eine negative LWR (im Weiß- und Blaulicht). Das bei Kultur auf nährstoffarmem Agar „umpolarisierte negative Chloronema" (Fitting 1950), dessen Spitzenzellen viel blasser sind und nur wenige kleine Chloroplasten enthalten, weist die gleiche negative LWR auf. Das würde nach der Theorie eine Sammellinsenfunktion voraussetzen, die hier sehr wahrscheinlich ist, da die wenigen kleinen Chloroplasten das Zustandekommen eines Brennstreifens in der wachsenden Spitze kaum mehr verhindern. Dann müßte unter Paraffin eine Inversion eintreten, die auch beobachtet wurde (wenn auch bei der bisherigen Versuchsanstellung nicht in allen Fällen). Die „phototropische Umstimmung" beruht hier also nicht auf einer Änderung der LWR, sondern nur auf der größeren Durchsichtigkeit der Zelle. — Das normale positive Chloronema reagiert aber nicht nur auf kurzwellige Strahlung, sondern auch auf Rotlicht. Doch scheint dafür nicht das Chlorophyll unmittelbar verantwortlich zu sein, da auch der Bereich zwischen 680 und 760 mμ wirksam ist, der von diesem Farbstoff am wenigsten absorbiert wird. Überraschend war der Ausfall der LWR, die im Rotlicht positiv ist. Das setzte nach der Theorie eine Linsenwirkung voraus. Ausgeschlossen ist diese nicht, da ja gerade das äußerste Rot von den Chloroplasten sehr gut durchgelassen wird. Dafür spricht auch der Ausfall des Inversionsversuches in Paraffin, der bei *Ceratodon* gut gelang. Doch bedürfen die einschlägigen Ergebnisse, die im Vortrag eingehend diskutiert wurden, noch der Verbreiterung und Vertiefung, ehe weittragende Schlußfolgerungen am Platze sind. — Angenommen zum Druck in den Sitzungsberichten. — Vorgelegt werden Veröffentlichungen der Herren Erich Rammler, Franz Runge und Kurt Täufel. — Vgl. auch DLZ (Akademieberichte) 81. Jg, Heft 6, Sp. 569—571 (1960).

Sitzung am 16. Mai

Vortrag des Herrn Stather: „Zur Charakteristik pflanzlicher und synthetischer Gerbstoffe und deren kombinierte Verwendung bei der Gerbung". — Nach einleitenden Ausführungen über Struktur und Eigenschaften des zur Gerbung kommenden Coriums der tierischen Haut, das Wesen jeder wirklichen Gerbwirkung, die Eigenschaften von Leder und die für eine Gerbung zur Verfügung stehenden Gerbstoffe, wurden vornehmlich auf Grund eigener Arbeiten die derzeitigen Kenntnisse über die unterschiedlichen Eigenschaften pflanzlicher und synthetischer Gerbstoffe und deren unterschiedliches Verhalten bei gemeinsamer Anwendung in der Gerberei behandelt. — Die Diffusionsgeschwindigkeit der Gerbstoffe in die Hautblöße ist abhängig vom Gerbsystem, ruhend oder dynamisch bewegt, bei ruhenden Systemen von der Konzentration, dem pH-Wert, der Temperatur, dem Nichtgerbstoffgehalt der Gerbbrühen und den unterschiedlichen spezifischen Eigenschaften der einzelnen Gerbstofftypen, Diffusionsgeschwindigkeit, Bindungsgeschwindigkeit, Bindungsgröße und Bindungsfestigkeit der pflanzlichen und synthetischen Gerbstoffe stehen in direkter Beziehung mit den stark unterschiedlichen Dispersitätsverhältnissen der Gerbstoffe in den kolloiden Gerblösungen. — Wesentliche Beiträge zur Frage des gerberischen Verhaltens pflanzlicher Gerbstoffe und den Ablauf der Gerbung und die erhaltenen Ledereigenschaften konnten durch Aufklärung der Unterschiede zwischen länger dauernder Altgrubengerbung und beschleunigten bewegten Gerbverfahren erhalten werden. — Neuere Untersuchungen unter Verwendung neu entwickelter Prüfmethoden für Gerbstoffe und Leder führten zur Erkenntnis, daß nur 50—70% des analytisch ermittelten Gerbstoffanteils der pflanzlichen Gerbstoffe und nur 30—50% der synthetischen Gerbstoffe wirklich lederbildende Eigenschaften besitzen und darum Syntane nicht ohne weiteres in größerer Menge als Austausch pflanzlicher Gerbstoffe in ein gegebenes Gerbsystem eingesetzt werden können. Nach großtechnischen Versuchen über lange Zeit ist es zwar möglich, bei Einsatz von 50% Syntanen bei einer Gerbdauer von 100 Tagen brauchbares Unterleder zu erzeugen, ein höherer Syntaneinsatz bedingt aber Absinken des Lederrendements, Erhöhung des Gerbstoffverbrauchs und Verlängerung der Gerbdauer. — Zur Verringerung der Gerbdauer bei Gerbung mit erhöhtem Syntaneinsatz ist eine Stabilisierung der Kollagenstruktur vor Ausgerbung mit pflanzlichen und synthetischen Gerbstoffen durch entsprechende Vorgerbung mit Erhöhung der Blößenkapillarität und rascherer Durchsatz der Gerbbrühen notwendig. Erhöhte Gerbtemperatur schließt bei Einsatz größerer Syntanmengen bei Temperaturen über 35 °C die Gefahr einer Faserschädigung der Haut in sich. — Für eine Vorgerbung bei pflanzlich-synthetischer Ausgerbung erwiesen sich neu entwickelte Metallkomplexgerbstoffe als besonders wertvoll. — Auf Grund der gesamten Kenntnisse über eine kombinierte Gerbung mit pflanzlichen und synthetischen Gerbstoffen konnten zum Zwecke der Gerbzeitverkürzung und gleichzeitiger Mechanisierung der Gerbprozesse zwei Gerbverfahren unter Verwendung von 50% Syntanen entwickelt und großtechnisch eingeführt werden, die dynamische Drei-Phasen-Gerbung mit einer Gesamtgerbdauer von ca. 4 Tagen im rotierenden Faß nach vorangegangener Vorchromierung und eine stationäre Gerbung ausschließlich in Gruben nach vorangehender Vorbehandlung der Blößen mit Metallkomplexgerbstoffen. — Abschließend wurde kurz eine neuere Auffassung des Vortragenden über das Wesen der Lederbildung und daraus sich ergebender technischer Möglichkeiten der Ledererzeugung insgesamt zum Ausdruck gebracht. — Erschienen in den „Berichte(n)“ Bd 104 (1960), Heft 3. — Herr Scheumann legt seine Arbeit über „Das Kornerupingestein von Waldheim in seinem genetischen Zusammenhang“ vor. Erschienen in den Abhandlungen Bd 47 (1960), Heft 2. — Vorgelegt werden Veröffentlichungen der Herren Anton Arland, Wolfgang Buchheim, Max Bürger, John Eggert, Horst Hanson, Anton Lissner, Erich Rammler, Karl Schmalfuß, Egbert Schwarz und Wilhelm Treibs; als Akademiepublikation: J. C. Poggendorff, Biographisch-literarisches Handwörterbuch der exakten Naturwissenschaften, redigiert von Prof. Dr. R. Zaunick u. Prof. Dr. H. Salié, Bd VIIa, Teil 4: S—Z, 1. Lfg, Berlin 1960, S. 1—112: Sabalitschka, Theodor-Schintlmeister, Josef. — Vgl. auch DLZ (Akademieberichte) 81. Jg, Heft 10, Sp. 951—953 (1960).

Sitzung am 20. Juni

Vortrag des Herrn Mothes: „Über das Verjüngen alternder Blätter“. — Wenn man unter Altern einen irreversiblen, zum Tode des Organs oder Organismus führenden Prozeß versteht, so wird man künftig das, was man Altern der Blätter nennt, nicht mehr so bezeichnen dürfen. Denn dieser Prozeß ist reversibel! Das Leben eines Blattes kann mit einfachen Mitteln entscheidend verlängert werden. In vielen Fällen ist dieses Altern der Blätter bedingt durch eine Konkurrenz innerhalb der Pflanze. Da die Wurzel die Nährstoffbedürfnisse nicht oder nicht mehr genügend befriedigen kann, wachsen die jungen, vitaleren Organe auf Kosten der älteren, denen sie Nährstoffe, insbesondere Stickstoff, entziehen. Das führt zur Auszehrung dieser älteren; die Blätter verlieren so viel Eiweiß, daß auch die Voraussetzungen für die Erhaltung des Blattgrüns verlorengehen. Man kann die Lage der älteren Blätter verbessern, indem man ihnen zusätzlich eine Stickstoffquelle außerhalb der bestehenden Konkurrenzen verschafft: z. B. indem man die Blätter unter Umgehung der Wurzel direkt über die Spreite durch Besprühen mit Lösungen von Ammoniumnitrat ernährt oder indem man die jüngeren, konkurrenzfähigeren Organe abschneidet oder indem man die Blätter selbst isoliert und durch Hormonbehandlung bewurzelt (Blattsteckling). In solchen Fällen bleibt das alte Blatt grün, ein vergilbendes ergrünt wieder, es kann Eiweiß synthetisieren und sogar sein Wachstum wieder aufnehmen. Eiweißsynthese und Wachstum sind charakteristische Merkmale der Jugendlichkeit. Worin bestehen die Konkurrenzverhältnisse? Warum ist ein jüngeres Blatt, z. B. einer Tabakpflanze, einem älteren überlegen? Ist das nicht wirklich Ausdruck echter Alterungsvorgänge? Bisher hat man geglaubt, daß die Entziehung der Nährstoffe aus dem älteren Organ auf dem stärkeren Verlauf synthetischer Prozesse in dem jüngeren beruht: dadurch, daß die löslichen Wanderstoffe in Synthesen einbezogen werden, wird ein Konzentrationsgefälle immer wieder hergestellt, in dem die Stoffe aus den älteren Organen abfließen. Genauere Untersuchungen haben gezeigt, daß es gerade umgekehrt ist. Das Ziel der Stoffwanderung sind solche Organe, in denen die Konzentration der Wanderstoffe an sich schon sehr hoch ist. Die Stoffe wandern gegen ein Konzentrationsgefälle. Das ist unter Energieaufwand möglich. Junge Blätter, junge Früchte, Samen, sich auffüllende Knollen, Rüben, Zwiebeln haben eine größere Konzentration an löslichen Stickstoffverbindungen als die älteren Blätter, die diese Verbindungen abgeben. Altern eines Blattes ist also die Eigenschaft einer verringerten Fähigkeit, Stoffe festzuhalten, anzuziehen, zu akkumulieren. Diese Fähigkeit der Stoffattraktion und -akkumulation wird entscheidend durch gewisse Wuchsstoffe beeinflußt. Ein Modell eines hochwirksamen Wuchsstoffes ist Kinetin, ein 6-Aminofurfurylpurin. Blätter oder Blatteile, die mit Kinetin versorgt sind, entreißen Nicht-Kinetin-Organen lösliche Stickstoffverbindungen. Solche Blatteile werden grün, sie synthetisieren Eiweiß und wachsen erneut. Kinetin ist das Modell eines Verjüngungsfaktors. Das kann man unter Benutzung von radioaktiv markierten Aminosäuren oder mit schwerem Stickstoff-Isotop markiertem Ammoniumsalz in einfacher Weise demonstrieren. Der Mechanismus der Stoffakkumulation gegen ein Konzentrationsgefälle beherrscht die Beziehungen der pflanzlichen Organe in entscheidender Weise. Für die Anhäufung der Wuchsstoffe, d. h. für die Jugendlichkeit oder große Vitalität, ist nicht das Alter an sich entscheidend, sondern die Polarität der pflanzlichen Organisation. — Erschienen unter dem Titel „Über die Reversibilität des Alterns der Blätter“ in: Acad. Rep. Pop. Romîne. Probleme actuale de Biologie si Stiinte Agricole, 1960, S. 133 bis 137. — Herr Prell legt seine Arbeit „Bemerkungen zur Geschichte der englischen Längenmaß-Systeme“ vor. Erschienen in den „Berichte(n)“ Bd 104 (1960) Heft 4. — Vorgelegt werden Veröffentlichungen der Herren Anton Arland, Erich Rammler,

Kurt Schwabe und Kurt Täufel; als Akademiepublikation: J. C. Poggendorff, Biographisch-literarisches Handwörterbuch der exakten Naturwissenschaften, redigiert von Prof. Dr. R. Zaunick u. Prof. Dr. H. Salié, Bd VIIa, Teil 4: S—Z, 2. Lfg, Berlin 1960, S. 113—224: Schinz, Hans Rudolf-Schönhals, Ernst. — Vgl. auch DLZ (Akademieberichte) 81. Jg, Heft 11, Sp. 1044—1046 (1960).

Sitzung am 10. Oktober

Vortrag des Herrn Hertz: „Das physikalische Verhalten von Teilchen sehr hoher Energie". — Teilchen hoher kinetischer Energie sind schon seit langem ein wichtiges Hilfsmittel der experimentellen Physik. Beispiele hierfür sind die Entdeckung der Röntgenstrahlen mittels stark beschleunigter Elektronen und die der Atomumwandlung beim Auftreffen von Atomkernen hoher kinetischer Energie. Aus diesem Grunde bemüht man sich, die kinetische Energie solcher Teilchen immer weiter zu steigern. — Unter Teilchen sind dabei in erster Linie Elektronen und leichte Atomkerne, wie z. B. das Proton oder das Deuteron, zu verstehen. Da diese Teilchen elektrisch geladen sind, können sie durch elektrische Felder beschleunigt werden. Das einfache Verfahren, die geladenen Teilchen ein elektrisches Feld durchlaufen zu lassen, welches durch eine hohe Gleichspannung erzeugt wird, versagt bei Energien oberhalb weniger Millionen Elektronenvolt. In den Vielfach-Beschleunigern werden hochfrequente Wechselfelder benutzt, um die Teilchen zu wiederholten Malen zu beschleunigen. Die größten, heute in Betrieb befindlichen Anlagen dieser Art sind das Synchrophasotron in Dubna und der Beschleuniger der CERN in Genf, welche Protonen von 10 bzw. 25 Milliarden Elektronenvolt erzeugen. — Diese extrem energiereichen Teilchen werden einerseits als Sonden zur Untersuchung der Kräfte benutzt, welche zwischen den Bausteinen der Atomkerne wirken, andererseits haben sie zur Entdeckung einer ganzen Anzahl von neuen Elementarteilchen geführt, welche bei ihrer Wechselwirkung mit Atomkernen entstehen. Hierbei wandelt sich die kinetische Energie des stoßenden Teilchens in materielle Masse des neu entstehenden Teilchens um. Ein Beispiel für einen solchen Vorgang ist die künstliche Erzeugung des in der Natur nicht vorkommenden Antiprotons, welches die gleiche Masse besitzt wie das Proton, aber negative Ladung trägt. — Herr Hertz verzichtet auf einen Druck in den Sitzungsberichten. — Vorgelegt werden Veröffentlichungen der Herren Anton Arland, Erich Rammler, Kurt Schwabe, Kurt Täufel und Wilhelm Treibs; als Akademiepublikation: J. C. Poggendorff, Biographisch-literarisches Handwörterbuch der exakten Naturwissenschaften, redigiert von Prof. Dr. R. Zaunick u. Prof. Dr. Hans Salié, Bd VIIa, Teil 4: S—Z, 3. Lfg, Berlin 1960, S. 225—336: Schönhardt, Erich-Schwab, Georg-Maria. — Vgl. auch DLZ (Akademieberichte) 82. Jg, Heft 2, Sp. 181—183 (1961).

Sitzung am 5. Dezember

Wegen Verhinderung des Herrn Treibs mußte der Vortrag verschoben werden. — Vorgelegt werden Veröffentlichungen der Herren Walter Frenzel, Wolfgang

Langenbeck, Arthur Simon und Kurt Täufel, sowie der 7. Bd der Gesammelten Abhandlungen von Sophus Lie, hrsg. v. der Sächs. Akad. d. Wiss. zu Leipzig u. dem Norwegischen Mathematischen Verein durch Friedrich Engel u. Poul Heegard, Leipzig-Oslo 1960, X, 476 S. — Vgl. auch DLZ (Akademieberichte) 82. Jg, Heft 4, Sp. 378—379 (1961).

1961

Sitzung am 23. Januar

Vortrag des Herrn Obenaus: „An der Grenze zwischen Hochspannungstechnik und Physik". — Die Hochspannungstechnik stützt sich auf dem Gebiet der Isolierstoffe in der Hauptsache auf die Ergebnisse der Physik. Immer wieder müssen aber gewisse vordringliche physikalische Probleme von ihr selbst gelöst werden. So kann z. B. die Durchschlagspannung im extrem inhomogenen Feld in Luft (Spitzenfeld) noch nicht exakt aus den Abmessungen und den Isolierstoffeigenschaften berechnet werden. Die Technik hilft sich deshalb mit dem Experiment und schafft sich mit der sogenannten Schlagweite-Spannungskurve über die Abhängigkeit der Durchschlagspannung von der Schlagweite eine handliche Berechnungsunterlage. Diese zum großen Teil gradlinige Kurve weist Unstetigkeitsstellen dort auf, wo sich der Durchschlagmechanismus ändert. Technisch besonders bedeutungsvoll ist die Unstetigkeitsstelle, d. h. die Abweichung von der Geraden im Gebiet sehr großer Schlagweiten oberhalb 3 m. Mit Vielfachfunkenstrecken, also Modellfunkenstrecken in Form einer Kondensatorkette mit verschieden großen Querkapazitäten, kann dieser Verlauf erklärt werden. Das Modell lehnt sich an das Ersatzschaltbild für die bekannten Gleitanordnungen an. Damit ist zwar der physikalische Vorgang bei weitem noch nicht restlos aufgeklärt. Die Versuche am Modell vermitteln aber eine Hilfsvorstellung, die für die technischen Entscheidungen wichtig ist. Sie zeigen, daß der Durchschlag ruckweise erfolgt und daß Kapazitäten ähnlich den Querkapazitäten bei Gleitanordnungen maßgebend für die Höhe der Durchschlagspannung sind. Beim Durchschlag fester Isolierstoffe im inhomogenen Feld helfen Analogiebetrachtungen in bezug auf den Gasdurchschlag weiter. — Erschienen in den Sitzungsberichten Bd 105 (1961), Heft 1. — Vorgelegt werden Veröffentlichungen der Herren Wolfgang Langenbeck, Fritz Obenaus, Erich Rammler, Kurt Schwabe und Kurt Täufel; als Akademiepublikation: J. C. Poggendorff, Biographisch-literarisches Handwörterbuch der exakten Naturwissenschaften, redigiert von Prof. Dr. R. Zaunick u. Prof. Dr. Hans Salié, Bd VIIa, Teil 4: S—Z, 4. Lfg, Berlin 1961, S. 337—448: Schwab, Johann Christoph-Späth, Wilhelm. — Vgl. auch DLZ (Akademieberichte) 82. Jg, Heft 5, Sp. 481—483 (1961) und Forsch. u. Fortschr. 35. Jg, Heft 11, S. 321—324 (1961).

Sitzung am 13. Februar

Wegen Erkrankung des Herrn Buchheim mußte der Vortrag ausfallen. — Vorgelegt werden Veröffentlichungen der Herren Kurt Mothes, Erich Strack, Kurt

Täufel und Wilhelm Treibs. — Vgl. auch DLZ (Akademieberichte) 82. Jg, Heft 6, Sp. 578—579 (1961).

Sitzung am 13. März

Vortrag des Herrn **Runge**: „Kristallinität der Hochpolymeren im Kunststoff". — Eine wesentliche Eigenschaft der hochpolymeren Verbindungen ist es, daß sie nicht so leicht kristallisieren wie die niedermolekularen Verbindungen. Letztere sind deshalb als Werkstoff unbrauchbar, denn sie sind anisotrop und würden bei mechanischer Beanspruchung zerbröckeln. Die Hochpolymeren als Material unserer Kunststoffe müssen aber isotrop, in der Wärme plastisch verformbar (kein scharfer Schmelzpunkt!), bei Raumtemperatur fest und eventuell elastisch sein. Die Kunststoffe befinden sich im Zustand der unterkühlten Schmelze, wie das anorganische Glas. — Nun tritt aber bei manchen Hochpolymeren eine Kristallinität mehr oder weniger in Erscheinung, die zur Unbrauchbarkeit als Werkstoff führen kann, wenn sie zu stark ausgebildet ist. Eine geringe Kristallinität kann aber von Nutzen sein, weil dadurch eine Verfestigung des Materials eintritt. — Die große Masse der Kunststoffe ist nicht kristallin und hat ihre variable Festigkeit auf Grund der mehr oder weniger starken Vernetzung der Makromoleküle. Es sind das die Phenoplaste, Aminoplaste, Epoxydharze, aber auch Polyvinylchlorid und dann der Kunstkautschuk und alle Anstrichstoffe. — Aber die Polymerisate des Äthylen und seiner Substitutionsprodukte neigen zur Kristallisation. Um die Kristallisation heraufzusetzen, gibt es einige Methoden, wie große Reinheit der Ausgangsstoffe, langsames Abkühlen der durch Erwärmen weich gewordenen Muster und das Verstrecken bei bestimmten Temperaturen, wodurch die Moleküle in eine parallele Lage und dadurch in eine kristalline Ordnung gebracht werden. Vor allem kann man aber schon von vornherein durch die Art der Polymerisation viel erreichen, wobei die stereospezifische Polymerisation, die zu isotaktischer oder syndiotaktischer Anordnung der monomeren Einheiten im Makromolekül führt, am wirksamsten ist. — Auf der anderen Seite können wir auch die Kristallinität in den Kunststoffmassen herabsetzen. Die Zufügung von Weichmachern ist die gewöhnliche Methode. Auch Füllstoffe haben manchmal in dieser Richtung eine Wirksamkeit. In Polykondensaten können wir geringe Mengen einer Komponente mit einkondensieren, so daß gerade die gewünschte Kristallinität noch erhalten bleibt (innere Weichmachung). Bei den Polymerisaten hat die Kopolymerisation diesen gewünschten Effekt. In vielen Fällen kann man auch durch Abschrecken der erwärmten Masse eine Kristallisation vermeiden, indem der ungeordnete Zustand der kleinsten Teile in der heißen, halbfesten Materie durch schnelle Überführung in die Raumtemperatur eingefroren wird. — Wir können also die Neigung gewisser Hochpolymeren zur Kristallisation unterstützen oder eindämmen, je nachdem, wie wir den Kunststoff verwenden wollen. — Die Ausführungen sind ein Teil aus dem Werk des Vortragenden „Einführung in die Chemie und Technologie der Kunststoffe", 3. bearb. Aufl. m. 84 Abb., 5 Taf., davon 1 Kunstdrucktaf., 14 Tab. sowie 1 Tab. der wichtigsten Kunststoffe = Scientia Chimica Bd 5, Berlin 1963, XIV, 300 S. und erschienen deshalb nicht in den Sitzungsberichten. — Vorgelegt werden Veröffentlichungen der Herren Maximilian Klinkowski, Wilhelm Maier, Georg Merrem, Erich Rammler und Kurt Täufel. — Vgl. auch DLZ (Akademieberichte) 82. Jg, Heft 7/8, Sp. 755—757 (1961) und Forsch. u. Fortschr. 35. Jg, Heft 10, S. 294—296 (1961).

Sitzung am 15. Mai

Vortrag des Herrn Buchheim (anstelle von Herrn Treibs): „Beiträge der Physik zum heutigen Bilde der Erde". — Die Geschichte der Physik der Erde, d. h. die Formung des heutigen physikalischen Erdbildes, ist deutlich in zwei Phasen gegliedert: 1. die mit Newton und Leibniz anhebende Periode bis zur Herausbildung einer eigentlichen Geophysik am Ende des 19. Jhs, 2. die Periode einer stark intensivierten und zunehmend spezialisierten physikalischen Erforschung aller Sphären der Erde in den Teildisziplinen Geophysik des festen Erdkörpers, Ozeanologie, Meteorologie und Physik der Hochatmosphäre. In der ersten Periode stehen fast ausschließlich Schwerefeld und Gleichgewichtsprobleme des Erdganzen und der Kruste sowie der Geomagnetismus im Vordergrund. Hauptergebnisse sind die Erkenntnisse einerseits von der Erde als Gleichgewichtsfigur einer rotierenden plastischen Masse und dem Schwimmgleichgewicht ihrer Rinde (Isostasie), andererseits vom Sitz des Erdmagnetismus zum überwiegenden Teile im Inneren der Erde, wenn auch die am leichtesten zu deutenden geomagnetischen Phänomene aus dem atmosphärischen Außenraum stammen. Die erstgenannte Entwicklungslinie ist gekennzeichnet durch die Namen Clairaut, Bessel, Helmert und Heiskanen, die zweite etwa durch A. v. Humboldt, Gauß, Ad. Schmidt und Chapman. Mit der Entdeckung der Radioaktivität und des Erdkernes durch die Seismologie tritt die Geophysik etwa ab 1900 als physikalische Spezialdisziplin unter gleichzeitiger Abspaltung von Meteorologie und Ozeanologie als Sonderdisziplinen auf den Plan. Hauptsächliche Beiträge in der nun folgenden Zeit sind die Angaben der Seismologie über die Geschwindigkeiten und Geschwindigkeitssprungflächen im Erdinneren (Wiechert, Mohorovičić, Conrad) und die Gewinnung einer planetarischen Gesamtschau von der Zirkulation der ozeanischen Wässer (Defant) und der Luftmassen in der Troposphäre sowie das physikalische Verständnis der Wetterbildung (Bjerknes). Das Bild der Hochatmosphäre hat unter den Einflüssen von Polarlichtforschung (Strömer, Vegard, Birkeland), Funkwesen (Appleton, Tuve) und neuerdings von Raketen- und Satellitentechnik erst in unserem Jahrhundert bestimmte Züge angenommen. Sehr wesentlich trug zum physikalischen Verständnis der elektrischen Schichtbildung in der Ionosphäre und der Zusammenhänge von erdatmosphärischen Vorgängen mit solaren die Atomphysik, speziell die Physik des sog. Plasmas bei. Über den Satellitenflug schließt sich heute der weitgezogene Kreis der physikalischen Erderforschung mit der Physik des festen Erdkörpers, indem in den Satellitenbahnen Abweichungen von der kugelsymmetrischen Massenschichtung des Erdinneren zum Ausdruck kommen, die von der Astronomie bisher noch nicht erfaßt werden konnten. Auch hier sieht sich die Geophysik mit dem Übergang der Geologie vom Fixismus eines Eduard Suess (um 1880) zum Mobilismus, wie er von Ampferer 1906 in die Diskussion der geotektonischen Vorgänge eingeführt wurde und seitdem immer mehr an

Wahrscheinlichkeit gewonnen hat, vor Fragen gestellt, die die kosmische Physik, letzten Endes sogar die Kosmologie tangieren (Magnetismus rotierender kosmischer Massen nach Blackett, Schwund der Gravitationskonstanten nach Dirac und Jordan). — Erscheint voraussichtlich in den Sitzungsberichten. — Herr Scheumann legt seine Arbeit über „Die Stellung des Cordierits in metatektischen Granulitderivaten des sächsischen Granulitgebirges" vor. Erschienen in den Abhandlungen Bd 47 (1961), Heft 3. — Vorgelegt werden Veröffentlichungen der Herren Walter Brednow, John Eggert, Horst Hanson, Gustav Hertz, Ernst Neef, Kurt Täufel und Wilhelm Treibs. — Vgl. auch DLZ (Akademieberichte) 82. Jg, Heft 10, Sp. 959—962 (1961).

Sitzung am 19. Juni

Vortrag des Herrn Treibs (anstelle des erkrankten Herrn Arland): „Zur Begriffsbildung in der Chemie". — Durch die neuesten Fortschritte der Physik und Chemie sowie die steigende Einführung physikalischer Methoden, die weitgehend chemische Methoden abgelöst haben und noch ablösen werden, sind die Abgrenzungen zwischen beiden Wissenschaften, die ja schließlich nur verschiedene Perspektiven der gleichen Sache sind, bereits weitgehend abgebaut worden. Um einer Naturlehre den Rang als Wissenschaft zuerteilen zu können, stellte Kant die Forderung, daß sie mathematisch begründet sein müsse. Für die Chemie hat man durch Schaffung einer „theoretischen Chemie" auf physikalischer Grundlage begonnen, diese Forderung zu erfüllen. — Die Entwicklung der chemischen Begriffe und ihrer Inhalte im Laufe der Jahrhunderte verdeutlichen am besten den erzielten Fortschritt der Chemie auf ihrem Wege zur Wissenschaft: 1) Der Molekülbegriff samt der daraus abgeleiteten systematischen Namensgebung (Nomenklatur) führte zu einer einheitlichen Konzeption der Gesamtchemie und umfaßt das Gebiet von den Nieder- bis zu den Hochmolekularen. 2) Die moderne Strukturlehre (Stereochemie und Konstellationsanalyse) gestattet eine fast photographische Wiedergabe des Moleküls, die der objektiven Wirklichkeit sehr nahe kommen dürfte. 3) Die Entwicklung unserer Vorstellungen über die Natur der chemischen Bedingungen führte zusammen mit der Quantenchemie zu einer recht befriedigenden Theorie der polaren, unpolaren und komplexen Bindungen sowie des Radikals auf Elektronengrundlage. Der daraus abgeleitete Mesomeriebegriff ungesättigter Verbindungen samt seiner Weiterbildung führte zu einem besseren Verständnis der Eigenschaften und Reaktionen der Moleküle. — Eine streng objektive mathematische Behandlung chemischer Probleme im Sinne Kants dürfte mit den Mitteln unserer heutigen Mathematik noch nicht möglich sein, aber der Wirklichkeit asymptotisch näherkommen. Nach wie vor wird das Experiment das wichtigste Forschungsmittel des Chemikers und wohl auch des Physikers bleiben, das ihn immer wieder zu neuen Horizonten führen wird. — Angenommen zum Druck in den Sitzungsberichten. — Vorgelegt werden Veröffentlichungen der Herren Fritz Deubel, Walter Frenzel, Maximilian Klinkowski, Wolfgang Langenbeck und Kurt Täufel. — Vgl. auch DLZ (Akademieberichte) 83. Jg, Heft 2, Sp. 172—173 (1962).

Sitzung am 16. Oktober

Wegen Verhinderung des Herrn Frenzel mußte der Vortrag ausfallen. — Vorgelegt werden Veröffentlichungen der Herren John Eggert, Maximilian Klinkowski, Erich Rammler, Karl Schmalfuß, Arthur Simon, Kurt Täufel und Wilhelm Treibs, sowie als Akademiepublikation: J. C. Poggendorff, Biographisch-literarisches Handwörterbuch der exakten Naturwissenschaften, redigiert von Prof. Dr. R. Zaunick u. Prof. Dr. Hans Salié, Bd VIIa, Teil 4: S—Z, 6. Lfg, Berlin 1961, S. 561 bis 672: Stoy, Wilhelm-Thorade, Hermann. — Vgl. auch DLZ (Akademieberichte) 83. Jg, Heft 2, Sp. 173—175 (1962).

Sitzung am 11. Dezember

Vortrag des Herrn Schwabe: „Über Passivschichten". — Die Metalle schützen sich gegen den Angriff des Luftsauerstoffs und von Chemikalien durch die Ausbildung von Passivschichten. Die Eigenschaften der Schichten, die für die Schutzwirkung Voraussetzung sind, werden untersucht. Es wird nachgewiesen, daß bei den typisch passiven Metallen Nickel und Chrom schon ein chemisorbierter Sauerstoffilm genügt, um die Metalle zu passivieren. Seine Bildung wird begünstigt, weil der Übertritt des Metallions aus dem Metall in die Lösung gehemmt ist. Dieser wird erleichtert und damit die Korrosion begünstigt bei Chemisorption von Chlorionen. Salzschichten und solche aus ionenleitenden Oxyden üben dann eine Schutzwirkung aus und sperren den anodischen Strom, wenn sie fest im Metall verankert sind und unmittelbar aus ihm gebildet werden. Daher treten sie an flüssigen Metallen im allgemeinen nicht auf. Nur wenn sehr schwer lösliche Verbindungen bei der anodischen Umsetzung gebildet werden, wird auch bei flüssigen Metallen eine Sperrwirkung beobachtet. Unter Verwendung von tritiumhaltigem Wasser wird nachgewiesen, daß aus den Sperrschichten Wasser bei Anlegen einer positiven Ladung an das Metall rasch austritt. Dadurch wird der Widerstand der Schicht sehr stark erhöht und die Sperrwirkung erzeugt bzw. verstärkt. — Angenommen zum Druck in den Sitzungsberichten. — Vorgelegt werden Veröffentlichungen der Herren Anton Arland, Walter Bednow, Wolfgang Buchheim, Maximilian Klinkowski, Erich Lange, Anton Lissner, Erich Rammler, Gustav E. R. Schulze, Kurt Schwabe, Fritz Stather, Kurt Täufel und Leopold Wolf. — Vgl. auch DLZ (Akademieberichte) 83. Jg, Heft 7/8, Sp. 745 bis 746 (1962) und Forsch. u. Fortschr. 36. Jg, Heft 5, S. 133—134 (1962).

1962

Sitzung am 22. Januar

Vortrag des Herrn Wolf: „Zur Vorstellung des ultrareinen Metalls". — Nach Definition des Begriffs ultrarein in dem vom Verf. gebrauchten Sinn werden die wichtigsten Kriterien des metallischen Zustands bzw. metallischer Systeme besprochen; ausführlicher wird auf die drei wichtigsten Raumgittersysteme der Metalle eingegangen, die kubisch raumzentrierten Strukturen und die beiden dichtesten

Kugelpackungen; insonderheit wird auf die vielfach verbreitete Polymorphie der Metalle hingewiesen. Alsdann werden die Störungen, welche chemische Verunreinigungen, d. h. Fremdatome, in Kristallgittern hervorrufen können, behandelt. Als Maß für die fremdstofffreien Gitterbezirke wird die atomare Anreicherung, d. i. das Verhältnis der Atomprozente Metall zu den Atomprozenten der Fremdatome, gewählt und in Anlehnung an den technischen Reinheitsbegriff des n-Neuner-Metalls definiert. Diese Verhältniszahl (Z) gibt unmittelbar die Anzahl der fremdstofffreien Gitterplätze, d. h. unter (Z + 1) Atomen des Wirtsmetalls ist durchschnittlich ein Fremdatom anzutreffen. Die Größe Z wird entweder als „spezifische" Fremdstoffzahl oder (für theoretische Untersuchungen) auch in Form der „unspezifischen" oder „allgemeinen" Fremdstoffzahl in Abhängigkeit von n definiert. Entscheidend wird hierbei das Atomgewichtsverhältnis zwischen Wirtsmetall und Fremdsubstanz, welches in den weiten Grenzen von $0.4.10^{-2}$ bis $0.3.10^{+2}$ schwanken kann. Nach der Behandlung der Störeffekte durch chemische Verunreinigungen im Metallinneren wird auf die sog. physikalischen Verunreinigungen, Leerstellen, Versetzungen u. ähnl. eingegangen. Zum Abschluß werden die verwickelten Erscheinungen auf der Metalloberfläche besprochen und die dort obwaltenden Besonderheiten in ihrem Einfluß auf das chemische Reaktionsvermögen der Metalle erläutert. Die wesentlichen Veränderungen im Verhalten eines Metalls vollziehen sich in dem Übergang vom 3-Neuner- zum 5-Neuner-Metall. Als Beispiel wird ultrareines Al und ultrareines Pt behandelt. Die Bedeutung der ultrareinen Metalle für das Gebiet der ultrareinen Legierungen und das Gebiet der „Halbleiter-Dosierung" sowie für den Korrosionsschutz wird illustriert. Die Darlegungen wurden einerseits für das polykristalline (technische) Metall, andererseits für den Metall-Einkristall spezifiziert. — Angenommen zum Druck in den Sitzungsberichten. — Vorgelegt werden Veröffentlichungen der Herren Maximilian Klinkowski, Kurt Schwabe und Kurt Täufel, sowie als Akademiepublikation: J. C. Poggendorff, Biographisch-literarisches Handwörterbuch der exakten Naturwissenschaften, redigiert von Prof. Dr. R. Zaunick u. Prof. Dr. Hans Salié, Bd VIIa, Teil 4: S—Z, 7. u. 8. Lfg, Berlin 1961 u. 1962, S. 673—784: Thorbecke, Franz Heinrich-Voigt, Klaus-Dieter, S. 785—896: Voigt, Rudolf-Weigelt, Theodor Gustav Otto Johannes. — Vgl. auch DLZ (Akademieberichte) 83. Jg, Heft 5, Sp. 462—463 (1962).

Sitzung am 12. Februar

Vortrag des Herrn Merrem: „Die klinisch-biologische Wertigkeit der Hirngeschwülste". — K. J. Zülch faßt den Begriff der biologischen Wertigkeit dahin zusammen, daß Ort, Art und Erkrankungsalter für die Prognose der Hirngeschwülste maßgebend seien. Den Neurochirurgen interessiert darüber hinaus die intraoperative Prognose. Außerdem ergibt sich durch die Berücksichtigung der klinischen Einzelheiten, wie sie von Hamperl und Dietrich angeregt wurde, ein größerer didaktischer Wert, der der Frühdiagnose dienlich sein kann. — Aus einem Krankengut der Leipziger Klinik von 1000 Hirntumoren (1953—1959) ergibt sich, daß verschiedene Tumorformen bei weitem überwiegen. Den meisten derselben ist gemeinsam, daß sie regressive Veränderungen zeigen und damit auch einen phasenhaften Ablauf der klinischen Erscheinungen erklären. Ein Vergleich mit anderen größeren Statistiken zeigt weitgehende Übereinstimmung. Der Ort der Geschwulst wird weitgehend nach der Basalität, Medialität und Polarität beurteilt; die Wertigkeit ist bei diesen Ortsangaben — je nach dem Hirnteil — außerordentlich verschieden. Beim operativen Vorgehen sind die Blutversorgung und die Nähe wichtiger Gefäßgebiete des intrakraniellen Raumes außerordentlich bedeutungsvoll. Die Bildung des Hirnödems ist auch heute noch nicht geklärt. Gewisse Einzelergebnisse der Hirnödemforschung lassen sich für die prä- und intraoperative Prognose verwerten. — Dem raumfordernden wird der raumersetzende Prozeß gegenübergestellt. Es handelt sich um Oligodendrogliome und vielfach um die Hirnabszesse. Diesen fehlt oft eine Hirndrucksteigerung. Ähnliches gilt auch für die Hypophysenadenome und die Hirnstammtumoren. Solange über die Genese von Tumorbildung noch nichts bekannt ist, ist es notwendig, durch vielfach oft recht komplizierte Überlegungen die Erfolgsaussichten in der operativen Therapie zu verbessern. — Erschienen in den Sitzungsberichten Bd 105 (1962), Heft 2. — Vorgelegt werden Veröffentlichungen der Herren Maximilian Klinkowski, Kurt Mothes und Gustav E. R. Schulze. — Vgl. auch DLZ (Akademieberichte) 83. Jg, Heft 6, Sp. 562 (1962).

Sitzung am 19. März

Vortrag des Herrn Hanson: „Über Proteolyse durch intrazelluläre Proteasen". — Einleitend wird auf die Mitwirkung der In-vivo-Proteolyse bei der Aufrechterhaltung eines ausgeglichenen bzw. den Bedürfnissen von Tier und Mensch angepaßten Eiweißumsatzes hingewiesen, wobei das Nebeneinander von Proteosynthese und Proteolyse in den Zellen und Organen zum Ausgangspunkt für die Erörterung der proteolytischen Systeme im Organismus genommen wird. Die bei Autolyseversuchen an Leber, Augenlinsen und Dottersack erhaltenen Ergebnisse sind als Ausdruck für das Wirksamwerden intrazellulärer proteolytischer Enzymaktivitäten der Kathepsine zu betrachten. Die unter Verwendung vor allem von synthetischen Peptidsubstraten durchgeführten Bestimmungen proteolytischer Enzyme in Organen von Säugetieren, vor allem Ratten und Rind, zeigen starke Aktivität mit mannigfaltiger Spezifität in den Organen mit nachweislich starker Autolysefähigkeit (Leber, Niere), dagegen eine gewisse Eintönigkeit mit nur einem hochaktiven proteolytischen Enzymsystem (Augenlinse) oder relativ niedrige, wenn auch mannigfaltige Enzymwirkungen (Muskulatur) in den Organen mit schwächer oder sehr schwach ausgebildetem Autolysevermögen. Aber auch in stark autolysierenden Organen wie Leber und Niere sind deutliche Unterschiede ihrer proteolytischen Enzymspektren festzustellen, die auf Besonderheiten bei den proteolytischen Vorgängen in den Organen hinweisen. Die Parallelität zwischen Autolysevermögen und quantitativer und qualitativer Ausprägung der proteolytischen Enzymwirkungen sowie Beobachtungen von anderer Seite über die Eiweißverluste von Organen bei eiweißfreier Kost sowie über die biologische Halbwertszeit der Proteine in verschiedenen Organen stützen die Annahme, daß die Proteolyse auch unter In-vivo-Bedingungen eine

Funktion der Aktivität und Spezifität der enthaltenen proteolytischen Enzyme ist. — Erschienen in den Abhandlungen Bd 48 (1963), Heft 1. — Vorgelegt werden Veröffentlichungen der Herren Maximilian Klinkowski und Kurt Täufel. — Vgl. auch DLZ (Akademieberichte) 83. Jg, Heft 7/8, Sp. 747—748 (1962).

Sitzung am 14. Mai

Vortrag des Herrn Klinkowski: „Analyse der Virosen des Kern- und Steinobstes". — Die am Institut für Phytopathologie in Aschersleben durchgeführten Untersuchungen über Obstvirosen, wobei insbesondere die Namen der Mitarbeiter Baumann und Kegler zu nennen sind, konzentrierten sich in den vergangenen 10 Jahren auf die Feststellung der Verbreitung der Obstvirosen in der DDR, ihre Identifizierung sowie Differenzierung und auf Bekämpfungsmaßnahmen. Zu Beginn unserer Untersuchungen war noch unbekannt, ob im Gebiet der DDR überhaupt mit dem Vorkommen von Obstvirosen zu rechnen ist. Im Jahre 1955 wurde eine früher als Frostschaden bzw. Unverträglichkeit gedeutete pathologische Erscheinung experimentell als virusbedingt nachgewiesen und als Stecklenberger Krankheit der Sauerkirsche benannt. Mit diesen Untersuchungen über die Stecklenberger Krankheit begann die Obstvirosenforschung in der DDR. Bis zum Ende der Vegetationsperiode des Jahres 1961 sind insgesamt 20 Virosen des Kern- und Steinobstes nachgewiesen worden. Beim Kernobst sind uns bisher bei der Birne 4 Virosen bekannt, und zwar das Ringfleckenmosaik, die Steinfrüchtigkeit, die Adernvergilbung und die Rotfleckigkeit. Beim Apfel gelang bisher der Nachweis von 5 Virosen: der Flachästigkeit, des Apfelmosaiks, der Rauhschaligkeit, der Rosettenkrankheit und sog. latenter Viren. Zu den von uns festgestellten Virosen der Sauerkirsche gehören die Stecklenberger Krankheit, die Vergilbungskrankheit und das Linienmosaik. Die letztgenannte Virose ist eine bisher noch nicht beschriebene Krankheit, die allerdings in unserem Gebiet nur sporadisch auftritt. Bei der Süßkirsche wurde das Vorkommen der nekrotischen Ringfleckenkrankheit, der chlorotisch-nekrotischen Ringfleckenkrankheit, der chlorotischen Ringfleckenkrankheit, der Sichelblättrigkeit und der Blattrollkrankheit festgestellt. Für die Sichelblättrigkeit gelang der Nachweis ihres Vorkommens in Ungarn und in der DDR, auch hier scheint eine bisher in der Literatur nicht beschriebene Virose vorzuliegen. Bei der Pflaume sind im Gebiet der DDR bis zum heutigen Tag das Bandmosaik, die Scharkakrankheit und die Weidenblättrigkeit nachgewiesen worden. Zweifellos ist damit die Analyse der Kern- und Steinobstviren noch nicht abgeschlossen, wir müssen vielmehr damit rechnen, daß im Verlauf der kommenden Jahre die Zahl sich weiter vergrößern wird. — Im Rahmen bisher möglicher Bekämpfungsmaßnahmen ist das Bestreben in erster Linie darauf gerichtet, daß nur von gesunden Mutterpflanzen Reiser und Unterlagen entnommen werden. Die Auswahl beginnt mit der Besichtigung bzw. Begutachtung der Mutterbestände. Als zweiter Schritt folgen experimentelle Übertragungen vom Mutterbaum auf Gehölzindikatoren im Freiland oder im Gewächshaus, d. h., der betreffende Baum wird auf das Vorliegen einer Virusinfektion getestet. Als Übertragungsmethoden haben sich bewährt: Rindenpfropfung,

Doppelokulation und Doppelpfropfung. Auch die Übertragung infektiöser Blattpreßsäfte auf krautige Testpflanzen, der Schalentest, serologische Verfahren und die Wärmetherapie sind zu erwähnen. Eine größere Zahl auf Virusfreiheit getesteter Mutterbäume der verschiedenen Obstarten stehen als Ergebnis dieser Untersuchungen heute zur Verfügung. — Erschienen in den Abhandlungen Bd 47 (1963), Heft 6. — Herr Peiper legt eine Arbeit „Der Aufstieg zum Menschen" vor. Erschienen in den Abhandlungen Bd 47 (1963), Heft 5. — Herr Scheumann legt eine zusammen mit H. J. Behr verfaßte Arbeit „Konvergenzerscheinungen am Rande des sächsischen Granulits" vor. Erschienen in den Abhandlungen Bd 47 (1963), Heft 4. — Vorgelegt werden Veröffentlichungen der Herren Rolf Emmrich, Egbert Schwarz und Kurt Täufel sowie als Akademiepublikation: J. C. Poggendorff, Biographisch-literarisches Handwörterbuch der exakten Naturwissenschaften, redigiert von Prof. Dr. R. Zaunick u. Prof. Dr. Hans Salié, Bd VIIa, Teil 4: S—Z, 9. Lfg, Berlin 1962, S. 897—1008: Weigert, Fritz-Wilhelmy, Herbert. — Vgl. auch DLZ (Akademieberichte) 83. Jg, Heft 10, Sp. 939—940 (1962) und Forsch. u. Fortschr. 37. Jg, Heft 1, S. 1—5 (1963).

Sitzung am 18. Juni

Vortrag des Herrn Maier: „Aus dem Gebiet der analytischen Zahlentheorie". — Die Entwicklung der analytischen Zahlentheorie zeigte schon im Sonderfall des rationalen Zahlenkörpers die folgende Tendenz: Die Aussagen sind formulierbar in einem Begriffssystem, das enger ist als das zum Beweis jener Behauptung beanspruchte System. Zwar konnten A. Selberg und P. Erdös 1949 für den Primzahlsatz der rationalen Zahlentheorie eine Beweisordnung mitteilen, welche mit Adjunktion der reellen Analysis zur Arithmetik auskommt. Aber Riemanns Entwurf einer Primzahlformel geht doch über den seit 1896 bewiesenen Primzahlsatz in der Formulierung $\pi(x) \sim li(x)$ wesentlich hinaus. Die Menge $\{\varrho\}$ der im Streifen $0 < Re(\varrho) < 1$ gelegenen Nullstellen der meromorphen Funktion $\zeta(s) = 0$ erscheinen ja als Argumente von integrallogarithmischen Näherungssummanden, und es muß deshalb die Primzahlkovariante $\zeta(s)$ auf kennzeichnende innere Merkmale untersucht werden. Dies gelingt durch Aufstellung einer quadratischen Integralgleichung für ζ bei Zufügung einer normierenden Bedingung. In der Tat kann Hardys quadratische Mitteilung von ζ längs $Re(s) = \frac{1}{2}$ dann leicht abgeleitet werden. Mit Anleihen aus der affinen Geometrie des R_2 und der entsprechenden Gitterbildung im Quadranten und Halbebene können die arithmetisch erklärten Teilerpotenzsummen $\sum^{t/n} t^a = \sigma_a(n)$ als Bindeglied verstanden werden zwischen Primzahl und natürlichen Zahlen. Zwischen zwei unabhängigen analytischen Sachverhalten führt die Ausscheidung des arithmetischen Elementes auf Darstellungen des Kehrwertes $\frac{1}{\zeta(s)}$; von S. Ramanujan ist einerseits die dreiparametrige Identität

$$\frac{\zeta(s)\,\zeta(s-a)\,\zeta(s-b)\,\zeta(s-a-b)}{\zeta(2s-a-b)} = \sum_{1}^{\infty}(n)^{-s}\,\sigma_a(n)\,\sigma_b(n)$$

wohl bekannt. Ihr zur Seite tritt als weitere unabhängige Aussage die zweiparametrige Identität

$$\frac{\zeta(s)\,\zeta(s-a)\,\zeta(s-2a)}{\zeta(2s-2a)} = \sum_{1}^{\infty}(n)^{-s}\,\sigma_a(n^2). -$$

Erscheint in den Sitzungsberichten Bd 105, Heft 4. — Vorgelegt werden Veröffentlichungen der Herren Manfred Gersch, Maximilian Klinkowski, Anton Lissner, Kurt Mothes, Albrecht Peiper, Erich Rammler, Franz Runge und Kurt Täufel. — Vgl. auch DLZ (Akademieberichte) 84. Jg, Heft 2, Sp. 169—170 (1963) und Forsch. u. Fortschr. 37 Jg, Heft 7, S. 205—206 (1963).

Sitzung am 15. Oktober

Vortrag des Herrn Brednow: „Christoph Wilhelm Hufeland, Arzt und Erzieher im Lichte der Aufklärung". — Aus Anlaß des 200. Geburtstages von Chr. W. Hufeland werden das Leben und die Bedeutung dieser großen Arztpersönlichkeit im Lichte seiner Zeit, des Zeitalters der Hochaufklärung, dargestellt. 1762 als Sohn eines Arztes in Langensalza (Thür.) geboren, wächst er auf in strenger Zucht des Hauslehrers, der ihm das Bildungsgut der Antike und der Bibel nahebringt. In Göttingen erfährt er in seinem Medizinstudium maßgebende Eindrücke durch den Experimentalphysiker Lichtenberg, bei dem er doktoriert. Er übernimmt in Weimar schließlich die ärztliche Praxis des Vaters und wird im Sinne der Aufklärung ein Verkünder rationeller Lebensführung. Seine an ein breites Publikum gerichteten Publikationen erstrecken sich auf das Problem der Vermeidung des Scheintodes, der Ausrottung der Pocken, und vor allem haben sie zum Ziel, den Menschen Hinweise für eine gesunde Lebensführung zu geben. Sein großes Hauptwerk, „Die Kunst, das menschliche Leben zu verlängern", enthält breit angelegte Anweisungen hygienisch-diätetischer Art. Auf enge Beziehungen zu Kant wird hingewiesen. Seine Berufung an die Universität Jena löst ihn aus dem engen Kreis des freipraktizierenden Arztes, und bald darauf übernimmt er als Direktor des Collegium medico-chirurgicum eine große Krankenabteilung an der Charité in Berlin. Nach der Niederlage von Jena folgt er der königlichen Familie nach Ostpreußen, um 3 Jahre später nach Berlin zurückzukehren und bald darauf Professor an der neu gegründeten Universität Berlin und erster Dekan der Medizinischen Fakultät zu werden. Eine rege publizistische Tätigkeit wird bis zu seinem Tode 1836 fortgesetzt; diese und seine große Anerkennung als Arzt und Consiliarius begründen seinen Ruhm. Es wird im einzelnen ausgeführt, wie eng und nahtlos seine wissenschaftliche Arbeit, seine volksaufklärenden Schriften verbunden sind mit einem tief gegründeten Christentum, das seinem ärztlichen Ethos ein nie zu erschütterndes Fundament ist. — Erscheint in den Sitzungsberichten Bd 105, Heft 6. — Herr Keller legt eine Arbeit von Dr. Erich Schincke „Stetige schallnahe Potentialströmungen um eine Familie symmetrischer Profile mit abgerundeter Nase und ihre Grenzlinieneigenschaften" vor. Erschienen in den Sitzungsberichten Bd 105 (1963), Heft 3. — Vorgelegt werden Veröffentlichungen der Herren John Eggert, Maximilian Klinkowski, Wilhelm

Maier, Ernst Neef, Arthur Simon†, Kurt Täufel und Wilhelm Treibs sowie als Akademiepublikation: J. C. Poggendorff, Biographisch-literarisches Handwörterbuch der exakten Naturwissenschaften, redigiert von Prof. Dr. R. Zaunick u. Prof. Dr. Hans Salié, Bd VIIa, Teil 4: S—Z, 10. Lfg, S. 1009—1166: Wilke, Wilhelm-Zymalkowski, Felix, 11. Lfg, S. 1—162: Zeitschriftenliste, Totenliste (Schlußlfg), Berlin 1962. — Vgl. auch DLZ (Akademieberichte) 84. Jg, Heft 3, Sp. 276—277 (1963) und Forsch. u. Fortschr. 37. Jg, Heft 4, S. 104—106 (1963).

Sitzung am 10. Dezember

Vortrag des Herrn Gustav E. R. Schulze: „Geometrische Prinzipien beim Gitteraufbau intermetallischer Verbindungen — ein Beitrag zum 50jährigen Jubiläum der Laue'schen Entdeckung der Kristallgitterinterferenzen". — Eines der durch die Laue'sche Entdeckung der Röntgenstrahl-Interferenzen an Kristallen erschlossenen Forschungsgebiete ist die Ermittlung des Aufbaues der festen Körper. Es wird darüber berichtet, welche geometrischen Prinzipien sich beim Aufbau intermetallischer Verbindungen als strukturbestimmend erwiesen haben. Darüber hinaus wird gezeigt, daß die Bedeutung der geometrischen Prinzipien im Gebiet der intermetallischen Verbindungen noch weiter reicht: Auch für die Frage, welche Verbindungen in einem System auftreten und welche „Valenzen" sie aufweisen, können sie ausschlaggebend sein. — Hinsichtlich des Strebens der Metalle nach hoher Koordinationszahl (Koordinationsprinzip) wird besonders auf die Bedeutung der Koordinationszahlen größer als 12 für intermetallische Verbindungen hingewiesen. Sie treten bei einer großen Reihe von Gittertypen auf. Die Lavesphasen sind dadurch ausgezeichnet, daß bei ihnen außerdem das Symmetrieprinzip optimal erfüllt ist. Insofern können die Lavesphasen als Prototyp intermetallischer Verbindungen gelten. Da es keine anderen Gittertypen gibt, die beide Forderungen in gleicher Weise erfüllen, ist die stöchiometrische Zusammensetzung der Lavesphasen durch die Anzahl der Gitterplätze festgelegt. — Ein anderes Beispiel für eine geometrische Bestimmung der stöchiometrischen Zusammensetzung liefert das System Ce—Ni. Die Struktur des $CeNi_2$ läßt sich als Schichtfolge ABAB ... beschreiben, diejenige des $CeNi_5$ durch ACAC ... Mischungen beider Elemente mit gleicher Häufigkeit, also ABACABAC ... müssen offenbar die Zusammensetzung Ce_2Ni_7 haben. Diese Verbindung existiert tatsächlich und hat überdies die erwartete Gitterstruktur. Auch kompliziertere Mischungsverhältnisse werden beobachtet. — An den AB_5-Verbindungen wird ferner das Konnexionsprinzip erläutert: Es zeigt sich nämlich, daß die bei diesen hexagonalen Verbindungen beobachteten Werte des Achsenverhältnisses vor allen anderen denkbaren Werten dadurch ausgezeichnet sind, daß die Abstände zwischen B-Atomen in einer bestimmten Ebene gleich denjenigen sind, die zu B-Atomen in Nachbarebenen führen, daß also hier ein dreidimensionaler Bauzusammenhang vorliegt, der nach dem Konnexionsprinzip vor solchen geringerer Dimensionszahl bevorzugt sein muß. — Erscheint in den Abhandlungen Bd 48, Heft 4. — Herr Buchheim legt eine Arbeit von Peter Nitzsche „Zur Theorie der Geoisothermen-Verschiebung in der Umgebung von heißen

Intrusivkörpern" vor. Erscheint in den Abhandlungen Bd 48, Heft 3; weiterhin eine eigene Arbeit „Zur Theorie der geoelektrischen Erkundungsmethodik und Systematik der geoelektromagnetischen Effekte". Erscheint in den Sitzungsberichten Bd 105, Heft 5. — Vorgelegt werden Veröffentlichungen der Herren Max Bürger, Horst Hanson, Maximilian Klinkowski, Kurt Schwabe, Egbert Schwarz, Arthur Simon † und Carl Wagner. — Vgl. auch DLZ (Akademieberichte) 84. Jg, Heft 5/6, Sp. 517 (1963).

Philologisch-historische Klasse

1960

Sitzung am 25. Januar

Vortrag des Herrn Jacobi: „Der weltliche Arm und die Zwangsbeitreibung von Kirchensteuern". — Erschienen in: Für Kirche und Recht. Festschrift für Johannes Heckel zum 70. Geburtstag. Köln-Graz 1959. S. 56—85. — Herr Frings legt die Arbeit von Dr. Claus Jürgen Hutterer „Geschichte der ungarndeutschen Mundartforschung" vor. Erschienen in den „Berichte(n)" Bd 106 (1960), Heft 1. — Herr Morenz legt die Arbeit von Dieter Müller „Ägypten und die griechischen Isisaretalogien" vor. Erschienen in den Abhandlungen Bd 53 (1961), Heft 1. — Vorgelegt werden Veröffentlichungen der Herren Herbert Grundmann, Erich Haenisch und Rudolf Meyer. — Vgl. auch DLZ (Akademieberichte) 81. Jg, Heft 5, Sp. 473—474 (1960).

Sitzung am 15. Februar

Vortrag des Herrn Eißfeldt (anstelle des erkrankten Herrn Straub): „Der Beutel der Lebendigen. Alttestamentliche Erzählungs- und Dichtungsmotive im Lichte neuer Nuzi-Texte". — Die bei den Ausgrabungen 1925—1931 in dem irakischen Yorghan Tepe, dem antiken Nuzi, zu Tage gekommenen 4000 Tontafeltexte aus der Mitte des 2. Jahrt. v. Chr. — Adoptionsverträge, Darlehensurkunden und dergleichen — haben auch darum viel Beachtung gefunden, weil sie manche Erscheinungen des Alten Testaments besser verstehen lehren. Das gilt auch von dem Stück, das Ernest R. Lacheman in „Excavations at Nuzi, Vol. VII: Economic and Social Documents", 1958 als No. 449 veröffentlicht hat. Es handelt sich um eine enteneigroße Tontasche, die eine „Steine für Schafe und Ziegen" beginnende, dann sechs Gruppen von Schafen und Ziegen mit zusammen 48 Tieren aufzählende und mit „Siegel des Hirten Ziqaru" schließende achtzeilige akkadische Aufschrift trägt und bei ihrer Auffindung 48 Steinchen enthielt. Das eigenartige Stück registriert also die dem Ziqaru von ihrem Eigentümer zur Hütung anvertrauten Tiere in doppelter Weise, indem es einmal ein schriftliches Verzeichnis von ihnen gibt und sodann eine deren Menge entsprechende Anzahl von Steinchen enthält, wobei die letztere Registrierungsart auch des Schreibens und Lesens unkundigen Leuten verständlich ist und ihnen die Feststellung, ob der Bestand an Tieren mit ihrem Soll übereinstimmt, jederzeit ermöglicht. Die durch diese mit Rechensteinchen gefüllte Tontasche bezeugte Registrierungsart läßt nun den bisher unzutreffend erklärten Wunsch, den nach 1 Samuel 25, 29 die Abigail dem David sagt: „Wenn ein Mensch sich erhebt, dich zu verfolgen und dir nach deiner Seele zu trachten, so möge die Seele meines Herrn eingebeutelt sein in dem Beutel der Lebendigen bei Jahwe, deinem Gott, aber die Seele deiner Feinde möge er fortschleudern mit der Schleuderpfanne!", in neuem Lichte erscheinen: Jahwe verwaltet einen mit — Menschen repräsentierenden — Steinen gefüllten Beutel. Die Menschen, deren Steine in dem Beutel belassen werden, bleiben am Leben, während die, deren Steine herausgenommen und weggeworfen werden, vorzeitig sterben müssen. Die Vorstellung von einem Beutel der Lebendigen in Jahwes Hand ist später durch die von einem Buche des Lebens, das Jahwe führt, indem er die Namen der zum Leben Bestimmten in ihm stehen läßt, die der dem Tode Geweihten aber auslöscht (2. Mose 32, 32; Psalm 69, 29), ersetzt worden. Aber der 1 Sam. 25, 29 ausgesprochene Wunsch, daß die Seele eines Menschen eingebeutelt sein möge im Beutel der Lebendigen, hat — nun freilich in Ausdeutung des Begriffs „Leben" auf ewiges Leben, woran 1 Samuel 25, 29 nicht gedacht ist — doch in der Folgezeit große Bedeutung gewonnen und sie bis heute behalten. Die hebräischen Inschriften auf jüdischen Grabsteinen enthalten sehr häufig den Wunsch: „Es möge seine (ihre) Seele eingebeutelt sein im Beutel der Lebendigen!" Und auch im Christentum wirkt dieser Wunsch weiter, etwa in dem 1614 gedichteten Liede Valerius Herbergers „Valet will ich dir geben, du arge, falsche Welt", dessen letzte Strophe — beide Bilder, das vom Buche der Lebendigen und das vom Beutel (Bündelein) der Lebendigen benutzend — so lautet: „Schreib meinen Nam' aufs beste ins Buch des Lebens ein und bind mein Seel gar feste ins schöne Bündelein der', die im Himmel grünen und vor dir leben frei, so will ich ewig rühmen, daß dein Herz treue sei." — Erschienen in den „Berichte(n)" Bd 105 (1960), Heft 6. — Vorgelegt werden Veröffentlichungen von Herrn Leipoldt, als Akademiepublikation: „Mitteldeutsche Studien" hrsg. v. Th. Frings und K. Bischoff, Heft 22, Gerhard Kettmann, Die Sprache der Elbschiffer I. Halle 1959. — Vgl. auch DLZ (Akademieberichte) 81. Jg, Heft 5, Sp. 474—476 (1960).

Sitzung am 14. März

Vortrag des Herrn Behn: „Zur Problematik der Felsbilder". — Die Felsbilder sind Dokumente von unschätzbarem Wert, sie müssen in schriftlosen, also „prähistorischen" Zeiten und Kulturen die schriftliche Überlieferung ersetzen. Der Begriff der Felsbilder ist zu beschränken auf Darstellungen an Höhlenwänden oder freistehenden Felsen, Grabreliefs und Verzierungen des Innern von Grabkammern gehören nicht dazu. Unmethodisch wäre ferner Beschränkung auf einen engeren Zeit- oder Ortsabschnitt, nur eine interkontinentale Betrachtung kann den eigentlichen Sinn dieser Denkmälergattung erschließen. Der Vortragende gab eine gedrängte Übersicht über den Stand der Forschung und über die Besonderheiten der verschiedenen Gruppen nach Lage, Zeitstellung, Stil, Inhalt und kultureller Bedeutung. Man kennt Felsbilder aus Süd-Frankreich, Nord- und Ost-Spanien,

West- und Süd-Skandinavien, Karelien, England, Nord-Italien mit zwei Gruppen, aus Nord-Afrika im Atlas, Fezzan, der libyschen Wüste und dem Sudan wie im südafrikanischen Buschmannsland. Danach sind die Felsbilder „Elementargedanken der Menschheit“, und es ist nicht möglich, sie aus einer allen gemeinsamen Wurzel herzuleiten oder in ein System der Abhängigkeit zu bringen. Aber sie gehen doch wohl auf einen gemeinsamen Grundgedanken zurück, die Vorstellung von der zauberischen Kraft des Bildes, die Bildmagie in ihrer doppelten Wirkung als Fruchtbarkeits- und Vernichtungs- bzw. Besitzzauber. Für die eiszeitlichen Höhlenbilder nimmt man das seit langem an, die südskandinavischen der Bronzezeit reichen in eine höhere geistige Sphäre derselben Grundvorstellung hinauf. Die Darstellungen von Europäern in den Buschmannmalereien könnten sehr wohl dem Wunsche entsprungen sein, sich der ungebetenen Fremdlinge auf diese Weise zu entledigen. Als Hilfsmittel der Jagd lebt der Bildzauber noch heute unter inner-afrikanischen Jägern fort. Eine systematische Betrachtung der Felsbilder muß also die der alten wie der neuen Welt gleichberechtigt behandeln. Gerade aus außereuropäischen Erdteilen werden laufend neu entdeckte Felsbilder gemeldet. — Erschienen in den Abhandlungen Bd 54 (1962), Heft 1. — Vorgelegt werden Veröffentlichungen der Herren Albrecht Alt†, Friedrich Baethgen, Walter Baetke und Rudolf Meyer. — Vgl. auch DLZ (Akademieberichte) 81. Jg, Heft 6, Sp. 571—572 (1960).

Sitzung am 16. Mai

Vortrag des Herrn Leipoldt: „Griechische Philosophie und frühchristliche Askese“. — Einsiedler und Mönche, die im Kloster ein gemeinsames Leben führen, treffen wir in der Kirche zunächst in Ägypten und Syrien an. Aber sie vertreten keine morgenländischen Gedanken: Wir finden keine grundsätzliche Askese im alten Morgenlande, wenn wir nicht bis Indien gehen. Das griechische Wort Askese „Übung“ hat zuerst bei Demokrit, dann bei vielen späteren Philosophen seinen besonderen Sinn, der mehr und mehr mit dem Gedanken verbunden wird: der Geist müsse den Leib untertan machen und den Wünschen des Leibes möglichst wenig Raum geben. Von einem rechten Philosophen wird weithin erwartet, daß er arm sei oder auf seine Habe verzichte. Er soll betteln oder sich mit anderen zu einer Gemeinschaft zusammentun. Seine etwaige Arbeit soll weniger nach hohem Gewinn trachten, als naturgemäß sein. In der Stoa wird Landarbeit, vor allem der Beruf des Hirten, empfohlen. Das Leben muß einfach gestaltet werden: die Götter haben keine Bedürfnisse, je weniger der Mensch bedarf, desto näher steht er dem Wesen der Gottheit. In Sachen von Ehe und Familie ist die Anschauung verbreitet, daß ein Dasein ohne Geschlechtsverkehr besonders wertvoll sei: schon aus der Etymologie (caelebs = Junggeselle = caeles, himmlisch) glaubt man zu schließen, daß auch der Unverheiratete einen göttlichen Nimbus besitze. So lassen sich philosophische Einsiedler und Glieder philosophischer koinobia nachweisen. Wir haben hier in der Lebensweise der griechischen Philosophie ein Bild vor uns, das nicht einheitlich ist, auch jeder Organisation entbehrt, aber im Ganzen den Eindruck macht, daß der nachdenkliche Mensch Askese üben solle. Das Bild macht in diesem Sinne

Eindruck auch außerhalb des Griechentums; nachweislich vor allem bei den Ägyptern (Chairemon bei Porphyrios) und Juden (Therapeuten, Essener). So auch bei den Christen. Jesus ist kein Asket, obwohl unverheiratet: seine Jünger sind verheiratet (1. Kor. 9,5), und er selbst wird vom Volke als „Esser und Weintrinker" bezeichnet (Mt. 11, 18 f. u. Par.). Paulus trifft auf eine asketische Bewegung, die er nicht veranlaßte, in der frühen Korinthergemeinde, also unter Griechen, bald nach dem Jahre 50. Von da an verstärkt sich die asketische Stimmung in der Kirche, und zwar fast regelmäßig so, daß man die Askese als philosophische Lebensweise bezeichnet. Es gibt zuerst, wie schon in Korinth, Asketen und Asketinnen innerhalb der Gemeinden. Seit etwa 200 treffen wir einzelne Einsiedler an. Um 320 erstehen die ersten Klöster, in denen sich Asketen zu gemeinsamem Leben zusammenfinden. Die Bewegung wird freilich erst um 300 so volkstümlich, daß sie die Massen begeistert: das ergibt sich daraus, daß eine schwere Wirtschaftsnot herrscht. Wie Athanasios erklärt, kommt zu den Einsiedlern kein Steuereinnehmer. In den Klöstern finden wir Brüder, die nie Geld gesehen haben: arme Bauernsöhne, denen nur das Kloster ein sorgloses Leben sichert. Der Kopte Antonius ist der erste berühmte Einsiedler, der Kopte Pachom der erste, der ein koinobion stiftet. Hier, bei Pachom, wächst die Gehorsamspflicht zu den asketischen Geboten hinzu: die Klöster sind Wirtschaftsbetriebe, in denen nach einheitlicher Leitung für die Klostergemeinde und all ihre Bedürfnisse gesorgt werden muß. So wächst die frühchristliche Askese aus griechischem Denken heraus. Viele Einzelbeobachtungen bestätigen den Tatbestand. — Erschienen in den „Berichte(n)" Bd 106 (1961), Heft 4. — Herr Frings legt die Arbeit von Dr. Helmut Protze „Das Wort ‚Markt' in den mitteldeutschen Mundarten, mit besonderer Berücksichtigung des Siebenbürgisch-Sächsischen und unter Einbeziehung des Indogermanischen" vor. Erschienen in den „Berichte(n)" Bd 106 (1961), Heft 2. — Herr Fischer legt die Arbeit „Leipziger namenkundliche Beiträge" zusammen mit Dr. Ernst Eichler, Dr. Horst Naumann und Dr. Hans Walther, vor. Erschienen in den „Berichte(n)" Bd 106 (1961), Heft 5. — Herr Eißfeldt legt die Arbeit von Dr. Otto Podczeck „August Hermann Franckes Schrift über eine Reform des Erziehungs- und Bildungswesens als Ausgangspunkt einer geistlichen und sozialen Neuordnung der evangelischen Kirche des 18. Jahrhunderts — Der Große Aufsatz" vor. Erschienen in den Abhandlungen Bd 53 (1962), Heft 3. — Vorgelegt werden Veröffentlichungen der Herren Richard Hauschild, Herbert Koch, Johannes Leipoldt, Joachim Müller und Werner Peek. — Vgl. auch DLZ (Akademieberichte) 81. Jg, Heft 10, Sp. 954—956 (1960).

Sitzung am 20. Juni

Vortrag des Herrn Besseler: „Zum Festspiel und Fest in der Neuzeit". — Vorbild für die Weiterentwicklung wurden hauptsächlich R. Wagners Bayreuther Festspiele seit 1876, vorbereitet seit 1872 durch den Bau eines Festspielhauses. Da es sich dort nicht mehr um ein „Spiel" und nur im eingeschränkten Sinne um ein „Fest" handelte, muß Wagners Unternehmen im Zusammenhang der Geschichte betrachtet werden, zumal er selbst sich auf die Antike berief. Bis zum 18. Jahrhundert erhielten die Einzelkünste ihren Zusammenhang immer wieder durch das Hoffest, an dem der Einzelne aktiv mitspielend teilnahm. Ermöglicht wurde das durch die Adelserziehung, denn als eine den Menschen bildende Leibesübung ist seit Luther das „Ritterspiel" bezeugt. Da das Hoffest der Politik diente, wandte es sich an alle und bezog auch Zuschauer ein, hatte also echten Festcharakter. Der Umschwung kam aus England, wo im 18. Jahrh. das religiös und chorisch begründete „Festival" ein Musikfest nur für Musikinteressenten war, während die Leibesübung als Sport mit Spielcharakter sich vom Musischen trennte und autonom wurde. In Deutschland ging der Neuhumanismus von der Bildung des Einzelnen aus, wobei die öffentlichen Künste auseinanderstrebten. Einen Mittelpunkt erhielten sie nur bei den französischen Revolutionsfesten seit 1790, bei denen zum letzten Mal eine Gesamtkunst mit echtem Festcharakter entstand. Das musikalisch Neue in ihr übernahm Beethoven und benutzte es für seinen Orchesterstil. Politisch der Feind Napoleons, schrieb er 1813 zusammen mit der 7. Symphonie „Wellingtons Sieg" op. 91 als Dokument seiner wirklichkeitsnahen Kunstauffassung, was Romantikern bald mißfiel. Wagner hat nicht an diesen Beethoven angeknüpft, sondern 1841 an eine Aufführung der 9. Symphonie, die in der „Faust-Ouvertüre" und dem „Fliegenden Holländer" nachwirkte. Dort aber ist die Stimmung maßgebend, hat sich das aktive Hören der Musik in ein passiv-stimmungshaftes verwandelt, auf dem nunmehr Wagners Kunst beruht. 1849 erhob er in „Kunst und Revolution" das Griechentum zum Ideal, unter Hinweis auf die Widersprüche in der Gegenwart. Erreichbar erschien seit 1850 nur das „Kunstwerk der Zukunft", einer Auslese von Gebildeten zum passiven Hören vorgeführt. Wagners Gesamt-Kunstwerk seit 1853, mit „Tristan und Isolde" 1859 als Gipfel, war ohne Beziehung zur politischen Wirklichkeit, im Widerspruch zu dem anderwärts angestrebten Realismus. Als Wagner seit 1864 mit der Wirklichkeit wieder in Berührung kam, sah er sich als Denker und Künstler vor neue Probleme gestellt. Einen Maßstab für das zuletzt Erreichte liefern nicht nur die eigenen Schriften, sondern auch programmatische Äußerungen von F. Nietzsche. Die Widersprüche im Denken und Schaffen Wagners sind Ausdruck der deutschen Lage seit 1850. — Angenommen zum Druck in den Sitzungsberichten. — Vorgelegt wird als Akademiepublikation: die 12. Lfg vom Althochdeutschen Wörterbuch bearb. u. hrsg. v. Elisabeth Karg-Gasterstädt und Theodor Frings, Sp. 825—904: barôn-bergan, Berlin 1960. — Vgl. auch DLZ (Akademieberichte) 81. Jg, Heft 11, Sp. 1046—1047 (1960).

Sitzung am 10. Oktober

Vortrag des Herrn Meyer: „Das ‚Gebet des Königs Nabonid', ein literar- und religionsgeschichtlich bedeutsames Qumranfragment". — Im Jahre 1956 veröffentlichte J. T. Milik erstmalig ein aramäisches Fragment, das er nach den Eingangsworten als „Prière de Nabonide" bezeichnete[1]. Dieser aus Höhle 4 von Qumran

[1] „Prière de Nabonide" et autres écrits d'un cycle de Daniel (Revue Biblique 63, 1956, S. 407ff.).

stammende Text gibt teilweise eine Erzählung wieder, wonach Nabonid, an „bösem Geschwür" erkrankt, 7 Jahre verbannt in Teima leben mußte, bis er durch einen ungenannten jüdischen Seher — wahrscheinlich Daniel — zur Erkenntnis des einen, wahren Gottes gebracht wurde und alsbald Heilung, Wiedereinsetzung in seine Herrschaft und neuen Glanz erfuhr. — Das „Gebet Nabonids" steht, wie bereits J. T. Milik gesehen hat, in Beziehung zu Daniel 3, 31—4, 34, der Erzählung vom Wahnsinn Nebukadnezars. Gleichwohl darf nicht übersehen werden, daß es als literarische Gattung eigenständig ist und der jüdischen Weisheitsliteratur zugerechnet werden muß. Auf Grund dispositioneller Verwandtschaft zur Harran-Stele Nr. 2, die zusammen mit anderem Material 1956 durch D. S. Rice entdeckt und von C. J. Gadd 1958 ediert wurde[1], ist anzunehmen, daß der in dieser Inschrift enthaltene königliche Rechenschaftsbericht den Anstoß zu der Weisheitserzählung gegeben hat. Anscheinend ist letztere in der östlichen Diaspora, und zwar in den Judensiedlungen Arabiens, die als solche noch zur Zeit Mohammeds bekannt waren und die auf Kolonien Nabonids zurückgehen mögen, entstanden. — Die Sadokiden von Qumran haben nach dem sogenannten „Genesis-Apokryphon", Kol. 22, 15ff., auch das arabische Judentum in ihre theologisch-politischen Konzeptionen einbezogen, so daß hier offenbar ein Bindeglied zwischen den Ortsangaben Nabonids und den Erwähnungen von Judengemeinden in Oasenstädten zwischen Ma'ān und Mekka in frühislamitischer Zeit vorliegt. — Gegenüber dem „Gebet Nabonids" stellt die bekannte Erzählung von Nebukadnezars Wahnsinn nur einen späten Seitensproß dar, in dem ein Traum des Königs — jetzt „Nebukadnezar" — verselbständigt, märchenhaft gesteigert und geschichtlich materialisiert ist. Außerdem ist hier die alte pädagogische Tendenz der Wahrheitserzählung zugunsten einer Polemik gegen die Königsideologie des Orients aufgegeben. Gehört das „Gebet Nabonids" der persischen Zeit an, so entspricht Daniel 3, 31—4, 34 etwa der geistigen Haltung des Judentums in frühhellenistischer Zeit. — Erschienen in den Sitzungsberichten Bd 107 (1962) Heft 3. — Herr Besseler regt die Herausgabe der syrischen liturgischen Lieder an, die beschlossen wird. — Herr Weller legt seine Arbeit „Zum Kāśyapaparivarta. Heft 1 Mongolischer Text" vor. Erschienen in den Abhandlungen Bd 54 (1962) Heft 2. — Vorgelegt werden Veröffentlichungen der Herren Theodor Frings, Richard Meister, Joachim Müller, Hugo Siebenschein und Friedrich Zucker. — Vgl. auch DLZ (Akademieberichte) 82. Jg, Heft 2, Sp. 183—184 (1961).

Sitzung am 5. Dezember

Vortrag des Herrn Buchda: „Die Schöffenspruchsammlung der Stadt Pößneck". — Bisher stand unter den großen Sammlungen dieser Art allein die 1524 vollendete Handschrift M 20 der Sächsischen Landesbibliothek Dresden in einer heutige Bedürfnisse befriedigenden wissenschaftlichen Ausgabe zur Verfügung (Leipziger Schöffenspruchsammlung, hrsg., bearb. und eingel. von Guido Kisch = Quellen z. Gesch. d. Rezeption, 1. Bd, Leipzig 1919). Nach langen editorischen Bemühungen

[1] The Harran Inscriptions of Nabonidus (Anatolian Studies 8, 1958, S. 33ff.).

konnte vor einigen Jahren eine zweite Sammlung in fast vollständigem Druck für die Forschung bereitgestellt werden: die Schöffenspruchsammlung der Stadt Pößneck (Teil I: Der Text der Sammlung, bearb. v. Reinhold Grosch unter Mitarbeit von Karl Theodor Lauter† und Willy Flach; Teil II: Willy Flach, Studien über die Entstehung und die landesgeschichtliche Bedeutung der Sammlung = Thür. Archivstudien, hrsg. v. W. Flach, Bd 7 u. 8, Weimar 1957, 1958. Ein III. Teil wird das Werk demnächst abschließen). Mit insgesamt 358 Sprüchen, die sich auf drei Bücher verteilen, bildet diese Sammlung den Hauptinhalt einer Original-Papier-Handschrift, die 1474 von dem Neustädter Stadtschreiber Johann (von) Jeche für die Stadt Pößneck angefertigt wurde (14 Sprüche sind allerdings erst nach 1474 von anderen Händen nachgetragen). Ursprünglich schwarzburgisch und dem Saalfelder Recht zugewandt, war Pößneck 1418 an die Wettiner übergegangen. Bei der Umorientierung auf das sächsische Recht lag es nahe, geeignetes Schriftwerk aus dem benachbarten Neustadt zu beschaffen, das den Wettinern bereits seit 1300 gehörte. Der dort bestellte Kodex sollte der Rechtspflege in Pößneck dienen und hat ihr gedient. Jeche war nicht nur der Schreiber, sondern auch der Sammler der Sprüche und der Gestalter des Ganzen. Er besaß zwei eigene Rechtsbücher, aus denen er schöpfen konnte, überdies hatte er schon für Neustadt ein Buch geschrieben, das man ihm 1462/63 bezahlte. In seinem Amte von 1451 bis 1468 tätig, war er als rechtskundiger und schriftgewandter Mann in Neustadt und in dessen weiterer Umgebung eine angesehene Persönlichkeit. Für viele Leute hat er von den Schöffen zu Leipzig oder zu Magdeburg Rechtsbelehrungen eingeholt. Die von ihm für den Pößnecker Kodex benutzten Vorlagen lassen sich aus diesem selbst erkennen: 1. eine Naumburger Sammlung (ältere magdeburgische und drei hallische Sprüche), 2. eine von Jeche nach 1451 angelegte, bis 1468 chronologisch geordnete, bis 1474 unchronologisch fortgeführte Neustädter Spruchsammlung mit den landschaftlichen Schwerpunkten „Orlagebiet" und „mittleres und oberes Saaletal" (vorwiegend Leipziger Sprüche, daneben magdeburgische und einige anderer Herkunft), 3. 30 Leipziger Sprüche, davon 24 an den Rat von Pößneck, die man Jeche vermutlich 1474 in die Hand gegeben hat. Die Neustädter Sammlung als Hauptvorlage enthielt wohl alles, was von Jeche an Sprüchen aus der Zeit von etwa 1451 bis 1474 zusammengetragen war. Das aus den Vorlagen kombinierte Buch ist eine fast reine Schöffenspruchsammlung (nur 14 oder 15 Rechtsmitteilungen und nur zwei Stücke, die zwar Sprüche, aber nicht von Schöffen sind). Bis auf das ältere, aus einer Naumburger Sammlung übernommene und schon dort nicht mehr vollständige Material sind die Sprüche in bester Form überliefert (keine Kürzungen oder Bearbeitungen). Breitet man ihren Inhalt aus, so bewegen sich im Vordergrund die großen Mächte Staat und Kirche. Die Bevölkerung tritt auf den Plan, in Klassen gespalten und nach Amt, Arbeit und Beruf differenziert. Sie lebt in den Siedlungs-, Wirtschafts- und Rechtsgemeinschaften der Städte und der Dörfer. In dem weiten, vom gemeinen, landläufigen sächsischen Landrecht und vom magdeburgischen Stadtrecht beherrschten Feld gibt es begrenzte Orts- und Landesgewohnheiten (häufig nichtsächsisches Ehegüterrecht). Die Sprüche gewähren Einblick in das gesamte Gerichtswesen, in die sogenannte freiwillige Gerichtsbarkeit, in den formstrengen Prozeß und in das schiedsrichterliche Verfahren, in den äußeren Ablauf der Spruchtätigkeit der Schöffenstühle, schließlich in die vielschichtigen Bereiche des Privat- und des Strafrechts. Nirgend ist die Anwendung römisch-italienischen Zivilrechts oder italienischen materiellen Strafrechts zu beobachten. Auch der italienisch-kanonische Zivilprozeß hat noch keinen Eingang gefunden. Lediglich im peinlichen Verfahren bahnt sich Neues an (einige Belege für Folter und Inquisitionsprozeß). Infolgedessen sind die juristischen Vorstellungen und Begriffe noch voll lebendiger Anschaulichkeit. Auch die formreiche Sprache ist noch rein deutsch. Nicht nur für die deutsche Rechtsgeschichte (die engere landschaftliche wie die allgemeine), sondern auch für die Germanistik und neben ihnen noch für manche Spezialdisziplin wird das gründliche Studium dieses Stoffes Anregung und Förderung bedeuten. — Angenommen zum Druck in den Sitzungsberichten. — Vorgelegt werden Veröffentlichungen der Herren Kurt Aland, Walter Baetke, Rudolf Fischer, Herbert Grundmann, Heinz Ladendorf, Rudolf Meyer, Joachim Müller, Werner Peek, Frau Gertrud Schubart-Fikentscher und Friedrich Zucker. — Vgl. auch DLZ (Akademieberichte) 82. Jg, Heft 4, Sp. 379—381 (1961) und Forsch. u. Fortschr. 35. Jg, Heft 10, S. 307—309 (1961).

1961

Sitzung am 23. Januar

Wegen Erkrankung des Herrn Straub mußte der Vortrag ausfallen. — Vorgelegt werden Veröffentlichungen der Herren Kurt Aland, Friedrich Baethgen, Heinrich Besseler, Karl Barwick, Rudolf Meyer, Joachim Müller und Werner Peek. — Vgl. auch DLZ (Akademieberichte) 82. Jg, Heft 5, Sp. 483 (1961).

Sitzung am 13. Februar

Vortrag des Herrn Hauschild: „Die frühesten Arier im alten Orient“. — Durch die deutschen Ausgrabungen bei dem türkischen Dorfe Boghazköi (östl. Ankara), dem alten Chattuschasch der Hethiter, zu Beginn unseres Jahrhunderts und durch weitere Funde an anderen Orten Kleinasiens sind der Orientalistik ganz neue Gebiete recht eigentlich erst erschlossen worden: die kleinasiatische Wissenschaft im allgemeinen, die Hethitologie im besonderen. In dem Vortrage standen im Mittelpunkt der Betrachtung jedoch nicht die Hethiter, sondern vielmehr die Geschichte, Kultur und Sprache der alten Arier, die wir in den hurrischen Ländern Kleinasiens im 2. Jahrt. v. Chr. antreffen. Die bedeutendste Schöpfung dieser Arier war das Reich Mitanni, dessen Geschichte kurz dargelegt wurde. Besonders wurden dabei die sprachlichen Belange herausgearbeitet, d. h. die Herrschernamen dieses aus der Symbiose der idg. Arier und nichtidg. Hurriter erstandenen Reiches beleuchtet: sie sind zweifellos als arisch anzusprechen, aber eine genaue Deutung ist oft sehr schwierig. Die Ursachen dafür (ungenaue Wiedergabe der arischen Phoneme durch die ungeeignete Keilschrift) wurden herausgestellt. Besonders wurde ferner der sogenannte „Mattiwaza-Vertrag“, in dem eine Anzahl arische Götternamen auftauchen, und das älteste hippologische Werk der Weltliteratur, die τέχνη ἱππική des Kikkuli, in dem eine Reihe arischer Zahlwörter und technischer Ausdrücke des Wagenrennsports erscheinen, gewürdigt. Hierher gehört auch die Berufsbezeichnung aššuššani ‚Pferdetrainer‘, ein arisches Wort mit hurritischem Suffix-ni. Derartige, erst in jüngster Zeit erkannte Bildungen mit -ni (akkadisiert zu -nu) gibt es noch eine ganze Anzahl. Weiteres einschlägiges Sprachmaterial: eine Fülle von Personennamen aus dem syrisch palästinensischen Raume kennen wir aus den Amarna-Tafeln. — Eine sehr schwierige Frage ist die: Welcher besonderen ethnischen Gruppe gehörten diese Arier eigentlich an? Trotz aller von anderer Seite vorgebrachten Bedenken entscheidet sich der Redner dafür, sie als „Indo-Arier“ anzusprechen, in ihrem Idiom also einen Dialekt des indischen Sprachzweiges zu sehen, der dem Vedischen zwar nahe steht, aber nicht mit diesem identisch ist und eine durch den Unterschied der Jahrhunderte und durch die Trennung und Entfernung bedingte Eigengesetzlichkeit aufweist. — Die mannigfachen Argumente, die P. Kretschmer zusammengetragen hatte, um die ehemalige Anwesenheit dieser frühesten Arier im südrussischen Raume linguistisch nachzuweisen und um ihre Wanderwege nach Indien aufzudecken, wurden unter Heranziehung der neuesten Forschungsergebnisse (Zgusta, Eilers-Mayrhofer) noch einmal skizziert: Sie sind zumeist nicht stichhaltig, da sich Kretschmer oft durch den äußeren Anklang täuschen ließ und die historischen Gegebenheiten nicht scharf genug beachtete. Trotzdem muß an der These festgehalten werden, daß der südrussische Raum der Ausgangspunkt für die Wanderungen der Arier gewesen ist: ein Teil der „Inder“ zog über den Kaukasus nach Kleinasien, wo sie nach Erschöpfung ihrer völkischen Substanz in der andersrassigen Umgebung aufgingen; ein zweiter Teil muß wohl (zusammen mit dem Awesta-Volk) um das Kaspische Meer herumgebogen sein und über die Ströme Oxus und Jaxartes nach Süden hin sich ergossen und lange Zeit in Ost-Iran nomadisiert haben: Arachosien heißt bei manchen antiken Schriftstellern noch „Weißes“, d. h. „Westliches Indien“. Durch die natürlichen Einfallstore, nämlich den Kabul- und Bolan-Paß, sind dann die später sogenannten „Inder“ in das Indus- und Gangesland eingedrungen, um dort ihre endgültige Heimat zu finden. — Erschienen in den „Berichte(n)“ Bd 106 (1962), Heft 6. — Herr Baetke legt eine Arbeit von Dr. Dr. Kurt Rudolph „Die Religionsgeschichte an der Universität Leipzig“ vor. Erschienen in den Sitzungsberichten Bd. 107 (1962), Heft 1. — Vorgelegt werden Veröffentlichungen der Herren Karl Bischoff, Johannes Leipoldt, Joachim Müller, Werner Peek und Hugo Siebenschein. — Vgl. auch DLZ (Akademieberichte) 82. Jg, Heft 6, Sp. 579—580 (1961) und Forsch. u. Fortschr. 35. Jg, Heft 8, S. 243—246 (1961).

Sitzung am 13. März

Vortrag des Herrn M. Jahn: „Früheiszeitliche Gesichtsurnen und Szenen-Darstellungen im Weichselmündungsgebiet“. — Während einer Periode besonderer Ausgestaltung der Totenehrung, die sich in den Hauptteilen Europas etwa vom

8.—6. Jahrhundert vor unserer Zeitrechnung nachweisen läßt, bildet sich im Weichselmündungsgebiet die eigenartige Sitte aus, tönerne Behälter der verbrannten Reste der Toten mit Darstellungen von menschlichen Gesichtern sowie von Teilen der Tracht und der Bewaffnung des Verstorbenen zu versehen. Durch die Darstellungen werden klar das Geschlecht und wichtige Besitztümer der Toten gekennzeichnet. Wolfgang La Baume, der Hauptbearbeiter dieser eigenartigen Gesichtsurnen, zählt nun zu ihrem Motivkreis auch Szenen-Darstellungen von Reitern, Hirschjagden und Wagenumzügen, die meist auf gesichtslosen Urnen der gleichen Kultur auftreten, mitunter aber auch auf männlichen Gesichtsurnen vorkommen. Diese Darstellungen sind jedoch einem selbständigen Ideenkreis entsprossen, der im mittleren Donaugebiet beheimatet ist, und geben kultische Umzüge während der Totenfeierlichkeiten wieder. Haben die Träger der Gesichtsurnenkultur hier südliche Vorstellungen übernommen, so lassen sich andererseits auch Beeinflussungen der skandinavischen Felsenzeichnungen auf Szenen-Darstellungen der Gesichtsurnenkultur nachweisen. Die behandelte Motivwelt des Weichselmündungsgebietes bildet also keine Einheit, sondern setzt sich aus drei verschiedenartigen Wurzeln zusammen. — Angenommen zum Druck in den Sitzungsberichten. — Vorgelegt werden Veröffentlichungen der Herren Kurt Aland, Heinrich Besseler, Theodor Frings, Herbert Grundmann, Heinz Ladendorf, Theodor Litt und Siegfried Morenz. — Vgl. auch DLZ (Akademieberichte) 82. Jg, Heft 7/8, Sp. 757—758 (1961).

Sitzung am 15. Mai

Vortrag des Herrn Müller: „Yvan Goll im deutschen Expressionismus". — In der vom Herausgeber Kurt Pinthus als „Symphonie jüngster Dichtung" bezeichneten Sammlung „Menschheitsdämmerung" (1919) finden sich sechs Gedichte von Yvan Goll, darunter das bedeutende Werk „Der Panamakanal". In der überaus verdienstvollen Neuausgabe der „Menschheitsdämmerung" von 1959 hat der gleiche Herausgeber neben die gereimte Fassung von 1919 (die auf einer früheren Fassung von 1914 beruht, doch diese beträchtlich abwandelt) eine ungereimt-polymetrische Fassung gestellt (beide Fassungen sind 1918 geschrieben). Der Vergleich beider Fassungen führt in den Kern von Golls dichterichen Intentionen: die erste Fassung ist ein Päan auf die Völkerverbrüderung, deren Sinnbild der opfervolle Kanalbau ist, und endet mit einer enthusiastischen Utopie; die andere Fassung nimmt die utopische Vision zurück und sieht alle Menschlichkeit in der furchtbaren Arbeitsfron aufgezehrt; doch diese Elegie auf die schwer ringende Menschheit birgt das sittliche Postulat der menschheitlichen Selbstbefreiung. Pinthus hat die Humanitätsmelodie als das messianische Hauptmotiv des Expressionismus bezeichnet, und Golls beide Panamadichtungen dürfen als symptomatisch für die Situation der expressionistischen Dichtung zwischen 1914 und 1918 angesehen werden: sie drückt sich aus in der Antithese von Menschheitsenthusiasmus und bitterer Verzweiflung, von kreatürlicher Verbrüderung und Entsetzen ob der menschlichen Grausamkeiten (der Krieg machte die meisten Expressionisten zu radikalen Pazifisten), von kosmischem Hochflug des Geistes und Absturz ins Chaos der Triebe, von Glauben an Weltharmonie und Aufstand gegen die Drangsal der Erniedrigten und Beleidigten. — Yvan Goll, der von 1891 bis 1950 lebte, meist in Paris, war ein zweisprachiger Dichter. Er hat bedeutende Dichtungen in deutscher wie in französischer Sprache geschrieben. In den Emigrationsjahren, von 1933 bis 1948, schrieb er nur französische Werke, in seinen letzten Lebensjahren entstanden noch einmal, besonders mit dem Lyrikbuch „Traumkraut“, bedeutende deutschsprachige Gedichte. In seiner Jugend war Goll ein wesentlicher Exponent des deutschen Expressionismus, vor allem der Lyrik. In der schöpferischen Nachfolge Nietzsches steht das ihn kennzeichnende Dithyrambische. Elegisch-hymnische und ekstatisch-dithyrambische Gedichte sind die stärksten Leistungen des Expressionisten Goll. Neben den Panamadichtungen sind noch herauszuheben die lyrische Kantate „Requiem. Für die Gefallenen von Europa“ (1916; es gibt auch eine französische Version) und die Dithyrambe „Der neue Orpheus“ (1918). — Yvan Goll hat im deutschen Expressionismus eine unverwechselbare Stimme. Seine Werke zählen zu den bedeutendsten dichterischen Aussagen der literarischen Epoche von 1910 bis 1924. Doch ist seine Entwicklung nicht mit dem Expressionismus abgeschlossen. Sie verläuft aber so, daß man von einer konsequenten Kontinuität seiner expressionistischen Frühzeit und seiner späteren deutschen Lyrik sprechen darf. Was er selbst schon 1919 und 1920, noch vor den französischen Theoretikern, als Überrealismus (Surrealismus) proklamiert, ist der Anspruch, das Reale durch neue dichterische Dimensionen zu bereichern. Es wird nachgewiesen, daß Golls Surrealismus aus dem deutschen Expressionismus geboren ward, also ein legitimes Kind expressionistischer Weltdeutung und Seinsgestaltung ist, eine Reifestufe, die in dieser besonderen Form nur Goll erreicht hat. — Erschienen in den Sitzungsberichten Bd 107 (1962), Heft 2. — Vorgelegt werden Veröffentlichungen der Herren Friedrich Behn, Frau Lieselotte Blumenthal, Herbert Grundmann, Johannes Leipoldt, Joachim Müller und Friedrich Zucker. — Vgl. auch DLZ (Akademieberichte) 82. Jg, Heft 10, Sp. 962—963 (1961) und Forsch. u. Fortschr. 35. Jg, Heft 10, S. 300 (1961).

Sitzung am 19. Juni

Vortrag der Frau Schubart-Fikentscher: „Zur Rechtsstellung der Komödianten im 17.—18. Jahrhundert“. — Der Ausgangspunkt liegt in Arbeiten zur Aufklärung. Besonders regten dazu Fälle an, von denen Thomasius in seinen „Juristischen Händeln“ berichtet. Sie spielen um die Wende des 17./18. Jahrh. und lenkten die Aufmerksamkeit auf einen Stand, der seit Jahrhunderten zu den verachtetsten gehörte. Es konnte nur ein Versuch sein, aus einem weit verstreuten Stoff Greifbares zu gewinnen und im Vortrag daraus einiges mitzuteilen. Die Arbeit beschränkt sich deshalb auf den mitteldeutschen Bereich. — Die große geistesgeschichtliche Erscheinung der Barockzeit, die Aufklärung, ist auch für die Stellung der Komödianten wesentlich, selbst an diesem unbedeutenden Stand wird der Kampf gegen Vorurteile deutlich. Die allgemeine Verachtung trifft nur Komödianten von Beruf, nicht Liebhaber, die es seit alters daneben gibt; sie bleiben in ihrem Stand und geachtet.

Für die Betrachtung hier scheiden sie aus. Ebenso andere verachtete Personengruppen, mit denen sie öfter zusammengestellt werden, weil die Wurzel ihres Makels in anderen Gründen ruht. Hauptgegner war seit alters die Kirche, der aber eigenständige Vorstellungen im Volke entgegen kommen. Besonders bemerkenswert ist der Kampf, den die Pietisten dagegen führen und der in dem Streit um die Mitteldinge — ob das Theater dazu zu rechnen sei oder nicht — ausgetragen wird. Die seit alters immer wieder vorgebrachten Vorwürfe, als Grundlage der Verachtung, beziehen sich zunächst auf den Gegenstand, auf das, was dargestellt wird, was man häufig als sündhaft und deshalb als verwerflich bezeichnet. Dies muß sich, so die Auffassung, auf die Seele des Komödianten auswirken, denn sie haben dem ihr Leben gewidmet. Sie geben sich selbst dafür preis, nehmen Gut um Ehre, was für einen freien Menschen, Bürger unehrenhaft ist. Da sie sich um Schein und Lüge preisgeben, sind sie auch im wirklichen Leben nicht anders, also unglaubwürdig, gottlos. Das wirkt auch auf die Zuschauer, insbesonders auf die studierende Jugend, die dadurch angereizt wird, dem nachzuleben. Alles dieses bleibt nicht unbestritten, und es gibt schon sehr beachtliche Gegenmeinungen, auch aus den Kreisen der Komödianten selbst. Der Niederschlag aller dieser Vorstellungen im Recht liegt in einem großen, sehr verschiedenartigen Stoff von weltlichen, kirchlichen, heimischen wie fremden Rechten und einem großen zeitgenössischen Schrifttum. — Stand ist ein rechtlicher Begriff. Sein Wert wird von der Gesellschaft bestimmt, im Begriff der Ehre zusammengefaßt; er kann sich zum Rechtssatz und damit zu allgemeiner Verbindlichkeit verdichten. Hier durchdringen sich heimisches und fremdes, römisches Recht, bilden die verschiedensten Infamiestufen, so daß es schließlich möglich war, die Komödianten jeder zuzuordnen und damit die rechtliche Unsicherheit ihrer Lage zu erhöhen. An dieser Stelle setzt der Kampf gegen römisches Recht ein. — In den Rechtsbeziehungen innerhalb der Truppe (Bühnenvertrag) oder zu öffentlichen Gewalten (Spielerlaubnis u. a.) ist kaum etwas anderes als für den sonstigen Bürger zu sehen, außer dem Ausschluß von Ämtern, Einschränkung im Gerichtsverfahren. In persönlicher Hinsicht war es Eltern möglich, wegen der schändlichen Lebensweise ihre Kinder zu enterben. Im kirchlichen Bereich konnte das Abendmahl verweigert werden, aber innerhalb welcher Grenzen, war lebhaft umstritten. Es gibt Fälle, die als sicher beglaubigt gelten können (Veltens Witwe). Auch für das Begräbnis am geweihten Ort konnten für die Bestattungsart enge Grenzen gezogen werden (K. Fr. Neuber ?). — Ihren Stand zu verbessern, haben einzelne Komödianten immer einmal versucht, z. B. über die Promotion in den höchsten Stand im Bürgertum, den der Doctores, aufzusteigen. Das bedeutete einen sehr großen Schritt, denn die Doctores waren adelsgleich. Für den gesamten Stand der Komödianten aber bedeutet es nichts. Die Wandlung geschieht für sie von innen heraus. Sie selbst erringen sich die gesellschaftliche Achtung durch eine bewunderungswürdige Reform, durch eigene Leistung. Die Grundlagen sind Anfang des 18. Jhs. deutlich zu sehen. Diesem Ringen kommt die sich wandelnde Rechtsauffassung entgegen. Dieser wechselseitige Einfluß wird entscheidend für die zukünftige Entwicklung des deutschen Theaters und seines Schauspielerstandes. — Erschienen in den Sitzungsberichten Bd 107 (1963), Heft 6. — Vorgelegt werden

Veröffentlichungen der Herren Richard Hauschild, Joachim Müller und Kurt Tackenberg; als Akademiepublikationen: der Sitzungsbericht Bd 103, Heft 2 (Herbert Grundmann, Vom Ursprung der Universität im Mittelalter) in 2., mit einem Nachtrag versehenen Aufl., Darmstadt 1960, 68 S. sowie „Deutsch-Slawische Forschungen zur Namenkunde und Siedlungsgeschichte" hrsg. v. Theodor Frings u. Rudolf Fischer, Nr. 11 Wolfgang Fleischer, Namen und Mundart im Raum von Dresden. I (1961). — Vgl. auch DLZ (Akademieberichte) 83. Jg, Heft 1, Sp. 81—83 (1962) und Forsch. u. Fortschr. 35. Jg, Heft 11, S. 346—348 (1961).

Sitzung am 16. Oktober

Vortrag des Herrn Fischer: „August Schleicher und das Prager Deutsch". — Dem Pionier der vergleichenden Sprachwissenschaft und Wegbereiter der deutschen Slawistik wird nachgerühmt, daß er schon auf seiner Fahrt zur Erforschung des Litauischen ein feines Ohr für die Laute der mundartlichen Volkssprache bewies. Weniger aber ist bekannt, daß Schleicher während seines Aufenthaltes in der Moldaustadt neben dem Tschechischen auch das Prager Deutsch beobachtete und dann in wesentlichen Merkmalen festhielt. Ein Bild des sprachlichen Kolorits von Prag liefert uns Schleicher in seinen bisher nur auszugsweise veröffentlichten Erinnerungen, die er nach Beendigung seiner Tätigkeit an der Prager Universität im Jahre 1857 niederschrieb. Wohl geht es da dem im Österreich der Ära Bach politisch Verfolgten um anderes als etwa um eine sprachwissenschaftliche Studie. Doch bei der Schilderung persönlicher Erlebnisse zitiert er in direkter Rede eine Reihe typischer Figuren, wobei er den Jargon der verschiedenen Gesellschaftsklassen getreu wiedergibt. Die im Prag des 19. Jahrhunderts zu hörende Umgangssprache war keine einheitliche, sondern mannigfach abgestuft, bedingt durch die soziale und regionale Herkunft wie die gesellschaftliche und berufliche Struktur der deutschsprachigen und zweisprachigen Einwohner. Dieses Prager Deutsch war ebensowenig abstrakt „reinstes" Deutsch wie unmittelbarer Sproß aus der Frühzeit der deutschen Schriftsprache. Es war im ganzen ein österreichisches Deutsch, das in der Landeshauptstadt Böhmens entsprechend den örtlichen Gegebenheiten und der gesellschaftlichen Differenzierung in verschiedenen Bevölkerungsschichten verschiedene Züge erhielt. — Das Jahr 1961 als das Jahr von Schleichers 140. Geburtstag gab Gelegenheit zur Besinnung auf den großen Lehrer, der seine Neigung zu den slawischen Sprachen mit seinen anderen Obliegenheiten und auch mit seinen germanistischen Interessen vereinte. — Erschienen in den Sitzungsberichten Bd 107 (1962), Heft 5. — Vorgelegt werden Veröffentlichungen der Herren Heinrich Besseler, Karl Barwick, Otto Eißfeldt, Herbert Koch, Johannes Leipoldt, Richard Meister, Joachim Müller, Frau Gertrud Schubart-Fikentscher, Friedrich Weller und Friedrich Zucker; als Akademiepublikation: die 13. Lfg vom Althochdeutschen Wörterbuch bearb. u. hrsg. v. Elisabeth Karg-Gasterstädt und Theodor Frings, Sp. 905—984: bergan-bithiu, Berlin 1961. — Vgl. auch DLZ (Akademieberichte) 83. Jg, Heft 2, Sp. 175—176 (1962) und Forsch. u. Fortschr. 36. Jg, Heft 3, S. 87—90 (1962).

Sitzung am 11. Dezember

Vortrag des Herrn Hauschild (anstelle des verhinderten Herrn Peek): „Mistra — die Faustburg Goethes". — Eine der größten Sehenswürdigkeiten Griechenlands ist die etwa 5—6 km westlich von Sparta auf einem Vorberge des Taygetos gelegene fränkisch-byzantinisch-türkische Ruinenstätte Mistra. Der Gipfel dieser Anhöhe wird von einer ganz im Stile westeuropäischer Burgen gebauten Zitadelle gekrönt: es ist die Faustburg Goethes, die der Dichter in der Helena-Szene (Faust II, 3. Akt) so überraschend naturgetreu gezeichnet hat. Sie ist von dem fränkischen Ritter Wilhelm II. Villehardouin in den Jahren 1245ff. errichtet worden. An sie schloß sich später eine städtische Siedlung an. — Der Redner vermittelte zunächst eine Vorstellung von den zahlreichen und kunstgeschichtlich höchst interessanten sakralen und weltlichen Bauwerken der Stadt, um dann auf die Geschichte der Burg im besonderen einzugehen. Wir erfahren Näheres über sie aus zwei in mittelgriechischer Sprache abgefaßten Urkunden: 1. der sog. „Chronik von Morea", 2. der sog. „Weltchronik des Dorotheos von Malvasia". Goethe hat wahrscheinlich die letztere gekannt und bei der Konzeption der Helena-Szene ausgewertet: eine ganze Anzahl von Argumenten scheinen diese These zu stützen. Außerdem hat der Dichter nachweislich eine Reihe illustrierter Reisewerke eingesehen, die die Veste Mistra in ihrem unzerstörten Zustande wiedergeben: sie müssen dem Dichter bei seiner geradezu realistischen Zeichnung der Faustburg als Vorlage gedient haben. In dem genannten Wilhelm II. Villehardouin darf man das Vorbild für den Faust des dritten Aktes erblicken. — In Mistra, das von den Franken nicht gehalten werden konnte und wieder in byzantinische Hände fiel, erlebte das Griechentum eine kräftige Nachblüte. Besonders hinzuweisen ist auf die merkwürdige Gestalt des Philosophen Plethon, einen der bedeutendsten Gelehrten des unmittelbar vor dem Untergang stehenden byzantinischen Reiches, einen Mann, der sich am heidnischen Altertum, insbesondere an Plato, ausrichtete. Er wie sein Schüler, der Kardinal Bessarion, müssen zu den großen Humanisten des 14./15. Jhs. gerechnet werden. Sie knüpften Beziehungen zu Italien an, und überall wo sie dort auftraten, entstanden Akademien im Sinne Platos — Wachtfeuer der vorwärts dringenden Renaissance! Die Schule Plethons in Mistra kam erst unter der türkischen Herrschaft zum Erliegen. — Die weiteren Schicksale Mistras waren an das Wohl und Wehe der ganzen Peloponnes gekettet: die stark dezimierte Bevölkerung verließ — wohl während der türkischen Herrschaft — die alte Stadt und siedelte sich am Fuße des Burgberges an, und als dann i. J. 1834 Neu-Sparta gegründet wurde, wurde die ganze Bevölkerung nach dieser Stadt überführt. — Erschienen in den Abhandlungen Bd 54 (1963), Heft 4. — Vorgelegt werden Veröffentlichungen der Herren Kurt Aland, Friedrich Behn, Eberhard Hempel, Rudolf Meyer, Joachim Müller, Frau Gertrud Schubart-Fikentscher und Friedrich Weller. — Vgl. auch DLZ (Akademieberichte) 83. Jg, Heft 7/8, Sp. 746—747 (1962) und Forsch. u. Fortschr. 36. Jg, Heft 9, S. 273—278 (1962).

1962

Sitzung am 22. Januar

Vortrag des Herrn Straub: „Sensibilitätsänderung als Indikator der sogenannten geistigen Ermüdung". — Angenommen zum Druck in den Sitzungsberichten. — Herr Barwick legt seine Arbeit „Das rednerische Bildungsideal Ciceros" vor. — Erschienen in den Abhandlungen Bd 54 (1963), Heft 3. — Vorgelegt werden Veröffentlichungen der Herren Richard Hauschild, Wilhelm Schubart † und Frau Gertrud Schubart-Fikentscher. — Vgl. auch DLZ (Akademieberichte) 83. Jg, Heft 5, Sp. 463 (1962) und Forsch. u. Fortschr. 36. Jg. Heft 8, S. 245—248 (1962).

Sitzung am 12. Februar

Vortrag des Herrn Hempel: „Goethe zur Aufgabe der Kunstgeschichte". — Der junge Goethe genoß die Werke bildender Kunst. Seine künstlerische Aktivität forderte die sinnliche unvoreingenommene Erfahrung des Kunstwerkes. Er wurde sich klar, daß nur durch sinnliche Aufnahme die Gesamtbedeutung eines Kunstwerkes erkannt werden kann. Das Wort dagegen isoliert die Idee des Kunstwerkes. Dabei besteht die Gefahr, daß die Inhalte des Kunstwerkes durch die Ideen des Betrachters ersetzt und zersplittert werden. Der historischen Methode sprach Goethe damals die Beweiskraft ab. Beim Sammeln lernte er die Werte ergreifen, Original und Kopie zu unterscheiden, die Bedeutung der vorbereitenden Skizze zu erfassen. So vertiefte sich im Umgang mit Originalen und Kopien die Erkenntnis des Unmittelbaren der künstlerischen Äußerung, und seine Kenntnisse erweiterten sich über die einzelnen Oeuvres dauernd. Er bevorzugte Blätter von Dürer und Rembrandt. — Seit der italienischen Reise forderte Goethe, das Wesen der Erscheinung zu erfassen. Das Genießen ergänzte eine kunstgeschichtliche Einstellung. Die kunstwissenschaftliche Arbeit diente nicht fachproblematischen Zwecken, sondern ließ im Kunstwerk sich selbst erkennen. Dabei beschäftigte sich Goethe nur mit Kunstwerken, die seine eigene Natur förderten. Die Auswirkung des kunsthistorischen Erlebnisses im Schaffen Goethes spürt man vor allem in der Szenerie-Gestaltung seiner Dramen. — Auch beim Schauen und Verarbeiten des bildkünstlerischen Erlebnisses bleibt Goethe stets Dichter. Dadurch ergibt sich trotz scheinbar widersprechender Urteile eine großartige Einheit, so daß seine Worte auch heute noch für die Kunstgeschichte maßgebenden Wert behalten. — Auch dort, wo man ihm nicht folgen kann, bleibt sein Urteil für uns wertvoll. Er selbst war sich selbst gegenüber durchaus kritisch eingestellt und bekannte freimütig Fehler und Irrwege als solche. So bleibt Goethe auch mit der Kunstgeschichte der späteren Zeit aufs engste verbunden. — Angenommen zum Druck in den Sitzungsberichten. — Vorgelegt werden Veröffentlichungen der Herren Heinz Ladendorf, Joachim Müller und Werner Peek sowie als Akademiepublikation: „Mitteldeutsche Studien" hrsg. v. Th. Frings und K. Bischoff, Heft 23, Gerhard Kettmann, Die Sprache der Elbschiffer II (1961). — Vgl. auch DLZ (Akademieberichte) 83. Jg, Heft 6, Sp. 562—564 (1962).

Sitzung am 19. März

Wegen Erkrankung des Herrn Fück mußte der Vortrag ausfallen. — Vorgelegt werden Veröffentlichungen der Frau Lieselotte Blumenthal, der Herren Gerhard Buchda, Otto Eißfeldt, Johannes Erben, Johannes Jahn, Heinz Ladendorf und Johannes Leipoldt sowie als Akademiepublikation die 14. Lfg vom Althochdeutschen Wörterbuch bearb. u. hrsg. v. Elisabeth Karg-Gasterstädt und Theodor Frings, Sp. 985—1064: bî 2. Tl-bintan, Berlin 1962. — Vgl. auch DLZ (Akademieberichte) 83. Jg, Heft 7/8, Sp. 748 (1962).

Sitzung am 14. Mai

Vortrag der Frau Blumenthal: „Schillers Dramenplan ‚Die Prinzessin von Zelle'". — Schillers dramatischer Nachlaß ist, abgesehen von „Demetrius", lange von der Forschung unbeachtet geblieben, da er gegenüber den vollendeten Werken nicht nur unvollständig, sondern auch ungültig erschien. Heute wird den Entwürfen eine große Bedeutung zugesprochen, da sie Zeugnisse des dichterischen Schaffensprozesses sind. — Die Aufzeichnungen über ein künftiges Drama „Die Prinzessin von Zelle" stammen aus dem Jahr 1804, als Schiller nach Vollendung des „Wilhelm Tell" eine Zeitlang unschlüssig zwischen mehreren dramatischen Plänen schwankte. Der Stoff der geplanten Tragödie behandelt ein damals allgemein bekanntes Ereignis aus der hannoverschen Geschichte des ausgehenden 17. Jhs., dessen romanhafte Wiedergabe „Histoire secrette de la Duchesse d'Hanovre", erschienen in London 1732, der Dichter für seine Entwürfe benutzt hat. Sehr weit ist er mit seinen Vorarbeiten nicht gekommen, und so müssen die Fragen nach der künftigen Gestalt des Dramas unbeantwortet bleiben. Den Dramatiker, dem in einem fruchtbaren Augenblick die „dunkle aber mächtige Totalidee" aufgegangen war, interessiert bei seinen Überlegungen nicht die Lösung weltanschaulicher Probleme, sondern er hatte sich ausschließlich die Aufgabe gestellt, die poetische Fabel des Stückes zu erfinden. Sie ergab sich aus der Struktur seiner Tragödie, für die Schiller das Bild von der „aufbrechenden Knospe" verwendet: alles, was geschieht, soll von Anfang an vorhanden sein und entfaltet sich dann im Verlauf der Handlung. Die Exposition mußte so gestaltet werden, daß die historische Situation und die Beziehungen der Heldin zu ihrer Umgebung vorgeführt werden, um dann im „prägnanten Moment" die Handlung auszulösen. Seine dramaturgische Forderung gedachte der Dichter zu erfüllen, indem das Drama mit einem glänzenden Hoffest zur Feier der hannoverschen Kurwürde und der Aussicht auf den englischen Thron beginnen sollte. Der Triumph der Politik hätte aber auch die Verlassenheit der Prinzessin von Zelle gezeigt, die wegen ihrer nichtfürstlichen Abkunft von ihrem Gemahl und seiner Familie verachtet und gekränkt wurde. In diesem Augenblick beschloß sie, diesem unwürdigen und unerträglichen Zustand ein Ende zu machen und setzt damit die Handlung in Gang. Das Gesthehen der Tragödie sollte aus drei mißglückten Versuchen der Prinzessin bestehen, ihre Verhältnisse zu ändern, und zur Katastrophe führen. — Schiller hat seine Heldin im Sinne der Humanitätsideologie des 18. Jhs. aufgefaßt. Ihr „natürliches" Recht auf menschliches Glück und ihr moralisches auf Selbstbestimmung wird von der Macht der Geschichte vernichtet. Daß der Dichter diese Tragödie in demselben Jahr geplant hat, in dem Napoleon sich zum Kaiser proklamieren ließ, dürfte kein Zufall sein. — Erschienen in den Abhandlungen Bd 56 (1963), Heft 2. — Herr Frings legt ein Manuskript vor „Sprachsoziologische Studien in Thüringen" mit Beiträgen von Dr. Heinz Rosenkranz „Der Sprachwandel des Industrie-Zeitalters im Thüringer Raum" und Dr. Karl Spangenberg „Tendenzen volkssprachlicher Entwicklung in Thüringen". Erschienen in den Sitzungsberichten Bd 108 (1963), Heft 3. — Herr Hempel legt eine Arbeit von Dr. Bernhard Geyer „Alt-Dresdens planmäßige Gestaltung auf Grund der Bauordnungen (bis 1830)" vor. Erscheint in den Abhandlungen Bd 51, Heft 2. — Herr Fück legt eine Arbeit von Dr. Helga Brentjes „Die Imamatslehren im Islam nach der Darstellung des Asch'ari" vor. Erscheint in den Abhandlungen Bd 54, Heft 5. — Vorgelegt werden Veröffentlichungen der Herren Karl Barwick, Rudolf Fischer, Eberhard Hempel, Johannes Jahn, Rudolf Meyer, Siegfried Morenz und Frau Gertrud Schubart-Fikentscher; als Akademiepublikationen: „Deutsch-Slawische Forschungen zur Namenkunde und Siedlungsgeschichte" hrsg. v. Th. Frings und R. Fischer, Nr. 14 Dietrich Freydank, Ortsnamen der Kreise Bitterfeld und Gräfenhainichen (1962) sowie „Bibliographie zur Geschichte der Stadt Leipzig" Sonderband II Karl-Marx-Universität, hrsg. v. d. Historischen Kommission der Sächs. Akad. d. Wiss. mit Unterstützung des Stadtarchivs Leipzig, bearb. v. Dr. Edith Rothe und Hildegard Heilemann (1961). — Vgl. auch DLZ (Akademieberichte) 83. Jg, Heft 10, Sp. 940—942 (1962) und Forsch. u. Fortschr. 36. Jg, Heft 12, S. 366—368 (1962).

Sitzung am 18. Juni

Vortrag des Herrn Müller: „Die Figur des Homunculus in Goethes Faust". — Die Figur des Homunculus muß vor allem von ihrer dramatischen Funktion her verstanden werden, dann verliert sie ihren episodischen Charakter. Während Faust nach seinem vermessenen Versuch, das Bild der Helena gewaltsam ins Leben zu ziehen, „paralysiert" und von Mephisto in Wagners Labor geschleppt wird, macht dieser in einer alchymistischen Prozedur ein Retortenmenschlein — der Teufel gibt deutlich den letzten Anstoß dazu. Das szenisch unsichtbare, in der Phiole leuchtende und klingende Wesen aus Wagners Gelehrtenfleiß und Mephistos Laune ist ganz Geist und Tätigkeitsdrang und begehrt nach Körperlichkeit, es will „entstehen" — seine dramatische Funktion resultiert vorzüglich aus der Spannung zwischen Körperlosigkeit und Verkörperlichung. Hellsichtig weiß Homunculus aber auch einen Weg für Fausts Begehren nach Helena: er führt durch die Klassische Walpurgisnacht, für die der nordische Teufel nicht zuständig ist. So geleitet der Glasgeist Faust und Mephisto durch das mythologische Labyrinth und schwebt über den immer gegenwärtigen Gegensätzen von Norden und Süden, Gestaltlosigkeit und Gestalt, Häßlichkeit und Schönheit, Zerstörungssucht und Schöpferkraft. Während sich die Geburt der schönen Gestalt aus der Fülle der Natur und dem Geist der Antike vorbereitet, gibt sich das Geistwesen den Naturelementen hin, um zu „entstehen". Homunculus ist ebenso

Analogie wie Kontrast zu Faust, der aus der weiteren Handlung verschwindet. Aus dem Streit der beiden Naturphilosophen erfährt der ungeduldig nach Entstehen Verlangende die Fragwürdigkeit einseitiger Thesen, denn so sehr Goethe dem Neptunismus zuneigte, so sehr hat er doch den Vertreter dieser Theorie, Thales, in seinem Fanatismus ironisiert, ja glossiert. Zwar wird Homunculus von Thales weitergeleitet, erst zum verwandlungsfreudigen Naturdämon Proteus, dann zum Meeresfest, das ein Liebesfest ist; doch eben hier erlebt Thales zu seinem Entsetzen, daß die Phiole am Muschelwagen der Galatee zerschellt und das Feurige sich mit dem Wasser vermählt. Der von Wagner geleugnete Eros wird in seine Rechte wieder eingesetzt. Indem der Homunculus-Geist das Abenteuer seiner Geburt im Zeichen naturhafter Liebe, die zugleich sich zur Schönheit gestaltet, besteht, trennt er sich von alchymistischer Manipulation, von teuflischer Bosheit, von dogmatischer Theorie: er läßt den Magier Faust, den Pedanten Wagner, den Schalk Mephisto, den Neptunisten Thales weit hinter sich. Als poetisches Vorspiel und dramatische Analogie weist das Geschehen am Ende des 2. Aktes, die Verschmelzung von Wasser und Feuer, von glühendem Geist und fließender Schönheit, die Feier des zeugerisch-fruchtbaren Lebens und die Epiphanie der Liebe, voraus auf die phantasmagorische Vermählung des herrischen Nordgeistes Faust mit der blendenden Südschönheit Helena. Homunculus ist ebenso eine ironische Korrektur an Fausts Ernst und Schwere wie die ernstheitere Legitimierung von Fausts ganzer Existenz, er vertieft sie in der ironischen Spiegelung und dient so der dramatischen Kontinuität der Faustidee. — Erschienen in den Sitzungsberichten Bd 108 (1963), Heft 4. — Herr Frings legt seine Arbeit „Germania Romana und Romania Germanica zwischen Mittelmeer, Rhein und Elbe" vor. Erschienen in den Sitzungsberichten Bd 108 (1963), Heft 5. — Herr Peek legt seine Arbeit „Die Inschriften von Epidauros" vor. Erschienen in den Abhandlungen Bd 56 (1963), Heft 3. Weiterhin eine Arbeit von Dr. Joachim Ebert „Zum Pentathlon der Antike". Erschienen in den Abhandlungen Bd 56 (1963), Heft 1. — Vorgelegt werden Veröffentlichungen der Herren Heinrich Besseler, Heinz Ladendorf, Johannes Leipoldt, Richard Meister und Joachim Müller. — Vgl. auch DLZ (Akademieberichte) 84. Jg, Heft 2, Sp. 170—171 (1963) und Forsch. u. Fortschr. 37. Jg, Heft 1, S. 26—28 (1963).

Sitzung am 15. Oktober

Vortrag des Herrn Morenz (anstelle von Herrn Weller): „Die Heraufkunft des transzendenten Gottes in Ägypten". — Die ritualistische Struktur der ägyptischen Religion mit ihrem Gott-König ist der Heraufkunft des transzendenten Gottes nicht günstig; das Leben in Natur und Gesellschaft hat die Neigung, sich über Königtum und delegierten Priesterstand immanent zu regulieren, und behält sie. Das ist der ägyptische Grundton, der bis in den Ausgang des Heidentums fortklingt. Aber auf ihm baut sich ein Akkord auf, den man dissonantisch nennen mag. Die erste entscheidende Phase seines Aufbaues liegt nicht in der ersten Zwischenzeit, sondern noch im AR. Die Rangminderung des Königs zum Sohn des Re, die etwa gleichzeitige Konzeption eines allgemeinen jenseitigen Totengerichtes auch für den König, die Idee von Gott als souveränem Schöpfer nach der im Kern alten memphitischen Lehre und die Erfahrung potentieller Prädestination Einzelner zur Verdammnis durch die willkürliche Gottheit liegen zwischen der mittleren 4. und dem Anfang der 6. Dynastie. In der ersten Wirre stärken sich unter dem Eindruck zerstörter Ordnung des überkommenen Kosmos die neuen Töne und schließen den Zweifel an der Wirklichkeit des unsichtbaren Gottes ein. Im MR wird die Degradierung des Königs zu Gottes Befehlsempfänger aktuell und damit für den Stand der Kräfte charakteristisch, und die anschließende Zeit des Niederganges und der Hyksosherrschaft hat aus älteren Elementen die Theologie einer Trennung von Gott und Bild aufgebaut, die der Transzendierung der Gottheit Rechnung trägt und sich ebenfalls auf das Königtum mit weiterer Rangminderung auswirkt. Anderseits wird etwa gleichzeitig Res Herrschaft über die Unterwelt proklamiert, soweit das nach ägyptischem Konzept überhaupt möglich ist. Zu Beginn des NR haben individualistische und universalistische Tendenzen Lebenserfahrung und Weltbild der Ägypter tief verändert und treten in Übereinstimmung mit der gesteigerten Position Gottes, der soziale Bezogenheit und nationale Grenzen transzendiert; damit wird u. a. den im Sinne der ägyptischen Ausgangsposition hypothekenfreien syrischen Göttern der Weg ins Land bereitet. Da der Mensch als Individuum unmittelbar zu Gott wird, bricht mit der Ausformung persönlicher Frömmigkeit zugleich auch der Unglaube als Möglichkeit an. Hinter dem Auseinandertreten von Staat und Kirche im NR darf die ideologische Kraft nicht verkannt werden, die von der Rolle Gottes als absolutem Herrn ausgeht. Konsequenterweise wird schließlich die Einsicht formuliert, daß Gott als Schöpfer und Regent willkürlich waltet und auch über die Ordnung (Maat) souverän verfügt. Das Stillesein wird zur einzig logischen wie ethischen Verhaltensweise. Freilich ziehen sich viele auf den Grundakkord des Ritualismus zurück und suchen ihre Zuflucht bei seinem entartenden Sprößling, dem Zauber. Damit reißen sich Klüfte auf, die oft genug durch den Einzelnen hindurchgegangen sein werden. Daß bei alledem die Heraufkunft des transzendenten Gottes an ihrem Teil den Verfall der ägyptischen Kultur sei es hervorruft, sei es sichtbar macht, kann nicht geleugnet werden. Da indes der Welt Ägyptens die Gnade eines von außen kaum gestörten Reifens beschieden war, sind wir berechtigt, diese ihre Geschichte und mit ihr die Geschichte ihrer Gotteserfahrung als innerlich notwendig zu begreifen. — Erscheint in den Sitzungsberichten Bd 109, Heft 2. — Herr Frings legt die Arbeit von Dr. Rudolf Große „Die mitteldeutsch-niederdeutschen Handschriften des Schwabenspiegels in seiner Kurzform“ vor. — Erscheint in den Abhandlungen Bd 56, Heft 4. — Herr Zucker legt die Arbeit von Dr. Detlef Lotze „Lysander und der Peloponnesische Krieg“ vor. Erscheint in den Abhandlungen Bd 57, Heft 1. — Herr Fischer legt das von ihm eingeleitete und redigierte Manuskript „Materialien zum Slawischen Onomastischen Atlas“ vor, bearb. v. Dr. Ernst Eichler, Dr. Horst Naumann und Dr. Hans Walther. Erscheint in den Sitzungsberichten Bd 108, Heft 6. — Vorgelegt werden Veröffentlichungen der Herren Karl Barwick, Friedrich Behn, Theodor Frings, Herbert Grundmann und Joachim Müller sowie als Akademiepublikation: „Deutsch-Slawische Forschungen zur Namenkunde und Siedlungsgeschichte“ hrsg. v. Th. Frings und R. Fischer, Nr. 13 Horst Naumann, Die Orts- und Flurnamen der Kreise

Grimma und Wurzen (1962), Nr. 15 Albert Richter, Die Ortsnamen des Saalkreises (1962). — Vgl. auch DLZ (Akademieberichte) 84. Jg, Heft 3, Sp. 277—279 (1963).

Sitzung am 10. Dezember

Vortrag des Herrn Baetke: „Die Götter in den Ahnentafeln altnordischer Königshäuser". — Die Ansicht, daß es im alten Norden ein sakrales Königtum gegeben habe, hat keine verbürgten historischen Nachrichten zur Grundlage, vielmehr steht das, was die Geschichtsschreiber von Tacitus bis Adam von Bremen über Art und Charakter des Königtums bei germanischen Völkern berichten, im Widerspruch zu ihr. Sie stützt sich in der Hauptsache auf Denkmäler mythischen oder sagenhaften Inhalts, Gedichte, Legenden, Volkssagen, auf z. T. schwer deutbare Namen und Inschriften und ähnliche Quellen, deren historischer Wert zweifelhaft ist. Es bedarf ernsthafter Prüfungen, ob und wieweit dieses Material die Aussage — auch die negative — der Geschichtsquellen korrigieren oder widerlegen kann. Als ein Hauptgrund für das nordische „Gott-Königtum" gilt — neben dem sogenannten Königsheil — die Abstammung der Könige von den Göttern. Der Vortrag unterzog die Quellen, in denen man diesen Glauben verbürgt findet, einer kritischen Untersuchung. Das Ynglingatal, die Belege für Yngvi und Ynglingar in anderen Skaldenstrophen sowie die Aussagen über die in den späteren Geschichtswerken wurden auf ihren Zeugniswert geprüft. Jede Untersuchung dieser Art muß Charakter, Zweck und Bestimmung des Denkmals, die Entstehungszeit sowie die zu dieser Zeit herrschenden Anschauungen und Vorstellungen in Betracht ziehen. Auf diese Weise wird zugleich das äußere und innere Verhältnis der einzelnen Quellen zueinander — z. B. des Ynglingatals zur Ynglingasaga — beleuchtet. Göttliche Ahnen in einem Skaldengedicht des 9. Jh. sind anders zu beurteilen als Götternamen in den königlichen Stammtafeln, die sich in den Geschichtswerken des 12. und 13. Jhs. finden. Im Ynglingatal selbst werden Götter nicht genannt und können ihm nur mit sehr gewaltsamen Argumenten untergeschoben werden; zudem ist die in dem Gedicht aufgestellte Geschlechterfolge, die einen genealogischen Zusammenhang zwischen der Uppsala- und der Vestfold-Dynastie herstellt — nachweisbar ungeschichtlich. Bei den isländischen Schriftgelehrten muß die euhemeristische Theorie berücksichtigt werden, die ihre Auffassung von den Göttern bestimmte und ihnen ermöglichte, sie als Vorzeitkönige in die nordische „Urgeschichte" einzubauen. Die Stellung Yngvis als göttlicher Stammvater der Uppsala-Könige wird durch den Namen Skilfinger, den dies Geschlecht nach Ausweis des angelsächsischen Beowulf trug, stark in Zweifel gezogen, auch gehört Yngvi nicht zu den Göttern der germanischen oder nordischen Religion; nicht nur, daß er keine Kultgottheit war, er erscheint nicht einmal unter den Göttern der nordischen Mythologie. Seine Identifizierung mit Frey ist eine sekundäre Konstruktion, die wohl auf Snorri zurückgeht. Ari weiß nichts von ihr; die Annahme, er habe den Namen und die Gestalt Yngvis erst durch eine Aufspaltung von Yngvifreyr gewonnen, ist gegen alle Wahrscheinlichkeit. Auch schließt der Name Yngvifreyr natürlich nicht die Gleichsetzung beider Namen ein. Nach dem Vorkommen in den Skalden-Kenningar war Yngvi eine Stammvaterfigur. Mit einiger Sicherheit kann ein

— allerdings schwer durchschaubarer — Zusammenhang zwischen Yngvi und Ing, dem Urvater und heros eponymos der Ingväonen angenommen werden. Auch die Erklärung des Ynglingernamens wird in dieser Vorgeschichte, die über Skandinavien hinausführt, zu suchen sein. — Erscheint in den Sitzungsberichten Bd 109, Heft 3. — Vorgelegt werden Veröffentlichungen der Herren Arthur Baumgarten, Gerhard Buchda, Johannes Erben, Johannes Leipoldt und Werner Peek. — Vgl. auch DLZ (Akademieberichte) 84. Jg, Heft 5/6, Sp. 517—519 (1963).

Öffentliche Gesamtsitzungen

23. April 1960

Ansprache des Präsidenten, Herrn Frings. — Bericht des Vizepräsidenten, Herrn Arland, über den Stand der Arbeiten der Akademie. — Vortrag des Herrn Rammler: „Veredelung der Braunkohle (Stand und Entwicklungsaussichten)". — Mit einem Braunkohlenvorrat von 25 Milliarden t gehört die DDR zwar nicht zu den Ländern mit den größten Braunkohlenvorkommen, wohl aber steht sie mit einer Braunkohlenförderung von 214 Mio. t (1958) an der Spitze der braunkohlenfördernden Länder der Welt. Die DDR ist ein fast „monoenergetischer" Staat; werden doch 85 Prozent der gesamten Primärenergie durch Braunkohle bestritten. Der Autor kennzeichnet in seinem Vortrag die Entwicklung und den Stand der Brikettierung als wichtigstes Veredelungsverfahren sowie der Schwelung, die bislang die Basis für die Beschaffung von Kraftstoffen in der DDR darstellte, die Braunkohlen-Hochtemperatur-Verkokung, die erst vor 10 Jahren entstand und die Kokslücke schließen half; ferner behandelte er die Erzeugung von „Edelenergie" (elektrischer Energie; Gas) aus Braunkohle. Die Braunkohlenförderung kann voraussichtlich allenfalls auf 350 Mio. t im Jahr erhöht werden; es ist dann um 2050 bis 2060 mit dem Ende des Braunkohlenbergbaues zu rechnen. Da der Zuwachs des Energiebedarfes schneller vor sich geht, als der notwendigen Entwicklungszeit von Atomkraftwerken großen Stiles angemessen ist, müssen auch nach 1965 noch Größtkraftwerke mit Braunkohlenfeuerung gebaut werden. Leitgedanke ist, sie vorwiegend auf Lagerstätten mit aschereichen Braunkohlen (Ballastbraunkohlen) zu setzen. Da trotz Anstrebens einer maximal möglichen Braunkohlenförderung eine Energielücke entstehen wird, schätzt man, daß in der weiteren Zukunft ein Erdölimport von mindestens 20 Mio. t notwendig sein wird, so daß der Erdölanteil 20 Prozent der gesamten Primärenergieerzeugung betragen wird. Die Schwelindustrie der DDR, die einzigartig im Weltmaßstab ist, wird dadurch einen Strukturwandel erfahren (Einsatz eines Teiles des Teeres als Heizöl). Ein weiterer Ausbau der Schwelindustrie ist nicht zu erwarten. Die Entwicklung der Braunkohlenverkokung wird mit dem Bau der Kokerei „Schwarze Pumpe" voraussichtlich ebenfalls zum Abschluß kommen. Das zukunftsträchtigste Gebiet der Kohleveredelung für die Zeit nach 1965 ist die Entwicklung der Großgaswirtschaft über die Druckvergasung. Neue Brikettfabriken werden nur noch für Veredelungszwecke, insbesondere die Gaserzeugung, gebaut werden; der Einsatz des Briketts in Hausbrand und Industrie wird rückläufig werden. Im ganzen gesehen wird das Gebiet der DDR im Laufe der nächsten Jahrzehnte ein polyenergetisches Land werden, aber noch lange wird die Braunkohle an der Spitze stehen. — Der Vortrag wird in den Sitzungsberichten der math.-nat. Klasse erscheinen. — Vgl. auch DLZ (Akademieberichte) 81. Jg, Heft 9, Sp. 847—849 (1960).

12. November 1960

Ansprache des Präsidenten, Herrn Frings. — Vortrag des Herrn Grundmann: „Formen und Wandlungen kirchlicher und weltlicher Wahlen im Mittelalter". — Ein Vergleich der kirchlichen und der weltlichen Wahlformen des Mittelalters und ihrer Wandlungen vor allem bei der Papstwahl und der deutschen Königswahl soll zeigen und verständlich machen, wie sich die ursprünglich religiös begründete Überzeugung, daß alle einmütig ihr Oberhaupt „wählen" müssen, ohne doch dabei die Wahl zwischen mehreren zu haben, umgebildet hat zur juristisch-rationalen, zählbaren Wahlentscheidung durch die Mehrheit eines bestimmten Wählerkreises. Um 996 nennt Abt Abbo von Fleury folgende Formen allgemeiner Wahlen: die des Königs durch die „concordia totius regni", des Bischofs durch die „unanimitas civium et cleri", die des Abtes durch das „sanius consilium" der Mönche. Nur diese Abtwahl war durch Benedikt von Nursia schriftlich geregelt, aber so, daß weder die Mehrheit noch auch die Einmütigkeit der Mönche ihre Wahl gültig macht, sofern sie nicht der „gesünderen Einsicht" folgt, die notfalls auch eine Minderheit oder sogar Auswärtige (nicht nur der zuständige Bischof) zur Geltung bringen soll. Das ist nur verständlich im Sinne einer „pneumatischen" Wahl, die bezeugen und anerkennen soll, wen Gott erwählt, nicht die Wähler. Ähnliches gilt für die Bischofswahl, die seit dem 12. Jh. nur noch vom Domkapitel vollzogen wird; bei dessen Zwiespalt soll wie bei der Abtwahl die „sanior pars" den Ausschlag geben. Noch das Wormser Konkordat 1122 überläßt dem König die Entscheidung darüber, später kommt sie dem weihenden Erzbischof zu, nie der bloßen Wählerzahl, obgleich die Kanonisten schon um 1200 die Majorität mit der „Saniorität" gleichsetzen. Die Papstwahl aber wollten die Kirchenreformer jeder fremden Einwirkung sei es des römischen Adels, sei es des Kaisers entziehen. Da hier kein anderer, sondern die Wahl selbst entscheiden soll, wird sie besonders geregelt, und zwar in drei Schritten jeweils erst nach den Erfahrungen eines Wahlstreits: 1059 werden die Kardinäle zu Vorwählern erklärt, denen Klerus und Volk von Rom folgen sollen; 1130 werden sie zu Alleinwählern; 1179 schließlich, nachdem Alexander III. sich in langem Schisma gegen den Kaiser und seine Gegenpäpste durchgesetzt hat, läßt er vom 3. Laterankonzil beschließen, was bis heute gilt: die Papstwahl durch zwei Drittel der Kardinäle ist unanfechtbar gültig. Hier zuerst wurde allein die Stimmenzahl entscheidend, noch ehe irgendwo sonst das Majoritätsprinzip galt. Danach erst setzt eine ähnliche Wandlung der deutschen Königswahl ein, wieder in drei Etappen jeweils nach einer zwiespältigen Wahl: Im staufisch-welfischen Thronstreit nach 1198 werden zuerst die Kurfürsten zu maßgebenden Erstwählern, denen alle andern folgen sollen, wie es der Sachsenspiegel darstellt; seit der Interregnums-Wahl 1257 werden sie Alleinwähler, die einmütig wählen sollen; erst in dem langen Wahlstreit seit 1314, in der Abwehr päpstlicher Entscheidungs- und Approbationsansprüche, wird die Königswahl durch die Kurfürsten-Mehrheit für unanfechtbar gültig erklärt, zuerst von Ludwig dem Bayern, dann vom Kurverein von Rhense, schließlich in der Goldenen Bulle Karls IV., die als Reichsgrundgesetz bis 1806 galt. Auch die neuen Orden des 13. Jhs., zuerst die Dominikaner, machten sich für alle Wahlen und Beschlüsse das Mehrheitsprinzip zu eigen; die Städte folgten ihm zumeist bei ihren Ratswahlen; den Juristen wurde es aus dem römischen Recht bekannt und geläufig. Aber nicht ihr Einfluß, nicht das juristische Denken oder theoretische Überlegungen änderten die Wahlreformen. Jeweils erst in den akuten Krisen nach strittigen Wahlen sucht man nach neuen Normen, um solchen Zwist entscheiden und künftig verhüten zu können. Auch die Königswahl übernimmt nicht, was die Papstwahl schon erreicht hatte, sondern wird erst durch eigene Nöte auf denselben Weg gedrängt in ganz ähnlichen Etappen zu einem analogen Ergebnis geführt. Vielleicht kann dieser Befund auch über die Wahlfrage hinaus zum Verständnis geschichtlicher Wandlungen helfen. — Angenommen zum Druck in den Sitzungsberichten der phil.-hist. Klasse. — Herr Keller legt die Arbeit von Dr. Rolf Klötzler „Die Konstruktion geodätischer Felder im Großen in der Variationsrechnung mehrfacher Integrale" vor. — Erschienen in den „Berichte(n)" der math.-nat. Kl. Bd 104 (1961), Heft 6. — Vgl. auch DLZ (Akademieberichte) 82. Jg, Heft 3, Sp. 279—280 (1961).

15. April 1961

Ansprache des Präsidenten, Herrn Frings. — Bericht des Sekretars der mathematisch-naturwissenschaftlichen Klasse, Herrn Neef, über den Stand der Arbeiten der Akademie. — Vortrag des Herrn Hertz: „Masse und Energie". — Die Äquivalenz von Masse und Energie bildet die Grundlage für die moderne Kernphysik, insbesondere für die Nutzbarmachung der Kernenergie. Gegenstand des Vortrages war die Entwicklung der Begriffe „Masse" und „Energie" und der dazu gehörenden Erhaltungssätze. Der Satz von der Erhaltung der Masse erscheint aus der täglichen Erfahrung für feste und flüssige Körper als selbstverständlich. Die Tatsache, daß auch gasförmige Körper Masse besitzen, wurde erst durch die Erfindung der Luftpumpe durch Otto von Guericke und die von ihm durchgeführten Versuche nachgewiesen. Das Gesetz von der Erhaltung der Masse bildet die Grundlage für die gesamte Chemie und ist stets mit äußerst großer Genauigkeit bestätigt worden. — Der Begriff der Energie hat sich erst allmählich aus dem Begriff der mechanischen Arbeit entwickelt. Solange die Reibung keine Rolle spielt, gilt in der Mechanik der Satz, daß die Summe von potentieller und kinetischer Energie konstant ist. Bei Vorgängen, bei welchen die Reibung eine Rolle spielt, geht mechanische Energie verloren, und es tritt dafür Wärme auf. Die Erkenntnis, daß die auftretende Wärme der verschwindenden mechanischen Energie genau proportional ist, führte Robert Mayer 1842 zur Aufstellung des Energieprinzips, welches durch Helmholtz in seine endgültige Form gebracht worden ist. Hierbei sind außer der rein mechanischen Energie und der Wärme auch andere Energieformen, wie z. B. elektrische und chemische Energie, in Betracht zu ziehen. — Für die Erscheinungen der Kernphysik erwiesen sich beide Erhaltungssätze als nicht mehr gültig. Bei Kernreaktionen ändert sich die gesamte Masse der Reaktionsteilnehmer, und gleichzeitig erscheint oder verschwindet Energie. — Aus der Einsteinschen Relativitätstheorie folgt, daß jede Änderung der Energie eines Körpers mit einer Änderung der Masse verknüpft ist, welche zahlenmäßig gleich ist der Energieänderung, dividiert durch das Quadrat der Lichtgeschwindigkeit. Dies führt zu der Vorstellung, daß die gesamte Masse eines Körpers auf die in ihm enthaltene Energie zurückzuführen ist. — Die beiden getrennten Erhaltungssätze für die Masse und für die Energie sind also zu einem einzigen zusammenzufassen. Dieser Erhaltungssatz erweist sich auch in der Kernphysik als streng gültig. Besonders eindrucksvolle Bestätigung der Äquivalenz von Masse und Energie bilden der Zusammenhang zwischen Massendefekten und Bindungsenergie sowie die Umwandlung von Gammaquanten in Elektronenpaare sowie die Bildung neuer Teilchen mit den modernen Beschleunigern für extrem hohe Energien. — Angenommen zum Druck in den Sitzungsberichten der math.-nat. Klasse. — Vorgelegt wird als Akademiepublikation: J. C. Poggendorff, Biographisch-literarisches Handwörterbuch der exakten Naturwissenschaften, redigiert von Prof. Dr. R. Zaunick u. Prof. Dr. Hans Salié, Bd VIIa, Teil 4: S—Z, 5. Lfg, S. 449—560: Spalteholz, Karl Werner-Stotz, Peter Christian Heinrich, Berlin 1961. — Vgl. auch DLZ (Akademieberichte) 82. Jg, Heft 9, Sp. 856—857 (1961).

18. November 1961

Ansprache des Präsidenten, Herrn Frings. — Vortrag des Herrn Edgar Lehmann: „Probleme der Atlaskartographie". — Die mittelbare Wiedergabe der Geländeformen, das Zentralproblem aller Kartographie in topographischen Karten, führte in der Atlas-Kartographie zu Darstellungen, in denen die Farben die ihnen zugedachte Rolle der Erhöhung des plastischen Effektes überspielen, weil sich ihre Wahl und Festlegung nach Höhenstufen in das Subjektive verlieren muß und sich nicht im Sinne der wissenschaftlichen Geographie an der Wahrnehmung des Räumlich-Gegenständlichen orientieren kann. Der visuellen Vortäuschung des Reliefs sind so enge Grenzen gezogen, daß auf den ausdrücklich als „physische Karten" bezeichneten Atlasblättern bis heute in einer uniformen und zugleich einseitigen Weise das topographische Element absolut beherrschend im Vordergrund steht. — An vorhandenen Kartenbeispielen und insbesondere an den Ergebnissen eines kartographischen Versuches, die Andengebiete Ekuadors in einem umfassenderen physischen Ausmaß zu erfassen, wird gezeigt, daß nur solche Karten die physischen Verhältnisse eines Erdraumes zu verwirklichen vermögen, die außer den Höhenlagen auch die Integration bestimmter Klimaelemente zu Klimatypen oder Klimacharakteren enthalten. Bei der zeichnerisch schwierigen, kartographisch-technisch aber, wie der Versuch zeigt, durchaus möglichen Vereinigung von Orographie und Klima in einer einzigen Karte handelt es sich nicht nur um einen Durchstoß durch den Kreis des Gewohnten, sondern zugleich darum, eine breitere und anschauliche Bezugsbasis für alle Objekte zu gewinnen, die einen Raum in einem übergreifenden Sinn prägen. Die großen Regionen können auf dem Grunde der Klimatypisierung eine

Charakterisierung erfahren, die die verschiedensten Deutungs- und Betrachtungsmöglichkeiten durchaus offen läßt, aber stets den Kreis eines Sachverhaltes scharf umreißt. Die kartographische Symbolik, die in einem klimatisch-orographisch gestalteten Kartenbild an die Stelle der körperlichen Realität tritt, ermöglicht es, die vielfältigen landschaftlichen Erscheinungsbilder nicht nur klarer zu erkennen, sondern in ein übergreifendes System einzuordnen. — Angenommen zum Druck in den Sitzungsberichten der phil.-hist. Klasse. — Vgl. auch DLZ (Akademieberichte) 83. Jg, Heft 11, Sp. 1037 (1962) und Forsch. u. Fortschr. 37. Jg, Heft 3, S. 76—78 (1963).

14. April 1962

Ansprache des Präsidenten, Herrn Frings. — Bericht des Sekretars der mathematisch-naturwissenschaftlichen Klasse, Herrn Neef, über den Stand der Arbeiten der Akademie. — Vortrag des Herrn Schwarz: „Die Entwicklung der Herzchirurgie und ihre heutige Bedeutung". — Die moderne Herzchirurgie ist der jüngste Zweig der Chirurgie. Ihre ersten Anfänge reichen bis zum Jahr 1896 zurück, als Ludwig Rehn zum ersten Male das Herz freilegte und eine Herzwunde mit Erfolg nähte. Eine geniale Idee war die Operation der Lungenembolie nach dem Vorschlage von Trendelenburg. Auch die Operation des Panzerherzens wurde mit Erfolg in Angriff genommen, doch konnten größere und längerdauernde Operationen am offenen Brustkorb erst nach der Erfindung der Unterdruckkammer bzw. der Überdruck- und der Intubationsnarkose mit kontrollierter Atmung ausgeführt werden. — Bis zu der Möglichkeit einer operativen Behandlung der eigentlichen Herzfehler, der angeborenen wie der erworbenen, war noch ein weiter Weg. Diagnostische und therapeutische Methoden mußten erarbeitet werden, um die notwendigen Vorbedingungen zu schaffen. Unter ihnen sei an erster Stelle der Herzkatheter erwähnt, der nicht nur eine Sondierung des Herzens, sondern auch eine Druckmessung in allen Teilen des Herzens und in der Lungenschlagader sowie die so wichtige Feststellung der Sauerstoffsättigung des Blutes in den einzelnen Herzabschnitten möglich machte. Auch konnte die Passage des Blutes durch das Herz durch Einbringung eines Röntgenkontrastmittels sichtbar und damit eine genaue Darstellung des jeweils vorhandenen Herzfehlers vorgenommen werden. Nimmt man Blutdruckmessung, Bestimmung des Herzminutenvolumens, die elektrocardiographische Untersuchung, die Herzschallschreibung, die Organisation des Blutspenderwesens und die Einführung der Penicilline und Sulfonamide hinzu, so waren die wichtigsten diagnostischen und therapeutischen Vorbedingungen erfüllt. — Wenn auch noch lange nicht alle angeborenen und auch erworbenen Herzfehler mit Erfolg operativ angegangen werden können, so seien doch der sogenannte Ductus Botalli, die Blausuchtkrankheit (Fallot) und die Isthmusstenose der Aorta sowie die Defekte der Zwischenwände der Vorkammern und Kammern hervorgehoben, die heute in der übergroßen Mehrzahl geheilt werden können, wenn auch unter Zuhilfenahme weiterer wichtiger Maßnahmen, nämlich der Unterkühlung und der Herzlungenmaschine, also der Einschaltung des extracorporalen Kreislaufes, so daß ein Operieren am offenen blutleeren, vorübergehend stillstehenden Herzen möglich geworden ist. —

Unter den erworbenen Herzfehlern nimmt die Mitralstenose, also die Verengerung der Klappe zwischen dem lk. Vorhof und der lk. Kammer, bei weitem den ersten Platz ein. Die Zahl der Mitralstenosen ist außerordentlich groß und über die Hälfte derselben einer operativen Behandlung zugänglich. Die operative Sprengung der verengerten Mitralklappe und die Wiederherstellung eines normalen Kreislaufes und normaler Druckverhältnisse innerhalb des Herzens hat die Behandlung der Herzfehler sehr wesentlich bereichert. — Ein Gebiet, dessen sich die operative Chirurgie gleichfalls angenommen hat, sind die Durchblutungsstörungen des Herzens selbst. Durch Heranführung neuer Blutquellen haben sich auch auf diesem Sektor nicht unbeträchtliche Aussichten entwickelt. — Eine Veränderung am Herzen bzw. dem Aortenbogen, die bisher operativ unangreifbar schien, waren die sogenannten Aneurysmen, Aussackungen der Herz- oder Aortenwand auf arteriosklerotischer oder luetischer Basis. Aber sogar auf diesem sehr diffizilen Gebiet kann die Chirurgie über sehr beträchtliche Erfolge berichten. Denn es gelang Sauerbruch nicht nur, ein Herzaneurysma mit Erfolg zu beseitigen, sondern de Bakey, dem amerikanischen Chirurgen, den Aortenbogen durch alloplastische Transplantate zu ersetzen. — Wenn auch im Bereich der Erkrankungen des Herzens noch manche Frage ungelöst erscheint, so gelang es doch in einer unwahrscheinlich kurzen Zeitspanne von etwa 20—25 Jahren ein Gebiet der menschlichen Pathologie Heilerfolgen zuzuführen, das bis dahin operativ unangreifbar erschien. Noch manches Hindernis, manche ungelöste Frage wird noch zu überwinden sein, aber zweifellos werden wir auch auf dem Gebiet der Herzchirurgie weiteren Fortschritten und Erfolgen entgegensehen können. — Veröffentlicht im vorliegenden Jahrbuch S. 419—32. — Vgl. auch DLZ (Akademieberichte) 83. Jg, Heft 9, Sp. 845—846 (1962) und Forsch. u. Fortschr. 36. Jg, Heft 9, S. 262—264 (1962).

17. November 1962

Ansprache des Präsidenten, Herrn Frings. — Vortrag des Herrn Hauschild: „Die indogermanischen Völker und Sprachen Kleinasiens". — Die „Alte Welt", d. h. der ehedem zusammenhängende Gesamtkomplex von Europa, Vorderasien und Nordafrika, läßt sich, physikalisch gesehen, in eine nordsüdlich gestaffelte Dreiheit aufgliedern. Im Norden und Süden lagen zwei Karggebiete, zwischen diesen aber ein breiter Streifen anlockender reicherer Länder, das sogenannte „Eurasische Geleise", ein Vorzugsraum, der stets ein begehrenswertes Ziel für viele Völker gewesen ist, sobald diese unter dem Zwange irgendwelcher Notzustände sich veranlaßt sahen, ihre bisherigen Siedlungsräume zu verlassen. — Abgesehen von Kriegsnöten, ist nun besonders das Klima, d. h. sind nachteilige Klimaschwankungen (Trocken- oder Nässeperioden) als weltgeschichtlich revolutionär sich auswirkende Faktoren zu betrachten. In vorchristlicher Zeit hat es nachweisbar wenigstens drei derartige Naturkatastrophen gegeben: die erste etwa von 2100 bis 1800, die zweite etwa von 1250 bis 800, die dritte um 400 bis 200. Wahrscheinlich aber dürfen wir eine solche auch für den Beginn des dritten Jahrtausends v. Chr. ansetzen. Diese Trocken- bzw. Nässeperioden fallen nun mit den großen indogermanischen

Völkerwanderungen zusammen, von denen im folgenden zu berichten ist. Die erwähnte Mittelzone ist zu den verschiedensten prähistorischen und historischen Zeiten immer wieder von Indogermanen überschwemmt worden, im besonderen auch das zu dieser gehörige Kleinasien (Anatolien), das ehemals einen völlig unindogermanischen Charakter trug. — Das erste indogermanische Volk, das im kleinasiatischen Bereiche auftauchte, waren die Hethiter, die um die Wende des 3. zum 2. Jahrtausend dort erschienen. Sie waren über den Kaukasus gekommen und sind von Osten her in Kleinasien eingedrungen, wo sie ein großes Reich schufen, das bis gegen 1200 v. Chr. Bestand hatte. Über ihre Geschichte wissen wir jetzt schon recht gut Bescheid — namentlich durch die Entdeckung zahlreicher Tontafelurkunden bei den deutschen Ausgrabungen in Boghazköi, der Stätte ihrer Hauptstadt. Ihre Sprache ist das ältestüberlieferte idg. Idiom, das wir kennen. Mit den Hethitern sind — offenbar gleichzeitig und auf denselben Wanderwegen — die engverwandten Stämme der Luwier und Palaier in den anatolischen Raum eingedrungen. Ihre verschiedenen Dialekte: das Hethitische, Luwische, Palaische, dazu das sog. „Hieroglyphenhethitische" fassen wir heute unter dem Begriff des hethitischen Sprachbundes zusammen. In mehr oder weniger enger Beziehung zu diesem steht auch eine ganze Anzahl im Westen gesprochener, aus viel späterer Zeit überlieferter Sprachen Kleinasiens bzw. Griechenlands: das Lykische, Lydische, Milyische, Karische und wohl auch das prägriechische, nichtägäische Sprachelement auf dem Boden Griechenlands. Sie alle gehören der Kentum-Gruppe des Indogermanischen an. — Ein anderes idg. Volk, das im 2. Jahrtausend — später als die Hethiter — ebenfalls über den Kaukasus kommend in Kleinasien einbrach, waren die Arier, die eine Satem-Sprache sprachen. Sie setzten sich als Herrenschicht über das einheimische Volk der Hurriter. Ihre bedeutendste politische Schöpfung war das Reich von Mitanni in Obermesopotamien, dessen Blüte vom 16. bis 14. Jh. währte. Sie waren Arier indischer Prägung. — Seit etwa dem 15. Jh. tauchten auch die ersten Griechen an der Westküste Anatoliens auf. Durch ihre späterhin einsetzende systematische Kolonisierung blieben sie in dauerndem Kontakte mit dem Vorderen Orient. Das Hellenentum und die griechische Sprache haben sich all die folgenden Jahrhunderte hindurch in Kleinasien zu halten vermocht, bis sie beide in der Katastrophe des griechisch-türkischen Krieges von 1920/22 dort völlig ausgemerzt wurden. — Die Zweite Trokkenperiode wirkte sich für Kleinasien noch furchtbarer aus als die endsteinzeitliche. Vereint mit illyrischen Scharen, drangen die Phryger, Thraker, Philister, Myser, Thyner und Bithyner und schließlich die Armenier in die Halbinsel und ihre Nachbargebiete ein, als Nachzügler die Treren. Sie alle kamen aus dem Westen, von der Balkanhalbinsel herüber über die Meerengen. Das Hethiterreich wurde von ihnen zerstört. — Bald darauf drangen andere idg. Stämme aus dem südrussischen Raum, ebenfalls über den Kaukasus vorstoßend, in Iran ein: die Meder und Perser. Um 1000/900 sind sie für uns zum erstenmal faßbar. Weitere idg. Völker iranischer oder thrakischer Herkunft folgten ihnen später auf den gleichen Wanderwegen: die Kimmerier und Skythen. Nachdem die medischen Stämme von Kyaxares zu einem Reich vereinigt worden waren und die Meder das Assyrische Reich vernichtet hatten, griffen sie auch nach Kleinasien über. Aber ihre Herrschaft hatte keinen langen Bestand. Die engverwandten Perser traten an ihre Stelle. Diesen gelang es, alle Länder Anatoliens zu erobern und auch Babylonien und Ägypten unter ihr Zepter zu beugen. Bekanntlich wurde das Reich der Achämeniden durch Alexander von Makedonien zerstört, der dessen Tradition übernahm. Wenig wissen wir von der medischen Sprache, von der der alten Perser zeugen die stolzen Keilinschriften ihrer Könige. — Als am Ende der Diadochenzeit das Pergamenische Reich i. J. 133 v. Chr. an die Römer fiel, faßten diese in Kleinasien Fuß. Anatolien wurde schließlich ein Teil des Imperium Romanum und teilte dessen Schicksal. Vor der Stabilisierung der Verhältnisse durch die Römer aber wurde die Halbinsel nochmals durch den Einbruch eines idg. Volkes aufs schwerste beunruhigt: durch die Kelten. Während der letzten der erwähnten vorchristlichen Trockenperiode (um 400) war dieses Volk in Bewegung geraten. Ein Teil von ihnen, die Galater genannt, schob sich, dem Laufe der Donau folgend, nach Osten vor und überflutete seit 278/277 Kleinasien, durch ihre Tapferkeit und mit ihren Raubzügen überall Angst und Schrecken verbreitend. Sie wurden schließlich in Phrygien angesiedelt, ihr Reich späterhin zur römischen Provinz erklärt. Ihre keltische Sprache hielt sich dort bis ins 4. Jh. n. Chr. — Die letzten Indogermanen, die Kleinasien bedrohten, waren die Germanen, namentlich die Ostgoten. Diese waren ehedem unter den Folgen einer anhaltenden Nässeperiode aus Schweden nach Deutschland übergesetzt und im 2. Jh. an das Schwarze Meer weitergezogen. Von dort aus unternahmen sie zu Schiffe wie zu Lande räuberische Einfälle in das Imperium Romanum, namentlich nach Kleinasien. Manche dieser germanischen Scharen haben auch den Versuch gemacht, sich in Anatolien anzusiedeln. Meist sind diese Versuche gescheitert, nur wenige sind gelungen. Aber wir hören von verschiedenen zwangsweisen Ansiedlungen zahlreicher kriegsgefangener Goten in Phrygien durch die römischen Kaiser. In den Jahren 399/400 empörten diese sich sogar in einem Aufstand und vernichteten die Landschaften Phrygien, Pisidien und Pamphylien. Was ist aus ihnen geworden? Ihre Sprache soll noch im 5. Jh. neben dem Phrygischen bestanden haben, dann ist sie erloschen, ihre Träger in Kleinasien selbst sind von der Bildfläche verschwunden — wie alle Indogermanen, die jemals den Boden der Halbinsel betreten haben. Darin besteht eben die Tragik des kleinasiatischen Indogermanentums: in diesem Schmelztiegel sind sie alle zugrunde gegangen, die einen früher, die anderen später, zuletzt die Griechen und die Armenier, die größtenteils den Massakern der Türken zum Opfer fielen. — Erscheint in den Sitzungsberichten der phil.-hist. Klasse. Bd 109, Heft 1. — Vgl. auch DLZ (Akademieberichte) 84. Jg, Heft 3, Sp. 279—280 (1963) und Forsch. u. Fortschr. 37. Jg, Heft 4, S. 111—113 (1963).

Aus einigen Protokollen der Plenarsitzungen

25. Januar 1960

Herr Morenz legt eine Arbeit von Dr. Dieter Müller „Ägypten und die griechischen Isis-Aretalogien“ vor, die zum Druck in den Abhandlungen der phil.-hist. Klasse angenommen wird. — Erschienen in Bd 53 (1961), Heft 1.

Herr Frings legt eine Arbeit von Dr. Claus Jürgen Hutterer „Geschichte der ungarndeutschen Mundartforschung“ vor, die zum Druck in den „Berichte(n)“ der phil.-hist. Klasse angenommen wird. — Erschienen in Bd 106 (1960), Heft 1.

16. Mai 1960

Herr Frings legt eine Arbeit von Dr. Helmut Protze „Das Wort ‚Markt‘ in den mitteldeutschen Mundarten“ vor, die zum Druck in den „Berichte(n)“ der phil.-hist. Klasse angenommen wird. — Erschienen in Bd 106 (1961), Heft 2.

Herr Eißfeldt legt eine Arbeit von Dr. Otto Podczeck „August Hermann Franckes Schrift über eine Reform des Erziehungs- und Bildungswesens als Ausgangspunkt einer geistlichen und sozialen Neuordnung der Evangelischen Kirche des 18. Jahrhunderts — Der Große Aufsatz“ vor, die zum Drucke in den Abhandlungen der phil.-hist. Klasse angenommen wird. — Erschienen in Bd 53 (1962), Heft 3.

12. November 1960

Herr Keller legt eine Arbeit von Dr. Rolf Klötzler „Die Konstruktion geodätischer Felder im Großen in der Variationsrechnung mehrfacher Integrale“ vor, die zum Druck in den „Berichte(n)“ der math.-nat. Klasse angenommen wird. — Erschienen in Bd 104 (1961), Heft 6.

5. Dezember 1960

Wahl der Herren Professoren Dr. Walter Brednow, Jena, Dr. Cuno Hoffmeister, Sonneberg (Thür.), Dr. Maximilian Klinkowski, Aschersleben, Dr. Wilhelm Maier, Jena, Dr. Georg Merrem, Leipzig, Dr. Gustav E. R. Schulze, Dresden, Dr. Leopold Wolf, Leipzig, zu ordentlichen Mitgliedern der mathematisch-naturwissenschaftlichen Klasse, der Frau Professor Dr. Lieselotte Blumenthal, Weimar, zum ordentlichen Mitglied der philologisch-historischen Klasse, der Herren Professoren Dr. Albert Egges van Giffen, Groningen, Dr. Kazimierz Michałowski, Warszawa, zu korrespondierenden Mitgliedern der philologisch-historischen Klasse.

13. Februar 1961

Herr Baetke legt eine Arbeit von Dr. Dr. Kurt Rudolph „Die Religionsgeschichte an der Leipziger Universität und die Entwicklung der Religionswissenschaft“ vor, die zum Druck in den Sitzungsberichten der phil.-hist. Klasse angenommen wird. — Erschienen in Bd 107 (1962), Heft 1.

19. Juni 1961

Wahl des Herrn Professor Dr. Erich Lange, Erlangen, zum korrespondierenden Mitglied der mathematisch-naturwissenschaftlichen Klasse.

18. November 1961

Die Herren Fischer und Frings legen eine Arbeit von Dr. Helmut Schönfeld „Slawische Wörter in den deutschen Mundarten östlich der unteren Saale“ vor, die zum Druck in den Sitzungsberichten der phil.-hist. Klasse angenommen wird. — Erschienen in Bd 108 (1963), Heft 1.

11. Dezember 1961

Wahl der Herren Professoren Dr. Rolf Emmrich, Leipzig, Dr. Manfred Gersch, Jena, zu ordentlichen Mitgliedern der mathematisch-naturwissenschaftlichen Klasse, der Herren Professoren Dr. Walter Hentschel, Dresden, Dr. Johannes Jahn, Leipzig, zu ordentlichen Mitgliedern der philologisch-historischen Klasse, des Herrn Professor Dr. Johannes Erben, Berlin, zum korrespondierenden Mitglied der philologisch-historischen Klasse.

14. Mai 1962

Herr Frings legt eine Arbeit „Sprachsoziologische Studien in Thüringen“ mit Beiträgen von Dr. Heinz Rosenkranz „Der Sprachwandel des Industrie-Zeitalters im Thüringer Sprachraum“ und Dr. Karl Spangenberg „Tendenzen volkssprachlicher Entwicklung in Thüringen. Studien zur Sprachschichtung“ vor, die zum Druck in den Sitzungsberichten der phil.-hist. Klasse angenommen wird. — Erschienen in Bd 108 (1963), Heft 3.

Herr Fück legt eine Arbeit von Dr. Helga Brentjes „Die Imamatslehren im Islam nach der Darstellung des Asch'ari“ vor, die zum Druck in den Abhandlungen der phil.-hist. Klasse angenommen wird. — Erscheint in Bd. 54, Heft 5.

Herr Hempel legt eine Arbeit von Dr. Bernhard Geyer „Alt-Dresdens planmäßige Gestaltung auf Grund der Bauordnungen (bis 1830)“ vor, die zum Druck in den Abhandlungen der phil.-hist. Klasse angenommen wird. — Erscheint in Bd 51, Heft 2.

18. Juni 1962

Herr Peek legte eine Arbeit von Dr. Joachim Ebert „Zum Pentathlon der Antike“ vor, die zum Druck in den Abhandlungen der phil.-hist. Klasse angenommen wird. — Erschienen in Bd 56 (1963), Heft 1.

15. Oktober 1962

Herr Keller legt eine Arbeit von Dr. Erich Schincke „Stetige schallnahe Potentialströmungen um eine Familie symmetrischer Profile mit abgerundeter Nase und ihre Grenzlinieneigenschaften“ vor, die zum Druck in den Sitzungsberichten der math.-nat. Klasse angenommen wird. — Erschienen in Bd 105 (1963), Heft 3.

Herr Frings legt eine Arbeit von Dr. Rudolf Große „Die mitteldeutsch-niederdeutschen Handschriften des Schwabenspiegels in seiner Kurzform“ vor, die zum

Druck in den Abhandlungen der phil.-hist. Klasse angenommen wird. — Erscheint in Bd 56, Heft 4.

Herr Zucker legt eine Arbeit von Dr. Detlef Lotze „Lysander und der Peloponnesische Krieg" vor, die zum Druck in den Abhandlungen der phil.-hist. Klasse angenommen wird. — Erscheint in Bd 57, Heft 1.

10. Dezember 1962

Wahl der Herren Professoren Dr. Bohuslav Havránek, Prag, Dr. Dr. Herbert Petschow, München und Leipzig, zu korrespondierenden Mitgliedern der philologisch-historischen Klasse.

Herr Buchheim legt eine Arbeit von Dipl.-Geophys. Peter Nitzsche „Zur Theorie der Geoisothermen-Verschiebung in der Umgebung von heißen Intrusivkörpern" vor, die zum Druck in den Abhandlungen der math.-nat. Klasse angenommen wird. — Erscheint in Bd 48, Heft 3.

BERICHTE
ÜBER DIE ARBEITEN DER AKADEMIE

Mathematisch-naturwissenschaftliche Klasse

J. C. Poggendorff, Biographisch-literarisches Handwörterbuch der exakten Naturwissenschaften

Der „Poggendorff" kann auf ein volles Jahrhundert zurückblicken. Im August 1863 wurden die beiden ersten Bände von J. C. Poggendorff selbst abgeschlossen. Seit 1912, also seit 50 Jahren, wird das inzwischen allgemein anerkannte Werk von der Sächsischen Akademie der Wissenschaften herausgegeben. Prof. Dr. Hans Salié, der seit Wiederaufnahme der Arbeiten nach dem zweiten Weltkriege im Jahre 1949 mit dem Poggendorff verbunden ist und seit 1956 die Leipziger Redaktion leitet, hat über die Geschichte des Werkes in „Forschungen und Fortschritte" berichtet.[1] Freilich lag ein zweiter, recht erfreulicher Anlaß zu einem solchen Bericht insofern vor, als 1962 der erste Teil der VII. Bearbeitung mit der Schlußlieferung ausgedruckt vorlag. Dieser Teil, als VIIa bezeichnet, enthält die deutschsprachigen Gelehrten. Er schließt ab mit den Quellennachweisungen, und die Tatsache, daß allein 7500 Zeitschriften und sonstige Werke verzeichnet sind, die der Bearbeitung des Bandes zugrunde gelegt worden sind, bezeugt, welch gewaltige Arbeitsleistung vollbracht werden mußte, um der internationalen Wissenschaft dieses unentbehrliche Hilfsmittel zur Geschichte der Naturwissenschaften neu darbieten zu können. Herr Prof. Dr. Rudolph Zaunick in Halle, der verdienstvolle Leiter der Poggendorff-Redaktion bis zum Jahre 1955, hat es übernommen, zudem in einem Supplementband zu VIIa, etwa 800 deutsche, historisch bedeutsame Gelehrte früherer Zeiten gesondert darzustellen.

Es ist ein selbstverständliche Verpflichtung der Mathematisch-naturwissenschaftlichen Klasse der Sächsischen Akademie der Wissenschaften, allen Mitarbeitern an diesem umfangreichen Werk, dessen Bearbeitung viel Mühe und peinlichste Sorgfalt erfordert, den Dank für die geleistete Arbeit auszusprechen.

Inzwischen hat die Poggendorff-Redaktion in Leipzig unter Herrn Prof. Dr. Salié die Bearbeitung des Teiles VIIb, der die fremdsprachigen Gelehrten bringen wird, zügig in Angriff genommen. Eine gewisse Erleichterung der Arbeit ist in der Berichtszeit dadurch eingetreten, daß die Universitätsbibliothek Leipzig unter ihrem Direktor Prof. Dr. Johannes Müller der Poggendorff-Redaktion dankenswerterweise geeignetere Räume zur Verfügung gestellt hat.

Es ist für die Sächsische Akademie der Wissenschaften zu Leipzig aber auch eine Verpflichtung, rechtzeitig für die Weiterführung des „Poggendorff" Vorsorge zu treffen. Die reichen und durchaus nicht immer erfreulichen Erfahrungen, die die VII. Bearbeitung erbracht hat, zeigen eindringlich, daß mit dem Anschwellen der wissen-

[1] Ein Standardwerk zur Geschichte der Naturwissenschaften — Hundert Jahre Poggendorff: FuF *37* (1963) 202—205.

schaftlichen Literatur und der Zahl der Gelehrten gerade in den Naturwissenschaften, aber auch mit der weltweiten Steigerung des Interesses an wissenschaftsgeschichtlichen Arbeiten die Bearbeitung in der bisherigen Form so umfangreich und zeitraubend würde, daß in vertretbarer Zeit keine geschlossene Veröffentlichung mehr erfolgen könnte. Die VII. Bearbeitung des „Poggendorff" wird also die letzte in der gewohnten Form sein müssen. Die Mathematisch-naturwissenschaftliche Klasse der Sächsischen Akademie hat daher die Vorschläge von Herrn Prof. Dr. Salié in den Grundzügen angenommen, die darauf abzielen, spätere Bearbeitungen nach den einzelnen Fachgebieten getrennt vorzunehmen. Dadurch würde es möglich sein, in sich abgeschlossene Teilbearbeitungen vorzulegen und zugleich allzu große Verzögerungen zu vermeiden. Schon in den kommenden Jahren wird die Leipziger Redaktion neben der Bearbeitung des Teiles VIIb auch dieser Neugestaltung ihre besondere Aufmerksamkeit widmen.

Poggendorff-Kommission
Der Vorsitzende
Ernst Neef

Düngung der Pflanzen

Nachdem das tageszeitliche Verhalten verschieden mit Stickstoff versorgter Haferpflanzen in der Transpiration und in der Wasserbilanz eine eingehende Klärung erfahren hatte, galt es nunmehr den Einfluß der *Photoperiode* auf Wachstum und Entwicklung einem eingehenden Studium zu unterziehen. Die Beobachtung des Entwicklungsablaufes der verschieden mit Stickstoff versorgten Pflanzen erfolgte an Hand der Wachstumsvorgänge am Sproßvegetationspunkt.

Im einzelnen ergab sich, daß während des Wachstums unterschiedlich gebotene Tageslänge den Zeitpunkt des Überganges von der vegetativen in die reproduktive Phase der Entwicklung in entscheidendem Maße beeinflußt. Die Umstimmung des vegetativen Meristems am Sproßpol in das reproduktive erfolgt etwa bei 4-Blattpflanzen, sofern die Tageslänge 13 bis 14 Stunden beträgt. Sie tritt früher ein, wenn die Tageslänge zunimmt. Des weiteren verläuft die Entwicklung bei Stickstoffmangel im Vergleich zu „optimaler" Stickstoffversorgung mit zunehmender Tageslänge erheblich beschleunigt. Durch Tageslicht mit relativ viel Blaulicht erfährt die Transpiration in der reproduktiven Phase bei Stickstoffmangel eine Zunahme, was auf gesteigerten Stickstoffbedarf schließen läßt. Pflanzen, die zu Beginn der reproduktiven Entwicklung bei der ihnen gebotenen Stickstoffernährung unter dem Einfluß von Blaulicht niedrige Transpiration erkennen ließen, bewährten sich auch unter natürlichen Bedingungen und lieferten höchste Erträge. Während des Wachstums zeichneten sie sich durch größte Produktivität der Eiweißsynthese aus. Mit fortschreitender Jahreszeit bildeten sie die größten Blattspreiten aus, wobei intensivstes Spreitenwachstum von niedriger Zellsaftkonzentration nicht nur der neu entfalteten Blätter, sondern auch der Gesamtpflanze begleitet war. Im Zusammenhang mit dem bei Stickstoffmangel gehemmten Wachstum ergab sich hohe Zellsaftkonzentration der Gesamtpflanze.

Optimal mit Stickstoff ernährte Haferpflanzen akkumulieren unter extremen Bedingungen (Mittagslicht) im Vakuolensaft in hohem Maße Zucker, den sie nachts ableiten, was mit der Wasseraufnahme in Zusammenhang steht. Stickstoffmangelpflanzen sind nicht in der Lage ihre osmotischen Werte durch aktive Akkumulation im Mittagslicht zu erhöhen, was dazu führt, daß sie im Vergleich zu optimal mit Stickstoff versorgten Individuen unter extremen Bedingungen relativ niedrige osmotische Werte aufweisen. Nach Neusättigung in der Nacht sind die osmotischen Werte der Mangelpflanzen im Vergleich zu optimal mit Stickstoff ernährten Pflanzen hoch.

Optimale Stickstoffversorgung zu Beginn des Überganges von der vegetativen in die reproduktive Phase der Entwicklung wirkte sich hinsichtlich des Ertrages auch durch die Anzahl der angelegten Ährchen in der Rispe entscheidend aus. Während bei Stickstoffmangel nur 8 Ährchen je Rispe angelegt wurden, waren es bei optimaler Stickstoffversorgung 28. Stickstoffmangel führte außerdem zu hohem Besatz mit tauben Früchten.

Als Ursache der Wachstumshemmung und des frühen Alterns der mangelhaft mit Stickstoff versorgten Individuen scheint ein Lichtschädigungsfaktor in Frage zu kommen, der den Stoffwechsel der Wurzeln und damit den Wasser- und Stofftransport hemmt, wodurch der Ertrag eine Begrenzung erfährt. Optimal mit Stickstoff versorgte Pflanzen sind in der Lage, sich an wechselnde Umweltbedingungen besser anzupassen. Sie regulieren ihren Wasserhaushalt aktiv und schränken dabei die Transpiration ein, was auf eine plasmatische Komponente der pflanzlichen Transpiration schließen läßt.

Anton Arland

Laboratorium für Alternsforschung

Unsere Untersuchungen über die Biomorphose der menschlichen und tierischen Organe wurden ausgedehnt auf die menschlichen Herzklappen und auf die Augenlinsen.

a) Die chemischen Lebenswandlungen des menschlichen Herzklappengewebes

Die Studien an Herzklappen wurden deshalb durchgeführt, weil der Klappenapparat in neuester Zeit chirurgisch-therapeutischen Eingriffen zugänglich geworden und hierfür die Kenntnis seiner Biomorphose von erheblicher Bedeutung ist.

Die Struktur der Herzklappen besteht aus einem Gewebe besonderer Art. Es läßt sich nicht in das von mir geschaffene System der bradytrophen Gewebe einordnen, welche gegenüber den „tachytrophen Geweben“ vermindert Sauerstoff aufnehmen und mit Wasser nur per diffusionem versorgt werden. Während die unvorbehandelten bradytrophen Gewebe im Laufe des Lebens sich durch „Austrocknung“ an Stickstoff und Eiweiß anreichern, was der wesentliche Ausdruck ihrer Biomorphose ist, verarmen die Klappen im Laufe des Lebens an Stickstoff (bezogen auf die gefriergetrocknete Klappensubstanz), und der Wassergehalt der Herzklappen schwankt während des ganzen Lebens, im Gegensatz zum bradytrophen Rippenknorpel, nur wenig um 82% herum.

Diese Tatsache des abnehmenden Stickstoffgehaltes ist nur dadurch zu erklären, daß die eiweißhaltigen Substanzen der Klappen im Laufe des Lebens durch Einlagerung eiweißarmer Produkte „verdünnt" werden. Den Charakter dieser Verdünnungsprodukte haben wir durch die Bestimmung der Hexosamine, der gesamtreduzierenden Substanzen, der Mukopolysaccharide, des Gesamtlipoids, der kollagenen Substanzen und der Mineralien Kalium, Natrium und Kalzium in den Herzklappen verfolgt, wobei sich ergab, daß deren Gehalt an Aminozucker, Gesamtlipoid, Kollagen und Elastin sowie an Kalzium von der Lebensmitte an ständig ansteigt.

Aus diesen Untersuchungen ergibt sich, daß die Herzklappen bei der Einteilung in tachytrophe und bradytrophe Gewebe weder in die eine noch in die andere Klasse gehören. Da sie dauernd im Blut flottieren und von daher trotz fehlender Kapillarisierung dauernd mit Sauerstoff und Wasser versorgt werden, können sie schon aus diesem Grunde nicht zu den bradytrophen Geweben gerechnet werden, deren Charakteristikum ist, daß sie während des Lebens zunehmend an Sauerstoff- und Wassersnot leiden. Der Klappenapparat ist ein Gewebe eigener Art und beansprucht daher ein eigenes biologisches Interesse.

b) Funktion und Struktur der Augenlinsen

Besonders eindrucksvoll lassen sich die Beziehungen zwischen Funktion und Struktur am menschlichen und tierischen Auge feststellen. Während alle übrigen Organe des Menschen und der Tiere infolge der Wandlungen an den Grundhäutchen der Kapillaren und ihrer zunehmenden Filterdichte abnehmen und schrumpfen, ist die Linse des Menschen und der Säugetiere das einzige Organ, das während des Lebens zunimmt. Dies wurde von uns eindeutig an einem Material von 194 Pferdelinsen nachgewiesen. Pferdelinsen wurden aus dem Grunde gewählt, weil hier ausreichendes Material zur Verfügung stand und an den Pferden eine sichere Altersbestimmung durchzuführen ist.

Wie alle anderen Organe ist auch die Linde der „Biomorphose" unterworfen. Unsere Bemühungen gingen dahin, die chemischen Wandlungen der Säugetierlinsen während des Lebens der Linsenträger und in der Richtung der Funktion und Struktur festzulegen und zwar mit physikalischen und mit chemischen Methoden. Diese Untersuchungen erstreckten sich

1. auf die Linsengewichte in frischem und gefriergetrocknetem Zustand in Abhängigkeit vom Alter, auf den Gesamtfeuchtigkeitsgehalt und die Geschwindigkeit der Wasserabgabe bei der Gefriertrocknung in Abhängigkeit vom Alter
2. Auf das spezifische Gewicht der frischen Linsen
3. Auf die Wiederlöslichkeit (Resolution) der gefriergetrockneten Linsensubstanz in Wasser
4. Auf die Ultraviolettabsorption der frischen Linsensubstanz in dünner Schicht.

Bei der chemischen Aufschlüsselung der gefriergetrockneten Linsensubstanz wurde ihr Gehalt an Gesamtlipoiden, Cholesterin, Mukopolysacchariden und Skleroproteiden (Elastin und Kollagen) sowie an den Mineralien Kalium, Natrium und Kalzium bestimmt. Auch bei diesen Untersuchungen ergaben sich charakteristische biomorphotische Wandlungen in der chemischen Zusammensetzung der Linsensubstanz, wobei besonders das fast völlige Fehlen von Kalzium und der zwar mit dem kalendarischen Alter der Linsenspender ansteigende, im ganzen aber auffällig geringe Gehalt an Skleroproteiden hervorzuheben ist. Max Bürger

Versuche zur Verbesserung der Synthese von Phenylchromverbindungen

Untersuchungen über den Bildungsmechanismus der Chromorganoverbindungen und Studium ihrer Reaktionsweisen

Im Rahmen der bisherigen Untersuchungen interessierte auch das Verhalten des Bis-diphenyl-chromhydroxyds zu Cyaniden bzw. Blausäure. Wird das Bis-diphenyl-Chrom(I)hydroxyd in wäßrigem oder wäßrig-methanolischem Medium mit Alkalicyaniden zur Reaktion gebracht, dann resultiert neben einer rotorangefarbigen, cyanidhaltigen chromorganischen Verbindung immer eine ätherlösliche, stickstofffreie Organochromverbindung, die mit Bisdiphenyl-Chrom(0) identisch ist.

Zur Klärung des Bildungsmechanismus der Nullverbindung wurde das Bis-diphenyl-Chrom(I)hydroxyd in mehreren Lösungsmitteln unter verschiedenen Reaktionsbedingungen mit Blausäure umgesetzt. Es bildete sich auch hierbei Bis-diphenyl-Chrom(0) neben einer cyanidhaltigen rotorangen Substanz, die wechselnde Analysenwerte zeigte.

Eine Reduktion des primär entstandenen noch hypothetischen Bis-diphenyl-Chrom(I)cyanides zum Bis-diphenyl-Chrom(0) unter Abspaltung von Dicyan konnte ausgeschlossen werden, da auch in größeren Reaktionsansätzen (ausgehend von 8 g Bis-diphenyl-Chrom(I)hydroxyd) kein Dicyan nachgewiesen werden konnte. Gegen einen Bildungsverlauf der Nullverbindung nach

$$2[(C_6H_5-C_6H_5)_2Cr]CN \rightarrow (CN)_2 + 2[(C_6H_5-C_6H_5)_2Cr]$$

spricht auch die Isolierung einer höherwertigen cyanidhaltigen Chromverbindung und das Auftreten von Diphenyl in den Reaktionslösungen. All diese Befunde deuten auf eine Disproportionierung des primär entstehenden Bis-diphenyl-Chrom-(I)-cyanides hin.

Bei der Umsetzung von Bis-diphenyl-Chrom(0) mit Dicyan gelang es nicht, das erwartete Bis-diphenyl-Chrom(I)-cyanid zu isolieren. Diese Reaktion läuft nach allem komplizierter ab, was unter anderem durch die Isolierung einer stickstoffreicheren Substanz (Cr:N = 1:5) gezeigt werden konnte.

Wird das Bis-diphenyl-Chrom(0) mit $Hg(CN)_2$ in Tetrahydrofuran (THF) zur Reaktion gebracht, dann erfolgt weder eine Umsetzung nach $2[(C_6H_5 - C_6H_5)_2Cr) + Hg(CN)_2 \rightarrow Hg + 2(C_6H_5 - C_6H_5)_2CrCN$ noch nach $2[(C_6H_5 - C_6H_5)_2Cr] +$

$+ 2Hg(CN)_2 \rightarrow Hg + [(C_6H_5 - C_6H_5)_2Cr]_2[Hg(CN)_4]$. Es konnte aber, wenn diese Ausgangsstoffe im Verhältnis Bis-diphenyl-Chrom(0):$Hg(CN)_2 = 1:1{,}5$ in THF bei Temperaturen zwischen $-10°$ und 0°C zur Reaktion gebracht wurden, eine eidotterfarbige flockige Substanz der anlytischen Zusammensetzung $2(C_6H_5 - - C_6H_5)_2Cr \cdot 3Hg(CN)_2$ isoliert werden. Aus dem chemischen Verhalten und auf Grund des gemessenen magnetischen Moments von $u_{eff.} = 1{,}83$ B. M. mußte gefolgert werden, daß ein Addukt von Di-Bis-diphenyl-Chrom(I)-tetracyanodimercurat(I) mit Quecksilber (II)-cyanid vorliegt.

Dieser „Primärkomplex" geht in den meisten organischen Lösungsmitteln unter Quecksilberabspaltung in eine orangerote kristalline Substanz über, die mit dem Bis-diphenyl-Chrom-I-tricyanomercurat(II) identisch ist. Die ermittelte Menge des abgespaltenen Quecksilbers macht folgenden Reaktionsweg wahrscheinlich:

$$2[(C_6H_5 - C_6H_5)_2Cr] + 3Hg(CN)_2$$
$$\downarrow \text{THF}$$
$$[(C_6H_5 - C_6H_5)_2Cr]_2[Hg_2(CN)_4] \cdot Hg(CN)_2$$
$$\downarrow \begin{matrix} CH_3OH \\ (Pyr) \end{matrix} \quad -Hg$$
$$2[(C_6H_5 - C_6H_5)_2Cr]CN \cdot Hg(CN)_2.$$

Verhalten der Aromatenchrom(O)-Komplexe zu Sauerstoff

Bei Umsetzung von $(C_6H_5 - C_6H_5)_2Cr$ mit Sauerstoff in trockenen unpolaren Lösungsmitteln konnte keine Reaktion nach $4(C_6H_5 - C_6H_5)_2Cr + O_2 \rightarrow 2[(C_6H_5)_2Cr]_2O$ beobachtet werden. Die Autoxydation des Bis-diphenyl-Chrom(0) verläuft offenbar weiter zu höheren Wertigkeitsstufen des Chroms unter Abspaltung von Diphenyl.

Wird das Bis-diphenyl-Chrom(0) ohne Lösungsmittel unter Feuchtigkeitsausschluß mit reinem O_2 bei Zimmertemperatur autoxydiert, so tritt nach einer Verzögerung von etwa 2—4 Stunden unter Dunkelfärbung der Substanz Aufnahme von O_2 ein, die etwa bei einem Molverhältnis $(C_6H_5 - C_6H_4)_2Cr:O_2 = 1:0{,}5$ zur spontanen Verbrennung des überschüssigen Chromaromaten(0)-Komplexes auch bei tieferen Temperaturen (0 °C) führt.

Wenn die Autoxydation vor der spontanen Entzündung abgebrochen und das überschüssige Bis-diphenyl-Chrom(0) sowie das abgespaltene Diphenyl abgetrennt werden, dann kann eine pyrophore, goldolivfarbige bis dunkelbronzefarbige Substanz isoliert werden, die wechselnde Analysenwerte zeigt und bisher noch nicht einheitlich dargestellt werden konnte.

Durch Anwendung von trockenem Sauerstoff, der mit Argon verdünnt wurde, gelang es, die Autoxydation ohne spontane Verbrennung durchzuführen. Es war dadurch möglich, größere Substanzmengen zu autoxydieren und Zwischenprodukte der Autoxydation zu fassen. Man konnte auf diesem Wege auch die Sauerstoffaufnahme bis zur Totaloxydation des Aromaten(0)-Komplexes verfolgen. Die Ergebnisse deuten darauf hin, daß ein Mol Bis-diphenyl-Chrom(0) 3 Mole O_2 aufnimmt.

Verhalten von 3 LiC_6H_5 . $Cr(C_6H_5)_3$ · 2,5 Ae zu $LiAlH_4$[1]

Wird die Verbindung 3 $LiC_6H_5 \cdot Cr(C_6H_5)_3 \cdot$ 2,5 Ae[2] mit siedendem Diäthyläther unter Schutzgas in eine konzentrierte ätherische Lithiumalanat-Lösung (auf 1 Mol der Organochromverbindung mehr als 10 Mol $LiAlH_4$) extrahiert, so entsteht im Gegensatz zur H_2-Einwirkung ein ockerfarbener, sehr feindisperser Niederschlag, während die Reaktionsmutterlauge bei den meisten Umsetzungen praktisch farblos bleibt und kein Chrom gelöst enthält. Der Niederschlag ist in Diäthyläther, Benzol und n-Hexan auch bei höherer Temperatur vollkommen löslich, wird von Wasser und Alkohol unter heftiger Gasentwicklung total zersetzt und von Tetrahydrofuran, Dioxan, Dimethylglykoläther etc. schon bei Zimmertemperatur wesentlich verändert. Eine Reinigung des Rohproduktes, das extrem luft- und feuchtigkeitsempfindlich ist (pyrophor!), war nur durch gründliches Auswaschen mit siedendem Diäthyläther möglich. Thermisch ist die Substanz auch bei erhöhter Temperatur noch beständig, zersetzt sich aber oberhalb 75 °C merklich und bei weiterer Temperatursteigerung mit ziemlicher Geschwindigkeit unter Gasentwicklung, wobei ein tiefschwarzes, feines Pulver zurückbleibt. Derselbe Zerfall scheint langsam auch bei Zimmertemperatur im Verlauf mehrerer Monate zu erfolgen.

Die analytische Untersuchung ergab ein mittleres Atomverhältnis

$$Cr:Al:Li:H = 1:2,8:5,8:16,7$$

und einen Rest von etwa 13%, nach dem Ergebnis der thermischen Spaltung wahrscheinlich Solvatäther im Verhältnis Cr: Ae = 3:1.

Die im 3 $LiC_6H_5 \cdot Cr(C_6H_5)_3 \cdot$ 2,5 Ae enthaltenen Phenylgruppen müssen nach der Reaktion in der Mutterlauge in metallorganisch gebundener Form vorliegen, da man erst nach Hydrolyse derselben Benzol nachweisen kann, während dieses weder als Hydrolysenprodukt des Reaktionsniederschlages noch direkt in der Mutterlauge zu finden war.

Es hat sich in verschiedenen Ansätzen gezeigt, daß die obige Reaktion unter den angeführten Bedingungen, die in einigen Grenzen verändert werden können, zu reproduzierbaren Ergebnissen führt, was besonders durch die relativ gute Übereinstimmung der analytischen Werte aus vier Präparationen sowie durch andere Beobachtungen belegt werden kann. Nach der statischen magnetischen Messung an der frisch präparierten Substanz ergibt sich ein magnetisches Moment nahe dem Wert für ein ungepaartes Elektron (1,97 und 1,93 B. M.).

Es muß nach allem angenommen werden, daß dem Reaktionsniederschlag die Bruttoformel

$$Li_6CrAl_3H_{16} \cdot 1/3\ Ae$$

zukommt und er vermutlich ein komplexes Chrom(I)-hydrid enthält. Es erschien interessant, die Einwirkung dieses reaktionsfreudigen Hydrides auf eine Substanz zu testen, die von $LiAlH_4$ nicht bzw. nur sehr langsam angegriffen wird. Als solche kam das Azobenzol in Frage, das der Reduktion mit $LiAlH_4$ einen ziemlich großen Widerstand entgegensetzt. Läßt man dieses in ätherischer Lösung auf die in Äther suspendierte Chromverbindung einwirken, so erfolgt schon bei Zimmertemperatur momentan die Umwandlung in ein schwarzes Produkt, und unter den Reaktionsprodukten ist Anilin nachzuweisen.

Wird das Substrat mit einer ätherischen Lösung von Phenyllithium — dargestellt aus Diphenylquecksilber und metallischem Lithium — bei Zimmertemperatur mehrere Tage geschüttelt und danach noch einige Zeit am Rückfluß gekocht, so scheidet sich aus dem Filtrat der Reaktionsmischung ein goldgelbes Öl ab, das nach längerer Zeit in farblose Kristalle übergeht, welche im qualitativen Verhalten der von G. Wittig und O. Bub beschriebenen Verbindung $Li[Al(C_6H_5)_3H]$ entsprechen[3].

Das Chrom bleibt im schwarzen Niederschlag zurück, und für das Entstehen von $Li_3Cr(C_6H_5)_6$ oder anderen Chromphenylverbindungen (bzw. -hydriden) ergaben sich keine Hinweise.

Literatur

[1] Fr. Hein und E. Brink, Monatsber. Dtsch. Akad. Wiss. Berlin *4*, 209 (1962).
[2] Fr. Hein und R. Weiss, Z. anorg. Ch. *295*, 145 (1958).
[3] G. Wittig und O. Bub, Ann *566*, 133 (1950).

Franz Hein

Erweiterte Regional-Bibliographie von Mitteldeutschland

Über die Zielsetzung der „Erweiterten Regionalbibliographie von Mitteldeutschland" ist im letzten Jahrbuch berichtet worden. Im Berichtszeitraum ist die Zusammenstellung der bibliographischen Hilfsmittel für die landeskundliche Forschung im Arbeitsgebiet der Sächsischen Akademie der Wissenschaften überprüft, ergänzt und für den Druck in den Abhandlungen vorbereitet worden. Die Bearbeitung der Materialien und sämtliche redaktionellen Arbeiten lagen in der Hand von Herrn Dr. E. Benedict. — Dieser erste für die Veröffentlichung vorgesehene Band, der über 200 Manuskriptseiten umfaßt, bringt in seinem ersten Teil die Bibliographien und versteckten Bibliographien, wobei jeweils eine Kennzeichnung des Inhaltes nach Umfang und Darbietung gegeben wurde. Der zweite Teil führt die Zeitschriften und sonstigen Periodica an, die für die spezielle und regionale landeskundliche Arbeit herangezogen werden müssen. Dem Gegenstand und der erstrebten Hilfeleistung entsprechend mußte hier der Rahmen sehr weit gezogen werden und auch diejenigen, oftmals recht ephemeren heimatkundlichen Schriftenreihen oder wissenschaftlichen Heimatbeilagen zu Tageszeitungen aufgeführt werden, die zwar zum überwiegenden Teil nur einen geringen wissenschaftlichen Wert haben, aber nicht selten über verschollene Gegenstände die einzigen Mitteilungen, Beschreibungen und z. T. auch Abbildungen enthalten. Dementsprechend ist die Zahl der Nachweisungen groß; das erste und letzte feststellbare Erscheinungsjahr wurde verzeichnet. Im dritten Teil werden die Institutionen nachgewiesen, die handschriftliches Material, unveröffentlichte Manuskripte und sonstiges Quellenmaterial, das für die landeskundliche Forschung von Belang ist, besitzen.

Nach Fertigstellung dieser bibliographischen Übersicht wurde damit begonnen, die wichtigsten Karten zur Landesforschung in unserem Arbeitsbereich zu erfassen. Sie erleichtern die Forschung erheblich, aber ihr bibliographischer Nachweis ist oft schwierig, da sie meist als Beilagen zu Aufsätzen erschienen sind und deren bibliographischer Nachweis meist keine Aussagen über Thematik und Gestaltung der Karten enthält. Schon daraus geht hervor, daß die Zusammenstellung der Kartenbibliographie auf große Schwierigkeiten stößt. Die Arbeit muß sich auf die Mithilfe derjenigen Spezialisten stützen, die über ihr engeres Fachgebiet oder auch nur Arbeitsgebiet den notwendigen Überblick besitzen. Für manche Teilgebiete fehlen z. Z. überhaupt geeignete Bearbeiter. Auch unveröffentlichte Manuskriptkarten sind für die landeskundliche Forschung von unschätzbarem Wert und müssen daher in die Kartenbibliographie mit aufgenommen werden.

Die laufende Literaturdurchsicht und Katalogisierung wurde in der bisherigen Form weitergeführt. Auch die Bearbeitung der Bibliographien einzelner Landschaften mit kritischem Forschungsstandsbericht wurde weiter gefördert.

Ernst Neef

Reinigung von Abwässern mit Hilfe von Adsorbentien

Das Problem der Reinhaltung der Wasserläufe von industriellen Abfallstoffen ist in den letzten Jahrzehnten immer mehr in den Mittelpunkt des öffentlichen Interesses getreten. Neben anorganischen Verunreinigungen der Kaliindustrie und den schwer abzubauenden Detergentien sind es besonders die Phenole, deren Giftigkeit und Geruchsbelästigung als äußerst störend empfunden werden. Darüber hinaus lassen sich phenolhaltige Wässer nur schlecht einer Wiederverwendung zuführen.

Unsere Untersuchungen galten der Entfernung des Phenols und seiner Homologen aus wäßrigen Lösungen. Als mögliche und zur Zeit technisch genutzte Verfahren bedient man sich der Phenolvernichtung durch oxydativen Abbau und der Phenolextraktion. Letztere Methode ist volkswirtschaftlich gesehen vorteilhafter, da es sich bei den Phenolen um wertvolle Grundchemikalien handelt, und sie damit einer Weiterverarbeitung zugeführt werden können.

Von diesen Erwägungen ausgehend, wurde in der Berichtszeit die Adsorption von Phenolen an festen Kunstharzaustauschern untersucht, die sich hinsichtlich ihrer Vernetzung, Kapazität und der Zahl und Art ihrer austauschaktiven Gruppen in weiten Grenzen voneinander unterschieden. Um die Reversibilität von Adsorption und Desorption zu gewährleisten, wurden die Phenole nur an Kationenaustauschern adsorbiert. Anionenaustauscher binden die schwach sauren Phenole auch durch Austauschvorgänge und erschweren so die Desorption. Dagegen adsorbieren Kationenaustauscher mit geeigneten funktionellen Gruppen Phenole hauptsächlich durch die wesentlich schwächeren Wasserstoffbrückenbindungen (Neutraladsorption), die sich zwecks Elution leichter kompensieren lassen. Auf diesen Tatbestand wurde durch frühere Untersuchungen schon hingewiesen [1]. Im Rahmen der eigenen Untersuchungen sollte nun der Einfluß der Acidität und Polarität der Phenole einerseits und durch Synthese selektiver Austauscher die Rolle der Harzstruktur andererseits auf die Neutraladsorption untersucht werden.

Teil 1

Im ersten Teil der Arbeiten wurde durch Abstufung der Acidität und Polarität des Phenols durch Einführung der stark negativen Cl-Gruppe das Ausmaß der Wasserstoffbrückenbindungen bei der Neutraladsorption durch Messung der Adsorptionskinetik und der Aufnahme der Adsorptionsisothermen geprüft. Die Chlorphenole sind im Brauchwasser ganz besonders unangenehm [2]. Sie entstehen bei der Chlorung (Entkeimung) des Wassers aus den Restphenolanteilen in den sogenannten „Dünnwässern" der industriellen Abwasserreinigung.

Zur Adsorption der Chlorphenole wurden verschiedene Typen von Wofatiten verwendet. Sie lassen sich folgendermaßen charakterisieren:

Polymerisationsharze

Wofatit KPS 200	stark saures Styrolsulfosäureharz unterschiedlicher Vernetzung
Wofatit CP 300	schwach saures Acrylsäureharz, mit 5% Divinylbenzol (DVB) vernetzt.

Kondensationsharze

Wofatit P	stark saures Phenolsulfosäureharz
Wofatit F	stark saures Phenolsulfosäureharz
Wofatit CN	schwach saures Resorcylsäureharz

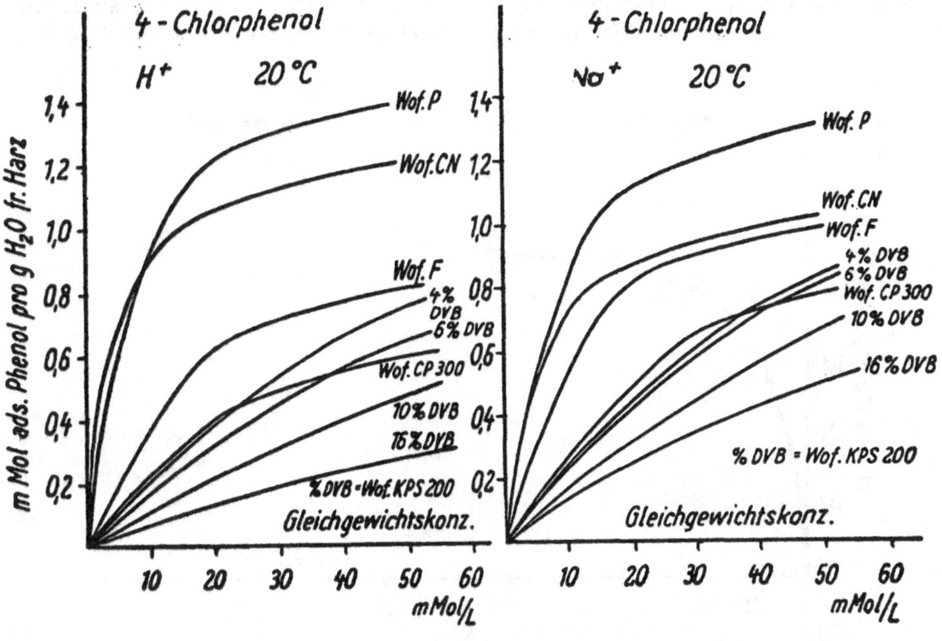

Abb. 1

Zum Vergleich der Adsorbierbarkeit der Chlorphenole wurden zunächst die Adsorptionsisothermen aufgenommen. Rein qualitativ läßt sich aus den Isothermen ersehen, daß die Harze mit einem hohen Anteil an phenolischen Hydroxylgruppen am Harzaufbau das stärkste Adsorptionsvermögen besitzen (Abb. 1). Es sind dies die Wofatite P, F und CN. Die Symbole H^+ und Na^+ bezeichnen die Ionenbeladungsform der Harze. Weiterhin zeigt sich an den Isothermen, daß mit zunehmendem Vernetzungsgrad der Harze (angegeben in % DVB) die Adsorption von Chlorphenolen abnimmt. Beim Wofatit KPS 200, das keine phenolischen Hydroxylgruppen in der Harzmatrix aufweist, muß in Übereinstimmung mit früheren Arbeiten [3] angenommen werden, daß die Adsorption der Phenole durch Wasserstoffbrükkenbindungen zu den Molekülen des Solvatwassers erfolgt und sogar teilweise ein Ersatz der Solvatmoleküle durch Phenolmoleküle stattfindet.

Daß es sich hier um keine Gleichverteilung des Chlorphenols zwischen Außenlösung und dem Wasser der Harzphase handelt, sondern um eine positive Adsorption, macht eine Gegenüberstellung der Konzentrationsverhältnisse in beiden Medien deutlich.

Bei einer Konzentration der Außenlösung von 15 m Mol/L (4-Monochlorphenol) beträgt die Konzentration in der Harzphase beim:

Wofatit KPS 200	(H^+)	150 m Mol/L	20 °C
Wofatit P	(H^+)	2800 m Mol/L	
Wofatit F	(H^+)	550 m Mol/L	

Weitere wertvolle Rückschlüsse ließen sich aus der Darstellung der Adsorptionsgeschwindigkeiten ziehen. Wie aus der graphischen Darstellung des zeitlichen Ver-

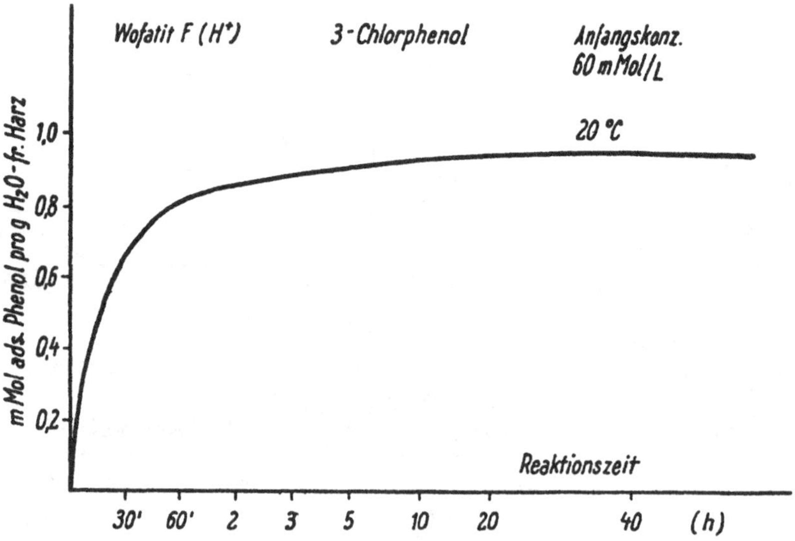

Abb. 2

laufs der Adsorptionsgeschwindigkeit (Abb. 2) hervorgeht, verläuft die Kurve nach Erreichen eines bestimmten Sättigungswertes nicht parallel zur Abszisse weiter, sondern steigt auch weiterhin, wenn auch mit sehr geringer Neigung an. Dieser Abschnitt, der auf eine „Nachdiffusion“ der Adsorbatmoleküle in die enger vernetzten Bezirke der Matrix hindeutet, gestattet je nach Länge und Steigung dieser Stufe Aussagen über den Harzaufbau und die Wechselwirkungen im Harz während der Diffusion. Eine ausgeprägte Nachdiffusion ließ sich besonders bei den feinporigen Kondensationsharzen feststellen.

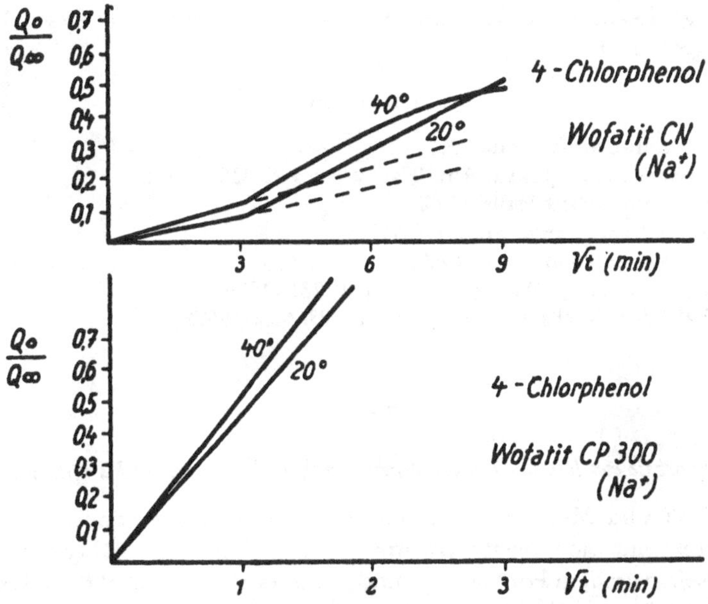

Abb. 3

Q_0 = zur Zeit t adsorbierte Phenolmenge
Q_{∞} = insgesamt adsorbierte Phenolmenge nach der Gleichgewichtseinstellung

Bei der Auswertung der Adsorptionsgeschwindigkeiten zeigte sich, daß eine stärkere Acidität der Phenole, namentlich der Dichlorphenole, eine höhere Diffusionsgeschwindigkeit im Harz bewirkt. Eine deutliche Verzögerung der Diffusion wies das 4-Monochlorphenol auf Grund seiner hohen Polarität auf. Eine tiefergehende Betrachtung polarer Wechselwirkungen war durch die graphische Darstellung der Umsatzkurven nach dem Wurzel-Zeit-Diffusionsgesetz möglich (Abb. 3).

Nach M. Barrer [4] zeigen diese Geraden normalerweise in der zweiten Sorptionsstufe (Nachdiffusion) eine Knickung zur Abszisse hin. Die Abweichung vom normalen Verlauf beim Wofatit CN der Abb. 3 wurde durch ein „autokatalytisches“ Brechen semipermanenter Bindungen im Polymeren gedeutet, das ein neuerliches Ansteigen der Phenolaufnahme hervorruft. Ähnliche Effekte beobachteten F. Wolf

[1] und G. Baasch [5] ebenfalls an Ionenaustauschern. Doch darf vielleicht in diesem Zusammenhang auch eine Assoziation der Adsorbatmoleküle durch zwischenmolekulare Wasserstoffbrückenbindungen angenommen werden, für die IR-spektroskopische Untersuchungen von J. Ervera und P. Mollet [6] einen Hinweis liefern. Das Fehlen der eben erwähnten Knickung der Geraden beim Wofatit CP 300 liegt in dem Fehlen semipermanenter Bindungen der Matrix [7] begründet.

Die Stärke der adsorptiven Bindung der Chlorphenole an die verwendeten Wofatite kam in den Aktivierungsenergien der Diffusion zum Ausdruck. Ausgehend von der Arrheniusschen Beziehung ließen sie sich aus der Temperaturabhängigkeit der Geschwindigkeitskonstanten bestimmen. An der Auswertung dieser Ergebnisse wird noch gearbeitet.

Literatur

[1] F. Wolf, Habil.-Schrift, Halle 1961.
[2] R. H. Burtschell u. a., Journ. Am. Wat. W. Assoc. 205 (1959).
[3] L. Zölch, Diplomarbeit Halle 1955.
[4] M. Barrer, J. phys. Chem. *61*, 178 (1957).
[5] G. Baasch, Dissertation, Halle 1962.
[6] J. Ervera, P. Mollet, J. Physique Radium *6*, 281 (1935).
[7] A. Katchalsky, J. Michaeli, J. Polymer Sci. *23*, 683 (1957).

Teil II

Synthese von Ionenaustauschern mit Disulfimiden als aktive Komponente

Wie F. Wolf und Mitarbeiter zeigten, ist die Phenoladsorption an Ionenaustauschern weitgehend eine Neutraladsorption. Die Adsorptionsfähigkeit der Harze hängt einerseits von dem Porengefüge und andererseits von den aktiven Gruppen ab, die das Harzgerüst enthält. Die o. g. Autoren konnten weiterhin zeigen, daß der alte Grundsatz „Gleiches löst sich in Gleichem" auch für die Neutraladsorption von Phenolen an Ionenaustauschern gilt. Die Anwesenheit phenolischer Hydroxylgruppen in der Harzmatrix ist also speziell für die Adsorption von Phenolen eine wichtige Voraussetzung bei der Herstellung der Adsorbentien.

Für unsere Ionenaustauscher wählten wir als Harzmatrix ein Resorcin-Formaldehyd-Kondensat, in das als aktive Komponente zunächst das 4,4'-Dihydroxy-diphenyl-disulfonsäureimid eingebaut wurde. Von diesem Harz wurden zwei Typen mit verschiedenem Disulfimidgehalt synthetisiert. Dabei stellten wir fest, daß die aktive Komponente nur in begrenztem Maße in das Harzgerüst einkondensiert werden kann, und zwar bis zu einem Molverhältnis Resorcin:Disulfimid = 1:1. Steigert man das Molverhältnis zugunsten der Disulfimidkomponente über das angegebene hinaus, so kristallisiert der überschüssige Disulfimidanteil bei der Gelbildung aus. Dabei wird das Harzgerüst teilweise zerstört. Wird dagegen das Molverhältnis zugunsten des Resorcinanteils verändert, so sinkt die Porosizität bzw. die Quellbarkeit und damit die Adsorptionsfähigkeit der Adsorbentien.

Es erwies sich daher als zweckmäßig, nur zwei Harztypen mit 4,4'-Dihydroxy-diphenyl-disulfonsäureimid mit den Molverhältnissen Resorcin:Disulfimid = 1:1 und 2:1 zu synthetisieren.

Bei der Herstellung der Harze wurde das Resorcin als Gerüstsubstanz, der Formaldehyd als Vernetzer und das Disulfimid als aktive Komponente gewählt. Die Kondensation wurde im alkalischen Medium bei 75—80 °C durchgeführt. Die dabei entstehenden Gele wurden in ca. 1 cm^3 große Stücke gebrochen und ca. 3 Tage bei 85 °C im Trockenschrank nachkondensiert. Die erhaltenen Harze wurden nun für die Adsorption vorbehandelt. Zunächst wurden sie gemahlen und mit Hilfe von DIN-Sieben in einen Korngrößenbereich von 0,3—0,6 mm überführt. Anschließend wurden die Harze mit Wasser ca. 2—3 Tage gequollen und dann einem mehrmaligen Beladungszyklus mit $\frac{n}{1}$ Salzsäure und $\frac{n}{1}$ NaCl-Lösung unterworfen, um die aktiven Gruppen in der Harzmatrix für die Neutraladsorption anzuregen. Für die Aufbewahrung der Harze wurde die Na-Form gewählt.

Zur Kennzeichnung der Harze wurden außer der Korngröße noch die Wassergehalte vom nutschenfeuchten und lufttrockenen Zustand sowie die Kapazitäten und die Titrationskurven bestimmt. Für die Messung der Adsorptionsfähigkeit der Adsorbentien wurden die Adsorptionsisothermen und die Adsorptionsgeschwindigkeiten von Phenol (Hydroxybenzol) bestimmt, und die erhaltenen Meßwerte in Form von Diagrammen dargestellt.

Aus den Adsorptionsisothermen der beiden Harze ist zu erkennen, daß das Adsorptionsvermögen direkt der Disulfimidkonzentration proportional ist. Diese Tatsache steht im Einklang mit den theoretischen Überlegungen, daß neben den aktiven Komponenten die Porenstruktur ein entscheidender Faktor bei der Neutraladsorption ist.

Die mathematische Auswertung der Adsorptionsisothermen für Phenol wurde nach den Adsorptionsisothermengleichungen von Langmuir und Freundlich vorgenommen. Dabei konnte gezeigt werden, daß sich die Isothermen gut nach der Freundlich'schen Beziehung darstellen lassen.

Für die kinetischen Betrachtungen war es erforderlich, die Adsorptionsgeschwindigkeiten bei zwei verschiedenen Temperaturen zu messen. Aus den Kurven ist der zeitliche Ablauf der Adsorption, die Adsorption in den sogenannten Hauptkanälen und die sogenannte Nachdiffusion zu erkennen.

Bei der z. Z. durchgeführten Auswertung dieser Kurven nach mathematischen Beziehungen von Liepatoff und Jouwersma kann man die Reaktionsordnung der Adsorption und den Diffusionskoeffizienten von Phenol errechnen. Damit kann man vergleichbare Betrachtungen über die Adsorptionsfähigkeit verschiedener Adsorbentien gegenüber Phenolen anstellen.

Im weiteren Verlauf unserer Arbeiten synthetisierten wir Harztypen mit 3,3'-Dihydroxy-diphenyl-disulfonsäureimid als aktive Komponente. Als Harzmatrix wurde Resorcin-Formaldehyd-Kondensat verwendet. Die Kondensation erfolgte in der oben berichteten Weise. Dabei stellten wir fest, daß sich das Molverhältnis bis zu Resorcin:Disulfimid = 1:3 steigern ließ. Wir synthetisierten vier Harze dieser Reihe mit folgenden Molverhältnissen:

Resorcin	:	Disulfimid	= 2:1
„	:	„	= 1:1
„	:	„	= 1:2
„	:	„	= 1:3

Zur Zeit sind wir dabei, diese Adsorbentien auf ihr Sorptionsverhalten gegenüber Phenolen zu prüfen.

Franz Runge

„Forschungsauftrag Robert Schröder†"
(Untersuchungen zur Frauenheilkunde)

Nachdem in der vorangegangenen Berichtsperiode vorwiegend fermentative Untersuchungen und klinisch-chemische Bestimmungen bei Spätschwangerschaftstoxikosen durchgeführt worden waren, wurden als Fortsetzung hormonanalytische Arbeiten in Angriff genommen. Schwerpunkte waren dabei anfangs die Ermittlung der Ausscheidung von oestrogenen Hormonen mit einer modernen Schnellmethode und die Bestimmung der freien und konjugierten 17-Hydroxycorticosteroide im Harn von gesunden Spätschwangeren, Spätschwangerschaftstoxikosen und Frühgestosen (Hyperemesis gravidarum).

Die mit der von G. Ittrich entwickelten Methode erhaltenen Ergebnisse besagen, daß die Ausscheidung von Oestrogenen am Ende der Schwangerschaft von Tag zu Tag bei der gleichen Schwangeren beträchtlichen Schwankungen unterliegen kann. Daher sind Einzelbestimmungen oder eine geringe Zahl von Untersuchungen zur Feststellung einer Placenta-Insuffizienz nur in ausgeprägt schweren Fällen direkt zu verwerten. Im allgemeinen gibt erst eine längere Untersuchungsperiode mit einer fallenden Tendenz der Oestrogenausscheidung einen sicheren Hinweis auf die zunehmende Placenta-Insuffizienz. Zur Ermittlung dieser Tendenz ist eine allerdings nicht immer durchführbare Kontrolle der Schwangeren über mehrere Wochen erforderlich. In diesem Falle ist dann auch der klinische Wert der Bestimmungen recht bedeutend. In Übereinstimmung mit anderen Bearbeitern spiegelt sich das Ausmaß der Placenta-Insuffizienz unter anderem im Stoffwechsel der oestrogenen Hormone wider.

Die Untersuchung der Nebennierenrinden (NNR-)funktion bei Spätschwangeren und Spätschwangerschaftstoxikosen wurde durch Messung der Ausscheidung von freien und konjugierten 17-Hydroxycorticosteroiden (17-OHCS) durchgeführt. Den Absolutwerten der Ausscheidung kann keine große Bedeutung beigemessen werden, da sie ebenso wie bei gesunden Nichtschwangeren in weiten Grenzen schwanken. Aufschlußreich ist jedoch das Verhältnis, in dem die beiden Fraktionen zueinanderstehen. Dieses Verhältnis ist während der Schwangerschaft nicht konstant, sondern ändert sich durch Zunahme der freien Fraktion und Abnahme der konjugierten Fraktion. Die Änderung ist u. a. die Folge einer gesteigerten NNR-Hormonproduktion und eines verzögerten Abbaues der Hormone. Die schwangerschaftsbedingten Änderungen im Stoffwechsel der NNR-Hormone werden als Dyscortizismus zusammengefaßt.

Es zeigt sich, daß bei Patientinnen mit Spätschwangerschaftstoxikose im allgemeinen die gleichen Änderungen in der Ausscheidung der beiden 17-OHCS-Fraktionen nachzuweisen sind wie bei gesunden Spätschwangeren. Hieraus folgt, daß Schwangerschaftsspättoxikosen auch den schwangerschaftsbedingten Dyscortizismus zeigen und der Stoffwechsel der Glucocorticoid-Hormone nicht in ursächlichem Zusammenhang mit dem Gestosegeschehen steht. Diesem Ergebnis ist deswegen Bedeutung beizumessen, weil durch die angewendete Methodik weitgehend die NNR-Hormone mit mineralocorticoider Wirkung ausgeschlossen werden konnten. Frühere Untersuchungen zahlreicher anderer Autoren hatten mit teilweise wenig selektiven Methoden keine eindeutigen Ergebnisse erbracht.

Die Untersuchungen in der pathologischen Frühschwangerschaft bei Hyperemesis gravidarum konnten die bei diesem Krankheitsbild oft auftretende NNR-Insuffizienz bestätigen. Die Verteilung der beiden Glucocorticoid-Fraktionen entsprach der bei Frühschwangeren ermittelten Norm (freie:konjugierte Fraktion ca 1:15). Es zeigte sich jedoch auch hier, daß die angewendete Methodik einen besseren Einblick in die Stoffwechselverhältnisse gewährt als summarische Bestimmungen. So konnte bei mehreren Hyperemesis-Patientinnen erstmals eine Entgleisung des Glucocorticoid-Stoffwechsels beschrieben werden, die darin besteht, daß der schwangerschaftsbedingte Dyscortizismus ausbleibt. Die Folge davon ist eine nicht gedrosselte Inaktivierung und eine verstärkte Ausschwemmung von Glucocorticoiden, die zu einem Mangel an biologisch wirksamem Hydrocortison und zur NNR-Insuffizienz bei normaler bzw. sogar erhöhter Ausscheidung von NNR-Hormonen führen kann. Die Auffindung dieser Anomalie ist deswegen bemerkenswert, weil sich eine NNR-Insuffizienz außerhalb der Schwangerschaft nicht auf diese Weise zu erkennen gibt.

Prof. Dr. Helmut Kyank

Kristallstruktur und Katalyse

Im Rahmen dieses Forschungsauftrages wurden drei Unterthemen bearbeitet:

Untersuchungen zum Problem oxidischer Skelettkontakte,

Untersuchungen über den Einfluß der Kristallstruktur des Zinkoxides auf seine Eigenschaften als Dehydrierungskatalysator und

IR-spektroskopische Untersuchungen über die Art der Wasserbindung im Aluminiumoxid.

In den Arbeiten zu dem erstgenannten Thema war zu prüfen, ob sich das RANEY-Prinzip auch auf Mischhydroxide des Aluminiums mit Zn, Mg, Cd, Ni und Ca anwenden läßt und ob auf diesem Wege für die Dehydratisierung von Alkoholen aktive Al_2O_3-Skelettkontakte zu gewinnen sind. Es war dabei gleichzeitig beabsichtigt, unsere Kenntnisse über die Struktur solcher Mischhydroxide und über die Vorgänge beim Herauslösen der $Me(OH)_2$-Komponente zu erweitern.

Als Extraktionsmittel dienten wäßrige Lösungsmittel: Musprattsche Lösung (Ammoniumchlorid, Ammoniak und Wasser), gesättigte Ammoniumchlorid-Lösung und Blausäure-Ammoniumchlorid-Pufferlösung. Sie wurden der Löslichkeit der $Me(OH)_2$-Komponente entsprechend eingesetzt. Die Extraktion in nichtwäßrigen Medien ist Gegenstand einer noch nicht abgeschlossenen Arbeit.

Durch elektronenmikroskopische Aufnahmen konnte zunächst sichergestellt werden, daß die o. a. Mischhydroxide $Al(OH)_3 \cdot 4Me(OH)_2$ — sie wurden durch kontrolliertes Fällen der Mischsalzlösungen mit Natronlauge erhalten — eine Schichtenstruktur besitzen. Aus der Tatsache, daß das Mischungsverhältnis in weiten Grenzen variabel ist und die Löslichkeit des Aluminiumhydroxides sehr groß ist (sie beträgt in Musprattscher Lösung maximal 41,5 mg Al_2O_3/l, in konzentriertem Ammoniak 59,0 mg Al_2O_3/l, während die Löslichkeit von kristallisiertem Aluminiumhydroxid bei den gleichen Bedingungen unterhalb der Nachweisgrenze liegt), läßt sich in Übereinstimmung mit den DS-Röntgenaufnahmen auf ungeordnete Aluminiumhydroxid-Schichten zwischen geordneten $Me(OH)_2$-Schichten schließen. Weiterhin ergab sich, daß die Mischhydroxide auch beim Vermischen der frisch gefällten reinen Hydroxide entstehen. Offenbar bilden sich in einer Mischung aus frisch gefällten, amorphen Hydroxiden zunächst Schichten aus $Me(OH)_2$, die das zwischen ihnen eingeschlossene Aluminiumhydroxid an der Bildung eigener Alterungsprodukte hindern.

Alle Versuche, durch Herauslösen der zweiwertigen Komponente aus dem Mischhydroxid die aufgelockerte Struktur des Aluminiumhydroxides als Mischkristallskelett zu erhalten, schlugen fehl. Es konnte sowohl röntgenografisch (Kleinwinkelstreuung) als auch elektronenmikroskopisch stets eine grundlegende Umwandlung der Ausgangsstruktur festgestellt werden. Die großen, blättchenförmigen Mischhydroxidteilchen zerfallen, und aus dem amorphen Hydroxidgel entstehen die wesentlich kleineren charakteristischen Somatoide des Bayerits bzw. Böhmits. Dabei läßt sich durch Einstellung geeigneter Extraktionsbedingungen der Umwandlungsvorgang willkürlich zu Bayerit oder Böhmit lenken. Unseren Untersuchungsergebnissen nach wird bei der Extraktion mit Musprattscher Lösung neben den zweiwertigen Metallhydroxiden, deren Kationen durch Amminkomplexbildung laufend aus dem Gleichgewicht entfernt werden, auch Aluminiumoxid — wahrscheinlich als Ammoniumaluminat — langsam mit aufgelöst. Dieses hydrolysiert dann entweder zu Bayerit oder Böhmit. Nach der Extraktion bleiben geringe Mengen an zweiwertigen Kationen im Aluminiumhydroxid zurück (1—4%). Unter Extraktionsbedingungen gefällte Bayerite und Böhmite enthalten die gleichen Mengen an zweiwertigen Metallkationen.

Die katalytische Wirksamkeit des bei 600 °C an Luft vorerhitzten Extraktionsrückstandes hinsichtlich der Dehydratisierung von Isopropanol sinkt in der Reihenfolge der Komponenten Zn, Ni, Cd, Mg, Ca. Der basische Charakter der genannten Metalle nimmt in der gleichen Richtung zu. Dieser Zusammenhang stützt die Auffassung, daß die dehydratisierende Wirkung des Aluminiumoxides auf „saure Zentren" an der Kontaktoberfläche zurückzuführen ist, welche in der o. a. Reihenfolge in zunehmendem Maße blockiert werden. Die ausschlaggebende Bedeutung solcher „saurer

Zentren“ für die katalytische Wirksamkeit des Aluminiumoxides hatte sich aus vorangegangenen Arbeiten ergeben. Sie sind offenbar auf nur tetraedrisch koordinierte Aluminiumionen und deren polarisierende Wirkung auf sorbiertes Wasser bzw. auf OH-Gruppen zurückzuführen.

Es ist in diesem Zusammenhang auffällig, daß ein γ-Aluminiumoxid mit einem Zinkgehalt zwischen 3 und 8% eine größere katalytische Wirksamkeit aufweist als reines γ-Aluminiumoxid, obwohl letzteres eine größere Oberfläche besitzt. Sicherlich wird dieser Umstand auf die Ausbildung einer günstigen Porengrößenverteilung und auf die geringe Basizität des Zinks gegenüber den anderen Zusatzkomponenten Ni, Cd, Mg und Ca zurückzuführen sein. Ob außerdem eine synergetische Verstärkung eine Rolle spielt, die von Störungen der Koordination des Aluminiumions herrühren könnte, welche durch den Einbau des Zinks entstanden ist, läßt sich an Hand der bisher vorliegenden Meßergebnisse nicht entscheiden.

Die Untersuchungen am Zinkoxid wurden mit der Zielsetzung ausgeführt, Kenntnis über das Wesen der dehydrierenden Eigenschaften dieses Oxides zu erlangen. Die Arbeiten erfolgten unter dem Aspekt, vielseitige Untersuchungen an oberflächenarmen Präparaten durchzuführen, die sich nur durch ihre Struktur unterscheiden, wobei neben den rein geometrischen Größen insbesondere der elektronischen Struktur der Katalysatorrandschicht Augenmerk geschenkt werden sollte.

Die Herstellung der Proben erfolgte durch Fällen einer Zinkchlorid-Lösung mit Piperidin und anschließendes 8stündiges Erhitzen des angefallenen Hydroxid-Oxid-Gemisches bei Temperaturen von 300 °C (ZnO 3), 400 °C (ZnO 4) . . . 1000 °C (ZnO 10).

Zur Ermittlung der Präparatestruktur wurden folgende Untersuchungsmethoden herangezogen: Röntgenografische Messungen (Gitterstörungen, Gitterverzerrungen, Primärteilchengrößen nach der Methode von Debye-Scherrer und dem Zählrohrgoniometerverfahren), Bestimmung der Abweichung von der Stöchiometrie, Messungen der elektrischen Leitfähigkeit, Oberflächenmessungen nach BET, Glühverlustbestimmungen, DTA-Untersuchungen und elektronenmikroskopische Aufnahmen. Die Bestimmung der katalytischen Aktivität erfolgte nach der quasistatischen Methode. Als Testreaktion diente die Isopropanoldehydrierung, als Aktivitätsmaß wurde die auf die Oberflächeneinheit bezogene Geschwindigkeitskonstante der eigentlichen Umsetzung an der Katalysatoroberfläche benutzt. Ihre Bestimmung erfolgte so, daß sie von Sorptionsvorgängen unbeeinflußt bleibt.

Die Untersuchungsergebnisse lassen sich in folgenden Punkten zusammenfassen:

1. Es existiert ein qualitativer Zusammenhang zwischen der Abweichung von der Stöchiometrie (Gehalt an atomarem Zink) und der katalytischen Aktivität. Diese Aussage befindet sich in Übereinstimmung mit dem experimentellen Befund, wonach der Ablauf der katalytischen Reaktion durch Sauerstoffchemisorption gehemmt wird, und entspricht im Rahmen der Elektronentheorie der Katalyse den allgemeinen Vorstellungen über die Dehydrierung von Alkoholen (Akzeptorreaktionen). Im Hinblick auf den speziellen Fall der Isopropanoldehydrierung an Zinkoxid stützen die Ergebnisse den von K. Hauffe angegebenen Mechanismus.

2. Kinetische Untersuchungen ergeben, daß sich der Reaktionsablauf durch die Beziehung

$$v = k \cdot \Theta = \frac{k \cdot k_J \cdot p_J}{1 + k_A p_A + k_J p_J}$$

Index J: Isopropanol
Index A: Aceton
p: Partialdruck
Θ: Bedeckungsgrad für Isopropanol

gut beschreiben läßt. Es liegt im Grunde genommen eine Reaktion nullter Ordnung vor, wobei die arbeitende Katalysatoroberfläche durch Sorption des mit fortschreitender Reaktion in zunehmendem Umfang entstehenden Acetons ständig verkleinert wird. Dadurch erhält die Reaktion ihrem Gesamtdruck-Zeit-Verlauf nach das Gesicht einer Reaktion erster Ordnung.

3. Aktivierungsenergie und Aktionskonstante der katalytischen Reaktion nehmen mit steigender Vorerhitzungstemperatur der Präparate im großen und ganzen zu. Im Gebiet der Präparate ZnO 5—6 zeigt diese Funktion einen Haltepunkt, beim Übergang von Präparat ZnO 9 zu ZnO 10 einen Abfall. Da die Meßwerte auch in diesem Gebiet das Kompensationsgesetz (Cremersche Beziehung) gut erfüllen, kann man die genannten Unstetigkeiten auf Aktivierungserscheinungen in der Präparateoberfläche zurückführen.

4. Die Strukturänderungen in der Präparatefolge ZnO 3 bis ZnO 10 lassen erkennen, daß der mit zunehmender Erhitzungstemperatur ablaufende Alterungsprozeß bei etwa 500 °C (Beginn der Oberflächendiffusion) und 900 °C (Tammann-Temperatur) unterbrochen wird. Das Gesamtbild der Ergebnisse der Strukturbestimmungen entspricht in mancher Hinsicht den von G. F. Hüttig vertretenen Auffassungen über den Frittungsverlauf von Oxiden und befindet sich in Übereinstimmung mit dem unter 3. mitgeteilten Befund.

5. Die Messungen der elektrischen Leitfähigkeit lassen einen starken Einfluß von chemisorptionsbedingten Randschichterscheinungen erkennen, da in Übereinstimmung mit den Ergebnissen und Auffassungen anderer Autoren in erster Linie Oberflächenleitfähigkeit vorliegt. Einen deutlichen Zusammenhang zwischen Gehalt an atomarem Zink und elektrischer Leitfähigkeit findet man nur bei den hocherhitzten Präparaten, weil lediglich unter diesen Bedingungen eine hinreichend rasche Einstellung des Gleichgewichtes der thermischen Dissoziation des Zinkoxides zwischen Festkörper und umgebender Gasatmosphäre erfolgen kann.

Die Bestimmung des Gehaltes an überschüssigem Zink hat sich als eine Methode erwiesen, die geeignet ist, qualitative Zusammenhänge zwischen Halbleitereigenschaften und katalytischer Aktivität des Zinkoxides aufzudecken. Für weitergehende Untersuchungen quantitativer Art müßten Meßmethoden herangezogen werden, welche die elektronischen Eigenschaften speziell der Randschicht beschreiben, die sich ja mehr oder weniger von denen des Kristallinneren unterscheiden werden. Unter dieser Zielsetzung sind Untersuchungen mit Hilfe von Chemisorptionswärmenmessungen aufgenommen worden. Das zunächst entwickelte und aufgebaute adiabatisch arbeitende Kalorimeter gestattete es, bei Arbeitstemperaturen von maximal 180 °C Wärmetönungen mit $\pm 1 \cdot 10^{-3}$ cal Genauigkeit zu messen. Das Gerät ist für kleine Substanzmengen ausgelegt (1—2 g). Die Temperaturmessung erfolgt mit einem Thermistor, die Eichung auf elektrischem Wege. Die Adiabasie wird durch einen evakuierten Metallmantel gewährleistet, dessen Temperatur durch eine regelbare elektrische Heizung der Temperatur des Kalorimetergefäßes automatisch nachgeführt wird.

Die bisher durchgeführten Untersuchungen zeigten, daß die Wärmetönungen, die bei der Chemisorption von Sauerstoff an Zinkoxid auftreten, zwar außerordentlich gering sind, daß sich aber doch bei Präparaten verschiedener spezifischer katalytischer Aktivität Unterschiede in den Chemisorptionswärmen erfassen lassen. Andererseits ergab sich, daß die Sorption bei 150 °C noch nicht mit befriedigender Geschwindigkeit abläuft. Das Kalorimeter wurde deshalb so umkonstruiert, daß die Arbeitstemperatur auf ca. 350 °C gesteigert werden kann. Eine neuentwickelte Impuls-Widerstandsmeßeinrichtung ermöglicht die Temperaturmessung auf $\pm 1 \cdot 10^{-4}$ °C und verbessert im Verein mit einer vervollkommneten Steueranlage für den adiabatischen Mantel die Empfindlichkeit des Kalorimeters auf ca. $2 \cdot 10^{-4}$ cal. Eine prinzipielle Neuerung besteht darin, daß man im Kalorimeter selbst die katalytische Reaktion an der zu untersuchenden Probe ablaufen lassen kann. So ist zu gewährleisten, daß sich die Sorptionswärmemessungen stets auf ein und denselben Oberflächenzustand, und zwar den maximaler katalytischer Aktivität der Probe, beziehen. Die Apparatur steht kurz vor ihrer Fertigstellung, so daß mit systematischen Untersuchungen bald begonnen werden kann.

Die Arbeiten am Aluminiumoxid erfolgen mit der Zielsetzung, durch IR-spektroskopische Untersuchungen über die Art der Wasserbindung an der Festkörperoberfläche Beziehungen zu der für die dehydratisierende Wirkung dieses Oxides verantwortlichen Oberflächenazidität zu finden. Zunächst wurden als orientierende Messungen einige Aluminiumhydroxide und deren Temperprodukte unter Anwendung verschiedener Präparationsverfahren (KBr-Preßtechnik, Suspendieren in Paraffinöl, selbsttragende Scheiben, Aufstäuben von Pulver auf Trägerscheiben) untersucht. Dabei ergab sich, daß hygroskopische Proben in der Zeit zwischen Herstellung und Messung in allen Fällen so viel Wasser aufnehmen, daß die Aufspaltung der OH-Valenzschwingungsbande nicht mehr beobachtet werden kann, die für die Charakterisierung der verschiedenartig sauren Zentren an der Oxidoberfläche von maßgebender Bedeutung ist. Es machte sich also notwendig, eine Küvette zu entwickeln und zu bauen, welche so eingerichtet ist, daß man die Proben direkt nach oder noch während des Temperns spektroskopisch untersuchen kann, ohne daß die Substanz mit der Atmosphäre in Berührung kommt. Nach Voruntersuchungen hinsichtlich einer geeigneten Präparationstechnik und des für den Bau der Küvette zu verwendenden Materials sowie Klärung der Heizungs- und Dichtungsprobleme wurden mehrere, verschiedenen Arbeitstechniken angepaßte Küvetten entwickelt und gebaut, die diesen Anforderungen genügen. Als geeignete Präparationsmethode für die Messungen in solchen Küvetten erwies sich ein Schlämmverfahren, das es gestattet, bestimmte Teilchengrößen auszusortieren, womit sich günstige Aufnahmebedingungen ergeben. Die Anwendung dieser Technik erfordert eine waagerechte

Probenhalterung im Meßgerät. Da diese im UR 10 nicht vorgesehen ist, mußte in Zusammenarbeit mit dem VEB Carl Zeiss, Jena, zur Umlenkung des Strahlenganges eine Spiegeleinrichtung geschaffen werden. Die zu untersuchenden Proben (fein- und grobteiliger Böhmit und Bayerit sowie Hydrargillit) sind bereits hergestellt, so daß mit systematischen Untersuchungen begonnen werden kann.

Kurt Schwabe

Holzimprägnierung

Den Arbeiten zu diesem Forschungsthema lag im Berichtszeitraum die Zielsetzung zugrunde, das Eindringen von anorganischen Imprägniermitteln in Holz über längere Zeiträume hinweg zu verfolgen. Gleichzeitig sollten Untersuchungen über die Anwendbarkeit der üblichen Nachweisreaktionen für die in Frage kommenden Schutzsalze ausgeführt werden. Als deren wichtigste Vertreter wurden zur Imprägnierung die sogenannten UA-Salze herangezogen, das sind unauslaugbare, Alkaliarsenat, -chromat und -fluorid enthaltende Salzmischungen. Die eigentliche konservierende Wirkung üben die Arsen- und Fluorverbindunge aus, während die Chromate, die unter dem Einfluß bestimmter Holzsubstanzen zu Chrom(III)-Salzen reduziert werden, durch Bildung von Chromarsenat und Chromkryolith die Auswaschbarkeit der Giftkomponenten stark herabsetzen. Zur Erniedrigung des p_H-Wertes im getränkten Holz wird der o. a. Schutzsalzmischung noch Alkalihydrogenfluorid zugesetzt. Damit wird eine Verschiebung des Redoxgleichgewichtes zwischen Chromat- und Chrom(III)ionen zugunsten der Chrom(III)ionenkonzentration erreicht und eine bessere Fixierung der Giftkomponenten gewährleistet.

Als Versuchsmaterial dienten die wichtigsten einheimischen Holzarten Kiefer, Fichte und Buche in Form von Rundhölzern mit den praktisch üblichen Abmessungen. Die Tränkung erfolgte an saftfrischem Holz nach dem Diffusionsverfahren. Die Schutzsalze wurden in Form einer Paste mit einem konstanten Gewichtsverhältnis an Gesamtsalz, Kieselgur und Ultraquellcellulose verdunstungsgeschützt aufgebracht, um einheitliche Voraussetzungen für das Eindiffundieren der Salze zu gewährleisten. Das imprägnierte Holz wurde in einem Luftstrom konstanter Strömungsgeschwindigkeit (100 l/h), Luftfeuchtigkeit (94% rel.) und Temperatur (25 °C) gelagert. Die Wanderung der einzelnen Komponenten im Holz wurde durch Farbreaktionen auf in gewissen Zeitabständen von den Stämmen abgetrennten Scheiben verfolgt.

Die Untersuchungen über den Nachweis von Fluorid, Arsenat und Chrom(III)-ionen und die dabei auftretenden Störungen führten zu folgenden Ergebnissen:

1. Zum Erkennen der Fluorionen wurde die Holzprobe mit einer Zirkonalizarinsulfonsäurelösung bestrichen, die aus gleichen Anteilen einer 0,25% Zirkonoxychlorid enthaltenden 10%igen Chlorwasserstoffsäure und einer 25%igen Natriumalizarinsulfonatlösung bestand. Dem durch die Reaktion mit Fluorionen hervorgerufenen Farbumschlag des Reagens von rot nach gelb überlagerte sich vom Rand der Scheibe her eine violettrote Sekundärfärbung. Es ließ sich zeigen, daß diese Störung weder auf die Rückbildung der Zirkonalizarinsulfonsäure noch auf eine Ein-

wirkung der lebenden Holzzelle zurückzuführen ist. Auch der Einfluß der Bestandteile der Atmosphäre erwies sich als bedeutungslos für diesen Effekt. Vielmehr ergab sich — u. a. auch aus absorptionsspektrometrischen Untersuchungen —, daß bei hoher Konzentration an Alkalifluorid durch Hydrolyse genügend Alkali entsteht, um die Neutralisation der Sulfongruppe und auch einer der Hydroxylgruppen der Alizarinsulfonsäure zu ermöglichen. Dadurch wird eine bathochrom wirkende Polarisierung der Sulfonsäure hervorgerufen. Diese Störung läßt sich durch Vortrocknen der Probe oder durch Behandeln der Schnittfläche mit konzentrierter Chlorwasserstoffsäure unterbinden. Sind im Holz zusätzlich Chromverbindungen anwesend, so tritt die Sekundärfärbung in etwas bräunlicherem Ton auf. Dabei wird wahrscheinlich das dem Alizarinsulfonsäurekomplex durch Fluorionen entzogene Zirkonion durch Chrom(III)ionen ersetzt, und es entsteht eine Mischfarbe aus dem Violettrot des durch Alkali polarisierten Alizarinsulfonates und dem Rotbraun des Chrom(III)-alizarinsulfonsäurekomplexes. Letzterer ist in Säure löslich, so daß durch die o. a. Behandlung mit konzentrierter Chlorwasserstoffsäure auch diese Störung verhindert werden kann. Arsenat beeinflußt die Fluoridnachweisreaktion nur insofern, als es beim Vorliegen kleiner Chrom(III)ionenkonzentrationen durch Bildung von Chrom-(III)arsenat die Farbwirkung des Chrom(III)alizarinsulfonsäurelackes abschwächt.

2. Zur Durchführung des Arsenatnachweises wurde das Holz mit einer Lösung, die aus einem Teil Natriumhypophosphit und zwei Teilen konzentrierter Chlorwasserstoffsäure besteht, bestrichen und dann zur Beschleunigung der Reaktion erwärmt. Es zeigte sich, daß ein hoher Feuchtigkeitsgehalt im Holz die Reduktion des Arsenates sehr hemmt und starkes Erwärmen wahrscheinlich durch die Bildung von Arsentrichlorid zu Arsenverlusten führt. Diese Störungen lassen sich umgehen, wenn man die Holzprobe bis auf Lufttrockenheit vortrocknet und dann zur Beschleunigung der Nachweisreaktion mit einem IR-Strahler erwärmt. Die Bestrahlung wird abgebrochen, wenn keine Vertiefung der braunschwarzen Arsenfarbe mehr zu beobachten ist.

3. Der Nachweis von Chrom(III)ionen wurde durch Farblackbildung mit Eriochromcyanin-R vorgenommen. Dazu müssen zunächst die Fixierungsprodukte des Chrom(III)ions mit Fluorid (Chromkryolith) und Arsenat (Chromarsenat) gelöst und das Chromat gebunden werden, da letzteres sonst zur dreiwertigen Oxydationsstufe weiter reduziert werden kann. Deshalb wird die Holzprobe nach dem Vortrocknen auf Lufttrockenheit zunächst mit einer essigsauren Bleiacetatlösung bestrichen, deren Zusammensetzung folgenden Anforderungen genügen muß: Die Bleiacetatkonzentration muß zur Fällung des Chromates und des Fluorides als Bleisalz ausreichen, sie darf aber nicht so groß sein, daß nach dem Eintrocknen der Lösung Salz auf der Probenoberfläche auskristallisiert. Die Essigsäurekonzentration muß so bemessen sein, daß sich einerseits die Fixierungsprodukte des Chrom(III)ions lösen, andererseits aber die Farblackbildung mit Eriochromcyanin-R noch nicht unterbunden wird. Aus einigen Versuchsreihen ging hervor, daß eine 20%ige Bleiacetatlösung, die im Verhältnis 2:1 mit verdünnter Essigsäure vermischt war, diese Forderungen erfüllt, wenn man die Probenoberfläche damit einmal satt bestreicht. Nach 10 min wird dann eine 1%ige Eriochromcyanin-R-Lösung aufgetragen und zur Be-

schleunigung der Farblackbildung mit einem IR-Strahler erwärmt. Dabei müssen längere Pausen zwischen Probennahme und Prüfung vermieden werden, da die Reduktion des Chromates zu Chrom(III)ionen in trockenem Holz beschleunigt abläuft.

Aus den Untersuchungen über das Eindringvermögen der Schutzsalze in das Holz ergaben sich für die einzelnen Komponenten große Unterschiede, die in erster Linie auf die Art der wandernden Ionen, ihre gegenseitige Beeinflussung und auf die zu durchdringende Holzsorte zurückzuführen sind:

a) Am beweglichsten ist das Fluoridion, das schließlich den gesamten Probenquerschnitt durchdringt. Als maximale Eindringtiefe wurden bei einer Lagerzeit von zwei Jahren 6 cm gemessen. Arsenat diffundiert stets langsamer als Fluorid und erreicht selten das Doppelte der ursprünglichen Imprägniertiefe.
b) Bei Anwesenheit von Chromat wird die Diffusion von Fluorid nur unwesentlich beeinflußt, deutlich jedoch die des Hydrogenfluorids; die Arsenatdiffusion wird nahezu zum Stillstand gebracht. Setzt man neben Chromat der Tränkpaste außerdem Säure zu, so erfolgt auch eine stärkere Hemmung der Fluoriddiffusion. Daraus geht hervor, daß zur Bildung des Chromkryoliths ein niedrigerer p_H-Wert notwendig ist als zur Bildung von Chrom(III)arsenat. Bei gleichzeitiger Anwesenheit von Chromat und Arsenat zeigt sich für das Fluoridion ebenfalls eine starke Diffusionshemmung, die vielleicht auf eine Verstopfung der Mikroporen des Holzes durch die Bildung von Chromarsenat zurückgeführt werden kann.
c) Im dichten Buchenholz sind die Unterschiede zwischen den Diffusionsgeschwindigkeiten der einzelnen Komponenten am größten, in der durchlässigen Kiefer am geringsten. Dabei wirkt sich die Durchdringbarkeit der Hölzer bei den weniger beweglichen Ionen stärker aus als beim schnell diffundierenden Fluoridion. Dieses durchdringt sogar von allen Holzarten am besten die dichte Buche. Offenbar liegt in letzterem Falle ein andersartiger, von der spezifischen Struktur des Buchenholzes abhängiger Wanderungsmechanismus vor.

Kurt Schwabe

Abwässer-Biochemie

Aus dem in den letzten Jahren umfangreich bearbeiteten Gebiet der Abwasserreinigung standen für unseren Forschungsauftrag mikrobiologische Probleme im Mittelpunkt unserer Untersuchungen. Insbesondere 2 Arbeitsrichtungen hoben sich bei der Abwasserreinigung hervor, die vorwiegend nach ihrer praktischen Anwendungsmöglichkeit beforscht wurden:

1. Nach Maßnahmen zu suchen, die das Wachstum und den Stoffwechsel der Mikroben fördern und damit deren Reinigungskraft steigern und
2. den bei diesen Vorgängen anfallenden Belebtschlamm in seiner Zusammensetzung zur Gewinnung nutzvoller Stoffe aufzuwerten.

Diese Probleme wurden in unserem Institut entsprechend seiner Arbeitsmöglichkeiten untersucht, indem wir studierten, wieweit die Stoffwechselleistungen der Mikroben durch exogene Faktoren zu beeinflussen sind. In diese komplexen Arbeiten wurden auch andere Forschungsvorhaben unseres Instituts einbezogen, und mit anderen Institutionen (Institut für Verfahrenstechnik der Dt. Akad. d. Wiss., Permoserstraße, Braunkohlenkombinat Lauchhammer u. a.) wurde Zusammenarbeit gesucht und Gedankenaustausch gepflegt. Jedoch kam nur eine lose Gemeinschaftsarbeit zustande.

Unsere Forschungen lassen sich in den nachfolgend angegebenen 6 Problemen als kurze Übersicht zusammenfassen:

1. Können Stoffe, die das Wachstum bzw. den Stoffwechsel fördern, z. B. bestimmte Vitamine oder Aminosäurezusammensetzungen, die Reinigungskraft der Mikroben eines Belebtschlammes steigern?
2. Können Abwassermikroben durch gelenkte Eigensynthesen in ihrer Reinigungskraft gestärkt werden?
3. Kann zugleich mit der verstärkten Reinigungskraft auch eine erhöhte wirtschaftliche Nutzung des Belebtschlammes erzielt werden?
4. Bestehen engere Beziehungen zwischen der Aktivität jener Enzyme, die N-haltige Stoffe metabolisieren, und der Stoffwechselleistung der Mikroben?
5. Läßt sich die Aktivität derartiger Enzyme exogen beeinflussen?
6. Lassen sich quaternäre Ammoniumbasen mikrobiell nutzbringend abbauen?

Viele der an der biologischen Abwasserreinigung beteiligten Mikrobenspecies benötigen zum Wachstum Wuchsstoffe. Ihre Stoffwechselleistungen und damit ihre biologische Reinigungskraft werden erst durch die notwendigen Grundstoffe möglich gemacht oder erheblich gesteigert. Aber auch bei wuchsstoffautotrophen Mikroben wird der Stoffwechsel durch Vitamine, bestimmte Aminosäuren u. a. gesteigert. Bei wuchsstofffreien Abwässern, wie sie z. B. in der Braunkohleveredlungsindustrie anfallen, sind diese Korrelationen natürlich viel entscheidender als in wuchsstoffführenden Abwässern.

In Schwelwässern wird durch Zugabe des wuchsstoffreichen Maisquellwassers [1] die biologische Reinigung beträchtlich verbessert. Auch die wuchsstoffhaltigen Haushaltabwässer [2, 3] zeigen ihrer Zusammensetzung nach gleiche Effekte. Jedoch fehlen in dieser Frage für die Leipziger Verhältnisse noch klärende Großversuche.

Da Mikroorganismen selbst zu den intensivsten Vitaminbildnern zählen, schien es sinnvoll, das gesamte Vitaminspektrum in mikrobiellem Material und den Umfang der Vitaminabgabe an das Umgebungsmedium zu studieren, wofür uns das primär wuchsstofffreie Schwelwasser während seiner biologischen Reinigung als zweckmäßig erschien [4]. Ein geringer Anteil der Vitamine wird an das Umgebungswasser und damit an die Vorfluter abgegeben. Diese geringen Mengen sind aber bereits geeignet, wenn sie als Rücklauf mit ungereinigtem Schwelwasser vermischt werden, dessen biologische Reinigung zu verstärken. Der größte Teil der Vitamine verbleibt jedoch im Belebtschlamm, der deshalb zu einer vorteilhaften Quelle für industrielle Gewinnung von Vitaminen wird, aber auch als zusätzliche Eiweißquelle für die Tierernährung ausgenutzt werden kann.

Die mikrobielle Vitaminsynthese kann, wie wir im Maßstab unserer Laboratoriumsversuche an Neurospora crassa zeigen konnten [5, 6], von exogenen Faktoren in weitem Maße beeinflußt werden. Vor allen Dingen schienen uns für den Nutzeffekt die N-Quelle und die Wachstumsdauer von Bedeutung zu sein. Die Ergebnisse dieser Modelluntersuchungen wurden auf Schwelwasserbelebtschlämme übertragen. Hierbei verhielten sich die Mikroben nicht einheitlich, da sie unter verschiedenen Milieubedingungen gewonnen waren. Sowohl die Schwelwasserkonzentration, die Belüftungsart, der pH-Wert, die Temperatur als auch der Wuchsstoffgehalt veränderten die Vitaminausbeuten. Um einheitlich hohe Ausbeuten bestimmter Vitamine zu sichern, müssen demnach eine ganze Reihe von Faktoren beachtet werden. Die nachfolgende Tabelle gibt den Gehalt an Vitaminen von vielen Schwelwasserbelebtschlämmen und seine Schwankungsbreite an. Der Gehalt der Vitamine wurde nach Aufschluß der Belebtschlämme mit mikrobiologischen Verfahren ermittelt.

Tabelle: B-Vitamin-Gehalt von Schwelwasserbelebtschlämmen

Asche	17,88–40,97%		Cyanocobalamin	0,00– 0,82	mg%
N	6,70–10,33%		Pantothensäure	5,50– 18,12	„
C	27,66–39,65%		Nikotinsäureamid	9,49– 24,02	„
Thiamin	0,32– 2,11	mg%	Biotin	0,12– 0,59	„
Riboflavin	1,92– 5,64	„	Cholin	25,10–191,20	„
B_6-Komplex	5,86– 7,37	„	m-Inosit	26,17–153,00	„
Folsäure	0,21– 2,04	„	p-Aminobenzoesäure	0,05– 0,77	„

Optimale Bedingungen für ein betreffendes gewünschtes Vitamin lassen sich jedoch ohne wesentliche Schwierigkeiten festlegen. Ebenso sind die Elementarzusammensetzungen von Mikroben insbesondere im Hinblick auf den wichtigen Proteinanteil gut zu erfassen [5, 6, vgl. Tab.].

Da das intrazelluläre Vitaminspektrum der Mikroorganismen zur gleichen Zeit auch ein Maß für deren Coenzym-Gehalt ist, prüften wir die Frage, inwieweit die Aktivität bestimmter Enzyme mit der Wachstumsintensität und damit mit der Stoffwechselleistung zusammenhängt. Es zeigte sich, daß es echte Beziehungen der Wachstumsintensität besonders zu den N-metabolisierenden Enzymen (Aminotransferasen, Aminosäureoxydasen) gibt. Durch Variation exogener Faktoren im Gehalt der N-Quelle, der Vitaminanwesenheit u. a. kann z. B. die Aktivität der Aminotransferasen [7], der D-Aminosäureoxydase [8] und der L-Aminosäureoxydase gesteuert werden. Neue Enzyme können durch Veränderungen am Nährboden induziert werden [9, 10]. Da diese enzymatischen Untersuchungen bislang nur an Modellorganismen im Labormaßstab durchgeführt wurden, ist der Umfang der Auswirkungen bzw. Nutzbarmachung in der biologischen Abwasserreinigung im großen Stil noch gar nicht abzusehen.

Parallel zu diesen Versuchen studierten wir seit mehreren Jahren die Assimilation von quaternären Ammoniumbasen durch Mikroben. Einige Fäulnisbakterien sollen derartige Stoffe abbauen. Ein nicht identifizierter Pseudomonas-Stamm vermag z. B. (–)-Carnitin als C-Quelle auszunutzen [11]. Es war uns gelungen, einen identifizierten Stamm, Pseudomonas aeruginosa (A 7244), zu finden, der das natürlich vorkommende (—)-Carnitin sowohl als C- und als N-Quelle nutzen kann. Beim Studium der Stoffwechselvorgänge isolierten wir einige Intermediärprodukte des Abbaus [12]. Inzwischen haben wir aus dem Umgebungswasser von Rana arvalis, einer moorigen Wasserstelle der Stadt Leipzig, einen Pseudomonas ovalis-Stamm aufgefunden. Er ist der zweite charakterisierte Vertreter, der (—)-Carnitin metabolisieren kann. Der Assimilationsweg ist wahrscheinlich dem des Pseudomonas aeruginosa [12] sehr ähnlich. Seine Abbauleistungen lassen sich in Mischkulturen mit einigen Enterobacteriaceae noch beträchtlich steigern. Wir haben seine Fähigkeit, das Glykokollbetain als weiteren quaternären Stoff umzuwandeln, studiert. Er vermag es ebenfalls ausgezeichnet als einzige C- und N-Quelle auszunutzen. Dieses Betain fällt in der Rübenzuckermelasse reichlich an. Durch Pseudomonas ovalis ist es möglich, auch die genannten quaternären Stoffe, die bis jetzt durch Mikroben nicht nutzvoll verarbeitet werden konnten, noch mikrobiell in wertvolle N-haltige Produkte umzuwandeln, was volkswirtschaftlich erhebliche Bedeutung erlangen könnte.

Literatur

[1] Aurich, H.: Die Nahrung *4*, 31 (1960)
[2] Aurich, H., D. Mücke u. E. Strack: Städtehygiene *1958*, 128
[3] Aurich, H., W. Dummler u. D. Mücke: Wasserw. Wassertechn. *8*, 496 (1958)
[4] Aurich, H.: Wasserw. Wassertechn. *10*, 293 (1960)
[5] Kleber, H.-P.: Dissertation, Med. Fak. Leipzig (1963)
[6] Aurich, H. u. H.-P. Kleber: Acta biol. med. germ. *9*, 641 (1962)
[7] Aurich, H.: Acta biol. med. germ. *10*, 41 (1963)
[8] Aurich, H.: Vortrag Biochem. Symp. Ges. exp. Med. DDR (1962)
[9] Matzen, P. F.: Dissertation, Med. Fak., Leipzig (1962)
[10] Aurich, H.: Vortrag V. Int. Biochem. Kongr. Moskau 1961
[11] Friedman, S., A. B. Galun u. G. Fraenkel: Arch. Biochem. Biophysics *66*, 10 (1957)
[12] Strack, E., R. Noack, H. Aurich, G. Focke u. I. Lorenz: Acta biol. med. germ. *9*, 115 (1962)

Erich Strack

Arbeiten an der Herausgabe der Briefe Alexander von Humboldts der Deutschen Akademie der Wissenschaften zu Berlin

An der von allen deutschen Akademien und der Österreichischen Akademie der Wissenschaften beschlossenen historisch-kristischen Gesamtausgabe der Briefe Alexander von Humboldts ist die Sächsische Akademie der Wissenschaften beteiligt.

In Leipzig wurden in den Jahren 1960—62 rund 820 Originalbriefe, Billette und Abschriften von Briefen Humboldts sowie Briefe verschiedener Adressaten an Humboldt transkribiert, ferner von Humboldt verfaßte Berichte über den Bergbau in den fränkischen Fürstentümern und Ernennungen Humboldts zum Oberbergmeister und Oberbergrat. Außerdem wurden Aufzeichnungen und Notizen aus seinen Tagebüchern während der Südamerika-Expedition in den Jahren 1799—1804 bearbeitet.

Die Empfänger der Briefe sind u. a. der Astronom Joh. Franz Encke, der Philologe Ludwig Roß, der Forschungsreisende Heinrich Lichtenstein, seine Verleger Johann Friedrich von Cotta und Johann Georg von Cotta, der Bildhauer Christian Daniel Rauch, der Botaniker und Dichter Adelbert von Chamisso.

Die Institutionen, die Material zur Verfügung stellten, sind das Literaturarchiv der Deutschen Akademie der Wissenschaften zu Berlin; die Deutsche Staatsbibliothek, Berlin; die Staatlichen Museen zu Berlin, Nationalgalerie; die Landesbibliothek, Kiel; das Niedersächsische Staatsarchiv, Wolfenbüttel; das Schiller-Nationalmuseum, Marbach a. N., Cotta-Archiv; ferner Briefe aus dem Danske Rigsarkiv, Kopenhagen; der Kongelige Bibliothek, Kopenhagen; der Kungliga Bibliotek, Stockholm; der Royal Geographical Society, London und Briefe aus Autographensammlungen privater Besitzer.

Die Bearbeitung geschieht nach feststehenden Editionsgrundsätzen.

Dipl. phil. Winnifred Schenk

Philologisch-historische Klasse

Althochdeutsches Wörterbuch

Der Zeitabschnitt, über den im folgenden berichtet werden soll, war der Arbeit am Althochdeutschen Wörterbuch nicht immer günstig. Wir verloren im Frühjahr 1962 unsre gut eingearbeitete Assistentin, eine Kraft, die bei der Schwierigkeit des zu behandelnden Stoffes nur langsam ersetzt werden kann, und hatten viel Ausfall durch längere Krankheiten verschiedener Mitarbeiter. So konnten wir mit unsern Ergebnissen die Vorjahre nicht übertreffen, aber dank des rastlosen und selbstverständlichen Einsatzes aller Beteiligten hinter ihren Leistungen auch nicht wesentlich zurückbleiben.

Der Herausgabe des Druckes wurde erhöhte Aufmerksamkeit geschenkt. Wir haben uns bemüht, die im Buchstaben A durch den einen Verfasser der Artikel (abgesehen von den großen syntaktischen) gewährleistete Einheitlichkeit zu erhalten, nachdem nun mit dem Einsatz des B auch in den Appellativen verschiedene Bearbeiter zu Wort kommen konnten. Dabei hat sich durch Austausch und Vergleich der Manuskripte allmählich eine Technik entwickelt, die es erlaubt, die individuellen Unterschiede in Formgebung, Umfang, Aufbau usw. weitgehend zu beseitigen. Es kostet zur Zeit noch viel Korrekturen, die aber je sicherer die Handhabung wird, je mehr sie sich auch in der Anlage neuer Artikel auswirkt, überflüssig werden sollen. Trotz aller Schwierigkeiten ist es gelungen, in jedem Jahr eine Lieferung herauszubringen: 1960 Lfg. 12 (Sp. 825—904, *baron* — *bergan* 2), 1961 Lfg. 13 (Sp. 905—984, *bergan* 3 — *bî* 2. Teil D II 4c), 1962 Lfg. 14 (Sp. 985—1064, *bî* . . . 4c — *bintan* 3c). Damit liegt etwa ein Drittel des B fertig vor.

Dem Druck vorausgreifend läuft die Ausarbeitung neuer, mit späteren Buchstaben des Alphabets beginnender Wortfamilien. D (Th), das im letzten Bericht als in Angriff genommen gemeldet wurde, ist inzwischen abgeschlossen und Wörter mit E sind an der Reihe. Zusätzlich 40 ausgearbeiteter Eigennamen liegen nicht ganz 800 (779) neue Manuskripte für den Druck bereit. An syntaktischen Kleinwörtchen, die besonders viel Zeit und Arbeit fordern, ist *ein* (Zahlwort, Pron. indef., Adjektiv) weitgehend schon ausgearbeitet. Für das Personalpronomen *er* (einschließlich Neutr. Fem., Sing. und Plur.) konnte zum Ordnen der Überfülle des Materials eine Hilfskraft gewonnen werden, so daß Materialordnen und -bearbeiten parallel laufen können. Geordnet und im Formenbestand aufgenommen ist auch die Präposition *miti*. Bei der Vorbereitung der Neuauflage der Germania Romana von Theod. Frings fiel für das Wörterbuch die Ausarbeitung in bezug auf Ansatz und Formenbestand aller in der Germania Romana behandelten romanischen Lehnwörter und der germanischen Erbwörter, soweit sie im Althochdeutschen überliefert sind, ab.

Unsere dritte Aufgabe, das Bereitstellen der für uns notwendigen wissenschaftlichen Literatur, ist weiterhin in dem im vorigen Jahresbericht geschilderten Umfang durchgeführt worden. Unsre nach Verfassern und Sachgruppen geordnete Kartei wächst und leistet uns gute Dienste, ein vortrefflicher Ersatz der geringen Zeit, die dem Einzelnen zum eigenen Ablesen der Zeitschriften bleibt.

Durch die Güte von Dr. Thoma, London, konnten wir einen Schmalfilm der im Vatikan in Rom aufbewahrten Handschrift F von Willirams Paraphrase des Hohen Liedes, durch die der Abtei Kremsmünster einen ebensolchen der Handschrift K bekommen. Mit den darnach hergestellten Photokopien verfügt das Wörterbuch jetzt über sämtliche aus dem 11. Jahrhundert stammenden Handschriften von Willirams Werk, sei es im Abdruck, in Kollation oder Schmalfilmaufnahmen, und damit einen die Seemüllersche Ausgabe weithin ergänzenden Lesartenapparat.

Laufend fortgesetzt wurde auch die Reihe der Werkstattberichte. 1960 waren es deren 4, 1961 und 1962 je drei, die in den Bänden 82—84 der Beiträge zur Geschichte der deutschen Sprache und Literatur veröffentlicht werden konnten. Sie brachten syntaktische Studien, behandelten den Bedeutungsumfang ganzer Wortsippen mit voller Materialangabe oder klärten strittige Fragen der Bedeutung oder der Etymologie einzelner Wörter. Verschiedentlich griffen sie auch allgemeine Probleme der Übersetzungstechnik oder des Fortlebens der Wörter auf. Zu letzterem gehört auch die im Sonderband 83 der Beiträge erschienene, nicht als Werkstattbericht gekennzeichnete, aber für die Wörterbucharbeit grundlegende Abhandlung über die Notwendigkeit einer Unterscheidung zwischen reiner Vokabel- und sinnentsprechender Textübersetzung der Glossen.

Zum Schluß sei noch angemerkt, daß in der Berichtszeit 31mal Auskunft auf Grund unsres Materials gegeben werden konnte und daß mehrfach umfangreiche Zusammenstellungen durch die Bittsteller selbst bei uns angefertigt worden sind.

Elisabeth Karg-Gasterstädt

Altnordisches Wörterbuch

In den Jahren der Berichtsperiode wurde die Arbeit an den Artikeln planmäßig fortgeführt. Die im Anfangsstadium dieser Arbeiten festgelegten Richtlinien wurden durch eigene Erfahrungen wie durch das fortlaufende Studium der älteren Wörterbücher teils gefestigt, teils auch verbessert.

Neben dem selbstverständlichen Bemühen, die Fehlerquellen der dort festgestellten Mängel aufzudecken, galt es, Ungleichmäßigkeiten in der Verwertung lexikalischen Materials zu vermeiden. So ließ sich beobachten, daß in den älteren Wörterbüchern zahlreiche ungewöhnliche Wendungen in so bedeutenden Werken wie der Sturlunga saga und der Sverris saga nicht berücksichtigt worden sind. Ihre Aufnahme darf als ein wichtiges lexikalisches Anliegen betrachtet werden.

Im Vergleich zu den anderen einbändigen Werken bringt das Wörterbuch eine größere Zahl von für das Altisländische charakteristischen Wortfügungen und Redewendungen, besonders bei den Verben und den Präpositionen. Bei der Auswahl der einem Lemma zuzuordnenden Textbeispiele sprach die Absicht mit, das Lemma in seiner charakteristischen Umgebung zu zeigen, oder es sollten Bedeutungsschattierungen gezeigt werden, die nicht in den Hauptansatz aufgenommen werden können.

Die Benutzung der älteren Wörterbücher wird z. T. dadurch erschwert, daß unübersetzte Textstellen einer falschen Bedeutung zugeordnet sind. Um diese Unsicherheit zu vermeiden, ist das WB bestrebt, möglichst vielen Textbeispielen eine Übersetzung beizugeben. So werden eine große Menge hier zum ersten Male ins Deutsche übertragen, was die Bearbeiter oft vor nicht leichte Aufgaben stellte.

Weil die zahlreichen Wendungen mit den Übersetzungen verhältnismäßig viel Platz beanspruchen, der vorgesehene Umfang des WB jedoch zu äußerster Raumersparnis zwingt, war es notwendig, durch Beschränkungen in anderer Hinsicht einen Ausgleich zu schaffen. Darum werden sowohl Wiederholungen wie Verweise möglichst vermieden. Wortverbindungen erscheinen in der Regel nur an einer Stelle mit dem sinntragenden Wort als Lemma. Nur bei den Wortgruppen, für die mehrere Wörter sinnbestimmend sind, wird der Ansatz wiederholt oder es werden Verweise gegeben.

Alle Angaben, die für die Feststellung der Bedeutungen unwichtig sind (z. B. grammatische oder etymologische), werden auf das Nötigste beschränkt.

Auch der Aufbau der Artikel nimmt auf die Raumersparnis Rücksicht. Beispielsweise werden die mit dem Genitiv eines Lemmas gebildeten Komposita — wie schon bei Cleasby-Vigfússon und E. Jónsson — als zum Lemma gehörig betrachtet und an den Schluß des Artikels gestellt. (In den Handschriften erscheinen sie häufig als zwei Wörter.) Sie können dabei ohne Zeilenwechsel eingereiht werden. Zudem werden aus der Fülle der Beispiele nur die ausgewählt, deren Bedeutung sich nicht ohne weiteres aus den Gliedern ergibt.

Ferner wurden im Gegensatz zu anderen WBB auch die Zusammensetzungen mit dem Wortstamm als erstem Glied zusammengefaßt, so daß sie als ein Artikel mit dem Wortstamm als Stichwort erscheinen. Dabei spricht auch die Absicht mit, dem Benutzer bei den zahlreichen Homonymen das Erkennen der Zugehörigkeit zu erleichtern. Die sich hieraus ergebenden Vorteile sind so groß, daß sie die beim Aufsuchen der Lemmata auftretenden Erschwernisse mehr als aufwiegen.

Bei allem gebotenen Streben nach Kürze wurde doch darauf geachtet, daß die Benutzung des Wörterbuches durch sie nicht erschwert wird. Die Forderung nach Klarheit und Übersichtlichkeit war in vieler Beziehung für den Aufbau der Artikel bestimmend: Deshalb werden z. B. (wie schon bei Fritzner) in den Verb-Artikeln die zahlreichen Verbindungen mit Präpositionen in einem eigenen Abschnitt zusammengefaßt; sie werden darin unabhängig von ihrer Zugehörigkeit zu den verschiedenen Hauptbedeutungen nach der alphabetischen Reihenfolge der Präpositionen geordnet. Bei den Präpositionen, die verschiedene Fälle regieren, werden diese, ohne Rücksicht auf die Bedeutung, getrennt behandelt. Für diese Entscheidungen gab der praktische Gesichtspunkt den Ausschlag; nur so kann der Benutzer einen schnellen Überblick gewinnen.

Für zahlreiche technische Fragen konnten erst im Laufe der Arbeiten befriedigende Lösungen gefunden werden. Ebenso ergaben sich häufig neue Möglichkeiten für die Vereinheitlichung der Anlage. Beides nötigte zu wiederholter Durchsicht der bereits vorliegenden Artikel.

Am Ende der Berichtsperiode waren die Artikel bis einschließlich des Buchstabens R fertiggestellt.

Walter Baetke

Arbeiten an der Erschließung der Handschriftenbestände in der Hauptabteilung des Archivs der Franckeschen Stiftungen

I. Kurzbiographien

In der Berichtszeit wurde die Arbeit an den Kurzbiographien weitergeführt. Neben den unten aufgeführten Quellen wurde in vielen Fällen das handschriftliche Material des Archivs zur Ergänzung und Berichtigung herangezogen. Dabei fanden sich öfter in den Briefen eines Korrespondenten zweckdienliche Angaben über Lebensdaten anderer in Frage kommender Zeitgenossen. Als Quellen wurden nach Erledigung der Allgemeinen Deutschen Biographie herangezogen:

1. Allgemeine Nachschlagwerke

Acta Historico-Ecclesiastica Bd. 1—20 nebst Beiträgen Bd. 1—3 Weimar 1734—1758.

Büsching, Anton Friedrich: Beiträge zu der Lebensgeschichte denkwürdiger Personen, insonderheit gelehrter Männer. Halle 1783—1789

Dunkel, Joh. Gottlob Wilhelm: Historisch-critische Nachrichten von verstorbenen Gelehrten und deren Schriften, Cöthen 1753, 1755.

Ersch und Gruber: Allgemeine Encyclopädie der Wissenschaften und Künste. 1. Section A—G 1818—1882. 2. Section H-Ligatur 1827—1889. 3. Section O-Phyxios 1830—1850.

Goetten, Gabriel Wilhelm: Das jetztlebende Gelehrte Europa 1735—1748 mit Fortsetzungen von Ernst Ludwig Rathlef 1740—1744, Johann Christoph Strodtmann 1745 bis 1756 und Ferdinand Stosch 1756—1764.

Hamberger, Georg Christoph und Meusel, Johann Georg: Das gelehrte Teutschland, Lemgo 1756. Mit Nachtrag 1786—1795 und 5. Ausgabe 1796—1806.

Hirsch, August: Biographisches Lexikon hervorragender Ärzte aller Zeiten und Völker, Wien und Leipzig 1884—1888.

Jöcher, Christian Gottlieb: Allgemeines Gelehrten-Lexicon, Leipzig 1750—1751 mit der Fortsetzung und den Ergänzungen von Johann Christoph Adelung, 1784 u. 1787 und Heinrich Wilhelm Rotermund, Delmenhorst 1810, Bremen 1813 und 1816.

Koch, Eduard Emil: Geschichte des Kirchenlieds und Kirchengesangs..., Stuttgart 1866–1877.

Leichenpredigten-Verzeichnis der Hauptbibliothek der Franckeschen Stiftungen.

Moser, Johann Jacob: Beytrag zu einem Lexico der jetzt lebenden Lutherisch- und Reformirten Theologen, Züllichau 1740, mit einer Fortsetzung von Ernst Friedrich Neubauer 1743.

Pipping, Heinrich: Memoriae Theologorum aetate clarissimorum, Leipzig 1705.

Ritschl, Albrecht: Geschichte des Pietismus, Bonn 1880–1886.

Schmersahl, Elias Friedrich: Zuverlässige Nachrichten von jüngst verstorbenen Gelehrten, Celle 1748–1753. Neue Nachrichten ... Leipzig 1753–1754. Vermischte Beiträge, Celle 1756.

Schmersahl, Elias Friedrich: Geschichte jetzt lebender Gottesgelehrter, Langensalza 1751.

Weidlich, Christoph: Zuverlässige Nachrichten von den jetzt lebenden Rechtsgelehrten, 1755–1766.

Weidlich, Christoph: Biographische Nachrichten von den jetztlebenden Rechtsgelehrten in Teutschland, 1781–1785.

Weiske, Karl: Verzeichnis der Porträtsammlung ... der Hauptbibliothek der Franckeschen Stiftungen, 1923.

Zedlers Universal-Lexicon, Halle und Leipzig 1732–1750 nebst Supplementen, 1751 bis 1752.

2. Örtlich begrenzte Werke

de Boer, August: Der Pietismus in Ostfriesland in der ersten Hälfte des 18. Jahrhunderts, Aurich 1938.

Čyževskyi, Dimitri: Zu den Beziehungen des A. H. Francke-Kreises zu den Ostslaven. Kyrios, 3. Jg. Heft 3 u. 4, 1939/40.

Dietmann, Carl Gottlob: Die gesamte der ungeänderten Augspurgischen Confession zugethane Priesterschaft in dem Churfürstenthum Sachsen, 1752–1787.

Dreyhaupt, Johann Christoph von: Pagus Neletici et Nudzici oder ... Beschreibung des Saal-Creyses, 1. u. 2. Theil, Halle 1755.

Fischer, Otto: Evangelisches Pfarrerbuch für die Mark Brandenburg seit der Reformation, Berlin 1941.

Harenberg, Johann Christoph: Historia Ecclesiae Gandershemensis, Hannover 1734.

Lehmann, Arno: Es begann in Tranquebar, Berlin 1955.

Mann, W. J., Schmucker, B. M. und Germann, W.: Hallesche Nachrichten, Allentown Pa. 1886. Neudruck der Nachrichten von den vereinigten Deutschen Evangelisch-Lutherischen Gemeinden in Nord-America, absonderlich in Pennsylvanien, Halle 1787.

Rundes Chronik der Stadt Halle, 1750–1835. Bearbeitet von Bernhard Weißenborn, Halle 1933.

Schmidt, Andreas: Anhaltsches Schriftsteller-Lexicon, Bernburg 1830.

Winter, Eduard: Halle als Ausgangspunkt der deutschen Rußlandkunde im 18. Jahrhundert, Berlin 1953.

3. Schriften über einzelne Personen und Institute

Kramer, Gustav: August Hermann Francke, Halle 1881, 1882.

Beyreuther, Erich: August Hermann Francke, Berlin 1958.

Freyer, Hieronymus: Programmata ... Halae Magdeburgicae 1737 mit einem Verzeichnis der Vorgesetzten und Scholaren vom Anfang des Paedagogii Regii bis auf den September 1737.

Knuth, Georg: August Hermann Franckes Mitarbeiter (Freylinghausen, Wiegleb, Neubauer, Elers, Richter, Töllner, Herrnschmidt, Freyer) Halle 1898.

Schulze-Knapp-Niemeyer: Frankens Stiftungen, Halle 1792—1798.

Schulze-Knapp-Niemeyer: Beschreibung des Hallischen Waisenhauses, Halle 1799.

Juntke, Fritz: Matrikel der Martin-Luther-Universität, 1690—1730, Halle 1960.

Böhme, Joachim: Heinrich Julius Elers, 1956.

Grünberg, Paul: Philipp Jacob Spener, 3 Bde. 1893, 1905, 1906.

Mietzschke, Alfred: Heinrich Milde, Leipzig 1941.

Renkewitz, Heinz: Hochmann v. Hohenau. Quellenstudien zur Geschichte des Pietismus, Breslau 1935.

II. Verzeichnisse

Es wurde ein etwa hundert Nummern umfassendes Verzeichnis der wichtigsten, den Kurzbiographien im Archiv der Franckeschen Stiftungen zugrunde liegenden Literatur aufgestellt und wird als Schreibmaschinen-Manuskript mit drei Durchschlägen für Benutzer des Archivs bereitgehalten. Von diesen Quellenwerken werden etwa 25 auf den Kurzbiographien in abgekürzter Form zitiert, so z. B. bedeutet:

A. D. B. — Allgemeine Deutsche Biographie

Dreyhaupt — Johann Christoph v. Dreyhaupt: Pagus Neletici et Nudzici oder ... Beschreibung des Saal-Creyses.

Koch Kirchenlied — Eduard Emil Koch, Geschichte des Kirchenlieds und Kirchengesangs insbesondere der deutschen evangelischen Kirche.

Auch von diesem Verzeichnis der Abkürzungen wurde ein Schreibmaschinenmanuskript mit drei Durchschlägen erstellt.

Begonnen wurde mit der Bearbeitung des etwa 6500 Personen enthaltenden Namenregisters, das als Grundlage für einen späteren Druck dienen kann. Es sollen bei jedem Namen Ort und Jahr der Geburt und des Todes, wichtigste berufliche Stellung und gegebenenfalls Einstellung zum Pietismus vermerkt werden. Falls diese Punkte nicht zu ermitteln sind, sollen zum mindesten Ort und Zeit der im Archiv vorhandenen Schriftstücke aus der Feder des Betreffenden genannt werden.

Dr. Wilhelm Schäfer

Wörterbuch der obersächsischen Mundarten

Mit Unterstützung der bewährten Helfer im Lande sind die Sammelarbeiten für das Wörterbuch der obersächsischen Mundarten seit 1960 stetig weitergeführt worden, obwohl sich durch den Weggang des ältesten Assistenten im Herbst 1961

Änderungen in der Stellenbesetzung nötig machten. Der eingeschlagene Weg wurde beibehalten. Alle Arbeitsmethoden dienen einem möglichst frühen Publikationsbeginn, denn die Zeit drängt. Der im Verfall befindliche mundartliche Sprachschatz muß schnell geborgen werden. Bei einigen ehrenamtlichen Helfern ist im Laufe der Zeit eine gewisse Ermüdung eingetreten. Viele von ihnen befinden sich im hohen Alter, und mancher unersetzbare Sammler ist in der Berichtszeit verstorben (O. Erler aus Zethau, H. Klippel aus Tautewalde, Dr. A. Schirmer aus Karl-Marx-Stadt, J. Thomaß aus Polenz).

25000 Zettel mit frei gesammelten Mundartwörtern sind seit 1960 an der Arbeitsstelle eingegangen. Daß davon nur 4000 auf das letzte Jahr fallen, darf nicht verwundern; denn es scheinen jetzt alle im Untersuchungsgebiet bestehenden Wortschatzsammlungen, die Mundartfreunde aus eigenem Antrieb zusammengetragen haben, erfaßt zu sein. Mit größeren Einsendungen ist nicht mehr zu rechnen. Das Hauptaugenmerk wurde deshalb auf jene Erhebungsmethode gerichtet, die seit 1957 im Gange ist und auf semasiologischen Fragelisten beruht. Diese gehen in Form von Wörterbuch-Probeentwürfen an die besten Mitarbeiter. Bisher wurden dadurch die Wörter von L- bis Sch- erfaßt, zu denen 97000 Zettel eingeschickt wurden (über 70000 davon seit 1960). Mit dem weiteren Fortgang hat sich bei dieser Arbeitsmethode ein schnelleres Vorankommen ermöglicht; denn dadurch, daß die Gewährsleute nicht nur ein Wort belegen, sondern auch bei dessen Nicht-Vorhandensein das Synonym dafür angeben, erübrigt sich bei vielen Wörtern ein nochmaliges Nachfragen.

65000 Zettel ergaben sich seit 1960 aus eigenen Verzettelungsarbeiten, denen mundartliche Literatur und wissenschaftliche Arbeiten aus dem Gebiet der Dialektforschung zugrunde lagen. Die wichtigsten Monographien aus dem obersächsischen Bereich sind jetzt erfaßt; lediglich das Werk Karl Müller-Fraureuths muß noch ausgezettelt werden.

An der Arbeitsstelle sind gegenwärtig 382000 Zettel mit Wortbelegen vorhanden (1960 waren es 212000). Davon sind 208000 mit dem hochdeutschen Lemma versehen und alphabetisch geordnet. Sie stehen zu Gebrauch und Einsicht bereit. Diese Zettel bilden die Grundlage der späteren Ausarbeitung der Wörterbuchartikel. Ihr Bestand ist in den letzten drei Jahren um über das Doppelte erhöht worden.

Die große Synonymensammlung umfaßt unter etwa 800 Stichwörtern 15000 onomasiologische Verweise. Sie hat den Zweck, das vorhandene Material für die Wortfeldforschung aufzuschließen. Diese nach Sachgruppen geordnete Kartei macht eine erhebliche Mehrarbeit beim Lemmatisieren der Zettel nötig, die aber in Kauf genommen wird, um der modernen Forschung gerecht zu werden.

Die Fragebogenaktionen wurden in hergebrachter Weise fortgeführt, obwohl bei der immer spezieller werdenden Art der Fragestellung die Anzahl der zurückgereichten Bogen weiterhin abnahm. Sie erreichte bei den über die Kreisvolksbildungsämter verteilten Bogen seit 1961 nicht mehr 800 und lag bei den direkt an die Gewährsleute versandten unter 500.

Dafür sind bei der Auswertung dieser Bogen wesentliche Fortschritte erzielt worden. Das in ihnen enthaltene Material muß so schnell wie möglich greifbar gemacht werden, damit es für die spätere Arbeit an den Wörterbuch-Artikeln zur Verfügung steht. Deshalb ist zur Zeit ein Register im Entstehen, das einen alphabetischen Überblick über alle vorkommenden Antworten vermittelt. Es umfaßt bisher die Fragebogen 55 bis 57 und z. T. die Wörterlisten 2 und 5. Die Ausbeute beträgt 5000 Zettel.

Auf Grund der im Jahre 1960 neu geschaffenen Grundkarte, in die alle selbständigen Gemeinden und alle Orte eingezeichnet sind, aus denen Belege eingegangen waren, sind die Bedingungen für die kartographische Arbeit wesentlich besser geworden, so daß jetzt bereits 48 Wortkarten vorliegen. Beim Zeichnen wurden in letzter Zeit häufig Stempel mit verschiedenen Signa verwendet, die ein wesentlich schnelleres Vorwärtsschreiten gestatten. — Die Methode der Legendenzettel wurde beibehalten; auf ihnen wird nicht jeder einzelne Beleg verzeichnet, sondern geographische Verbreitungsgebiete sind zusammengefaßt.

Im Herbst 1960 unterstützten zwei Assistenten mehrere Wochen die Deutsche Akademie der Wissenschaften bei ihren Tonbandaufnahmen der deutschen Mundarten.

Auf die häufigen Anfragen von Wissenschaftlern oder Laien zu mundartkundlichen Problemen wurde brieflich Auskunft erteilt. Die Besuche von Helfern aus dem Arbeitsgebiet oder Fachkollegen (Dr. F. Allemann, Marburg; Dr. U. Engel, Böblingen/Württ., Dr. G. Ising, Berlin; Dr. I. Reiffenstein, München) wirkten stets anregend und förderlich.

Prof. Dr. Rudolf Große

Bibliographie zur Vor- und Frühgeschichte Mitteldeutschlands

Die Ziele und Aufgaben der Bibliographie sind im Jahrbuch 1954—56 auf S. 137ff. ausführlich dargelegt worden. Auf die Fortschritte dieses groß angelegten Sammelwerkes bis zum Jahre 1959 wurde im Jahrbuch 1957—1959 auf S. 219ff. hingewiesen. Im Jahre 1962 konnte der von Professor Walther Schulz — Halle/Saale bearbeitete Band 1 der Bibliographie, der die Gebiete Sachsen-Anhalt und Thüringen umfaßt, mit der Herausgabe des Teiles 2b abgeschlossen werden. Dieser Schlußteil bringt die Bibliographie der einschlägigen historischen Überlieferung, der Ortsnamenüberlieferung, der Volksüberlieferung und der allgemeinen Darstellungen der Vor- und Frühgeschichte nebst einem Anhang: Vor- und Frühgeschichte in Dichtung und Erzählung. Der ganze Band 1 hat einen Umfang von 1137 Seiten, die Zahl der in ihm aufgeführten Schrifttitel beträgt 12608. Ausführliche Inhaltsverzeichnisse, Sachinhaltsübersichten und ein besonders wichtiges, 140 Seiten langes Register (Verfasserregister und Ortsregister) am Schluß des Bandes erleichtern die Benutzung des gewaltigen Nachschlagewerkes aufs beste. In dreizehnjähriger Bearbeitungszeit dürfte damit von Walther Schulz die umfangreichste und ausgefeilteste Bibliographie der Vorgeschichte einer größeren Landschaft geschaffen worden sein, die bisher erschienen ist. Sie hat sich als eine unentbehrliche Nachschlagquelle und als eine sichere Grundlage für die Wissenschaft erwiesen, die der weiteren Forschung ein zuverlässiger und dauernder Helfer sein wird.

Auch der das Land Sachsen behandelnde Band 2 der Bibliographie, den Fräulein Liddy Bierbaum — Dresden bearbeitet, ist kräftig gefördert worden. Der Hauptteil 3a dieses Bandes, der etwa 672 Druckseiten ergeben wird, ist im Manuskript abgeschlossen worden.

Martin Jahn

Untersuchungen sprachlicher Überlieferungen in den Gebieten am Niederrhein

Eine Mitarbeiterin förderte seit Herbst 1961 durch Übernahme zeitraubenden Ablesens und Zusammenstellens die Arbeit an einem Reim- und Leseführer zu Veldekes Eneide, der, kurz vor dem Abschluß stehend, im Rahmen der Eneide-Ausgabe von Dr. Gabriele Schieb und Theodor Frings erscheinen wird.

Das Corpus Vasorum Antiquorum Leipzig

Nach Veröffentlichung des 1. Faszikels der antiken Tongefäße der Leipziger Universitätssammlung, von der im letzten Jahrbuch berichtet wurde, ist die Herausgabe des 2. Faszikels in Vorbereitung, das sämtliche schwarzfigurigen Gattungen der Sammlung enthalten wird.

Die attische Keramik, die nach Umfang und Bedeutung den Hauptbestand unserer schwarzfigurigen Gefäße bildet, umfaßt bedeutende Werke der altattischen Zeit, weißgrundig schwarzfigurige Gefäße u. a. aus der Nikosthenes-Werkstatt, Amphoren, sogenannte tyrrhenische Amphoren, Hydrien, Kratere, Skyphoi, Stamnoi, Lekythen und Schalen.

Die lakonische Gattung ist durch Krater und ausgezeichnete Beispiele dünnwandiger Schalen, die chalkidische durch Amphora und fußlose Schale, die böotische durch verschiedenartige z. T. späte Gefäße vertreten.

Über die Einbeziehung der schwarzfigurig italischen und schwarzfigurig etruskischen Gefäße in diesen Corpusband muß noch entschieden werden, da sie kürzlich vereinzelt von ausländischer Seite in Frage gestellt worden ist. Einige Werke der Leipziger Vasensammlung sind Kriegseinwirkungen zum Opfer gefallen; da in mehreren Fällen alte brauchbare fotografische Aufnahmen erhalten sind, erscheint es geboten, diese Stücke im Anhang an die jeweilige Gattung zu veröffentlichen.

Die teilweise sehr langwierige Restaurierung der Gefäße ist entsprechend den im letzten Bericht geschilderten Prinzipien durchgeführt worden. Soweit es möglich war, wurden schlecht ergänzte Teile von Gefäßen gleichmäßig in neutralem Ton überstrichen, so daß sich die originalen Partien ausreichend abheben; jedoch mußte eine Reihe von unrichtig restaurierten Gefäßen vollständig auseinandergenommen werden: bei einer Hydria z. B. erwiesen sich von 150 Bruchstücken 35 als ergänzt und übermalt.

Die umfangreiche Scherbensammlung wurde gründlich gereinigt. In vielen Fällen konnten mehrere Scherben zu größeren Gefäßfragmenten zusammengefügt werden und die fehlenden Teile, soweit das zur Sicherung des Ganzen oder Kenntlichmachung des Gefäßkörpers notwendig erschien, in Gips ergänzt und neutral getönt werden.

Ein überraschendes Ergebnis brachte die Zusammenfügung von unter verschiedenen Inventarnummern geführten Scherben zu einer pseudo-panathenäischen Preis-amphora, wodurch zwei Drittel des Gefäßes dieser nicht häufigen Gattung wiederhergestellt wurden.

Die fotografischen Aufnahmen und Restaurierungsarbeiten, bis September 1962 von Konservator Max Etzoldt durchgeführt, sind bis Februar 1963 infolge technischer Schwierigkeiten unterbrochen gewesen. Als wissenschaftlicher Bearbeiter ist weiterhin Dr. phil. habil. Eberhard Paul eingesetzt; die Leitung des Corpus Vasorum Antiquorum Leipzig liegt in den Händen des Akademiemitgliedes Herrn Morenz.

Bericht über die Arbeiten für das Mittellateinische Wörterbuch

An der Aufgabe, die der Mitarbeit für das Mittellateinische Wörterbuch hier in Leipzig zuletzt gestellt worden war, hat sich in den vergangenen drei Jahren nichts geändert: Sie bestand weiter in der Exzerpierung neuerer Literatur. Im einzelnen ergaben sich jedoch mancherlei Verschiebungen.

Rein zahlenmäßig trat in der Reihe der exzerpierten Arbeiten — rd. 175 — der Anteil der Bücher (über 40) zugunsten der größeren oder kleineren Aufsätze (über 130) stark zurück. Das erklärt sich dadurch, daß in der zweiten Hälfte der Berichtszeit sich das Schwergewicht der Exzerpierungstätigkeit auf die Durcharbeitung von Zeitschriften verlagerte. Zwar war auch vorher stets nach der Lektüre eines zur Exzerpierung vorgeschlagenen Zeitschriftenaufsatzes der gesamte Inhalt des Bandes der betr. Zeitschrift überblickt und gegebenenfalls mit ausgezogen worden, und ebenso war das bei Festschriften und ähnlichen Sammelbänden geschehen; jetzt aber ist die Lektüre von Zeitschriftenreihen planmäßig in Angriff genommen worden. Begonnen wurde dabei mit der Zeitschrift der Savigny-Stiftung für Rechtsgeschichte, von deren Germanistischer Abteilung sieben Jahrgänge (1954—1960) und von deren Kanonistischer Abteilung neun Jahrgänge (1952—1960) gelesen wurden, wobei nicht nur die Abhandlungen und Miszellen, sondern auch die zahlreichen Besprechungen von Neuerscheinungen der Literatur ausgewertet wurden. Reihen von anderen Zeitschriften werden folgen.

Dieser Übergang zur Exzerpierung von Zeitschriften wirkte sich auf die Anzahl der im Laufe der Zeit gewonnenen Exzerpte aus, die — rd. 3760 — vergleichsweise gering erscheinen könnte. Aber abgesehen davon, daß sehr häufig eine Besprechung oder Miszelle, ja selbst eine Abhandlung nur ein, zwei Punkte enthält, die für die Arbeit des Wörterbuches wichtig scheinen, oder daß nicht selten der Inhalt eines Aufsatzes in ein oder zwei Exzerpte zusammengefaßt werden konnte, ist auch bei der Exzerpierung selbst teilweise anders als früher verfahren worden. Da die neueren Bände von Zeitschriften den beiden Arbeitsstellen des Wörterbuches in der Regel leicht erreichbar sein dürften, leichter erreichbar jedenfalls als manche anderen Bücher, erschien es vielfach als zweckmäßig, an Stelle eines eigentlichen Exzerpts nur einen Verweis auf den Text des betr. Bandes zu geben, der dann vom Bearbeiter der Wörterbuchartikel im Bedarfsfall selbst eingesehen werden kann. Zu dieser Vereinfachung der Exzerpierung wurde vor allem dann gegriffen, wenn entweder die behandelte Sache eine allzu große Ausführlichkeit des Exzerptes verlangt hätte, die so vermieden werden konnte, oder — umgekehrt — wenn die in Frage stehende Sache für das Wörterbuch nur bedingt wichtig erschien. Neben diese — zahlenmäßig nicht erfaßten — Verweise, die also, ebenso wie die eigentlichen Exzerpte, Wörter, Begriffe, Einrichtungen — kurz: alles das betreffen, was vielleicht der Interpretation des mittellateinischen Wortschatzes dienen könnte, treten schließlich noch eine kleinere Zahl von Verweisen anderer Art, nämlich solche, die sich auf die dem Wörterbuch zugrundeliegenden oder auch — vereinzelt — auf möglicherweise noch heranzuziehende, weil neu erschienene Quellen beziehen und etwa auf Angaben zu geänderter Datierung, zur Verfasserschaft u. ä. aufmerksam machen wollen. Daß gegebenenfalls auch weiterführende Literatur mit notiert wird, sei nur beiläufig angemerkt.

Was nun die Wissensgebiete angeht, denen die exzerpierten Arbeiten zugehörten, so war es wiederum die (deutsche) Rechts- und Verfassungsgeschichte des Mittelalters mit Unter- und verwandten Gebieten — wie z. B. Prozeßgeschichte, Stadtrecht, Urkundenwesen, rechtliche Volkskunde, Rechtssprache usw. —, der der weitaus größte Anteil an jenen zufiel. Einen ebenfalls nicht geringen Raum nahmen die Themen der Kirchengeschichte und des Kirchenrechts behandelnden Werke ein. Eine Anzahl anderer beschäftigte sich mit Fragen der Kultur-, der Literatur- und der Ideengeschichte. Auch aus dem Gebiet der eigentlich politischen Geschichte, der Geschichte des Kriegswesens, der Wirtschaftsgeschichte mit Einschluß der Geschichte des Münzwesens, der Wappenkunde, der Chronologie usw. wurden Bücher und Aufsätze exzerpiert.

Das gesamte, so gewonnene Material ging in zeitlichen Abständen in seiner ersten Serie der Münchner, in seiner zweiten Serie der Berliner Arbeitsstelle des Wörterbuches zu. Die durch mehrere Jahre hindurch in Leipzig angesammelte und auf rd. 9350 Zettel angewachsene Reserveserie (3. Serie) wurde Ende 1961 nach München geleitet, wohin seitdem auch das neu anfallende Exzerpt- und Verweismaterial dieser Serie regelmäßig gesandt worden ist.

Gegen Ende der Berichtszeit machte sich noch einmal eine Beschäftigung mit den althochdeutschen Glossen nötig. In dem Material der Münchner Kopie des Sieversschen Glossenindex war im Buchstaben R eine größere Lücke festgestellt worden. Zu ihrer Ergänzung wurde der in Frage kommende Teil des Sieversschen Index von der Leitung des Althochdeutschen Wörterbuches in überaus dankenswerter Weise für eine Abschrift zur Verfügung gestellt. Es handelte sich dabei um etwa 1150 Glossenstellen, die dem Münchner Bestand zugefügt werden konnten.

Dr. Anneliese Grau

Historische Kommission

I. Personelle Veränderungen

Nach Ablauf der Amtszeit und aus gesundheitlichen Gründen ist Prof. Dr. Hellmut Kretzschmar im Februar 1962 von der weiteren Leitung der Historischen Kommission zurückgetreten. Zum neuen Leiter wurde Prof. Dr. Gertrud Schubart-

Fikentscher vorgeschlagen und vom Plenum der Akademie gewählt. Zum Stellvertreter wählte die Kommission erneut Prof. Dr. Walter Markov, zum Beisitzer wiederum Prof. D. Franz Lau. Durch den Tod verlor die Kommission 1962 Prof. Dr. Friedrich Schneider (Jena). — Als neugewählte Mitglieder bestätigte das Präsidium der Akademie die Herren Dr. Manfred Unger (Leipzig, 1960), Dr. Hans Walther (Leipzig, 1961), Prof. Dr. Max Steinmetz (Leipzig, 1962) und Prof. Dr. Gerhard Buchda (Jena, 1962).

II. Fortgang der Arbeiten

Die Kommission war besonders bestrebt, langfristige ältere Unternehmungen zu Ende zu führen. Größere neue Arbeiten konnten infolge der begrenzten finanziellen Möglichkeiten nicht begonnen werden.

1. Bibliographie der Sächsischen Geschichte

Die Arbeiten an der Gesamtbibliographie und an der Bibliographie der Stadt Dresden wurden planmäßig fortgeführt. — Die Bibliographie zur Geschichte von Chemnitz/Karl-Marx-Stadt wurde 1961 abgeschlossen, mußte jedoch aus verlagstechnischen Gründen vom Druck vorläufig zurückgestellt werden. — Von der Bibliographie zur Geschichte der Stadt Leipzig erschien 1961 Sonderband 2 „Karl-Marx-Universität Leipzig". Für Sonderband 3 „Die Kunst" ist das Manuskript Ende 1962 druckfertig abgeschlossen worden. Die Verlagsverhandlungen darüber schweben noch, doch ist mit der Ausgabe in der nächsten Berichtszeit zu rechnen. Sonderband 4 „Die Buchstadt" wurde im Manuskript fertiggestellt. An dem umfangreichen Hauptband wird noch gearbeitet.

2. Quellenpublikationen

1962 wurde begonnen, die Kopfregesten von Band 3 der „Akten zur Kirchenpolitik Herzog Georgs" für den Druck neu zu fassen. Die maschinenschriftliche Anfertigung einiger vollständiger Exemplare wurde fortgesetzt. Die Arbeit an den Regesten der „Politischen Korrespondenz des Kurfürsten Moritz" ist nahezu abgeschlossen. Sie soll durch ein Itinerar des Kurfürsten ergänzt werden, um damit einen genauen Überblick über den Stand der Arbeiten und ihren möglichen Abschlußtermin zu bekommen.

Das älteste Stadtbuch von Dresden (1404—1436) (bearbeitet von Elisabeth Boer) erscheint Anfang 1963 als Band 1 der neuen Veröffentlichungsreihe der Kommission „Quellen und Forschungen zur Sächsischen Geschichte" im Rotaprintverfahren. Als Band 2 wird das Freiberger Bürgerbuch (bearbeitet von Walther Herrmann) unmittelbar folgen.

3. Historisch-geographische Arbeiten

Die Arbeiten am „Historischen Atlas von Sachsen" gingen planmäßig weiter. Für die 1. Lieferung (= 6 Karten) konnten die Andrucke erfolgen. Die 2. und 3.

Lieferung befinden sich in der technischen Herstellung; weitere Kartenentwürfe werden bearbeitet.

Die „Deutsch-Slawischen Forschungen zur Namenskunde und Siedlungsgeschichte“ wurden planmäßig fortgesetzt. In der gleichnamigen Schriftenreihe erschienen 1960—1962 nachträglich der Band 8 und die Bände 11,13—15; in der dialektgeographischen Reihe „Mitteldeutsche Studien“ die Bände 23 und 25.

Die Leiterin
Gertrud Schubart-Fikentscher

VERÖFFENTLICHUNGEN DER AKADEMIE IN DEN BERICHTSJAHREN

Jahrbuch 1957–1959. 1961. 448 S., 12 Taf. u. 11 S. Beilage.

Mathematisch-naturwissenschaftliche Klasse

Abhandlungen

Band 47

Heft 1: Ernst Neef / Gerhard Schmidt / Magda Lauckner: Landschaftsökologische Untersuchungen an verschiedenen Physiotopen in Nordwestsachsen. 1961. 112 S., 16 Abb., 38. Tab. im Text, 19 Anlagen.

Heft 2: Karl Hermann Scheumann: Das Kornerupingestein von Waldheim in seinem genetischen Zusammenhang. 1960. 23 S., 12 Abb. auf 6 Taf.

Heft 3: Karl Hermann Scheumann/Thomas Bock: Die Stellung des Cordierits in metatektischen Granulitderivaten des sächsischen Granulitgebirges. 1961. 14 S., 18 Abb. auf 9 Taf.

Berichte

Band 104

Heft 1: Karl Schmalfuß: Über das Ausmaß der biologischen Bindung des elementaren Stickstoffs. Der Einfluß assimilierbarer Stickstoffverbindungen. 1960. 19 S., 2 Abb., 6 Tab. im Text.

Heft 2: Anton Lissner: Charakteristische Eigenschaften der Braunkohlen. 1960. 20 S., 10 Abb., 3 Tab. im Text.

Heft 3: Fritz Stather: Zur Charakteristik pflanzlicher und synthetischer Gerbstoffe und deren kombinierte Verwendung bei der Gerbung. 1960. 19 S.

Heft 4: Heinrich Prell: Bemerkungen zur Geschichte der englischen Längenmaß-Systeme. 1962. 74 S., 3 Tab., 2 Übersichten im Text.

Heft 5: Ott-Heinrich Keller: Zur Berechnung des Galois'schen Körpers und der Galois'schen Gruppe einer Gleichung in erträglich vielen Schritten. 1961. 22 S.

Heft 6: Rolf Klötzler: Die Konstruktion geodätischer Felder im Großen in der Variationsrechnung mehrfacher Integrale. 1961. 84 S.

Heft 7: Arthur Simon: Gitteraufbau und Katalyse bei der Gasentschwefelung. 1961. 21 S., 12 Abb. im Text.
Titelblatt und Register.

Band 105

Heft 1: Fritz Obenaus: An der Grenze zwischen Hochspannungstechnik und Physik. 1961. 19 S., 10 Abb. im Text.

Heft 2: Georg Merrem: Die klinisch-biologische Wertigkeit der Hirngeschwülste. 1962. 23 S., 7 Abb., 2 Tab. im Text.

Tabellen reduzierter ternärer quadratischer Formen

Teil II

von Dr. Oskar Intrau

Es handelt sich um eine Fortsetzung der 1958 unter dem gleichen Titel von Prof. Dr. Heinrich Brandt herausgegebenen Tabellen (vgl. Abhandlungen der Sächsischen Akademie der Wissenschaften zu Leipzig, Mathematisch-naturwissenschaftliche Klasse, Band 45, Heft 4). Der vorliegende zweite Teil des Werkes umfaßt die Diskriminanten von d = —1001 bis d = —2000 und ist in derselben Weise angelegt wie der erste Teil, welcher die Diskriminanten von d = —2 bis d = —1000 enthält. Für jede Diskriminante werden die reduzierten Formen aufgeführt sowie deren Verteilung auf Ordnungen und Geschlechter gekennzeichnet. Ferner werden zu jedem Geschlecht die Hauptcharaktere, die Maßzahl und die Diskriminante angegeben.

Das Werk ist nur im Manuskript vorhanden, von dem auch nur ein Exemplar existiert. Der Verfasser hat dieses der Sächsischen Akademie der Wissenschaften zu Leipzig überlassen, die es dem I. Mathematischen Institut der Martin Luther-Universität Halle-Wittenberg zur Aufbewahrung übergeben hat. Dort kann es von Interessenten eingesehen werden.

Ott-Heinrich Keller

Philologisch-historische Klasse

Abhandlungen

Band 50

Heft 1b: Bibliographie zur Vor- und Frühgeschichte Mitteldeutschlands. Hrsg. v. Martin Jahn. Band 1: Walther Schulz, Bibliographie zur Vor- und Frühgeschichte von Sachsen-Anhalt und Thüringen. Teil 2b: Historische Überlieferung, Ortsnamenüberlieferung, Volksüberlieferung, Darstellungen, bis 1953. Register. 1962. XII, 290 S.
Titelblatt und Register.

Band 52

Heft 1: Siegfried Morenz unter Mitarbeit von Dieter Müller: Untersuchungen zur Rolle des Schicksals in der ägyptischen Religion. 1960. 36 S.

Heft 2: Martin Jahn: Der älteste Bergbau in Europa. 1960. 62 S., 29 Abb., davon 12 auf 4 Kunstdrucktaf.

Heft 3: Ernst Rohloff: Neidharts Sangweisen. Teil I: Kommentarband. 1962. 130 S.

Heft 4: Ernst Rohloff: Neidharts Sangweisen. Teil II: Melodien und Lieder. 1962. 414 S.
Titelblatt und Register.

Band 53

Heft 1: Dieter Müller: Ägypten und die griechischen Isis-Aretalogien. 1961. 96 S.

Heft 2: Heinrich Magirius: Die Baugeschichte des Klosters Altzella. 1962. 231 S., 21 Fig. im Text, 155 Abb. auf 57 Kunstdrucktaf., 28 Pläne auf 20 Taf. u. 7 Ausschlagtaf.

Heft 3: August Hermann Franckes Schrift über eine Reform des Erziehungs- und Bildungswesens als Ausgangspunkt einer geistlichen und sozialen Neuordnung der Evangelischen Kirche des 18. Jahrhunderts — Der Große Aufsatz. Mit einer quellenkundlichen Einführung hrsg. v. Otto Podczeck. 1962. 163 S.
Titelblatt und Register.

Band 54

Heft 1: Friedrich Behn: Zur Problematik der Felsbilder. 1962. 92 S., 175 Abb. auf 64 Kunstdrucktaf.

Heft 2: Friedrich Weller: Zum Kāśyapaparivarta. Heft 1: Mongolischer Text. 1962. 122 S.

Berichte

Band 105

Heft 4: Hellmut Kretzschmar: Die Zeit König Johanns von Sachsen 1854—1873. Mit Briefen und Dokumenten. 1960. 162 S.

Heft 5: Hochsprache und Mundart in Gebieten mit fremdsprachigen Bevölkerungsteilen. Beiträge von Rudolf Große und Claus Jürgen Hutterer. 1961. 71 S., 15 Ktn, 6 Tab. im Text.

Heft 6: Otto Eißfeldt: Der Beutel der Lebendigen. Alttestamentliche Erzählungs- und Dichtungsmotive im Lichte neuer Nuzi-Texte. 1960. 40 S., 12 Abb., davon 10 auf 7 Taf.
Titelblatt und Register

Band 106

Heft 1: Claus Jürgen Hutterer: Geschichte der ungarn-deutschen Mundartforschung. 1960. 96 S.

Heft 2: Helmut Protze: Das Wort ‚Markt' in den mitteldeutschen Mundarten. Mit besonderer Berücksichtigung des Siebenbürgisch-Sächsischen und unter Einbeziehung des Indogermanischen. 1961. 76 S., 3 Faltktn.

Heft 3: Joseph Aistleitner: Wörterbuch der ugaritischen Sprache. (In Vorbereitung).

Heft 4: Johannes Leipoldt: Griechische Philosophie und frühchristliche Askese. 1961. 67 S.

Heft 5: Rudolf Fischer/Ernst Eichler/Horst Naumann/ Hans Walther: Leipziger namenkundliche Beiträge. Mit einer Bibliographie der Leipziger namenkundlichen Arbeitsgruppe (2. Folge). 1961. 127 S., 1 Abb., 3 Ktn.

Heft 6: Richard Hauschild: Über die frühesten Arier im alten Orient. 1962. 59 S., 1 Faltkt.

Band 107

Heft 1: Kurt Rudolph: Die Religionsgeschichte an der Leipziger Universität und die Entwicklung der Religionswissenschaft. 1962. 191 S.

Heft 2: Joachim Müller: Yvan Goll im deutschen Expressionismus. 1962. 71 S.

Heft 3: Rudolf Meyer: Das Gebet des Nabonid. Eine in den Qumran-Handschriften wiederentdeckte Weisheitserzählung. 1962. 112 S., 1 Taf.

Heft 4: Friedrich Zucker: ΑΥΘΕΝΤΗΣ und Ableitungen. 1962. 26 S.

Heft 5: Rudolf Fischer: August Schleicher zur Erinnerung. Mit einem Diskussionsbeitrag von Joachim Müller und einer Bibliographie von Joachim Dietze. 1962. 52 S., 1 Taf.

WEITERE VERÖFFENTLICHUNGEN

Mathematisch-naturwissenschaftliche Klasse

J. C. Poggendorff,

Biographisch-literarisches Handwörterbuch der exakten Naturwissenschaften, herausgegeben unter Mitwirkung der Akademien der Wissenschaften zu Berlin, Göttingen, Heidelberg, München und Wien von der Sächsischen Akademie der Wissenschaften zu Leipzig

Band VIIa. 4. S—Z. 1932—1953. I. 1961. 672 S.
4. S—Z. 1932—1953. II. 1962. 494 S., m. Anhang und Schlußwort 162 S.
[Gelehrte Deutschlands, Österreichs und der Schweiz]

Philologisch-historische Klasse

Althochdeutsches Wörterbuch

Auf Grund der von Elias von Steinmeyer hinterlassenen Sammlungen im Auftrag der Sächsischen Akademie der Wissenschaften zu Leipzig bearbeitet und herausgegeben von Elisabeth Karg-Gasterstädt und Theodor Frings

Lfg 12. 1960. Sp. 825— 904.
13. 1961. Sp. 905— 984.
14. 1962. Sp. 985—1064.

Corpus Vasorum Antiquorum

Deutschland, Band (Nr. noch nicht bestimmt): Leipzig, Archäologisches Institut der Karl-Marx-Universität, Band 2. Leitung: Prof. D. Dr. Siegfried Morenz, Bearbeiter: Dr. phil. habil. Eberhard Paul. In Vorbereitung.

Historische Kommission

„Mitteldeutsche Studien", herausgegeben von Th. Frings und K. Bischoff

Heft 23: Gerhard Kettmann: Die Sprache der Elbschiffer. II. Halle 1961. 283 S.
Heft 24: Claus Jürgen Hutterer: Das ungarische Mittelgebirge als Sprachraum. Historische Lautgeographie der deutschen Mundarten in Mittelungarn. Im Druck.
Heft 25: Karl Spangenberg: Die Mundartlandschaft zwischen Rhön und Eichsfeld. Halle 1962. XXIV, 240 S., 6 Abb. im Text, 42 zweifarbige Ktn.
Heft 26: Heinz Rosenkranz: Der Thüringische Sprachraum. Untersuchungen zur dialektgeographischen Struktur und zur Sprachgeschichte Thüringens. In Vorbereitung.
Heft 27: Gunter Bergmann: Das Vorerzgebirgische. Mundart und Umgangssprache im Industriegebiet um Karl-Marx-Stadt —Zwickau. In Vorbereitung.
Heft 28: Walter Krug: Laut- und wortgeographische Untersuchungen im Heidegebiet zwischen Mulde und Elbe nördlich vom Meißnischen. In Vorbereitung.

„Deutsch-Slawische Forschungen zur Namenkunde und Siedlungsgeschichte", herausgegeben von Theodor Frings und Rudolf Fischer

Band 11: Wolfgang Fleischer: Namen und Mundart im Raum von Dresden. Toponymie und Dialektologie der Kreise Dresden-Altstadt und Freital als Beitrag zur Sprach- und Siedlungsgeschichte. I. Berlin 1961. 387 S., 1 Grundkte, 12 Deckbl.
Band 12: Wolfgang Fleischer: Namen und Mundart im Raum von Dresden. II. In Vorbereitung.
Band 13: Horst Naumann: Die Orts- und Flurnamen der Kreise Grimma und Wurzen. Berlin 1962. 489 S., 16 Ktn.
Band 14: Dietrich Freydank: Ortsnamen der Kreise Bitterfeld und Gräfenhainichen. Berlin 1962. 157 S., 4 Ktn.
Band 15: Albert Richter: Die Ortsnamen des Saalkreises. Berlin 1962. 143 S., 3 Ktn.
Band 16: Walter Wenzel: Die Ortsnamen des Schweinitzer Landes. In Vorbereitung.
Band 17: Gerhard Schlimpert: Slawische Personennamen in mittelalterlichen Quellen Deutschlands. In Vorbereitung.

„Quellen und Forschungen zur sächsischen Geschichte", für die Herausgabe verantwortlich Dr. Karlheinz Blaschke und Dr. Hans Walther

Band 1: Das älteste Stadtbuch von Dresden. 1404—1436. Bearbeitet von Elisabeth Boer. In Vorbereitung.

Band 2: Das Freiberger Bürgerbuch. Bearbeitet von Walther Herrmann. In Vorbereitung.

Bibliographie zur Geschichte der Stadt Leipzig. Sonderband II. Karl-Marx-Universität Leipzig. Bibliographie zur Universitätsgeschichte 1409—1959. Herausgegeben von der Historischen Kommission bei der Sächsischen Akademie der Wissenschaften mit Unterstützung des Stadtarchivs Leipzig. Bearbeitet von Dr. Edith Rothe und Hildegard Heilemann. (Aus den Schriften der Historischen Kommission bei der Sächsischen Akademie der Wissenschaften zu Leipzig. Band 36: Ergänzung zu Rudolf Bemmann und Jakob Jatzwauk: Bibliographie der Sächsischen Geschichte Band III: Ortsgeschichte.) Leipzig 1961. 558 S.

VERÖFFENTLICHUNGEN VON AKADEMIEMITGLIEDERN IN DEN JAHREN 1960–1962

(Nach eigenen Angaben)

(Verzeichnis der Abkürzungen s. S. 326f.)

Mathematisch-naturwissenschaftliche Klasse

Arland, Anton: Düngung der Pflanzen. In: Jahrb. Sächs. Akad. Wiss. *1957–1959* (Berlin 1961) S. 182–183.
– Die Ausnutzung der physiologischen Merkmale in der Landwirtschaft. In: Physiologie der Pflanzen. *7* (1960) S. 160–169. [In russ. Spr.]
– u. J. Enzmann: Pflanzenbauer reisen nach China. In: Wiss. Zs. Univ. Leipzig Math.-nat. R. *9* (1959/60) S. 241–246.
– Von den Möglichkeiten der Gemeinschaftsarbeit mehr Gebrauch machen. Diskussionsbeitrag. In: Universitätszeitung Leipzig. *4* (1960) Nr. 42/43 Beil.
– u. a.: Prof. Dr. phil. Adolf Zade. Sein Leben und Wirken am Institut für Pflanzenzüchtung der Universität Leipzig. Ebda, *5* (1961) Nr. 39 Beil.

Brednow, Walter: Therapie der Herzinsuffizienz. In: Allg. Ärztetag Gera 1960 (Gera 1960) S. 1–2.
– Lupus erythematodes visceralis. In: Vorträge des 12. Ärztetreffens in Kärnten 1960 (Wien 1960/61) S. 1–12. (Paracelsus-Beihefte, Sonder-H.).
– Der Kranke und seine Krankheit. In: Verh. Ges. Dtsch. Naturforscher und Ärzte in Hannover 1960 (Berlin-Göttingen-Heidelberg 1961) S. 199–205.
– Die Problematik des Alterns bei Wilhelm von Humboldt. In: 2. Internistentagg. Jena-Halle-Leipzig in Weimar 1959 (Leipzig 1962) S. 12–26.
– Die Therapie der chronischen Bronchitis und der Bronchiektasien. In: Österr.Ärzte-Ztg. *15* (1960) Nr. 3, S. 2–6.
– Die Problematik des Alterns bei Wilhelm von Humboldt. In: Die Sammlung. *15* (1960) S. 137–149.
– Klinische Problematik der Cavernenheilung. In: Med. Klinik. *55* (1960) S. 684–688, 713–719.
– Die Problematik des Alterns bei Wilhelm von Humboldt. In: Zs. f. Alternsforschg. *14* (1960) S. 89–93.
– Zur Klinik und Therapie fibrosierender Lungenerkrankungen. In: Schweizer. med. Wschr. *91* (1961) S. 23–24.
– Die Kollagenkrankheiten der Lunge. In: Beitr. Klinik Tuberkulose. *124* (1961) S. 3–20.
– Lungenveränderungen bei akutem und primär-chronischem Gelenkrheumatismus. In: Der Internist. *2* (1961) S. 420–425.
– Der Kranke und seine Krankheit. In: Nova Acta Leopoldina N. F. *24* (1961) Nr. 152, S. 3–16.
– Medizin auf Abwegen. In: Med. Monatsschr. *15* (1961) S. 551–552.
– Der Kranke und seine Krankheit. In: Ärztl. Praxis. *13* (1961) S. 2289–2292.
– Zur Klinik der Lungenadenomatose. In: Med. Klinik. *57* (1962) S. 128–131.
– Zur klinisch-röntgenologischen Differentialdiagnose seltener Lungengerüsterkrankungen. In: Der Internist. *3* (1962) S. 339–346.

— Der Kranke und seine Krankheit. In: Neue Sammlung *2* (1962) S. 289—296.
— Bronchite e Bronchiectasie. In: Clinica d'oggi. *1962*, S. 612—644.

Buchheim, Wolfgang: Bemerkung über die Auswirkung des geotektonischen Elbelineamentes auf die Erdgezeiten. In: Bull. d'Information de la Commission Permanente des Marées Terrestres. Nr. *22* (1960) S. 443—444.
— Zur Berücksichtigung der Zeitabhängigkeit in der Theorie des mechanischen Verhaltens von Gesteinsmassen. In: Geologie u. Bauwesen. *26* (1961) S. 218—233.
— u. S. W. Smith: The Earth's Free Oscillations Observed on Earth Tide Instruments at Tiefenort, East Germany. In: J. Geophysical Research. *66* (1961) S. 3608—3610.

Bürger, Max: Altern und Krankheit als Problem der Biomorphose. 4. Aufl. (Leipzig 1960) 784 S.
— Zum Problem der Biomorphose und deren Bedeutung für die physikalische Therapie und Balneologie. In: Fortbildungslehrgang f. Balneologie und physikal. Therapie in Leipzig. 1957 (Berlin 1960) S. 1—5.
— Das Alter in der Großstadt. In: Der Mensch in der Großstadt (Stuttgart 1960) S. 57—68.
— Jahresbericht des Laboratoriums für Alternsforschung. In: Jahrb. Sächs. Akad. Wiss. *1957—1959* (Berlin 1961) S. 183—185.
— Biomorphose des Menschen. In: Landois-Rosemann, Lehrb. d. Physiologie des Menschen. 28. Aufl. (München u. Berlin 1962) S. 954—989.
— Geschlechtsunterschiedlicher Bau, Funktion und Leistung der menschlichen Muskulatur und des Kreislaufsystems. In: Der Dtsch. Badebetrieb. *51* (1960) H. 3.
— u. K. Seidel: Innere Sekretion. In: Münchener med. Wschr. *102* (1960) S. 609—612, 2174—2178.
— u. R. Haase: Über den zeitlichen Ablauf der Wasserabgabe bei Gefriertrocknung junger und alter menschlicher Gewebe. In: Vakuum-Technik. *9* (1960) S. 25—27.
— Die Biomorphose der Hand in ihrer diagnostischen Bedeutung. In: W. Doberauer, Geriatrie u. Fortbildung. Vorträge d. 4. Österr. Fortbildungskurses „Geriatrie" (Wien 1960) S. 13—25.
— Die Transmineralisation der menschlichen Gewebe als Ausdruck ihrer Biomorphose. In: Dtsch. med. Wschr. *85* (1960) S. 1493—1495, S. 1499—1501.
— Die Biomorphose des menschlichen Gehirns. In: Forsch. u. Fortschr. *34* (1960) S. 289 bis 292.
— Altern und Krankheit. In: Die Medizinische Welt. *1960*, Nr. 45, S. 2343—2356.
— u. H. Knobloch: Die Biomorphose (Alterswandlungen) der elastischen Elemente verschiedener Gewebe (Haut, Lunge und Gefäße). In: Zs. f. Alternsforschg. *14* (1960) S. 94—112.
— Das Lebensschicksal der peripheren und cardialen Muskulatur. In: Der Dtsch. Bade-Betrieb. *52* (1961) H. 4.
— u. K. Seidel: Innere Sekretion. In: Münchener med. Wschr. *103* (1961) S. 877—888, S. 2045—2049.
— Über die Ernährung des alten Menschen. In: Dtsch. med. J. *12* (1961) S. 339—344.
— Die chemischen Lebenswandlungen des menschlichen Herzklappengewebes. In: Münchener med. Wschr. *103* (1961) S. 1459—1463.
— u. E. Bredy: Der Schwefelgehalt des menschlichen Herzens in Abhängigkeit von Alter und Geschlecht. In: Zs. f. Alternsforschg. *15* (1961) S. 177—184.
— Über Funktion und Struktur des gesunden menschlichen Herzens. In: Münchener med. Wschr. *103* (1961) S. 2453—2456.

— u. K. Schubert, G. Rose: Über das Vorkommen von Dihydroxysterinen im menschlichen Gehirn. In: Hoppe-Seyler's Zs. physiol. Chem. *326* (1961) S. 235—241.
— Die Beziehungen der Biomorphose zur Funktion und Struktur der Organe und Gewebe. In: Ärztliche Praxis. *14* (1962) S. 361 u. S. 385—389.
— Die Bedeutung der Biomorphose für Erkennung, Verlauf und Behandlung innerer Krankheiten. In: Med. Klinik. *57* (1962) S. 689—692.
— Die Bedeutung des aufrechten Ganges für die Physiologie und Pathologie des Kreislaufs. In: Der Dtsch. Badebetrieb. *53* (1962) H. 7, 5 S.
— u. K. Seidel: Innere Sekretion. In: Münchener med. Wschr. *104* (1962) S. 911—915, S. 1784—1787.
— Altern und Krankheit als Problem der Biomorphose. Ebda, *104* (1962) S. 1657—1660.
— Chemische Alterswandlungen gesunder menschlicher Herzklappen. Ebda, *104* (1962) S. 2146—2149.

Emmrich, Rolf: Chronische Krankheiten des Bindegewebes. 2. Aufl. (Leipzig 1961) 406 S.
— Antifebrile und neurale Therapie. In: Beitrag zur modernen Therapie (Weimarer Therapietagung 1960) *3* (Jena 1961) S. 120—124.
— Die Krankheiten der Nieren, der ableitenden Harnwege und der männlichen Geschlechtsorgane. In: A. Sundermann, Lehrbuch der Inneren Medizin. *1* (Jena 1961) S. 637—781.
— Periphere Durchblutungsstörungen und Krankheiten der peripheren Gefäße. Ebda, *2* (Jena 1961) S. 343—388.
— Biochemie der Gefäßwand. In: Gefäßwand u. Blutplasma — Symposion 1959 in Magdeburg (R. Emmrich, E. Perlick) (Jena 1961) S. 15—35.
— Probleme der Therapie. Ebda, S. 230—240.
— Klinisch-chemische Probleme der Bindegewebspathologie. In: Klinische Chemie der vegetativen Regulationen und ihrer Störungen. (Berlin 1961) S. 13—22.
— Viruspneumonien. In: Jahreskongreß f. ärztliche Fortbildung 1960. (Berlin 1961) S. 126—136.
— Pathophysiologie der inneren Sekretion. In: Lehrbuch der pathologischen Physiologie (E. Götze) (Jena 1962) S. 607—676.
— u. N. Bannert: Über proteingebundene Kohlenhydrate des Serums und der Interzellularflüssigkeit bei chronischer Polyarthritis rheumatica und bei Arteriosclerosis obliterans. In: Ärztl. Wschr. *15* (1960) S. 115—118.
— Die Proteinfraktionen von Thromben und Gefäßfüllseln bei arteriellen peripheren Durchblutungsstörungen. In: Münchener med. Wschr. *102* (1960) S. 823—826.
— u. H. Petzold: Glykogenspeicherkrankheit im Erwachsenenalter. In: Dtsch. Zs. Verdauungskrankheiten *20* (1960) S. 162—168.
— Der Begriff der klinischen Entität in der inneren Medizin. In: Wiss. Zs. Univ. Leipzig. Math.-nat. R. *9* (1959/60) S. 517—522; auch in: Leipziger Universitätsreden, N. F. *1960*, H. 17.
— Über einige Probleme der chronischen Krankheiten des Bindegewebes. In: Münchener med. Wschr. *102* (1960) S. 1462—1465.
— Rheumatismus und Sklerose. In: Therapeut. Ber. *32* (1960) S. 37—44.
— u. E. Götze, H. Petzold, K. Hoffmeister: Über die Beeinflussung des Granulationsgewebes durch Cholinderivate und Glykokoll-Betain. In: Ärztl. Forsch. *15/I* (1961) S. 45—47.

— u. S. König: Über die Differenzierung von Exsudat und Transsudat. In: Med. Klinik. *56* (1961) S. 661—664.
— Kollagenkrankheiten. In: Ärztl. Praxis. *13* (1961) S. 1663, S. 1671—1672.
— Gefahren der Langzeitbehandlung mit hochwirksamen Kortikosteroiden. In: Dtsch. Gesundheitswesen. *16* (1961) S. 952—957.
— Leberdiagnostik. In: Verh. Ges. exp. Medizin. *1* (1962) S. 182—188.
— u. H. Petzold: Histochemische Reaktionen am Leberparenchym chronischer Hepatopathien. In: Acta Hepato-splen. *9* (1962) S. 253—263.
— Das Postcholezystektomie-Syndrom. In: Dtsch. Zs. Verdauungskrankheiten. *21* (1962) S. 245—253.
— Dysproteinämien und Paraproteinämien. In: Forsch. u. Fortschr. *36* (1962) S. 193—196.
— Die klinische Bedeutung der serologischen Befunde beim Rheumatismus. In: Verh. Dtsch. Ges. inn. Med. *68* (1962) S. 458—478.
— u. W. Urbaszek: Eine Methode zur elektrophoretischen Trennung der Serum-Mukoide. In: Zs. ges. inn. Med. *17* (1962) S. 801—803.
— Über die Beeinflussung des Granulationsgewebes durch Carnitin. In: Dtsch. Zs. Verdauungskrankheiten. *22* (1962) S. 102—105.
— Das Vertrauensverhältnis Arzt-Patient und sein ethischer Wert. In: Leipziger Universitätsreden. N. F. *1962*, H. 25/26, S. 35—44.
— [Mithrsg.]: Gefäßwand und Blutplasma — Symposion 1959 in Magdeburg (R. Emmrich, E. Perlick) (Jena 1961).

Frenzel, Walter: Über Ringspindel-Entwicklungen. In: Textil-Praxis. *1960* S. 118—126.
— u. W. Kittelmann: Der kritische Drehungsgrad bei Chemieseiden. In: Dtsch. Textiltechnik. *1960*, H. 2, S. 59—61.
— u. H.-J. Pursch: Reifencord-Herstellung. In: Faserforschung u. Textiltechnik. *11* (1960) S. 528—543.
— u. G. Albrecht: Vergleichende Spinnversuche mit dem flyerlos arbeitenden Decordisator-Verfahren und der üblichen Spinnweise. Ebda, S. 559—569.
— Die Herstellung feiner Garne — Vergleichende Spinnversuche mit dem Decordisator- und dem Flyerspinnverfahren. In: Textil-Praxis. *1961* S. 1087—1093.
— Ring-Spinnen und -Zwirnen ohne Fadenballon. In: Melliand Textilberichte Heidelberg. *43* (1962) S. 1253—1256.

Gersch, Manfred: Weitere Untersuchungen über neurohormonale Beziehungen bei Insekten. In: The Ontogeny of Insects. Acta symposii de evolutione insectorum (Prag 1960) S. 127—132.
— Neurosekretion und Neurohormone bei wirbellosen Tieren. In: Symposia Biologica Hungarica. *1* (1960) S. 153—180.
— Neuere Ergebnisse zur Neurosekretion und zur Wirkung von Neurohormonen bei Insekten. In: J. allg. Biol. [russ.] *21* (1960) S. 246—260.
— u. R. Deuse: Über herzaktive Faktoren aus dem Nervensystem von Aplysia. In: Zoolog. Jahrbücher, Abt. Allg. Zoologie u. Physiologie d. Tiere. *68* (1960) S. 519—534.
— u. F. Fischer, H. Unger, H. Koch: Die Isolierung neurohormonaler Faktoren aus dem Nervensystem der Küchenschabe Periplaneta americana. In: Zs. Naturforschg. *15b* (1960) S. 319—323.
— Insect metamorphosis and the activation homone. In: Amer. Zoologist. *1* (1961) S. 53 bis 57.

— u. K. Richter: Experimentelle Untersuchungen des physiologischen Farbwechsels von Piscicola geometra (Hirudinea). In: Zoolog. Jahrbücher, Abt. Allg. Zoologie u. Physiologie d. Tiere *69* (1961) S. 273—284.

— u. F. Fischer, H. Unger, W. Kapitza: Vorkommen von Serotonin im Nervensystem von Periplaneta americana L. (Insecta). In: Zs. Naturforschg. *16b* (1961) S. 351—352.

— The Activation Hormone of the Metamorphosis of Insects. In: General and comparative Endocrinol. Suppl. *1* (1962) S. 322—329.

— Hormone und Hormonforschung bei niederen Tieren. In: Materia Medica Nordmark *14* (1962) S. 391—402, 427—437, 482—490.

— u. H. Berger: Die Wirkungen isolierter Neurohormone aus Periplaneta americana auf die Pupariumbildung der Schmeißfliege Calliphora erythrocephala. In: Naturwissenschaften. *49* (1962) S. 262.

— u. F. Fischer, W. Kapitza, H. Unger: Sind die Neurohormone der Arthropoden identisch mit fluoreszierenden Substanzen aus dem Nervensystem? In: Zs. Naturforschg. *17b* (1962) S. 834—836.

— [Bespr.] Evolution und Hominisation. Festschrift zum 60. Geburtstag von G. Heberer (G. Kurth) (Stuttg. 1962) X, 228 S. In: Dtsch. Literatur-Ztg. *83* (1963) Sp. 1121—1124.

Hanson, Horst u. H. Schmidt: Über die Einwirkung proteolytischer Enzyme auf die organische Zahnsubstanz, 4. Mitt.: Der Einfluß variierter Versuchsbedingungen auf den pankreatinbedingten Andauungseffekt. In: Beiträge zur Zahnheilkunde und ihren Grenzgebieten — Festschrift f. E. Reichenbach (G. Bruns) (Lpz. 1962) S. 63—73.

— u. H. Schmidt: ~ 2. Mitt.: Veränderungen des metachromatischen Dentinbildes durch Pankreatin. In: Dtsch. Zahn-, Mund- u. Kieferheilkunde. *34* (1960) H. 1/2, S. 1—9.

— u. H. Schmidt: ~ 3. Mitt.: Die Auflösung entkalkten Dentins durch Papain. In: Dtsch. Zahnärzteblatt. *14* (1960) S. 39—43.

— u. H. Kirschke: Die enzymatische Hydrolyse von Prolin und Glykokoll-haltigen Di- und Tripeptiden durch die Rinderlinse. In: Zs. Vitamin-, Hormon- u. Fermentforschg. *11* (1960/61) S. 343—354.

— u. S. Fittkau, D. Gläßer: Zur Aktivität und Spezifität der Leucinaminopeptidase in Augenlinsen. In: Hoppe-Seyler's Zs. physiol. Chem. *322* (1961) S. 101—111.

— Zusammensetzung und Funktion des Speichels. In: Dtsch. zahnärztl. Zs. *16* (1961) S. 143—152.

— u. S. Ansorge, S. Fittkau: Vergleichende Untersuchungen über die Ausscheidung von Peptiden im Harn stoffwechselgesunder Personen. In: Hoppe-Seyler's Zs. physiol. Chem. *324* (1961) S. 17—31.

— Das proteolytische System der Augenlinse. In: Wiss. Zs. Univ. Halle. Math.-nat. R. *10* (1961) S. 593—598.

— u. R. Kleine: Untersuchungen zur Aktivität und Spezifität der Aminosäureesterasewirkung der Augenlinse. In: Hoppe-Seyler's Zs. physiol. Chem. *326* (1961) S. 106—115.

— u. H. Schmidt: Über die Einwirkung proteolytischer Enzyme auf die organische Zahnsubstanz, 5. Mitt.: Der Einfluß von Kalziumchlorid, Na-EDTA, Kaliumzyanid. Lauryl- und Palmitylsarkosinat auf die enzymatische Wirkung von Pankreatin. In: Dtsch. Zahn-, Mund- und Kieferheilkunde. *37* (1962) S. 269—282.

— u. D. Gläßer: Einfaches Verfahren zur präparativen Gewinnung hochgereinigter Leucinaminopeptidasen aus Rinderaugenlinsen. In: Hoppe-Seyler's Zs. physiol. Chem. *329* (1962) S. 249—256.

— u. D. Gläßer, R. Kleine: Über Aminosäureesterase-Wirkung der Leucinaminopeptidase der Rinderaugenlinse. Ebda, *329* (1962) S. 257—263.

Hill, Archibald Vivian: Production and absorption of heat by muscle. In: Science [New York]. *131* (1960) S. 897—903.
— The negative delayed heat production of muscle. In: J. Physiol. *158* (1961) S. 178—196.
— Working scientists of the world. In: The Times, *1961*, 22. Sept.
— The heat produced by a muscle after the last shock of a tetanus. In: J. Physiol. *159* (1961) S. 518—545.
— Age of election to the Royal Society. In: Notes and Records of the Royal Society. *16* (1961) S. 151—152.
— u. R. C. Woledge: An examination of absolute values in myothermic measurements. In: J. Physiol. *162* (1962) S. 311—333.

Hoffmeister, Cuno: Die veränderlichen Sterne der nördlichen Milchstraße. Tl 11: Das Feld 73 Herculis. In: Veröff. Sternwarte Sonneberg. *4* (Berlin 1960) H. 5, S. 319—428.
— Eine bemerkenswerte Dunkelwolke bei ε Chamaeleontis. In: Mitt. Astronom. Ges. 1960 (Hamburg 1961) Anhang S. 4.
— Zur Theorie des Zodiakallichts. Ebda, Anhang S. 14.
— Interplanetare Materie und verstärktes Nachthimmelleuchten. In: Zs. Astrophysik. *49* (1960) S. 233—242.
— Photographische Beobachtungen des Planeten 1957 NA = 1627 Ivar. In: Astronom. Nachr. *285* (1960) S. 277—278.
— Photographische Beobachtungen des Kometen 1959 d (Bester-Hoffmeister). Ebda, *285* (1960) S. 279—280.
— Photographische Beobachtungen des Kometen 1958a (Burnham) auf der Sternwarte Sonneberg. Ebda, *285* (1960) S. 280.
— Comet 1959d (Bester-Hoffmeister). In: The Observatory. *80* (1960) S. 33f.
— Nova Chamaeleontis 1953. In: Union astronomique internationale, Circulaire. *1960*, Nr. 1706.
— Suspected Supernova. Ebda, *1960*, Nr. 1731.
— Fast moving object. Ebda, *1960*, Nr. 1732.
— u. J. Schubart: Fast moving object 1959 LM. In: Minor planets Circular. *1960*, Nr. 2025.
— u. J. Schubart: Observations of 1959 OB. Ebda, *1960*, Nr. 1950 u. 2034.
— Bedeckung von Regulus durch Venus 1959 Juli 7. In: Die Sterne. *36* (1960) S. 12—13.
— Zehn Jahre Volkssternwarte Coburg. Ebda, *36* (1960) S. 43.
— Bilder von der unsichtbaren Seite des Mondes. Ebda, *36* (1960) S. 49—52.
— Nova Chamaeleontis 1953. Ebda, *36* (1960) S. 93—94.
— Entdeckungsgeschichte des Kometen 1959 d (Bester-Hoffmeister). Ebda, *36* (1960) S. 94—95.
— Unendlichkeit. Ebda, *36* (1960) S. 112—116.
— Ein Versuch, Radiozeichen von fernen Planetensystemen aufzunehmen. Ebda, *36* (1960) S. 126.
— Galaktische Koordinaten. Ebda, *36* (1960) S. 165.
— u. P. Ahnert, K. Löchel. G. Richter: Visuelle Beobachtungen des Kometen Burnham (1959k). Ebda, *36* (1960) S. 216—217.
— Die 45. Versammlung der Astronomischen Gesellschaft. Ebda, *36*(1960) S. 225—230.
— Die photographische Himmelsüberwachung. In: Jenaer Rundschau. *6* (1961) S. 215f.

— Der Nebel um AE Aurigae. In: Die Sterne. *37* (1961) S. 176.
— Photographie von Nebelspektren mittels elektronischer Kamera. Ebda, *37* (1961) S. 177.
— Der Ringnebel IC 5148, 5150. Ebda, *37* (1961) S. 204—205.
— Ein bemerkenswerter neuer U Geminorum-Stern. Ebda, *37* (1961) S. 205—207.
— „Project West Ford". Ebda, *37* (1961) S. 209—210; *38* (1962) S. 162.
— Die 11. Allgemeine Versammlung der Internationalen Astronomischen Union. Ebda, *37* (1961) S. 217—222.
— Die Erforschung der veränderlichen Sterne auf der 11. Versammlung der IAU in Berkeley 1961. Ebda, *37* (1961) S. 229—233.
— Neue Arbeiten über das Zodiakallicht. Ebda, *37* (1961) S. 245—246.
— Über eine intergalaktische Absorptionswolke. In: Zs. Astrophysik. *55* (1962) S. 46—58.
— Ein System von Dunkelwolken ε Chamaeleontis. Ebda, *55* (1962) S. 290—300.
— Über eine Staub-Galaxis. In: Monatsber. Dtsch. Akad. Wiss. *4* (1962) H. 2, S. 105—111.
— Komet Wilson 1961 d. In: Die Sterne. *38* (1962) S. 39—41.
— Die lange und die kurze Nacht. Ebda, *38* (1962) S. 41—43.
— Neues Ballon-Teleskop. Ebda, *38* (1962) S. 44.
— Ergebnisse der Beobachtungen leuchtender Nachtwolken im Internationalen Geophysikalischen Jahr. Ebda, *38* (1962) S. 45.
— Europas höchstgelegene Sternwarten. Ebda, *38* (1962) S. 45.
— Rotation des Kerns von M 31. Ebda, *38* (1962) S. 45—46.
— Die Atmosphäre der Venus. Ebda, *38* (1962) S. 46.
— Urangehalt der Tektite. Ebda, *38* (1962) S. 47.
— DQ Herculis. Ebda, *38* (1962) S. 48.
— Der U Geminorum-Stern UV Persei. Ebda, *38* (1962) S. 131—133.
— Über das „Sternschwanken". Ebda, *38* (1962) S. 189—191.
— Komet 1962 c Seki-Lines. Ebda, *38* (1962) S. 217—220.
— Aerodynamische Phänomene in Sternatmosphären. Ebda, *38* (1962) S. 241.
— Helligkeiten des Kometen 1962 c Seki-Lines. Ebda, *38* (1962) S. 244.
— [Bespr.] Martin Schwarzschild: Über Sternentwicklung. In: Die Sterne *37* (1961) S. 223 bis 224.
— [Bespr.] V. A. Ambarzumian: Probleme der außergalaktischen Forschung. Ebda, *37* (1961) S. 225—226.
— [Bespr.] A. Dauvillier: La Poussière cosmique. In: Dtsch. Literatur-Ztg. *83* (1962) Sp. 456—457.

Außerdem noch weitere Besprechungen von Werken und Veröffentlichungen astronomischen Inhalts.

Hund, Friedrich: Theorie des Aufbaues der Materie (Stuttgart 1961) VIII, 313 S.
— Das Naturbild der Physik (Göttingen 1962) 19 S. (Göttinger Universitätsreden 35).
— Göttingen, Kopenhagen, Leipzig im Rückblick. In: W. Heisenberg und die Physik unserer Zeit (Braunschweig 1961) S. 1—7.
— Heutige Formen naturwissenschaftlicher Forschung und ihre Rückwirkung auf die wissenschaftlichen Hochschulen. In: Mainzer Universitätsgespräche 1961/62 (Mainz 1962) S. 28—32.
— Energiebänder und Eigenschaften der Metalle. In: Festkörperprobleme (F. Sauter) *1* (Braunschweig 1961/62) S. 175—187.
— Schwerefeld und elektromagnetisches Feld. In: Studium Generale. *14* (1961) S. 429—436.

Kramer, Kurt: Die afferente Innervation und die Reflexe von Herz und venösem System. In: 25. Tagung Dtsch. Ges. f. Kreislaufforschg. 1959 (Darmstadt 1959) S. 142—163.
— Zur Geschichte der Physiologie an der Friedrich-Wilhelms-Universität. In: Studium Berolinense (Berlin 1960) S. 219—232.
— Grundlagen der Oxymetrie. In: 1. Bremer Kolloquium 1959 (Stuttgart 1960) S. 1—10.
— Lichtreflexion an Blut- und Organoberflächen. Ebda, S. 120—127.
— u. P. Deetjen: Sodium Reabsorption and Oxygen Consumption in the Mammalian Kidney. In: Proc. 1st Int. Congr. Nephrol., Genève/Evian 1960 (Basel 1961) S. 687—691.
— u. P. Deetjen: Experimentelle Untersuchungen der Pathogenese. Hämorrhagischer Schock und akutes Nierenversagen. In: 1. Symposion Ges. f. Nephrologie, 1961 (Stuttgart 1962) S. 44—60.
— Das akute Nierenversagen im Schock. In: SCHOCK. Ein internationales Symposion (Berlin-Göttingen-Heidelberg 1962) S. 149—161.
— u. P. Deetjen: Na-Rückresorption und O_2-Verbrauch der Niere. In: Klin. Wschr. *38* (1960) S. 680.
— u. K. Thurau, P. Deetjen: Hämodynamik des Nierenmarks. 1. Mitt.: Capilläre Passagezeit, Blutvolumen, Durchblutung, Gewebshämatokrit und O_2-Verbrauch des Nierenmarks in situ: In: Pflügers Arch. ges. Physiol. *270* (1960) S. 251—269.
— u. K. Thurau, P. Deetjen: ~ 2: Wechselbeziehung zwischen vasculärem und tubulärem Gegenstromsystem bei artiellen Drucksteigerungen, Wasserdiurese und osmotischer Diurese. Ebda, *270* (1960) S. 270—285.
— u. P. Deetjen: Beziehungen des O_2-Verbrauchs der Niere zu Durchblutung und Glomerulusfiltrat bei Änderung des artiellen Druckes. Ebda, *271* (1960) S. 782—796.
— u. D. Langrehr: Beziehungen der mittleren Impulsfrequenz von Vorhofrezeptoren zum thorakalen Blutvolumen. Ebda, *271* (1960) S. 797—807.
— u. P. Deetjen: Die Abhängigkeit des O_2-Verbrauchs der Niere von der Na-Rückresorption. Ebda, *273* (1961) S. 626—650.
— u. P. Deetjen: Der O_2-Verbrauch der Warmblüterniere unter veränderten Bedingungen der Na-Rückresorption. Ebda, *274* (1961) S. 60.
— u. P. Deetjen, H. Brechtelsbauer: Gegenstromdiffusion des Sauerstoffs im Nierenmark. Ebda, *274* (1961) S. 63.
— u. O. Munck, N. A. Lassen, P. Deetjen: Renal Circulations during Acute Haemorrhagic Shock. In: The Lancet. *268* (1961) S. 928—929.
— u. K. J. Ullrich, J. W. Boylan: Progress in Cardiovascular Diseases. Present Knowledge of the Counter-Current System in the Mammalian Kidney. In: Progress in Cardiovascular Diseases. *3* (1961) Nr. 5, March.
— u. O. Munck, N. A. Lassen, P. Deetjen: Evidence against Renal Hypoxia in Acute Haemorrhagic Shock. In: Pflügers Arch. ges. Physiol. *274* (1962) S. 356—363.

Lange, Erich u. H. Göhr: Thermodynamische Elektrochemie (Heidelberg 1962) 429 S.
— u. H. Weidinger: Über Elektrodenreaktionen am aktiven, passiven und transpassiven Chrom. In: Zs. Elektrochem. *64* (1960) S. 468—477.
— u. H. Göhr: Über Korrosions-Deckschicht-Elektroden. In: Electrochimica Acta. *2* (1960) S. 287—310.
— Prof. Dr. Carl Angelo Knorr. Ebda, *2* (1960) S. 363—364.
— Über Zählgröße „Stoffmenge" und abgeleitete Stoffbegriffe. Empfehlungen von G. Briegleb, N. Ibl u. a. Ebda, *3* (1960) S. 1—7.
— Einige Grundgedanken zum 10jährigen CITCE-Jubiläum. Ebda, *3* (1960) S. 8—27.

— Peltierwärmen an einfachen Elektroden. In: Anales de la Real Sociedad Española de Fisica y Quimica. (B) *56* (1960) S. 509—514.
— u. H. Weidinger: Schabeffekte an aktiven und passiven Chromelektroden. In: Zs. Elektrochem. *64* (1960) S. 1165—1170.
— u. H. G. Weidinger: Vorlesungsversuch zur Demonstration eines Carnotprozesses. Ebda, *65* (1961) S. 197—198.
— Zur Präzisierung der physikalischen und chemischen Wissenschaftsgebiete im Bereich des Wissenschaftsrates. In: Math. u. naturwiss. Unterr. *14* (1961) S. 89—91.
— Allgemeine Grundbegriffe der elektrochemischen Kinematik. In: Zs. physikal. Chem. *217* (1961) S. 42—70.
— u. N. Ibl, K. Schwabe u. a.: Größengleichungen in der Chemie. In: Chemiker-Ztg. *86* (1962) S. 39—41.
— Über integrale Verdünnungswärmen starker Elektrolyte im Gebiet des Debye-Hückelschen Grenzgesetzes. In: Electrolytes. *1962*, S. 336—342.
— u. D. Franz, K. Nagel, H. G. Weidinger: Über einen anodischen Sperreffekt am passiven Titan. In: Die Naturwissenschaften. *49* (1962) S. 154—155.
— Definitionen zur Diffusionsschicht und zur Passivität. In: Zs. physikal. Chem. *219* (1962) S. 269—270.
— Gesichtspunkte zu einer Studien- und Prüfungsordnung. In: Forsch. u. Fortschr. *36* (1962) S. 200—204.
— Eindrücke vom Chemiestudium in den USA. In: Chemiker-Ztg. *86* (1962) S. 162—165.
— u. R. Steinmaurer: Über einen allgemeinen Vorlesungszyklus an Universitäten. In: Die Naturwissenschaften. *49* (1962) S. 462—463.
— u. R. Steinmaurer: Teamarbeit und Lehrstoffprogramme für die Chemiker-Ausbildung. In: Chemiker-Ztg. *86* (1962) S. 775—777.
— [Bespr.] Landolt-Börnstein, Zahlenwerte und Funktionen. II. Bd, 7. Tl.: Elektrische Eigenschaften II (Elektrochemische Systeme). In: Zs. physikal. Chem. N. F. *32* (1962) S. 269—272.
— [Bespr.] U. Stille, Messen und Rechnen in der Physik. 2. verb. u. erg. Aufl. (Braunschweig 1961) XII, 471 S. In: Zs. Elektrochem. *66* (1962) S. 520—521.

Langenbeck, Wolfgang: Lehrbuch der organischen Chemie. 18. Aufl. (Dresden u. Leipzig 1961) 561 S.; 19. Aufl. (Dresden u. Leipzig 1962) 562 S.
— Organitscheskije Katalisatory. [Die organischen Katalysatoren]. Ergänzte russ. Ausg. d. 2. Aufl. (Moskau 1961) 190 S.
— Nachruf auf A. Windaus. In: Jahrb. Dtsch. Akad. Wiss. *1961* (Berlin 1962) S. 879—881.
— u. H. Mix, R.-D. Franz: Der Einfluß von α,β-Poly-L-Asparaginsäure und des Subtilis-Polypeptids auf die Zellen des Ehrlich-Ascites-Carcinoms. In: Acta biologica et medica germanica. *4* (1960) S. 314—317.
— Elektronentheorie der Aktivierung organischer Katalysatoren. In: Monatsber. Dtsch. Akad. Wiss. *2* (1960) S. 357—359; *4* (1962) S. 416—418.
— u. D. Nehring, H. Dreyer: Über Mischsalzkontakte, 13: Die Wirkung von Metalloxyden mit Elektronenüberschußleitung auf die katalytischen Eigenschaften von Nickel bei der Umwandlung von Cyclohexan. In: Zs. anorg. allg. Chem. *304* (1960) S. 37—47.
— u. M. Augustin u. a.: Über die aktiven Metallionen des Trypsins. In: Hoppe-Seyler's Zs. physiol. Chem. *324* (1961) S. 54—57.
— u. R.-D. Franz: Die biologische Wirkung von Dehydrogenasemodellen. Ebda, *325* (1961) S. 35—47.

— u. M. Augustin, F. H. Richter: Über organische Katalysatoren, 60: Chelatkatalysen, 10. In: Chem. Ber. *94* (1961) S. 831—833.
— u. M. Augustin, J. Schneider: ~ 62: Katalytische Wirkung von o-Chinonen, 7. In: J. prakt. Chem. (4) *13* (1961) S. 245—252.
— u. G. Losse, A. Barth: ~ 63: Die katalytische Oxydation des 3,4-Dihydroxy-phenylalanins durch Kupfer- und Eisenchelate. In: Chem. Ber. *94* (1961) S. 2271—2277.
— u. G. Seltmann: ~ 64: Organisch-katalytische Oxydation des Äthylalkohols zu Acetaldehyd [zugl. 3. Mitt. über Apofermentmodelle]. In: Monatsber. Dtsch. Akad. Wiss. *3* (1961) S. 379—381.
— D. Nehring, H. Dreyer, H. Fuhrmann: Über Mischsalzkontakte, 14: Selektive Hydrierung von Cyclopropan und Propen an Nickelkontakten, 1. In: Zs. anorg. allg. Chem. *314* (1962) S. 167—178.
— u. H. Dreyer, H. Fuhrmann: ~ 15: Selektive Hydrierung von Cyclopropan und Propen an Nickelkontakten, 2. Ebda, *314* (1962) S. 179—188.
— u. G. Losse, A. Barth: Über organische Katalysatoren, 66: Die katalytische Oxydation von Dihydroxy-phenylaminosäuren und ihrer Derivate durch Kupfer- und Eisen(III)-chelate. In: Chem. Ber. *95* (1962) S. 918—926.
— Zur Nomenklatur der organischen Katalysatoren. In: Monatsber. Dtsch. Akad. Wiss. *5* (1963) S. 32—34.

Lissner, Anton: Charakteristische Eigenschaften der Braunkohlen. Ber. Sächs. Akad. Wiss. *104* (Berlin 1960) H. 2, 19 S.
— u. J. Hotowicka: Beziehungen zwischen den Stoffgruppen und Eigenschaften der Steinkohlenteerpeche. In: Freiberger Forschungshefte. A 131 (1960) S. 54—63.
— u. W. Göbel: Versuche zur Bestimmung des Salzgehaltes in Feuerungsgasen. Ebda, A 203 (1961) S. 5—17.
— u. W. Göbel: Zur Bestimmung der Alkalien in Brennstoffen mittels Flammenphotometrie. Ebda, A 203 (1961) S. 18—46.
— u. E. Rammler, E. Knopfe: Zur Kenntnis der Brikettiereigenschaften der Braunkohlen, 21: Untersuchungen zur Verbesserung der Wasserbeständigkeit der Briketts aus einer ungarischen Weichbraunkohle. Ebda, A 239 (1962) S. 27—44.
— u. W. Göbel: Untersuchungsverfahren für feste Brennstoffe unter besonderer Berücksichtigung der Braunkohle. Ebda, A 219 (1962) S. 1—116.
— u. E. Rammler: Schwelversuche mit Salzkohle. Ebda, A 225 (1962) S. 13—37.

Maier, Wilhelm: Integrodifferentialgleichungen. In: Österr. Math. Kongr. Innsbruck 1960 (Wien 1961) Nr. 66, S. 36 (Nachr. Österr. Math. Ges., Beilage zu Int. Math. Nachr., Sonder-Nr.).
— Aufgabe 383. In: Jber. Dtsch. Mathematiker-Vereinigg. *63* (1960) H. 2, Abt. 2, S. 15.
— u. W. D. Müller: Zur Theorie der Funktionalgleichungen höherer Stufe. In: Revista Matematica y Fisica Teorica. (A) *13* (1960) Nr. 1 u. 2, S. 167—174.
— u. G. Wutzler: Zur zyklischen Struktur gewisser Funktionalgleichungen. In: J. reine u. angew. Math. *206* (1961) S. 172—174.
— u. E. Krätzel: Höhere Thetafunktionen. In: Wiss. Zs. Univ. Jena. Math.-naturwiss. R. *11* (1962) H. 1/2, S. 105—107.
— u. H. Zahn: Über die Funktionalgleichungen zweiter Stufe des Integrallogarithmus. Ebda, *11* (1962) H. 1/2, S. 109—110.

Merrem, Georg: Lehrbuch der Neurochirurgie (Berlin 1960) XI, 401 S.
— Die klinisch-biologische Wertigkeit der Hirngeschwülste. In: Ber. Sächs. Akad. Wiss., Math.-nat. Kl. *105* (Berlin 1962) H. 2, 23 S.
— Zur Diagnose seltener Krankheitsprozesse im Sellabereich. In: Klin. Monatsblätter Augenheilkunde. *141* (1962) S. 379—388.

Mothes, Kurt: Aktiver Transport als regulatives Prinzip für gerichtete Stoffverteilung in höheren Pflanzen. In: 12. Colloquium Ges. physiol. Chem. in Mosbach/Baden, 1961. *1961*, S. 189—207.
— u. L. Engelbrecht: Kinetin and its role in nitrogen metabolism. In: Recent Advances in Botany. Sect. 11 (Toronto 1961) S. 996—1003.
— Über die Reversibilität des Alterns der Blätter. In: Acad. Rep. Pop. Romîne. Probleme actuale de Biologie şi Ştiinţe Agricole. *1960*, S. 133—137.
— Alkaloids in the Plant. In: The Alkaloids. *6* (1960) S. 232—261.
— u. G. Kleinschmidt: Weitere Versuche zur Biosynthese der Alkaloide des Schlafmohns (Papaver somniferum L.). In: Arch. Pharmazie. *293* (1960) S. 948—953.
— u. D. Gröger: Zur Biogenese des Peganins. Ebda, *293* (1960) S. 1049—1052.
— u. L. Engelbrecht: Kinetin als Faktor der Hitzeresistenz. In: Ber. Dtsch. botan. Ges. *73* (1960) S. 247—257.
— Zur Biosynthese der Alkaloide. In: Dtsch. Apotheker-Ztg. *100* (1960) S. 1424—1427.
— Einige persönliche Gedanken zur Nachwuchsausbildung. In: Das Hochschulwesen. *8* (1960) S. 279—282.
— u. D. Gröger: Fortschritte in der Mutterkornforschg. In: Monatsber. Dtsch. Akad. Wiss. Berlin. *2* (1960) S. 300—308.
— u. J. Kaczkowski, H. R. Schütte: Die Rolle des Acetats in der Biosynthese der Tropanalkaloide. In: Die Naturwissenschaften. *47* (1960) S. 304—305. Auch in: Biochimica et biophysica Acta. *46* (1961) S. 588—594.
— u. Mohan Lal Vishin, L. Engelbrecht, H.-B. Schröter: Biosynthesis of Damascenine in Negella damascena L. In: Nature [London]. *188* (1960) S. 61—62.
— u. H. Reinbothe: Ureide Biosynthesis in higher Plants. In: Tetrahedron Letters. *1960*, Nr. 25, S. 32—36.
— D. Gröger, H. Simon, H.-G. Floss, F. Weygand: Über den Einbau von Mevalonsäure in das Ergolinsystem der Clavin-Alkaloide. In: Zs. Naturforschg. *15b* (1960) S. 141 bis 143.
— Jugendlichkeit, Vitalität und Resistenz bei höheren Pflanzen. In: Schriften d. Ver. zur Verbreitg. naturwiss. Kenntnisse in Wien. Ber. üb. d. 101. Vereinsj. *1960/61*, S. 7—26.
— u. H. B. Schröter: Zur Biosynthese der Alkaloide im Sproß von Nicotiana glauca R. Grah. In: Arch. Pharmazie. *294* (1961) S. 99—102.
— Begrüßungsansprache des Präsidenten [zum Dtsch. Botanikertag 1961 in Halle]. In: Ber. Dtsch. botan. Ges. *74* (1961) S. 1—4.
— Der Beitrag der Kinetinforschung zum Verständnis pflanzlicher Korrelationen. Herrn Prof. Dr. Dr. h. c. E. G. Pringsheim zur 80. Wiederkehr seines Geburtstages gewidmet. Ebda, *74* (1961) S. 24—41.
— The Metabolism of Urea and Ureides. In: Canadian J. Botany. *39* (1961) S. 1785—1807.
— u. K. Conrad: Über geschlechtsgebundene Unterschiede im Auxin-Gehalt diözischer Hanfpflanzen. In: Die Naturwissenschaften. *48* (1961) S. 26—27.
— u. E. Mothes, D. Gross, H. R. Schütte: Zur Biosynthese der Nicotinsäure bei Mycobacterium tuberculosis (Stamm BCG). Ebda, *48* (1961) S. 623.

— Aus der Rede des Präsidenten der Leopoldina bei der Jahresversammlung 1959. In: Physikal. Blätter. *17* (1961) S. 57—60.
— u. L. Engelbrecht, H. R. Schütte: Über die Akkumulation von α-Aminoisobuttersäure im Blattgewebe unter dem Einfluß von Kinetin. In: Physiologia Plantarum. *14* (1961) S. 72—75.
— Kinetin — induced directed transport of substances in excised leaves in the dark. In: Phytochemistry. *1* (1961) S. 58—62.
— u. L. Engelbrecht: The Effect of Kinetin on the Development of Roots. In: Plant and Cell Physiol. *2* (1961) S. 271—276.
— u. D. Neubauer: Zur Dünnschichtchromatographie der Mohnalkaloide. In: Planta Medica. *9* (1961) S. 466—470.
— Bericht über Versuche mit radioaktiven Isotopen im Rahmen stoffwechsel-physiologischer Untersuchungen der halleschen botanischen Einrichtungen. In: Wiss. Zs. Univ. Halle. Math.-nat. R. *10* (1961) S. 1109—1110.
— u. L. Engelbrecht: Untersuchungen zur Frage der gerichteten Stoffwanderung und der Stoffakkumulation. Ebda, *10* (1961) S. 1111—1114.
— Das Problem der Biosynthese der Alkaloide. Ebda, *10* (1961) S. 1133—1134.
— Die Entwicklung der Mutterkornforschung in den halleschen botanischen Laboratorien. Ebda, *10* (1961) S. 1145—1148.
— Über die Steppenraute Peganum harmala. Ebda, *10* (1961) S. 1149—1150.
— Über Arzneimohn. Ebda, *10* (1961) S. 1153—1154.
— u. D. Gröger, H. Simon, H. G. Floss, F. Weygand: Über den Tryptophan-Stoffwechsel des Mutterkornpilzes. In: Zs. Naturforschg. *16b* (1961) S. 432—434.
— u. H. Reinbothe: Urea, Ureides, and Guanidines in Plants. In: Annual Review of Plant Physiology *13* (1962) S. 129—150.
— u. D. Erge, D. Gröger: Zum Tryptophan-Stoffwechsel u. zur Nikotinsäuresynthese bei zentralasiatischem Mutterkorn. In: Arch. Pharmazie. *295* (1962) S. 474—475.
— u. W. Schenk, H. R. Schütte: Über den Stoffwechsel von Pipecolinsäure, 4-Hydroxypipecolinsäure, 4-Aminopipecolinsäure und 4-Oxopipecolinsäure in Strophantus scandens (5. Mitt. zur Biochem. d. Milchsaftes). In: Flora. *152* (1962) S. 590—609.
— u. H.-B. Schröter, H. R. Schütte: Beiträge zur Biosynthese der Alkaloide. In: Monatsber. Dtsch. Akad. Wiss. *4* (1962) S. 766—776.
— u. L. Engelbrecht: Überwindung der Knospenruhe durch Kinetin (6-Furfurylaminopurin. In: Die Naturwissenschaften. *49* (1962) S. 427—428.
— u. K. Winkler; Über die Bedeutung des sklerotialen Zustandes von Claviceps Purpurea (Fries) Tul. für die Alkaloidsynthese. In: Planta Medica. *10* (1962) S. 208—220.
— u. K. Winkler u. a.: Über die Umwandlung von Elymoclavin in Lysergsäurederivate durch Mutterkornpilze (Claviceps). In: Tetrahedron Letters. *1962*, S. 933—937.
— u. M. Luckner: On the Biosynthesis of 2,3-Dihydroxy-4-Phenyl-Quinoline (Viridicatin). Ebda, S. 1035—1039.

Neef, Ernst u. G. Schmidt, M. Lauckner: Landschaftsökologische Untersuchungen an verschiedenen Physiotopen in Nordwestsachsen. (Berlin 1961) 112 S. (Abh. Sächs. Akad. Wiss., Math.-nat. Kl. Bd 47).
— Elbsandsteingebirge. Ein geographischer Überblick. In: Werte der deutschen Heimat. Bd 3: Im Süden der Barbarine (Berlin 1960) S. 103—106.
— u. D. Scholz: Elbe—Mulde-Tiefland. Dahlen—Dübener Heiden. Elbe—Elster-Tiefland. In: Handbuch der naturräumlichen Gliederung Deutschlands. (Remagen 1961) 8. Lfg. Nr. 880, S. 1198—1205.

– Nekrolog für Heinrich Schmitthenner. In: Jahrb. Sächs. Akad. Wiss. *1957–1959* (Berlin 1961) S. 335–337.
– Nekrolog für Günther Köhler. Ebda, S. 355–356.
– Südamerika. In: Das Gesicht der Erde. 2. Aufl. (Leipzig 1962) S. 428–465.
– Der Bodenwasserhaushalt als ökologischer Faktor. In: Ber. zur Deutschen Landeskunde. *25*, 2 (1960) S. 272–282.
– Albrecht Penck und die Eiszeitforschung in Norddeutschland. In: Wiss. Veröff. Dtsch. Inst. Länderkunde, N. F. *17/18* (1960), S. 5–15.
– Die naturräumliche Gliederung Sachsens. In: Sächs. Heimatblätter. *1960*, S. 219–228, S. 274–286, S. 321–333, S. 409–422, S. 472–483, S. 565–577; Sonderdruck 1961, S. 1–75.
– Die Veränderlichkeit der zentralen Orte niederen Ranges. In: Geogr. Ber. *19* (1961) S. 119–122; zugl. in: Proc. IGU Symposium in Urban Geography Lund 1960. Lunds Studies in Geography. Ser. B (1962) Nr. 24, S. 227–233.
– Landschaftsökologische Untersuchungen als Grundlage standortsgerechter Landnutzung. In: Die Naturwissenschaften. *48* (1961) S. 348–354.
– Einige Bemerkungen zur Gliederung des Pleistozäns. In: Zs. Geomorphologie. *5* (1961) S. 138–140.
– Der Reichtum der Dresdner Landschaft. In: Geogr. Ber. *20* (1962) H. 24, S. 259–269.
– Stellung der Landschaftsökologie in der physischen Geographie. Ebda, *20* (1962) H. 25, S. 349–356.
– [Hrsg.] Das Gesicht der Erde. Brockhaus-Taschenbuch der Physischen Geographie. 2. Aufl. (Leipzig 1962) 862 S., 31 Bildtafeln.
– [Mithrsg.] Handbuch der naturräumlichen Gliederung Deutschlands. (Remagen 1961).

Obenaus, Fritz: Hochspannungstechnik, Praktikum I, 3. Ausg. (Berlin 1960) 82 S. (Lehrbrief Fernstudium).
– Beiheft zur Hochschullichtbildreihe „Grundformen der Hochspannungsisolierungen und die Hänge- und Stützisolatoren". (Berlin 1960) 27 S. (Dtsch. Zentralinstitut f. Lehrmittel HR 120).
– Elektrische Isolierstoffe (Berlin 1962) 52 S. (Lehrbrief Fernstudium).
– Durchschlag von langen Luftstrecken (Wechselspannung). In: Tagungsber. V. int. Kolloquium Hochschule f. Elektrotechnik Ilmenau 1960. Tl I, B (Ilmenau 1960) S. 1–4.
– Der Luftüberschlag als Modell des Isolierstoffdurchschlages. (Berlin 1960) S. 39–42 (Abh. Dtsch. Akad. Wiss. Berlin, Kl. f. Math., Physik u. Techn. Jg. 1960 Nr. 1).
– An der Grenze zwischen Hochspannungstechnik und Physik. In: S.-Ber. Sächs. Akad. Wiss. Math.-nat. Kl. *105* (Berlin 1961) H. 1, 19 S.; auch in: Forsch. u. Fortschr. *35* (1961) S. 321–324.
– Nekrolog für Ludwig Binder. In: Jahrb. Sächs. Akad. Wiss. *1957–1959* (Berlin 1961) S. 356–358.
– Aktuelle Probleme der Elektrotechnik – insbesondere der Starkstrom- und Hochspannungstechnik. In: Mitt.-Bl. Mitarbeiter Dtsch. Akad. Wiss. Berlin. *6* (1960) S. 29 bis 30.
– Kriechüberschlag von Isolatoren mit Fremdschichten. In: Elektrizitätswirtschaft. *59* (1960) S. 878–881.
– Durchschlagprüfung von Isolatoren. In: Arch. techn. Messen. *1962*, Lfg. 318, V 339 – 16.

Peiper, Albrecht: Die Eigenart der kindlichen Hirntätigkeit. 3. Aufl. (Leipzig 1961) XVI, 749 S. (mit Zusammenfassung in russ. u. engl. Sprache).
— Die Eigenart der kindlichen Hirntätigkeit. Russische Übersetzung. (Leningrad 1962).
— Die Pflege der Frühgeborenen. In: Schlesw.-Holstein. Ärzteblatt. *13* (1960) H. 10, 2 S.
— Der Mutterglücksauger. In: Deutsch. Gesundheitswes. *15* (1960) S. 2128—2130.
— Der Aufstieg zum Menschen. In: Wiener med. Wschr. *110* (1960) S. 1039—1046.
— Menschenkind und Affenjunges. In: Experientia. *17* (1961) S. 529—538.
— Die Entwicklung der Kinderheilkunde. In: Hippokrates. *32* (1962) S. 982—988.
— u. H. Richter: Die Behandlung der Säuglingstoxikose mit dem Magendauertropf. In: Dtsch. Gesundheitswesen. *17* (1962) S. 1226—1228.
— Réflexes de Posture et de Mouvements chez le Nourrisson. In: Revue de Neuropsychiatrie infantile. *10* (1962) S. 511—530.
— [Bespr.] K.-H. Wewetzer, Das hirngeschädigte Kind. (Stuttg. 1959) VIII, 117 S. In: Dtsch. Literatur-Ztg. *81* (1960) Sp. 939.
— [Bespr.] G. Destunis, Die Schwererziehbarkeit und die Neurosen des Kindesalters. Eine psychopathol. Betrachtg. (Stuttgart 1961) VII, 242 S. Ebda, *83* (1962) Sp. 717.

Rammler, Erich u. R. Braune: Entwerfen von Brikettfabriken. 2. Lehrbrief für das Fernstudium. (Freiberg 1960) 82 S.
— u. R. Braune: Entwerfen von Braunkohlenschwelereien. 2. Lehrbrief für das Fernstudium. (Freiberg 1960) 107 S.
— u. K. Kegel†: Brikettieren für Bergleute und Aufbereiter. 3. Lehrbrief für das Fernstudium, 2. erw. Aufl. (Freiberg 1962) 74 S.
— u. K. Kegel†: Brikettieren für Bergleute und Aufbereiter. 4. Lehrbrief für das Fernstudium, 2. erw. Aufl., (Freiberg 1962) 59 S.
— u. K. Kegel†: Brikettieren für Bergleute und Aufbereiter. 11. Lehrbrief für das Fernstudium. (Freiberg 1962) 131 S.
— Das Deutsche Brennstoffinstitut. In: Broschüre des VEB „Kohleanlagen" (Leipzig 1960) S. 12—16.
— u. P. Nagel: Die Erzeugung von Braunkohlen-Hochtemperaturhartkoks. Veröff. Forschungsinstitut f. Roheisenerzeugung (Unterwellenborn 1960) S. 72—80.
— Braunkohlenveredelung auf neuen Wegen. In: Industrie und Technik in der DDR 1945—1955. (Berlin 1960) S. 44—62.
— u. G. Hollweg: Forschung und Entwicklung auf dem Gebiete der Gewinnung und Veredelung von Braunkohle. In: DDR größter Braunkohlenproduzent der Welt. (Leipzig 1961) S. 16—26.
— Nachruf auf Karl Kegel. In: Jahrb. Dtsch. Akad. Wiss. Berlin *1960*. (Berlin 1961) S. 136—137.
— u. R. Scherer: Zur Brikettqualität. In: Bergbautechnik. *10* (1960) S. 105—109.
— u. E. Knopfe: Laboratoriumsversuche zur Brikettierung und Verkokung von Frästorf. In: Freiberger Forschungshefte. A 154 (1960) S. 64—92.
— u. K. Heide, A. Scheinpflug, E. Peter: Spülgasverkokung von Torf und Verwertung des Torfkokses in der Elektrothermie. Ebda, A 154 (1960) S. 108—137.
— u. E. Knopfe: Zur Kenntnis der Brikettiereigenschaften der Braunkohle, 6: Brikettierverhalten der Beli-Breg-Kohle (Bulgarien). Ebda, A 158 (1960) S. 5—26.
— u. J. Michel: ~ 7: Brikettierungscharakteristik der Kohle des Tagebaus Holzweißig (Revier Bitterfeld). Ebda, A 160 (1960) S. 40—61.

– ~ 8: Eigenschaften und Brikettierverhalten der Maritza-Ostfeld-Kohle (Bulgarien). Ebda, A 168 (1960) S. 5–27.
– u. H. J. Kummer: ~ 9: Untersuchungen an Kohle aus dem Tagebau Pfännerhall (Geiseltal). Ebda, A 172 (1960) S. 64–82.
– u. M. Kohl: ~ 10: Untersuchungen an Kohle aus dem Tagebau Mücheln (Geiseltal). Ebda, A 172 (1960) S. 83–107.
– u. J. Wilsdorf: ~ 11: Untersuchungen an Kohle aus dem Tagebau Kayna-Süd (Geiseltal). Ebda, A 172 (1960) S. 108–143.
– u. J. Schmidt: ~ 12: Vergleichende Untersuchungen an Kohlen zweier Baggerschnitte des Tagebaues Neumark-West (Geiseltal). Ebda, A 172 (1960) S. 144–164.
– Zur Frage der Unterkorngehalte in Siebkohlen. Ebda, A 158 (1960) S. 55–60.
– u. H. Jacob: Die petrographische Bestimmung des Xylitgehaltes von Weichbraunkohlen. Ebda, A 160 (1960) S. 67–94.
– u. G. Peetz: Stand und Entwicklung der Druckvergasung fester Brennstoffe in Festbettgeneratoren. Ebda, A 169 (1960) S. 9–37.
– Forschungs- und Entwicklungsprobleme der Braunkohlenbrikettierung. Ebda, A 147 (1960) S. 22–39.
– u. E. Knopfe: Brikettier- und Schwelversuche mit Xylit aus dem Maritza-Ostfeld (Bulgarien). Ebda, A 168 (1960) S. 28–57.
– u. H. Wünsch: Vergleich der Eigenschaften, insbes. der Abriebfestigkeit und Härte von Braunkohlenkoks, aus verschiedenen Kohlevarietäten. Ebda, A 168 (1960) S. 58–75.
– u. S. Wagner-Beeger: Zum Einfluß von Korngröße und Art des Xylites auf die Festigkeit von Feinstkornbriketts und BHT-Koks. Ebda, A 168 (1960) S. 76–91.
– u. E. Klose: Über Definition und Berechnung von „Effekten“ und „Graden“ in der Kohleverarbeitung. Ebda, A 168 (1960) S. 92–110.
– u. D. Marvan: Über den Schwankungsgrad der Festigkeiten von im Strang aufeinanderfolgenden Briketts. Ebda, A 177 (1961) S. 71–91.
– u. E. Kaltofen: Brikettierung von Elektrofilterasche aus Braunkohlenkraftwerken mit und ohne Zusatz von Eisenhydroxydschlamm aus Wasserreinigungsanlagen. Ebda, A 177 (1961) S. 124–151.
– u. E. Knopfe: Zur Kenntnis der Brikettiereigenschaften der Braunkohle, 13: Hochdruckbrikettierversuche mit einer bulgarischen Glanzbraunkohle. Ebda, A 186 (1961) S. 7–20.
– u. E. Knopfe: ~ 14: Untersuchung einer polnischen Braunkohle im Laboratorium und auf der Versuchsstrangpresse. Ebda, A 193 (1961) S. 65–96.
– u. J. Michel: ~ 15: Brikettierversuche mit Braunkohle aus dem Süd- und dem Sachsenfeld des BKW Profen. Ebda, A 198 (1961) S. 37–50.
– u. E. Knopfe: ~ 16: Untersuchungen an Kohlen des Vorkommens von Nachterstedt. Ebda, A 200 (1961) S. 39–82.
– u. D. Marvan: ~ 18: Über den Einfluß der Kohletemperatur bei der Verpressung von Nachterstedter und Königsauer Kohlen auf der Strangpresse. Ebda, A 200 (1961) S. 116–125.
– u. D. Marvan: Mischbrikettierung, 1: Über die Auswirkung der Auffeuchtung von Elektrofilterstaub durch Rohfeinkohle auf die Brikettqualität. Ebda, A 186 (1961) S. 21–29.
– u. W.-D. Müller, E. Kaltofen: ~ 2: Versuche über die Brikettierung von Braunkohle im Gemisch mit backender Steinkohle und über die Verkokungseigenschaften der Briketts. Ebda, A 193 (1961) S. 97–123.
– u. J. Schmidt: ~ 3: Laboratioriumsversuche zur Mischbrikettierung von Braunkohle und magerer Steinkohle. Ebda, A 198 (1961) S. 51–69.

— u. D. Marvan, H. Scholle: ~ 4: Versuche zur Mischbrikettierung von Braun- und Steinkohle auf der Strangpresse. Ebda, A 198 (1961) S. 70—90.
— u. W.-D. Müller: ~ 5: Laboratoriumsversuche zur Brikettierung von Gemischen aus Trockenbraunkohle und BHT-Koksgrus. Ebda, A 204 (1961) S. 45—62.
— u. P. Göhler: Versuche zur Nachtrocknung von Braunkohle in einem Vakuumtrockner. Ebda, A 186 (1961) S. 30—61.
— u. D. Marvan, E. Knopfe, K. Breitling: Betriebsversuche an einer Kühltrommelanlage des Systems Andersch in der Brikettfabrik Beuna. Ebda, A 193 (1961) S. 5—34.
— u. J. Wilsdorf, G. Kuntzsch: Untersuchungen an einem Siebtrommel-Kettenförderer. Ebda, A 198 (1961) S. 91—123.
— u. A. Kubasch, M. Kohl: Untersuchungen zur Aussichtung von Feinkorm (0—1 mm) aus Braunkohlenkoksen mit dem Schrägkammer-Siebwindsichter. Ebda, A 200 (1961) S. 126—164.
— u. E. Knopfe: Laboratoriumsversuche zur Brikettierung einer gewaschenen bulgarischen Hartbraunkohle mit Sulfitablauge. Ebda, A 204 (1961) S. 25—44.
— u. G. Bilkenroth: Der derzeitige Stand der Herstellung von Braunkohlen-Hochtemperaturkoks aus feinkörnigen Briketts in der Deutschen Demokratischen Republik. In: Bergbautechnik. *11* (1961) S. 171—176.
— u. G. Bilkenroth: Present State of Development in the Production of Lignite High-Temperature Coke from Fine-grained Briquettes in the GDR. In: Monthly techn. Review. *5* (1961) S. 249—253.
— u. G. Bilkenroth: Zur technischen Entwicklung der Braunkohlenkokerei. In: Freiberger Forschungshefte. A 184 (1961) S. 85—113.
— Versuche zur Herstellung von Hochtemperaturkoks aus bulgarischer Glanzbraunkohle, 1: Verkokung von mit Bindemitteln erzeugten Briketts nach dem einstufigen Verfahren. Ebda, A 209 (1962) S. 5—45.
— Problematik der Rekonstruktion in der Brikettindustrie der DeutschenDemokratischen Republik. Ebda, A 238 (1962) S. 7—14.
— u. A. Kubasch, D. Marvan, J. Wilsdorf, K. Budde: Der Stand und die Aufgaben auf dem Gebiet der Trockenkohlenkühlung. Ebda, A 238 (1962) S. 47—72.
— u. H. Metzner, S. Beeger: Untersuchungen zum Problemkomplex oberflächenfeuchter Kohle. Ebda, A 211 (1962) S. 65—92.
— u. K. Heide, W. Fischer: Versuche zur schonenden Zerkleinerung von Braunkohlenhochtemperaturkoks für die Karbidindustrie. Ebda, A 190 (1962) S. 21—81.
— u. A. Lissner, W. Göbel, A. Herrmann, A. Scheinpflug: Schwelversuche mit Salzkohle. Ebda, A 225 (1962) S. 13—37.
— u. G. Bilkenroth: Zur neueren Entwicklung der Braunkohlenverkokung. In: Neue Hütte *7* (1962) S. 513—519.
— u. E. Knopfe: Zur Kenntnis der Brikettiereigenschaften der Braunkohle, 20: Brikettierversuche mit einer aschereichen ungarischen Weichbraunkohle. In: Freiberger Forschungshefte. A 239 (1962) S. 5—26.
— u. E. Knopfe: ~ 21: Untersuchungen zur Verbesserung der Wasserbeständigkeit der Briketts aus einer ungarischen Weichbraunkohle. Ebda, A 239 (1962) S. 27—44.
— u. E. Knopfe, H. Krug: ~ 22: Brikettierversuche mit ungarischer Hartbraunkohle. Ebda, A 261 (1962) S. 5—31.
— u. G. Richter: ~ 23: Laboratoriumsmäßige Brikettierversuche mit technisch extrahierter Oberröblinger Braunkohle. Ebda, A 261 (1962) S. 33—58.

— u. D. Marvan: ∼ 24: Brikettierversuche mit extrahierter und nichtextrahierter Königsauer Kohle auf der Versuchsstrangpresse. Ebda, A 261 (1962) S. 59—75.
— u. J. Schmidt, H. Mareyen: Ergebnisse der im Kombinat „Schwarze Pumpe" durchgeführten Förderversuche mit der Möllerpumpe. Ebda, A 243 (1962) S. 57—83.

Runge, Franz: Reinigung von Abwässern mit Hilfe von Adsorbentien. In: Jahrb. Sächs. Akad. Wiss. *1957—1959* (Berlin 1961) S. 189—194.
— u. G. Kühnhanss, H. Seumel: Über die Kohlenwasserstoffe des Espenhainer Braunkohlenleichtöles. In: Freiberger Forschungshefte. A 131 (1960) S. 84—97.
— u. F. Wolf, R. Korn: Untersuchungen über die katalytische Oxydation von Chlorwasserstoff mit Sauerstoff zu Chlor (Deacon-Prozeß). In: Zs. anorg. allg. Chem. *304* (1960) S. 48—57.
— u. Zaki El-Hewehi, H. J. Renner, E. Taeger: Über die Herstellung und Eigenschaften von Trithiokohlensäure-di-estern und ihre Verwendbarkeit als Schädlingsbekämpfungsmittel. In: J. prakt. Chem. (4) *11* (1960) S. 284—308.
— Kristallinität der Hochpolymeren in den Kunststoffen. In: Forsch. u. Fortschr. *35* (1961) S. 294—296.
— u. J. Brandrup: Copolymerisation in heterogenem Medium, 1: Copolymerisation in Wasser. In: Faserforsch. u. Textiltechnik. *12* (1961) S. 133—140.
— u. E. Taeger: Methylen durch α-Eliminierung aus grignardiertem Chlordimethyläther. In: Zs. Chemie *2* (1962) S. 84—85.
— u. U. Koch: Über die Darstellung von Dihydroxydiphenyldisulfimiden. Ebda, *2* (1962) S. 114—115.
— u. Zaki El-Hewehi: Umsetzungsprodukte von chlorierten Benzylchloriden und ihre Verwendbarkeit als Schädlingsbekämpfungsmittel. In: J. prakt. Chem. (4) *16* (1962) S. 201—206.
— u. Zaki El-Hewehi: Sulfonsäure-Derivate: Herstellung und Verwendbarkeit als Mottenschutzmittel. Ebda, (4) *16* (1962) S. 297—336.
— u. Zaki El-Hewehi, E. Taeger: Zur Kenntnis der Trithiokohlensäure, 5: Über die Synthese und biologischen Eigenschaften von heterocyclischen Trithiokohlensäure-di-estern. Ebda, (4) *18* (1962) S. 262—268.
— u. Zaki El-Hewehi, E. Taeger: ∼ 6: Über die Reaktion von aromatischen und heterocyclischen Trithiokohlensäure-di-estern mit Diazomethan und Phenyldiazomethan. Ebda, (4) *18* (1962) S. 269—274.
— u. Zaki El-Hewehi, E. Taeger: ∼ 7: Über die Reaktion von aromatischen und heterocyclischen Trithiokohlensäure-di-estern mit primären und sekundären Aminen, Hydrazinen und Phenylhydrazin. Ebda, (4) *18* (1962) S. 275—282.
— u. Zaki El-Hewehi, E. Taeger: ∼ 8: Über die Einwirkung von Halogen auf Trithiokohlensäure-di-ester. Ebda, (4) *18* (1962) S. 283—286.

Schmalfuß, Karl: Über das Ausmaß der biologischen Bindung des elementaren Stickstoffs. Der Einfluß assimilierbarer Stickstoffverbindungen. In: Ber. Sächs. Akad. Wiss. Math.-nat. Kl. *104* (1960) H. 1, 19 S.
— Mineraldüngung, Pflanzenertrag und organische Bodensubstanz. In: Zs. Pflanzenernähr., Düng., Bodenkunde. *90* (1960) S. 50—58.
— u. I. Reinicke: Über die Wirkung gestaffelter K-Gaben als KCl und K_2SO_4 auf Ertrag und Gehalt an Wasser, N-Verbindungen, K, Cl und S-Fraktionen von Spinatpflanzen im Gefäßversuch. Ebda, *91* (1960) S. 21—29.

— Über die Zusammenhänge zwischen Phosphatdüngung, Pflanzenertrag und organischer Bodensubstanz. In: Phosphorsäure. *21* (1961) S. 33—38.
— u. W. Schulze: Über Nährstoffverlagerungen in Holzgewächsen. In: Flora. *150* (1961) S. 353—371.
— u. G. Kolbe: Der „Ewige Roggenbau" in Halle nach 80 Jahren. In: Wiss. Zs. Univ. Halle. Math.-nat. R. *10* (1961) S. 425—430.
— u. G. Kolbe, G. Ziegler: Über die Düngewirkung von Stallmist und Stroh in langjährigen Feldversuchen. In: Zeszyty Naukowe Wyższej Szkoły Rolniczej w Szczecinie. *7* (1962) S. 45—54.

Schulze, Gustav: Über Stapelfehler in Laves-Phasen. In: Festkörperphysik (Berlin 1961) S. 182—184.
— Die physikalischen Grundlagen der Ordnungserscheinungen und deren Nachweis. In: Tagungen-Metalle, Reihe A, Bd 3: Ordnungsvorgänge in Legierungen (Berlin 1962) S. 9—36.
— Nachprüfung der Atomabstands-Gesetzmäßigkeiten in Laves-Phasen. In: Monatsber. Dtsch. Akad. Wiss. *2* (1960) S. 11.
— Dichte und Raumerfüllung bei intermetallischen Verbindungen, insbesondere Laves-Phasen. In: Zs. Kristallogr. *115* (1961) S. 261—268.
— Über intermetallische Verbindungen. In: Forsch. u. Fortschr. *35* (1961) S. 262—264.
— u. J. Wieting: Über Bauprinzipien des $CaZn_2$-Gitters. In: Zs. Metallkunde. *52* (1961) S. 743—746.
— Ehrenpromotion von Prof. Dr.-Ing. U. Dehlinger, Technische Hochschule Stuttgart, durch die Fakultät für Mathematik und Naturwissenschaften der Technischen Universität Dresden. In: Wiss. Zs. TU Dresden. *11* (1962) S. 427—428.
— u. D. Sippel, K. Kleinstück: Nachweis der normalen Absorption thermischer Neutronen bei Interferenz am Idealkristall. In: physica status solidi. *2* (1962) S. K 104—K 105.

Schwabe, Kurt: Elektrometrische pH-Messungen unter extremen Bedingungen. (Weinheim/Bergstr. 1960) 95 S. (Monographien zu „Angewandte Chemie" und „Chem.-Ing.-Techn." Nr. 74).
— pH-Fibel. 3. verb. u. erw. Aufl. (Leipzig 1961) 70 S.; 4. verb. u. erw. Aufl. (Leipzig 1962) 72 S.
— Über pH-Messungen. In: Acta Imeko 1958. Berichte *4* (1960) S. 425—445.
— u. W. Wenzel, W. Hahn: Über den Einfluß organischer Lösungsmittel auf das Halbstufenpotential von Tl^+ und Cd^{2+}. In: Proceedings *3* (1960) S. 911—923.
— Das Institut für Elektrochemie und physikalische Chemie der TH Dresden. In: Achema-Jahrb. *1959/61* (Frankfurt/M. 1961) 4 S.
— Problematik der pH-Messung. In: Verh. Ges. exp. Med. DDR. Bd 1: Klin. Pathol. u. klin. Chem. (Dresden 1962) S. 56—69.
— u. H. Jehring: Wechselstrompolarographie organischer Verbindungen und Lösungsmitteleinfluß. In: Zs. analyt. Chem. *173* (1960) S. 36—43.
— u. G. Anders: Über das Halbstufenpotential des Prometiums. In: Naturwissenschaften. *47* (1960) S. 201—202.
— u. G. Gebhardt: Beiträge zur Kinetik und zum Mechanismus der additiven Dunkelchlorierung des Benzols. In: Zs. physikal. Chem. N. F. *24* (1960) S. 87—102.
— u. S. Vollrath: Elektrochemische Sauerstoffmessungen. In: Chem. Technik. *12* (1960) S. 406—408.

— u. H. Dahms: Untersuchungen des Ionenaustausches an Glaselektroden in alkalischen Lösungen mit Radioisotopen. In: Naturwissenschaften. *47* (1960) S. 351–352.
— Über das anodische Verhalten der geschliffenen Eisenelektrode. In: Zs. physikal. Chem. *214* (1960) S. 343–354.
— J. Schuppan: Leitfähigkeitsmessungen in Kesselspeisewasser. In: Chem. Technik *12* (1960) S. 490–493.
— u. S. Abdelmoniem: Untersuchungen über den Holzaufschluß mit Aluminiumbisulfat. In: Zellstoff und Papier. *9* (1960) S. 291–297.
— nach Versuchen von G. le Petit, D. D. Tschö und X. K. Trinh: Über Potentialmessungen an Passivanoden mit einer neuen Unterbrechermethode. In: Electrochimica Acta. *3* (1960) S. 47–64.
— u. Ch. Weißmantel: Untersuchungen zur Austauschadsorption an Metalloberflächen. In: Zs. physikal. Chem. *215* (1960) S. 48–56.
— Über die Ursachen der anodischen Passivität der Metalle. In: Electrochimica Acta. *3* (1960) S. 186–194.
— u. Chr. Legler: Dampfdrucke, Sublimationswärmen und -entropien der Hexachlorcyclohexane. In: Zs. Elektrochem. *64* (1960) S. 902–905.
— u. G. Müller: Über die korrosionshemmende Wirkung des Dampfphaseninhibitors Dichan auf Eisen in neutralen Lösungen. In: Zs. physikal. Chem. *215* (1960) S. 143–157.
— u. F. Lohmann: Über die Anodenpotentiale des Zinks in gesättigter Zinksulfatlösung. Ebda, *215* (1960) S. 158–166.
— u. G. Fiehn, K. Spiegel: Über ein Gerät zur Registrierung des ClO_2-Gehaltes in Luft. In: Chem. Technik. *12* (1960) S. 726–729.
— u. H. Dahms: Untersuchung des Ionenaustausches an Glaselektroden mit Radioindikatoren. In: Isotopentechnik. *1* (1960) S. 34–39.
— u. M. Kunz: Über die Kette: Pt, H_2 (1 atm) /HCl, H_2Cl_2(s)/Hg in organischen Lösungsmitteln und ihren Gemischen mit Wasser, 4: Pt, H_2 (1 atm)/HCl(m), Äthanol (x), H_2O(100–x). Hg_2Cl_2(s)Hg. In: Zs. Elektrochem. *64* (1960) S. 1188–1190.
— u. G. Schneider: Die polarographische Bestimmung cancerogener Kohlenwasserstoffe. In: Zs. Chem. *1* (1961) S. 50–53.
— u. S. Vollrath: 2. Mitt. über elektrochemische Sauerstoffmessungen im Kesselspeisewasser. In: Chem. Technik. *13* (1961) S. 90–93.
— Vergleichende Untersuchungen an Dampfphaseninhibitoren und Sparbeizen. (Nach Versuchen von L. Milius, J. Sommer u. G. Müller). In: Annali dell' Univ. di Ferrara. N. S. Sez. V *1961*, S. 289–311.
— Volkswirtschaftliche Bedeutung der Korrosion und des Korrosionsschutzes. In: Chem. Technik. *13* (1961) S. 249–252.
— u. G. Müller: Elektrochemische Untersuchungen an Dampfphaseninhibitoren in wässerigen Lösungen. Ebda, *13* (1961) S. 268–274.
— Über die Anwendung radioaktiver Isotope zur Untersuchung von Korrosionsproblemen. Ebda, *13* (1961) S. 275–280.
— u. L. Franke: Über den Salzeinfluß auf die Zersetzung des Diazoessigesters. In: Wiss. Zs. TH Dresden. *10* (1961) S. 449–453.
— u. Ch. Weißmantel, G. Hecht: Kinetik der Sauerstoffaufnahme an aufgedampften Fe-, Ni-, Pt-Schichten sowie Legierungen. In: Werkstoffe und Korrosion. *12* (1961) S. 353 bis 359.
— u. A. Schlaubitz, W. Wagner: Thermochemie isomerer Chlortoluole. In: Pure and appl. Chemistry. *2* (1961) S. 83–92.

— u. Cl.-D. Seiler: Potentialmessungen an hochbelasteten Chloralkali-Zellen mit einer oszillographischen Methode. In: Chem.-Ing.-Techn. *33* (1961) S. 366—371.

— u. G. Anders: Eine temperierbare polarographische Zelle für geringe Flüssigkeitsmengen. In: Zs. Chemie *1* (1961) S. 223—224.

— Über Adsorptionsmessungen an festen Oberflächen mit Hilfe von Radionukliden. In: Isotopentechnik. *1* (1960/61) S. 175—178.

— John Eggert zum 70. Geburtstage am 1. August 1961. In: Forsch. u. Fortschr. *35* (1961) S. 253—254.

— u. H. Dahms: Vergleichende Untersuchungen der elektromotorischen Eigenschaften und des chemischen Verhaltens von Glaselektroden mit Hilfe radioaktiver Indikatoren In: Zs. Elektrochem. *65* (1961) S. 518—526.

— u. W. Wagner: Verbrennungs- und Bildungswärmen der drei isomeren Phthalsäuren. In: Zs. Elektrochem. *65* (1961) S. 812—814.

— u. Nguyen Fu Nhuan: Über die Kette: Pt, H_2 (1 atm)/HCl, Hg_2Cl_2 (s)/Hg in organischen Lösungsmitteln und ihren Gemischen mit Wasser, 5: Pt, H_2 (1 atm)/HCl (m), Isopropanol (x), H_2O (100-x), Hg_2Cl_2 (s)/Hg. Ebda, *65* (1961) S. 891—894.

— Neuere polarographische Untersuchungen. In: Chem. Technik. *13* (1961) S. 723—734.

— Polarographie in nichtwäßrigen Lösungen. In: Progress in Polarography. *1* (1962) S. 333—355.

— u. K. Wiesener: Über eine verbesserte Apparatur zur Bestimmung des Dampfdruckes binärer flüssiger Mischphasen mit Differentialmanometern. In: Zs. Elektrochem. *66* (1962) S. 36—39.

— u. K. Wiesener: Thermodynamische Messungen an binären Gemischen von Tri-iso-Butylphosphat mit organischen Nichtelektrolyten. Ebda, *66* (1962) S. 39—45.

— Nachweis der Entwässerung von anodischen Sperrschichten durch das elektrische Feld mit T_2O. In: Naturwissenschaften. *49* (1962) S. 56—57.

— u. Chau Dieu-Ai: Über anodische Sperrschichten am Quecksilber. In: Electrochimica Acta. *7* (1962) S. 1—17.

— Korrosion und Passivität der Metalle. In: Wiss. Zs. TU Dresden. *11* (1962) S. 29—34.

— Untersuchung über die Anionenadsorption mit Hilfe markierter Ionen. In: Electrochimica Acta. *6* (1962) S. 223—235.

— Über Passivschichten (Kurzfassung). In: Forsch. u. Fortschr. *36* (1962) S. 133—134.

— u. R. Radeglia: Die Kinetik des Abbaus von Passivschichten auf Nickel durch Halogenionen. In: Werkstoffe und Korrosion. *13* (1962) S. 281—284.

— u. H. Dahms, Q. Nguyen, G. Hoffmann: Vergleichende Untersuchungen der elektromotorischen Eigenschaften und des chemischen Verhaltens von Glaselektroden mit Hilfe radioaktiver Indikatoren, 2: Untersuchungen im Gebiet des Säurefehlers. In: Zs. Elektrochem. *66* (1962) S. 304—309.

— u. D. Nebel: Polarographische Untersuchungen an Plutonium. In: Zs. physikal. Chem. *220* (1962) S. 240—254.

— u. A. Ferse: Einfluß von Fremdionen auf die pH-Messung. In: Zuckererzeugung. *8* (1962) S. 194—198.

— u. W. Pötsch: Das Verhalten der Kaliumxanthogenate bei der Wechselstrompolarographie. In: J. prakt. Chem. (4) *18* (1962) S. 1—10.

— u. D. Nebel: Potentiometrische Untersuchungen an Plutonium. In: Zs. physikal. Chem. *220* (1962) S. 339—354.

— Neue Erkenntnisse auf dem Gebiet der Metallkorrosion. In: Die Technik. *17* (1962) S. 756—761.

— Über die Strahlenaktivierung der Sauerstoffelektroden im Brennstoffelement. In: J. Amer. chem. Soc. *83* (1961) B 61-B 68; auch in: Symposium on Recent Advances in Fuel Cells. *6* (Chicago/Ill. 1961) 4-B, B-61.
— [Bearb. d. Übersetzg. aus d. Russ.] I. M. Batuner u. M. Je. Posin: Mathematische Methoden in der chemischen Technik, Tl 2 (Leipzig 1961) 281 S.
— u. G. Gebhardt: [Wiss. Bearb. u. Ergänzg. d. dtsch. Ausg.] Beskow, Techn.-chem. Berechnungen. 3. Aufl. (Leipzig 1962) 592 S.
— [Hrsg. in dtsch. Sprache] I. Je. Starik, Grundlagen der Radiochemie (Berlin 1963) XII, 386 S.

Schwarz, Egbert: Das Rectumcarcinom. In: Zentralbl. Chirurgie. *86* (1961) S. 447—455.
— u. V. Burkhardt: Zur Behandlung der Luxationsfracturen des oberen Sprunggelenkes. Ebda, *86* (1961) S. 2318—2328.
— u. G. Endres: Über die Beziehungen zwischen Resectionsbehandlung wegen Lungentuberculose und Schwangerschaft. In: Zs. Tuberculose. *117* (1961) S. 28—36.
— Über die Entwicklung der Herzchirurgie und ihre heutige Bedeutung. In: Forsch. u. Fortschr. *36* (1962) S. 262—264.

Stather, Fritz: Zur Charakteristik pflanzlicher und synthetischer Gerbstoffe und deren kombinierte Verwendung bei der Gerbung. In: Ber. Sächs. Akad. Wiss. Math.-nat. Kl. *104* (1960) H. 3, 19 S.
— u. G. Reich, R. Steinhardt: Über die Wechselwirkung von tierischer Haut mit Brenzkatechin und Formaldehyd. In: Leder. *11* (1960) S. 5—11.
— u. G. Reich, J. Überla: Über die Herstellung von Unterleder aus Rindshäuten in ausschließlicher Faßgerbung (3-Phasengerbung). In: Ges. Abh. Dtsch. Lederinst. *16* (1960) S. 5—16.
— u. G. Reich, J. Überla: Über die Herstellung von Brandsohlleder aus Schweinshäuten durch ausschließliche Faßgerbung (3-Phasengerbung). Ebda, *16* (1960) S. 17—22.
— u. G. Reich, H. Moser: Beschleunigte Unterledergerbung durch Vorgerbung mit Metallkomplexgerbstoffen II. Ebda, *16* (1960) S. 23—37.
— u. G. Reich, J. Überla: Über die Herstellung von Rindjuchten- und Schweinsjuchtenleder in 1-Phasengerbung. Ebda, *16* (1960) S. 38—43.
— u. G. Reich, G. Weigelt: Über die Anwendung aromatischer Syntane sowie ihrer Vor- und Zwischenprodukte bei der Pelzgerbung. Ebda, *16* (1960) S. 75—78.
— u. G. Wiegand: Über einige Beziehungen zwischen Gerbstoffbindung und Gerbstoffverlusten bei der pflanzlichen Gerbung. Ebda, *16* (1960) S. 79—83.
— u. G. Wiegand: Zur sulfitierenden Extraktion von Fichtenrinde. Ebda, *16* (1960) S. 98—103.
— u. M. Gierth, A. Meißner: Neue Güterichtlinien für Leder. Ebda, *16* (1960) S. 104—136.
— u. K. Knoll, G. Zimmermann: Untersuchungen und Gütebewertung von wäßrigen Eiweiß-Lederdeckfarben. Ebda, *16* (1960) S. 137—143.
— u. M. Wassiljew: Über die Eignung verschiedener Schweinerassen zur Herstellung von Schweinsvelour und Schweinskonaleder. Ebda, *16* (1960) S. 152—156.
— Zur Problematik der Gerbzeitverkürzung bei der pflanzlich-synthetischen Gerbung. In: Leder. *12* (1961) S. 189—194.
— u. G. Wiegand: Über Wechselwirkungen zwischen Erdalkali-Ionen und pflanzlichen Gerbstoffen. In: Ges. Abh. Dtsch. Lederinst. *17* (1961) S. 25—32.
— u. G. Reich, G. Wiegand: Zur Verwendung von Gerbextrakten als Kesselsteinverhütung, Zusätze im Kesselspeisewasser. Ebda, *17* (1961) S. 33—36.

— u. K. Pauligk: Welche Mindestgerbstoffmengen sind zur Umwandlung von Haut in Leder notwendig? Ebda, *17* (1961) S. 37—55.
— u. G. Reich, L. Müller: Konstitution und Gerbwirkung kondensierter Sulfonsäuren des 2-Naphthols. Ebda, *17* (1961) S. 69—87.
— u. G. Reich, J. Überla: Untersuchungen zur stationären Gerbung von Unterleder. Ebda, *17* (1961) S. 88—98.
— u. G. Reich, W. Wassiljew: Über den Einfluß des Spaltens bzw. Falzens auf die Eigenschaften von Rind- und Mastboxleder aus Häuten höherer Gewichtsklassen. Ebda, *17* (1961) S. 99—108.
— u. G. Zimmermann: Untersuchungen über den Einfluß von Weichmachern, Lösungs- bzw. Verschnittmitteln und Pigmenten auf die Beschaffenheit von Nitrozellulosefilmen Ebda, *17* (1961) S. 109—126.
— u. S. Walther, G. Reich: Untersuchungen zur Gelatinegewinnung des Hautkollagens. Ebda, *17* (1961) S. 127—133.
— u. G. Reich, S. Walther: Über einige Gesetzmäßigkeiten bei der Herstellung von Gelatine aus Schweinshaut nach dem sauren Aufschlußverfahren. Ebda, *18* (1962) S. 15—23.
— u. G. Reich, S. Walther: Über den Einfluß des Alters von Rinds- und Schweinshäuten auf Ausbeute und Eigenschaften daraus nach dem sauren Aufschlußverfahren gewonnener Gelatine. Ebda, *18* (1962) S. 24—30.
— u. G. Wiegand: Möglichkeiten zur Rationalisierung der Chromgerbung: Veränderung der Aciditätsverhältnisse und Verbesserung der Chromausnutzung. Ebda, *18* (1962) S. 70—97.
— u. G. Wiegand: Veränderung der Aciditätsverhältnisse und Verbesserung der Chromausnutzung bei der Herstellung von chromgarem Kalb-, Rind- und Schweinsleder. Ebda, *18* (1962) S. 98—107.
— u. G. Reich, R. Steinhardt: Konstitution und Gerbvermögen eines Kondensationsproduktes aus 2-Naphtholsulfonsäure, p-Kresol und Formaldehyd. Ebda, *18* (1962) S. 108—125.
— Probleme der modernen Unterledergerbung. Ebda, *18* (1962) S. 126—133.
— u. M. Schlöffel: Über die Glanzmessung an Oberflächen und den Einfluß verschiedener Faktoren auf die Glanzwerte unpigmentierter Kaseinoberflächen. Ebda, *18* (1962) S. 134 bis 152.
— A. Meißner: Über die Eignung verschiedener Deckfarben für die Zurichtung von Schuhoberleder und Futterleder. Ebda. *18* (1962) S. 153—162.
— u. G. Wiegand: Dauerbiegungen zur Ermittlung der mechanischen Haltbarkeit von Leder. Ebda, *18* (1962) S. 163—165.

Strack, Erich u. I. Lorenz: Die Darstellung von L-Carnitin und seiner Isomeren. In: Hoppe-Seyler's Zs. physiol. Chem. *318* (1960) S. 129—137.
— u. J. Dieckhoff, L. Theile, W. Rotzsch: Wirkungen von Carnitin auf den physiologischen Gewichtssturz von Frühgeborenen und auf das Wachstum von Säuglingen. In: Zs. Kinderheilkunde. *84* (1960) S. 458—468.
— u. W. Kunz, F. Müller: Die Oxalessigsäurebildung in Lebermitochondrien und ihr Einfluß auf die Succinatoxydation bei Zusatz von Äthylendiamin-tetraessigsäure. In: Hoppe-Seyler's Zs. physiol. Chem. *320* (1960) S. 204—211.
— u. D. Biesold, H. Theile: Über den Umsatz und die Verteilung von 1,2-Propandiol, 1,2-Butandiol und 1,2,4-Butantriol beim Kaninchen. In: Zs. ges. exp. Med. *132* (1960) S. 522—537.

— u. H. Theile, D. Biesold: Dauerinfusion von Fructose und Glycerin am Kaninchen und ihr Einfluß auf die Glucose im Blut. Ebda, *133* (1960) S. 410—422.
— u. H. Theile, H. Reinhold: Über den Umsatz von Glycerin beim alloxandiabetischen Kaninchen. Ebda, *134* (1961) S. 407—422.
— u. U. Fuchs, W. Rotzsch: Der Einfluß von Carnitin und Thyroxin auf Mäuse-Ascites-Tumor. In: Acta biologica et medica germanica. *7* (1961) S. 563—573.
— u. H. Reinhold, F. Müller: Blutspiegel und Ausscheidung von Fructose bei intravasaler Dauerinfusion. In: Zs. ges. exp. Med. *135* (1962) S. 431—443.
— u. R. Noack, H. Aurich, G. Focke, I. Lorenz: Untersuchungen über den Abbau von Carnitin durch Pseudomonas pyocyanea A 7244. In: Acta biologica et medica germanica *9* (1962) S. 115—125.
— u. H. Aurich, W. Rotzsch: Der Einfluß von L-Carnitin auf den Gehalt an B-Vitaminen in der Skelettmuskulatur normaler und hyperthyreotischer Ratten. In: Hoppe-Seyler's Zs. physiol. Chem. *328* (1962) S. 31—36.
— u. R. Noack, H.-P. Müller, W. Rotzsch: Über die Bindung von Carnitin an Serumproteine. Ebda, *329* (1962) S. 163—167.
— u. H. Blösche, H. Bemm, W. Rotzsch: Anwendung von L-Carnitin bei Schilddrüsenüberfunktion. In: Dtsch. Zs. Verdauungs- u. Stoffwechselkrankh. *21* (1962) S. 253—259.
— u. D. Kunze, W. Rotzsch: Über die Wirkung von Carnitin auf die Pankreassekretion. Ebda, *22* (1962) S. 97—101.
— u. H. Reinhold, F. Müller: Über die Resorptionsgröße und den Blutspiegel der Fruktose beim Kaninchen. In: Zs. ges. exp. Med. *136* (1962) S. 145—155.

Täufel, Kurt: Neuere Erkenntnisse auf dem Gebiet der Ernährungsphysiologie. In: Ernährung und Diät in Klinik, Kurort und Betrieb (H. Krause, K. Täufel) (Berlin 1960) S. 84—100 (Schriftenreihe d. ärztl. Fortbildung 10).
— Von alten zu neuen Zielen der Lebensmittelchemie. In: Forschen und Wirken, Festschrift zur 150-Jahrfeier der Humboldt-Universität zu Berlin. *2* (Berlin 1960) S. 255—270.
— Arthur Scheunert. 7. 6. 1879—11. 1. 1957. In: Jahrb. Sächs. Akad. Wiss. *1957—1959* (Berlin 1961) S. 329—335.
— u. W. Bock, D. Lange: Zur Bestimmung des Gehaltes an Reinpektin und des Veresterungsgrades in handelsüblichen Apfelpektinen. In: Ernährungsforschung. *5* (1960) S. 18—23.
— u. K. J. Steinbach, E. Vogel: Mono- und Oligosaccharide einiger Leguminosensamen sowie ihr Verhalten bei Lagerung und Keimung. In: Zs. Lebensmittel-Unters. u. -Forschg. *112* (1960) S. 31—40.
— u. R. Zimmermann: Über die Umsetzung von 2-Thiobarbitursäure mit Aldehyden. In: Naturwissenschaften. *47* (1960) S. 133.
— Einige Betrachtungen zum Fettstoffwechsel. In: Ernährungsforschung. *5* (1960) S. 95 bis 103.
— u. R. Zimmermann: Peroxydzersetzung und Carbonylbildung bei autoxydierten Fetten. Ebda, *5* (1960) S. 104—109.
— u. G. Müller, H. Iwainsky: Über den Einfluß von Substratkombinationen auf ruhende und sich vermehrende Mycobakterien (M. phlei), 1: Vergleichende Untersuchungen über die Wirkung der Einzelkomponenten auf INH-sensible und -resistente Bakterien. In: Arch. Mikrobiol. *35* (1960) S. 361—366.
— u. G. Müller, H. Iwainsky: ~ 2: Über das Verhalten INH-sensibler und -resistenter Bakterien beim Einsatz zweier Kohlenstoffquellen. Ebda, *35* (1960) S. 367—376.

— Zur physiologisch-chemischen Charakteristik der Citronensäure. In: Bibliotheca „Nutritio et Dieta“ *1* (1960) S. 199—224.
u. W. Bock: Zur Darstellung der D-Galakturonsäure aus D-Galactose. In: Nahrung. *4* (1960) S. 25—30.
— Aus der Arbeit des Bereiches „Verarbeitung der Lebensmittel“ im Jahre 1959. In: Ernährungsforschung. *5* (1960) S. 260—271.
— u. U. Behnke: Untersuchungen zur Bildung von Acetoin und Diacetyl durch Rahmsäuerungskulturen. In: Nahrung. *4* (1960) S. 197—208.
— u. W. Baumeier, Cl. Franzke: Zur Autoxydation der 10,11-Undecensäure. Ebda, *4* (1960) S. 236—249.
— u. K. J. Steinbach, G. Meinert: Mono-, Oligo- und Polysaccharide von Preß- und Brauereihefe. Ebda, *4* (1960) S. 295—309.
— Dr. Karl Rauscher zum 60. Geburtstag. In: Ernährungsforschung. *5* (1960) S. 373—374.
— u. H. Ruttloff, E. Przyborowski: Zur biochemischen Differenzierung von Saccharidgemischen unter Einsatz von Preßhefe, 1: Literaturüberblick und Grundlagen zur analytischen Erfassung von Sacchariden einzeln und im Gemisch. Ebda, *5* (1960) S. 417—440.
— u. H. Ruttloff, E. Przyborowski: ~ 2: Trennung von Modellgemischen. In: Nahrung. *4* (1960) S. 512—527.
— u. H. Ruttloff, E. Przyborowski: ~ 3: Trennung von raffinosehaltigen Modellgemischen. Ebda, *4* (1960) S. 891—905.
— u. P. Dietze, Cl. Franzke: Über den Einsatz von Fettsäurechloriden bei der Umesterung von Fetten. In: Fette, Seifen, Anstrichmittel. *62* (1960) S. 590—592.
— u. Cl. Franzke, P. Dietze: Über die Darstellung von 1-Monosorbin. Ebda, *62* (1960) S. 592—593.
— u. R. Zimmermann, R. Huber: Über die Bildung von Carbonylverbindungen aus gesättigten Fettsäuren durch ^{60}Co-γ-Strahlung. In: Naturwissenschaften. *47* (1960) S. 355 bis 356.
— Physiologisch- und lebensmittelchemische Fragen um die Citronensäure. In: Med. Klinik. *55* (1960) S. 1467—1474.
— Dr. Karl Rauscher zum 60. Geburtstag. In: Nahrung. *4* (1960) S. 697.
— u. G. Müller, H. Iwainsky: Über die Wirkung von Fermentinhibitoren auf INH-sensible und -resistente Zellen von Mycobacterium phlei. In: Zs. Naturforschg. *15*b (1960), S. 180—189.
— u. Cl. Franzke, P. Dietze: Darstellung von einigen zweisäurigen asymmetrischen Triglyceriden. In: Fette, Seifen, Anstrichmittel. *62* (1960) S. 926—928.
— u. K. J. Steinbach, B. Hartmann: Über die niederen Saccharide des Maises und ihr Verhalten während Lagerung und Keimung. In: Nahrung. *4* (1960) S. 452—465.
— u. F. Kretzschmann, Cl. Franzke: Zur antioxydativen Wirkungsweise des Systems Benzochinon/Hydrochinon. In: Fette, Seifen, Anstrichmittel. *62* (1960) S. 1061—1067.
— u. U. Behnke: Enzymatisch-chemische Untersuchungen über den Abbau der Citronensäure durch Aspergillus niger. In: Nahrung. *4* (1960) S. 793—815.
— u. K. J. Steinbach, Kl. Rödiger: Zur papierchromatographisch-quantitativen Bestimmung von Glucosamin und Galactosamin in Gegenwart von Aminosäuren sowie von stickstofffreien Sacchariden. In: Elelmiszervizsgálati Közlemények. *6* (1960) S. 267—280.
— u. R. Zimmermann: Organoleptische Eigenschaften einiger in verdorbenen Nahrungsfetten auftretender Carbonylverbindungen. In: Nahrung. *4* (1960) S. 1010—1014.
— u. U. Behnke: Einige Bemerkungen zur Verträglichkeit größerer Mengen an Citronensäure. Ebda, *4* (1960) S. 1107—1114.

— u. F. Kretzschmann, Cl. Franzke: Polarographische Studien über das Verhalten von p-Benzochinon und p-Benzohydrochinon während der Autoxydation von Äthyllinolat. In: Mikrochim. Acta. *1961*, S. 323–332.

— Physiologisch- und lebensmittelchemische Fragen um die Citronensäure. In: Nahrung. *5* (1961) S. 1–17.

— u. K. J. Steinbach, K. S. Grunert: Über das Verhalten von Sacchariden gegenüber Ionenaustauschharzen, 1: Qualitative Untersuchungen über den katalytischen Einfluß von Ionenaustauschharzen auf Monosaccharide. Ebda, *5* (1961) S. 66–83.

— u. K. J. Steinbach, K. S. Grunert: ~2: Quantitative Untersuchungen über die Hydrolyse von Disacchariden in wäßriger Lösung durch Wofatite. Ebda, *5* (1961) S. 617–636.

— u. K. S. Grunert: ~3: Zur Hydrolysegeschwindigkeit und Aktivierungsenergie bei der homogenen, heterogenen bzw. kombinierten Katalyse von Saccharose. In: Arch. Pharmazie. *294* (1961) S. 439–447.

— u. R. Zimmermann: Über den Chemismus der Farbreaktion von 2-Thiobarbitursäure mit Carbonylverbindungen. In: Fette, Seifen, Anstrichmittel. *63* (1961) S. 226–234.

— u. D. Lange, W. Bock: Zur Bewertung von hoch- und niederveresterten Apfelpektinen nach der Tarr-Baker-Methode. In: Ernährungsforschung. *6* (1961) S. 65–81.

— Wandlungen der Volksernährung: Ein Auftrag an die Lebensmittelchemie. In: Nahrung. *5* (1961) S. 115–137.

— u. H. Iwainsky, I. Härtel: Über Beziehungen zwischen Verfärbungsgrad und Minderung der biologischen Wertigkeit bei der „Maillard-Reaktion." Ebda, *5* (1961) S. 242–248.

— u. B. Thomas: Aus der Arbeit des Bereiches „Verarbeitung der Lebensmittel" im Jahre 1960. In: Ernährungsforschung. *6* (1961) S. 145–158.

— u. H. Ruttloff, R. Friese: Zur biochemischen Differenzierung von Saccharidgemischen unter Einsatz von Preßhefe, 4: Lactosebestimmung in Backwaren. In: Zs. Lebensmittel-Unters. u. -Forschg. *115* (1961) S. 105–113.

— u. R. Zimmermann: Zur Bildung von Aldehyden bei der UV-Bestrahlung der Haut des Menschen. In: Naturwissenschaften. *48* (1961) S. 502.

— u. R. Serzisko: Zum Tocopherolgehalt von einigen Fetten und Ölen. In: Ernährungsforschung. *6* (1961) S. 323–330.

— Zum Gedächtnis Prof. Dr. phil. Karl Rauscher, * 22. August 1900, † 16. April 1961. In: Nahrung. *5* (1961) S. 331–333.

— u. H. Ruttloff, A. Täufel: Zur Mikroanalytik der Raffinose. Ebda, *5* (1961) S. 353–361.

— Inhalt und Grenzen der Ernährungswissenschaft. In: Ernährungsforschung. *6* (1961) S. 386–392.

— Physiologisch-chemische Fragen um das Fettproblem. In: Der Landarzt. *37* (1961) S. 1173 bis 1179.

— Aufgaben und Ziele des Instituts für Ernährung in Potsdam-Rehbrücke. In: Lebensmittel u. Ernährung. *14* (1961) Nr. 11, S. 12–13.

— u. W. Bock: Betrachtungen über das gravimetrische und das volumetrische „Calcium-pektat-Verfahren". In: Ernährungsforschung. *6* (1961) S. 553–562.

— u. H. Ruttloff: Herstellung reiner Maltose auf säulenchromatographischem Wege. Ebda, *6* (1961) S. 579–583.

— u. H. Freude, Cl. Franzke, G. Heder: Über den Einfluß von Bleicherden auf die Oxydationsanfälligkeit von Rapsöl. In: Nahrung. *5* (1961) S. 646–655.

— u. R. Zimmermann, H. Ruttloff: Colorimetrische Bestimmung von Sacchariden mittels 2-Thiobarbitursäure. Ebda, *5* (1961) S. 680–689.

– Die Citronensäure im Stoffwechsel von Pflanze, Tier und Mensch (Autorreferat). In: Pharmazeut. Zentralhalle. *100* (1961) S. 683–684.
– Die Lipide im Gesamtstoffwechsel des Menschen. In: Ernährungsforschung. *7* (1962) S. 61–80.
– u. U. Behnke: Bemerkung zum Einfluß von Gibberellinsäure auf die Citronensäurebildung durch gärenden Aspergillus niger. Ebda, *7* (1962) S. 132–135.
– u. K. S. Grunert: Über das Verhalten von Sacchariden gegenüber Ionenaustauschharzen, 4: Zur Desmolyse von Fructose und Saccharose in Gegenwart von Wofatit-Sulfonsäureharzen. In: Nahrung. *6* (1962) S. 93–99.
– u. R. Zimmermann, W. Bock: Zur colorimetrischen Bestimmung von D-Galakturonsäure mit 2-Thiobarbitursäure. In: Zs. analyt. Chem. *186* (1962) S. 350–357.
– u. R. Zimmermann: Zur Bildung von Carbonylverbindungen aus gesättigten Fettsäuren unter der Wirkung von UV- sowie von ^{60}Cobalt-γ-Strahlung. In: J. prakt. Chem. (4) *15* (1962) S. 127–138.
– u. I. Sehrt, Cl. Franzke: Analytische Studien an umgeesterten Fetten. In: Zs. Lebensmittel-Unters. u. -Forschg. *116* (1962) S. 503–510.
– u. A. Täufel, H. Ruttloff: Physiologisch-chemische Studien über die „Raffinose-Familie". In: Planta. *58* (1962) S. 127–135.
– u. Cl. Franzke, I. Schlicker: Zur katalytischen Glycerinolyse von natürlichen Fetten in Pyridin. In: Fette, Seifen, Anstrichmittel. *64* (1962) S. 513–517.
– u. F. Linow: Elektrochemische Sauerstoffbestimmung in olefinischen Fetten. Vorläufige Mitteilung. In: Monatsber. Dtsch. Akad. Wiss. *4* (1962) S. 154–155.
– u. A. Täufel, H. Ruttloff: Zum Metabolismus galaktosehaltiger Oligosaccharide. Ebda, *4* (1962) S. 155–157.
– u. I. Sehrt, Cl. Franzke: Analytische Studien an umgeesterten Fetten. Ebda, *4* (1962) S. 157 bis 158.
– u. U. Behnke: Bemerkung zum Einfluß von Gibberellinsäure auf die Citronensäurebildung durch Aspergillus niger. Ebda, *4* (1962) S. 168–169.
– u. R. Serzisko: Zum Tocopherolgehalt einiger Fette und Öle, 2: Verteilung der Tocopherole in ausgewählten Produkten. In: Nahrung. *6* (1962) S. 413–422.
– u. F. Linow: Zur Wirkungsweise von Citronensäure und definierten Derivaten bei der Autoxydation von Methyllinolat. In: Naturwissenschaften. *49* (1962) S. 257–258.
– Aus der Arbeit des Bereiches „Verarbeitung der Lebensmittel" im Jahre 1961. In: Ernährungsforschung. *7* (1962) S. 173–184.
– u. F. Linow, H. Ruttloff: Zur fungistatischen Wirksamkeit von Benzoylcitronensäure. In: Naturwissenschaften. *49* (1962) S. 310–311.
– Symposium über Nahrung und Ernährung: Zur Zielsetzung des Symposiums. In: Ernährungsforschung. *7* (1962) S. 281–282.
– Prof. Dr. habil. Max Ulmann zum 65. Geburtstag am 22. Oktober 1962. In: Nahrung. *6* (1962) S. 505–506.
– Sledovámo Nasycených Mastných Kyselin Pod Vlevem Zárení Bohaténo Energii. In: Cs. gastroenterologie. *16* (1962) S. 314–315.
– u. W. Bock, G. Wahl: Über die Triterpene aus Apfeltrockentrestern. In: Monatsber. Dtsch. Akad. Wiss. *4* (1962) S. 380–383.
– u. F. Schierbaum, M. Ulmann: Die Hydratation der Stärke, 3: Entwässerung der Stärke unter dem Einfluß von Infrarot-Strahlen. In: Stärke. *14* (1962) S. 161–167.
– u. F. Schierbaum: ~ 4: Die Abhängigkeit der Sorptionswärme der Stärke von ihrer Hydratation. Ebda, *14* (1962) S. 233–238.

— u. F. Schierbaum: ∼5: Einfluß von Trocknungsvorgängen auf die Kaltwasserlöslichkeit der Stärke. Ebda, *14* (1962) S. 274—276.
— u. F. Schierbaum: ∼6: Beeinflussung der Quellungstemperatur der Stärke durch Wasserentzug und Hitze. Ebda, *14* (1962) S. 411—415.
— u. H. Ruttloff, R. Friese: Glucoseoxydase in der Lebensmittelanalytik. In: Naturwissenschaften. *49* (1962) S. 375—376.
— u. H. Ruttloff, R. Friese: Zur Bestimmung der Glucose in Stärkesirup mittels Glucose-Oxydase. Stärke. *14* (1962) S. 309—318.
— u. R. Zimmermann: Zur Aldehydbildung bei der UV- und γ-Bestrahlung von Aminosäuren, Dicarbonsäuren und Kohlenhydraten. In: Zs. Lebensmittel-Unters. u. -Forschg. *118* (1962) S. 105—111.
— u. K. Schmidt, Cl. Franzke: Isolierung von Methylketonen aus Fetten und papierchromatographische Differenzierung in Form der 2,4-Dinitrophenylhydrazone. In: Fette, Seifen, Anstrichmittel. *64* (1962) S. 957—961.
— u. K.-O. Heims, Cl. Franzke: Zur Darstellung von Erucasäure aus Rüböl mit Hilfe der Tieftemperatur-Kristallisation. Ebda, *64* (1962) S. 1023—1026.
— u. M. Grunert, S. Grunert: Zur Frage der „Restreduktion“ bei der Vergärung von Mono- und Oligosacchariden durch Preßhefe. In: Zs. Lebensmittel-Unters. u. -Forschg. *119* (1962) S. 1—10.
— u. F. Linow: Elektrochemische Sauerstoffbestimmung in olefinischen Fetten. In: Nahrung. *7* (1963) S. 41—49.

Wagner, Carl: The Scope of Electrochemical Engineering. In: Advances in Electrochemistry and Electrochemical Engineering (Ch. W. Tobias) *2* (New York 1962) S. 1—14.
— Geschichte des Max-Planck-Instituts für physikalische Chemie. In: Jahrb. Max-Planck-Ges. zur Förderung d. Wissenschaften. Tl *2* (Göttingen 1961) S. 225—229.
— Theorie und Experiment in der elektrochemischen Verfahrenstechnik. In: Chem.-Ing.-Techn. *32* (1960) S. 1—8.
— u. B. D. Lichter: The Attack of Copper-Gold, Silver-Gold, Nickel-Copper, and Silver-Copper Alloys by Sulfur at Elevated Temperatures. In: J. electrochem. Soc. *107* (1960) S. 168—180.
— Contribution to the Theory of Current Distribution in Local Cells. Ebda, *107* (1960) S. 445—452.
— u. H. Rickert: Festkörperreaktionen im System Silber-Antimon-Schwefel. In: Zs. Elektrochem. *64* (1960) S. 793—800.
— Potential- und Stromverteilung bei kathodischem Korrosionsschutz. In: Werkstoffe u. Korrosion. *11* (1960) S. 673—680.
— u. F. Maak: Mindestgehalte von Legierungsbestandteilen für die Bildung von Oxydschichten hoher Schutzwirkung gegen Oxydation bei höheren Temperaturen. Ebda, *12* (1961) S. 273—277.
— Calculation of the Current Distribution at Electrodes Involving Slots. In: Plating. *48* (1961) S. 997.
— u. R. Benz: Thermodynamics of the Solid System CaO-SiO_2 from Electromotive Force Data. In: J. physical Chem. *65* (1961) S. 1308—1311.
— Theorie der Alterung von Niederschlägen durch Umlösen (Ostwald-Reifung). In: Zs. Elektrochem. *65* (1961) S. 581—591.
— u. H. Rickert: Zur Kinetik der Sulfidierung von Silber, 2: Der Einfluß der Durchtrittsreaktion des Silbers durch die Phasengrenze Silber/Silbersulfid. In: Zs. physikal. Chem. N. F. *31* (1961) S. 32—39.

— u. H. Schmalzried: Fehlordnung in ternären Ionenkristallen. Ebda, *31* (1962) S. 198—221.
— u. N. Birks, H. Rickert: Berechnung von Metall-Schlacken-Gleichgewichten sowie Gleichgewichten zwischen binären flüssigen oder festen Legierungen und festen Oxyden oder Sulfiden mit einer Anwendung auf das System Ag-Sb-S. In: Zs. Elektrochem. *66* (1962) S. 266—269.
— u. H. Rickert: Zur Morphologie der Reaktionsschichten bei Reaktionen im System Ag_2S-Sb_2S_3 in Gegenwart von Schwefeldampf. Ebda, *66* (1962) S. 502—507.

Wolf, Leopold u. H. Bärnighausen: Zum räumlichen Bau von β-Diketon-Komplexen vierwertiger Kationen mit der Koordinationszahl 8. Die Kristallstruktur von Cer-Tetrakis-(Dibenzoylmethan). In: Acta Crystallographica. *13* (1960) S. 778—785.
— u. E. Butter, H. Weinelt: Über die Darstellung höherer β-Diketonkomplexe des Fe, Ru und Rh. In: Zs. anorg. allg. Chem. *306* (1960) S. 87—93.
— u. H. Franz, H. Hennig: Ferrocenometrie. In: Zs. Chemie. *1* (1961) S. 220—221.
— u. H. Schwab: Beiträge zur Trennung der Seltenen Erden, 8: Röntgenographische Untersuchungen am System Lanthanoxyd-Ytterbiumoxyd. In: J. prakt. Chem. (4) *13* (1961) S. 337—344.
— u. E. Butter, H. Weinelt: Zwei Formen von Ni(II)-β-Diketonverbindungen. In: Naturwissenschaften. *48* (1961) S. 378.
— u. E. Uhlig: Zur Salzbildung von Derivaten des Tris-(β-hydroxyäthyl)-amins und des Tetrakis-(β-hydroxyäthyl)ammoniumhydroxydes. In: J. prakt. Chem. (4) *13* (1961) S. 99—107.
— u. E. Uhlemann: Isomere Kupferchelate von β-Diketonanilen. In: Zs. Chemie *2* (1962) S. 219—224.
— u. Chr. Tröltzsch: Über die Darstellung einiger Chalkone, 1.3-Diketone und Bis-(1.3-diketone). In: J. prakt. Chem. (4) *17* (1962) S. 69—77.
— u. Chr. Tröltzsch: Über Chelate von Zirkonium und Hafnium mit 1.3-Dicarbonylverbindungen. Ebda, (4) *17* (1962) S. 78—91.
— u. E. Uhlig: Die Zersetzung der Tetrakis-[β-(phenylcarboxy)-äthyl]-ammoniumsalze in alkalischer Lösung. Ebda, (4) *17* (1962) S. 241—249.
— Nekrolog f. Arthur Simon. In: Forsch. u. Fortschr. *36* (1962) S. 380—381.

Philologisch-historische Klasse

Aebischer, Paul: Essai sur l'histoire de Saint-Marin des origines à l'an mille (Saint-Marin 1962) 88 S.
— Etudes sur Otinel. De la chanson de geste à la saga norroise et aux origines de la légende. In: Travaux publiés sous les auspices de la Société suisse des sciences morales. 2. (Bern 1960) 169 S.
— Les derniers vers de la „Chanson de Roland“. In: Studia philologica. Homenaje ofrecido a Dámaso Alonso, I. (Madrid 1960) S. 11—33.
— A travers l'anthroponymie du haut moyen âge. In: VII Congresso Internazionale di Scienze onomastiche Firenze-Pisa 1961.
— Nachruf auf Karl Jaberg. In: Jahrb. Dtsch. Akad. Wiss. *1960* (Bln 1961) S. 128—29.
— Nachruf auf Clemente Merlo. Ebda. S. 150—51.
— Le „Placitum feretranum“ de 885 et les origines de Saint-Marin. In: Le Moyen Age. *66* (1960) S. 1—36.

— Les graphies toponymiques „Sebre“ et „Balaguet“ de la „Chanson de Roland“, Ms. Digby. In: Boletín de la Real Academia de Buenas letras de Barcelona. *28* (1959—1960) S. 185—209.
— La finale -e du féminin pluriel italien. Etude de stratigraphie linguistique. In: Studi Linguistici Italiani. *1* (1960) S. 5—48.
— La „Chanson de Roland“ dans le désert littéraire du XIe siècle. In: Revue belge de philologie et d'histoire. *38* (1960) S. 718—49.
— Le latin du „Placitum feretranum“ de 885. In: Archivum Latinitatis Medii Aevi. *30* (1960) S. 5—13.
— Le Songe de la Pucelle. Poème moral du XVe siècle publié d'après le texte du manuscrit Supersaxo 97bis. In: Vallesia. *16* (1961) S. 225—41.
— Andare, ire et leurs synonymes sur territoire linguistique italien. In: Studi linguistici italiani. *2* (1961) S. 3—23.
— „Scherpa seu usitilia“ dans le latin des chartes langobardes. In: Archivum Latinitatis Medii Aevi. *31* (1961) S. 5—21.
— Un phénomène complexe de phonétique romane: le développement -mn->-nd-. In: Revista portuguesa de filologia. *11* (1961) S. 275—305.
— Solemnius et ses dérivés ou le développement du groupe -mni- en galloroman. In: Revue de linguistique romane. *25* (1961) S. 238—50.
— Le Gouvert d'Humanité par Jean d'Abondance. In: Bibliothèque d'Humanisme et Renaissance. Travaux et documents. *24* (1962) S. 282—338.
— Paléozoologie de l'Equus Clavileñus, Cervant. In: Etudes de lettres. Bulletin de la Faculté des Lettres de l'Université de Lausanne. Ser. 2 T. *6* (1962) S. 93—130.
— La christianisation du Valais à la lumière de quelques faits linguistiques. In: Vallesia. *17* (1962) S. 171—207.

Aland, Kurt: Kirchengeschichtliche Entwürfe. Alte Kirche — Reformation und Luthertum — Pietismus und Erweckungsbewegung (Gütersloh 1960) 700 S.
— Über den Glaubenswechsel in der Geschichte des Christentums (Bln 1961) 147 S. (Theol. Bibliothek Töpelmann. 5.)
— Die Säuglingstaufe im Neuen Testament und in der alten Kirche. Eine Antwort an Joachim Jeremias (Münch. 1961) 86 S. (Theol. Existenz heute. N. F. Nr. 86.)
— Martin Luther. Der neue Glaube. 3., erw. u. neubearb. Aufl. (Stuttg. u. Gött. 1961) 357 S. (Luther Deutsch. Bd 3.)
— Martin Luther. Der Reformator (Stuttg. u. Gött. 1962) 400 S. (Luther Deutsch. Bd 2.)
— Kirchengeschichte in Lebensbildern. Teil 1: Die Frühzeit. 3., veränd. Aufl. (Bln 1962) 303 S.
— The Problem of the New Testament Canon (London 1962) 33 S.
— Martin Luthers 95 Thesen nebst dem Sermon von Ablass und Gnade 1517 (Bln 1962) 26 S. (Kleine Texte f. Vorlesungen u. Übungen. 142.)
— Der Hallesche Pietismus und die Bibel. In: Die bleibende Bedeutung des Pietismus. Zur 250-Jahrfeier d. Cansteinschen Bibelanstalt (Witten-Bln 1960) S. 24—59.
— Der gegenwärtige Stand der patristischen Arbeit in Deutschland. In: Miscellanea Historiae Ecclesiasticae Stockholm 1960 (Louvain 1961) S. 119—36.
— Eine abschließende Bemerkung zur Frage „Petrus in Rom“. Zum Aufsatz von Karl Heussi über „Die vermeintlichen Beweise für das Kommen des Petrus nach Rom“. In: Hist. Zs. *191* (1960) S. 585—87.

— Eine Bemerkung zur gegenwärtigen Arbeit der neutestamentlichen Textkritik. In: Bibl. Zs. N. F. *1960* S. 315—18.
— The problem of anonymity and pseudonymity in christian literature of the first two centuries. In: The Journal of Theological Studies. N. S. Vol. *12* Part 1 (1961) S. 39—49.
— u. E. Nestle [Hrsg. u. Bearb.] Novum Testamentum Graece. 24. Aufl. (Stuttg. 1960) 110*, 671 S., 3 Ktn.
— u. E. Nestle [Hrsg. u. Bearb.] Novum Testamentum Graece et Latine. 19. Aufl. (Stuttg. 1960) 110*, XV, 671 S. [Paralleldruck], 3 Ktn.
Ferner zahlreiche Artikel in RGG. 3. Aufl. Bd 4—6. Tüb. 1960—1962.

Baethgen, Friedrich: Die Bayerische Akademie der Wissenschaften 1909—1959. Tradition und Auftrag. Festrede. Bayer. Akad. Wiss. München 1959 (Münch. 1960) 30 S.
— Mediaevalia. Aufsätze, Nachrufe, Besprechungen. Teil 1.2 (Stuttg. 1960) (Monumenta Germaniae Historica. Schriften Bd 17, 1.2.)
— Ein Pamphlet Karls I. von Anjou zur Wahl Papst Nikolaus III. (Münch. 1960) 25 S. (Sitzgsber. Bayer. Akad. Wiss. Phil.-hist. Kl. 1960, 7.)
— Geleitwort zu Raphael Straus: Urkunden und Aktenstücke zur Geschichte der Juden in Regensburg 1453—1738. Quellen und Erörterungen zur Bayerischen Geschichte. N. F. Bd 18 (Münch. 1960) S. 5—9.
— Begrüßungsansprache. In: Die Einweihung der Arbeitstätte der Kepler-Kommission der Bayerischen Akademie der Wissenschaften im Keplerhause zu Weil der Stadt am 21. Mai 1960 (Münch. 1960) S. 9—13.
— Begrüßungsansprache und Bericht des Präsidenten in der Feierlichen Jahressitzung der Bayerischen Akademie der Wissenschaften am 3. 12. 1960. In: Jahrb. Bayer. Akad. Wiss. *1961* (Münch. 1961) S. 79—95.
— Begrüßungsansprache und Bericht des Präsidenten in der Feierlichen Jahressitzung der Bayerischen Akademie der Wissenschaften am 2. 12. 1961. In: Jahrb. Bayer. Akad. Wiss. *1962* (Münch. 1962) S. 81—100.
Mitherausg. d. Dtsch. Arch. für Erforschung d. Mittelalters. Bd 16 (1960) bis Bd 18 (1962).

Baetke, Walter [Hrsg.] Bandamanna saga und Ǫlkofra þáttr. Mit Einl., Anm., Glossar u. 3 Kt. Skizz. (Halle (Saale) 1960) 162 S. (Altnord. Textbibl. N. F. Bd 4.)

Barwick, Karl: Die Enzyklopädie des Cornelius Celsus. In: Philologus. *104* (1960) S. 236 bis 249.
— Augustins Schrift De rhetorica und Hermagoras von Temnos. Ebda. *105* (1961) S. 97 bis 110.
— Die Vorrede zum zweiten Buch der rhetorischen Jugendschrift Ciceros und zum vierten Buch des Auctor ad Herennium. Ebda. S. 307—14.
— Zur Erinnerung an Joachim Marquardt anläßlich seines 150. Geburtstages. In: FuF. *36* (1962) S. 125—26.
— Das rednerische Bildungsideal Ciceros. Ebda. S. 245—48.

Baumgarten, Arthur: Die Bedeutung des wissenschaftlichen Sozialismus für die Geschichte der Ethik (Bln 1960) 15 S. (Sitzgsber. Dtsch. Akad. Wiss. Kl. f. Phil., Gesch., Staats-, Rechts- u. Wirtschaftswiss. Jg 1960 Nr. 1.)
— [Vorwort.] D. A. Kerimov: Freiheit, Recht und Gesetzlichkeit in der sozialistischen Gesellschaftsordnung. Übers. a. d. Russ. von Ina Friedenthal (Bln 1962) XI, 220 S.

Behn, Friedrich: Ausgrabungen und Ausgräber. 2., verm. Aufl. (Stuttg. 1961) 158 S. m. Abb., 67 Abb. auf Taf. (Urban-Bücher. 15.)
— Dass. in holländ. Sprache (Amsterdam 1962) 187 S., mehr Bl. Abb.
— Zur Problematik der Felsbilder (Bln 1962) 89 S., 175 Abb. auf 64 Taf. (Abh. Sächs. Akad. Wiss. Phil.-hist. Kl. Bd 54 H. 1.)
— Vorgeschichtliche Welt (Stuttg. 1962) 222 S., 88 Taf.
— Cultura de la Prehistoria I (span. Übers. von „Kultur der Urzeit" Bd 1) (Uteha [1961]) 182 S., 48 Abb.
— Prehistoria de Europa. Traducción al español por Felix Blanca. (Mexico [1961]) VI, 138 S., 47 Fig. (Manuales Uteha. No 3.)
— Die Felsbilder in den ligurischen Seealpen und das Felsbilderproblem. In: Beiträge z. Völkerforschung. Hans Damm zum 65. Geburtstag (Bln 1961) S. 43—49.
— Prähistorische Fälschungen. In: Die Umschau in Wiss. u. Techn. *60* (1960) S. 689—92.
— [Bespr.] Carleton S. Coon: Die sieben Höhlen. Wiesb. 1958. Ebda. S. 94.
— [Bespr.] Gerhard Rohlfs: Primitive Kuppelbauten in Europa. Münch. 1957. (Bayer. Akad. Wiss. Phil.-hist. Kl. Abh. N. F. H. 43.) In: Prähist. Zs. *38* (1960) S. 333.
— [Bespr.] Luisa Banti: Die Welt der Etrusker. Stuttg. 1960. (Große Kulturen d. Frühzeit. N. F.) In: DLZ. *82* (1961) Sp. 803—08.
— [Bespr.] Hans Gallwitz, Religion und Magie der Menschen in der Altsteinzeit. Bln 1960. In: ThLZ. *86* (1961) Sp. 912—13.
— [Bespr.] Spina e l'Etruria Padana. Firenze 1959. (Suppl. a „Studi etruschi". Vol. 25.) In: DLZ. *83* (1962) Sp. 143—45.
— [Bespr.] Mostra dell'Etruria Padana e della Città di Spina. 2 ed. I. II. Bologna 1960—61. Ebda. Sp. 143—45.
— [Bespr.] Corpus Vasorum Antiquorum. Deutschland. Bd 14—20. Bln 1959—1961. Ebda. Sp. 535—39.
— [Bespr.] Klaus Parlasca: Die römischen Mosaiken in Deutschland. Bln 1959. (Röm.-german. Forsch. Bd 23.) Ebda. Sp. 688—90.

Besseler, Heinrich: Die Gebeine und die Bildnisse Johann Sebastian Bachs. In: Bach-Jahrbuch *1959* (Bln 1960) S. 130—48.
— Einflüsse der Contratanzmusik auf Joseph Haydn. In: Ber. üb. d. Int. Konf. z. Andenken Joseph Haydns, veranst. v. d. Ungar. Akad. d. Wiss. Budapest, 17.—22. Sept. 1959 (Budapest 1961) S. 25—40.
— Dufay in Rom. In: Miscelánea en homenaje a Mons. Higinio Anglés. Bd 1 (Barcelona 1958—61) S. 111—34.
— Grundsätzliches zur Übertragung von Mensuralmusik. In: Studien zur Musikwissenschaft. *25* (1962) S. 31—38 (Festschr. f. Erich Schenk).
— [Revisionsber. u. Hrsg.] Guillaume Dufay: Missarum pars prior. Corpus mensurabilis musicae. Ser. 1 Bd 2 (Rom 1960).
— [Hrsg.] Peter Benary: Die deutsche Kompositionslehre des 18. Jahrhunderts (Lpz. 1961) (Jenaer Beitr. z. Musikforsch. Bd. 3.)
— [Revisionsber. u. Hrsg.] Guillaume Dufay: Fragmenta Missarum (Rom 1962) (Corpus mensurabilis musicae. Ser. 1 Bd 4.)
— [Vorwort u. Hrsg.] Hans Hickmann: Ägypten (Lpz. 1962) (Musikgesch. in Bildern. Bd 2 Lfg 1.)

Bischoff, Karl: Der Artikel vor deutschen Siedlungsnamen. In: Volk, Sprache, Dichtung. Festgabe f. Kurt Wagner (Gießen 1960) S. 235—46.
— Zu mnd. ūs und uns. In: Festschr. f. Ludwig Wolff zum 70. Geburtstag (Neumünster 1962) S. 55—72.
— Über die Grundlagen der mittelniederdeutschen Schriftsprache. In: Niederdtsch. Jahrb. *85* (Neumünster 1962) S. 9—31.
— Zu niederdeutsch twisken, twischen: tüsken, tüschen. In: Niederdtsch. Wort. *2* (1961) S. 1—16.
— Zur Ausbildung der hansischen Schriftsprache. In: Soester Zs. *76* (1962) S. 12—15.
— u. L. Röhrich [Hrsg.] Volk, Sprache, Dichtung. Beiträge zur deutschen Philologie und Volkskunde. Festgabe f. Kurt Wagner (Gießen 1960) 338 S.
— u. a. [Hrsg.] Deutsche Texte in Handschriften. Bd 1: Das Nibelungenlied und Die Klage. Handschrift B (Cod. Sangall. 857) (Köln u. Graz 1962).
— [Bespr.] Hermann Paul: Deutsches Wörterbuch. 5., völlig neubearb. u. erw. Aufl. v. Werner Betz. In: Germanistik. *1* (1960) S. 141—42.
— [Bespr.] Bernhard Martin: Die deutschen Mundarten. 2., neubearb. Aufl. Marburg 1959. In: Niederdtsch. Jahrb. *83* (Neumünster 1960) S. 144—45.
— [Bespr.] Werner Stannat: Das Leben der heiligen Elisabeth in drei mnd. Handschriften aus Wolfenbüttel und Hannover. Neumünster 1959. In: AfdA. *73* (1961/62) S. 24—25.
— [Bespr.] Martin Luther: Werke. Krit. Gesamtausgabe. Die Deutsche Bibel. Bd 11, 1. 2. Weimar 1960. In: Germanistik. *2* (1961) S. 375—76.
— [Bespr.] Wilhelm Sturmfels u. H. Bischof: Unsere Ortsnamen im ABC erklärt nach Herkunft und Bedeutung. 3. Aufl. Bonn 1961. In: AfdA. *73* (1961/62) S. 102—06.
— [Bespr.] Martin Luther: Werke. Krit. Gesamtausgabe. Die Deutsche Bibel. Bd 12. Weimar 1961. In: Germanistik. *3* (1962) S. 568—69.
— [Bespr.] Der Harffer Sachsenspiegel vom Jahre 1295. Hrsg. v. Märta Åsdahl Holmberg. Kopenh.-Lund 1957. In: ZfMaf. *29* (1962) S. 80—81.
— [Bespr.] Ernst Schwarz: Sprache und Siedlung in Nordostbayern. Nürnberg 1960. In: ZfVk. *58* (1962) S. 282—86.

Blumenthal, Lieselotte [Hrsg.] Schillers Briefe. 1. 11. 1798 bis 31. 12. 1800 (Weimar 1961) X, 453 S. (Schillers Werke. Nationalausg. Bd 30.)
— Ludmilla Assing. In: Goedekes Grdr. z. Gesch. d. dtsch. Dichtung. N. F. Bd 1 (Berlin 1962) S. 449—59.
— Goethes „Großkophta". In: Weimarer Beitr. Zschr. f. dtsch. Lit. gesch. *7* (1961) S. 1—26.
— Schillers Dramenplan „Die Prinzessin von Celle". In: FuF. *36* (1962) S. 366—68.

Buchda, Gerhard: Die Schöffenspruchsammlung der Stadt Pössneck. Teil 3. Die Bedeutung der Sammlung für die allgemeine Rechtsgeschichte. Ordnung der Sprüche nach Rechtssachen (Weimar 1962) XII, 150 S. (Thüring. Archivstudien. Bd 9.)
— „Gewohnheiten" in der Pößnecker Schöffenspruchsammlung. In: ZSS. Germ. Abt. *78* (1961) S. 64—92.
— Eine neue Schöffenspruchsammlung. In: FuF. *35* (1961) S. 307—09.
— [Bespr.] Deutsches Rechtswörterbuch (Wörterbuch der alten deutschen Rechtssprache). Bd 5. Weimar 1953—1960. In: Dtsch. Jahrb. f. Volkskde. *8*, 1 (Bln 1962) S. 251—55.
— [Bespr.] Wilhelm Ebel: Studie über ein Goslarer Ratsurteilsbuch des 16. Jahrhunderts (nebst einem Urkundenanhang). Gött. 1961. In: ZSS. Germ. Abt. *79* (1962) S. 357—65.

— [Anz.] Gerhard Günther: Die Anfänge der Rezeption des mittelalterlichen römischen Zivilrechts in Thüringen bis zur Mitte des vierzehnten Jahrhunderts. Jenaer jur. Diss. 1957. Ebda. *78* (1961) S. 470—71.
— [Anz.] Jörgen Haalck: Die Gutachter- und Urteilstätigkeit der Rostocker Juristenfakultät in ihrem äußeren Verlauf. Jenaer jur. Diss. 1957. Ebda. S. 471.
— [Anz.] Witho Holland: Die schmalkaldischen Handwerkerzünfte und ihr Recht bis zur Mitte des 19. Jahrhunderts, dargestellt hauptsächlich nach ihren Zunftbriefen. Jenaer jur. Diss. 1957. Ebda. S. 472.
— [Anz.] Hamburgische Burspraken 1346 bis 1594 mit Nachträgen bis 1699. Bearb. v. Jürgen Bolland. Teil 1. 2. Hamburg 1960 (Veröff. a. d. Staatsarch. d. Freien u. Hansestadt Hamburg. Bd 6, 1 u. 2.) In: Hist. Zs. *195* (1962) S. 211.
— [Anz.] Norbert Hasselwander: Aus der Gutachter- und Urteilstätigkeit an der alten Mainzer Juristenfakultät. Wiesb. 1956. (Beitr. z. Gesch. d. Univ. Mainz. 3.) Ebda. S. 224.
— [Anz.] Wolfgang Jacobeit: Schafhaltung und Schäfer in Zentraleuropa bis zum Beginn des 20. Jahrhunderts. Bln 1961. (Veröff. d. Inst. f. dtsch. Volksk. d. Dtsch. Akad. d. Wiss. zu Berlin. Bd 25.) In: ZSS. Germ. Abt. *79* (1962) S. 449—50.

Eißfeldt, Otto: Der Beutel der Lebendigen. Alttestamentliche Erzählungs- und Dichtungsmotive im Lichte neuer Nuzi-Texte (Bln 1960) 40 S., 12 Abb. (Sitzgsber. Sächs. Akad. Wiss. Phil.-hist. Kl. Bd 105 H. 6.)
— Die Genesis der Genesis. Vom Werdegang des 1. Buches der Bibel. 2., verb. u. verm. Aufl. (Tüb. 1961) VIII, 103 S.
— Kleine Schriften. Bd 1. Hrsg. v. R. Sellheim u. F. Maass (Tüb. 1962) 279 S.
— Hexateuch-Synopse. Die Erzählung der fünf Bücher Mose und des Buches Josua mit dem Anfange des Richterbuches in ihre vier Quellen zerlegt und in dtsch. Übers. dargeboten samt einer in Einl. u. Anm. gegebenen Begründung (Darmstadt 1962) XVI, 108, 285* S.
— Phönikische und griechische Kosmogonie. In: Elements orientaux dans la Religion Grecque Ancienne (Paris 1960) S. 1—15.
— Jeremias Drohorakel gegen Ägypten und gegen Babel. In: Verbannung und Heimkehr. Beitr. z. Gesch. u. Theol. Israels im 6. u. 5. Jahrh. v. Chr. Wilhelm Rudolph zum 70. Geburtstage (Tüb. 1961) S. 31—37.
— Voraussage-Empfang, Offenbarungs-Gewißheit und Gebetskraft-Erfahrung bei Jeremia. In: Novum Testamentum. *5* (1962) S. 77—81.
— The Promises of Grace to David in Isaiah 55: 1—5. In: Essays in honor of James Muilenburg (New York 1962) S. 196—207.
— The Alphabetical Cuneiform Texts from Ras Shamra publ. in „Le Palais Royal d'Ugarit", vol. II, 1957. In: Journal of Semitic Studies. *5* (1960) S. 1—49.
— Daniels und seiner drei Gefährten Laufbahn im babylonischen, medischen und persischen Dienst. In: ZAW. *72* (1960) S. 134—48.
— Lade und Gesetzestafeln. In: Theol. Zs. *16* (1960) S. 281—84.
— Die älteste Erzählung vom Sinaibund. In: ZAW. *73* (1961) S. 137—46.
— Sinai-Erzählung und Bileam-Sprüche. In: Hebrew Union Coll. Annual. *32* (1961) S. 179 bis 90.
— Mesopotamische Elemente in den alphabetischen Texten von Ugarit. In: Syria. *39* (1962) S. 36—41.
— Pergamente und Papyri aus Dura-Europos. In: OLZ. *57* (1962) Sp. 347—51.
— Ba'al Saphon von Ugarit und Amon von Ägypten. In: FuF. *36* (1962) S. 338—40.

— Ein Psalm aus Nord-Israel, Micha 7, 7—20. In: ZDMG. *112* (1962) S. 259—68. Ferner zahlreiche Artikel in RGG. 3. Aufl. Bd 4—6. Tüb. 1960—1962 und Besprechungen in DLZ und OLZ.

Erben, Johannes: Abriß der deutschen Grammatik. 3., durchges. Aufl. (Bln 1960) XII, 208 S.; dass. 4., neubearb. Aufl. (Bln 1961) XII, 226 S.; dass. 5., unveränd. Aufl. (Bln 1962).
— Laßt uns feiern/wir wollen feiern! In: Beitr. Bd 82. Sonderband (Halle 1961) S. 459—71.
— Ausklang des Mittelhochdeutschen. In: Spätzeiten und Spätzeitlichkeit. Vorträge, geh. auf d. 2. Int. Germanistenkongr. 1960 in Kopenhagen (Bern u. Münch. [1962]) S. 86 bis 102.
— Prinzipielles zur Syntaxforschung. In: Das Ringen um eine neue deutsche Grammatik. Hrsg. v. H. Moser (Darmst. 1962) S. 505—26 [Neudr.].
— Gesetz und Freiheit in der deutschen Hochsprache der Gegenwart. In: Deutschunterricht. *12* (1960) H. 5 S. 5—28.
— Bemerkungen zu einigen Grundfragen wissenschaftlicher Sprachbeschreibung. In: Wirkendes Wort. Sonderh. 3 (Düsseld. 1961) S. 144—49.
— [Hrsg.] Ostmitteldeutsche Chrestomathie. Proben der frühen Schreib- und Druckersprache des mitteldeutschen Ostens (Bln 1961) XII, 212 S. (Veröff. d. Inst. f. dtsch. Sprache u. Lit. d. Dtsch. Akad. d. Wiss. zu Berlin. 24.)
— [Bespr.] Gertraud Müller und Theodor Frings: Die Entstehung der deutschen daß-Sätze. Bln 1959. 55 S. (Sitzgsber. Sächs. Akad. Wiss. zu Leipzig. Phil.-hist. Kl. Bd 105 H. 6.) In: DLZ. *81* (1960) Sp. 135—37.
— [Bespr.] Ernst Erhard Müller: Wortgeschichte und Sprachgegensatz im Alemannischen. Bern-Münch. 1960. Ebda. *82* (1961) Sp. 436—38.
— [Bespr.] Emil Öhmann: Über hyperkorrekte Lautformen. Helsinki 1960. 82 S. (Ann. Acad. Scient. Fennicae. Ser. B T. 123, 1.) Ebda. *83* (1962) Sp. 315—17.
— [Bespr.] Arno Schirokauer: Germanistische Studien. Hamburg 1957. In: ZfMaf. *29* (1962) S. 169—70.

Fischer, Rudolf: August Schleicher zur Erinnerung. Mit einem Diskussionsbeitrag von J. Müller und einer Bibliographie von J. Dietze (Bln 1962) 52 S., 1 Taf. (Sitzgsber. Sächs. Akad. Wiss. Phil.-hist. Kl. Bd 107 H. 5.)
— Stojan Romanskis Leipziger Promotion zum 50-jährigen Doktorjubiläum am 30. März 1958. In: Ezikovedsko-etnografski izsledvanija v pamet na akad. St. Romanski (Sofia 1960) S. 13—14.
— Burgennamen Deutschlands: Die Drei Gleichen. In: Leipziger namenkundliche Beiträge (Bln 1961) S. 7—17. Auch in: Atti del VII Congresso Int. di Scienze Onomastiche. Bd 1 (Florenz 1962) S. 473—98. (Resumé in: VII Congresso Int. di Scienze Onomastiche. Kurzfassungen der Mitt. (Florenz 1961) S. 54—58.) Auch in: Wiss. Zs. Univ. Leipzig. Gesellsch.- u. sprachwiss. R. *10* (1961) S. 441—45.
— Zu den Anfängen der slawistischen Namenforschung. Die Versuche Rat Grüners auf Anregung Goethes. In: II. Arbeitskonf. d. Int. Onomastischen Kommission beim Int. Slawistenkomitee in Berlin vom 17. bis 19. Oktober 1961. Resumés der Vorträge von Teilnehmern aus der Deutschen Demokratischen Republik (Bln 1961) S. 7—8.
— Ergebnisse der Namenforschung der DDR. Slawisches Sprachgut in schlesischen Familiennamen. In: I Międzynarodowa Slawistyczna Konferencja Onomastyczna w Krakowie w dniach 22—24 października 1959. Księga referatów [Prace Onomastyczne PAN Nr. 5] (Wrocław-Warszawa-Kraków 1961) S. 29—35.

— Erfahrungen und Beispiele [aus dem Bereich der germanoslawistischen Namenforschung]. In: Wegweiser zur Namenforschung von Friedrich Engels bis in die Gegenwart (Halle (Saale) 1962) S. 7—29.
— u. a.: Tschechische und slowakische Literatur [Stichwortliste und Artikel]. In: Meyers Neues Lexikon. Bd 1 ff. (Lpz. 1961 ff.).
— Familiennamen der Lausitz. In: Studia Onomastica Monacensia. Bd 3: VI. Int. Kongr. f. Namenforschung. Münch. 24.—28. Aug. 1958. Kongreßbericht. Bd 2 (Münch. 1961) S. 274—83.
— Sostojanie i kritika slavjanskoj onomastiki v Germanii. In: Akademija nauk SSSR. IV Meždunarodnyj s'ezd slavistov. Materialy i diskussii. Bd 2 (Moskva 1962) S. 474—75.
— Deutsch-russische Beziehungen im Bereich der Literatur. Schiller und Puschkin. In: Wiss. Zs. Univ. Leipzig. Gesellsch.- u. sprachwiss. R. *9* (1959/60) S. 73—76. Auch in: Weimarer Beitr. Zs. f. dtsch. Lit. gesch. *6* (1960) S. 603—11.
— u. E. Eichler: Leistungen der Leipziger Slawistik der Gegenwart. Bibliographie. In: Wiss. Zs. Univ. Leipzig. Gesellsch.- u. sprachwiss. R. *9* (1959/60) S. 77—82.
— Schillers Gestaltung böhmischer Geschichte. In: Weimarer Beitr. Zs. f. dtsch. Lit. gesch. 1959 Sonderh. S. 196—205.
— Eugen Häusler 65 Jahre. In: ZfSl. *5* (1960) S. 1—2.
— Slawisches Sprachgut in schlesischen Familiennamen. In: Wiss. Zs. Univ. Leipzig. Gesellsch.- u. sprachwiss. R. *9* (1959/60) S. 223—25.
— Zur Schillerfeier in Prag 1859. Ebda. S. 583—85. Auch in: Weimarer Beitr. Zs. f. dtsch. Lit. gesch. *6* (1960) S. 278—83.
— Deutsch-polnische Verbindung im Zeichen Weimars. F. Th. Bratraneks Begleitbrief zu seiner Besprechung der „Ahnenfeier" von Mickiewicz für Ottilie Goethe. In: FuF. *34* (1960) S. 209—10.
— Walther Freymann gest. In: ZfSl. *5* (1960) S. 481.
— Lektorenkonferenz „Wege zur Verbesserung des Russischunterrichts". In: Universitätszeitung Leipzig. *4* (1960) Nr. 44 S. 2.
— Nicht nur Bewährungsprobe für den Nachwuchs. [Slawistische und germanoslawistische Dissertationen.] Ebda. Nr. 49 S. 3.
— Freundschaft Leipzig — Sofia. Zur Erinnerung an Stojan Romanski. In: Wiss. Zs. Univ. Leipzig. Gesellsch.- u. sprachwiss. R. *9* (1959/60) S. 749—50.
— Zu einem Buch der Erinnerung an Mickiewicz. F. Th. Bratraneks Brief um Dedikationserlaubnis an Ottilie Goethe. Ebda. *10* (1961) S. 105—07. Auch in: ZfSl. *6* (1961) S. 105—08.
— Familiennamen — Herkunftsnamen. In: Beitr. z. Gesch. d. dtsch. Sprache u. Lit. *82* (1961) Sonderbd S. 353—62.
— Zum Charakterbilde August Schleichers. Ein Sprachgelehrter als Kritiker seiner Wirklichkeit. In: FuF. *35* (1961) S. 115—18.
— Zum Fragenkreis um Schillers Aufenthalt in Böhmen. Schiller in der Wallensteinstadt Eger. In: ZfSl. *6* (1961) S. 101—04.
— Mahnende Tradition. Zur Ehrung Matthias Murkos. In: Universitätszeitung Leipzig. *5* (1961) Nr. 21 S. 2.
— Zum Leben und Schicksal August Schleichers. In: ZfSl. *5* (1961) S. 449—51.
— Brücken der Völkerfreundschaft. Zur wissenschaftlichen Konferenz „Moderne Wege der Darstellung der russischen Grammatik". In: Universitätszeitung Leipzig. *5* (1961) Nr. 38 S. 2.
— August Schleicher. 19. 2. 1821—6. 12. 1868. Zum Jahre seines 140. Geburtstages. In: Wiss. Zs. Univ. Leipzig. Gesellsch.- u. sprachwiss. R. *10* (1961) S. 811—15.

- Bilanz zum Tag der Karl-Marx-Universität. Zahlreicher wissenschaftlicher Nachwuchs in der Slawistik. In: Universitätszeitung Leipzig. *5* (1961) Nr. 49 S. 2.
- August Schleicher und das Prager Deutsch. In: FuF. *36* (1962) S. 87—90.
- Slawistische Habilitationen an der Karl-Marx-Universität. In: Das Hochschulwesen. *10* (1962) S. 358—59.
- Zur Ehrung Matthias Murkos. In: ZfSl. *7* (1962) S. 150.
- Zur Namenforschung im sorbischen Raum. In: Lětopis Instituta za serbski ludospyt A *8* (1961) S. 127—28.
- Reinhold Trautmann in der deutschen Slawistik. In: Wiss. Zs. Univ. Leipzig. Gesellsch.- u. sprachwiss. R. *11* (1962) S. 511—15.
- Schwierige Ortsnamen Thüringens. Ebda. S. 279—82. Auch in: ZfSl. *6* (1961) S. 635—40.
- Zum 80. Geburtstag Friedrich Slottys. In: ZfSl. *7* (1962) S. 637—38.
- Sowjetische Goethe-Ehrung [vor 30 Jahren]. In: Neues Deutschland. Nr. 234 v. 26. Aug. 1962 S. 4.
- u. Th. Frings [Hrsg.] Deutsch-Slawische Forschungen zur Namenkunde und Siedlungsgeschichte. (Hist. Komm. bei d. Sächs. Akad. d. Wiss. zu Leipzig.) Nr. 8. Halle (Saale) 1960; Nr. 11, 13 bis 15. Bln 1961—1962.
- [Redakt.] Leipziger namenkundliche Beiträge. Bln 1961. 127 S. (Sitzgsber. Sächs. Akad. Wiss. zu Leipzig. Phil.-hist. Kl. Bd 106 H. 5.)
- u. a. [Redakt.] Leipziger Abhandlungen zur Namenforschung und Siedlungsgeschichte. Beiträge anläßlich der 7. Jahrestagung der Leipziger namenkundlichen Arbeitsgruppe. Theodor Frings zugeeignet. In: Wiss. Zs. Univ. Leipzig. Gesellsch.- u. sprachwiss. R. *11* (1962) S. 273—405 [auch als Sonderdr. ersch.].
- [Redakt.] Wegweiser zur Namenforschung von Friedrich Engels bis in die Gegenwart (Halle (Saale) 1962) 113 S.
- [Bericht] Raboty Lejpcigskoj gruppy toponimistov. In: Voprosy jazykoznanija. *11* (1962) S. 149—50.
- [Bericht] Die II. Arbeitskonferenz der Internationalen Onomastischen Kommission beim Internationalen Slawistenkomitee. In: Beitr. z. Namenforsch. *13* (1962) S. 206.
- [Bericht] 8. Jahrestagung der Leipziger namenkundlichen Arbeitsgruppe. Ebda. S. 310.
- [Bericht] Deutsch-Slawische Forschungen. In: Das Hochschulwesen. *10* (1962) S. 897 bis 898.
- [Bericht] Sorabistische Arbeiten. In: Universitätszeitung Leipzig. *6* (1962) Nr. 51/52 S. 2. Auch in: Nowa doba Nr. 288 (1962) S. 3 [sorb.].
- [Bericht] Slawisten der DDR auf dem VII. Int. Kongreß für Namenforschung in Florenz. In: ZfSl. *7* (1962) S. 325.
- [Bespr.] E. Kranzmayer: Ortsnamenbuch von Kärnten. Bd 1. 2. Klagenfurt 1956—1958. Ebda. *5* (1960) S. 129—33.
- [Bespr.] F. Mětšk: Serbsko-pólska rěčna hranica w 16. a 17. lětstotku. Ebda. S. 576—77.
- [Bespr.] Zpravodaj Místopisné komise ČSAV. Ebda. S. 577—78.
- [Bespr.] E. Petrů: Z rukopisných sbírek Universitní knihovny v Olomouci. Prag 1959 Ebda. S. 631—32.
- [Bespr.] V. Šmilauer: Osídlení Čech ve světle místních jmen. Prag 1960. Ebda. *6* (1961) S. 153—56.
- [Bespr.] F. Roubík: Soupis a mapa zaniklých osad v Čechách. Prag 1959. Ebda. S. 156 bis 157.
- [Bespr.] J. Svoboda, V. Šmilauer: Místní jména v Čechách. Bd 5 Prag 1960. Ebda. S. 292—94.

— [Bespr.] Dějiny české literatury. Bd 1–3. Prag 1959–1961. In: DLZ. *83* (1962) Sp. 803 bis 807.
— [Bespr.] K. Hausenblas: Vývoj předmětového genetivu v češtině. Prag 1958: In: ZfSl. *7* (1962) S. 637–38.
— [Bespr.] E. Schwarz: Sprache und Siedlung in Nordostbayern. Nürnberg 1960. Ebda. S. 646–48.

Friedrich, Johannes: Zwei russische Novellen in neusyrischer Übersetzung und Lateinschrift (Wiesb. 1960) IX, 140 S. (Abh. f. d. Kunde d. Morgenl. 33,4.)
— Hethitisches Elementarbuch. 2., verb. u. erw. Aufl. Teil 1: Kurzgefaßte Grammatik (Heidelb. 1960) 195 S.
— Hethitisches Keilschrift-Lesebuch. Teil I. II (Heidelb. 1960).
— Hethitisches Wörterbuch. Kurzgef. krit. Sammlung d. Deutungen hethitischer Wörter. Erg.-H. 2 (Heidelb. 1961) 47 S. (Indogerm. Bibl. R. 2: Wörterbücher.)
— Urartäische Kleinigkeiten. In: AfO. *19* (1959–1960) S. 32.
— Eine luvische Glosse. Ebda. S. 94.
— Ein kilikischer Ortsname. Ebda. S. 151.
— Zum letzten Satze der zweiten Tafel der hethitischen Gesetze. In: Revue Hittite. *18* fasc. 66 (1960) S. 33–35.
— Zur Einordnung hethitischer Gilgamesch-Fragmente. In: Orientalia. N.S. *30* (1961) S. 90–91.
— Hethitische Wörter für „Wolle". In: Zs. f. vergl. Sprachforsch. N.F. *77* (1961) S. 257.
— Zwei churritisch-urartäische Wortgleichungen. In: Handes Amsorya. Wien. *75* (1961) Sp. 511–14.
— Zur Interpretation von Satz XVI der phönizisch-bildhethitischen Bilinguis von Karatepe. In: Orientalia. N.S. *31* (1962) S. 223–24.
— Onkel Sälu und Qämbär. Eine neusyrische Verserzählung von D. Iljan. In: ZDMG. *112* (1962) S. 6–49.
— u. H. Hoffmann: Der urartäische Kandelaber in Hamburg und seine Keilinschrift. Ebda. *111* (1962) S. 283–87 m. 3 Taf.

Frings, Theodor: Die Anfänge der europäischen Liebesdichtung im 11. und 12. Jahrhundert (Münch. 1960) 29 S. (Bayer. Akad. Wiss. Phil.-hist. Kl. Sitzgsber. Jg. 1960 H. 2.)
— u. E. Karg-Gasterstädt: Althochdeutsches Wörterbuch. Lfg 12, Sp. 825–904; Lfg 13, Sp. 905–984; Lfg 14, Sp. 985–1064 (Bln 1960–1962).
— Ingwäonisches in den Bezeichnungen der Zehnerzahlen. Von England über Friesland an den Niederrhein. In: Fryske Studzjes. Oanbean oan Prof. Dr. J. H. Brouwer op syn sechstichste jierdei 23 augustus 1960 (Assen 1960) S. 7–39.
— u. E. Linke: Drei rheinische Rondeaux, die ältesten in deutscher Sprache. In: Aus Geschichte und Landeskunde. Forschungen und Darstellungen. Franz Steinbach zum 65. Geburtstag gewidmet von seinen Freunden und Schülern (Bonn 1960) S. 751–68.
— u. H. Neumann [Vorwort] Deutsches Wörterbuch von Jacob Grimm und Wilhelm Grimm. Bd 14 Abt. 2 (Lpz. 1960) 1 Bl.
— Ansprache bei den öffentlichen Gesamtsitzungen der Sächsischen Akademie der Wissenschaften zu Leipzig am 18. April 1959 und 14. November 1959. In: Jahrb. Sächs. Akad. Wiss. *1957–1959* (Bln 1961) S. 117–20.
— Flämisch *kachtel* ‚Füllen', lateinisch *capitale*, und der Übergang von *ft* zu *cht*, deutsch *Kraft*, niederländisch *cracht*. In: Beitr. Bd 82 Sonderband (Halle/S. 1961) S. 363–93.

— Minnesinger und Troubadours. Berichtigte und ergänzte Fassung. In: Der deutsche Minnesang. Wege der Forschung. *15* (Darmst. 1961) S. 1—57.
— [Nachwort] Friedrich Panzer, Das russische Brautwerbermärchen im Nibelungenlied. In: Zur Germanisch-Deutschen Heldensage. Wege der Forschung. *14* (Darmst. 1961) S. 170—72.
— u. E. Linke: Walthers Tagelied. In: Wirkendes Wort. 3. Sonderheft. Henning Brinkmann zur Vollendung des 60. Lebensjahres (Düsseld. 1960) S. 3—7.
— Ansprache anläßlich der Feier des 80. Geburtstages des Präsidenten der Österreichischen Akademie der Wissenschaften Richard Meister am 4. Februar 1961 im großen Festsaal der Österreichischen Akademie der Wissenschaften. In: Alman. Österr. Akad. Wiss. *111*. 1961 (Wien 1962) S. 477—78.
— Humboldts Erbe gut bewahrt. In: Das Hochschulwesen. *8* (1960) S. 505.
— [Zustimmung zur Entwicklung der Asien- und Afrikawissenschaften an der Karl-Marx-Universität Leipzig.] In: Universitätszeitung Leipzig *4* (1960) Nr. 17 S. 1.
— Die Anfänge der europäischen Liebesdichtung im 11. und 12. Jahrhundert. [Mit einer Zusammenfassung in russ. u. dtsch. Sprache.] In: Revista de filologie romanică şi germanică. *5* (1961) S. 9—26.
— Noudunc, Naudung. In: Beitr. *83* (1961) S. 278—79.
— Hirsch und Hinde. In: Arv. Tidskrift för Nordisk folkminnesforskning. *17* (1961) S. 49—52.
— Ingwäonisches in den Bezeichnungen der Zehnerzahlen. Anhang 1. *-ʒo*, *-ʒug*, *-ʒog*, *-ʒig*, *-ʒeg* in den Zahlen 20—100. Von Gertraud Müller. Anhang 2. Analogie. Von G. Lerchner u. Th. Frings. Anhang 3. Formanalogie und Funktionsanalogie. Von Th. Frings. In: Beitr. *84* (1962) S. 1—66.
— Miszellen, 1. Nachtr. z. d. Aufsatz *ft* zu *cht*, deutsch *Kraft*, niederländisch *cracht*. 2. Germanisch-Romanisches. Beitr. Bd 82 Sonderband (Halle/S. 1961) S. 363ff. In: Beitr. *84* (1962) S. 469—71.

Fück, Johann: Die Religion des sunnitischen Islams. In: Hb. d. Orientalistik (B. Spuler) Abt. 1 Bd 8,2 (Leiden-Köln 1961) S. 405—48.
— Islam as an Historical Problem in European Historiography since 1800. In: Historical Writings on the Peoples of Asia. Bd 4: Historians of the Middle East (London 1962) S. 303—14.
— al-Bustī, Abu'l-Fath. In: The Encyclopaedia of Islam (Leiden u. London 1960) Sp. 1348.
— Buzurg b. Shariyār. Ebda. Sp. 1358.
— August Fischer. In: Neue Dtsch. Biogr. *5* (Bln 1961) S. 180.
— Heinrich Leberecht Fleischer. Ebda. S. 231—32.
— Gustav Leberecht Flügel. Ebda. S. 260—61.
— Christian Martin Joachim Frähn. Ebda. S. 309—10.
— Siegmund Fraenkel. Ebda. S. 312—13.
— Georg Wilhelm Freytag. Ebda. S. 425.
— Bemerkungen zur altarabischen Metrik. In: ZDMG. *111* (1962) S. 464—69.
— [Bespr.] Albert N. Nader: Le système philologique des Mu'tazila. In: Bibliotheca Orientalis Leiden. *17* (1960) S. 210.
— [Bespr.] al-Bāqillānī, Kitāb at-Tamhīd: Ebda. S. 211.
— [Bespr.] James Robson: Mishkāt ul-Maṣābiḥ. In: Journal of Semitic Studies. *7* (1962) S. 102—04.
Ferner zahlreiche Besprechungen in deutschen Fachzeitschriften.

Grundmann, Herbert: Naturwissenschaft und Medizin in mittelalterlichen Schulen und Universitäten (Münch. u. Düsseld. 1960) 39 S. m. 12 Abb. (Dtsch. Museum. Abh. u. Ber. Jg. 28 H. 2.)
— Vom Ursprung der Universität im Mittelalter. 2., m. einem Nachtr. vers. Aufl. (Darmst. 1960) 68 S.
— Religiöse Bewegungen im Mittelalter. 2. Aufl. m. Anh.: Neue Beiträge zur Geschichte der religiösen Bewegungen im Mittelalter (Darmst. 1961) 580 S.
— Betrachtungen zur Kaiserkrönung Ottos I. (Münch. 1962) 19 S. (Sitzgsber. Bayer. Akad. Wiss. Jg. 1962, H. 2.)
— Die Grundzüge der mittelalterlichen Geschichtsanschauungen, und: Die Eigenart mittelalterlicher Geschichtsanschauung. In: Geschichtsdenken und Geschichtsbild im Mittelalter (Darmst. 1961) S. 418—33.
— Geschichtsschreibung im Mittelalter. In: Dtsch. Philologie im Aufriß. 2. Aufl. Bd 3 (Bln 1962) S. 2221—86.
— Zur Biographie Joachims von Fiore und Rainers von Ponza. In: Dtsch. Arch. f. Erforsch. d. Mittelalters. *16* (1960) S. 437—546.
— Die Bulle ‚Quo elongati' Papst Gregors IX. In: Archivum Franciscanum Historicum. *54* (1961) S. 1—23.
— Merians Topographia Germaniae. In: Arch. f. Kulturgesch. *43* (1961) S. 355—62.
— Zur Vita s. Gerlaci eremitae. In: Dtsch. Arch. f. Erforsch. d. Mittelalters. *18* (1962) S. 539—54.
— u. K. V. Sinclair: Ein Fragment der Gesta archiepiscoporum Magdeburgensium. Ebda. S. 245—48.
— [Hrsg. u. Einl.] Friedrich Baethgen: Mediaevalia (Stuttg. 1960) (Schrift. d. Mon. Germ. Hist. Bd 17.)
Ferner zahlreiche Artikel in RGG. 3. Aufl. Bd 4—6. Tüb. 1960—62 und Besprechungen in DLZ, Hist. Zs., ThLZ u. Dtsch. Arch. f. Erforsch. d. Mittelalters.

Haenisch, Erich: Mandschu-Grammatik. Mit Lesestücken u. 23 Texttaf. (Lpz. 1961) 162 S., 11 Bl. (Lehrbücher f. d. Studium d. oriental. Sprachen. Bd 6.)
— Gestalten aus der Zeit der chinesischen Hegemoniekämpfe. Übers. aus Sze-ma Ts'ien's histor. Denkwürdigkeiten. Mit 1 Kt.-Skizze (Wiesb. 1962) XV, 52 S. (Abh. f. d. Kunde d. Morgenl. 34, 2.)
— Eduard Erkes. Nachruf. In: Jahrb. Sächs. Akad. Wiss. *1957—1959* (Bln 1961) S. 352 bis 353.
— Liu Tsung-yüan's Inschrift über den Flußtransport von Hing-chou. In: Wiss. Zs. Univ. Leipzig. Gesellsch.- u. sprachwiss. R. *9* (1959/60) S. 651—55.

Hauschild, Richard: Über die frühesten Arier im Alten Orient (Bln 1962) 59 S. (Sitzgsber. Sächs. Akad. Wiss. Phil.-hist. Kl. Bd 106 H. 6.)
— Dass. Kurzfassung. In: FuF. *35* (1961) S. 243—46.
— Über altbekannte und neuentdeckte metrische Stücke in der Chāndogya-Upaniṣad. In: Die Sprache. *7* (1961) S. 32—63.
— Mistra — die ‚Faust'-Burg Goethes. In: FuF. *36* (1962) S. 273—78.

Heimpel, Hermann: Kapitulation vor der Geschichte? Gedanken zur Zeit. 3.,verm. Aufl. (Gött. [1960]) 118 S. (Kleine Vandenhoeck-Reihe. 27/27a.)
— [Biogr. Einl.] J. Burckhardt: Weltgeschichtl. Betrachtungen (Frankf./M.-Bln 1960) (Ullsteinbücher. 79.)

— Zwei Historiker. Friedrich Christoph Dahlmann, Jacob Burckhardt (Gött. 1962) 82 S. (Kleine Vandenhoeck-Reihe. 141.)
— Bericht über die Anlage des Werkes: Dahlmann-Waitz, Quellenkunde der deutschen Geschichte. 10. Aufl. (Stuttg. 1960) 26 S.
— Gedenkworte für Herman Nohl. In: Jahrb. Dtsch. Akad. f. Sprache u. Dichtung (Darmst. 1960) S. 143—44.
— Das Max-Planck-Institut für Geschichte und die „Germania Sacra". In: Miscellanea Historiae Ecclesiasticae (Louvain 1961) S. 137—46.
— Friedrich I. Barbarossa. In: Neue Dtsch. Biogr. *5* (Bln 1961) S. 459—78.
— Max-Planck-Institut für Geschichte in Göttingen. In: Jahrb. d. Max-Planck-Ges. *1961*, 2 S. 316—38.
— Worte des Gedenkens an Herman Nohl. In: Neue Sammlung. *1* (1961) S. 2—10.
— Aus der Geschichte der deutschen Geschichtsvereine. Ebda. S. 285—302.
— Reformatio Sigismundi, Priesterehe und Bernhard von Chartres. In: Dtsch. Arch. f. Erforsch. d. Mittelalters. *17* (1961) S. 526—37.
— Friedrich Barbarossa. In: Neue Sammlung. *2* (1962) S. 318—34.
— Paul Fridolin Kehr (zum 28. 12. 1960). In: Mitt. aus d. Max-Planck-Ges. *1961* S. 45—49.

Hempel, Eberhard: [Einf.] Reinhold Langner: Holzschnitte (Dresden 1960) 15 S., 40 Abb.
— St. Peter in Rom (Bln 1960) 59 S. m. Abb. (Das christl. Denkmal. H. 54/55.)
— Der Zwinger zu Dresden. Grundzüge und Schicksale seiner künstlerischen Gestaltung (Bln-Charlottenb. 1961) 96 S. m. 62 Abb., 30 Taf. (Jahresgabe d. Dtsch. Ver. f. Kunstwiss. 1961.)
— Richard Hamann gest. In: FuF. *35* (1961) S. 283—84.
— [Bespr.] Hans Reuther: Die Kirchenbauten Balthasar Neumanns. Bln 1960. In: DLZ. *82* (1961) Sp. 552—54.
— [Bespr.] Hans Sedlmayr: Epochen und Werke. Gesammelte Schriften zur Kunstgeschichte. Bd 1. 2. Wien, Münch. 1960. Ebda. Sp. 929—30.
— [Bespr.] Oswald Hederer: Karl von Fischer. Leben und Werk. Münch. 1960. Ebda. Sp. 1121—22.
— [Bespr.] Christoph Luitpold Frommel: Die Farnesina und Peruzzis architektonisches Frühwerk. Bln 1961. (Neue Münch. Beitr. z. Kunstgesch. Bd 1.) Ebda. *83* (1962) Sp. 436.

Iordan, Iorgu: Ion Neculce, O samă de cuvinte (Bucureşti 1960) 190 S. (Auswahl aus dem Werke des Chronikschreibers Ion Neculce m. Einl.).
— Lingvistica Romanică. Evoluţie. Curente. Metode (Bucureşti 1962) 439 S. Dtsch. Bearb. v. W. Bahner u. d. Tit.: Einführung in die Geschichte und Methoden der romanischen Sprachwissenschaft (Bln 1962) IX, 521 S.
— Personalitatea umană şi ştiinţifică a lui Alexandru I. Philippide. In: Viaţa romînească. *1960* (Febr.) S. 72—82.
— Intre istorie, filologie şi lingvistică. In: Limba romînă. *9* (1960) H. 2, S. 22—28.
— Sufixul romînesc -iv. In: Studii şi cercetări lingvistice. *11* (1960) S. 178—88. Auch in: Revue de linguistique romane. *24* (1960) S. 20—29 (gekürzt).
— Despre inovaţie în limbă. In: Studii şi cercetări lingvistice. *11* (1960) S. 519—26. Auch in: Revue de linguistique. *6* (1961) S. 145—53.
— Note de toponimie romînească. In: Ezikovedsko-etnografski izsledovaniia v pamet na akad. St. Romanski (Sofia 1960) S. 487—96.
— Despre „perenitatea" limbii literare. In: Studii de literatură universală. *2* (1960) S. 255—58.

— Mihail Sadoveanu, la 80 de ani. In: Luceafărul, 15 nov. 1960.
— Observaţii asupra limbii romanului „Nicoară Potcoavă. In: Viaţa romînească. *1960* (Nov.) S. 153—59.
— Discuţii despre limba literară. In: Luceafărul, 15 dec. 1960.
— Note de cultivare a limbii. In: Limba romînă. *10* (1961) S. 45—47.
— Noi lucrări de ştiinţe sociale. In: Contemporanul, 19 mai 1961.
— Dezvoltarea limbii noastre naţionale în anii puterii populare. In: Limba romînă. *10* (1961) S. 289—96.
— Studiul limbilor şi literaturilor romanice şi germanice în învăţămîntul superior. In: Revista învăţămîntului superior. *1961* H. 2 S. 25—34.
— Şlagare stilistice. In: Luceafărul, 1 nov. 1961.
— Leo Spitzer. In: Revista de filologie romanică şi germanică. *5* (1961) S. 115—16.
— El lugar del idioma rumano en la Romania. In: Beiträge z. roman. Philol. *1* (1961) S. 159—77. Auch in: Sphinx (Lima 1961) S. 53—71 [in franz. Spr.]
— Mihail Sadoveanu. In: Limba romînă. *10* (1961) S. 515—17.
— Cronica limbii. In: Luceafărul, 15 martie 1962.
— Note de cultivare a limbii. In: Limba romînă. *11* (1962) S. 13—16.
— Neologisme şi . . . neologisme. Ebda. S. 283—90.
— Inovaţii individuale şi inovaţii colective. In: Probleme de lingvistică generală. *4* (1962) S. 9—17.
— L'essor des études de linguistique dans la R. P. Roumaine au cours des vingt dernières années. In: Etudes d'histoire et de philosophie des sciences (Bucureşti 1962) S. 289—301.
— Interviu despre măiestria literară. In: Luceafărul, 1 oct. 1962.
— Limba noastră. In: Revista învăţămîntului superior. *1962* H. 4/5, S. 40—42.
— Creaţia oamenilor de ştiinţă [romîni] in lingvistica. In: Contemporanul, 28 dec. 1962.
— [Bespr.] Romanica. Festschrift für Gerhard Rohlfs. Halle 1958. In: DLZ. *81* (1960) Sp. 515—17.
— [Bespr.] D. Macrea: Lingvişti şi filologi romîni. Bucureşti 1959. In: Limba romînă. *9* (1960) H. 5 S. 96—101.

Jahn, Johannes: Museum der bildenden Künste Leipzig (Lpz. 1961) 116 S., 120 Taf.
— m. R. Heidenreich u. W. v. Jenny: Wörterbuch der Kunst. 6., durchges. u. erw. Aufl. (Stuttg. 1962) VI, 749 S. m. 213 Abb. (Kröners Taschenausg. Bd 165.)
— Zur Frage des Bachbildnisses von Elias Gottlob Haußmann. In: Bach-Jahrb. *1959* (Bln 1960) S. 124—29.
— Die Stellung des Künstlers im Mittelalter. In: Festgabe für Friedrich Bülow zum 70. Geburtstag (Bln 1960) S. 151—68.
— Der Barock und die deutsche Kunstwissenschaft. Zur Geschichte seiner Erschließung. In: Omagio lui George Oprescu cu prilejul împlinirii a 80 de ani (Bucureşti 1961) S. 309 bis 317.
— Vorwort zum Katalog: Deutsche Bildnisse 1500—1800. Ausstellung der Lucas-Cranach-Kommission beim Ministerium für Kultur (Halle/Saale 1961).
— Vorwort zum Katalog: Deutsche Bildnisse 1800—1960. Ausstellung der Lucas-Cranach-Kommission beim Ministerium für Kultur (Bln 1962).
— Kunststadt Dresden. In: Merian. *1960* (Okt.) S. 33—41 m. Abb.
— Sachsen als Neuland mittelalterlicher Kunst. In: Sächsische Heimatblätter *1961* S. 129 bis 144 m. Abb.

— Die Niederländer des Museums der bildenden Künste in Leipzig. In: Kunstmuseen der Deutschen Demokratischen Republik. Mitt. u. Ber. *3* (1961) S. 110—12.
— [Bespr.] Klara Garas: Franz Anton Maulbertsch 1724—1796. Budapest 1960. In: DLZ. *83* (1962) Sp. 145—47.

Jahn, Martin: Der älteste Bergbau in Europa (Bln 1960) 62 S. m. 17 Textabb. u. 12 Abb. auf 4 Taf. (Abh. Sächs. Akad. Wiss. Phil.-hist. Kl. Bd 52 H. 2.)

Karg-Gasterstädt, Elisabeth u. Th. Frings: Althochdeutsches Wörterbuch. Lfg 12, Sp. 825—904; Lfg 13, Sp. 905—984; Lfg 14, Sp. 985—1064 (Bln 1960—1962).
— Althochdeutsches Wörterbuch. In: Jahrb. Sächs. Akad. Wiss. *1957—1959* (Bln 1961) S. 203—05.
— Aus der Werkstatt des Althochdeutschen Wörterbuchs. 32. Ahd. *bugibti* = *bigibti*? Ein kleiner Beitrag zur Frage der angelsächsisch-altsächsisch-niederrheinischen Sprachgemeinschaft. In: Beitr. *83* (1961) S. 280—84.
— Das Althochdeutsche Wörterbuch und sein Material. Ebda. *84* (1962) S. 472.
— [Nachw.] Die Minnesinger. In Bildern der Manessischen Handschrift. Lpz. 1962. (Insel-Bücherei Nr. 450.) S. 27—34.
— [Bespr.] Ingo Reiffenstein: Das Althochdeutsche und die irische Mission im oberdeutschen Raum. Innsbruck 1958. (Innsbrucker Beitr. z. Kulturwiss. Sonderh. 6.) In: DLZ. *81* (1960) Sp. 50—53.
— [Bespr.] Die Althochdeutsche Benediktinerregel des Cod. Sang 916. Hrsg. v. Ursula Daab. Tüb. 1959. Ebda. Sp. 643—45.
— [Bespr.] Dietrich Ruprecht: Tristitia. Wortschatz und Vorstellung in den althochdeutschen Sprachdenkmälern. Gött. 1959. (Palaestra. Bd 227.) In: Muttersprache. *70* (1960) S. 22—23.
— [Bespr.] Lars-Erik Ahlsson: Die altfriesischen Abstraktbildungen. Uppsala 1960. In: DLZ. *82* (1961) Sp. 530—33.
— [Bespr.] Notitiae Regionum Urbis Romae et Urbis Constantinopolitanae. Glossarium Latino-Theotiscum. Codex Vindobonensis 162. Einl. v. F. Unterkircher. Amsterdam 1960. (Umbrae codicum occidentalium sub auspiciis Societatis codicum mediaevalium studiis promovendis. II.) Ebda. Sp. 898—900.
— [Bespr.] R.-M. S. Heffner: A Word-Index to the Texts of Steinmeyer, Die kleineren althochdeutschen Sprachdenkmäler. Madison 1961. Ebda. *83* (1962) Sp. 398—99.

Ladendorf, Heinz: Das Denkmal des Großen Kurfürsten von Andreas Schlüter (Stuttg. 1961) 32 S. m. 4 Textabb., 16 Taf. m. Abb. (Werkmonographien z. bildenden Kunst. B 9072.)
— Gerhard Marcks, Albertus Magnus (Stuttg. 1962) 32 S., 11 Taf. m. Abb. (Werkmonographien z. bildenden Kunst. B 9079.)
— u. F. A. Dreier: Schloß und Park Wilhelmstal (Münch. u. Bln 1962) 34 S. m. 2 Textabb., 9 Taf. m. Abb.
— Betrachtung des Herakles von Bourdelle. In: A. Bourdelle. Ausstellungskatalog Wallraf-Richartz-Museum Köln 1960. S. 27—40 m. 2 Abb.
— Der Manierismus im Rahmen der Stilgeschichte. In: Ausstellungskatalog „Sammlung der Familie Grzimek" Leverkusen, Städt. Museum Schloß Morsbroich. 1960 S. 3—23.
— Zur Frage der künstlerischen Phantasie. In: Mouseion. Studien aus Kunst und Geschichte für Otto H. Förster (Köln 1960) S. 21—35 m. 5 Textabb. u. 13 Abb. auf 3 Taf.

— Otto H. Förster, Schriftenverzeichnis. Ebda. S. 317—23.
— Leo Bruhns. 26. 11. 1884—27. 12. 1957. In: Jahrb. Sächs. Akad. Wiss. *1957—1959* (Bln 1961) S. 345—50, 1 Taf.
— Leo Bruhns, Schriftenverzeichnis. Ebda. S. 385—95.
— Kafka und die Kunstgeschichte. In: Wallraf-Richartz-Jahrb. *23* (Köln 1961) S. 293 bis 326 m. 16 Abb.
— Aesthetische Kritik in Karikaturen zur bildenden Kunst. In: Actes du 4e Congrès International d'Esthétique Athen 1960 (Athen 1961) S. 806—08.
— Die Motivkunde und die Malerei des 19. Jahrhunderts. In: Festgruß für Dr. h. c. E. Trautscholdt (Köln 1962) S. 89—108 m. Abb.
— Eduard Trautscholdt, Schriftenverzeichnis. Ebda. S. 126—35.
— Eduard Plietzsch. 9. 7. 1886—6. 12. 1961. In: Wallraf-Richartz-Jahrb. *24* (Köln 1962) S. 415—20 (m. Bildn.).
— Energie und Heiterkeit, Leidenschaft und Strenge, Pathos und Lyrik. [Antoine Bourdelle]. In: Köln, Vjschr. f. d. Freunde d. Stadt. *6* (1960) H. 2, 8 S. m. 6 Abb.
— Museum und Universität. In: Museumskunde. 3. F. *1* (1960) S. 73—87.
— Das Wallraf-Richartz-Museum. In: Köln. Rdsch. *16* (1961) v. 1. 7. 1961.
— Romanische Kunst. 7. Ausstellung des Europarates in Barcelona 1961. In: Die Kunst. *60* (1961) H. 3 S. 4—6. Auch in: Pantheon. *1961* S. 106—08.
— u. N. Pevsner: John Bodt in England. In: Architectural Review. *130* (1961) S. 29—35 mit 13 Abb.
— Kafka und die Kunstgeschichte. In: Düsseldorfer Hefte. *7* (1962) S. 103—07 m. 6 Abb.
— The Influence of Greek ideas and art on the Western World. In: Connoisseur. *150* (1962) S. 44—50 m. 14 Abb.
— Geographie, Kartographie und neuere Kunst. In: Kunstchronik. *15* (1962) S. 300. Auch in: Wallraf-Richartz-Jahrb. *24* (Köln 1962) S. 381—92 m. 9 Abb.
— u. H. Vey [Hrsg.] Mouseion. Studien aus Kunst und Geschichte für Otto H. Förster (Köln 1960) 418 S. m. 58 Textabb., 5 Farbtaf., 288 Abb.
— u. H. Brinckmann [Hrsg.] Prof. Dr. Dr. h. c. A. E. Brinckmann, Verzeichnis der Schriften. Aufgestellt im Kunsthistorischen Institut der Universität Köln (Köln 1961) 77 S., 13 Taf. m. Abb.
— [Hrsg.] Festgruß für Dr. h. c. Eduard Trautscholdt (Köln 1962) 166 S.
— [Bespr.] Ludwig Pallat: Richard Schöne, Generaldirektor der Museen zu Berlin. Ein Beitrag zur Geschichte der preussischen Kunstverwaltung 1872—1905. Hrsg. P. O. Rave, Fr. Schöne u. H. Nohl. Bln 1959. In: Das hist.-polit. Buch *8* (1960) S. 240—41.
— [Bespr.] Lottlisa Behling: Die Pflanze in der mittelalterlichen Tafelmalerei. Weimar 1957. In: ThLZ. *86* (1961) Sp. 289—93.

Landsberger, Benno: The Fauna of Ancient Mesopotamia. By B. Landsberger, in cooperation with A. D. Kilmer and E. I. Gordon (Rom 1960) 103 S. (Materialien zum Sumerischen Lexikon. Vol. 8, 1.)
— Einige unerkannt gebliebene oder verkannte Nomina des Akkadischen. In: WZKM. *56* (1960) S. 109—29; *57* (1961) S. 1—23.
— u. J. V. Kinnier Wilson: The Fifth Tablet of *enuma eliš*. In: JNES. *20* (1961) S. 154—79.

Lehmann, Edgar: [Hrsg. u. Mitarb.] Weltatlas. Die Staaten der Erde und ihre Wirtschaft. 4., 5. und 6., bericht. Aufl. (Gotha 1960, 1961, 1962).

— Historisch-geographisches Kartenwerk. Britische Inseln, Frankreich, Belgien, Niederlande, Luxemburg. Wirtschaftshistorische Entwicklung. 191 Karten auf 28 Blätt. Unt. Leitg v. E. Lehmann bearb. v. W. Schmeer, R. Ogrissek u. H. Weiße. (Lpz. 1960.)
— XIX. Internationaler Geographen-Kongreß und X. Generalversammlung der Internationalen Geographischen Union in Stockholm. In: Mitteilungsbl. f. d. Mitarb. d. Dtsch. Akad. Wiss. *6* (1960) S. 231—33.
— Die Verhandlungen der Kommission für Nationalatlanten (des Internationalen Geographen-Kongresses in Stockholm 1960). In: Petermanns Geogr. Mitt. *105* (1961) S. 33—35.
— Möglichkeiten und Grenzen in der Entwicklung neuer Atlaskarten. In: Kartogr. Nachr. *11* (1961) S. 61—69.
— Die Heimatkunde als Aufgabe der thematischen Kartographie — dargestellt an einem Kartenentwurf aus dem Bereich des Elbsandsteingebirges. In: Geogr. Ber. *6* (1961) S. 252—67.
— Harry Waldbaur. In: Ber. z. dtsch. Landesk. *29* (1962) S. 65—70.
— [Hrsg.] Wissenschaftliche Veröffentlichungen des Deutschen Instituts für Länderkunde. N. F. Bd 17/18 (1960).

Leipoldt, Johannes: Von den Mysterien zur Kirche. Gesammelte Aufsätze (Lpz. 1961) 404 S.
— Griechische Philosophie und frühchristliche Askese (Bln 1961) 67 S. (Ber. Sächs. Akad. Wiss. Phil.-hist. Kl. Bd 106 H. 4.)
— Ägypten (Lpz. 1962) 68 S. m. 24 Taf. u. 16 farb. Taf.
— Die Frau in der antiken Welt und im Urchristentum (Lpz. 1954) Lizenzausg. (Gütersloh 1962) 196 S., 16 Taf.
— u. H.-M. Schenke: Koptisch-gnostische Schriften aus den Papyrus-Codices von Nag-Hamadi. Übers. u. erklärt (Hamb.-Bergstedt 1960) 84 S. (Theol. Forsch. 20.)
— Der Homerdeuter Herakleitos. In: Bekenntnis zur Kirche (Bln 1960) S. 9—14.
— Jesus und die Religionsgeschichte. In: Der historische Jesus und der kerygmatische Christus (Bln 1960) S. 136—41.
— Frühes Christentum im Orient (bis 451). In: Hb. d. Orientalistik (B. Spuler) Abt.1 Bd 8, 2 (Leiden-Köln 1961) S. 3—42 m. 4 Taf.
— Vom Kinde in der alten Welt. In: Reich Gottes und Wirklichkeit (Bln 1961) S. 343—51.
— Pachôm. In: Bull. de la Soc. d'Archéol. Copte. *16* (1962) S. 191—229.
Ferner Artikel in RGG. 3. Aufl. Bd 4—6. Tüb. 1960—1962 und Besprechungen in Fachzeitschriften.

Lersch, Philipp: Aufbau der Person. 8. überarb. Aufl. (Münch. 1962) 664 S.

Meister, Richard: Die Zukunft der wissenschaftlichen Produktion und die Stellung der Akademie der Wissenschaften (Wien 1960) 49 S.
— Der Aufgabenkreis der Wissenschaft und die Reform der Akademie (Wien 1961) 27 S.
— 200 Jahre österreichische Unterrichtsverwaltung. Geschichtl. Einl. In: Erneuertes Österreich — erneuerte Erziehung (Wien 1960) S. 4—6.
— Österreichische Unterrichtsverwaltung und Unterrichtsanstalten 1760—1960. Teil 2. In: 200 Jahre österreichische Unterrichtsverwaltung (Wien 1960) S. 67—98.
— Die Wandlung der humanistischen Bildungsidee. In: Festschrift des Gymnasiums Wien. IX. 1960 S. 14—18. Auch in: Wiener Humanist. Bl. *1960*.

— Paul Kluckhohn. Nachruf. In: Alman. Österr. Akad. Wiss. *110*. 1960 (Wien 1961) S. 356—61.
— Für und wider die Kulturpädagogik. In: Festschrift Friedrich Schneider (Münch. 1961) S. 541—50.
— Die Bildungsidee des Humanistischen Gymnasiums in Gegenwart und Zukunft. In: Das 2. Bundesgymnasium in Graz und sein neues Haus. 1962.
— Die Formen der Internationalität. In: Jahrb. f. Int. Recht. *11* (Gött. 1962) S. 263—69.
— Das Verhältnis des Staates zu den verschiedenen Kulturgebieten. In: AWAW. *1960* Nr. 10, S. 39—57.
— Vom Sinn der Feiern und der Rektorsinauguration im besonderen. In: Österr. Hochschulzeitung. *1960* Nr. 17 S. 4.
— Die Beziehungen der Akademie der Wissenschaften zu der Erforschung Gasteins. In: Mitt. aus d. Forschungsinstitut Gastein. *1961*.
— Gemeinschaftsformen als Ausgangspunkt für Literaturgattungen im alten Rom. In: Acta antiqua Academiae scientiarum Hungaricae *9* (1961) Fasc. 1—2, S. 1—14.
— Karl Mras zum 85. Geburtstag. In: FuF. *36* (1962) S. 189—90.
— Die Geschichte des pädagogischen Studiums der Mittelschullehrer in Österreich. In: ZPPP. *7* (1962) S. 169—78.
— Dialogkunst und Gesellschaftsform. In: Acta antiqua Academiae scientiarum Hungaricae *10* (1962) S. 195—202.

Meyer, Rudolf: Das Gebet des Nabonid. Eine in den Qumran-Handschriften wiederentdeckte Weisheitserzählung (Bln 1962) 112 S. m. 1 Taf. (Ber. Sächs. Akad. Wiss. Phil.-hist. Kl. Bd 107 H. 3.)
— *Fleisch* im Judentum. In: Theol. Wb. z. NT. Bd 7 (Stuttg. 1960) S. 109—18.
— Das hebräische Verbalsystem im Lichte der gegenwärtigen Forschung. In: Suppl. to VT. Vol. 7. 1959 (Leiden 1960) S. 309—17.
— Messias III. Im nachbiblischen Judentum. In: RGG. 3. Aufl. Bd 4 (Tüb. 1960) Sp. 904 bis 906.
— Micha. Ebda. Sp. 929.
— Michabuch. Ebda. Sp. 929—31.
— Priester — König — Prophet. Ein Beitrag zur Endzeiterwartung im nachexilischen Judentum. In: 10. Int. Kongr. f. Religionsgesch., 11.—17. 9. 1960 in Marburg/Lahn (Marburg 1961) S. 92—93.
— Die Bedeutung von Deuteronomium 32, 8f. 43 (4 Q) für die Auslegung des Moseliedes. In: Verbannung und Heimkehr. W. Rudolph zum 70. Geburtstage (Tüb. 1961) S. 197 bis 209.
— Paralipomena Jeremiae. In: RGG. 3. Aufl. Bd 5 (Tüb. 1961) Sp. 102—03.
— Propheten II. A. Bis auf Amos. Ebda. Sp. 613—18.
— Qumran 3. Die Bedeutung für das Alte Testament. Ebda. Sp. 742—45.
— Sedrach-Apokalypse. Ebda. Sp. 1631.
— Tobitbuch. Ebda. Bd 6 (Tüb. 1962) Sp. 907.
— A. Sperbers neueste Studien über das masoretische Hebräisch. In: VT. Vol. 11. 1961 (Leiden 1962) S. 475—86.
— Das Qumranfragment „Gebet des Nabonid“. In: ThLZ. *85* (1960) Sp. 831—34.
— URUK.KI und 'EREK.MAT. Genesis-Midrasch II, 23. In: Revue de Qumrân. *12* (1962) S. 553—58.

— [Bearb.] P. E. Kahle: Die Kairoer Genisa. Untersuchungen zur Geschichte des hebräischen Bibeltextes und seiner Übersetzungen. Dtsch. Ausg. bearb. und durch den Druck geführt von R. Meyer (Bln 1962) 402 S. m. 10 Taf.
— [Bespr.] The Code of Maimonides. Book Three, Treatise Eight. Sanctification of the New Moon. Transl. ... J. Oberman. New Haven 1956. In: OLZ. *55* (1960) Sp. 499 bis 509.
— [Bespr.] S. Moscati: I Predecessori d'Israele. Rom 1956. Ebda. *56* (1961) Sp. 144—48.
— [Bespr.] M. Wallenstein: Some unpublished Piyyutim from the Cairo Geniza. Manchester 1956. Ebda. Sp. 150—52.
— [Bespr.] Gaster Centenary Publication, ed. by B. Schindler. London 1958. Ebda. Sp. 499 bis 500.
— [Bespr.] A. Murtonen: Materials for a Non-Masoretic Hebrew Grammar. I. Liturgical Texts and Psalm Fragments ... Helsinki 1958. Ebda. Sp. 913—17.
— [Bespr.] Howard M. Teeple: The Mosaic Eschatological Prophet. Philadelphia 1957. (Journal of Biblical Literature. Monograph Ser. Vol. 10.) In: ThLZ. *86* (1961) Sp. 193—95.
— [Bespr.] Ludwig Koehler et W. Baumgartner: Supplementum ad Lexicon in Veteris Testamenti Libros. Leiden 1958. Ebda. Sp. 339—40.
— [Bespr.] J. Aistleitner: Die mythologischen und kultischen Texte aus Ras Schamra übers. Budapest 1959. Ebda. Sp. 583—84.
— [Bespr.] Otto Kaiser: Die mythische Bedeutung des Meeres in Ägypten, Ugarit und Israel. Bln 1959 (ZAW. Beih. 78.) Ebda. Sp. 913—17.
— [Bespr.] Psalterii Hexapli Reliquiae, cura et studio Iohannis Card. Mercati editae. P. 1: Codex rescriptus Bybliothecae Ambrosianae O 39 sup. phototypice expressus et transcriptus. Città del Vaticano 1958. In: DLZ. *82* (1961) Sp. 505—09.
— [Bespr.] J. Hollenberg und K. Budde: Hebräisches Schulbuch. Hrsg. v. W. Baumgartner. 22. Aufl. Basel 1957. In: ThLZ. *87* (1962) Sp. 917.
— [Bespr.] Franz Altheim und Ruth Stiehl: Die aramäische Sprache unter den Achaimeniden. Lfg 1 u. 2. Frankf./M. 1959—1960. In: DLZ. *83* (1962) Sp. 605—09.

Morenz, Siegfried: Ägyptische Religion (Stuttg. 1960) XV, 309 S. (Die Religionen d. Menschheit. Bd 8.)
— u. D. Müller: Untersuchungen zur Rolle des Schicksals in der ägyptischen Religion (Bln 1960) 36 S. (Abh. Sächs. Akad. Wiss. Phil.-hist. Kl. Bd 52 H. 1.)
— m. H. Etzoldt u. D. Müller: Ägypten (Lpz. 1960) XII, 35 S. (Die Schatzkammer. Bd. 3.)
— Bericht über rückgeführte Kunstschätze des Leipziger Ägyptischen Museums. In: Jahrb. Sächs. Akad. Wiss. *1957—1959* (Bln 1961) S. 126—29.
— Nil. In: RGG. 3. Aufl. Bd 4 (Tüb. 1960) Sp. 1493—94.
— Pantheon. Ebda. Bd 5 (Tüb. 1961) Sp. 42.
— Ritualbücher. Ebda. Sp. 1124—26.
— Schriften, heilige. Ebda. Sp. 1537—38.
— Segen und Fluch. Religionsgeschichtlich. Ebda. Sp. 1648—49.
— Sohn Gottes. Religionsgeschichtlich. Ebda. Bd 6 (Tüb. 1962) Sp. 118—19.
— Theophanie. Religionsgeschichtlich. Ebda. Sp. 840—41.
— Tierkult. Ebda. Sp. 896—99.
— Urstand. Religionsgeschichtlich. Ebda. Sp. 1204—05.
— Wort. Ebda. Sp. 1808—09.
— Johannes Leipoldt 80 Jahre. In: FuF. *34* (1960) S. 380.
— Adriaan de Buck: In: ÄZ. *85* (1960) S. I—II.

— Wilhelm Schubart. Ebda. *86* (1961) S. I–II.
— Die Ägyptologie im Kosmos der Wissenschaften. In: Saeculum. *12* (1961) S. 345–57.
— Hermann Kees 75 Jahre. In: FuF. *35* (1961) S. 379–80.
— u. Sch. Allam: Warum hieß Sesostris Sesostris? Ebda. *36* (1962) S. 8–9.
— Konservator Rudolf Kuhn 70 Jahre. Ebda. S. 30.
— Die orientalische Herkunft der Perseus-Andromeda-Sage. Ebda. S. 307–09.
— Ägyptische Nationalreligion und sogenannte Isismission. In: ZDMG. *111* (1961) S. 432–36.
— Von der Rolle der Farbe im alten Ägypten. In: Palette. *11* (1961) S. 3–9.
— Ein neues Dokument der Tierbestattung. In: ÄZ. *88* (1962) S. 42–47.
— [Bespr.] Gerhard Fecht: Der Habgierige und die Maat in der Lehre des Ptahhotep. 1958. In: OLZ. *55* (1960) Sp. 249–52.
— [Bespr.] Hans Goedicke: Die Stellung des Königs im Alten Reich. Wiesb. 1960 (Ägyptol. Abh. Bd 2.) Ebda. *56* (1961) Sp. 244–47.
— [Bespr.] Günter Lanczkowski: Altägyptischer Prophetismus. Wiesb. 1960. (Ägyptol. Abh. Bd 4.) In: DLZ. *83* (1962) Sp. 601–04.
— [Bespr.] Eine neue Übersetzung religiöser Texte aus Ägypten. In: Schweizer Rdsch. *61* (1962) H. 9.
— [Bespr.] Sabatino Moscati: Geschichte und Kultur der semitischen Völker. Stuttg. 1961. Ebda. H. 10.

Müller, Joachim: Der Augenblick ist Ewigkeit. Goethestudien (Lpz. 1960) 257 S.
— Yvan Goll im deutschen Expressionismus (Bln 1962) 71 S. (Ber. Sächs. Akad. Wiss. Phil.-hist. Kl. Bd 107 H. 2.)
— Glücksspiel und Göttermythe. Zu Thomas Manns „Krull". In: Vollendung und Größe Thomas Manns. Beiträge zu Werk u. Persönlichkeit des Dichters (Halle 1962) S. 233–49.
— Phasen der Bildungsidee im „Wilhelm Meister". In: Goethe-Jahrb. N. F. *24* (Weimar 1962) S. 58–80.
— Bemerkungen zur Kernproblematik und dramatischen Dialektik von Hebbels „Demetrius". In: Hebbel-Jahrbuch 1962 (Heide 1962) S. 114–42.
— Erzählstruktur und Symbolgefüge in Wilhelm Raabes „Unruhigen Gästen". In: Jahrb. d. Raabe-Ges. 1962 (Braunschw. 1962) S. 121–35.
— Das Goethebild in Friedrich Schlegels Literaturtheorie. In: Festschrift Heinrich Besseler zum sechzigsten Geburtstag (Lpz. 1961) S. 517–28.
— Goethes „Iphigenie". In: Wiss. Zs. Univ. Jena. Gesellsch.- u. sprachwiss. R. *9* (1959/60) S. 309–20.
— Bechers Beiträge zur „Menschheitsdämmerung". Ebda. *10* (1960/61) S. 379–91.
— Thomas Manns „Doktor Faustus". Grundthematik und Motivgefüge. In: Euphorion. *45* (1960) S. 262–80.
— Adalbert Stifter und die deutsche Schillerstiftung. In: Vjschr. d. Adalbert Stifter-Inst. *9* (1960) S. 21–24.
— Stifters spätere Erzählungen. Ebda. S. 79–93.
— Glücksspiel und Göttermythe. Zu Thomas Manns „Krull". In: Sinn u. Form. *12* (1960) S. 463–77.
— Novelle und Erzählung. In: Etudes Germaniques. *16* (1961) S. 97–107.
— Faust und Faustus — Thomas Manns Roman und Goethes Tragödie. In: Universitas. *16* (1961) S. 731–43.
— Die literarische Situation um 1932. In: FuF. *35* (1961) S. 18–22.

– Eine neue Poetik. Ebda. S. 215–18.
– Weltweite Stifterpflege. Ebda. *36* (1962) S. 14–16.
– Stifters Humor. Zur Struktur der Erzählungen „Der Waldsteig" und „Nachkommenschaften". In: Vjschr. d. Adalbert Stifter-Inst. *11* (1962) S. 1–20.
– Max Frisch und Friedrich Dürrenmatt als Dramatiker der Gegenwart. In: Universitas. *17* (1962) S. 725–38.
– Das humanistische Programm der deutschen Klassik. In: Wiss. Zs. Univ. Jena. Gesellsch.- u. sprachwiss. R. *11* (1962) S. 167–71.
– Albert Köster. Zu seinem 100. Geburtstag. In: FuF. *36* (1962) S. 349–50.
– [Auswahl u. Einl.] Hebbels Werke in drei Bänden. Weimar 1960. (Biblioth. dtsch. Klassiker.)
– [Einl.] Stifters Werke in vier Bänden. Weimar 1961. S. (5)–(28).
– [Hrsg.] Die Akte Adalbert Stifter. Weimar 1961. 43 S. (Veröff. a. d. Arch. d. Dtsch. Schillerstiftung, Weimar. H. 1.)
– [Hrsg.] Bettina von Arnim, Werke und Briefe. Bd 5. Frechen 1961.
– [Nachwort] Adalbert Stifter, Der Nachsommer. Lpz. 1961. (Epikon.)
– [Nachwort, Anm. u. Textrevis.] Wolfgang Goethe, Die Leiden des jungen Werthers. In der Urfass. v. 1774. Weimar 1962. (Gustav-Kiepenheuer-Büch. Bd 19.)
– [Nachwort] Erinnerungen der Malerin Louise Seidler. Weimar 1962.
– [Bespr.] H. A. Korff: Goethe im Bildwandel seiner Lyrik. Bd 1.2. Lpz. 1958. In: DLZ. *81* (1960) Sp. 58–61.
– [Bespr.] Schiller 1759/1959. Urbana 1959. Ebda. Sp. 517–23. [Sammelref.]
– [Bespr.] Schiller zum 10. November 1959. Festschrift des Euphorion. Heidelb. 1959. Ebda. Sp. 1089–93.
– [Bespr.] Rudolf Stiefel: Grillparzers „Goldenes Vließ". Ein dichterisches Bekenntnis. Bern 1959. – Urs Helmensdorfer: Grillparzers Bühnenkunst. Studien. Bern 1960. Ebda. *82* (1961) Sp. 533–38.
– [Bespr.] Schiller. Bicentenary Lectures. Ed. by F. Norman. London 1960. – Kurt Partl, Friedrich Schillers „Wallenstein" und Franz Grillparzers „König Ottokars Glück und Ende". Eine vergleichende Interpretation auf geschichtlicher Grundlage. Bonn 1960. – Luise Gilde, Friedrich von Schillers Geschichtsphilosophie veranschaulicht in seinen Dramen. Zum 200. Geburtstag des Dichters. London 1959. Ebda. Sp. 999–1004.
– [Bespr.] Weltbewohner und Weimaraner. Ernst Beutler zugedacht. Hrsg. v. B. Reifenberg u. E. Staiger, Zürich, Stuttg. 1960. Ebda. *83* (1962) Sp. 30–32.
– [Bespr.] Katharina Mommsen: Goethe und 1001 Nacht. Bln 1960. – Katharina Mommsen, Goethe und die Moallakat. Bln 1960. – Momme Mommsen unter Mitw. v. Katharina Mommsen, Die Entstehung von Goethes Werken in Dokumenten. Bd 1. 2. Bln 1958. Ebda. Sp. 123–30.
– [Bespr.] Hölderlin, Sämtliche Werke. (Große Stuttg. Ausg.) Hrsg. v. F. Beissner. Bd. 6, 2. Stuttg. 1958; Bd. 4, 1.2. Stuttg. 1961. – Katalog der Hölderlin-Handschriften bearb. v. J. Autenrieth u. A. Kelletat. Stuttg. 1961. Ebda. Sp. 321–27.
– [Bespr.] Walter H. Sokel: Der literarische Expressionismus. Der Expressionismus in der deutschen Literatur des zwanzigsten Jahrhunderts. (Übers. a. d. Amerik.) Münch. 1959. – Richard Brinkmann, Expressionismus. Forschungs-Probleme 1952–1960. Stuttg. 1961. Ebda. Sp. 652–55.
– [Bespr.] Clemens Heselhaus: Deutsche Lyrik der Moderne von Nietzsche bis Yvan Goll. Die Rückkehr zur Bildlichkeit der Sprache. Düsseld. 1961. Ebda. Sp. 897–99.

Ferner zahlreiche Besprechungen in Fachzeitschriften.

Németh, Julius: Turkish grammar. English adaptation of the German original, by T. Halasi-Kun (The Hague 1962) 120 S. (Publ. of Near and Middle East Inst., Col. Univ. 1.)
— Osmanlı Türk Dili Tarihi Araştırmalarının Yeni Yolları. [Neue Wege zur Erforschung der osmanisch-türkischen Sprachgeschichte.] In: VIII. Türk Dil Kurultayında okunan Bilimsel Bildiriler [Wissenschaftliche Vorträge, gehalten am VIII. Türkischen Sprachkongreß], 1957. Türk Dil Kurumu Yayınlarından, sayı: 179 [Veröff. d. Türk. Sprachges. Nr. 179.] (Ankara 1960) S. 1—14.
— [Einl.] Sovietico-Turcica. Beiträge zur Bibliographie der türkischen Sprachwissenschaft in russischer Sprache in der Sowjetunion, 1917—1957. (Budap. 1960) S. 5—10 (Bibliotheca Orientalis Hungarica. 9.)
— Korreferátum Sötér István: „Beszámoló a Nyelv- és Irodalomtudományi Osztály munkájáról" c. nagygyülési elöadásához. [Korreferat zum Vortrag von Stefan Sötér: „Bericht über die Arbeit der Sprach- und Literaturwissenschaftlichen Klasse". gehalten in der Generalversammlung der Ungar. Akad. d. Wiss.] In: Mitt. d. Sprach- und Literaturwiss. Kl. d. Ungar. Akad. d. Wiss. *16* (1960) S. 215—18.
— Reise um zwei kiptschakische Ortsnamen in Ungarn. In: Ural-Altaische Jahrbücher. *33* (Wiesb. 1961) S. 122—27.
— Traces of the Turkish Language in Albania. In: Acta Orientalia Acad. Scient. Hung. *13* (1961) S. 9—29.
— Egy ótörök jövevényszó a magyarban az állattenyésztés köréböl. Kérödzik. [Ein alttürkisches Lehnwort im Ungarischen aus dem Kreise der Tierzucht. Kérödzik ‚wiederkäuen'.] In: Magyar Nyelv. *58* (1962) S. 30—36.
— Eine türkisch-mongolische Wortsippe und ihre ungarischen Beziehungen. In: Acta Orientalia Acad. Scient. Hung. *15* (1962) S. 211—18.
— Vita a nyelvtudomány elvi kérdéseiról. Elnöki megnyitó. [Diskussion über die prinzipiellen Fragen der Sprachwissenschaft. Eröffnungsrede des Präsidenten.] In: Mitt. d. Sprach- und Literaturwiss. Kl. d. Ungar. Akad. d. Wiss. *18* (1962) S. 7—10.
— Die „Lebensrute" in einem türkischen Märchen von Vidin. In: Oriens. *15* (1962) S. 304 bis 314.
— [Bespr.] Karl Heinrich Menges: Glossar zu den volkskundlichen Texten aus Ost-Turkistan II. (Akad. d. Wiss. u. d. Lit. Abh. d. Geistes- u. sozialwiss. Kl. Jg. 1954) (Wiesb. 1955). In: OLZ. *55* (1960) Sp. 70—71.
— [Bespr.] Herbert W. Duda: Die Seltschukengeschichte des Ibn Bībī. Kopenhagen 1959. In: Acta Orientalia Acad. Scient. Hung. *10* (1960) S. 307—08.
— [Bespr.] Philologiae Turcicae Fundamenta I. (Wiesb. 1959). In: OLZ. *57* (1962) Sp. 61 bis 71.

Peek, Werner: Griechische Grabgedichte. Griechisch und deutsch. (Bln 1960) XII, 379 S., 1 Taf. (Schriften u. Quellen der alten Welt. Bd. 7.)
— Griechische Epigramme aus Mysien. In: Epigraphica. *21.* 1959 (1960) S. 16—30.
— Das neue Alkman-Parthenion. In: Philologus. *104* (1960) S. 163—80.
— Zu den Perser-Epigrammen. In: Hermes. *88* (1960) S. 494—98.
— Гокон и агаф вестник древней истории. *1960* S. 141—142.
— Günther Klaffenbach zum 70. Geburtstag. In: FuF. *34* (1960) S. 187—89.
— Aurelius Heras. In: Wiss. Zs. Univ. Halle-Wittenb. Gesellsch.- u. sprachwiss. R. *9* (1960) S. 191—204.
— Delische Nymphen in Athen? In: Philologus. *105* (1961) S. 149—51.
— Zur Löwenjagd des Krateros. Ebda. S. 297—98.

— Vier Grabgedichte auf einen Paidotriben aus Hermupolis-Magna. In: Wiss. Zs. Univ. Halle-Wittenb. Gesellsch.- u. sprachwiss. R. *11* (1962) S. 993—1000.
— Griechische Weihgedichte aus dem Asklepieion von Epidauros. Ebda. S. 1101—14.
— [Bespr.] Anthologia Graeca. I—IV. Griech.-dt. ed. H. Beckby. Münch. 1957—58. — Antologia Palatina. A cura di A. Presta. Rom 1957. In: DLZ. *82* (1961) Sp. 8—18.

Petschow, Herbert u. M. San Nicolò: Babylonische Rechtsurkunden aus dem 6. Jahrhundert v. Chr. (Münch. 1960) XXI, 122 S. (Bayer. Akad. Wiss. Phil.-hist. Kl. Abh. N. F. H. 51 = Veröff. d. Komm. z. Erschließung v. Keilschrifttexten. Ser. A, 3.)
— Zur Unwirksamkeit verbotener Rechtsgeschäfte im altbabylonischen Recht. In: Zs. f. Assyriol. N. F. *20* (1961) S. 197—200.
— Nachruf auf Erich Pritsch. In: ZSS. Rom. Abt. *79* (1962) S. 531—37.
— [Bespr.] F. R. Kraus: Ein Edikt des Königs Ammi-ṣaduqa von Babylon. Leiden 1958. In: ZSS. Rom Abt. *77* (1960) S. 408—14.
— [Bespr.] A. Goetze: The Laws of Eshnunna. New Haven 1956. In: Zs. f. Assyriol. N. F. *20* (1961) S. 264—73.
— [Bespr.] W. F. Leemans: Legal and administrative documents of the time of Hammurabi and Samsuiluna (mainly from Lagaba). Leiden 1960. In: OLZ. *56* (1961) Sp. 493—99.
— [Bespr.] W. F. Leemans: Foreign trade in the Old Babylonian Period. Leiden 1960. In: ZSS. Rom. Abt. *79* (1962) S. 344—49.

Schubart-Fikentscher, Gertrud: Hallesche Spruchpraxis. Consiliensammlungen Hallescher Gelehrter aus dem Anfang des 18. Jahrhunderts (Weimar 1960) XV, 122 S. (Thomasiana. H. 3.)
— Fleischmann, Michael Max. In: Neue Dtsch. Biogr. *5* (Bln 1961) S. 236.
— Samuel Stryk. Jurisconsultus. Erster Direktor der Halleschen Universität und ihre Gründung. In: Wiss. Zs. Univ. Halle-Wittenb. Gesellsch.- u. sprachwiss. R. *10* (1961) S. 383—400.
— Zur Rechtsstellung der Komödianten im 17. und 18. Jahrhundert. In: FuF. *35* (1961) S. 346—48.
— [Bespr.] Hans Reinhardt: Der Marktkauf in den schweizerischen Stadtrechten des Mittelalters. Aarau 1959. In: ZSS. Germ. Abt. *77* (1960) S. 474—76.
— [Bespr.] Gunter Gudian: Die Begründung in Schöffensprüchen des 14. und 15. Jahrhunderts. Ein Leitprinzip der Abfassung spätmittelalterlicher Schöffensprüche. Darmst. 1960. Ebda. *79* (1962) 377—80.
— [Bespr.] Die Matrikel der Universität Jena. Bd 1, 1548 bis 1652. Bearb. v. G. Mentz i. Verb. m. R. Jauernig. Jena 1944 (Veröff. d. Thüring. Hist. Komm.); Bd 2, 1652 bis 1723. Bearb. v. R. Jauernig. Lfg. 1 u. 2. Jena 1961—62 (Veröff. d. Hist. Inst. d. Univ. Jena.) Ebda. S. 411—12.

Schücking, Levin L.: Soziologie der literarischen Geschmacksbildung. 3., neu bearb. Aufl. (Bern-Münch. 1961) 112 S. (Dalp-Taschenbücher. Bd 354.)
— [Bespr.] King Lear, ed. by George Jan Duthie and John Dover Wilson. The New Shakespeare. Cambridge 1960. In: Anglia. *78* (1960) S. 495—98.
— [Bespr.] Cymbeline, ed. by J. C. Maxwell. [The New Shakespeare, ed. by John Dover Wilson]. Cambridge 1960. Ebda. S. 499—500.
— [Bespr.] Ernst Theodor Sehrt, Der dramatische Auftakt in der Elisabethanischen Tragödie. Gött. 1960. In: Germ.-Rom. Monatsschr. N. F. *11* (1961) S. 470—72.

Siebenschein, Hugo: Němčina pro devátý postupný ročník. [S kolektivem.] (Praha 1960) 134 S. Státní pedagogické nakladatelství.

— Němčina pro devátý postupný ročník. [S kolektivem.] (Praha 1960) 149 S. Státní pedagogické nakladatelství.

— Němčina pre devátý postupný ročník. [S kolektivem.] (Bratislava 1960) 140 S. Slovenské pedagogické nakladatel'stvo.

— Němčina pro jedenáctý postupný ročník. [S kolektivem.] (Praha 1961) 156 S. Státní pedagogické nakladatelství.

— Nemčina pre desátý postupný ročník. [S kolektivem.] (Bratislava 1961) 146 S. Slovenské pedagogické nakladatel'stvo.

— Základní mluvnice němčiny. [S kolektivem.] (Praha 1960) 188 S. Státní pedagogické nakladatelství.

— Goethe a Schiller. Jubilejní přednáška z 15. 9. 1959. Nákladam Městské knihovny 1960. 28 S. Festvortrag anläßlich des 210. und 200. Geburtstags der deutschen Klassiker.

— Goethe, Čechy a ČSR. Tištěný oběžník pro zahraniční služba ČTK 1960. 9 S.

— K 200. výročí Schillerovi $\acute{y}$ch narozenin. In: Časopis pro moderní filologii. *42* (1960) S. 134—43. Beitrag zum Wallensteinproblem: Die materiellen und keineswegs religiösen Interessen Wallensteins, Gustav Adolfs und Ferdinands II. am Zeitgeschehen.

— O německé baladě. Úvod k překladu ukázek z německých balad. Nr. 1, Světová literatura 1961. S. 223—24. Einleitung zur Lektüre und zum Studium der deutschen Ballade.

— Die abgestorbene und neuerstandene Tierfabel. Zusammenfassung der Einzelreferate der IVG, Kopenhagen 1960. S. 12—13.

— Dlask Laurentius Albert. In: Goethe-Handbuch (Stuttg. 1960) Sp. 1875. Biographische und bibliographische Daten.

— Dobrovský, Josef. Ebda. Sp. 1875—78. Ein Böhmenartikel.

— Ebert, Carl Eugen. Ebda. Sp. 1972—73. Ein Böhmenartikel.

— Eger. Ebda. Sp. 2062—68. Ein Böhmenartikel: Geschichte, Kulturgeschichte, Goethes naturwissenschaftliche Forschungen und sein persönliches Erlebnis der Stadt.

— [Geleitw.] Nad ostrou groteskou. Na uvítanou prvnímů vydání Buschova Víta a Vény v překladu Otokara Fischera. In: Zlatý máj. *3* (1960) S. 563—65.

— [Mitarb.] Wörterbuch der deutschen Gegenwartssprache. Lfg 1—3 (Bln 1961) S. 1—240: A — Aufbruch.

— J. R. Becher, příklad bojovníka proti fašismu a militarismu. Proslov na vernisáži výstavy. Památník národního písemnictví 1961. 12 S. Vortrag im Tschechischen Literaturmuseum in Prag.

— Co číst ze světových literatur. Příspěvek do ankety. Státní nakladatelství krásné literatury (Praha 1961) S. 95—97. Beitrag zu einer Enquête des Prager Staatsverlags.

— Nemčina pre 1. ročník stredných všeobecnovzdelávacích škôl. [S kolektivem.] Pokusná učebnica. (Bratislava 1962) 140 S. Slovenské pedagogické nakladatel'stvo.

— Nemčina pre 2. ročník stredných všeobecnovzdelávacích škôl. [S kolektivem.] Pokusná učebnica (Bratislava 1962) 155 S. Slovenské pedagogické nakladatel'stov.

— Základní mluvnice němčiny. [S kolektivem.] (Praha 1962) 190 S. Státní pedagogické nakladatelství.

— Nemčina pre 3. ročník stredných všeobecnovzdelávacích škôl. [S kollektivem.] Pokusná učebnica (Bratislava 1962) 158 S. Slovenské pedagogické nakladatel'stvo.

— Heinovy 97. narozeniny v čs. rozhlasu 13. 12. 1962. Časopis čs. rozhlasu roč. 1962. 8. S.

— Über Thomas Manns Altershumor. In: Vollendung und Größe Thomas Manns, Beiträge zu Werk und Persönlichkeit des Dichters. (Halle/S. 1962) S. 196—203.

— Goethes Liebesglück in Böhmen. In: Festgabe für L. L. Hammerich aus Anlaß seines siebzigsten Geburtstages (Kopenhagen 1962) S. 255—69.
— Goethe v Lokti. [Goethe in Elbogen.] In: Loket, státní hrad, město a památky v okolí (Praze 1962) S. 34—38.
— [Bespr.] Schlegeliana. 1. Friedrich Schlegel, Schriften und Fragmente. Ein Gesamtbild seines Geistes. Hrsg. v. E. Behler. Stuttg. 1956. 2. Friedrich Schlegel, Wissenschaft der Europäischen Literatur. Hrsg. v. E. Behler. Münch.-Paderborn-Wien 1958 (Krit. Friedrich-Schlegel-Ausg. Bd. 11.) In: Philologica Pragensia. *3* (1960) S. 49—52.
— [Bespr.] Hans Bürgin: Das Werk Thomas Manns. Bln 1959. Ebda. S. 243—44.
— [Bespr.] Inge Diersen: Untersuchungen zu Thomas Mann. Die Bedeutung der Künstlerdarstellung für die Entwicklung des Realismus in seinem erzählerischen Werk. Bln 1958. In: DLZ. *81* (1960) Sp. 1009—12.
— [Bespr.] Dieter Schlenstedt: Die Reportage bei Egon Erwin Kisch. Bln 1959. Ebda. *82* (1961) Sp. 321—24.
— [Bespr.] Paul Scherrer: Aus Thomas Manns Vorarbeiten zu den Buddenbrooks. Zürich 1959. Ebda. Sp. 1004—07.
— [Bespr.] Wolfram Mauser: Karl Hillebrand, Leben, Werk, Wirkung. Dornbirn 1960. Ebda. *83* (1962) Sp. 404—06.

Tackenberg, Kurt: Die Geröllkeulen Nordwestdeutschlands. In: Festschr. f. Lothar Zotz. Steinzeitfragen der Alten und Neuen Welt (Bonn 1960) S. 507—38.
— Die Bedeutung der Schwertsignierungen auf dem Abdinghofer Tragaltar. In: Westfäl. Forschungen. *13* (Münster 1960) S. 13—20.
— Die Untersuchungen am Eutzenberg bei Duderstadt während der Jahre 1952—54. In: Ankel-Tackenberg, Eine linearbandkeramische Siedlung bei Duderstadt (Süd-Hannover) (Hildesh. 1960) S. 1—10. (Veröff. d. urgesch. Sammlungen d. Landesmus. zu Hannover. Bd 16.)
— Stand und Aufgaben zur Untersuchung der Varusschlacht. In: H. Kesting, Arminius und die Varusschlacht (Detmold 1961) S. 51—60.
— Die Germania des Tacitus und das Fach der Vorgeschichte. In: Festschr. Max Wegner zum sechzigsten Geburtstag (Münster 1962) S. 55—70.

Vossler, Otto: Bismarcks Sozialpolitik (Darmst. 1961) IV, 22 S. (‚Libelli' d. Wiss. Buchges. Bd 78.) [Erstmals ersch. in: Hist. Zs. 167 (1943)].
— Rousseaus Freiheitslehre (Gött. 1962) 395 S.
— Ranke und die Politik. In: Historische Forschungen und Probleme. Peter Rassow zum 70. Geburtstage dargebracht (Wiesb. 1961) S. 240—255.
— ‚Federative Power' und ‚Consent' in der Staatslehre John Lockes. In: Festgabe für Paul Kirn (Bln 1961) S. 223—33.

Weller, Friedrich: Zum Kāśyapaparivarta. H. 1: Mongolischer Text (Bln 1962) 122 S. (Abh. Sächs. Akad. Wiss. Phil.-hist. Kl. Bd 54 H. 2.)
— Passive Ausdrucksweisen im mongolischen Texte des Kāśyapaparivarta. In: Wiss. Zs. Univ. Leipzig. Gesellsch.- u. sprachwiss. R. *10* (1961) S. 563—602.
— Über die Funktion der Partikel *ja*. In: Studia Sino-Altaica. Festschr. f. E. Haenisch (Wiesb. 1961) S. 209—23.
— Bemerkung zu Aśokas Säulenedikt von Sāṃchī. In: Mitt. d. Inst. f. Orientforsch. *8* (1961) S. 30—31.
— *Qaγan* und *qan* in der mongolischen Übersetzung des Kāśyapaparivarta. Ebda. S. 218—28.

— [Bespr.] Govinda, Anagarika: Grundlagen tibetischer Mystik. Zürich 1957. In: OLZ. *55* (1960) Sp. 531—33.
— [Bespr.] Conze, Edward: Buddhist Scriptures selected and transl. Harmondsworth 1959. Ebda. Sp. 415—17.
— [Bespr.] Kun Chang: A Comparative Study of the Kaṭhinavatthu. (Indo-Iranian Monographs. No. 1.) In: Indo-Iranian Journal. *4* (1960) S. 306—11.
— [Bespr.] Renou, Louis: Bāṣkala-Mantra-Upaniṣad, publiée et traduite. Paris 1956; Chāgaleya-Upaniṣad, publiée et traduite. Paris 1959. (Les Upanishad, texte et traduction sous la direction de Louis Renou. Nr. XVI, XVII.) In: OLZ. *57* (1962) Sp. 183—84.
— [Bespr.] Snellgrove, D. L.: The Hevajra Tantra. I. II. London 1959. Ebda. Sp. 406—11.
— [Anz.] East and West *8*, 1—4 (1957); *9*, 1,2 (1958); *9*, 3—4 (1958); *10*, 1—2 (1959). Ebda. *55* (1960) Sp. 103—07; 212—14; 552—55; 646—49.
— [Anz.] Harvard Journal of Asiatic Studies *20*, 3, 4 (1957). Ebda. Sp. 649—51.
— [Anz.] Indo-Iranian Journal *2*, 4 (1958); *3*, 1—3 (1959). Ebda. Sp. 651—56.
— [Anz.] East and West *11*, 1—3 (1960). Ebda. *56* (1961) Sp. 553—54.
— [Anz.] Indo-Iranian Journal *4*, 1 (1960). Ebda. Sp. 555—56.
— [Anz.] Oriens Extremus *1*, 2 (1954—55); *2*, 1—2 (1955); 3—6 (1956—59). Ebda. Sp. 319—22; 644—52.
— [Anz.] East and West *11*, 4 (1960); *12*, 1—3 (1961). Ebda. *57* (1962) Sp. 323—26.
— [Anz.] Harvard Journal of Asiatic Studies *21* (1958); *22* (1959). Ebda. Sp. 326—29.
— [Anz.] Indo-Iranian Journal *4*, 2—4 (1960); *5*, 1 (1961). Ebda. Sp. 430—33.
— [Anz.] Oriens Extremus *7*, 1—2 (1960); *8*, 1 (1961). Ebda. Sp. 546—50.

Zucker, Friedrich: Ein neugefundenes griechisches Drama (Bln 1960) 21 S. (Sitzgsber. Dtsch. Akad. Wiss. Kl. f. Sprachen ... Jg. 1960 Nr. 5.)
— Αὐθέντης und Ableitungen (Bln 1962) 26 S. (Sitzgsber. Sächs. Akad. Wiss. Phil.-hist. Kl. Bd 107 H. 4.)
— Nachruf auf Richard Harder. In: Jahrb. Dtsch. Akad. Wiss. *1960* (Bln 1961) S. 124—25.
— Nachruf auf Karl Reinhardt. Ebda. S. 126—27.
— Karl Reinhardt. 14. 2. 1886 — 9. 1. 1958. In: Jahrb. Sächs. Akad. Wiss. *1957—1959* (Bln 1961) S. 351—52.
— Wilhelm Schubart. Nachruf. In: Gnomon *33* (1961) S. 108—09.
— Nachruf auf Wilhelm Schubart. In: Jahrb. Dtsch. Akad. Wiss. *1961* (Bln 1962) S. 887—88.
— Verfahrensweisen in der Einführung gewisser Einrichtungen des Augustus in Ägypten. In: Rev. Int. des Droits de l'Antiquité. S. 3 T. *8* (1961) S. 155—64.
— Urkundenreferat. In: Arch. f. Papyrusforsch. *17* (1962) S. 211—62.
— [Hrsg.] Archiv für Papyrusforschung. *17*, 1, 2 (1960—1962).
— [Bespr.] Urkundenreferat über Vittorio Bartoletti Papiri Greci e Latini, vol. XIV. Firenze 1957. In: Arch. f. Papyrusforsch. *17* (1960) S. 110—14.
— [Bespr.] Albin Lesky: Geschichte der griechischen Literatur. Lfg. 10/11. 12/13. (Schluß.) Bern 1959. In: DLZ. *81* (1960) Sp. 14—24; 119—27.
— [Bespr.] Démosthène: Plaidoyers politiques. Tome 2: Contre Midias. Texte ét. et trad. par J. Humbert et L. Gernet. Paris 1959. In: Gnomon *32* (1960) S. 606—08.
— [Bespr.] Démosthène: Plaidoyers civils. Tome 3: Discours 49—56. Tome 4: Discours 57—59. Texte ét. et trad. par L. Gernet. Paris 1959 u. 1960. Ebda. *33* (1961) S. 132—34; 768—71.
— [Bespr.] Andocide, L'orazione de reditu. Introduzione e commento a cura di U. Albini. 1961. In: Atene e Roma. N. S. *6* (1962) S. 183—87.

ABKÜRZUNGEN

A.	Aufsatz
ÄZ	Zeitschrift für Ägyptische Sprache und Altertumskunde
AfdA	Anzeiger für deutsches Altertum
AfO	Archiv für Orientforschung
ahd.	althochdeutsch
AWAW	Anzeiger der phil.-hist. Klasse der Österreichischen Akademie der Wissenschaften
Beitr.	Beiträge zur Geschichte der deutschen Sprache und Literatur
Bibl.	Bibliographisches
Bln-G.-H.	Berlin-Göttingen-Heidelberg
Bursian, C., Gesch. d. klass. Philologie	Conrad Bursian, Geschichte der klassischen Philologie in Deutschland von den Anfängen bis zur Gegenwart. Münch. u. Lpz. 1883.
CITCE	Comité international de thermodynamique et de cinétique électrochimiques
CNRS	Centre National de la Recherche Scientifique
ČSAV	Československá Akademie Věd
DDR	Deutsche Demokratische Republik
DLZ	Deutsche Literaturzeitung
Dsdn	Dresden
FuF	Forschungen und Fortschritte
GDR	German Democratic Republic
Gdr.	Grundriß
Geist u. Gestalt	Geist und Gestalt. Biographische Beiträge zur Geschichte der Bayerischen Akademie der Wissenschaften vornehmlich im zweiten Jahrhundert ihres Bestehens. Bd 1—3. Münch. 1959.
Goetz, G., Gesch. d. klass. Studien	Georg Goetz, Geschichte der klassischen Studien an der Universität Jena von ihrer Gründung bis zur Gegenwart. Jena 1928. (Zeitschr. d. Ver. f. Thüringische Geschichte und Altertumskunde. N. F. Beih. 12.)
H.	Herausgeber
Idg.	Indogermanisch
IVG	Internationale Vereinigung für germanische Sprach- u. Literaturwissenschaft
Jber.	Jahresbericht(e)
JNES	Journal of Near Eastern Studies
Jub.-Bd 1896	Zur fünfzigjährigen Jubelfeier der Königl. Sächs. Gesellschaft der Wissenschaften zu Leipzig am 1. Juli 1896. Reden und Register. Leipzig.
Lpz.	Leipzig
Mchn	München
MH.	Mitherausgeber
OLZ	Orientalische Literaturzeitung
R.	Rezension
RGG	Religion in Geschichte und Gegenwart. Handwörterbuch für Theologie und Religionswissenschaft. Tübingen.

Rudolph, K., Religionsgeschichte	Kurt Rudolph, Die Religionsgeschichte an der Leipziger Universität und die Entwicklung der Religionswissenschaft. Ein Beitrag zur Wissenschaftsgeschichte und zum Problem der Religionswissenschaft. Bln 1962. (Sitzgsber. Sächs. Akad. Wiss. zu Leipzig. Phil.-hist. Kl. Bd 107 H. 1.)
Sitzgsber.	Sitzungsberichte
ThLZ	Theologische Literaturzeitung
VEB	Volkseigener Betrieb
VT	Vetus Testamentum
W.	Werke
WZKM	Wiener Zeitschrift für die Kunde des Morgenlandes
ZAW	Zeitschrift für die alttestamentliche Wissenschaft
Zbl.	Zentralblatt
ZDMG	Zeitschrift der Deutschen Morgenländischen Gesellschaft
ZfMaf.	Zeitschrift für Mundartforschung
ZfSl.	Zeitschrift für Slawistik
ZfslPh.	Zeitschrift für slavische Philologie
ZPPP	Wiener Zeitschrift für Philosophie, Psychologie, Pädagogik
Zs.	Zeitschrift
ZSS	Zeitschrift der Savigny-Stiftung für Rechtsgeschichte

SCHRIFTENVERZEICHNIS
ELISABETH KARG-GASTERSTÄDT

nach eigenen Angaben zusammengestellt und ergänzt anläßlich ihres 75. Geburtstages am 9. Februar 1961

von GERTRAUD MÜLLER *und* HILDEGARD SCHELLENBERG

1924

Bibl. Eugen Mogks Schriften. 1879–1924. – In: Festschrift Eugen Mogk zum 70. Geburtstag 19. Juli 1924. S. IX – XLVIII. Halle.

1925

W. Zur Entstehungsgeschichte des Parzival. Halle. III, 157 S. mit Anhang. (Sächsische Forschungsinstitute in Leipzig, Forschungsinstitut für neuere Philologie. I. Altgermanische Abteilung, Heft II.)

Bibl. Allgemeine Sprach- und Literaturwissenschaft. – Allgemeine Sprachwissenschaft. Allgemeine Literaturwissenschaft. Indogermanische Sprachwissenschaft. Indische und iranische Philologie. – In: Jahresberichte des Literarischen Zentralblattes Jg. 2, Sp. 269–274.

1926

Bibl. Allgemeine Sprach- und Literaturwissenschaft. – Allgemeine Sprachwissenschaft. Allgemeine Literaturwissenschaft. Indogermanische Sprachwissenschaft. Indische Philologie. Iranische Philologie. – In: Jahresberichte des Literarischen Zentralblattes Jg. 3, Sp. 345–356.

1927

Bibl. Allgemeine Sprach- und Literaturwissenschaft. Orientalistik. – Allgemeine Sprachwissenschaft. Allgemeine Literaturwissenschaft. Indogermanische Sprachwissenschaft. Indische Philologie. Iranische Philologie. – In: Jahresberichte des Literarischen Zentralblattes Jg. 4, Sp. 411–420.

1928

Bibl. Allgemeine Sprach- und Literaturwissenschaft. Orientalistik. – Indogermanische Sprachwissenschaft. – In: Jahresberichte des Literarischen Zentralblattes Jg. 5, Sp. 385–389. 389–392.

1930

Bibl. Germanisch (Bibliographie 1928). – In: Idg. Jb. 14, S. 208–258.

1931

Bibl. Germanisch (Bibliographie 1929). 1. Bibliographie. — Sammelwerke. — Geschichte der Wissenschaft. — Biographisches. In: Idg. Jb. 15, S. 249—284.
Schallanalyse (Bibliographie 1929). — In: Idg. Jb. 15, S. 38f.

1932

Bibl. Germanisch (Bibliographie 1930). 1. Bibliographie. — Sammelwerke. — Geschichte der Wissenschaft. — Biographisches. — In: Idg. Jb. 16, S. 220—264.
Schallanalyse (Bibliographie 1930). — In: Idg. Jb. 16, S. 36f.

1933

Bibl. Eduard Sievers. Schriftenverzeichnis. Leipzig. S. 57—92. — In: Berichte über die Verhandlungen der Sächsischen Akademie der Wissenschaften zu Leipzig. Phil.-hist. Kl. Bd 85, H. 1, Th. Frings, Eduard Sievers.

MH. Beiträge zur Geschichte der deutschen Sprache und Literatur, hrsg. von Th. Frings, Halle. Bd 57—76 unter Mitwirkung, ab Bd 77ff. Mitherausgabe.

1934

H. Ausgewählte Stücke aus der Egilssaga Skallagrimssonar. Halle. XXIV, 44 S. mit 2 Karten. (Altnordische Übungstexte, hrsg. von E. Mogk und K. Reichardt Nr. 3.)

Bibl. Schallanalyse (Bibliographie 1932). — In: Idg. Jb. 18, S. 33f.

1935

A. *Aner piper.* — In: Beitr. Bd 59, S. 460—464.

1936

A. Aus der Werkstatt des Althochdeutschen Wörterbuchs. 1. Ein Jahr Arbeit am Althochdeutschen Sprachschatz. — In: Beitr. Bd 60, S. 177—191. [Zusammen mit Th. Frings.]
Ein Jahr Arbeit am Althochdeutschen Sprachschatz. — In: Hochschule und Ausland Jg. 14, S. 150—156 und in: Mitt. der Dt. Akademie München Jg. 11, S. 150—156. [Zusammen mit Th. Frings.]

Bibl. In: Die deutsche Literatur des Mittelalters. Verfasserlexikon, hrsg. von W. Stammler, Bd II:
Der Hardegger. Sp. 182f.
Der Kanzler. Sp. 757—759.
Heinrich von Kolmas. Sp. 290f.
Heinrich von der Mure. Sp. 317f.
Heinrich von Stretelingen. Sp. 333f.
Heinrich von Tettingen. Sp. 352.
Herrand von Wildonje. Sp. 429f.
Hesse von Reinach. Sp. 433ff.
Höllefeuer. Sp. 479f.
Hugo von Werbenwag. Sp. 535.
Jakob von Wart(e). Sp. 574f.
Kelin. Sp. 781f.
König vom Odenwald. Sp. 867.
Konrad von Altstetten. Sp. 891.
Konrad von Kirchberg. Sp. 898f.
Konradin. Sp. 929—931.
Schallanalyse (Bibliographie 1934). — In: Idg. Jb. 20, S. 37f.

1937

A. Aus der Werkstatt des Althochdeutschen Wörterbuchs. 2. Erfahrungen und Ergebnisse aus der Arbeit an den Wörterbuchartikeln. — In: Beitr. Bd 61, S. 241—256.

Aus der Werkstatt des Althochdeutschen Wörterbuchs. 6. Der Althochdeutsche Sprachschatz und die Leges barbarorum. — In: Beitr. Bd 61, S. 263—271.

Aus der Werkstatt des Althochdeutschen Wörterbuchs. 7. *pozzunga* ‚Pfropfen'. — In: Beitr. Bd 61, S. 462f.

Das zweite Arbeitsjahr am Althochdeutschen Sprachschatz. — In: Mitt. der Dt. Akademie München Jg. 12, S. 128—130.

Bibl. Schallanalyse (Bibliographie 1935). — In: Idg. Jb. 21, S. 41—43.

1938

A. Zu den Glossen der Reichenauer Handschrift Rc (Carlsr. Aug. CCXX). — In: Beitr. Bd 62, S. 454—456.

Die Glossen der Stuttgarter Hs. H. B. VI (früher jur. et pol. 109). Ein Beitrag zur Geschichte der Canones-Glossierung. — In: Festgabe für Karl Bohnenberger 1938, S. 231—253.

Aus der Werkstatt des Althochdeutschen Wörterbuchs. 8. Ahd. *bibôz*: nhd. *Beifuß*. — In: Beitr. Bd 62, S. 55—59.

Fragen zum Althochdeutschen Wörterbuch. 1. — In: Beitr. Bd 62, S. 159f.

Die Arbeit am Althochdeutschen Sprachschatz im Jahre 1937. — In: Mitt. der Dt. Akademie München Jg. 13, S. 162—164. [Zusammen mit Th. Frings.]

Bibl. Schallanalyse (Bibliographie 1936). — In: Idg. Jb. 22, S. 48f.

1939

A. Aus der Werkstatt des Althochdeutschen Wörterbuchs. 11. Aufgaben der althochdeutschen Wortforschung. — In: Beitr. Bd 63, S. 122—143.

Die Arbeit am Althochdeutschen Wörterbuch im Jahre 1938. — In: Mitt. der Dt. Akademie München Jg. 14, S. 146—150. [Zusammen mit Th. Frings.]

Bibl. Schallanalyse (Bibliographie 1937). — In: Idg. Jb. 23, S. 52f.

1940

A. Nachträge zu den althochdeutschen Glossen. 2. Eine althochdeutsche Orosiusglosse und ihr Fundort. — In: Beitr. Bd 64, S. 263—271.

Fragen zum Althochdeutschen Wörterbuch. 2. — In: Beitr. Bd 64, S. 334f.

Die Arbeit am Althochdeutschen Wörterbuch im Jahr 1939. — In: Deutsche Kultur im Leben der Völker Jg. 15, S. 148—152.

Bericht über die Arbeit am Althochdeutschen Wörterbuch vom 1. April bis 30. Juni 1940. — In: Mitt. der Dt. Akademie München Jg. 15, S. 289f.

1941

A. Eugen Mogk und die Volkskunde. — In: Mitteldeutsche Blätter für Volkskunde Jg. 16, S. 96—104.

Zum Wortschatz des Abrogans. — In: Altdeutsches Wort und Wortkunstwerk. Georg Baesecke zum 65. Geburtstag S. 124—137. Halle.
Die Arbeit am Althochdeutschen Wörterbuch im Jahre 1940. — In: Mitt. der Dt. Akademie München Jg. 16, S. 335—343.

1942

A. Eduard Sievers. Zum 10. Todestag des großen Leipziger Sprachforschers. — In: Leipziger Neueste Nachrichten Nr. 89.
Aus der Werkstatt des Althochdeutschen Wörterbuchs. 14. Ein paar Randbemerkungen zur Germania Romana. — In: Beitr. Bd 65, S. 185—196.
Aus der Werkstatt des Althochdeutschen Wörterbuchs. 15. Aus den Ergebnissen unserer Arbeit am Althochdeutschen Wörterbuch. Ein Bericht über das Jahr 1940. — In: Beitr. Bd 65, S. 196—213.
Aus der Werkstatt des Althochdeutschen Wörterbuchs. 17. Ahd. *bilidi.* — In: Beitr. Bd 66, S. 291—308.
Aus der Werkstatt des Althochdeutschen Wörterbuchs. 18. Ahd. *thiu* und *thiorna.* — In: Beitr. Bd 66, S. 308—326.
Begünstigung ‚Vergehen'. — In: Beitr. Bd 66, S. 382.
Nachruf Erich Aumann. — In: Beitr. Bd 66, S. 383. [Zusammen mit Th. Frings.]
Bericht des Althochdeutschen Wörterbuchs. (Im Jahre 1941.) — In: Mitt. der Dt. Akademie München Jg. 17, S. 153—160.

1943

Bibl. In: Die deutsche Literatur des Mittelalters. Verfasserlexikon, hrsg. von W. Stammler, Bd III:

Der Meißner. Sp. 349f.
Limburg, Schenk von. Sp. 53f.
Marner. Sp. 265—268.
Neune. Sp. 512f.
Otto zem Turne. Sp. 702—704.
Pfeffel. Sp. 875f.
Rost von Sarnen. Sp. 1112f.
Rubin. Sp. 1115—1117.
Rudolf von Stadeck. Sp. 1131f.
Rumsland von Sachsen. Sp. 1134—1136.
Rumsland von Schwaben. Sp. 1136f.

Schallanalyse (Bibliographie 1940). — In: Idg. Jb. 26, S. 42—44.

1944

A. Das Althochdeutsche Wörterbuch. Geschichte und Bericht. — In: Jb. d. dt. Sprache Bd 2, S. 42—54. Leipzig.

1945

A. *darba gistuontun* (Hildebr. 23). — In: Beitr. Bd 67, S. 357—361.
Althochdeutsches Wörterbuch: 19. Mitteilung aus der Werkstatt: *got* und *abgot.* — In: Beitr. Bd 67, S. 420—433.

1948

A. Aus der Werkstatt des Althochdeutschen Wörterbuchs. 21. Ehre und Ruhm im Althochdeutschen. — In: Beitr. Bd 70, S. 308—331.

Aus der Werkstatt des Althochdeutschen Wörterbuchs. 20. Bericht über die Arbeit am Althochdeutschen Wörterbuch in den Jahren 1941—47. — In: Beitr. Bd 70, S. 305—308. [Zusammen mit Th. Frings.]

1950

A. *alt-herda* ‚Menschenerde'. — In: Beitr. Bd 72, S. 297f.

thunginus. — In: Beitr. Bd 72, S. 314—319.

1952

W. Althochdeutsches Wörterbuch. Lfg 1. 2. XVII S. Sp. 1—112. Berlin. [Zusammen mit Th. Frings.]

1953

W. Althochdeutsches Wörterbuch. Lfg 3, Sp. 113—192. Berlin. [Zusammen mit Th. Frings.]

A. ‚Tatian'. — In: Die deutsche Literatur des Mittelalters. Verfasserlexikon, hrsg. von Karl Langosch, Bd IV, Sp. 370—373.

‚Vocabularius St. Galli'. — In: Die deutsche Literatur des Mittelalters. Verfasserlexikon, hrsg. von Karl Langosch, Bd IV, Sp. 713—715.

Bibl. In: Die deutsche Literatur des Mittelalters. Verfasserlexikon, hrsg. von Karl Langosch, Bd IV:

Der Taler. Sp. 353f.
Der von Sachsendorf. Sp. 2.
Der von Scharfenberg. Sp. 45.
Der von Suneck. Sp. 342.
Der von Stammheim. Sp. 261f.
Der von Trostberg. Sp. 503f.
Heinrich Teschler. Sp. 399f.
Meister Sigeher. Sp. 207f.
Meister Singauf. Sp. 221f.
Schulmeister von Eßlingen. Sp. 117f.
Stolle I—III. Sp. 282—284.
‚Tatian' s. *A.*
Truchseß von St. Gallen. Sp. 504f.
‚Vocabularius St. Galli' s. *A.*
Walther von Metze. Sp. 792f.

1955

W. Althochdeutsches Wörterbuch. Lfg 4. 5, Sp. 193—352. Berlin. [Zusammen mit Th. Frings.]

A. Notker Labeo. — In: Die deutsche Literatur des Mittelalters. Verfasserlexikon, hrsg. von Karl Langosch, Bd V, Sp. 775—790.

‚Petruslied'. — In: Die deutsche Literatur des Mittelalters. Verfasserlexikon, hrsg. von Karl Langosch, Bd V, Sp. 885—887.

Bibl. In: Die deutsche Literatur des Mittelalters. Verfasserlexikon, hrsg. von Karl Langosch, Bd V:

‚De Heinrico' (Nachtrag). Sp. 369f.
‚Muspilli' (Nachtrag). Sp. 699f.
Notker Labeo s. *A.*
Otfrid (Nachtrag). Sp. 830f.
‚Petruslied' s. *A.*

1956

W. Althochdeutsches Wörterbuch. Lfg 6, Sp. 353—432. Berlin. [Zusammen mit Th. Frings.]

Althochdeutsches Wörterbuch. Lfg 7 u. 8 (zu Ehren des 70. Geburtstages von Theodor Frings), Sp. 433—592. Berlin. [Zusammen mit Th. Frings.]

A. Zum 70. Geburtstag von Nationalpreisträger Prof. Dr. Theodor Frings. — In: Neues Deutschland Nr. 173. (Auszug in: Leipziger Volkszeitung 22. Juli 1956.)

MH. Fragen und Forschungen im Bereich und Umkreis der germanischen Philologie. Festgabe für Theodor Frings zum 70. Geburtstag, 23. Juli 1956. In Verb. mit dem Inst. für Deutsche Sprache u. Literatur hrsg. von Elisabeth Karg-Gasterstädt und Johannes Erben. Berlin. VIII, 428 S., 1 Portr.

1957

W. Althochdeutsches Wörterbuch. Lfg 9, Sp. 593—672. Berlin. [Zusammen mit Th. Frings.]

A. Ahd. *biuuilôn* ‚jubeln', Otfr. V, 23, 22. — In: Beitr. Bd 79 (Sonderband), S. 88—93.

R. Ferdinand Holthausen: Altsächsisches Wörterbuch. (Münster, Köln 1954.) — In: DLZ Jg. 78, H. 1, Sp. 33—35.

1958

W. Althochdeutsches Wörterbuch. Lfg 10, Sp. 673—752. Berlin. [Zusammen mit Th. Frings.]

Althochdeutsch *thing* — neuhochdeutsch *Ding*. Die Geschichte eines Wortes. Berlin. 31 S. (Berichte über die Verhandlungen der Sächsischen Akademie der Wissenschaften zu Leipzig. Philol.-hist. Kl. Bd 104, H. 2.)

A. Althochdeutsches Wörterbuch. — In: Jb. d. Sächs. Akademie der Wissenschaften zu Leipzig 1954—1956. Berlin. S. 125—127.

1959

W. Althochdeutsches Wörterbuch. Lfg 11. III S. Sp. 753—824. Berlin. [Zusammen mit Th. Frings.]

A. Das alte Germanistische Institut. Persönliche Erinnerungen aus meiner Studien- und Bibliothekarszeit. — In: Wissenschaftl. Zeitschrift d. Karl-Marx-Universität Leipzig Jg. 8, S. 631—638.

1960

W. Althochdeutsches Wörterbuch. Lfg 12, Sp. 825—904. Berlin. [Zusammen mit Th. Frings.]

R. Ingo Reiffenstein: Das Althochdeutsche und die irische Mission im oberdeutschen Raum. (Innsbrucker Beiträge zur Kulturwissenschaft. Hrsg. von der Innsbrucker Gesellschaft zur Pflege der Geisteswiss. Sonderh. 6. Innsbruck 1958.) — In: DLZ Jg. 81, H. 1, Sp. 50—53.

Die Althochdeutsche Benediktinerregel des Cod. Sang. 916. Hrsg. von Ursula Daab. (Altdeutsche Textbibliothek Nr. 50. Tübingen 1959.) — In: DLZ Jg. 81, H. 7/8, Sp. 643—645.

Dietrich Ruprecht: Tristitia. Wortschatz und Vorstellung in den althochdeutschen Sprachdenkmälern. (Palaestra Bd 227. Göttingen 1959.) — In: Muttersprache Jg. 70, H. 1, S. 22f.

1961

W. Althochdeutsches Wörterbuch. Lfg 13, Sp. 905—984. Berlin. [Zusammen mit Th. Frings.]

A. Aus der Werkstatt des Althochdeutschen Wörterbuchs. 32. Ahd. *bugithi* = *bigihti*? Ein kleiner Beitrag zur Frage der angelsächsisch-altsächsisch-niederrheinischen Sprachgemeinschaft. — In: Beitr. Bd 83, S. 280—284.

Althochdeutsches Wörterbuch. — In: Jb. d. Sächs. Akademie der Wissenschaften zu Leipzig 1957—1959. Berlin. S. 203—205.

R. Lars-Erik Ahlsson: Die altfriesischen Abstraktbildungen. (Uppsala 1960.) — In: DLZ Jg. 82, H. 6, Sp. 530—533.

Notitiae Regionum Urbis Romae et Urbis Constantinopolitanae. Glossarium Latino-Theotiscum. Codex Vindobonensis 162. Einleitung von F. Unterkircher. (Umbrae codicum occidentalium sub auspiciis Societatis codicum mediaevalium studiis promovendis. II. Amsterdam 1960.) — In: DLZ Jg. 82, H. 10, Sp. 898—900.

VERZEICHNIS DER MIT DER AKADEMIE IM SCHRIFTENTAUSCH STEHENDEN KÖRPERSCHAFTEN

I. Periodica

Argentinien

Buenos Aires	*Biblioteca de la Facultad de Ciencias Exactas, Fisicas y Naturales* Contribuciones Científicas
	Comisión Nacional de la Energía Atómica Informe Publicaciones
	Sociedad Científica Argentina Anales
La Plata	*Universidad Nacional. Facultad de Ciencias Fisicomatematicas* Revista
Mendoza	*Universidad Nacional de Cuyo. Instituto de Lingüística* Anales

Australien

Adelaide	*Barr Smith Library* The Australian Journal of Experimental Biology and Medical Science
Brisbane	*Royal Society of Queensland* Proceedings
Melbourne	*Royal Society of Victoria* Proceedings
Sydney	*Royal Society of New South Wales* Journal and Proceedings Monographs

Belgien

Anvers (Antwerpen)	*Académie Royale de'Archéologie de Belgique* Revue belge d'archéologie et d'histoire de l'art
Bruxelles (Brüssel)	*Jardin Botanique de l'Etat* Bulletin
	Société des Bollandistes Analecta Bollandiana

	Union Académique Internationale Archivum latinitatis medii aevi Compte rendu
Gent	*Koninklijke Vlaamse Academie voor Taal- en Letterkunde* Jaarboek Leonard Willemsfonds Reeks Verslagen en Mededeelingen
Liège (Lüttich)	*Institut Archéologique Liégeois* Bulletin Chronique archéologique du pays de Liège
Louvain (Löwen)	*Université Catholique de Louvain* Annuaire Bibliographie académique Collection de l'Ecole des Sciences Economiques Orientalia et Biblica Lovaniensia Programme des cours
Namur	*Les Etudes Classiques* Les études classiques

Brasilien

Rio de Janeiro	*Academia Brasileira de Ciências* Anais
	Centro Brasileiro de Pesquisas Fisicas Summa brasiliensis mathematicae

Bulgarien

Sofija	*Bŭlgarska Akademija na Naukite* Doklady Izvestija na Instituta za literatura Izvestija na Zoologičeskija institut Zentralblatt der bulgarischen wissenschaftlichen Literatur
	Universitet Godišnik. Filos.-ist. fak. Med. fak. Prirodo-mat. fak. Trudove na Morskata biologična stanciia
	Upravlenie za geoložki proučvanija Godišnik. Otdel A Priloženie kŭm Godišnik

Ceylon

Colombo

National Museum
Administration Report of the Director
Ceylon Journal of Science. Biological series
Spolia Zeylanica. Geology, Zoology, Anthropology

Chile

Concepcion

Sociedad de Biologîa
Boletin

China

Pei-ching (Peking)

Institute of Scientific and Technical Information of China
Abstracts of Articles Published in Japanese Scientific and Technical Periodicals
Kuo li t'u shu kuan (National Library)
Acta Sinica Scientia
Chinese Literature
Chinese Medical Journal

Città del Vaticano

(vgl. auch Italien, Roma)

Archivum Historicum Societatis Jesu
Archivum

Biblioteca Apostolica Vaticana
Studi e Testi

Pontificio Istituto Biblico
Biblica
Orientalia

Specola Vaticana
Comunicazione
Miscellanea astronomica
Ricerche astronomiche

Dänemark

Aarhus

Statsbiblioteket
Acta jutlandica

København

Det Kongelige Danske Videnskabernes Selskab
Arkeologisk-kunsthistoriske meddelelser
Arkeologisk-kunsthistoriske skrifter

Biologiske meddelelser
Biologiske skrifter
Historisk-filologiske skrifter
Historisk-filosofiske meddelelser
Matematisk-fysiske meddelelser
Matematisk-fysiske skrifter
Oversigt over selskabets virksomhed

Universitets Matematiske Institut
Mathematica Scandinavica

Deutschland
Bundesrepublik Deutschland

Aachen

Aachener Geschichtsverein
Zeitschrift

Bibliothek der Rheinisch-Westfälischen Technischen Hochschule
Jahrbuch

Augsburg

Historischer Verein für Schwaben
Zeitschrift

Naturwissenschaftlicher Verein für Schwaben
Bericht

Bad Godesberg

Deutsche Forschungsgemeinschaft
Bericht über die Tätigkeit
Deutscher Forschungsdienst
Deutscher Forschungsdienst. Angewandte Wissenschaft

Beuron

Bibliothek der Erzabtei Beuron
Benediktinische Monatsschrift
Texte und Arbeiten

Braunschweig

Braunschweigische wissenschaftliche Gesellschaft
Abhandlungen

Technische Hochschule
Geographische Rundschau

Bremen

Überseemuseum
Veröffentlichungen

Die Wittheit zu Bremen
Abhandlungen des Naturwissenschaftlichen Vereins
Abhandlungen und Vorträge
Bremisches Jahrbuch
Deutsche geographische Blätter
Jahrbuch der Bremischen Wissenschaft
Veröffentlichungen aus dem Staatsarchiv

Bremerhaven	*Institut für Meeresforschung* Veröffentlichungen
Düsseldorf	*Düsseldorfer Geschichtsverein* Düsseldorfer Jahrbuch
Erlangen	*Institut für Fränkische Landesforschung* Jahrbuch Schriften. Historische Reihe
	Physikalisch-Medizinische Sozietät Sitzungsberichte
Frankfurt a. M.	*Philosophisch-Theologische Hochschule St. Georgen* Scholastik
	Physikalischer Verein Jahresbericht
	Senckenbergische Naturforschende Gesellschaft Abhandlungen Aufsätze und Reden Natur und Volk Senckenbergiana biologica lethaea
	Städtisches Museum für Völkerkunde Paideuma
Freiburg i. Br.	*Naturforschende Gesellschaft* Berichte
Gießen	*Bibliothek der Justus-Liebig-Universität* Hessische Blätter für Volkskunde Mitteilungen des Oberhessischen Geschichtsvereins Nachrichten der Gießener Hochschulgesellschaft Schriften der Justus-Liebig Universität
	Oberhessische Gesellschaft für Natur- und Heilkunde Bericht. Medizinische Abteilung Naturwissenschaftliche Abteilung
Göttingen	*Akademie der Wissenschaften* Abhandlungen. Math.-phys. Klasse Phil.-hist. Klasse Göttingische gelehrte Anzeigen Jahrbuch Nachrichten. Math.-phys. Klasse Phil.-hist. Klasse
	Max-Planck-Gesellschaft Jahrbuch Mitteilungen

Hamburg	*Gesellschaft für Natur- und Völkerkunde Ostasiens* Mitteilungen Nachrichten
	Mathematische Gesellschaft Mitteilungen
	Staats- und Universitätsbibliothek Abhandlungen aus dem Gebiete der Auslandskunde Hamburger Universitätsreden Romanistisches Jahrbuch
Hannover	*Akademie für Raumforschung und Landesplanung* Raumforschung und Raumordnung
	Naturhistorische Gesellschaft Bericht
	Technische Hochschule Jahrbuch
Heidelberg	*Badische Landessternwarte* Mitteilungen Veröffentlichungen
	Heidelberger Akademie der Wissenschaften Abhandlungen. Phil.-hist. Klasse Jahresheft Sitzungsberichte. Math.-nat. Klasse Phil.-hist. Klasse
	Naturhistorisch-medizinischer Verein Verhandlungen
	Universitätsbibliothek Heidelberger Jahrbücher Veröffentlichungen aus der Heidelberger Papyrussammlung
Kiel	*Naturwissenschaftlicher Verein für Schleswig-Holstein* Schriften
	Universitäts-Bibliothek Schriften des Geographischen Instituts der Universität Kiel
Leverkusen	*Farbenwerke Bayer* Therapeutische Berichte
Lübeck	*Stadtbibliothek* Ausblick Mitteilungen der Geographischen Gesellschaft und des Naturhistorischen Museums
	Verein für Lübeckische Geschichte und Altertumskunde Zeitschrift

	Verein „Natur und Heimat"	
	Berichte	
Mainz	*Akademie der Wissenschaften und der Literatur*	
	Abhandlungen der Klasse Literatur	
		der geistes- u. sozialwiss. Klasse
		der mathematisch-naturwiss. Klasse
	Jahrbuch	
	Deutsche Morgenländische Gesellschaft	
	Zeitschrift	
	Mainzer Altertumsverein	
	Mainzer Zeitschrift	
Marburg	*Gesellschaft zur Beförderung der gesamten Naturwissenschaften*	
	Sitzungsberichte	
	Universitätsbibliothek	
	Alma mater Philippina	
München	*Bayerische Akademie der Wissenschaften*	
	Abhandlungen. Math.-nat. Klasse	
		Phil.-hist. Klasse
	Jahrbuch	
	Sitzungsberichte. Math.-nat. Klasse	
		Phil.-hist. Klasse
	Deutsches Museum	
	Abhandlungen und Berichte	
	Kommission für bayerische Landesgeschichte	
	Bayerische Vorgeschichtsblätter	
	Zentralinstitut für Kunstgeschichte	
	Jahresbericht	
Münster	*Universitätsbibliothek*	
	Westfälische geographische Studien	
Nürnberg	*Germanisches Nationalmuseum*	
	Anzeiger	
	Neuerwerbungen	
Nürtingen	*Verband der deutschen Höhlen- und Karstforscher*	
	Bibliographie zur Karst- und Höhlenkunde in Deutschland	
	Jahreshefte für Karst- und Höhlenkunde	
Offenbach	*Bibliothek des Deutschen Wetterdienstes*	
	Berichte	
	Bibliographie des Deutschen Wetterdienstes	
	Deutsches meteorologisches Jahrbuch	
Remagen	*Bundesanstalt für Landeskunde und Raumforschung*	
	Berichte zur deutschen Landeskunde	

Speyer	*Historischer Verein der Pfalz* Mitteilungen
	Pfälzische Gesellschaft zur Förderung der Wissenschaften Pfälzische Bibliographie Veröffentlichungen
	Verein für Naturkunde und Naturschutz Pollichia Mitteilungen
Stuttgart	*Kommission für geschichtliche Landeskunde in Baden-Württemberg* Württembergische Geschichtsliteratur Zeitschrift für Württembergische Landesgeschichte
	Museum für Länder- und Völkerkunde Tribus. Jahrbuch des Lindenmuseums
	Staatliches Museum für Naturkunde Stuttgarter Beiträge zur Naturkunde
	Württembergische Landesbibliothek Jahrbücher für Statistik und Landeskunde von Baden-Württemberg
Ulm	*Verein für Kunst und Altertum in Ulm und Oberschwaben* Ulm und Oberschwaben
Wiesbaden	*Hessisches Landesamt für Bodenforschung* Abhandlungen Hessisches Lagerstättenarchiv Mitteilungen der Reichsstelle für Bodenforschungen
	Nassauischer Verein für Naturkunde Jahrbücher
	Verein für Nassauische Altertumskunde und Geschichtsforschung Nassauische Annalen
Wolfenbüttel	*Braunschweigischer Geschichtsverein* Braunschweigisches Jahrbuch
Würzburg	*Freunde Mainfränkischer Kunst und Geschichte* Mainfränkische Hefte Mainfränkisches Jahrbuch für Geschichte und Kunst
	Physikalisch-medizinische Gesellschaft Berichte

Deutsche Demokratische Republik

Bautzen	*Stadtmuseum. Naturwiss. Abteilung* Natura lusatica
Berlin	*Deutsche Akademie der Landwirtschaftswissenschaften* Albrecht-Thaer-Archiv

Deutsche Akademie der Wissenschaften zu Berlin
Abhandlungen. Klasse f. Mathematik, Physik u. Technik
Klasse f. Chemie, Geologie u. Biologie
Klasse f. Bergbau, Hüttenwesen u. Montangeologie
Klasse f. Medizin
Klasse f. Sprachen, Literatur u. Kunst
Klasse f. Philosophie, Geschichte Staats-, Rechts- u. Wirtschaftswissenschaften
Jahrbuch
Journal für Hirnforschung
Monatsberichte
Sitzungsberichte. Klasse f. Mathematik, Physik u. Technik
Klasse f. Chemie, Geologie u. Biologie
Klasse f. Bergbau, Hüttenwesen u. Montangeologie
Klasse f. Medizin
Klasse f. Sprachen, Literatur u. Kunst
Klasse f. Philosophie, Geschichte, Staats-, Rechts- u. Wirtschaftswissenschaften
Vorträge und Schriften
Wissenschaftliche Annalen

Deutsches Amt für Maß und Gewicht der DDR
Wissenschaftliche Abhandlungen

Geologischer Dienst. Staatliche Geologische Kommission
Abhandlungen
Archiv für Lagerstättenforschung
Geologie. Nebst Beihefte
Mitteilungen aus den Laboratorien des Geologischen Dienstes
Zeitschrift für angewandte Geologie

Universitätsbibliothek der Humboldt-Universität
Wissenschaftliche Zeitschrift der Humboldt-Universität.
Gesellschafts- u. sprachwiss. Reihe
Mathematisch-naturwiss. Reihe

Dresden

Bibliothek der Hochschule für Verkehrswesen
Wissenschaftliche Zeitschrift der Hochschule für Verkehrswesen

Bibliothek der Technischen Universität
Wissenschaftliche Zeitschrift der Technischen Universität

Erfurt

Medizinische Akademie
Personal- und Vorlesungsverzeichnis

Wissenschaftliche Bibliothek der Stadt Erfurt
Aus der Vergangenheit der Stadt Erfurt
Beiträge zur Geschichte der Stadt Erfurt

Greifswald

Universitätsbibliothek
Personal- und Vorlesungsverzeichnis der Ernst-Moritz-Arndt-Universität

	Wissenschaftliche Zeitschrift der Ernst-Moritz-Arndt-Universität.
	  Gesellschafts- u. sprachwiss. Reihe
	  Mathematisch-naturwiss. Reihe

Halle a. d. S.	*Deutsche Akademie der Naturforscher „Leopoldina"* Nova Acta Leopoldina
	Landesmuseum für Vorgeschichte Jahresschrift für mitteldeutsche Vorgeschichte Veröffentlichungen Vorgeschichtliche Museumsarbeit und Bodendenkmalpflege

	Universitäts- und Landesbibliothek
	Hallische Monographien
	Schriften zum Bibliotheks- und Büchereiwesen in Sachsen-Anhalt
	Wissenschaftliche Zeitschrift der Martin-Luther-Universität.
	  Gesellschafts- u. sprachwiss. Reihe
	  Mathematisch-naturwiss. Reihe

Ilmenau	*Technische Hochschule* Wissenschaftliche Zeitschrift

Jena	Universitätsbibliothek
	Wissenschaftliche Zeitschrift der Friedrich-Schiller-Universität
	  Gesellschafts- u. sprachwiss. Reihe
	  Mathematisch-naturwiss. Reihe

Leipzig	*Deutsches Institut für Länderkunde* Geographische Berichte
	Geophysikalisches Institut der Karl-Marx-Universität Geophysikalische Meßreihen

	Universitätsbibliothek
	Wissenschaftliche Zeitschrift der Karl-Marx-Universität.
	  Gesellschafts- u. sprachwiss. Reihe
	  Mathematisch-naturwiss. Reihe

Magdeburg	*Technische Hochschule Otto von Guericke* Wissenschaftliche Zeitschrift
Potsdam	*Astrophysikalisches Observatorium* Mitteilungen Publikationen
	Geodätisches Institut Veröffentlichungen

Rostock	*Universitätsbibliothek*
	Archiv der Freunde der Naturgeschichte in Mecklenburg
	Bibliographie für die sozialistische Landwirtschaft
	Wissenschaftliche Zeitschrift der Universität Rostock.
	  Gesellschafts- u. sprachwiss. Reihe
	  Mathematisch-naturwiss. Reihe

Tautenburg (Kr. Jena)	*Karl-Schwarzschild-Observatorium* Mitteilungen
Weimar	*Thüringische Landesbibliothek* Personal- und Vorlesungsverzeichnis der Hochschule für Architektur und Bauwesen Wissenschaftliche Zeitschrift der Hochschule für Architektur und Bauwesen

West-Berlin

Deutsches Archäologisches Institut
Jahrbuch. Nebst: Archäologischer Anzeiger und Bibliographie

Technische Universität
Humanismus und Technik

England

Cambridge	*Cambridge Philosophical Society* Proceedings
Edinburgh	*Royal Society of Edinburgh* Proceedings Transactions Year Book
Leeds	*Leeds Philosophical and Literatury Society* Proceedings. Scientific section
Liverpool	*Biological Society* Proceedings and Transactions
London	*India Office Library* Report
	London Mathematical Society Journal
	University of London. Library Accessions List Bulletin of the Institute of Historical Research of the School of Oriental and African Studies Institute of Historical Research. Annual Report List of Subjects of Dissertations Report of the Library Committee Slavonic and East European Review
	The Warburg Institute Journal of the Warburg and Courtauld Institutes

Manchester — *Manchester Literary and Philosophical Society*
Memoirs and Proceedings

University of Manchester. University Library
Journal of Semitic Studies
Rhodes-Livingstone Institute Journal

Finnland

Helsinki — *Geologinen Tutkimuslaitos*
Bulletin de la Commission Géologique de Finlande

Societas Geographica Fenniae
Fennia

Societas pro Fauna et Flora Fennica
Acta
Acta botanica fennica
zoologica fennica
Memoranda

Societas Scientiarum Fennica
Acta. Nova series. B. C
Årsbok
Bidrag till kännedom af Finlands natur och folk
Commentationes biologicae
humanorum litterarum
physico-mathematicae

Societas Zoologica-Botanica Fennica Vanamo
Annales
Annales botanici
zoologici
Archivum

Suomalainen Tiedeakatemia (Academia Scientiarum Fennica)
Folklore Fellows Communications
Sitzungsberichte
Toimituksia (Annales). Sarja A 1. 2. 3. 4. 5. B
Veröffentlichungen des Geophysikalischen Observatoriums

Turku (Åbo) — *Academia Åboensis*
Acta. Humaniora
Mathematica et Physica

Turun Yliopiston Kirjasto (Bibliotheca Universitatis Turkuensis)
Turun Yliopiston Julkaisuja (Annales Universitatis Turkuensis). Ser. A. B

Frankreich

Besançon	*Université de Besançon* Annales littéraires scientifiques
Cherbourg	*Société Nationale des Sciences Naturelles et Mathématiques* Mémoires
Clermont-Ferrand	*Académie des Sciences, Belles-Lettres et Arts* Bulletin historique et scientifique de l'Auvergne
Grenoble	*Université* Annales de l'Institut Fourier
Lyon	*Bibliothèque de l'Université* Annales de l'Université. Droit. Lettres. Science. A. B. C. Fascicule spécial
	Société Linnéenne de Lyon Bulletin mensuel
Marseille	*Université d'Aix-Marseille. Faculté des Sciences* Annales Comptes rendus des travaux
Montpellier	*Académie des Sciences et Lettres* Bulletin
Paris	*École Normale Supérieure* Annales scientifiques
	Institut de France. Académie des Inscriptions et Belles-Lettres Comptes rendus Mémoires Mémoires présentés par divers savants
	Institut de France. Académie des Sciences Annuaire Comptes rendus hebdomadaires
	Institut de France. Académie des Sciences Morales et Politiques Revue des travaux
	Muséum National d'Historie Naturelle Archives Bulletin
	Société Mathématique de France Bulletin Gazette des mathématiciens

Union Géodésique et Géophysique Internationale
Chronique
Comité International de Géophysique. News

Rennes

Société Scientifique de Bretagne
Bulletin

Sèvres

Bureau International des Poids et Mesures
Travaux et mémoires

Toulouse

Académie des Sciences, Inscriptions et Belles-Lettres
Mémoires

Université de Tonlouse. Bibliothèque
Annales de la Faculté des Lettres: Littératures
Pallas
Via Domitia

Ghana

Accra

Ghana Academy of Sciences
Proceedings

Griechenland

Atenai (Athen)

Ecole Française d'Athènes
Bulletin de Correspondence hellénique

Indien

Allahabad

Allahabad Mathematical Society
Indian Journal of Mathematics

Indonesien

Djakarta

Lembaga Kebudajan Indonesia „Bataviaasch Genootschap van Kunsten en Wetenschappen"
Jaarboek
Tijdschrift voor Indische Taal-, Land- en Volkenkunde

Irland

Dublin

Royal Dublin Society
Economic Proceedings
Scientific Proceedings

Royal Irish Academy
Proceedings. Sect. A. B. C. Minutes

Island

Reykjavík

Vísindafélag íslendinga (Societas Scientiarum Islandica)
Rit
The Eruption of Hekla

Israel

Jeruschalajim
(Jerusalem)

Jewish National and University Library
Atiquot
Bulletin of the Research Council of Israel.
Sect. B. C. D. E.
Israel Exploration Journal
Israel Journal of Chemistry
Israel Journal of Earth-Sciences
Israel Journal of Mathematics
Kirjath Sepher
Scripta Hierosolymitana

Italien

Acireale

Accademia di Scienze, Lettere e Belle Arti
Memorie e Rendiconti. Classe di scienze
Classe di lettere

Bologna

Istituto di Geologia e Paleontologia dell' Università
Giornale di geologia

Brescia

Ateneo di Brescia
Commentari nebst: Supplemento
Guardare il firmamento dalla specola cidnea

Cremona

Biblioteca Governativa e Libreria Civica
Annali

Ferrara

Accademia delle Scienze Mediche e Naturali
Atti

Firenze
(Florenz)

Accademia della Crusca
Atti e Memorie
Studi di filologia italiana

Biblioteca Nazionale Centrale
Bibliografia nazionale italiana

Genova
(Genua)

Museo Civico di Storia Naturale „Giacomo Doria"
Annali
Doriana. Supplemento agli Annali

Milano (Mailand)

Istituto Lombardo. Accademia di Scienze e Lettere
Annuario
Rendiconti. Classe di lettere e scienze morali e storiche
Classe di scienze matematiche e naturali. A. B.
Parte generale e atti ufficiale

Società Storica Lombarda
Archivio

Modena

Accademia di Scienze, Lettere e Arti
Atti e Memorie

Istituto di Fisica dell'Università
Atti del Seminario Matematico e Fisico

Napoli (Neapel)

Società Nazionale di Scienze, Lettere e Arti
Annuario
Atti dell'Accademia di Scienze Fisiche e Matematiche
Atti dell'Academia die Scienze Morali e Politiche
Memorie dell'Accademia di Archeologia, Lettere e Belle Arti
Rendiconti dell'Accademia di Archeologia, Lettere e Belle Arti
Rendiconti dell'Accademia di Scienze Fisiche e Matematiche
Rendiconti ed Atti dell'Accademia die Scienze Mediche e Chirurgiche

Stazione Zoologica di Napoli
Activity Report
Pubblicazioni

Università di Napoli. Biblioteca della Facoltà di lettere e filosofia
Annali

Padova (Padua)

Seminario Matematico della Università
Rendiconti

Pisa

Scuola Normale Superiore
Annali. Classe die lettere, storia e filosofia
Classe di scienze fisiche e matematiche

Roma

Accademia Nazionale dei Lincei
Atti. Rendiconti delle Adunanze solenni
Classe die scienze fisiche, matematiche e naturali
Classe die scienze morali, storiche e filologiche

American Academy in Rome
Memoirs
Papers and Monographs

Servizio Geologico d'Italia
Bolletino
Memorie descrittive

Università. Istituto di Geologia e Paleontologia
Geologica Romana

Torino (Turin)	*Accademia delle Scienze* Atti. Classe di scienze fisiche, matematiche e naturali Classe di scienze morali, storiche e filologiche Memorie. Classe di scienze fisiche, matematiche e naturali Classe di scienze morali, storiche e filologiche
Trento (Trient)	*Museo di Storia Naturale della Venezia Tridentina* Memorie Studi Trentini
Trieste	*Museo Civico di Storia Naturale* Atti
	Università degli Studi Annali Triestini Pubblicazioni (der einzelnen Institute)
Venezia (Venedig)	*Istituto Veneto di Scienze, Lettere ed Arti* Atti. Classe di scienze matematiche e naturali Classe di scienze morali e lettere Parte generale e atti ufficiale
	Museo Civico di Storia Naturale Bolletino

Japan

Fukuoka	*Kyûsyû University. Faculty of Science. Mathematical Institute* Memoirs. Ser. A. Mathematics
Hiroshima	*Hiroshima University* Journal of Science. A—II. Physics and Chemistry B—I. Zoology B—II. Botany C. Geology and Mineralogy Memoirs of the Faculty of Engineering
Kyōto	*University of Kyōto. Mathematical Institute* Journal of Mathematics of Kyōto University
Okayama	*Okayama University. Faculty of Science. Department of Mathematics* Mathematical Journal
Ōsaka	*Kansai University* Technology Reports
	Ōsaka City University. Institute of Polytechnics Journal of Biology Journal of Mathematics
	Ōsaka University. Faculty of Science Annual Report of Scientific Works Ōsaka Mathematical Journal

Sapporo — *Hokkaido University. Faculty of Science*
Journal of the Faculty of Science. Physics

Sendai — *Tohoku University. Faculty of Letters. Laboratory of Psychology*
Tohoku psychologica folia

Tōkyō — *Electrical Communication Laboratory*
Review

Mathematical Society of Japan
Journal

Tōkyō University of Education
Science Reports. Sect. A.

University of Tōkyō. Faculty of Science
Journal of the Faculty of Science. Sect. 1. 2. 3. 4. 5.

Jugoslavien

Beograd (Belgrad) — *Društvo matematičara i fizičara N. R. S.*
Vesnik

Matematički institut
Matematički vesnik
Posebna izdanja
Publications

Observatoire Astronomique
Bulletin

Srpska akademija nauka i umetnosti
Bulletin de l'Académie Serbe des sciences
Geografski institut „Jovan Cvijić". Posebna izdanja
Sbornik radova
Istoriski časopis
Glas
Glasnik
Glasnik Etnografskog instituta
Godišnjak
Godišnjak našeg neba
Gradja
Istoriski institut. Posebna izdanja
Jugoslavenske zemlje u XX veku
Naš jezik
Naučno-popularni spisi. Odeljenje društvenih nauka
Posebna izdanja
Povremena izdanja Arheoloskog instituta
Predavanja
Pregled razmene izdanja
Spomenik

Srpski etnografski zbornik
Starinar
Zbornik radova
Vizantološkog instituta
Zbornik za istočnjačku istorisku i književnu gradju
za istoriju, jezik i književnost sprskog naroda

Ljubljana
(Laibach)

Conseil des Académies de la RPF Yougoslavie
Bulletin scientifique

Geografsko društvo
Geografski vestnik

Nuklearni inštitut „Jožef Stefan"
Report

Slovenska akademija znanosti in umetnosti
Acta carsologica
Arheološki vestnik
Biblioteka
Bulletin scientifique
Dela. Classis I—V
Fontes rerum slovenicarum
Geografski zbornik
Letopis
Razprave. Classis I—IV
Slavistična revija

Pula

Arheološki muzej Istre
Jadranski zbornik
Kulturhistorische Denkmäler in Istrien

Sarajevo

Biološki institut
Godišnjak

Zemaljski muzej
Glasnik

Skopje

Faculté de Philosophie de l'Université
Annuaire (Godišen zbornik)

Faculté des Sciences de l'Université. Institut de Mathématiques
Annuaire de la Faculté des Sciences (Godišen zbornik)

Filozofski fakultet na universitetot. Seminar za klasična filologija
Živa antika

Split

Arheološki muzej
Vesnik za arheologiju i historiju dalmatinsku

Institut za nacionalnu arheologiju
Starohrvatska prosvjeta

Zagreb — *Društvo matematičara i fizičara SRH*
Glasnik matematičko-fizički i astronomski

Hrvatsko prirodoslovno društvo
Biološki glasnik

Jugoslavenska akademija znanosti i umetnosti
Bulletin international
Gradja za povijest književnosti hrvatske
Ljetopis
Rad
Zbornik Historijskog instituta

Staroslavenski Institut
Slovo

Kanada

Montréal — *Université. Département d'Etudes Slaves*
Etudes slaves et est-européennes

Winnipeg — *Ukraïns'ka Vil'na Akademija Nauk*
Bibliography (Ucrainica Canadiana)
Literatura
Litopys
Onomastica
Slavistica

Kolumbien

Bogotá — *Academia Columbiana de Ciencias Exactas, Fisicas y Naturales*
Revista

Kongo

Léopoldville — *Université Lovanium*
Publications

Luxemburg

Luxemburg — *Institut Grand-Ducal de Luxembourg. Section des Sciences Naturelles, Physiques et Mathématiques*
Archives

Marokko

Rabat — *Société des Sciences Naturelles et Physiques du Maroc*
Bulletin
Cahiers de la Faculté des Sciences
Comptes rendus des séances mensuelles
Mémoires. Géologie. Zoologie
Travaux de l'Institut Scientifique Chérifien

Mexiko

Mexiko

Academia Nacional de Ciencias
Memorias y Revista

Universidad Nacional. Instituto de Geologia
Anales
Boletin
Paleontologia mexicana

Neuseeland

Wellington

Royal Society of New Zealand
Bulletin
Report
Transactions

Niederlande

Amsterdam

Koninklijke Nederlandse Akademie van Wetenschappen
Jaarboek
Mededeelingen. Afd. Letterkunde
Proceedings. Ser. A. B. C.
Verhandelingen. Afd. Letterkunde
Afd. Natuurkunde

Wiskundig Genootschap
Nieuw Archief voor Wiskunde
Wiskundige opgaven met de oplossingen

Haarlem

Hollandsche Maatschappij der Wetenschappen
Archives néerlandaises de zoologie
Physica

Musée Teyier
Archives

Teylers Tweede Genootschap
Verhandelingen

Den Haag ('s-Gravenhage)

Koninklijke Bibliotheek
Mnemosyne
Neophilologus

Ministerie van Onderwijs, Kunsten en Wetenschappen
Bijdragen voor de Geschiedenis der Nederlanden

Leiden

Koninklijke Nederlandsche Botanische Vereenigung
Recueil des travaux botaniques néerlandais

Maatschappij der Nederlandsche Letterkunde
Jaarboek
Tijdschrift voor Nederlandsche Taal- en Letterkunde

Utrecht *Physiologisch Laboratorium der Rijksuniversiteit*
Onderzoekingen

Provinciaal Utrechts Genootschap van Kunsten en Wetenschappen
Verslag van het verhandelde

Norwegen

Bergen *Universitetsbiblioteket*
Årbok. Hist.-antikv. rekke
Matemat.-naturvitenskapelig serie
Årsmelding
Skrifter

Oslo *Norske Meteorologiske Institutt*
Norsk Meteorologisk Årbok

Norske Videnskaps-Akademi
Årbok
Astrophysica Norvegica
Avhandlingar. Hist.-filos. klasse
Matem.-naturvid. klasse
Geofysiske Publikasjoner
Hvalrådets Skrifter
Physica Norvegica
Skrifter. Hist.-filos. klasse
Matem.-naturvid. klasse

Universitetets Oldsaksamling
Årbok
Norske Oldfunn
Skrifter
Viking

Universitetsbiblioteket
Archiv for Matematik og Naturvidenskab
Nytt Magasin for Botanikk
for Zoologi

Tromsö *Tromsö Museum*
Acta Borealia. A. Scientia B. Humaniora Astarte

Trondheim *Det Kongelige Norske Videnskabers Selskab*
Årbok
Forhandlinger
Skrifter

Österreich

Graz

Historischer Verein für Steiermark
Blätter für Heimatkunde
Mitteilungen des steiermärkischen Landesarchives
Zeitschrift. Nebst Sonderband

Naturwissenschaftlicher Verein für Steiermark
Mitteilungen

Innsbruck

Universitätsbibliothek
Acta philologica Aenipontana
Innsbrucker Beiträge zur Kulturwissenschaft. Nebst Sonderheft

Wien

Bibliothek der Technischen Hochschule
Abhandlungen der Geographischen Gesellschaft in Wien
Mitteilungen der Geographischen Gesellschaft in Wien

Geologische Gesellschaft
Mitteilungen

Internationale Vereinigung für soziale Sicherheit
Bulletin

Naturhistorisches Museum
Annalen

Österreichische Akademie der Wissenschaften
Almanach
Anzeiger. Math.-nat. Klasse
Phil.-hist. Klasse
Archiv für österreichische Geschichte
Denkschriften. Math.-nat. Klasse
Phil.-hist. Klasse
Fontes
Mitteilungen der prähistorischen Kommission
Monatshefte für Chemie
Sitzungsberichte. Math.-nat. Klasse
Phil.-hist. Klasse

Österreichische Mathematische Gesellschaft
Internationale mathematische Nachrichten

Universitätssternwarte
Mitteilungen

Zoologisch-botanische Gesellschaft
Verhandlungen

Peru

Lima

Academia Nacional de Ciencias Exactas, Físicas y Naturales
Actas

Polen

Kraków	*Polska Akademia nauk. Oddział w Krakowie*
	Acta archaeologica Carpathica
	biologica Cracoviensia. Ser. Botanica et Zoologica
	Folia quaternaria
	Materiały Komisji nauk historycznych
	Prace Komisji archeologicznej
	filologii klasycznej
	nauk historycznych
	Rocznik
	Ruch literacki
	Polskie Towarzystwo Geologiczne
	Rocznik
Łódź	*Łódzkie Towarzystwo Naukowe*
	Biuletyn peryglacjalny
Lublin	*Uniwersytet Marii Curie-Skłodowskiej*
	Annales. A. AA. B. C. D. DD. E. F. G.
Poznań	*Polskie Towarzystwo Antropologiczne*
	Przegląd antropologiczny
	Polskie Towarzystwo Historyczne. Oddział w Poznaniu
	Studia i materiały do dziejów Wielkopolski i Pomorza
	Poznańskie Towarzystwo przyjaciół nauk
	Bulletin. Ser. B. C.
	Prace Komisji filologicznej
	historii sztuki
	Roczniki historyczne
	Zabytki języka i literatury polskiej
Szczecin	*Muzeum Pomorza zachodniego*
	Materiały zachodnio-pomorskie
Toruń	*Towarzystwo Naukowe*
	Fontes
	Prace prehistoryczne
	wydziału filologiczno-filozoficznego
	Roczniki
	Sprawozdania
	Studia. Sect. C. E. F. G.
	Zapiski historyczne
Warszawa	*Centralny Instytut Informacji Naukowo-Technicznej i Ekonomicznej*
	Obzor pol'skoj techničeskoj literatury
	Państwowe Muzeum Archeologiczne
	Archeologia

Materiały starożytne
wczesnośredniowieczne
Sprawozdania
Wiadomości archeologiczne

Polska Akademia nauk
Archiwum budowy maszyn
Bulletin de l'Académie Polonaise des Sciences.
Sér. des sciences biologiques
chimiques
géol. et géogr.
mathématiques
techniques
Nauka polska
Quarterly Review of Scientific Publications
Review of the Polish Academy of Sciences
Sprawozdania z prac naukowych
Zeszyty problemowe nauki polskiej

Polska Akademia nauk. Instytut fizyki teoretycznej
Acta physica polonica

Polska Akademia nauk. Instytut matematyczny
Annales polonici mathematici
Studia mathematica

Polska Akademia nauk. Instytut podstawowych problemów techniki
Archiwum mechaniki stosowanej
Polska bibliografia analityczna mechaniki
Rozprawy inżynierskie
Scientific Activities

Polska Akademia nauk. Instytut zoologiczny
Acta ornithologica
theriologica
Annales zoologici
Fragmenta faunistica

Polskie Towarzystwo Botaniczne
Acta Societatis botanicorum Poloniae
Monographiae botanicae

Polskie Towarzystwo Matematyczne
Roczniki. Ser. A. Prace matematyczne
Ser. B. Wiadomości matematyczne

Wrocław

Polska Akademia nauk. Zakład antropologii
Materiały i prace antropologiczne

Polski Związek Entomologiczny
Polskie pismo entomologiczne.
Ser. B.

Wrocławskie Towarzystwo Naukowe
Prace. Ser. A. B.
Sprawozdania

Portugal

Lisboa (Lissabon)

Academia das Ciências de Lisboa
Anuário
Boletim

Faculdade das Ciências
Portugaliae physica

Instituto Gulbenkian de Ciência
Arquivo. A. Estudos matemáticos e físico-matemáticos

Rumänien

Bucureşti (Bukarest)

Academia Republici Populare Romîne
Analele
Bibliotheca historia Romaniae
Cercetări filozofice
Comunicările
Publicaţiile Comisiei pentru studiul şi formarea limbii şi poporului romîn
Revue de biologie
chimie
électrotechnique et énergétique
géologie et géographie
mécanique appliquée
des mathématiques pures et appliquées
des sciences sociales
roumaine de métallurgie
roumaine d'histoire
Studii. Revista de istorie
clasice
şi cercetări de istorie veche
şi materiale de istorie moderna
Texte din literatura economică în Romînia sec. XIX

Institutul Geologic
Anuarul Comitetului geologic
Dări de seamă ale şedinţelor

Schweden

Göteborg

Chalmers Tekniska Högskolas Biblioteket
Handlingar

Kungl. Vetenskaps- och Vitterhetssamhället
Handlingar. Ser. A. B. Bihang.

Universitetsbibliotek
Årsredogörelse
Etnologiska studier
Fynd
Göteborgs Universitets Årsskrift:
  Göteborger germanistische Forschungen
  Gothenburg Studies in English
  Romanica Gothoburgensia
  Studia graeca et latina Gothoburgensia

Lund

Kungl. Fysiografiska Sällskapets
Förhandlingar

Kungl. Humanistiske Vetenskapssamfundet
Årsberättelse
Scripta minora
Skrifter

Slaviska Institutet vid Lunds Universitet
Årsbok
Meddelanden (Språkliga bidrag)

Universitetsbiblioteket
Lunds Universitets Årsskrift
Mémoires du Musée historique
Scando-Slavica

Stockholm

Geologiska Föreningens
Förhandlingar
Sveriges Geologiska Undersökning

Humanistiska Biblioteket. Stockholms Högskola
The Ethnographical Museum of Sweden. Monograph Series
Stockholm Studies in History of Literature

Kungl. Svenska Vetenskapsakademien
Arkiv för Astronomi
  Botanik
  Fysik
  Geofysik
  Kemi
  Matematik
  Mineralogi och Geologi
  Zoologi
Årsbok
Avhandlingar i naturskyddsärenden
Bidrag till Kungl. Svenska Vetenskapsakademiens historia

Handlingar
Levnadsteckningar
Skrifter i naturskyddsärenden
Stockholms Observatoriums Annaler

Kungl. Tekniska Högskolas Bibliotek
Ingeniörs vetenskaps handlingar

Kungl. Vitterhets Historie och Antikvitets Akademien
Antikvariskt arkiv
Årsbok
Filologiskt arkiv
Fornvännen
Handlingar. Antikvariska serien
Filosofisk-filologiska serien
Historiska serien
Historiskt arkiv
Samlingarnas tillväxt

Nordiska Museet
Fataburen
Handlingar

Uppsala

Kungl. Humanistiska Vetenskapssamfundet
Skrifter

Kungl. Vetenskaps-Societeten
Årsbok
Nova Acta

Universitetsbiblioteket
Acta universitatis Upsaliensis:
Acta Societatis linguisticae Upsaliensis
Historia litterarum
Historia religionum
Archives des traditions populaires Suédoises
Bulletin of the Geological Institute
Eranos
Uppsala Läkareförenings förhandlingar (Acta Societatis medicorum Upsaliensis)
Zoologiska bidrag

Schweiz

Aarau

Historische Gesellschaft des Kantons Aargau
Argovia

Basel

Bibliothek der Helvetica Chimica Acta
Helvetica Chimica Acta

Historische und Antiquarische Gesellschaft
Basler Bibliographie
Basler Zeitschrift für Geschichte und Altertumskunde

Naturforschende Gesellschaft
Verhandlungen

Öffentliche Bibliothek der Universität
Akademische Vorträge
Jahresverzeichnis der Schweizerischen Hochschulschriften

Bern

Allgemeine Geschichtsforschende Gesellschaft der Schweiz
Bibliographie der Schweizergeschichte
Schweizerische Zeitschrift für Geschichte

Naturforschende Gesellschaft
Mitteilungen

Schweizerische Naturforschende Gesellschaft
Bibliographia scientiae naturalis helvetica
Denkschriften
Verhandlungen

Chur

Naturforschende Gesellschaft Graubündens
Jahresbericht

Genf

Institut National Genevois
Bulletin

Musée d'Art et d'Histoire
Genava

Société Physique et d'Histoire Naturelle
Archives des sciences
Mémoires

Neuchâtel

Université
Mémoires
Travaux de l'Institut Botanique

Schaffhausen

Naturforschende Gesellschaft
Mitteilungen
Neujahrsblatt

Zürich

Geographisch-ethnographische Gesellschaft
Geographica helvetica

Naturforschende Gesellschaft
Neujahrsblatt
Vierteljahrschrift. Nebst Beihefte

Schweizerisches Landesmuseum
Jahresbericht

Senegal

Dakar

Faculté des Sciences de l'Université
Annales

Sowjetunion

Alma-Ata

Akademija nauk Kazachskoj SSR
Astrofizika
Izvestija Astrofizičeskogo instituta
Trudy Astrofizičeskogo instituta

Char'kov

Char'kovskij gosudarstvennyj universitet im. A. M. Gor'kogo
Cirkuljar Astronomičeskoj observatorii

Dušanbe

Akademija nauk Tadžikskoj SSR
Bjulleteń Instituta astrofiziki
Kommissii po kometam i meteoram Astronomičeskogo Soveta SSSR
Trudy Instituta astrofiziki

Erevan

Akademija nauk Armjanskoj SSR
Soobščenija Bjurakanskoj observatorii

Kazań

Kazanskij gosudarstvennyj universitet
Bjulleteń Astronomičeskoj observatorii
Izvestija Astronomičeskoj Engel'gardtovskoj observatorii

Kiev

Akademija nauk Ukrainskoj SSR
Avtomatičeskaja svarka
Doslidžennja i materialy z ukraïnśkoï movy
Geologičnyj žurnal
Izvestija Glavnoj astronomičeskoj observatorii
Leksykografičnyj bjuleteń
Prykladna mechanika
Pytannja ševčenkoznavstva
Trudy Poltavskoj gravimetričeskoj observatorii
Visnyk

Astronomičeskaja observatorija Gosudarstvennogo universiteta im. T. G. Ševčenko
Cirkuljar
Publikacii Kievskoj astronomičeskoj observatorii

Leningrad

Akademija nauk SSSR
Astronomičeskij cirkuljar izdavaemyj Bjuro astronomičeskich soobščenij Akademii nauk SSSR
Astronomičeskij ežegodnik
žurnal

Bjulleteń Instituta teoretičeskoj astronomii
Vsesojuznogo astronomo-geodezičeskogo obščestva
Ėfemeridy malych planet
Geobotanika
Izvestija Glavnoj astronomičeskoj observatorii v Pulkove
Krymskoj astrofizičeskoj observatorii
Novosti sistematiki nizšich rastenij
Peremennye zvezdy. Bjulleteń izdavaemyj Astronomičeskim Sovetom Akademii nauk SSSR
Sbornik Muzeja antropologii i ėtnografii
Trudy Biblioteki Akademii nauk SSSR
Gel'mintologičeskoj laboratorii
Glavnoj astronomičeskoj observatorii v Pulkove
Gosudarstvennogo astronomičeskogo instituta im P. K. Šternberga
Instituta morfologii životnych im A. N. Severcova
Laboratorii geologii dokembrija
Paleontologičeskogo instituta

L'vov *Astronomičeskaja observatorija L'vovskogo gosudarstvennogo universiteta im. Ivana Franko*
Cirkuljar

Moskva *Gosudarstvennaja publičnaja naučno-techničeskaja biblioteka SSSR*
Uspechi chimii

Riga *Akademija nauk Latvijskoj SSR. Astrofizičeskaja laboratorija*
Zvaigžņotā debess

Tartu *Akademija nauk Ėstonskoj SSR. Institut fiziki i astronomii*
Trudy

Taškent *Akademija nauk Uzbekskoj SSR. Taškentskaja astronomičeskaja observatorija*
Cirkuljar
Trudy

Tbilisi *Akademija nauk Gruzinskoj SSR*
Bjulleteń. Abastumanskaja astrofizičeskaja observatorija

Südafrikanische Union

Bloemfontein *Nasionale Museum*
Jaarverslag
Memoir
Navorsinge

Rondebosch *Royal Society of South Africa*
Transactions

Tschechoslowakei

Bratislava

Geologický ústav D. Štúra
Geologické práce
Geologický sborník

Slovenská Akadémia vied
Ekonomický časopis
Jazykovedný časopis
Otázky marxistickej filozofie

Brno

Brněnská základna Československé Akademie věd
Práce

J. E. Purkyně-Universita
Ročenka
Sborník prací Filosofické fakulty. Řada C. E
Spisy Filosofické fakulty
Lékařské fakulty
Prirodovědecké fakulty

Vysoká Škola Zemědělská
Sborník. Ř. A—C

Praha

Československá Akademie věd
Collection of Czechoslovak Chemical Communications
Rozpravy společenských věd
matemat. a přírod. věd
techn. věd
Slovanský přehled
Věstník

Československá Akademie věd. Geofysikální ústav
Bulletin čsl. seismických stanic
Geofysikální sborník
Special Papers

Československá Akademie věd. Historický ústav
Československý časopis historický

Československá Akademie věd. Matematický ústav
Aplikace matematiky
Czechoslovak Mathematical Journal

Československá Akademie věd. Orientalní ústav
Archiv orientalní

Československá Akademie věd. Slovanský ústav
Byzantinoslavica
Slavia

Československá Akademie věd. Ústav technické fysiky
Czechoslovak Journal of Physics

Československá Akademie věd. Ústřední ústav matematický
Časopis pro pěstování matematiky a fysiky

Československá entomologická společnost
Časopis

Ministerstvo vnitra
Archivní časopis
Sborník archivních prací

Národní muzeum. Entomologické oddělení
Acta faunistica entomologica
Sborník (Acta entomologica)

Ústřední ústav geologický
Rozpravy
Sborník

Ungarn

Budapest

Bányaszati Kutatóintézet (Forschungsinstitut für Bergbau)
Mitteilungen

Magyar Tudományos Akadémia (Ungarische Akademie der Wissenschaften)
Acta biologica
geologica
historica
historiae artium
linguistica
mathematica
medica
morphologica
orientalia
physiologica
veterinaria
Könyvtárának kiadványai
Magyar tudomány
Studia historica

Magyar Tudományos Akadémia. Matematikai Kutató Intézetének (Ungarische Akademie der Wissenschaften. Mathematisches Forschungsinstitut)
Közleményei

Debrecen

Institutum mathematicum Universitatis Debrecensiensis
Publicationes mathematicae

Szeged

Institutum Bolyainum Universitatis
Acta scientiarum mathematicarum

Uruguay

Montevideo *Instituto de Matemática y Estadística. Facultad de Ingeniería y Agrimensura*
Publicaciones

Museo Nacional de Historia Natural
Anales
Communicaciones antropológicas
botánicas
zoológicas
Flora del Uruguay

Sociedad de Biologia
Archivos

Venezuela

Caracas *Universidad Central de Venezuela. Facultad de Ciencias. Escuela de Biologia*
Acta biologica venezuelica

Vereinigte Arabische Republik

Kahira (Kairo) *Institut Français d'Archéologie Orientale*
Bibliothèque d'études
Bulletin
Conférences

National Research Centre. Technical Bureau
Journal of Chemistry

Vereinigte Staaten von Amerika

Albany *New York State Museum and Science Service*
Bulletin
Circular
Educational Leaflet
Map and Chart Series
Report of the Commissioner's Committee on Museum Resources

Ann Arbor *University of Michigan. Observatory*
Publications

Berkeley *University of California*
Lick Observatory Bulletin
Pacific Journal of Mathematics

Bloomington *Goethe-Linck Observatory*
Publications
Reprint

	Indiana University. Library Journal of Mathematics and Mechanics
Boston	*American Academy of Arts and Sciences* Daedalus Memoirs Records
Cambridge	*Astronomical Observatory of Harvard College* Annual Report Harvard Reprint. Ser. 1. 2.
	Massachusetts Institute of Technology Journal of Mathematics and Physics
	Museum of Comparative Zoology at Harvard College Annual Report Breviora Bulletin
Chicago	*Chicago Natural History Museum* Publication. Report Servies
Columbus	*Ohio State University* Chemical Abstracts
Eugene	*University of Oregon. Library* Comparative Literature
Gainesville	*University of Florida. Florida State Museum* Bulletin of the Florida State Museum. Biological Science Report of the Director
Indianapolis	*Indiana Academy of Science* Proceedings
Lawrence	*Kansas Academy of Science* Transactions
	University of Kansas. Library Library Series Science Bulletin
Lexington	*University of Kentucky. Library* Kentucky Geological Survey. Bulletin Report of Investigations. Special Publication
Los Angeles	*University of Southern California. Allan Hancock Foundation* Allan Hancock Pacific Expeditions. Reports
Madison	*Wisconsin Academy of Sciences, Arts and Letters* Transactions

Minneapolis	*University of Minnesota. Library* Agricultural Experiment Station. Bulletin Report Technical Bulletin
New Haven	*Connecticut Academy of Arts and Sciences* Memoirs Transactions
	Yale University. The Bingham Oceanographic Laboratory Bulletin of the Bingham Oceanographic Collection
New York	*American Academy of Arts and Letters* Proceedings
	American Council of Learned Societis Annual Report
	American Museum of Natural History Annual Report Anthropological Papers Bulletin The Junior Natural History Magazine Natural History Novitates Science Guide
	Rockefeller Institute for Medical Research Journal of General Physiology
Philadelphia	*Academy of Natural Sciences* Monographs Notulae naturae Proceedings
	American Philosophical Society Memoirs Proceedings Transactions Year Book
San Francisco	*California Academy of Sciences* Annual Report Occasional Papers Proceedings
Santa Barbara	*Historical Abstracts* H. A. Bulletin
Seattle	*University of Washington. Library* Engineering Experiment Station. Bulletin Reprint

	Proceedings. Annual Northwest Traffic Engineering Conference	
	Publications in Anthropology	
	Trend in Engineering	
Urbana	*University of Illinois. Library*	
	Agricultural Experiment Station.	Bulletin
		Circular
	Biological Notes	
	Engineering Experiment Station.	Bulletin
		Circular
		Reprint Series
	Engineering Outlook	
	Illinois Natural History Survey.	Bulletin
		Circular
Washington	*National Bureau of Standards*	
	Journal of Research. Sect. B	
	Smithsonian Institution	
	Annual Report of the Board of Regents	
	Bureau of American Ethnology.	Annual Report
		Bulletin
	Contributions from the U. S. National Herbarium	
	Proceedings of the United States National Museum	
	Smithsonian Contributions to Astrophysics	
	Smithsonian Miscellaneous Collections	

II. Einzelwerke

Es gingen ein an Einzelwerken im Jahre	1960	74 Bde.
	1961	151 Bde.
	1962	219 Bde.

Bearbeitet von Dr. Joachim Dietze

NACHRUFE

Wilhelm Ruhland

7. 8. 1878—5. 1. 1960

Wilhelm Ruhland, früher ordentliches, dann auswärtiges Mitglied der mathematisch-naturwissenschaftlichen Klasse, war viele Jahre ordentlicher Professor der Botanik an der Universität Leipzig, zuletzt emeritiert an der Universität Erlangen, die ihn mit der Würde eines Ehrendoktors auszeichnete. Er gehörte zu jenem Kreis führender Gelehrter, die der Universität Leipzig nach dem ersten Weltkrieg Weltruf verliehen und sie zu einem strahlenden Mittelpunkt internationaler Wirkung und Begegnung machten. Aus einer für unsere Zeit kaum mehr begreifbaren Vielseitigkeit stammen Wilhelm Ruhlands bedeutende Arbeiten auf dem Gebiet der Systematik und der Entwicklungsgeschichte wie auch wegweisende Beiträge zur Zellphysiologie und Stoffwechselphysiologie der höheren Pflanzen. Von tiefer humanistischer Bildung beseelt, Schüler des großen Systematikers Adolf Engler und des bedeutenden Chemikers Emil Fischer, war er ein kritischer Wegbereiter der modernen Pflanzenphysiologie. Einer großen Zahl begeisterter Schüler war er ein Lehrer, der ihre Eigenheiten zu entfalten wußte und sie zu selbständigem Schaffen führte. Ungewöhnlich belesen, vor allem auch auf historischem Gebiet, voller Verständnis für fremde Völker durch das Studium ihrer Sprache, begabt mit einem feinen Sinn für Schönheit und Sauberkeit des Stils, wirkte Wilhelm Ruhland — obwohl selbst immer ein großer Einsamer — durch seine Zeitschrift „Planta“ in die weite Welt. In den zwanziger Jahren waren einzelne Bände dieser für das deutsche botanische Schrifttum maßgebenden Zeitschrift etwa zu einem Drittel von ausländischen Veröffentlichungen erfüllt, besonders von sowjetischen. Leipzig war, wie zu Pfeffers Zeiten, ein Tor in die botanische wissenschaftliche Welt und ein Treffpunkt Gelehrter aller Länder. Das letzte Werk Wilhelm Ruhlands, die Herausgabe eines 18bändigen Handbuches der Pflanzenphysiologie, stellt einen Versuch der Zusammenfassung unserer heutigen Kenntnisse dar, den kein anderer hätte wagen können. Wir verneigen uns vor dem Genie und dem Fleiß eines großen Gelehrten.

Georg Spackeler

1. 2. 1883—6. 6. 1960

An den Folgen eines Autounfalles, den er gelegentlich einer Tagung in Paris erlitt, verstarb am 6. 6. 1960 der emeritierte Professor der Bergbaukunde an der Bergakademie Freiberg, Dr.-Ing. Georg Spackeler.

Georg Spackeler, am 1. 2. 1883 in Hannover geboren, wandte sich nach dem Besuch des humanistischen Gymnasiums in seiner Vaterstadt dem Studium der für den Bergbau wichtigen Wissenschaften in München, Hannover und Berlin zu und stieg nach Ablegung seiner Examina als Bergreferendar und Bergassessor schon im Alter von 29 Jahren zum Bergwerksdirektor empor. Die Genesungszeit nach einer Verwundung im 1. Weltkrieg nutzte er zur Vollendung seiner Promotion zum Dr.-Ing. an der Bergakademie Berlin (1917). Bereits 1919 wurde er als Professor für Bergbaukunde an die Bergakademie Clausthal berufen; 1925 folgte er einem Ruf an die Technische Hochschule Breslau als Ordinarius des Institutes für Bergbaukunde und Bergwirtschaftslehre. Hatte Spackeler, dessen praktische Erfahrungen auf dem Gebiete des Kalibergbaues und Tiefbohrwesen gewonnen worden waren, sich bereits einen hervorragenden Namen als Experte für alle Fragen der Gewinnung der Kalisalze erworben, so beschäftigte er sich nun außerdem intensiv mit den Problemen des Steinkohlenbergbaus, und er legte die Fundamente für seine Geltung auf dem Gebiete der Theorie des Gebirgsdruckes. Der Zusammenbruch des Jahres 1945 brachte ihm den Verlust seiner in 25jähriger Lehr- und Forschungstätigkeit systematisch gesammelten Arbeitsunterlagen. Mit ungebrochener Kraft ging der 63jährige, als ihm im Jahre 1946 die Leitung des Institutes für Bergbaukunde an der Bergakademie Freiberg übertragen wurde, an den Wiederaufbau von Lehre und Forschung in seinem Fachgebiet. Er erweiterte seine schon 1925 erschienene Kalibergbaukunde zu einem Lehrbuch des Kali- und Steinsalzbergbaues (1950), das 1957 in neuer erweiterter Auflage erschien und das Lehrbuch auf diesem Sektor des Bergbaues ist. Daneben entwickelte er eine umfangreiche Tätigkeit in der Beratung der Planungsbehörden und der Fachministerien bzw. Hauptverwaltungen sowie einzelner Betriebe und Kombinate des Bergbaues der Deutschen Demokratischen Republik. Auch nach seiner Emeritierung im Jahre 1953 setzte er als Leiter einer von ihm geschaffenen Forschungsstelle diese Tätigkeit in breitem Umfange fort und hielt auch weiterhin Spezialvorlesungen. Als der 77jährige Anfang Juni 1960 die verhängnisvolle Reise nach Paris antrat, war er noch voller Pläne für seine weitere Arbeit.

Die Sächsische Akademie der Wissenschaften zu Leipzig wählte den international anerkannten Gelehrten im Jahre 1950 in die Reihen ihrer ordentlichen Mitglieder; 1953 folgte die Wahl zum ordentlichen Mitglied der Deutschen Akademie der Wissenschaften zu Berlin. Die Deutsche Demokratische Republik ehrte 1952 anl. Spackelers 50jährigen Jubiläums als Bergmann seine Verdienste mit der Auszeichnung „Verdienter Bergmann der DDR". Zu seinem 75. Geburtstag wurde die umfassende Lebensarbeit Spackelers durch die Auszeichnung „Hervorragender Wissenschaftler des Volkes" gewürdigt.

Spackeler hat in den 67 Veröffentlichungen, die er außer seinen Büchern herausgebracht hat, bedeutende Probleme des Kali- und Salzbergbaues, des Steinkohlenbergbaues und auch des Erzbergbaus behandelt. Sein umfassender Einblick in die Probleme aller Zweige des Tiefbaus — geschärft durch seine zahlreichen Studienreisen in das Ausland (UdSSR; USA; Belgien; Holland; Polen; Ungarn; Rumänien; CSSR; Jugoslawien; Bulgarien; Frankreich; Österreich; Schweden; Norwegen) — kommt in seinen Arbeiten überall zum Ausdruck. Vielfach ist Spackeler von ausländischen Bergbaubetrieben als Berater herangezogen worden. Den größten Anteil unter seinen Veröffentlichungen machen Arbeiten über den Gebirgsdruck — diesen Problemkomplex in der weitesten Bedeutung genommen — aus. Eine vollständige Liste von Spackelers Veröffentlichungen ist in der Zeitschrift Bergakademie 13 (1961), S. 51/52 im Anhang an den Abdruck der von Prof. Dr.-Ing. Gimm anl. der akademischen Trauerfeier der Bergakademie Freiberg gehaltenen Gedenkrede erschienen. Über das Hauptgebiet seiner Forschungstätigkeit, den Gebirgsdruck und seine Beherrschung, hat Spackeler auch in der Sächsischen Akademie der Wissenschaften zu Leipzig vorgetragen; die Spannweite seiner Tätigkeit zeigte ein weiterer Vortrag, in dem er die Möglichkeit einer Lieferung von Magnesiumsulfat als Düngemittel seitens des Kalibergbaus der DDR behandelte (Berichte über die Verhandlungen der Sächsischen Akademie der Wissenschaften zu Leipzig, Bd. 99 und 103).

Mit Georg Spackeler ging ein Gelehrter von uns, der durch seinen fesselnden freien Vortrag seine Schüler begeisterte, ein Forscher, der zur Lösung seiner Aufgaben noch im hohen Alter anstrengende Grubenfahrten auf sich nahm, ein Bergmann, der in kritischen Situationen dem Bergbau ein erfolgreicher und nervenstarker Berater war; eine vielseitige Persönlichkeit mit heiterem, ausgeglichenem Wesen. Von Aktivität und Begeisterung für seine Lebensberufung bis zum letzten Augenblick erfüllt, starb er in den Sielen. Die starken Impulse, die er den Montanwissenschaften gegeben hat, wirken in die Zukunft fort.

Erich Rammler

Otto Renner

25. 4. 1883—8. 7. 1960

Am 8. Juli 1960 verschied in München der emeritierte o. Professor der Botanik Otto Renner, von 1933—1948 ordentliches, danach auswärtiges Mitglied der mathematisch-naturwissenschaftlichen Klasse, einer der bedeutendsten deutschen Biologen der letzten 50 Jahre.

Renner wurde am 25. April 1883 in Neu-Ulm geboren und erwarb auf dem Gymnasium in Ulm die gediegene humanistische Bildung, die zeitlebens ein charakteristischer Zug seiner Persönlichkeit geblieben ist. Schon sehr früh entfaltete sich sein ausgesprochenes Interesse an der Pflanzenwelt, so daß er bereits über eine gründliche Kenntnis der heimischen Flora verfügte, als er 1901 die Universität München bezog. Von Botanikern war damals in München außer der machtvollen Persönlichkeit Goebels noch der betagte aber sehr rüstige L. Radlkofer, der Begründer der anatomischen Methode der botanischen Systematik, als Direktor des Botanischen Museums und des Staatsherbariums tätig. Bei ihm konnte Renner bereits als junger Student eine Assistentenstelle übernehmen. Neben dem Herbardienst, der ihm die erwünschte Gelegenheit gab, seine Pflanzenkenntnis nun auch auf jene Familien auszudehnen, die in der Heimat nicht vertreten sind, führte er bei Radlkofer die anatomischen Untersuchungen durch, die die Grundlage seiner sorgfältigen und umfangreichen Dissertation bildeten: Beiträge zur Anatomie und Systematik der Artocarpeen und Conocephaleen, insbesondere der Gattung Ficus (1906). Auf Goebels Rat, noch bei einem Botaniker anderer Forschungsrichtung zu arbeiten, ging er im Sommer 1907 auf ein Semester nach Leipzig zu Wilhelm Pfeffer und begann dort Studien über die Wasserbewegung. Nach seiner Rückkehr übernahm er die 1. Assistentenstelle in Goebels Institut. — Bewegten sich die nächsten Veröffentlichungen Renners noch in anatomisch-ökologischen Bahnen (Zur Morphologie und Ökologie der pflanzlichen Behaarung 1909 u. 1910), so verlagerte sich der Schwerpunkt seiner Forschungen nunmehr auf das Gebiet der Physiologie.

In den Beiträgen zur Physik der Transpiration (1910), die die Reihe seiner Arbeiten über den Wasserhaushalt eröffnet, handelt es sich um die Erniedrigung der Transpiration durch die bei Xerophyten häufige Einsenkung der Spaltöffnungen unter das Epidermisniveau. Daß sie einen solchen Erfolg haben muß, liegt auf der Hand und ist daher auch längst allgemeine Lehrmeinung. Doch wurden in der einschlägigen Literatur nicht selten physikalisch ganz unzulängliche Vorstellungen damit verbunden. Renner lag es daran, eine experimentell begründete Vorstellung über die Größe der Transpirationserniedrigung zu gewinnen. Er fand auf Grund von eingehenden physikalischen Erwägungen und von Modellversuchen, daß sie 30—70% betragen kann.

Inzwischen hatte er die in Leipzig begonnenen Studien fortgesetzt, sie erheblich vertieft und erweitert. Die Ergebnisse veröffentlichte er in einer größeren Abhandlung (Experimentelle Beiträge zur Kenntnis der Wasserbewegung), mit der er sich 1911 in München habilitierte. Es handelt sich dabei um das alte, vielumstrittene Problem, durch welche Mittel es dem Baum gelingt, das Wasser von der Wurzel bis zur Krone emporzuheben. Zwei Hypothesen standen damals im Vordergrund der Diskussion. Die eine schrieb lebenden Zellen des Holzkörpers eine Art Pumpwirkung zu, die andere, die sogenannte Kohäsionstheorie, setzte in den Leitbahnen kontinuierliche Wasserfäden voraus, die von der Krone bis zur Wurzel reichen sollten. Infolge der hohen Kohäsion des Wassers sollten sie, ohne zu reißen, die in den transpirierenden Blättern entstehenden, viele Atmosphären betragenden Saugwerte bis in die Wurzel wirksam werden lassen.

Das ursprüngliche Ziel der Untersuchung war, für oder gegen die erste Hypothese eine klare Entscheidung herbeizuführen. Eine plötzliche Erhöhung oder Herabsetzung der Transpiration muß eine Änderung in der Aufnahme und Bewegung des Wassers zur Folge haben, die man am Potetometer messen kann. Aus der Art, wie diese Regulationen verlaufen, sollten sich — so war offenbar Pfeffers Erwartung, als er 1907 Renner dies Thema vorschlug — Schlüsse für oder gegen die fragliche Pumpwirkung lebender Zellen des Holzkörpers ziehen lassen. Nachdem es sich aber trotz einer großen Zahl sinnreicher und mannigfach variierter Versuche gezeigt hatte, daß auf diesem Wege zwar manche neue Beobachtung nicht jedoch die erstrebte sichere Entscheidung für oder gegen die erste Hypothese gewonnen worden war, wendet sich Renner nunmehr der kritischen Prüfung der zweiten zu, der der größte Teil der Arbeit gewidmet ist. In neuen Versuchsreihen wird die Veränderung der Saugung gemessen, wenn die Aufnahme des Wassers plötzlich erschwert wird, sei es durch die Einschaltung einer zu hebenden Quecksilbersäule oder einer am Schnittende des Sprosses angreifenden Pumpe, sei es infolge Erhöhung des Leitungswiderstandes durch Einklemmen oder Einkerben des Sprosses. Durch solche Versuche gelingt es Renner, hohe Saugkräfte in den Leitbahnen in weitem Abstand von den Blättern nachzuweisen und damit eine in der Kohäsionstheorie bestehende Lücke zu schließen. „Die Evidenz für die Richtigkeit der genialen Kohäsionshypothese, die Dixon trotz mangelnder Beweise . . . mit solcher Beharrlichkeit vertritt, ist durch die mitgeteilten Erfahrungen wohl etwas weiter gebracht, als es bisher der Fall war.“ Das ist das Fazit, das er selbst aus seinen Versuchen zog, die freilich noch keineswegs die Stimmen der Gegner und Skeptiker zum Verstummen brachten.

In den nächsten Jahren (1915) gelang ihm dann durch die bekannten Versuche mit dem Anulus der Farnsporangien der Nachweis, daß die Kohäsion des Wassers in pflanzlichen Zellen bis zu 300 Atmosphären betragen kann, also weit höhere Werte erreicht, als sie bisher die Physiker in ihren Versuchen mit Glasröhren beobachtet hatten. Dies Ergebnis gewann noch an Überzeugungskraft dadurch, daß Ursprung, einer der beharrlichsten Verfechter der Pumpwirkung lebender Zellen des Holzkörpers, gleichzeitig und unabhängig von ihm, entsprechende Untersuchungen am gleichen Organ ausführte und die gleichen Werte erhielt. Noch wichtiger war es aber, daß Renners Schüler Bode in seiner Dissertation (1923) für die Existenz sowohl kontinuierlicher Wasserfäden in den Leitbahnen als auch hoher Zugspannungen in ihnen einen einwandfreien Beweis erbringen konnte. Er zeigte, daß sich an Topfpflanzen mit durchscheinenden Stengeln (Balsaminen, Kürbis u. a.) bei geeigneter Methodik die Wasserfäden unmittelbar unter dem Mikroskop beobachten lassen. Ein Reißen der Fäden unterblieb auch bei starker Transpiration und hoher Saugkraft; es trat selbst dann nicht ein, wenn bei hoher Temperatur, direkter Besonnung und Luftzug die Pflanze so viel Wasser verdunstete, daß sie völlig erschlaffte. — Damit waren weitere Lücken in der Beweiskette der Kohäsionstheorie geschlossen. Seitdem wird sie im Prinzip allgemein anerkannt und nimmt in der heutigen Lehrmeinung über das Saftsteigen den Platz ein, der ihr gebührt.

Schon seit 1913 hatte sich aber ein neuer Schwerpunkt in Renners weitgespanntem Interessenbereich zu bilden begonnen, die Genetik, das Feld, auf dem er dann fast fünf Jahrzehnte lang intensivste Forschungsarbeit geleistet hat und auf dem ihm die folgenschwersten Entdeckungen und schönsten Erfolge reiften. Der Ausgangspunkt war die Nachprüfung einer Annahme Goldschmidts, der beim Befruchtungsvorgang von Oenothera biennis durch Pollen von Oe. muricata Merogonie beobachtet zu haben glaubte. Ließ sich diese Vermutung bestätigen, so wäre das für die theoretische Deutung der Oenotherabastarde von Bedeutung gewesen. Renners Nachprüfung ergab aber völlig normalen Verlauf von Befruchtung und Anlage des Embryos. Durch diese Untersuchung war er nun in den faszinierenden Bannkreis der Oenothera-Problematik geraten, die sich aus der epochemachenden Mutationstheorie von de Vries ergeben hatte: Stand doch das Erbverhalten der Gattung Oenothera, der Ausgangspunkt und Stützpfeiler dieser Theorie, in merkwürdigem Gegensatz zu den Mendelschen Regeln. So blieb Renner bei den ersten Untersuchungen, die alsbald auf Oe. Lamarckiana und einige weitere Arten ausgedehnt wurden, nicht stehen, sondern vertiefte sich mehr und mehr in die Analyse zahlreicher Kreuzungsversuche und der dabei erzielten Nachkommenschaften. Sie führte 1917 zu einem ebenso überraschenden wie folgenschweren Ergebnis, der Entdeckung der sogenannten Komplexheterozygotie. Renner erkannte, daß in den Pollen und den Eizellen ganze Komplexe eng gekoppelter Gene vorliegen, die als Einheiten in die Diplophase übergehen und bei der nächsten Meiose wieder reinlich voneinander getrennt werden. Zur bequemen Unterscheidung bezeichnete Renner sie mit besonderen Namen. So sind z. B. in den Körperzellen der Oe. Lamarckiana die beiden Komplexe *gaudens* und *velans* enthalten, in den Keimzellen natürlich nur einer von beiden. Bei der Befruchtung entstehen dann 50% Homozygoten und 50% Heterozygoten. Nur die Heterozygoten entwickeln sich zum keimfähigen Embryo. Die Homozygoten *gaudens* × *gaudens* und *velans* × *velans* sind nicht lebensfähig, sterben früh ab und ergeben taube Samen. In Oe. muricata sind die Komplexe *ringens* und *curvans* vorhanden. Diese sind aber überdies noch geschlechtsgebunden; *ringens* ist auf die Eizellen beschränkt, *curvans* auf den Pollen. Hier können also Homozygoten gar nicht erst entstehen, und jede Befruchtung mit eigenem Pollen liefert hier wieder die heterozygotische muricata. Diese Erkenntnisse wurden der Schlüssel zur Enträtselung des wahren Wesens der von de Vries als Mutationen angesprochenen Oenothera-Arten und -Formen. Sie sind in der Mehrzahl nicht das, was man in strengem Sinne Mutationen nennt, sondern Bastardarten, bei denen die freie Kombination der Gene durch Komplexbildung gehindert und das Konstantbleiben der Deszendenz durch partielle Sterilität, sei es durch Absterben der homozygotischen Embryonen, sei es durch Ausfall bestimmter Keimzellen, gewährleistet wird. Erschlossen wurde die Existenz der einzelnen Komplexe durch die genaue Analyse der Kreuzungsergebnisse zwischen verschiedenen Oenothera-Sippen. Aber welchen Aufwandes an mühsamen Versuchen und vor allem welch beharrlicher Gedankenarbeit hatte es bedurft, den Ariadnefaden zu finden, der die sichere Orientierung im Labyrinth der Oenothera-Genetik ermöglicht!

Es stand zu erwarten, daß den Komplexen gekoppelter Gene auch cytologische Besonderheiten entsprechen. Solche wurden denn auch gefunden, zuerst von Cleland (1924), dem bald andere Cytologen folgten. Sie stellten fest, daß die Chromosomen hier zu eigenartigen Ringen und Ketten vereinigt und in der Metaphase der Reduktionsteilung so angeordnet sind, daß bei ihrem Auseinanderweichen jeder Tochterkern einen der beiden Komplexe erhalten muß. — Das eigenartige Verhalten der Oenotheren im Erbversuch, das anfänglich so gar nicht in das kunstvolle Gebäude der Vorstellungen über das Wesen der Vererbungsvorgänge zu passen schien, das man aus den mendelschen Regeln und den cytologischen Befunden bei der Befruchtung und Keimzellbildung errichtet hatte, fügte sich jetzt nicht nur zwanglos in diesen Bauplan, sondern erwies sich sogar als weitere Bestätigung seiner Grundprinzipien.

Schon 2 Jahre nach seiner Habilitation war Renner zum a. o. Professor in München ernannt worden. Im Frühjahr 1914 hatte er eine Reise nach Algier unternommen, um Xerophyten zu studieren. Der erste Weltkrieg unterband seine wissenschaftliche

Arbeit erheblich, aber doch nicht völlig; 1916 wurde er zum Heeresdienst eingezogen und in einer Flakbatterie eingesetzt; 1917 kam er als Bakteriologe an das Festungslazarett in Ulm, wo er Gelegenheit fand, sich mit den Methoden der medizinischen Mikrobiologie vertraut zu machen und zeitweise auch seine Oenothera-Kulturen in bescheidenem Umfange weiterzuführen. Im Jahre 1919 kehrte er nach München zurück, doch schon im nächsten Jahr verließ er, einer Berufung nach Jena folgend, die ihm zur zweiten Heimat gewordene Stadt, in der er 19 Jahre als Student, Assistent, Privatdozent und Extraordinarius gelebt, gelernt, geforscht und gelehrt und aus der Fülle ihres geistigen Lebens so viele nachhaltige Anregungen erfahren hatte.

Im kleinen Jena fand er ein Institut und einen Garten vor, die sich mit der großartigen Schöpfung Goebels in München-Nymphenburg nicht vergleichen ließen. Aber an ruhmreicher Tradition fehlte es der jenenser Botanik nicht, haben doch Schleiden, N. Pringsheim, Strasburger, Stahl und Detmer hier gewirkt. Auch war das geistige Leben an der kleinen Universität damals sehr rege. Dazu kam die Nähe Weimars mit seinen lebendigen Erinnerungen an die Zeit Goethes und nicht zuletzt die reiche Flora Thüringens. Hier schuf er sich nun eine Arbeitsstätte, wie er sie für seine Forschungen brauchte und die seinen Wünschen und seinem Wesen so gut entsprach, daß er ehrenvolle Berufungen u. a. nach Heidelberg, Frankfurt und Freiburg ablehnte.

Die in München so erfolgreich begonnenen genetischen Studien an Oenothera blieben auch in Jena der Mittelpunkt seiner Forschungen. Aus der großen Zahl der einschlägigen Veröffentlichungen verdient eine besonders hervorgehoben zu werden, weil ihre Bedeutung weit über die engere Oenothera-Problematik hinausgreift: „Die pflanzlichen Plastiden als selbständige Elemente der genetischen Konstitution", worüber er 1934 in unserer Akademie berichtete. Daß die genetische Konstitution einer Sippe nicht einzig und allein auf das in den Chromosomen lokalisierte Genom beschränkt sei, war schon früh erkannt worden. Und F. von Wettstein hatte für die aus seinen bekannten Mooskreuzungen erschlossenen, im Plasma lokalisierten Vererbungsträger die Bezeichnung Plasmon vorgeschlagen. Es war aber auch für die längst als selbständige Organe der Zelle erkannten und nur aus ihresgleichen hervorgehenden Plastiden zu erwarten, daß ihnen ebenfalls bestimmte eigene Erbqualitäten innewohnten. Zwar hatte sich zunächst aus dem Erbversuch mit den gelbblättrigen aurea-Varietäten bestimmter Zierpflanzen ergeben, daß hier die Farbe von mendelnden Genen abhängig ist, ihre Bildung also vom Zellkern aus gesteuert wird. Aber bald wurden auch Fälle bekannt, wo die Verhältnisse ganz anders liegen, wie z. B. die von Baur studierten weißbunten Pelargonien, bei denen deutlich zwei Sorten von Plastiden unterschieden werden können: normale, ergrünungsfähige und „kranke", die ihre Ergrünungsfähigkeit völlig verloren haben. Renner war bei seinen Kreuzungsversuchen auf ähnliche Befunde gestoßen. Allerdings mit dem Unterschied, daß bei Oenothera die entsprechenden Plastiden nicht wie bei Pelarganium „krank" sind, sondern nur im Zusammenleben mit Kernen bestimmter Bastard-Kombination nicht ergrünen, ohne indes die Fähigkeit des Ergrünens zu verlieren. Er erkannte, daß ihm gerade in der Gattung Oenothera infolge ihrer Komplexheterozygotie eine für die Klärung der Frage nach der Rolle der Plastiden im Erbgeschehen besonders günstige Versuchspflanze zu Gebote stand, und führte jahrelang unermüdlich neue Kreuzungen durch, die Exemplare mit gescheckten Blättern lieferten. Deren Analyse durch Kreuzung mit weiteren Partnern ergab, daß fast alle Arten der Gattung Plastiden besitzen, deren Qualität mehr oder weniger stark voneinander abweicht. Diese Verschiedenheit war hier freilich nicht an morphologischen Eigenschaften unter dem Mikroskop festzustellen, was natürlich die Identifizierung der einzelnen Plastiden-Sorten ungeheuer erleichtert hätte, sondern nur an ihrer erbphysiologischen Ungleichwertigkeit im Kreuzungsversuch. Sie bleibt aber selbst dann erhalten, wenn die Plastiden viele Generationen hindurch mit artfremden Kernen vereinigt waren.

Aus der Gesamtheit seiner eigenen experimentellen Befunde und einer kritischen Durchleuchtung aller in der Literatur vorliegenden einschlägigen Beobachtungen und theoretischen Erörterungen erweist er die Plastiden endgültig als selbständige Träger erblicher Qualitäten. „Wenn wir die Plastiden als Elemente der genetischen Konstitution betrachten, nicht als morphologische Bestandteile der Zelle oder als Organe der Ernährung, können wir das ganze Plastidensystem einer Zelle als Plastom bezeichnen.“ Das Plastom tritt von nun an als drittes Glied neben Genom und Plasmon. Erst alle drei zusammen bestimmen die genetische Konstitution einer Pflanze. „Ein Biotypus kann auf dem Weg der Kreuzung das Cytoplasma von der Art A, die Plastiden von der Art B, die Genome von den Arten C und D erhalten; und was im Züchtungsexperiment möglich ist, wird auch in der Natur geschehen. Oder: Plasmon, Plastom und Genom sind zwischen genügend nah verwandten Sippen in beliebiger Kombination auswechselbar, aber die Auswechslung kann auch zu Störungen der Entwicklung führen.“

Die genetische Analyse der Oenotheren, die Renner auf alle erreichbaren Arten der Gattung ausdehnte, führte ihn noch zu einem weiteren Problem von grundsätzlicher Bedeutung, dem der sogenannten Konversion der Gene. Winkler hatte die Möglichkeit erörtert, daß bei der Reduktionsteilung in einer Heterozygote die Gene eines Allelenpaares A und a, die ja in der Regel sehr stabil sind, unter Umständen eine zur Mutation führende Wirkung aufeinander ausüben könnten, so daß das dominante A in das rezessive a, oder umgekehrt, verwandelt und so der homozygotische Zustand aa oder AA erreicht wird. Doch war die Konversion der Gene, wie Winkler diesen Vorgang nannte, vorerst eine rein theoretische Konzeption, für die es vorläufig an überzeugenden Belegen fehlte und die von den Drosophila-Genetikern sogar abgelehnt wurde. Bei der Analyse der Oe. atrovirens Sh. et Bartl. (cruciata de Vries) stieß Renner auf Erscheinungen, die für die Existenz solcher Konversionsvorgänge sprechen. Die Kronblätter dieser Art sind in Gestalt und Farbe auffällig von der Normalform verschieden, unscheinbar, kelchblattartig und ganz schmal, so daß sie ein Kreuz bilden. Dies Merkmal wird durch das rezessive Gen cr bedingt. Alle cruciata-Pflanzen sind also cr cr. Kreuzt man sie mit normalkronigen Cr Cr, so sind die Bastarde Cr cr mitunter ganz normalkronig, wie es zu erwarten ist. Häufig geht aber der Cr cr-Zustand in den homozygotischen Zustand cr cr über, was sich in der Bildung cruciater oder intermediärer Blüten äußert. Auch normalkronige homozygotische Blüten Cr Cr treten auf. Diese Ergebnisse stimmen völlig überein mit den Erfahrungen, die bereits de Vries an seiner cruciata und später Oehlkers an ebenfalls cruciaten Sippen von biennis und Lamarckiana gemacht hatten. Oehlkers erklärte den Dominanzwechsel durch die Annahme, Cr und cr seien labile Gene. Dagegen hebt Renner hervor, daß beide Gene sowohl in den Eltern als auch in den homozygotisch gewordenen Bastardsippen sich als durchaus stabil erweisen. Nur im heterozygotischen Zustand Cr cr trete die Angleichung der Gene ein, indem entweder Cr zu cr oder cr zu Cr werde. Das ist aber gerade das, was Winkler als Konversion bezeichnet hat. Hier müsse man den Vorgang somatische Konversion nennen, da er sich im vegetativen Bereich abspielt. Damit war für die von Winkler theoretisch abgeleitete Möglichkeit zum ersten Male eine experimentelle Stütze beigebracht worden.

Auch in den nächsten Jahrzehnten ist Renner immer wieder auf den Erbgang des rätselreichen cruciata-Merkmals zurückgekommen. Er beschließt den Rückblick auf diese Arbeiten (1958) mit den Sätzen: „Die Einsicht in den Erbgang des cruciata-Merkmals, die im Laufe von 30 Jahren aus einer Wirrnis von Erscheinungen, unter Beiziehung der Erfahrungen von Oehlkers, abgeleitet wurde, ist noch immer unbefriedigend. Die vorgetragenen Überlegungen mögen fehlgehen, die versuchten Deutungen mögen hinfällig sein. Was bleibt aber, stiften die Experimente. Was Dauer hat, sind die immer wieder hervorzurufenden *Phänomene*; einmal werden sie wahr gedeutet werden."

Neben den zahlreichen kleineren und größeren Arbeiten, die Einzelfragen aus dem Gebiet der Genetik behandeln, verdient die als Teil des Handbuches der Vererbungslehre 1929 erschienene zusammenfassende Darstellung „Artbastarde bei Pflanzen" besonders hervorgehoben zu werden, die sich durch übersichtliche Klarheit, sicheres Urteil und sprachliche Prägnanz auszeichnet.

Am eindrucksvollsten tritt uns die hohe Darstellungskunst Renners entgegen in den Aufsätzen, die Themen aus der Geschichte der Botanik zum Gegenstand haben oder Werk und Persönlichkeit bedeutender Botaniker würdigen: Die Botanik vor Mendels Auferstehung (1924); die Eröffnungsansprache auf der 44. Generalversammlung der D. Bot. Ges. in Erfurt (1930); Gedenkworte auf Erwin Baur (1935); 150 Jahre Botanische Anstalt zu Jena (1947); Friedrich Wettstein von Westernheim (1948); Münchener Antrittsvorlesung (1948); Goethes Verhältnis zur Pflanzenwelt, von Jena gesehen (1949); Die Situation der Biologie nach 50 Jahren Mendelforschung (1950); Karl Goebel, der Mann und das Werk (1957); Geist und Gestalt (Biographische Beiträge z. Geschichte der Bayer. Akad. d. Wiss. etc.) (1959); William Bateson und Carl Correns (1961) u. a. m.

In diesen Aufsätzen offenbart sich Renners reiche Persönlichkeit und die Weite seines Horizontes am unmittelbarsten. Seine umfassende und eindringende Kenntnis aller botanischen Disziplinen, ihrer Tatsachen und ihres Ideengehaltes, bewundern wir ebenso wie das tiefe Verständnis für den Zusammenhang der zeitgebundenen Ideen mit der allgemeinen geistesgeschichtlichen Entwicklung und, nicht zuletzt, die schöne sprachliche Form, in die er seine Gedanken kleidet. Und wir freuen uns auch der Zitate aus den griechischen und römischen Klassikern und dem Schatze der deutschen Dichtung, mit denen der einstige Zögling des Ulmer Gymnasiums seine Darstellungen zu schmücken liebte. — Es ist das Schicksal fast aller Abhandlungen über Einzelfragen, daß zu ihnen später nur noch die Fachgenossen greifen, die über den gleichen Gegenstand arbeiten, und allenfalls die Historiker des Fachgebietes; die historischen Aufsätze Renners werden jedoch immer begeisterte Leser finden. Und man sollte sie aus der Diaspora der Zeitschriften und Akademieberichte lösen und sie gesammelt in einem Neudruck vor allem der botanischen Jugend zugänglich machen. Das wäre auch sicher im Sinne des Entschlafenen. Denn hier spricht er noch heut und in Zukunft als der musarum sacerdos virginibus puerisque, als der er sich der akademischen Jugend gegenüber verpflichtet fühlte.

Zur literarischen Tätigkeit Renners gehörte auch die Herausgabe wissenschaftlicher Zeitschriften. Nach Goebels Tod übernahm er die Redaktion der Flora von Band 127 bis 138 (1933—1944), die der Planta von Band 33 bis 48 (1948—1956) und zusammen mit Gäumann die der Fortschritte der Botanik von Band 12 bis 17 (1949—1955).

In Jena hat Renner 28 Jahre geforscht und gelehrt und eine große Zahl begabter und begeisterter Schüler und Mitarbeiter um sich geschart. Ich nenne hier nur Brauner, Bünning, Drawert, Mägdefrau, Strugger, Tielke, die bei ihm ihre Doktorarbeit ausführten oder als Assistenten tätig waren. — Von Jena aus unternahm er 1930 mit dem damaligen Tropenstipendium des Deutschen Reiches eine halbjährige Tropenreise nach Java, Bali, Sumatra und Ceylon. — Im Jahre 1948 folgte er einem Ruf an seine Heimatuniversität München. Auch nach der Emeritierung, die für ihn nur eine Entlastung von Verwaltung und Unterricht bedeutete, setzte er seine wissenschaftliche Arbeit ununterbrochen bis zum letzten Tage seines Lebens fort. Nachdem er am Vormittag des 8. Juli 1960 noch einen physiologischen Versuch angesetzt hatte, entschlief er wenige Stunden später sanft nach einem wahrhaft erfüllten Leben.

Otto Renner gehörte zu den wenigen Botanikern seiner Generation, die noch einen umfassenden Überblick über das Gesamtgebiet der Botanik hatten, und er ist der einzige, der auf so vielen ihrer Teilgebiete: Systematik, Morphologie, Anatomie, Cytologie, Ökologie, Physiologie und Genetik Ergebnisse eigener Forschung veröffentlicht hat. Mit seinem großen Vorgänger in München, Goebel, der aus dem Studium der Theologie herkam, hatte er die humanistische, geisteswissenschaftliche Schulung gemein (wäre er nicht Botaniker geworden, hätte er es auch als Altphilologe weit gebracht) und teilte mit ihm auch die Vorliebe für die Geschichte seiner Wissenschaft. Nicht nur hervorragender Forscher, sondern auch gewissenhafter Lehrer, war er ein deutscher Universitätsprofessor κατ'ἐξοχήν seiner Epoche und ein Vorbild der akademischen Jugend durch sein hohes Ethos.

Die ihm nahe standen, schildern sein Wessen als still und zurückhaltend. Öffentliches Auftreten außerhalb der Universität, lag ihm nicht; daher nahm er auch nur selten an Kongressen und Tagungen teil. Sein Leben ging auf im strengen Dienst an der Wissenschaft. An sich selbst stellte er die höchsten Anforderungen, nicht im Streben nach äußerer Anerkennung und Ehrung sondern um sich selbst genug zu tun. „Nur dem Ernst, den keine Mühe bleichet, rauscht der Wahrheit tief versteckter Born." Peinlich genau und gewissenhaft wie in seinen Versuchen war er

WILHELM RUHLAND
7. 8. 1878 – 5. 1. 1960

GEORG SPACKELER
1. 2. 1883 – 6. 6. 1960

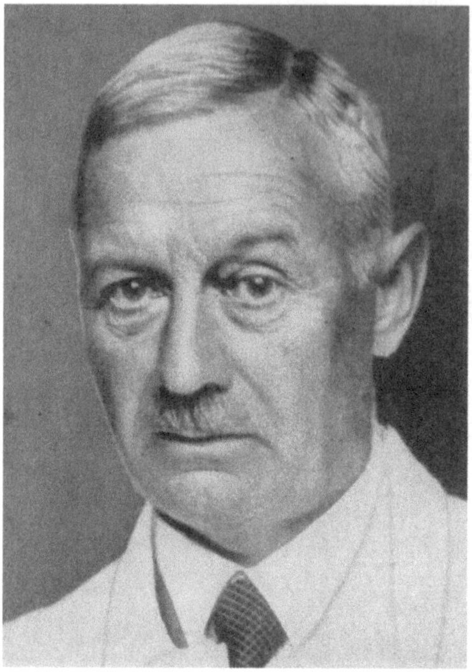

OTTO RENNER
25. 4. 1883—8. 7. 1960

LUDWIG WEICKMANN
15. 8. 1882—29. 11. 1961

in allen Dingen, in der Vorbereitung seiner Vorlesungen und bei der Redaktion der Zeitschriften; und in Jena wie in München galt seine Sorge auch dem Botanischen Garten. Bewundernswert seine Arbeitskraft, die all diese Aufgaben trotz seiner zarten Gesundheit neben seinen Versuchen und ihrer Auswertung bewältigte, bewundernswert aber ebenso die Konzentrationsfähigkeit, der eiserne Fleiß und die strenge Selbstdisziplin, die solche Leistungen überhaupt erst ermöglichten!

An äußeren Anerkennungen und Ehrungen hat es nicht gefehlt. Die Universitäten Erlangen, Jena und Freiburg i. B. promovierten ihn honoris causa. Viele der Akademien der Wissenschaften ernannten ihn zum Mitglied; außer der unsrigen Berlin, Boston, Göttingen, London, München, Philadelphia, Stockholm und Wien; die Deutsche Akademie der Naturforscher (Leopoldina) ernannte ihn zu ihrem Ehrenmitglied und verlieh ihm die Darwin-Plakette. Ebenso wählten ihn die Deutsche Botanische Gesellschaft, der Deutsche Biologenverband und andere wissenschaftliche Gesellschaften zu ihrem Ehrenmitglied. 1952 wurde ihm der Orden Pour le Mérite für Wissenschaften und Künste verliehen.

Mit bescheidensten Mitteln, die sich mit den Ansprüchen und mit dem Aufwand der gegenwärtigen Forschung an kostbaren Apparaturen und technischen Hilfskräften nicht entfernt vergleichen lassen, hat er die botanische Wissenschaft seiner Zeit gefördert und ein Lebenswerk vollendet, das sich dem der großen Meister ebenbürtig zur Seite stellt.

K. Mägdefrau: Otto Renner, ein Nachruf. (1961) Ber. Bayer. Bot. Ges. 34, 101–113 mit ausführlicher Bibliographie der Veröffentlichungen. (Herrn Mägdefrau ist auch das Bildnis Renners zu verdanken.)

H. Stubbe: Nachruf auf Otto Renner. (1962) Jahrb. d. Deutsch. Akademie der Wissenschaften Berl. 1961, S. 882–886.

Johannes Buder

Ludwig Weickmann

15. 8. 1882–29. 11. 1961

Am 29. 11. 1961 verschied in Bad Kissingen der emeritierte Ordinarius für Geophysik an der Universität München und Präsident der Sächsischen Akademie der Wissenschaften während der Jahre 1940–1945, Prof. Dr. phil. Dr. rer. nat. h. c. Ludwig Weickmann im 80. Lebensjahr. Meteorologie und Geophysik verlieren in ihm einen ihrer letzten Vertreter von umfassender Sicht über alle Bereiche der Physik der Erde hinweg.

Im Jahre 1882 in Neu-Ulm geboren studierte Weickmann 1901–1909 in München und Göttingen Mathematik, Physik und Geophysik. Als Schüler von Aurel Voß promovierte er 1911 in München, wurde im gleichen Jahre Observator und nach glücklicher Rückkehr aus dem ersten Weltkrieg 1919 Hauptobservator an der Meteorologischen Zentralstelle München.

Seiner 1922 vollzogenen Habilitation an der Universität München mit einer Studie über das Klima der Türkei folgte bereits 1923 die außerordentlich ehrenvolle Berufung als Ordinarius an das Geophysikalische Institut der Universität Leipzig, das der große norwegische Pionier der atmosphärischen Physik, Vilhelm Bjerknes, 1913 gegründet und bis 1917 geleitet hatte. Bis zum Ende des zweiten Weltkrieges blieb Weickmann dieser seiner fruchtbarsten Wirkungsstätte treu; einen 1927 an ihn ergangenen Ruf nach Hamburg lehnte er ab. Über zweiundzwanzig Jahre hindurch stand er, obschon die Metorologie seine Domäne und sein Lieblingskind blieb, mit universaler Aufgeschlossenheit für alle Teildisziplinen der Geophysik diesem Institut vor. Zwar fühlte er sich durch den genius loci zunächst der theoretischen Meteorologie, die Bjerknes zu einem mechanisch-thermodynamischen Verständnis des Wettergeschehens emporzuführen bestrebt gewesen war, verpflichtet, aber sein jahrelang in München geschulter praktischer Sinn drängte ihn zur Weiterbildung der Synoptik und praktischen Wetterkunde. So richtete er einen Institutswetterdienst ein, durch den er seine Schüler so unmittelbar, wie es an einem Hochschulinstitut nur möglich ist, an die tägliche Umgestaltung des Wetters heranführte. Doch daneben setzte er die geophysikalische Tradition, die Hermann Credner in Leipzig mit seinen seismologischen Untersuchungen begonnen hatte, fort und dehnte sie mit der Beteiligung seines Institutes an der erdmagnetischen Regionalvermessung Mitteldeutschlands und anderen Arbeiten auf diesem Gebiete auf den Geomagnetismus aus. Von den 77 (von insgesamt 90) Dissertationen, die unter Weickmanns Anleitung während der Leipziger Zeit entstanden, behandeln nicht weniger als etwa ein Viertel Themen aus der Physik der festen Erde. Selbst an ozeanographischen Untersuchungen in der Ostsee, die die damalige Deutsche Seewarte veranstaltete, sowie an Expeditionen nach Spitzbergen und der Antarktis nahmen Schüler von ihm teil. Sein geophysikalischer Universalismus gipfelte schließlich in der äußerst verdienstvollen Schaffung einer universitätseigenen geophysikalischen Warte auf dem Colmberge bei Oschatz im Jahre 1932, angesichts der damaligen Wirtschaftskrisenjahre allein rein organisatorisch eine bewundernswerte Leistung. Dieses weitab von großstädtischem Verkehr und industrieller Klimabeeinflussung auf einer bewaldeten Grauwackekuppe im sächsischen Flachlande gelegene Observatorium war als Forschungsstätte für alle Zweige der Physik der Erde, zunächst hauptsächlich für Meteorologie, Klimatologie, Geomagnetismus und Seismologie gedacht. In weit vorausschauender Weise wurde hier eine Stätte der Verbindung von Forschung und Lehre, die Weickmann immer meisterhaft miteinander zu verquicken verstanden hat, geschaffen, ausgerüstet nicht nur mit allem meteorologisch-klimatologischen Apparat, sondern auch mit einer geomagnetischen und einer Erdbebenstation. In den letzten Jahren konnten diese Einrichtungen dank der großzügigen Förderung der geowissenschaftlichen Forschung in der Deutschen Demokratischen Republik auch noch nach der Seite der Ionosphärenphysik hin ergänzt werden. An der Entwicklung des deutschen meteorologischen Dienstes nahm Weickmann als Praktiker regen Anteil; ja er hat diese sogar weitgehend mit beeinflußt. So lag es nahe, daß er nach Beendung des zweiten Weltkrieges in der Organisation des Wetterdienstes der US-Zone Deutschlands, dessen Präsident er bis 1953 war, eine neue Wirkungsmöglichkeit fand, obgleich er, wie aus Briefstellen hervorgeht, auch über starke wissenschaftliche Beziehungen zur Sowjetunion verfügte. Die Anerkennung, die er auch dort genoß, beweist nichts deutlicher als seine frühzeitige Wahl in die Seismische Kommission der Akademie der Wissenschaften zu Leningrad. Nach seiner Pensionierung wandte er sich wieder der Lehre zu. Nach vorübergehender Tätigkeit an der Universität in Berlin-Dahlem wählte ihn die Universität München 1959 zum „Professor emeritus" für Geophysik.

Das eigentliche Lebenswerk Ludwig Weickmanns war der dynamischen Meteorologie und Klimaforschung gewidmet. Es war das Problem des physikalischen Verständnisses der Wellen im Luftmeere und ihrer Auswirkung auf das Wettergeschehen, was ihn immer wieder beschäftigte. Die Theorie der sogenannten Symmetriepunkte im Wetterablauf, die für die Langfristprognose von Bedeutung sind, verdankt ihm entscheidende Förderung. Als praktischen Meteorologen und Geophysiker war ihm die Teilnahme an einschlägigen Unternehmungen von Expeditionscharakter selbstverständlich. So nahm er 1930 an Bord des Forschungs- und Vermessungsschiffes „Meteor" an einer Grönlandfahrt, 1931 an der Polarfahrt und 1932 an der Südamerikafahrt des Luftschiffes „Graf Zeppelin" teil. Die erste der beiden Flugreisen leitete er von der meteorologischen Seite her selbst. An der Organisation des 2. Internationalen Polarjahres 1932 war er als Mitglied der Internationalen Polarjahrkommission maßgeblich beteiligt; lange Zeit bekleidete er das Amt des Präsidenten der Internationalen Aerologischen Kommission und, wie schon erwähnt, gehörte er der Seismischen Kommission der Akademie der Wissenschaften zu Leningrad an.

Ludwig Weickmann war Mitglied oder Ehrenmitglied von etwa 14 Akademien und wissenschaftlichen Gesellschaften, darunter die Sächsische Akademie der Wissenschaften, deren Präsident er in den schweren Kriegsjahren 1940—1945 war, die Deutsche Akademie der Naturforscher Leopoldina zu Halle, die Bayerische Akademie der Wissenschaften, die Akademie der Wissenschaften und Literatur Mainz, die Deutsche Gesellschaft für Natur- und Völkerkunde Ostasiens und die Deutsche Gesellschaft zum Studium Osteuropas, ein beredtes Zeugnis dafür, in wie vielfältiger und souveräner Weise er verstanden hat, geophysikalisches Wissen und Denken in den Dienst der menschlichen Gesellschaft zu stellen. Die deutsche Bundesrepublik ehrte ihn schließlich durch die Verleihung des großen Bundesverdienstkreuzes.

Ludwig Weickmann wurde nicht nur von der Fachwelt als Persönlichkeit von profundem Wissen, hohem organisatorischen Können und urbaner Umgangsform geschätzt, sondern vor allem von seinen an die hundert Schülern, die heute noch größtenteils an den verschiedensten Stellen in Meteorologie, Klimatologie und Geophysik, z. T. auch in der Deutschen Demokratischen Republik, tätig sind, als warmherziger väterlicher Freund geliebt. Die Tiefe und Breite seines Wirkens in die Zukunft beweist vielleicht am eindringlichsten der Festband, den der Deutsche Wetterdienst in der US-Zone Deutschlands anläßlich seines 70. Geburtstages herausgab und der etwa hundert Beiträge aus den verschiedensten Sparten von Meteorologie, Klimatologie und Geophysik der festen Erde aus der Feder seiner wissenschaftlichen Freunde und Schüler enthält. Ein bleibendes Denkmal seiner Persönlichkeit im Sächsischen Landschaftsbereich aber ist die „Geophysikalische Warte“ am Abhange des Colmberges bei Oschatz, die die von ihrem Schöpfer ihr zugedachte Rolle trotz immer wieder auftretender widriger Umstände auch weiterhin spielen möge, nämlich Quelle sich ständig erneuernden wissenschaftlichen Lebens im Bereiche der Physik der Erde zu sein.

Wolfgang Buchheim

Wilhelm Blaschke

13. 9. 1885—17. 3. 1962

Wer Blaschke im Herbst 1960 die Huldigungen zu seinem 75. Geburtstage in seiner überlegen freundlichen Art entgegennehmen oder humorvoll abwehren sah, konnte ohne Vermessenheit hoffen, daß auch der 80. Geburtstag wieder eine große Schar von Mathematikern froh und dankbar um den Meister versammeln würde. Doch am 16. Dezember 1961 erkrankte Blaschke schwer, und da Herzschwäche nicht erlaubte, der Krankheit mit einer Operation zu begegnen, waren die folgenden Monate trotz zeitweiliger auffälliger Besserung und wieder erwachender Reiselust von Todesgefahr überschattet. Der Gedanke an die lange Leidenszeit und den kurz zuvor (am 8. Dez. 61) erfolgten Tod von Severi ließen Blaschke nach Rückfällen den Tod in mildem Licht erscheinen, und in der Tat kam das Ende am 17. März 1962 verhüllt in eine Stimmung frohen Plänemachens, also in einer Stille, die Trost im Unglück bot.

Wenn menschliche Größe an einem Wissenschaftler gerühmt wird, kann leicht der Eindruck entstehen, daß es derer bedürfe, um den Nachruhm volltönend zu machen. Bei Blaschke waren jedoch wissenschaftliche Bedeutung und das Wirken zum Wohle seiner Mitmenschen, seiner Hochschule und seines Vaterlandes in so auffälligem Maße eine Einheit, daß alle, die seine Schriften zur Hand nehmen, auch den gütigen, überlegenen, humorvoll richtenden Menschen wieder vor sich sehen und dieser Erinnerung die gleiche Unvergänglichkeit wünschen wie seinen Werken.

Ein Meister in der Zurückhaltung vor unfruchtbarer Diskussion, hat Blaschke unmißverständlich geschrieben, wenn Schweigen Flucht ins Nur-Wissenschaftliche gewesen wäre. Es gehört ein am Mathematischen erschöpfter Scharfsinn dazu, Blaschkes (stets anerkennende) Äußerungen über jüdische Mathematiker als Antisemitismus auszulegen.

Daß Blaschke, die Lauterkeit selbst, nach dem Kriege verleumdet werden konnte, schmerzt mich in einem Maße, daß auch der Friede eines Nachrufs mich nicht davon abhalten darf, treues Zeugnis für Blaschke abzulegen. Der Meister selbst würde mir davon gewiß abraten; denn nie hat man ihm eine Enttäuschung angesehen, eher schon die Ruhe dessen, der die Menschen und den niedrigen Flug ihrer Phantasie kennt. Und im übrigen hat es Blaschke auch nach dem

Kriege nicht an hohen Ehrungen gefehlt. Seine Reiselust hatte er sich bis ins hohe Alter bewahrt, und der einzige Unterschied gegen früher bestand darin, daß die zahlreichen ehrenvollen Einladungen zu Vortragsreisen aus Ländern kamen, die er früher nicht so gründlich hatte kennen lernen können.

Man hat wohl Blaschke auch verdenken wollen, daß er sein Vaterland mehr geliebt hat, als einem Wissenschaftler noch zugestanden wird. Wie anders soll man sonst erklären, daß aus den temperamentvollen Vorreden Blaschkescher Bücher auch seine gegen den Politiker Poincaré gerichtete Äußerung gern zitiert wird, natürlich nicht wörtlich, sondern zur besseren Verständlichkeit ins Antisemitische deformiert. Liebe zum unteilbaren Deutschland ist es gewesen, wenn Blaschke nach dem Kriege immer wieder zu denen ging, die den Krieg wirklich verloren hatten. Als ein Weltmann, der wohl auch hätte Diplomat werden können, verstand Blaschke als Wanderer zwischen zwei Welten Gespräche auf das zu beschränken, was das Gespräch und das Wichtigere, die Begegnung selbst, am Leben erhalten konnte; denn alles Übrige sprach weit wirksamer, als Worte vermocht hätten, seine bedeutende, über Ideologien und Stimmungen erhabene Persönlichkeit schon durch ihre bloße Anwesenheit aus.

Um Blaschkes Lebenswerk, das ganz der Geometrie gewidmet ist, zu würdigen, ist es notwendig, diesen ältesten Zweig der Mathematik mit den übrigen Disziplinen dieser Wissenschaft zu vergleichen.

Seit Descartes droht der Geometrie die Annexion durch besser gerüstete Gebiete der Mathematik, doch stets vermochte die Geometrie durch eine überraschende Wendung sich zu behaupten. So war es am Anfang des 19. Jahrhunderts, als man glaubte, nach der Differentialgeometrie von Euler und Monge sei alles Wesentliche gesagt, und Gauss darauf mit seiner inneren Differentialgeometrie der Flächen überraschte. Noch deutlicher wird die der Geometrie innewohnende Dynamik an der Wendung zur nichteuklidischen Geometrie, die um ein Jahrhundert früher als die Physik fest geglaubten Grund erbeben ließ.

Es kennzeichnet den großen Geometer, daß er gelassen eine Meinung gewähren läßt, die der Geometrie im eigentlichen Sinne nur ein nachgeschichtliches Idyll noch zutraut und die großen Entscheidungen in der Mathematik von der gegenstandslosen Kunst innerhalb dieser Wissenschaft erwartet.

Deutlich wurde mir der Begriff „großer Geometer" durch die Begegnung mit drei Meistern, die auch einander, wie mir scheint, stets in Hochachtung gedachten: mit Elie Cartan, Francesco Severi und Wilhelm Blaschke.

Während Cartan und Severi über eine große Hausmacht verfügten, der eine über seinen Kalkül, seine Einsicht in die Lieschen Gruppen und eine allen Systemen von Differentialgleichungen gewachsene analytische Methode, der andere über eine als Geometrie erscheinende Theorie der relativ endlich erzeugbaren Körper samt topologischen Aspekten, war Blaschke reiner Geometer und reich nur als Erbe des Erlanger Programms. Dieser von Felix Klein, einem ausgesprochen geometrisch denkenden Mathematiker, begonnene Versuch, die Geometrie in einer Invariantentheorie untergehen zu lassen, fand Blaschkes begeisterte Zustimmung durch seine Zielsetzung, auch die Differentialgeometrie diesem Programm zu unterwerfen.

Als Blaschke in den besten Jahren seiner Schaffenskraft den Grund zu dem vierbändigen Werk über Differentialgeometrie legte, das die mit den Namen Monge, Darboux und Bianchi bezeichnete Tradition würdig fortsetzte und eben die Einordnung der Differentialgeometrie in das Erlanger Programm als Leitmotiv hatte, wurde ihm die Genugtuung, daß die Geometrie und insbesondere der von ihm bevorzugte Zweig dieser Disziplin, die Differentialgeometrie, sich als die Sprache erwiesen hatte, in der allein die neueste Physik, die Einsteinsche Gravitationstheorie, ausgesprochen werden konnte. Man muß das Buch „Raum, Zeit, Materie" von Hermann Weyl zur Hand nehmen, um zu begreifen, was man damals der Differentialgeometrie alles zutraute, und Blaschke hat mit dem ursprünglichen Untertitel des ersten Bandes seiner Differentialgeometrie zu erkennen gegeben, daß er Wert auf so erlauchte Gesellschaft legte.

Neben dem bei allen großen Geometern beobachtbaren Zug, die Geometrie transparent zu machen und sie zu zwingen, über sich hinaus zu wachsen, findet sich bei Blaschke auch das schlichte Verweilen bei einfachen, das Auge erfreuenden geometrischen Figuren. Dazu boten Minkowskis Untersuchungen über konvexe Körper und das isoperimetrische Problem durch die dabei offen gebliebenen Fragestellungen willkommenen Anlaß; denn es ist wohl das Beglückendste für einen Mathematiker, wenn Einfachstes, wie Kreis und Kugel, uralte Symbole der Vollkommenheit, sich in neuem Lichte zeigt. Das isoperimetrische Problem und seine Varianten in der affinen Differentialgeometrie und in dem später von Blaschke Integralgeometrie genannten Umkreis geometrischer Forschung haben ihn immer wieder gefesselt und zu bedeutenden Monographien Anlaß gegeben.

In dem Bemühen um die letzten Folgerungen aus dem Erlanger Programm gelangte Blaschke zu seiner eigensten Schöpfung, der topologischen Differentialgeometrie, die er zuletzt schlicht als Geometrie der Waben bezeichnete. Bei dieser Gelegenheit ist es ratsam, der Tatsache dankbar zu gedenken, daß Blaschke sein Werk nicht im Alleingang schuf, sondern von Anfang an seine Ideen und Zielsetzungen jüngeren Mathematikern bereitwillig mitteilte. Aus der großen Schar der Mathematiker, die sich seine Schüler nennen dürfen, sei hier nur Gerrit Bol genannt, weil er mehr als andere bei des Meisters zentralem Anliegen mitgewirkt hat und auch als Mitverfasser des unter dem Namen „Geometrie der Gewebe" erschienenen vierten Bandes von Blaschkes Differentialgeometrie sich als sein bester Mitarbeiter erwiesen hat.

Blaschkes Idee, daß im Zusammenwirken von Topologie und Differentialgeometrie Bedeutendes entstehen müsse, hat sich als richtig erwiesen. Nachträglich ist es leicht, zu sagen, daß diese Idee ihre größten Erfolge nicht in der topologischen Differentialgeometrie, sondern in der differentialgeometrischen Topologie erzielt hat, doch ist es auch ganz im Sinne des Meisters, dies nicht zu verschweigen. Denn stets hat er der Mathematik als einem Ganzen gedient und nie mit seiner Förderung gezögert, wenn er große Energie am Werke sah.

Ein Vermächtnis besonderer Art hat Blaschke mit seinem Buche „Reden und Reisen eines Geometers" hinterlassen. Er verrät darin, wie sehr er danach getrachtet hat, seiner Wissenschaft einen Ort in einem großen Kulturzusammenhang zu geben.

Dieses Streben ist auch der Grund zu seiner auffälligen Freude an weiten Reisen, die ihn um den Erdball geführt haben. Ich vergesse nicht die vielleicht nur beiläufige Bemerkung Blaschkes, daß unter den an einer Hochschule versammelten Gelehrten die Theologen und die Mediziner die besten Menschenkenner seien. Nun, Blaschke hat in einzigartiger Weise dazu beigetragen, daß man der Mathematik zumindest zugestehen muß, sie stehe der Menschenkenntnis nicht im Wege. Denn Blaschke besaß in hohem Maße das, was man nur schlicht als Weisheit bezeichnen kann, was nicht erlernbar ist und für das ein Mensch nur bei unbedingter Lauterkeit Gefäß sein kann.

Erich Kähler

Heinrich Prell

11. 10. 1888—25. 4. 1962

Heinrich Berward Prell, ordentliches Mitglied der mathematisch-naturwissenschaftlichen Klasse und em. o. Professor für Zoologie an der Forstwissenschaftlichen Fakultät der Technischen Universität Dresden, entstammt einer Künstlerfamilie. Als Sohn des später an der Akademie der Bildenden Künste in Dresden wirkenden Professors und Geheimen Rates Hermann Prell wurde er am 11. Oktober 1888 in Kiel geboren. In Dresden besuchte er das Gymnasium zum Heiligen Kreuz. Nach Abschluß der Gymnasialausbildung wandte er sich zunächst dem Doppelstudium Medizin-Biologie zu, entschied sich jedoch nach Ablegung der ärztlichen Vorprüfung endgültig für die Biologie. Während seines weiteren Studiums lernte er in Freiburg, München und Marburg markante Vertreter seines Faches kennen. Nach seiner Promotion im Jahre 1913 folgte Assistententätigkeit an den Zoologischen Instituten der Forstakademie Tharandt und der Universität Tübingen, wo er sich auch bereits 1914 habilitierte und bis zu seiner Berufung zum o. ö. Professor der Zoologie an die Forstakademie Tharandt 1923 verblieb. Schon vor seiner Promotion war Prell durch eine große Zahl wissenschaftlicher Veröffentlichungen auf entomologischem Gebiet hervorgetreten.

Seit dem Jahre 1923 bis zu seinem Tode am 25. April 1962 ist das Wirken Heinrich Prells aufs engste mit der forstwissenschaftlich-zoologischen Lehr- und Forschungsstätte in Tharandt verbunden. Die Aufgaben dieses Hochschulinstitutes beeinflußten und bestimmten zunächst weitgehend die Thematik seiner wissenschaftlichen Arbeiten. Eine große Zahl von Veröffentlichungen jener Zeit befaßt sich mit der Biologie, dem Vorkommen, der Entwicklung und der Bekämpfung vor allem von Schadinsekten. Niemals aber war Prell einseitig in seinen wissenschaftlichen Interessen. Arbeiten über allgemeine und theoretische Probleme der Vererbung, über praktische Hinweise für das Mikroskopieren, späterhin Arbeiten über die Fortpflanzungsbiologie verschiedener Säugetiere sowie über kulturgeschichtliche Fragen früherer Geschichtsepochen finden sich in der Reihe seiner Veröffentlichungen, die über 300 Titel umfaßt.

Außer seiner Lehr- und Forschungstätigkeit trat Prell wirksam als Organisator und Berater öffentlicher Institutionen in Erscheinung. Auf seine Initiative gehen die Errichtung einer Forschungsstelle für Pelztierkunde in Tharandt und der Staatlichen Hauptstelle für Forstlichen Pflanzenschutz sowie die Einführung des als vorbildlich allgemein akzeptierten Meldedienstes über das Auftreten von Forstschädlingen in Sachsen zurück. Als einer der ersten setzte er sich nachdrücklich für die biologische Bekämpfungsweise der Forstschadinsekten ein. Prell verkörperte durch seine Lebensarbeit die Vereinigung der Aufgaben von reiner und angewandter Zoologie.

Von früher Jugend an ein ausgezeichneter Feldzoologe mit großem Verständnis und Sinn für die Natur und ihre Schönheiten, betätigte er sich als junger Wissenschaftler auch erfolgreich auf experimentellen Arbeitsgebieten. In späteren Jahren wußte er seine umfassenden fachlichen Kenntnisse in bemerkenswerter Weise mit den Aufgaben und Bedürfnissen praktisch-wirtschaftlicher Belange zu verknüpfen. Damit erfüllte er schon vor Jahrzehnten die in heutiger Zeit so häufig betonte Forderung nach der unmittelbaren Beziehung zwischen wissenschaftlicher Forschung und der Anwendung ihrer Ergebnisse in der Praxis.

Akademische Ämter bekleidete Heinrich Prell als Rektor der Forstlichen Hochschule Tharandt von 1927 bis zu deren Angliederung an die damalige Technische Hochschule Dresden im Jahre 1929 und später als Dekan der Fakultät der Forstwirtschaften Tharandt.

Nicht immer war Heinrich Prell ein leichter Verhandlungspartner. In der Beurteilung der Sache streng gegen sich selbst wie auch gegen andere, wußte er seine begründete und wohl erwogene Meinung zu vertreten. Zugleich konnte er als Mensch allen Schönheiten und geistigen Anregungen in ganzer Aufgeschlossenheit zugetan sein. Gerade seine letzten wissenschaftlichen Arbeiten, die sich mit kulturgeschichtlichen Fragen von Jagdtieren und Problemen aus der Mathematik der Antike beschäftigten, erhellen nochmals die ihm von Jugend an eigene und bereits genannte Vielseitigkeit.

Das Bild der Persönlichkeit Heinrich Prells, wie es denen übermittelt wurde, die mit ihm in engere Verbindung traten, ist gezeichnet durch sein Wirken als Wissenschaftler der „klassischen Periode" der Zoologie, als Organisator praktischer Aufgaben, als begeisterungsfähiger Hochschullehrer und nicht zuletzt als ein allem Schönen und Guten ganz aufgeschlossener Mensch.

Manfred Gersch

Arthur Simon

25. 2. 1893—5. 5. 1962

Prof. Dr. phil. Dr.-Ing. E. h. Arthur Simon, Dresden, der hochverdiente Vizepräsident der Sächsischen Akademie der Wissenschaften zu Leipzig, erlag am 5. Mai 1962 einer schweren Erkrankung, welche er über viele Jahre seiner letzten großen Schaffensperiode hinweg mit Aufopferung und zäher Unverdrossenheit ertrug.

HEINRICH PRELL
11. 10. 1888 – 25. 4. 1962

WILHELM BLASCHKE
13. 9. 1885 – 17. 3. 1962

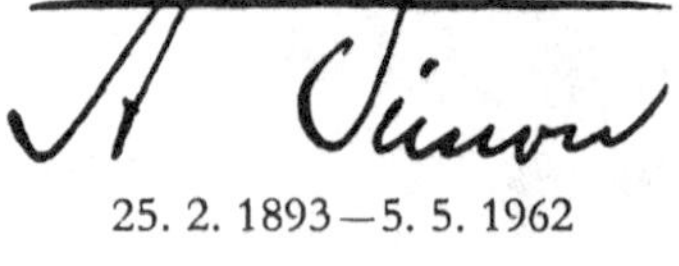

25. 2. 1893—5. 5. 1962

Arthur Johann Caspar Peter Simon wurde am 25. 2. 1893 in Barmen-Wuppertal geboren. Sein Studium, nach Ablegung des Abiturs im Jahre 1912 in München begonnen, durch den Krieg 1914 unterbrochen, konnte er — nach schwerer Verwundung — erst 1920 in Göttingen wieder aufnehmen. Sehr intensive Arbeit bei Windaus und Tammann führte ihn dort bereits 1922 unter Zsigmondy zur Promotion zum Dr. phil., woran sich arbeitsfreudige Assistentenjahre in Göttingen, Clausthal und Stuttgart anschlossen.

In Stuttgart erwarb Simon im Jahre 1927 die venia legendi, um seine erste Vorlesungs- und Unterrichtstätigkeit als Privatdozent aufzunehmen. 1930 erfolgte die Ernennung zum außerordentlichen Professor, nachdem er 1929 einen ersten ehrenvollen Ruf an die Technische Hochschule in Prag abgelehnt hatte. Auch einem weiteren Ruf an die Technische Hochschule in Graz 1931 versagte sich Simon, um die Nachfolge auf dem Lehrstuhl Fritz Foersters an der Technischen Hochschule in Dresden anzutreten, wo er seit Beginn des Sommersemesters 1932 tätig war.

In Dresden spannte Simon mit seltener Tatkraft in wenigen Jahren sein weitverzweigtes Arbeitsgebiet auf, welches er alsbald mit zahlreichen Schülern ebenso zügig wie erfolgreich bearbeiten konnte. Das Institut für anorganische und anorganisch-technische Chemie — Vorlesung und Forschung daselbst — fand seither im In- und Ausland wachsende Anerkennung.

Ein Besuch bei Arthur Simon in Dresden — Einblick in die vorbildliche Anlage und Organisation der Studien- und Forschungseinrichtungen, seine straffe Regie über die weitgesteckten Vorhaben unter Einbeziehung modernster Mittel — hinterließ dem Besucher nachhaltige Eindrücke und Anregungen. So ist Simons Wirken auf dem Dresdner Lehrstuhl reich an wissenschaftlichen Erfolgen geworden, bestechend durch die Vielseitigkeit der bearbeiteten Aufgaben und durch die Entwicklung und Anwendung neuer apparativer Verfahren, gekennzeichnet durch die Unermüdlichkeit und die erstaunliche Kapazität bis in seine letzte Schaffensperiode.

Das wissenschaftliche Interesse Simons hat schon frühzeitig physikalischen bzw. physikalisch-chemischen Gehalt gewonnen, wie denn in sehr vielen seiner experimentellen Arbeiten der theoretische Hintergrund unverkennbar ist und schon die herangezogenen Methoden seine starke physikochemische Neigung bekunden.

Auf rein anorganisch-chemischem Gebiet hat er sich in weitem Umfang der Chemie der sauren Verbindungen des Schwefels gewidmet: Schweflige Säure, Sulfite, Bisulfite, Dithionite, Gleichgewichte der sauren Sulfite wurden in zahlreichen, vor allem ramanspektroskopischen Untersuchungen überzeugend behandelt, wobei in die zahlreichen und eingehenden Untersuchungen auch verwandte Verbindungen wie die Alkalimethansulfonate und Alkansulfonsäurealkalyester sowie das altbekannte Problem der Isomerie und Tautomerie der Alkylderivate der schwefligen Säure unter neuem Aspekt einbezogen wurden. Neben der für die Simon'sche Fragestellung und seine experimentelle Methodik weit im Vordergrund stehenden Ramanspektroskopie wurde hier vor allem auch die IR-Spektroskopie zur Sicherstellung wertvoller Aufschlüsse über Struktur und Konstitution saurer Systeme benutzt. In diesem Zusammenhang mögen nicht übersehen werden die Untersuchungen über die sauren Rubidium- und Caesiumsulfite, ferner über den Zustand saurer Sulfitlösungen des Magnesiums, Calciums, Strontiums und Bariums und die besondere Studie über den Zustand des Wassers in flüssigem Schwefeldioxyd.

Das gesamte aus den Arbeiten Simons über das Verhalten der sauren Schwefelverbindungen hervorleuchtende „Spektrum“ spezieller Anionen, deren genetische Verknüpfung und Reaktionsweise darf inzwischen zum modernen grundlegenden Wissensstand der anorganischen Chemie gezählt werden.

Die hier zuvor skizzierten Arbeiten stellen aber nur eines der Teilgebiete der Forschungen Simons einer weit allgemeineren Bearbeitung der Theorie der anorganischen Säuren dar, in welchem die Leistungsfähigkeit der Ramanspektroskopie als „Filigran“-Methodik bereits sehr deutlich aufgezeigt werden konnte, wie denn die ramanspektroskopische Aufnahmetechnik selbst, in einer besonderen Reihe verdienstvoller Untersuchungen, durch Entwicklung spezieller Brenner, Filter und Strahlenführung durch Simon wesentlich verbessert werden konnte.

Bedeutende Arbeiten aus dem Bereich der Theorie der anorganischen Säuren liegen auf dem Gebiet der homogenen Säuren, der Hydronium- und Acidiumsalze. Salpetersäure, Überchlorsäure, Phosphorsäure, kondensierte Phosphorsäuren „im ramanspektroskopischen Licht“ haben viel umstrittene frühere Anschauungen — bis dahin zumeist aus differentiellen chemischen Reaktionen und aus den UV-Spektren erschlossen — vor allem aus der Leipziger Schule von A. Hantzsch bestätigt bzw. verfeinert und ergänzt. Auch aufschlußreiche Viskositätsmessungen wurden hierbei von Simon neben den spektrometrischen Messungen herangezogen.

Daß das Interesse Simons neben den Erfolgen auf dem letztgenannten Gebiet partiell und analog auch der selenigen Säure und den Seleniten sowie unter den Elementen der 5. Gruppe auch den Säuretypen des Arsens gegolten hat, sei nur nebenher erwähnt.

Die Chemie des Hydroperoxyds und der Peroxisäuren wurde ramanspektrskopisch durch wertvolle Beiträge bereichert: Konstitution und Stabilität des Hydroperoxyds in ammoniakalischer Lösung; Wasserstoffperoxyd im festen und im flüssigen Zustand; Struktur des Peroxydisulfations und des Peroxydiphosphations; Dissoziationsenergie der O—O-Bindung sind Gegenstände wohlbekannter ramanspektroskopischer Untersuchungen.

Unter den Veröffentlichungen Simons findet sich mehrfach die Behandlung komplexchemischer Fragen; erwähnt seien seine Studien über die Berlinerblau-Reaktion, die $\alpha\alpha'$-Dipyridyl-Reaktion und die o-Phenanthrolin-Reaktion sowie über die magnetische Charakterisierung spezieller Cyanokomplexe, ferner die Arbeiten zur Komplexchemie des Lithiums.

In stark physikalischer bzw. physikalisch-chemischer Sicht wurden Beiträge zur Struktur der kristallisierten Materie erbracht: Festkörperreaktionen, Studien zur Silikatchemie, Probleme der in Umwandlung begriffenen Phasen, Nachweis und Verhalten der hochaktiven Zwischenstufen, vor allem oxydischer Verbindungen, führten Simon zu vertieften und erweiterten Erkenntnissen auf dem Gebiet der Katalysatoren.

Die Vielfalt von Simons Wirken offenbart sich nicht zuletzt auf anorganisch-technischem Gebiet, wobei ihm das überaus reichhaltige apparative Repertoire eines der bestausgerüsteten chemischen Institute der anorganischen und anorganisch-technischen Richtung zustatten kam. So wurden von ihm Probleme der trockenen Gasreinigung bearbeitet (Lux-Masse als aktiver Skelettkontakt), die Ausblühungen an keramischen Massen studiert; ramanspektroskopische Untersuchungen wurden zur qualitativen und quantitativen Bestimmung von Schädlingsbekämpfungsmitteln und zur Entwicklung ihrer Herstellungsmethoden vorgenommen.

Schließlich wurde die Ramanspektroskopie zu Struktureinsichten auf Gläser und glasartige Kunststoffe übertragen, auf Vinylpolymerisate und ähnliche Hochpolymere zur Fahndung auf zwischenmolekulare Kräfte. Das Zinkferrit-System wurde behandelt im Hinblick auf die Verhüttung eisenreicher Zinkvorkommen.

In weitem Umfang finden wir die vertiefte Bearbeitung oxydischer Verbindungen des Eisens und spezieller technischer Eisenkontakte. Diesbezüglich ragen in der letzten großen Schaffensperiode der Nachkriegsjahre insbesondere die Untersuchungen an ferromagnetischen Magnettonträgern hervor, welche ihrerseits wiederum die Festkörperchemie der Eisenoxyde und deren Bedeutung für katalytische Fragen in wesentlichen Zügen aufgehellt haben.

Schließlich darf hier der zahlreichen Untersuchungen auf dem Gebiete der Holzimprägnierung — nicht unwesentlich in komplex-chemischer Sicht — nebst allen anliegenden analytischen Aufgaben gedacht werden.

Damit ist das Schaffen Simons nur in großen Zügen umrissen; was der Meister auf dem Gebiet der angewandten Ramanspektroskopie an Rat und Tat, in zahlreichen speziellen Forschungsaufträgen, seinem gesamten Arbeitskreis, all seinen Schülern und Freunden und nicht zuletzt der Technik hat zugute kommen lassen, hat schwer abzuschätzendes Gewicht.

Besondere Verdienste erwarb sich Simon in den Jahren 1946 bis 1948 für den Wiederaufbau der im Krieg zerstörten Institute und die Wiederingangsetzung des Studiums an den Hochschulen des damaligen Landes Sachsen. Als Ministerialdirektor beim Sächsischen Volksbildungsministerium und Leiter der Hauptabteilung Hochschulen und Wissenschaft setzte er sich neben seinen nicht leichten Aufgaben am Dresdener Institut mit ganzer Persönlichkeit für einen neuen Beginn und den Wiederaufstieg des akademischen Lebens — nicht nur auf dem Gebiete der Chemie — an den sächsischen Hochschulen und in weiterem Aspekt auch bei der Sächsischen Akademie der Wissenschaften zu Leipzig ein.

Einem so arbeitsreichen und erfolgreichen Schaffen blieb auch die äußere Anerkennung nicht versagt. Bereits in seiner Privatdozentenzeit wurde er an der Technischen Hochschule Stuttgart 1927 mit dem Alexander-Gutbier-Preis ausgezeichnet. 1949 wurde er in das Kuratorium des Deutschen Museums in München berufen; 1953 erhielt er den Nationalpreis der DDR; 1956 die Clemens-Winkler-Medaille der Chemischen Gesellschaft in der DDR; 1958 das Ehrendoktorat der Technischen Hochschule Darmstadt. Mit vielen Vorträgen und Anregungen hat er gewirkt als ordentliches Mitglied der Deutschen Akademie der Wissenschaften zu Berlin, als ordentliches Mitglied (seit 1. 7. 1948) und späterer Vizepräsident der Sächsischen Akademie der Wissenschaften zu Leipzig sowie als Senator der Deutschen Akademie der Naturforscher (Leopoldina) in Halle.

Arthur Simon, Ehrenmitglied der Chemischen Gesellschaft in der DDR, war einer der führenden Vertreter der anorganischen Chemie seiner Generation, der in seinem eindrucksvollen Vortrag, in seiner Diskussionsfrische und -strenge und in seinem kollegialen, aufrechten Rat auf vielen Zusammenkünften der Fachgenossen als markante Lehrer- und Forscherpersönlichkeit verehrt wurde. Aus seinem Wirkungskreis sind nicht wenige begabte Schüler hervorgegangen, die in der Industrie, in Forschungsinstituten und an Hochschulen sein Werk fortsetzen.

Leopold Wolf

Werner Hueck

geb. am 18. IV. 1882 in Lüdenscheid
gest. am 1. VII. 1962 in München

Prof. der allg. Pathologie und pathologischen Anatomie
(Zuwahl: 1. VII. 1925 als o. Mitglied)

Auf seinen besonderen Wunsch wird ein Nachruf nicht gebracht.

Franz Dornseiff

20. 3. 1888—22. 5. 1960

Einer der gebildetsten unter seinen Fachgenossen des letzten Halbjahrhunderts, von erstaunlicher Belesenheit, ungewöhnlicher Vielseitigkeit der Interessen und der Arbeitsgegenstände, durch künstlerisches Gefühl ausgezeichnet, von scharfer Beobachtungsgabe, unermüdlich fleißig, kritisch, überaus einfallsreich, immer eigene Wege gehend, hat Franz Dornseiff es nicht leicht gemacht, zu einer zutreffenden Beurteilung seiner wissenschaftlichen Persönlichkeit zu kommen: der Eigenwillige übte seinen Widerspruchsgeist, zugleich immer geneigt, seinen Witz spielen zu lassen, nicht nur in immer wiederholtem Ankämpfen gegen communis opinio, was ja bei Aufbringen des notwendigen Geschützes die Wissenschaft voran treibt, sondern auch in öfter stark respektloser Redeweise gegenüber Erscheinungen der Antike von verschiedener Werthöhe, denen gegenüber jedenfalls Distance des Ausdrucks geboten ist.

Am 20. März 1888 in Gießen als Sohn eines Landgerichtsdirektors geboren, erfuhr Dornseiff schon während seiner Schulzeit auf dem Gießener Gymnasium durch Bekanntschaft mit Albrecht Dieterich und Hugo Hepding Anregungen in Richtung auf die Volkskunde, deren Auswirkungen auf seine wissenschaftlichen Arbeiten deutlich hervortreten sollte. Ausgesprochen musikalisch begabt, was sich später in Klavier- und Cellospiel kundgab, wünschte er sich ganz der Musik zu widmen, jedoch der Vater widersetzte sich.

Vom klassischen Altertum bereits angerührt, studierte Dornseiff klassische Philologie, zugleich auch Germanistik, in Heidelberg, München und Berlin. Unter seinen Lehrern nennt er selbst als bestimmend Albrecht Dieterich, Franz Boll, Otto Crusius,

Ulrich von Wilamowitz-Moellendorff, Adolf von Harnack. Zu den Freunden seiner Studienzeit gehörten Friedrich Gundolf und Ernst Robert Curtius. Dornseiff promovierte in Heidelberg bei Boll mit der Schrift „Buchstabenmystik" (1916), die vollständig ausgearbeitet wurde zu dem 1922 erschienen Buch „Das Alphabet in Mystik und Magie" (2. Aufl. 1925). Die Volkskunde, in die Dornseiff durch die Arbeit an diesem Buch eingetreten war, half ihm später in manchen Textinterpretationen zutreffende Lösungen zu finden.

Im ersten Weltkrieg war Dornseiff mehrere Jahre zum Dolmetscherdienst eingezogen. Nach Kriegsende war er an verschiedenen Gymnasien als Lehrpraktikant tätig, so am Peter Hebel-Gymnasium in Lörrach. 1921 habilitierte er sich in Basel mit der ausgezeichneten Schrift „Pindars Stil", die zum Besten gehört, was es an Stilcharakteristik gibt. Im gleichen Jahr veröffentlichte er „Pindar übersetzt und erläutert". Es ist sehr zu bedauern, daß die geplante zweisprachige Ausgabe mit dem griechischen Text der Ausgabe von Snell und mit der neugestalteten Übersetzung nicht zur Ausführung gekommen ist. 1925 wurde Dornseiff auf Wilamowitz' Empfehlung als Extraordinarius nach Berlin berufen, 1926 als Ordinarius nach Greifswald, wo er mit einer kurzen Unterbrechung in der allerersten Nachkriegszeit bis 1948 wirkte. Seit diesem Jahr bis zu seinem Tod am 22. Mai 1960 war er Professor mit Lehrstuhl in Leipzig. Die Sächsische Akademie der Wissenschaften und das Deutsche Archäologische Institut wählten ihn als ordentliches Mitglied. 1959 erhielt er den Nationalpreis der Deutschen Demokratischen Republik. Zu seinem 65. Geburtstag wurde ihm eine Festschrift gewidmet.

Auf dem Gebiet der griechischen Literatur wandte sich Dornseiff mit Vorliebe der Frühzeit zu, Homer, den sog. homerischen Hymnen, der Lyrik; „die archaische Mythenerzählung" (1933) darf als repräsentativ hervorgehoben werden. In dieser Beschäftigung mit der frühgriechischen Literatur verwirklicht Dornseiff eines seiner Hauptanliegen, das er von Anfang an verfolgt hat: den Nachweis der Beeinflussung des frühen Griechentums durch die Kulturen des Vorderen Orients — ein Anliegen, das in den Anfängen auf keine günstige Aufnahme bei den Fachgenossen rechnen konnte; aber die Aufsehen erregenden Funde der letzten Jahrzehnte in den semitischen Ländern haben ihm in Grenzen Recht gegeben; s. F. D., Antike und alter Orient. Interpretationen. (1956, 2. Aufl. 1959 = Kleine Schriften I). Die literarische Formgattung der Priamel ließ er durch seinen Schüler W. Kröhling in der Dissertation: Die Priamel (Beispielreihung) als Stilmittel in der griechisch-römischen Dichtung (1935) bearbeiten; er selbst fügte ein Nachwort hinzu: Die altorientalische Priamel (= Kl. Schrr. I 379ff.)[1].

Ein weiteres Anliegen Dornseiffs tritt gerade in den Arbeiten über die frühgriechische Literatur besonders hervor, ohne sich darauf zu beschränken: das Bemühen, große und ebenso weniger umfangreiche Dichtungen, auch Prosawerke, vor der Analyse zu schützen, um es etwas spitz auszudrücken. Es ist hier nicht der Ort, auf die verschiedenartigen Einzelfälle einzugehen.

[1] S. dazu auch: Das Geheimnis der Form von Manriques Coplas und Villons Ballade (1940) = Kl. Schr. I 394ff. (S. 395: Formal liegt beiderseits Priamel vor).

Im Gebiet der lateinischen Literatur beschäftigte sich Dornseiff vorzugsweise mit Catull und mit den augusteischen Dichtern.

Ein sehr wesentlicher Teil von Dornseiffs Leistungen galt der Sprache und zwar einerseits dem Wortschatz und andrerseits bestimmten durchgehenden Erscheinungen des Sprachlebens wie dem Bedeutungswandel. Vom ersteren zeugen „Der deutsche Wortschatz nach Sachgruppen", eines seiner Hauptwerke (1934, 5. Aufl. 1959) und Beobachtungen, die sich auch auf die Sprache des täglichen Lebens erstrecken.

Über die klassische Philologie greift hinaus und bleibt doch in Verbindung mit ihr Dornseiffs vergleichende Interpretation des Alten Testaments, die er mit größtem Eifer betrieb, und in weit geringerem Maße die des Neuen Testaments. Diese Forschung, zu der Dornseiff schon sehr früh durch die Lektüre religionsgeschichtlicher Volksbücher den Grund gelegt hatte, steht mit den oben hervorgehobenen Bemühungen um den Nachweis der Beeinflussung des frühen Griechentums durch den nahen Orient in engstem Zusammenhang. Es wäre höchst wünschenswert, über die Gesamtheit der alttestamentlichen Forschungen Dornseiffs das Urteil eines Fachmannes zu erfahren.

Dornseiffs vielseitig interessierter und überall scharf beobachtender und urteilender Geist, dessen Gesichtskreis ausgedehnte Reisen erweiterten, hat sich nicht auf Sprache, Literatur und Geschichte beschränkt. Besonders in früheren Jahren, aber auch später noch, hat er sich über Bildungs- und überhaupt kulturpolitische Fragen, auch über politische Fragen, öffentlich geäußert; charakteristisch: „Mensch und Maschine", Preuss. Jbb. 1919.

Dornseiffs ungemeine Vielseitigkeit stellt sich auch in seinen sehr zahlreichen Rezensionen dar sowie in den rund 50 unter ihm gearbeiteten Dissertationen, unter denen allerdings eine Anzahl von einem durch die nationalsozialistische Regierung abgesetzten Kollegen übernommen worden ist[1].

Die in der Festschrift für Dornseiff (1953) bis zu diesem Jahr zusammengestellte Bibliographie ist in der Wissenschaftl. Zeitschr. der Karl-Marx-Universität Leipzig, Gesellsch.- und Sprachwissenschaftl. Reihe 9 (1959/60) H. 5, Beil. bis zum Todesjahr fortgeführt.

Friedrich Zucker

[1] Den Nachrufen von Jürgen Werner, Gnomon 32 (1960) 779ff. und FuF 1960, 252f. sind die vorstehenden Zeilen mehrfach verpflichtet.

Wilhelm Schubart

21. 10. 1873—9. 8. 1960

Nahezu 87 Jahre alt starb Wilhelm Schubart am 9. August 1960. Als einen der ersten Meister der Papyruskunde kennen ihn die Fachgenossen in aller Welt, der entziffern konnte wie nur wenige, der große Mengen von Papyri edierte, der sprachsicher, scharfsinnig und lebendig-anschaulich interpretierte, der Fachbücher verfaßte, die nicht nur in der Papyrologie, sondern auch in der klassischen Philologie eifrig gebraucht werden. Aber vielleicht nicht so sehr viele wissen von der Weite seiner Geschichtskenntnis, von seiner literarischen Belesenheit und der Selbständigkeit und Tiefe des Denkens, womit er beides durchdrang, kurz von der Weite und Tiefe seiner Bildung. Wer die Sammlung größerer Aufsätze unter dem Titel „Glaube und Bildung im Wandel der Zeiten" (1947) und den Band „Christentum und Abendland" (1947) nicht kennt, kennt den Gelehrten und Forscher ganz eigener Prägung, Wilhelm Schubart, nur zu einem Teil.

Am 21. Oktober 1873 in Liegnitz als Sohn eines Konsistorialrats geboren, widmete sich Schubart dem Studium der Alten Geschichte, klassischen Philologie und Philosophie in Tübingen, Halle, Berlin, Breslau und promovierte 1900 in der letzteren Universität bei Ulrich Wilcken mit einer Dissertation, die im wesentlichen auf Papyrusurkunden der ptolemäischen Zeit beruhte. Im selben Jahr trat er nach vorausgegangenem mehrjährigen Gymnasialunterricht, zuletzt am Grauen Kloster in Berlin, in den Dienst der Königlichen Museen. 37 Jahre lang, zunächst als Direktorialassistent, 1912 zum Professor ernannt, leitete er die berühmte Papyrussammlung. Gegen Kriegsende durch Bombenangriff seiner Wohnung und Bibliothek in Berlin-Lichterfelde beraubt, von Verwandten in Zwickau aufgenommen, 1946 als ord. Professor für Alte Geschichte nach Leipzig berufen, lehrte er dort bis in sein 79. Lebensjahr. 1952 siedelt er nach Halle über. In den letzten Jahren stark geschwächt, erfuhr er aufopferndste Pflege seiner Frau.

Entzifferungskunst ist das erste Erfordernis des Papyrologen. Schubart bewältigte mit Meisterschaft die schwierigsten Schriften und schwerst beschädigte Exemplare. Seine größte Leistung in dieser Hinsicht sind die Stücke aus dem Büro eines Rechtsanwalts in Alexandria aus augusteischer Zeit (BGU IV 1050ff.; vgl. PGB Taf. 12.13. als Schriftproben). Schubarts Editorentätigkeit begann mit literarischen Texten, d. h. der Entzifferung und Textgestaltung der in den sog. Berliner Klassikertexten von Diels, Wilamowitz und anderen bearbeiteten Stücke, und zufällig waren literarische Papyri seine letzte Edition, die Berliner Fragmente (SB Leipzig 1950). Aber weitaus der größte Teil seiner imponierenden Editionstätigkeit gehörte Urkundentexten, deren Hauptmasse in verschiedenen Bänden der BGU enthalten ist. Das berühmteste Stück seiner Berliner Urkundenpublikationen ist der Gnomen des Idiologos, den dann Graf Uxkull-Gyllenband kommentierte, eine Instruktion für den mit der Verwaltung der unregelmäßigen Staatseinnahmen beauftragten hohen Beamten, bestehend aus einer Sammlung von Verfügungen und Entscheidungen der Kaiser, des Senats, der Statthalter und der Vorgänger im Amt des Idiologos. Auch die Herausgabe der Papyri der Universitätsbibliothek Erlangen wurde Schubart anvertraut.

Seine Urkundenkommentare sind, wie schon teilweise hervorgehoben, durch Sprachsicherheit, Scharfsinn und lebendig-anschauliche Auffassung der Situationen und der Menschen ausgezeichnet, von der Beherrschung des Materials nicht zu reden. Ein Muster der Ausschöpfung einer Materialgruppe nach allen Seiten zur Gewinnung der darin enthaltenen Information ist die Untersuchung der vorhin genannten alexandrinischen Urkunden (Archiv f. Papyrusforschung 5).

Mehrere wichtige Fachbücher werden Schubart verdankt, die gerade auch den Nicht-Papyrologen von größtem Nutzen sind. Das unentbehrliche Handbuch mit dem Titel „Das Buch bei den Griechen und Römern" ([3] 1961); die 50 Abbildungstafeln P(apyri) G(reacae) B(erolinenses), ein vortrefflich ausgewähltes Anschauungsmaterial der literarischen Schrift und der Kursive mit lateinisch abgefaßten Erläuterungen (1911). In Schubarts „Griechischer Paläographie" — leider ein irreführender Titel, da von der byzantinischen Schrift nur die Frühzeit berücksichtigt ist — ist eine Stilkunde der Kursive angebahnt. Selbständig neben Wilckens „Grundzügen" steht Schubarts „Einführng in die Papyruskunde" (1918), selbständig nicht nur durch die ausführliche Einbeziehung der literarischen Papyri, sondern durch völlig verschiedene Anlage; aber sie steht in der Benützung sehr stark hinter den „Grundzügen" zurück.

Schubart war sehr viel daran gelegen, mit der durch die Papyrusmassen buchstäblich aus dem Boden neu aufgestiegenen Welt der öffentlichen Institutionen und des privaten Lebens das größere geschichtlich interessierte Publikum bekannt zu machen. Das sehr anziehend bildlich ausgestattete Buch „Ein Jahrtausend am Nil", eine Sammlung von Privatbriefen in Übersetzung mit einer Einleitung führt in das tägliche Leben in Ägypten ein (1912. [2]1923). Das ausführliche Buch „Ägypten von Alexander dem Großen bis Muhammed" (1922) schildert in eingehender Beschreibung die Zustände des Landes; die der byzantinischen Zeit verdienen besondere Aufmerksamkeit. Nur in gewissen Beziehungen steht zur Papyruskunde das Werk „Justinian und Theodora" (1943), mit dem sich Schubart ebenfalls an weitere Kreise geschichtlich Interessierter wendet.

Zu Anfang war gesagt, daß Schubart keineswegs nur Papyrologe war, und waren die beiden Bücher genannt, die, zu seinen fachlichen Leistungen hinzutretend, ihn im ganzen Umfang seines Wissens und seiner Bildung kennen lehren und in der ganzen Eigenständigkeit seines geistigen Wesens. In seiner Hilfsbereitschaft und Liebenswürdigkeit erfuhren den Gelehrten und Forscher schon seine Korrespondenten; den bei aller Illusionslosigkeit tief gütigen Mann erfuhren alle, die das Glück hatten, in persönliche Beziehungen zu ihm zu kommen.

Schubarts große wissenschaftliche Leistungen fanden weithin Anerkennung. Er war Mitglied des Redaktionskollegiums des „Gnomon" von 1924 bis zu dessen Beschränkung auf drei i. J. 1934. I. J. 1920 wurde er von der juristischen Fakultät der Universität Frankfurt/Main zum Dr. iur. h. c. promoviert. Er war ordentliches Mitglied der Sächsischen Akademie der Wissenschaften, korrespondierendes Mitglied der Akademien zu Berlin, Göttingen und Wien, der British Academy, Ehrenmitglied der Society for the promotion of Hellenic Studies, auswärtiges Mitglied der Kungl. Vetenskaps-och Vitterhets-Samhälle zu Göteborg, seit Bestehen der Association Internationale de Papyrologues einer der Ehrenpräsidenten des Comité International de Papyrologie, und er hatte den Titel „Hervorragender Wissenschaftler des Volkes" von der Regierung der Deutschen Demokratischen Republik verliehen erhalten.

Zum 75. Geburtstag (1948) wurde Schubart eine Festschrift gewidmet (erschienen 1950). Diese enthält auch eine Bibliographie von 303 Nummern, innerhalb deren auch die große Zahl von Rezensionen die ungemeine Vielseitigkeit Schubarts deutlich erkennen läßt.

Friedrich Zucker

FRANZ DORNSEIFF
20. 3. 1888—22. 5. 1960

WILHELM SCHUBART
21. 10. 1873—9. 8. 1960

JOSEPH AISTLEITNER
2. 5. 1883 — 9. 9. 1960

HERMANN JUNKER
29. 11.1877 — 9. 1. 1962

Joseph Aistleitner

2. 5. 1883—9. 9. 1960

Joseph Aistleitner hat nach dem Besuche der Mittelschule und des Gymnasiums seiner Vaterstadt Sopron an der katholisch-theologischen Akademie in Győr und an der Wiener Universität in den Jahren 1900—1906 Theologie und orientalische Sprachen studiert und ist 1907 zum Dr. theol. promoviert worden. 1907—1913 hat er die freie Zeit, die ihm seine kirchliche Hilfsdiensttätigkeit ließ, zum Studium der Geschichte und der Geographie an der Budapester Universität ausgenutzt und sich 1913 das Mittelschullehrer-Diplom für diese Fächer erworben. 1913—1925 lehrte er an der römisch-katholischen Hochschule in Győr Geschichte und Geographie und setzte dabei seine orientalistischen Studien fort, wobei jetzt die Assyriologie eine besondere Rolle spielte. 1925 zum ordentlichen Professor in der katholisch-theologischen Fakultät der Budapester Universität berufen, ist er hier als solcher ein Vierteljahrhundert tätig gewesen. 1950 wurde er emeritiert, hat aber auch weiterhin, solange es seine Gesundheit erlaubte, als Mitglied der Orientalistischen Kommission der Ungarischen Akademie der Wissenschaften an deren Arbeit teilgenommen. 1959 hat die Sächsische Akademie der Wissenschaften zu Leipzig ihn in Würdigung seiner wissenschaftlichen Leistungen zum Korrespondierenden Mitglied gewählt. Am 9. September 1960 machte ein sanfter Tod seiner wissenschaftlichen Arbeit ein Ende.

Die Arbeiten, die Aistleitners Namen in der Orientalistischen Welt bekannt gemacht und auch seine Wahl zum Mitgliede der Sächsischen Akademie veranlaßt haben, beziehen sich auf die seit 1929 durch den Spaten der Ausgräber dem Boden des nordwestsyrischen Ras Schamra, der Stätte des antiken Ugarit, abgewonnenen Texte. Doch bevor von ihnen die Rede sein kann, muß der Bücher und Aufsätze Aistleitners gedacht werden, die es mit Fragen der Semitistik und der Alttestamentlichen Wissenschaft zu tun haben oder doch der wichtigsten unter ihnen. Es sind, in chronologischer Folge aufgezählt, diese:

Des préformatives verbaux sumériens et principalement des préfixes subjectives: Revue d'Assyriologie 20, 1923, 53—71.

Zu Ps. 68: Biblische Zeitschrift 19, 1931, 29—41.

Héber nyelvtan = Hebräische Grammatik, Budapest 1932.

Jób könyve = Das Buch Job in: Ószövetségi Szentirás = Altes Testament II, Budapest 1932, 362—456.

A Példabeszédek könyve, A Prédikator, Az Énekek Éneke, A Bölcseség könyve, Jézus, Sirák fiának könyve = Proverbia, Kohelet, Canticum Canticorum, Sapientia Salomonis, Ecclesiasticus in: Ószövetségi Szentirás II, Budapest, 1932, 713—1043.

Vázlatos szir nyelvtan = Kurzgefaßte syrische Grammatik, Budapest 1937.

Az ékiratos családi jog főbb vonásai. A Pázmány Egyetem 306 éves alapitásának közgyülésén tartott beszéd = Die Hauptgrundzüge des keilschriftlichen Familienrechtes. Rede gelegentlich der 306. Jahreswende der Gründung der Pázmány-Universität, Budapest 1941.

Nach Ausweis der soeben genannten Arbeiten in der Welt der Semitistik und in der des Alten Testaments wohl bewandert, besaß Aistleitner das Rüstzeug zu alsbaldiger Inangriffnahme der seit 1929 bekannt gewordenen ugaritischen Texte, die — in einem bis dahin ganz unbekannten keilschriftlichen Alphabet abgefaßt — sich als Vertreter einer kanaanäischen, dem Hebräischen und dem Phönizischen verwandten, wohl als protokanaanäisch oder auch als „ugaritisch" im engeren Sinne bezeichneten Sprache herausstellten und eine Fülle linguistischer, literarischer und historischer Fragen aufwarfen. Das ganze letzte Vierteljahrhundert seines Lebens, die Jahre 1935—1960, hat Aistleitner dem Studium dieser Texte gewidmet, das vor allem ihrer lexikographisch-grammatikalischen Untersuchung galt, aber auch die mit ihnen gegebenen literar- und religionshistorischen Fragen keineswegs vernachlässigte. Es handelt sich um diese Arbeiten:

Rasz Samra: Theologia 1935, 97—103. 193—204. 291—302.

Zum Verständnis des Ras-Schamra-Textes I D in: Dissertationes in honorem Dr. Eduardi Mahler, Budapest, 1937, 37—52.

Die Keret-Legende. Deutschsprachiger Auszug aus der Zeitschrift Theologia 1938, Budapest 1938.

Die Nikkal-Hymne aus Ras Schamra: ZDMG 93, 1939, 52—59.

Die Anat-Texte aus Ras-Schamra: ZAW 57, 1939, 193—211.

Az istenfogalom egy elfelejtett nép hitregéiben = Der Gottesbegriff in den Mythen eines vergessenen Volkes: Bölcseleti Közlemények, 1940, 5—14.

Untersuchungen zum Mitlaut-Bestand des Ugaritisch-Semitischen in: Ignace Goldziher Memorial Volume, Part I, Budapest, 1948, 209—225.

Götterzeugung in Ugarit und Dilmun (SS und Ni. 4561): Acta Orientalia Hungarica 3, 1953, 285—312.

Ein Opfertext aus Ugarit (1929 No. 2): Acta Orientalia Hungarica 4, 1954, 259—270.

Untersuchungen zur Grammatik des Ugaritischen (Berichte über die Verhandlungen der Sächsischen Akademie der Wissenschaften zu Leipzig. Philologisch-historische Klasse, Band 100, Heft 6), Berlin 1954.

Ein Opfertext aus Ugarit (No. 53) mit Exkurs über kosmologische Beziehungen der ugaritischen Mythologie in: Acta Orientalia Hungarica 5, 1955, 1—23.

Studien zur Frage der Sprachverwandtschaft des Ugaritischen I in: Acta Orientalia Hungarica 7, 1957, 251—307.

Studien zur Frage der Sprachverwandtschaft des Ugaritischen II in: Acta Orientalia Hungarica 8, 1958, 51—98.

Die mythologischen und kultischen Texte aus Ras Schamra übersetzt, Budapest, 1959.

Das ugaritische hinweisende Fürwort *hn* in: Bibliotheca Orientalis 17, 1960, 11—12.

Lexikalisches zu den ugaritischen Texten in: Acta Orientalia Hungarica 11, 1960, 29—34.

Wörterbuch der ugaritischen Sprache. Herausgegeben von Otto Eißfeldt (Berichte über die Verhandlungen der Sächsischen Akademie der Wissenschaften zu Leipzig. Philologisch-historische Klasse, Band 106, Heft 3), Berlin, 1963.

Aistleitners ugaritologische Arbeiten beruhen alle auf gründlicher lexikographisch-grammatikalisch-exegetischer Untersuchung der ugaritischen Texte und umfassender Heranziehung des Wortschatzes und der Grammatik der dem Ugaritischen verwandten Sprachen und Dialekte. Gehen sie auch häufig eigene Wege, so sind die von ihm vorgelegten Etymologie- und Übersetzungsvorschläge doch immer beachtenswert und können der Erklärung des jeweiligen Phänomens auch dann zustatten kommen, wenn sie keine Gefolgschaft verdienen. Aistleitner ist es vergönnt gewesen, seine ugaritologischen Einzelstudien in drei größeren Werken zusammenzufassen, in den „Untersuchungen zur Grammatik des Ugaritischen" von 1954, in der Übersetzung der „Mythologischen und Kultischen Texte aus Ras Schamra" von 1959 und in dem „Wörterbuch der Ugaritischen Sprache" von 1960 (1963). Aber der Vorläufigkeit auch dieser synthetischen Arbeiten ist er sich immer bewußt geblieben. Im Vorwort zu den „Untersuchungen" von 1954 heißt es: „Manches in diesem Buche Gebotene erhebt nicht den Anspruch, als abschließend betrachtet zu werden, und will nur als Momentaufnahme dessen gelten, was ich eben jetzt für das am meisten Wahrscheinliche halte". Das Vorwort zu der Übersetzung spricht von dem in ihr wohl zu findenden „Eigengut", das neben tastenden Versuchen „auch etliche mit größerer Zuversicht vorgetragene Übersetzungen, die Gemeingut werden möchten", enthielte, und fügt dem alsbald hinzu: „Es wird aber keinesfalls der Anspruch erhoben, in allem ein Definitivum geboten zu haben", und das Vorwort zu dem „Wörterbuch" von 1960 (1963) stellt in aller Bescheidenheit das als Ziel dieses Buches hin, „das Verständnis der Texte und die weitere Untersuchung der vielen noch offenen Fragen zu erleichtern". Den so umschriebenen Dienst hat Aistleitner mit seinem Lebenswerk der Ugaritologie jedenfalls geleistet.

Otto Eißfeldt

Hermann Junker

29. 11. 1877—9. 1. 1962

Mit dem korr. Mitglied der Phil.-Hist. Klasse, Hrn. Hermann Junker, hat die Wissenschaft vom alten Ägypten einen hingebungsvollen Diener und zugleich einen großen Meister verloren. Ein außerordentliches Lebenswerk hat den Verstorbenen zu einem der führenden Geister seiner Disziplin gemacht; schon heute kann gesagt werden, daß er der letzte gewesen ist, der alle Zweige der sich in raschem Tempo spezialisierenden Ägyptologie nicht nur in der Lehre, sondern ebenso in der Forschung beherrscht hat. Darüber hinaus schloß er in seiner Person die Tätigkeit eines erfolgreichen Ausgräbers mit der eines die Materialien durchdringenden Gelehrten in wohl einzigartiger Weise zusammen. Zeugnis davon legen uns vor allem die 12 Bände der Publikation seiner Grabungen in Gîza (durchgeführt 1912/14 und 1925/1929) ab, die mit bewundernswerter Regelmäßigkeit von 1929 bis 1955 erschienen und die vielschichtigen Funde nach allen Richtungen hin beschrieben, deuteten und in die Zusammenhänge stellten. Man hat seine Edition treffend eine umfassende Kulturgeschichte des Alten Reiches genannt. In der Gîza-Grabung wurde Junker übrigens auch mit einer Unternehmung der Leipziger Akademie verbunden, indem er als Beauftragter Wiens dort in eine Konzession Georg Steindorffs eintrat. Auch an nubischen Plätzen (El-Kubanieh, Ermenne, Toschke) und, u. a., im Westdelta (Merimde-Benisalâme) setzte er den Spaten an und führte uns am letztgenannten Orte in die älteste Schicht des ägyptischen Neolithikum. Dabei war Junker nach seinem eigenen Zeugnis archäologisch zunächst ohne Erfahrung und wuchs in die Dinge erst durch die sachlichen Notwendigkeiten hinein, dann allerdings mit jener Gründlichkeit, die allenthalben seine Arbeit auszeichnet.

Denn es war die Philologie, die einst den jungen Kaplan von Ahrweiler zur Ägyptologie gezogen hatte. Als Schüler des großen Adolf Erman studierte er von 1901/03 in Berlin und nahm hier an den epochemachenden Forschungen aktiven Anteil, die die Berliner Schule für längere Zeit zum Zentrum der Ägyptenphilologie gemacht hatten. Ihm blieb es vorbehalten, sich zunächst für die Zwecke des Ägyptischen Wörterbuches in die graphisch und sprachlich schwierigen Textmassen der Tempel ptolemäischer und frührömischer Zeit einzuarbeiten und sie für alle Nachfahren aufzubereiten. Seine Dissertation über *das Schriftsystem im Tempel der Hathor in Dendera* (1903) und seine Habilitation mit der *Grammatik der Denderatexte* (1906) waren die ersten Früchte dieser harten, entsagungsvollen Arbeit, bei deren Bewältigung Junker sich kaum 12 Stunden Schlaf wöchentlich gönnte. Später hat er aus der Fülle dieser Texte religionsgeschichtliche Untersuchungen geschöpft, die zugleich als methodische Meisterwerke für die Ermittlung mythologischer und theologischer Formen beispielhaft wurden: vor allem *die Stundenwachen in den Osirismysterien* (*1910*), *das Götterdekret über das Abaton* (*1913*) und *die Onurislegende* (*1917*). Im höchsten Alter aber, nachdem das große Werk der Gîza-Publikation vollendet war, hat er sich mit ganzer Energie seiner Ausgangsposition wieder zugewendet und uns mit dem *Großen Pylon der Isis in Philä* (*1958*) einen ersten Band der Philä-Texte geschenkt, deren zweiter von seinem letzten Schüler E. Winter zum Druck besorgt wird und dem hoffentlich bald die Edition und Übersetzung aller hieroglyphischen Inschriften der Tempel von Philä folgen kann. Der Aktionsradius Junkers griff indes weit über die beiden freilich dominanten Komplexe des Alten Reiches und der Spätzeit hinaus. Seinem Beitrag zur Erschließung der ägyptischen Vorgeschichte namentlich als Ausgräber Merimdes fügte er kurz vor seinem Tode, bis zuletzt unablässig Neuem offen, einen kühnen Rekonstruktionsversuch hinzu: *Die Geisteshaltung der Ägypter in der Frühzeit* (*1961*). Am anderen Ende steht seine frühe, doch unveraltete Arbeit über *Koptische Poesie des 10. Jahrhunderts* (*1908/11*), so daß mit Fug und Recht gesagt werden kann, er habe die Geschichte Ägyptens und seiner Formenwelt von den Anfängen im 5. Jahrtausend v. Chr. bis zum Ausgang um die Wende zu unserem eigenen Millennium als Ausgräber, Archäologe, Philologe und Historiker erforscht. Daß er auch auf der Strecke dieser bedeutenden und langen Geschichte Beiträge von Rang geleistet hat, ja daß er auf Seitenpfaden wie dem der Nubadialekte vorgestoßen ist, mag eben erwähnt werden; eine knappe, Rezensionen und Nekrologe beiseitelassende Bibliographie seiner Arbeiten ist in einer der beiden Festschriften erschienen, die der außerordentliche Mann zu seinem 80. Geburtstag erhielt (*Wiener Zeitschrift für die Kunde des Morgenlandes 54, 1957, S. VIIff.*).

Bei all den Erfolgen, die Hermann Junker durch seine eminente Sprachbegabung, seinen scharfen Verstand, seinen heroischen Fleiß und sein Organisationstalent beschieden waren, blieb der Verewigte ein bescheidener Mann von großer Herzensgüte. Die Fülle der akademischen und öffentlichen Ehrungen, die ihm im Laufe seines Lebens zuteil geworden waren, behielt er selbst vor dem Kreise seiner Nächsten für sich, so daß sie nach seinem Tode der biographischen Vollständigkeit halber zusammengetragen werden mußten. Das Gehalt, das er als Professor in Kairo bezog, ließ er von vornherein als Stipendien verteilen, und in seinem Nachlaß fanden sich neben der sehr schwer übersehbaren wissenschaftlichen Korrespondenz fast nur Zahlungsbelege, die von der freigebigen Hilfsbereitschaft eines Mannes zeugen, der Ansprüche nur an sich selbst, aber nicht an den äußeren Glanz des Lebens gestellt hat.

Junker war Rheinländer, gebürtig aus Bendorf. Kind schlichter Eltern studierte er zunächst katholische Theologie, wurde von der Kirche frühzeitig für die Wissenschaft freigestellt, kam nach seiner Berliner Zeit und seinen Studien in Strassburg und Paris auf eindrucksvolle Empfehlung Ermans 1909 als Nachfolger Leo Reinischs nach Wien (Extraordinarius), wurde dort 1912 Ordinarius (1914 auch Akademiemitglied) und folgte 1929 einem ehrenvollen Ruf nach Kairo, wo er die deutsche Ägyptologie als Direktor der dortigen Abteilung des Deutschen Archäologischen Instituts außerordentlich wirkungsvoll vertrat. Wien blieb er als Honorarprofessor verbunden, in Kairo lehrte er von 1929 bis 1939 nebenamtlich an der Universität. Überall hinterließ sein Wirken im Sachlichen und Menschlichen tiefe und segensreiche Spuren. Daß er Priester war, vergaß er bei alledem nie, und dort, wo er Religion erforschte, gewannen seine Arbeiten aus seiner geistigen Herkunft zu allen anderen Vorzügen ein besonderes Verhältnis zum Gegenstand. Was er gekonnt hat, wird so bald ein anderer nicht wieder können.

Siegfried Morenz

Ferdinand Sommer

4. 5. 1875—3. 4. 1962

Als am 3. April 1962 das auswärtige, früher ordentliche Mitglied der philologisch-historischen Klasse unserer Sächsischen Akademie der Wissenschaften, der Geheime Regierungsrat und emeritierte Ordinarius für allgemeine und indogermanische Sprachwissenschaft an der Univrsität München, Dr. phil. Ferdinand Sommer, einen Monat vor seinem 87. Geburtstage und wenige Tage vor seinem sechzigjährigen Professorenjubiläum an zwei schweren Herzanfällen von uns schied, hatte die deutsche Wissenschaft, insbesondere die indogermanische Philologie, einen ihrer genialsten Wegbereiter verloren. Er war der letzte der Großen, die aus der Schule Karl Brugmanns hervorgegangen sind. F. Sommer war ein Mann, der als exakter Forscher, strenger Methodiker, begeisterter und begeisternder Lehrer, aber nicht zuletzt auch als Mensch in gleicher Weise eine ungewöhnliche Bedeutung besaß, hoch verehrt und tief betrauert von all denen, die das Glück hatten, mit ihm in engeren Kontakt zu kommen, besonders auch von seinen Schülern, denen der Verewigte stets ein treuer und zielsicherer Berater gewesen ist und mit denen er bis zuletzt, namentlich auch auf gemeinsamen Wanderungen in die schöne Umgebung Münchens, sehr herzliche Beziehungen unterhielt. F. Sommer war im Grunde seines Wesens ein heiterer, temperamentvoller, lebensbejahender und den Musen holder Mensch, der selbst mit großer Kunst das Pianoforte spielte.

Er wurde am 4. Mai 1875 in Trier geboren. Sein Vater zeichnete sich durch einen umfassenden Geist aus, war ein hervorragender Lateiner, sehr belesen und vor allem in der klassischen deutschen Literatur bewandert. Seine Mutter besaß eine rege Phantasie und einen sprudelnden Humor, so daß man sie im engeren Familienkreise gern mit Frau Aja verglich. Gewiß sind von beiden Elternteilen wesenhafte Züge auf ihren ungewöhnlich begabten Sohn vererbt worden.

F. Sommer ist in Kassel zur Schule gegangen und hat dort auch das Maturitätsexamen abgelegt. Er besuchte dann die Universitäten in Freiburg i. Br. und Marburg. Mit 21 Jahren bereits promovierte er 1896 bei Rudolf Thurneysen in Freiburg mit einer keltologischen Arbeit, betitelt „Zur Lehre vom Pronomen personale infixum in altirischen Glossen“, die 1897 auch in der „Zeitschrift für celtische Philologie“ Nr. 1 abgedruckt wurde, und die er seinem Lehrer Thurneysen widmete. Damit war der formale Abschluß seiner Ausbildung erreicht, aber dieser diente ihm nur als Ausgangspunkt für das Suchen nach neueren und größeren Zielen. Schon zwei Jahre darauf habilitierte er sich in Leipzig unter Karl Brugmann mit der Abhandlung „Die Komparationssuffixe im Lateinischen“ (in Straßburg 1899 erschienen), einer Arbeit, die in erweiterter Form i. J. 1900 auch im 11. Bd. der „Indogermanischen Forschungen“ publiziert wurde. Im Jahre 1902 — also mit 27 Jahren — wurde er als Professor nach Basel berufen, 1909 nach Rostock, 1913 nach Jena, 1924 nach Bonn und 1926 an die Ludwig-Maximilians-Universität in München, der er über 35 Jahre bis zu seinem Lebensende angehört hat. Während all dieser Jahre entfaltete F. Sommer als Forscher und Herausgeber eine unerhört mühevolle, aber auch fruchtbare Tätigkeit, die sich auf die verschiedenartigsten Gebiete der weitverzweigten indogermanischen Sprachwissenschaft erstreckte. Seine zahlreichen Publikationen sämtlich aufzuzählen, ist hier ganz unmöglich — die im 62. Bande der Zeitschrift „Indogermanische Forschungen“ (1956), S. 78ff., veröffentlichte eindrucksvolle Bibliographie seiner Herausgebertätigkeit und wissenschaftlichen Abhandlungen umfaßt allein die stattliche Zahl von 131 Nummern —, aber es möge mir gestattet sein, wenigstens über seine größeren Werke, die allesamt für den Fortschritt der Wissenschaft von grundlegender Bedeutung geworden sind und zugleich eine genauere Vorstellung von der ungewöhnlichen Vielseitigkeit ihres Verfassers zu vermitteln vermögen, einen kurzen Überblick zu geben. Seine weiteren Forschungen nach der Promotion galten zunächst den klassischen Sprachen. Schon i. J. 1902 veröffentlichte er im Rahmen der „Indogermanischen Bibliothek“ in Heidelberg das in leicht faßlicher Sprache abgefaßte, durch die Klarheit der Darstellung, durch das in der Auswahl des behandelten Stoffes sich offenbarende ungewöhnliche pädagogische Geschick, durch seine Frische und Lebendigkeit und die völlige Beherrschung der Materie ausgezeichnete „Handbuch der lateinischen Laut- und Formenlehre“, das 1914, gründlich umgearbeitet, in 2./3. Auflage erschien, ein heute noch maßgebendes Werk, von dem 1948 ein Manuldruck als 4. Auflage herausgegeben wurde. Ergänzt wurde das Handbuch durch seine heute längst vergriffenen „Kritischen Erläuterungen zur lateinischen Laut- und Formenlehre“ (Heidelberg 1914), in denen er sich vielfach und mit Erfolg mit seinen Kritikern auseinandersetzte, um sein eigenes Urteil zu rechtfertigen. Wie aus dem neuesten Kataloge des Verlages Winter-Heidelberg zu ersehen ist, ist eine Neuauflage auch dieses Buches in Vorbereitung. An weiteren wichtigen Forschungen sind zunächst etwa noch zu nennen: die „Griechischen Lautstudien“ (1905), die ein erfolgreicher Versuch waren, schwierige Fragen der griechischen Lautgeschichte zu lösen, ferner die wichtige Abhandlung „Die indogermanischen *iā*- und *io*-Stämme im Baltischen“ (= Abhdl. d. Kgl. Sächs. Ges. d. Wiss., Bd. 30, Nr. 4, 1914), mit der sich ihr Verfasser die Sporen auf dem Gebiete der Baltistik verdiente.

Als der erste Weltkrieg ausgebrochen war und am Gymnasium Carolo-Alexandrinum in Jena ein empfindlicher Lehrermangel eintrat, stellte F. Sommer seine Kräfte dieser Schule zur Verfügung. Aus dieser Tätigkeit gingen eine Anzahl für den praktischen Pädagogen sehr nützliche Werke hervor, die den gesamten Sprachunterricht auf den damaligen höheren Schulen Deutschlands auf festere Grundlage stellten, die den Lehrstoff nicht zu lediglich äußerlicher Anwendung vermittelten, sondern vielmehr zu einem wirklich sprachlichen Verständnis — bei Lehrern und Schülern — zu führen geeignet waren und auch heute noch einen in jeder Hinsicht instruktiven Wert besitzen. Es waren folgende: „Sprachgeschichtliche Erläuterungen für den griechischen Unterricht. Laut- und Formenlehre“ (Leipzig 1917, 2. und 3. Aufl. 1918 bzw. 1927), ferner die „Lateinische Schulgrammatik mit sprachwissenschaftlichen Anmerkungen“ (Frankfurt 1920, 2. Aufl. 1923) und die „Vergleichende Syntax der Schulsprachen (Deutsch, Englisch, Französisch, Griechisch, Lateinisch) mit besonderer Berücksichtigung des Deutschen“ (Leipzig 1921, 2. Aufl. 1925, 3. Aufl. 1931).

Inzwischen hatte sich für F. Sommer ein ganz neues Forschungsgebiet erschlossen: das der schwierigen kleinasiatischen Idiome, namentlich des Hethitischen, einer Sprache, die bei den deutschen Ausgrabungen zu Beginn unseres Jahrhunderts bei dem türkischen Dorfe Boghazköi (etwa 145 km östlich Ankara) erst wieder ans Tageslicht gekommen war. Bekanntlich war es dem tschechischen Assyriologen Friedrich Hrozný gelungen, das Geheimnis der in einer Keilschrift niedergelegten hethitischen Sprache zu enträtseln: in dem Aufsehen erregenden Buche „Die Sprache der Hethiter, ihr Bau und ihre Zugehörigkeit zum indogermanischen Sprachstamm“ gab dieser (nach einer ersten vorläufigen Ankündigung in den Mitt. d. Deutschen Orient-Ges. 56, 1915, S. 17ff.) das Ergebnis seiner Untersuchungen bekannt — und erfuhr allseitig einen heftigen Widerspruch. Es kann jedoch heute nicht mehr bezweifelt werden, daß der große Tscheche mit genialem Scharfblick die Grundzüge der hethitischen Nominal- und Verbalflexion, im ganzen gesehen, völlig richtig bestimmt hatte; weniger sicher war seine Bestimmung der Wortbedeutungen, am schwächsten die etymologische Analyse der hethitischen Wörter. Hrozný hatte noch nicht die Tatsache erkannt, daß der weitaus größte Teil des hethitischen Wortschatzes gar nicht indogermanischer Herkunft ist, jedoch versuchte der Assyriologe Hrozný, dem eine gründliche indogermanistische Schulung fehlte, zahlreiche hethitische Wörter in oft anfechtbarer Weise indogermanistisch zu etymologisieren. Das war einer der Hauptgründe, weswegen Hrozný bei fast allen Indogermanisten auf entschiedenen Widerstand stieß; andererseits besaßen diese allesamt nicht die notwendigen assyriologischen Vorkenntnisse, um zu einem vollen Verständnis der Darlegungen Hroznýs gelangen zu können. Die einzige Ausnahme war der Norweger Marstrander, der sich Hrozný ganz verschrieb; jedoch war auch er assyriologisch nicht bewandert und zog darum aus Hroznýs irrigen Aufstellungen oft weitreichende, aber abwegige Folgerungen und förderte darum die Sache nicht wesentlich. Hier nun trat F. Sommer auf den Plan. Er war der erste Indogermanist, der der hethitischen Sprache zuliebe zum Assyriologen wurde und sich — er war immerhin bereits über 40 Jahre alt — mit Ungnads Hilfe in die Keilschrift einarbeitete und sich so eine feste Grundlage zu einem selbständigen Urteil und zur notwendigen Nachprüfung der Hroznýschen Thesen verschaffte, denen er zunächst ebenso skeptisch gegenüberstand. Nach langer Prüfung wurde ihm klar, daß Hroznýs Entzifferung in den Grundlagen richtig war, daß das Hethitische also tatsächlich seinem flexivischen Bau nach eine indogermanische Sprache von Kentum-Charakter sei. Zugleich freilich verwarf er aber aufs schärfste Hroznýs unfachmännische Etymologisierungsversuche auf dem Gebiete des hethitischen Wortschatzes. Mit allem Nachdruck verlangte er, daß dieser Wortschatz unter systematischer Ausnutzung allen verfügbaren Materials nur aus sich heraus, also mittels der kombinatorischen Methode, zu deuten sei. Auf diese Weise hat er der neuen Wissenschaft der Hethitologie die strenge philologische Ausrichtung verliehen, die für alle spätere Forschung maßgeblich geworden ist und diese so vor den Irrungen ähnlicher Disziplinen bewahrt hat: in planlosem Raten Zeit und Kraft zu vergeuden. So sind Hrozný als der geniale Pfadfinder und Sommer als der strenge Methodiker die beiden Pole der Hethitologie geworden.

Aus diesen Studien Sommers sind nun in rastloser Arbeit und unermüdlicher Schöpferkraft eine ganze Reihe maßgebender hethitologischer Arbeiten hervorgegangen. Die ersten, auf rein kombinatorischer Methode beruhenden Abhandlungen waren „Hethitisches I“ und „Hethitisches II“ (Leipzig 1920 bzw. 1922). Es folgten: „Das hethitische Ritual des Pāpanikri von Komana. Text, Übersetzungsversuch, Erläuterungen“, das er mit Hans Ehelolf bearbeitete, und dessen sprachliche Interpretation ein Meisterstück ist; ferner das bewundernswerte und grundlegende Werk „Die Ahhijavā-Urkunden“ (1932), die inhaltsreiche Schrift „Aḫḫijavā-Frage und Sprachwissenschaft“ (1934), der Artikel „Aḫḫijavā und kein Ende?“ (I. F. 55, 1937), weiter — in Zusammenarbeit mit A. Falkenstein — „Die hethitisch-akkadische Bilingue des Hattušili I. (Labarna II.)“ (1938), zu welcher der wohl größte amerikanische Hethitologe Sturtevant („Language“, Vol. 14,3) bemerkte: „It is impossible to give in brief space an adequate notion of the riches that a careful study will discover in the volume“. Schließlich folgte die schönste Frucht seiner hethitologischen Studien, das Buch „Hethiter und Hethitisch“ (1947), in dem er in zwei Aufsätzen auf streng wissenschaftlicher Grundlage „sprachgeschichtlich interessierte Leser aus dem Laien-

FERDINAND SOMMER
4. 5. 1875—3. 4. 1962

THEODOR LITT
27. 12. 1880—16. 7. 1962

MAX VASMER
28. 2. 1886 – 30. 11. 1962

JAROSLAV BÖHM
8. 3. 1901 – 6. 12. 1962

HERBERT KOCH
1. 7. 1880 – 25. 9. 1962

publikum mit den Hauptproblemen der Forschung über das Hethitervolk und seine Sprache, die ältestbezeugte unserer indogermanischen Familie, bekannt machen" wollte (s. Vorwort) — ein auch für den Fachgelehrten immer wieder lesenswertes Werk.

Die durch Kriegseinwirkung erfolgte völlige Vernichtung seiner ganzen Bibliothek, all seiner Sammlungen und Zettelkästen bereitete diesen hethitologischen Forschungen F. Sommers ein jähes Ende. Aber dieser ließ sich durch den Verlust nicht entmutigen; mit erstaunlicher Willenskraft überwand er die Zerstörung all seiner wissenschaftlichen Hilfsmittel — einschließlich seiner Kolleg-Entwürfe: mit 70 Jahren setzte er sich hin und arbeitete etwa 12 Vorlesungen neu aus, um seinen wissenshungrigen Schülern weiter dienen zu können. Aber auch seine wissenschaftliche Produktion ließ keineswegs nach: 1948 erschien das umfangreiche Werk „Zur Geschichte der griechischen Nominalkomposita", 1951 die inhaltschwere Abhandlung „Zum Zahlwort". Von früheren und zwischen den hethitischen Studien liegenden Veröffentlichungen sind hier ferner noch herauszuheben: „Zum attributiven Adjektivum" (1928) und „Das lydische und etruskische F-Zeichen" (1930).

Wie bereits angedeutet, schrieb er daneben eine Fülle wertvoller, in den verschiedensten Zeit- und Festschriften etc. abgedruckter Aufsätze und Besprechungen, deren wissenschaftlicher Ertrag längst zum Gemeinbesitz der allgemeinen und indogermanischen Sprachwissenschaft geworden ist.

Nicht zu vergessen ist seine erfolgreiche Tätigkeit als Herausgeber: so edierte er (z. T. mit K. Brugmann und W. Streitberg) die „Untersuchungen zur indogermanischen Sprach- und Kulturwissenschaft" (Bd. 6—9, 1916—1942), den „Grundriß der indogermanischen Sprach- und Altertumskunde" (zusammen mit W. Streitberg bzw. A. Debrunner), die „Boghazköi-Studien" (mit O. Weber, 1920—24), die „Kleinasiatischen Forschungen" (zusammen mit H. Ehelolf). Mitherausgeber der „Indogermanischen Forschungen" ist F. Sommer bis zuletzt geblieben.

Auch der Wiederaufbau der zerstörten Münchener Seminarbibliothek ist zu einem großen Teil seiner Energie zu verdanken: in monatelanger Arbeit suchte er alle einschlägigen Dubletten der Münchener Universitätsbibliothek heraus und ließ sie dem Seminar als Dauerleihgabe überweisen; sämtliche Akademien und Institutionen, deren Mitglied er war, ging er um Hilfe und milde Gaben an, und reiche Früchte hat seine Mühewaltung eingetragen. Vor allem aber hat er auch seine eigenen, neu erworbenen Bücher dem Seminar zunächst als Leihgabe zur Verfügung gestellt, und nach seinem Hinscheiden wurde diese Leihgabe in ein Geschenk verwandelt.

Nach dem letzten Kriege hat er dem Griechischen und besonders der homerischen Sprache seine Studien zugewandt, so daß man hoffen darf, daß aus seinem Nachlaß noch einige einschlägige Arbeiten publiziert werden können.

Es ist nicht zu verwundern, daß einem solch hochverdienten Manne auch mancherlei Ehrung und Anerkennung zuteil wurde: F. Sommer war Träger des Bayerischen Verdienstordens, Mitglied der Akademien der Wissenschaften von Berlin, Göttingen, Leipzig und München, Mitglied des Istituto dei Studi Etruschi ed Italici und des Comitato permanente per l'Etruria, Ehrenmitglied der Royal Irish Academy, der Linguistic Society of America, der Indogermanischen Gesellschaft und des Sodalizio Glottologico Milanese.

Zu seinem 75. Geburtstage (1950) widmeten ihm seine Schüler, Kollegen und Freunde eine Festschrift: sie war ihm eigentlich bereits zum 70. Geburtstage zugedacht, konnte aber infolge der Ungunst der Verhältnisse erst fünf Jahre später erscheinen, und zwar im Alltagskleide des 60./61. Bandes der „Indogermanischen Forschungen". Die Mannigfaltigkeit der dort behandelten Stoffe ist ein glänzender Beweis dafür, auf wie verschiedenartigen Gebieten der Sprachwissenschaft von der akademischen Lehrtätigkeit und von den Publikationen des nunmehr Verewigten Belehrungen und Anregungen ausgegangen sind und Früchte getragen haben. Zu seinem 76. Geburtstage wurde ihm ferner vom Münchener Sprachwissenschaftlichen Studienkreise das zweite Heft der „Münchener Studien zur Sprachwissenschaft" (MSS.) im Manuskript überreicht und zusammen mit dem ersten Heft zu seinem fünfzigjährigen Professorenjubiläum am 9. April 1952 in hektographierter Form erstmals veröffentlicht (beide Hefte sind dann gesondert in revidiertem Nachdruck 1956 bzw. 1957 erschienen). An seinem 80. Geburtstage wurde ihm die Festschrift „Corolla linguistica" dargebracht, deren Herausgabe sein Schüler H. Krahe besorgte; der Münchener Sprachwissenschaftliche Studienkreis widmete ihm das 6. Heft der MSS., und die Philosophische Fakultät und das Sprachwissenschaftliche Seminar der Universität München bereiteten ihm aus diesem Anlaß eine Feierstunde.

Das Münchener Seminar ist unter der bewährten Leitung F. Sommers eine wahrhafte Pflanzstätte der Wissenschaft geworden; eine große Anzahl seiner ehemaligen Schüler haben heute bereits wieder die Lehrstühle der Indogermanistik an den deutschen Universitäten inne und wirken in seinem Geist weiter.

So steht F. Sommer vor uns als ein großer Gelehrter, Forscher, Pädagoge und Mensch, dem in einem erfüllten Leben ein gütiges Geschick eine zähe Gesundheit bis ins hohe Alter verlieh, der eine innere Genugtuung fand an der rastlosen, sich selbst verleugnenden Tätigkeit, und dem als Segen für die unendliche Mühe ein reicher wissenschaftlicher Erfolg beschert wurde. Er war einer der Begnadeten, die den Ruf der deutschen Sprachwissenschaft in alle Welt hinausgetragen haben.

Richard Hauschild

Theodor Litt

27. 12. 1880—16. 7. 1962

Theodor Litt ist über ein Jahrzehnt lang als Gymnasiallehrer auf dem Gebiet der klassischen Philologie tätig gewesen, ehe er (1917) mit wissenschaftlichen Werken philosophischen und pädagogischen Gehaltes hervortrat. Die Brücke bildeten geschichtsphilosophische und soziologische Probleme. Aufs stärkste angeregt durch Dilthey, Simmel, Troeltsch, untersuchte er in seinem ersten Buch unter dem Titel „Geschichte und Leben" das Verhältnis des Menschen zur Geschichte, Ansatzpunkt war das Problem des „Verstehens". Hier waltet ein Wechselverhältnis von Theorie und Leben. Es gibt keine starr eindeutige objektive Vergangenheit; sondern im lebendigen Geschichtsbewußtsein der jeweiligen Gegenwart entfaltet sich auch schon ein zukunftgestaltender Wille. „Wir treten mit den erlebten Formen der Gegenwart, den zeitlos gültigen, an die überlieferten Inhalte der Vergangenheit, die überzeitlich dauernden, heran, und diese mit jenen belebend, jene mit diesen erfüllend, gestalten wir das Bild des Erkennens, das Geschichte heißt".

Eine ähnlich produktive Funktion des Verstehens findet Theodor Litt auch in der gesellschaftlichen Wechselwirkung. Es besteht eine Reziprozität des Verstehens je zwischen Ich und Du. Diese Art von perspektivischer Sicht erweist sich in der Gemeinschaft als fruchtbar. Das hiervon handelnde Hauptwerk aus Theodor Litts erster Periode „Individuum und Gemeinschaft" (zuerst 1919) hat bis 1926 drei Auflagen erlebt. Die Verflochtenheit des Logisch-Allgemeinen in das Singuläre blieb das philosophische Hauptthema dieser Epoche. Davon zeugt auch noch der Vortrag in der Sächsischen Akademie der Wissenschaften von 1941. Das Geschichtliche und das Übergeschichtliche hatte sich inzwischen an zwei großen Denkern der Vergangenheit zu Modellen verfestigt. 1930 erschien das Buch „Kant und Herder als Deuter der geistigen Welt", von dem Theodor Litt selbst wiederholt gesagt hat, es sei für ihn von grundlegender Wichtigkeit. In der Tat: hier treten sich These und Antithese scharf gegenüber. Theodor Litt selbst drängt schon zur Synthese. Er beginnt, bewußt dialektisch zu denken.

Auf dem Gebiet der theoretischen Pädagogik meldet sich das dialektische Denken schon früh in dem wirksamsten Werk dieser Periode: „Führen oder Wachsenlassen", das nach seinem ersten Erscheinen (1927) bisher acht Auflagen erlebt hat.

In der Philosophie erweitert sich das Ausgangsproblem des Verstehens deutlich nach der Seite der Selbsterkenntnis des Menschen hin (1938). Die zweite Periode bringt eine immer stärkere Annäherung an Hegel. Daß es sich dabei nur um eine „kritische Erneuerung" handelte, betont der Untertitel von Theodor Litts Hegelbuch, das allerdings erst 1953 an die Öffentlichkeit kam. Man kann Theodor Litt als einen Hegelianer freier Richtung bezeichnen.

Theodor Litts Wissenschaftstheorie ist in dem wenig bekannt gewordenen, höchst fruchtbaren Buch „Denken und Sein" zu finden (1948). Die Wissenschaften werden hier angeordnet zwischen den beiden Polen der äußersten Abrückung vom erkennenden Subjekt (mathematische Physik) und stärksten Mitbeteiligung der Selbsterkenntnis (Geisteswissenschaften). Dieses Schema, entstanden aus der Problematik des geisteswissenschaftlichen Verstehens, bleibt von da an für Theodor Litt der maßgebende Hintergrund seines Philosophierens. Ebenso bleibt die Forderung eines vertieften historischen Bewußtseins, in dem sich Überzeitliches und Zeitbedingtes durchdringen, in voller Stärke erhalten. Als man ihm zu seinem 75. Geburtstag einen Neudruck des alten Werkes „Individuum und Gemeinschaft" anbot, zog er es vor, die eignen geschichtsphilosophischen Schriften unter dem Titel „Die Wiedererweckung des geschichtlichen Bewußtseins" zusammenzustellen (1956).

Die pädagogischen Bücher, Aufsätze und Vorträge von Theodor Litt sind unübersehbar zahlreich, besonders in der letzten Zeit, in der er Vortragsreise an Vortragsreise knüpfte, nicht nur aus innerem Drang, sondern auch getrieben von dem dritten tragischen Schicksal, das über seine Familie hereingebrochen war. Für die Themenwahl waren oft genug nur gelegentliche Umstände maßgebend. Aber die wichtigsten haben doch ihren wesenhaften Beziehungspunkt in Theodor Litts Hauptanliegen, dem Selbstverständnis unserer Gegenwart zu dienen. Sie stehen also mit seiner Kulturphilosophie und Geschichtsphilosophie in enger Verbindung. Diese Stellungnahmen kann man übersichtlich ordnen, wenn man sie als Korrekturen am überlieferten klassischen deutschen Bildungsideal betrachtet. Theodor Litt räumt den Ansprüchen der modernen Welt zunehmendes Recht ein. Daher die Titel: Naturwissenschaft und Menschenbildung (1953), Technisches Denken und menschliche Bildung (1957), Berufsbildung, Fachbildung, Menschenbildung (1958). Den stärksten Widerhall unter den Schriften dieser Art hat das Kleine Buch: „Das Bildungsideal der deutschen Klassik und die moderne Arbeitswelt“ (1955) erweckt; es ist zwischen 1955 und 1959 in sechs Auflagen erschienen. Alle diese Ausweitungen der Humanitätsidee sind nicht bloße Konzessionen an Forderungen der Gegenwartskultur. Sie empfangen die richtige Beleuchtung erst durch einen Aufsatz aus der nationalsozialistischen Zeit: „Philosophie und Zeitgeist“ (1935); ferner durch den Vortrag „Die Sonderstellung des Menschen im Reiche des Lebendigen“ (1948). Alle pädagogischen Schriften sind fundiert in Theodor Litts Anschauung vom Wesen der Persönlichkeit und von den Beziehungen zwischen „Mensch und Welt“ (Titel eines Buches von 1948).

Es mag überraschen, daß Theodor Litt bei seiner Hochschätzung des historischen Bewußtseins seinerseits nur selten als historischer Forscher tätig gewesen ist. Mit Pestalozzi hat er sich eingehend beschäftigt. Aber es kam ihm weniger darauf an, auf Grund von Quellenforschung historische Einzelbilder zu zeichnen, als das Walten der großen historischen Mächte deutend zu verstehen und ihren Anteil an der Bildung der werdenden Persönlichkeit kritisch zu beleuchten. Er tat es unter Zurückstellung seiner eigenen Person, mit all dem Scharfsinn, aber auch mit der Härte, die ihm eigen war. Er war ein großer Freund des Diskutierens, ließ sich aber von der Position, die er sich in ernster Selbstbesinnung errungen hatte, nicht leicht zu einem anderen Standpunkt bekehren.

Eduard Spranger

Herbert Koch

1. 7. 1880—25. 9. 1962

Herbert Koch, früher ordentliches, später auswärtiges Mitglied der philologisch-historischen Klasse, wuchs in eine Generation hinein, die nach den großen archäologischen Erfolgen des 19. Jahrhunderts einem langsamen Umbruch entgegen ging. Sie war dazu bestimmt, den Faden Winckelmanns und seiner Nachfolger wieder aufzunehmen und neben die literarischen Werke der Antike die Kunst der Griechen und Römer als gleichwertige Schwester zu stellen. Koch studierte in Leipzig, später in München Germanistik, Kunstgeschichte und Archäologie und promovierte dort 1903 mit einer Arbeit über „Das Verhältnis von Drama und Geschichte bei Friedrich Hebbel“. Unterdessen hatte die Persönlichkeit A. Furtwänglers in München Koch immer mehr zur Archäologie hingezogen. Eine Reise nach Griechenland gab den Ausschlag. So begab sich der eben Promovierte aufs Neue in die Lehre, theoretisch bei

Fr. Studniczka in Leipzig, praktisch bei dem kaum älteren Richard Delbrück in Berlin, der eben an seinem epochemachenden Werk „Hellenistische Bauten in Latium“ (1903, 1907, 1912) arbeitete. Mit ihm zog er nach Italien und bearbeitete auf Anregung von Delbrück die Dachterrakotten Kampaniens (Die Dachterrakotten aus Kampanien mit Ausschluß von Pompei, Berlin 1912; zugleich Habilitationsschrift), ein Werk, das auch für die spätere Architekturforschung grundlegend geworden ist. Das Eduard-Gerhard-Stipendium der Preußischen Akademie der Wissenschaft, das ihm darauf verliehen wurde, ermöglichte ihm ausgedehnte Reisen nach Dänemark, England, Frankreich, Griechenland, Kleinasien und Ägypten.

Die Geradlinigkeit, mit welcher Koch seinen Eintritt in die archäologische Wissenschaft vollzog, hat ihm ein Thema geschenkt, das ihn sein ganzes Leben verfolgt hat: die antike Architektur. Erst in vorgerücktem Alter hielt er es für richtig, zwei nun aus langer Erfahrung geschöpfte Monographien zu veröffentlichen: „Die Griechisch-Dorische Tempel“ (1951) und „Von jonischer Baukunst“ (1956). Sie sind reife Früchte eines Unternehmens, das ihn drei Jahrzehnte seines Lebens beschäftigt hat: nämlich die baugerechte Aufnahme des am besten erhaltenen dorischen Peripteraltempels auf griechischem Boden, des sogenannten Theseions in Athen, das wir heute mit größter Wahrscheinlichkeit als den Tempel des Hephaistos ansehen dürfen. Die Aufgabe stand unter einem unglücklichen Stern. Kurz nach der Inangriffnahme der Untersuchung mit einem erfahrenen Schweizer Architekten erhielt ein erlesenes Team amerikanischer Fachgenossen, das mit reichen Mitteln ausgerüstet war, von der griechischen Regierung die Erlaubnis, die alte Agora Athens unter Niederlegung eines ganzen Stadtviertels aufzudecken. Zu diesem Terrain gehörte auch der Hephaistostempel. Doch hat sich ein modus vivendi zwischen dem Leiter der Agora-Ausgrabungen und Koch gefunden, zumal der Tempel sich am Rande der Agora befand und zunächst nicht auf dem Programm stand. So entstand in Jahrzehnten ein monumentales Werk, das unter dem bescheidenen Titel „Studien zum Theseustempel in Athen“ in den Abhandlungen dieser Akademie 1955 erschienen ist. Die drei Hauptteile des Buches betreffen die Baubeschreibung, d. h. die Aufnahme und Vermessung des Tempels mit zahlreichen Zeichnungen des Architekten, Erik von Stockar, die Polychromie des Bauwerks und die Bauplastik. Wichtig sind auch die res gestae der Architekten und Gelehrten von Stuart und Revett im 18. Jh. bis in die Gegenwart, welche dem Tempel galten, und die Schicksale des Bauwerks von der Spätantike bis in die Neuzeit. Vieles an Beobachtungen älterer Forscher wäre verloren gegangen ohne diese entsagungsvolle Arbeit Kochs. Dieses sein Hauptwerk hat seine Wirkung noch nicht begonnen.

Das literarische Werk Kochs ist jedoch nichts weniger als einseitig. Seine germanistische Vergangenheit hatte ihn in die Nähe des Georgekreises geführt, ohne daß er diesem verfallen wäre. Hier mag er zur Beschäftigung mit der spätrömischen Kunst angeregt worden sein, die, als Kunst wenig beachtet und rätselvoll, ihn stark gefesselt hat (Antike Denkmäler III 20ff. Taf. 20—21: Bronzestatue in Barletta, und 31 Taf. 30: Porphyrgruppe an S. Marco in Venedig; Spätantike Kunst, in Probleme der Spätantike (1930), 39—64: bedeutend). In das Jahr 1911 fiel dann sein längster und wichtigster Aufenthalt in Paris. In Flaubert, dessen Prosa für ihn vorbildlich wurde, und in Anatole France entsteht noch einmal ein Bild der freilich modern gesehenen römischen Antike. Wesentlicher bleibt für Koch der große Eindruck, den die französischen Maler des Impressionismus auf ihn gemacht haben. 1918 wurde er auf den außerordentlichen Lehrstuhl in Jena berufen, der bald in ein Ordinariat umgewandelt wurde. In dieser Zeit reifte ein schmales Büchlein heran, das den Titel „Römische Kunst" trug (1925). Es hatte ein anderes Gesicht als die bisherigen Monographien des gleichen Themas. Mit vollem Recht stellte er die Architektur in die Mitte, in welcher Rom Eigenes und Größtes geleistet hatte. In geschliffener Sprache suchte er das schier unentwirrbare Netz aufzudröseln, in dem griechische Form und römischer Geist sich in Plastik und Malerei, im Porträt und im historischen Relief vereinigt haben. Eine ganze Generation von Studierenden und auch von Mitforschern hat aus diesem Buch gelernt, das auch in mehrere Sprachen übersetzt wurde. Eine zweite, stark erweiterte Auflage erschien 1949, welche die Darstellung auf den gegenwärtigen Stand brachte. — Die Übernahme des Leipziger Lehrstuhls 1929 und vor allem zwei Jahre darauf der Tausch mit Halle verschaffte ihm die Ruhe, die er für das Ausreifen seiner Theseion-Pläne brauchte. Daneben entstanden kleinere, aber stets wertvolle Aufsätze biographischer und literarischer Art, so 1932 „Goethe und die bildende Kunst des klassischen Altertums", Ztschr. f. Aesthetik 26; 1940 „Zu Wilhelm Heinses Antikenbeschreibung", Festschrift f. Waetzold; 1944 „Über Ludwig Roß", in 250 Jahre Universität Halle; 1948 „Die klassische Kunst der Griechen", Hall. Monographien 2; 1950 „Winckelmann und Goethe in Rom", in Die Gestalt 20; 1951 „Vom Nachleben des Vitruv", in Deutsche Beiträge zur Altertumswissenschaft 1; 1954 „Zur Statue des Demosthenes", in Festschrift f. F. Zucker; 1956 „J. J. Bachofens Romerlebnis", in Freundesgabe f. E. R. Curtius. In diesen kleineren Essays scheint dem greisen Gelehrten der Boden wieder aufgebrochen zu sein, den er in seinen frühen germanistischen Studien durchpflügt hatte. Sie sind die leichtere Muse, die seine gewichtigen Theseionstudien umrankt hat.

H. Koch steht am Ende des neunzehnten Jahrhunderts, das noch in das folgende Jahrhundert hineinragte, und der Zeit nach dem ersten Weltkrieg. Die Impressionisten in Frankreich haben ihn aufs stärkste gefesselt. Auch die Gegenbewegung der Malerei in den zwanziger Jahren ist ihm wichtig geworden. Seine wissenschaftlichen Leistungen haben Teil an dem Wendepunkt zweier Zeitalter. In seinem Werk mischen sich das Gute der alten und das Fruchtbare der neuen Zeit. Mögen die Manen diesem stillen Gelehrten und seinem Werk günstig sein.

Bernhard Schweitzer

Max Vasmer

28. 2. 1886—30. 11. 1962

In seinem 77. Lebensjahr starb am 30. November 1962 in Berlin das früher ordentliche, dann auswärtige Mitglied der philologisch-historischen Klasse, Prof. Dr. phil. Dr. h. c. Max Vasmer, emeritierter Professor der slawischen Philologie.

Mit ihm verschied ein weltbekannter Gelehrter, der als Nachfolger Matthias Murkos über vier Jahre an der Universität in Leipzig wirkte, bevor er den Ruf nach Berlin erhielt, wo er den slawistischen Lehrstuhl übernahm, den Alexander Brückner innegehabt hatte.

Vasmer war der erste namhafte deutsche Slawist, dessen Werdegang in Rußland begann. Als Sohn eines Altonaer Kaufmanns am 28. Februar 1886 in St. Petersburg geboren, genoß er seine Ausbildung an der dortigen Universität und stieg nach dem Studium der Slawistik, Indogermanistik, Geschichte und griechischen Philologie bald zum Dozenten und Professor auf. Im Revolutionsjahr 1917 wurde er Ordinarius an der Universität in Saratow und 1919 an der estnischen Universität in Dorpat (Tartu).

Vasmers Tätigkeit in Leipzig vom Januar 1921 bis zum Herbst 1925 ist gekennzeichnet durch die Vorbereitung wissenschaftlicher Unternehmen, die der Entfaltung der Slawistik in Deutschland und ihrem internationalen Ansehen förderlich waren. In Leipzig gründete er im Jahre 1924 die „Zeitschrift für slavische Philologie", die Mitarbeiter aus vielen Ländern gewann, das ältere „Archiv für slavische Philologie" zum Erliegen brachte und geraume Zeit das einzige slawistische Fachorgan Deutschlands war. In Leipzig gründete Vasmer zusammen mit seinem Nachfolger Reinhold Trautmann den „Grundriß der slavischen Philologie und Kulturgeschichte", eine Publikationsreihe, in die auch Werke ausländischer Slawisten aufgenommen wurden.

Die Wahl in die Sächsische Akademie der Wissenschaften zu Leipzig war die erste hohe Ehrung, die Vasmer zuteil wurde. Bedauerlich ist, daß seine innere Verbindung mit Leipzig später erkaltete, besonders als er 1949 von Berlin aus für zwei Jahre nach Stockholm reiste, von wo er nicht mehr an die Humboldt-Universität zurückkehrte, sondern sich an die Universität in Berlin-Dahlem begab.

Was Vasmer schon in seiner Jugend als Ziel seiner wissenschaftlichen Arbeiten vorschwebte, war ein „Russisches etymologisches Wörterbuch", das er in jahrzehntelangem Bemühen über zwei Weltkriege hinweg trotz mancher Fährnisse vollendete. Wie er in dem 1950 verfaßten Vorwort betont, widmete er sich nach seinen Erstlingsarbeiten über den griechischen Einfluß in den slawischen Sprachen intensiver den Fragen der slawischen Altertumskunde und dem Studium der meisten Nachbarsprachen, deren Beziehungen zum Russischen er dann mit Eifer zu erforschen strebte. Durch einen Bombenangriff auf Berlin im Januar 1944 des Manuskriptes beraubt, sammelte er unter schwierigen Verhältnissen neue Exzerpte, so daß er das von seinen Freunden mit Spannung erwartete Wörterbuch doch noch in Druck bringen konnte (1953—1958). Dieses Meisterwerk deutscher Russistik hat weithin, vor allem in der Sowjetunion, verdiente Anerkennung gefunden.

Aus der Fülle von Vasmers anderen Publikationen ragen seine Beiträge zur historischen Völkerkunde Osteuropas und seine Abhandlung über die Slawen in Griechenland hervor. Als Namenforscher leitete Vasmer eine Sammlung der russischen Gewässernamen und der russischen geographischen Namen ein.

In Würdigung seiner imponierenden Leistungen wurde Vasmer von vielen wissenschaftlichen Körperschaften zum Mitglied gewählt, so auch von den Akademien in

Berlin, Mainz, Wien, Budapest, Helsinki, Kopenhagen, Moskau, Oslo, Sofia und Stockholm.

Von seinen Verehrern wird Vasmer als eine jener Persönlichkeiten gerühmt, die an die große Epoche der Sprachforschung in Deutschland erinnern.

Rudolf Fischer

Jaroslav Böhm

8. 3. 1901—6. 12. 1962

In Prag verstarb das korrespondierende Mitglied Jaroslav Böhm.

Am 8. März 1901 in Holešov geboren, studierte er Vor- und Frühgeschichte an der Karls-Universität zu Prag, an der er im Jahre 1925 promovierte und sich 1946 habilitierte. Seit 1939 führte er die Leitung des Instituts für Vor- und Frühgeschichte der tschechoslowakischen Akademie der Wissenschaften, die ihn 1952 zum ordentlichen Mitglied wählte und zum 2. stellvertretenden Präsidenten machte. Zudem war er Präsident der Union internationale des sciences préhistoriques et protohistoriques.

Böhm sah den Schwerpunkt seiner wissenschaftlichen Aufgabe nicht in umfangreichen Publikationen. Er hat zwar eine Reihe von Fachaufsätzen veröffentlicht, doch keine größeren zusammenfassenden Darstellungen. Sein Verdienst liegt auf dem Gebiet der Feldarbeit und der wissenschaftlichen Organisation. Neben eigenen Ausgrabungen betreute er unermüdlich die archäologische Landesforschung in der Tschechoslowakei. Es ist nicht zuletzt Böhm zu verdanken, wenn diese neben den skandinavischen Ländern eine besondere Stellung in der vorgeschichtlichen Landesforschung einnimmt. Sein tätiges Interesse galt allen Perioden seines Landes, das dank seiner geographischen Lage als Vermittler zwischen Süd und Nord eine wichtige Schlüsselstellung einnimmt. Diese Arbeitsrichtung mußte ihn von selbst in nähere Berührung zur deutschen Vorgeschichtsforschung bringen, und er hat diese Verbindung stets mit hoher innerer Anteilnahme gepflegt. Er fehlte auf keiner der bedeutenderen deutschen Fachtagungen, ein stets gern gesehener Gast, und stand auch mit vielen deutschen Fachkollegen in freundschaftlichen Beziehungen. Die führende tschechoslowakische Fachzeitschrift, die „Památky archeologické“, hat ihren 52. Jahrgang von 1961 zu einer Festschrift für den damals 60jährigen gestaltet, in der seine Mitarbeiter, Freunde und Schüler seinem Wirken ein ehrendes Denkmal setzten. Auch die deutsche Prähistorikerschaft wird Jaroslav Böhm ein herzliches Gedenken bewahren.

Friedrich Behn

ANHANG

ÜBER DIE ENTWICKLUNG DER HERZCHIRURGIE UND IHRE HEUTIGE BEDEUTUNG[1]

EGBERT SCHWARZ

Große Entdeckungen oder Erfindungen, manchmal gewaltige Umwälzungen oder Fortschritte in dieser oder jener Richtung, senden nicht selten ihre Schatten voraus. Viele von ihnen haben ihre Vorläufer, die selbst oft schon die Resultate genialer schöpferischer Eingebungen und Ideen sind, ohne die die gedachten Entdeckungen oder Entwicklungen überhaupt nicht gemacht und keinesfalls eine praktische Bedeutung für den Menschen hätten erlangen können.

Diese Tatsachen und Erfahrungen gelten nicht nur für die Naturwissenschaften überhaupt, sondern in vollem Umfange auch in der Medizin und so auch für die Chirurgie des Herzens, das Gebiet, das wir heute besprechen wollen.

Während des ganzen 19. Jahrhunderts galt das Herz als ein noli me tangere für den Chirurgen. Um so bewundernswerter sind deshalb Versuche einzelner bedeutender Männer, eine Erkrankung des Herzens operativ zu heilen. Zu Anfang des vergangenen Jahrhunderts war es Larrey, der Leibarzt Napoleon I. und Organisator des Gesundheitswesens in Frankreich, der einen großen Bluterguß im Herzbeutel nach Stichverletzung des Herzens, durch den die Herztätigkeit zum Erlahmen gebracht und schließlich ganz erstickt werden mußte, operativ eröffnete und den Verletzten heilen konnte.

Größere Eingriffe am Herzen, wie überhaupt eine Chirurgie im heutigen Sinne, waren im übrigen ja zunächst überhaupt nicht eher möglich, bis Mitte des Jahrhunderts die Narkose und in seiner zweiten Hälfte nach Entdeckung der Infektionserreger das aseptische, das eiterlose Operieren möglich geworden war.

Trotzdem blieb das Herz von der operativen Chirurgie unberührt, ja der bekannte Wiener Chirurg Billroth äußerte noch 1882, daß der Versuch eines Eingriffes am Herzbeutel oder am Herzen als eine „chirurgische Frivolität“ bezeichnet werden müsse.

Eine Art abergläubischer Scheu verhinderte jeden Versuch, sich operativ dem Herzen zu nähern, bis diese durch ein Ereignis mit einem Schlage durchbrochen wurde, als im Jahre 1896 Ludwig Rehn in Frankfurt am Main den damals heroischen Entschluß faßte, das Herz selbst wegen einer Stichverletzung der R. Kammer freizulegen und die Herzwunde zu nähen. Der Versuch gelang.

Das Jahr 1896 kann so als die Geburtsstunde der Herzchirurgie bezeichnet werden. Aber es mußten wiederum erst 10 Jahre vergehen, bis das Herz wieder in das Blickfeld der Chirurgen gerückt wurde. Es war der durch seine Kühnheit unsterblich

[1] Vorgetragen in der öffentlichen Gesamtsitzung am 14. 4. 1962.

gewordene, in einem Augenblick genialer Eingebung gefaßte Plan Friedrich Trendelenburgs, der vielleicht noch dem einen oder anderen in Leipzig in besonders schöner Erinnerung steht, einen Menschen von dem Tode durch eine Lungenembolie zu retten, diesem so unvorhersehbar, so elementar und plötzlich wie aus heiterem Himmel nach oft harmlosen operativen Eingriffen oder ganz unabhängig von ihnen hereinbrechenden, bis dahin stets tödlich erfolgenden Zusammenbruch. Es handelt sich dabei um die Blockierung der aus dem R. Herzen zu den Lungen führenden Lungenschlagader durch ein von einer meist nicht näher zu bestimmenden Stelle des Venensystems stammendes Blutgerinnsel. Er empfahl, die Lungenarterie freizulegen, sie zu eröffnen und das Blutgerinnsel herauszuziehen. Trendelenburg war die Krönung seiner Idee durch einen praktischen Erfolg versagt. Erst im Jahre 1924 war es dem Heidelberger Chirurgen Kirschner gelungen, eine 38jährige Frau durch den Eingriff zu retten, und wer seinen Bericht auf dem Chirurgenkongreß in Berlin miterlebt hat und die dem Leben wiedergegebene Patientin hat den Saal betreten sehen, wird die dem Retter dieses Menschenlebens zubrandende Begeisterung durch die vielen Hunderte Chirurgen nie vergessen können.

Seitdem sind eine ganze Reihe solcher Operationen gelungen. Um ihren Erfolg zu sichern, müssen allerdings — das kann auch der Laie verstehen — stets besonders günstige Umstände zusammentreffen: Das Eintreten der Lungenembolie muß sofort bemerkt, vom Pflegepersonal als solche erkannt werden, in der Operationsabteilung müssen alle notwendigen Kräfte anwesend sein, denn das ganze Geschehen muß sich innerhalb kürzester Zeit abspielen. Ich darf erwähnen, daß auch meinem Nachfolger in Erfurt, Prof. Becker, zwei derartige Lebensrettungen gelungen sind.

Inzwischen hatte sich eine für die Thoraxchirurgie insgesamt, so auch für die Herzchirurgie grundlegende Entwicklung abgespielt. Durch das von Ferdinand Sauerbruch in Breslau auf Anregung seines Lehrers v. Mikulicz entdeckte Druckdifferenzverfahren, wurde das Operieren im eröffneten Brustkorbraum überhaupt erst möglich.

Zum Verständnis der ungeheuren Bedeutung der Sauerbruchschen Entdeckung sei nur gesagt, daß, wenn man den Brustkorb eröffnet, die Lunge dank des im Thorax herrschenden negativen Druckes zusammenfällt, nicht mehr entfaltet werden kann und für die Atmung ausfällt. Überläßt man den gesamten Bronchialbaum aber dem außen herrschenden Luftdruck, unterwirft den übrigen Körper, so auch den Brustfellraum, einem künstlich erniedrigten Druck, so wird das Zusammenfallen der Lunge verhindert. Es ist dabei unwesentlich, daß das Unterdruckverfahren die Unterdruckkammer später durch die Überdrucknarkose und heute durch die überall geübte Intubationsnarkose mit kontrollierter Atmung ersetzt wurde. Grundlegend ist die Sauerbruchsche Entdeckung, durch die er der Vater der modernen Thoraxchirurgie und damit auch der Herzchirurgie geworden ist und für alle Zeiten bleiben wird.

Unter diesen neuen Voraussetzungen, die ein längeres Offenhalten des Brustkorbes und ein ruhiges Operieren in demselben gestatten, konnte ein weiteres Leiden operativen Maßnahmen zugeführt werden, das bis dahin gleichfalls als unheilbar galt, das sog. Panzerherz. Es handelt sich dabei um eine in ihren Graden verschieden stark ausgeprägte, stets aber in der Stärke und den Folgen zunehmende Beeinträchtigung der Funktion des Herzens durch eine chronische durch unspezifische Entzündungen oder spezifische Krankheitserreger wie die Tuberkelbazillen hervorgerufene Infektion des Herzbeutels, die nicht nur zu Verwachsungen der Herzbeutelblätter, sondern auch zu breitflächigen, schwielig-narbigen Veränderungen derselben führt, welche im Laufe der Zeit das Herz in seiner Ausdehnungsfähigkeit und seiner gesamten Aktion nicht nur mehr und mehr einengen, sondern auch den Zufluß des Blutes durch Umklammerung und Einengung der das Blut dem Herzen zuführenden Gefäße, der Hohlvenen, behindern. Folgen dieser Veränderungen sind Stauungserscheinungen mit Flüssigkeitsergüssen in den Körperhohlräumen wie dem Brustfell, der Bauchhöhle und schließlich auch wässerige Ergüsse in den Geweben der abhängigen Teile des Körpers — ein stets schweres Krankheitsbild. Dieses wird noch dadurch kompliziert, daß sich im Bereich des Herzbeutels Kalkablagerungen einstellen, die tatsächlich das Herz wie einen Panzer umgeben.

Die Chirurgie nahm sich auch dieses Leidens an, und es gelang, das Herz von umklammernden Schwielen und Kalkplatten zu befreien (Abb. 1) und auch die Zuflußbedingungen zum Herzen zu normalisieren. Keiner, der eine solche Operation ausführt oder ihr beiwohnt, kann sich dem ungeheuren Eindruck verschließen, der einen ergreift, wenn das linke Herz, befreit von der Umklammerung, wie aufatmend, sich wieder ausdehnen und seine volle Funktion übernehmen kann und der Freude entraten, wenn in relativ kurzer Zeit alle Folgen der Einflußstauung schwinden und der Kranke seiner Familie und seiner Arbeit voll leistungsfähig wiedergegeben ist.

Wenn ich — ich möchte fast sagen anhangsweise — erwähne, daß es in zahlreichen Fällen mit Erfolg gelungen ist, Projektile, die durch Kriegsereignisse in das Herz oder die großen Blutgefäße eingedrungen waren und hier entweder unbeweglich oder sogar im Kreislauf beweglich liegen geblieben waren und begreiflicherweise Störungen im Ablauf der Herzfunktion und der Blutzirkulation auslösten, zu entfernen, so muß ich damit eine Periode der Entwicklung der Herzchirurgie abschließen, die für uns heute nicht mehr mit schwerwiegenden Problemen belastet ist und — es mag eigenartig klingen — nicht das darstellt, was wir heute als die eigentliche Herzchirurgie bezeichnen. Diese stellt uns vor weit schwerwiegende Fragen und Aufgaben, mit denen ich Sie jetzt in einem kurzen Überblick bekannt zu machen versuchen möchte.

Es handelt sich dabei um die Herzfehler im eigentlichen Sinne, wobei wir zwischen den angeborenen und den erworbenen wohl zu unterscheiden haben werden.

Herzfehler sind den Ärzten seit eh und je selbstredend bekannt gewesen, insbesondere waren die sich nach einem Gelenkrheumatismus oder anderen schweren Infektionskrankheiten gelegentlich einstellenden Herzveränderungen, die Klappenfehler, durchaus bis in die Einzelheiten diagnostizierbar und Gegenstand konservativer Behandlungsmethoden.

Etwas anders stand es mit den angeborenen Herzerkrankungen. Die in jeder Richtung so großzügig spendende Natur ist auch in bezug auf fehlerhafte Wachstums- und Entwicklungsverläufe oft sehr freigiebig, und so wissen wir heute, daß es eine große Zahl von Fehlbildungen am Herzen gibt. Ein Teil von ihnen kann einer operativen Behandlung zugeführt werden, der andere ist einer solchen nicht oder noch nicht zugänglich. Auch dem Laien sind einige äußerlich sehr ins Auge fallende signifikante Auswirkungen angeborener Herzfehler bekannt in Form der „Blausuchtkrankheit“ der Kinder, von der ich Ihnen ein Bild zeigen darf (siehe Abb. 5).

Diese Tatsachen sind einfach gesagt. Bis man zu ihrer Erkenntnis kam, mußte ein weiter Weg zurückgelegt werden.

Wie Sauerbruch zu seinem Druckdifferenzverfahren erst auf Grund einer intensiven Beschäftigung mit der Physiologie der Atmung gekommen war, so konnte eine rationelle Diagnostik und Therapie der Herzerkrankungen erst nach intensivem Studium der Herzphysiologie, der Blutströmungsverhältnisse, der unterschiedlichen Druckverhältnisse in den Herzräumen, des Gasaustausches im strömenden Blut, der unterschiedlichen Arterialisierung desselben und schließlich der Funktion der Herzmuskulatur unter dem Einfluß mechanischer operativer Manipulationen erfolgen.

Voraussetzungen mußten geschaffen werden, um diesen Forderungen gerecht zu werden. Unter ihnen ragt fast als eine Offenbarung die Findung des Herzkatheters durch den deutschen Nobelpreisträger Prof. Forssmann hervor, welcher von einer Armvene über die obere Hohlvene in das Rechte Herz eingeschoben und sein Weg im Röntgenbilde verfolgt werden kann. Normalerweise ist der Weg des Katheters auf das rechte Herz begrenzt und kann seinen Weg über den rechten Vorhof und die R. Kammer nur bis in die Hauptlungenschlagader nehmen. Man stelle sich nun aber die nicht seltene Tatsache vor, daß zwischen den Vorhöfen oder den Kammern des Herzens eine anormale Verbindung, eine Öffnung vorhanden wäre. Dann könnte der Katheter durch diese hindurchpassieren und in das linke Herz, ja schließlich in die Hauptschlagader, die Aorta, gelangen. Das Vorhandensein eines abnormen Verbindungsweges zwischen dem rechten und linken Herzen wäre damit bewiesen.

Forssmann hat die Anwendbarkeit des Herzkatheters, die zunächst im Tierversuch erprobt wurde, am Menschen durch einen Selbstversuch bewiesen (Abb. 2).

Aber nicht genug damit. Um die im Einzelfall vorliegende Abnormität des Herzens näher präzisieren zu können, mußte der Verlauf des Blutweges innerhalb des Herzens dem beobachtenden Auge sichtbar gemacht werden. Und das war nur dadurch möglich, daß man vom Katheter aus ein für das Röntgenlicht undurchlässiges Kontrastmittel dem Blut beigab und seinen Weg in direkter Beobachtung am Röntgenschirm, auf schnell hintereinander angefertigten Röntgenaufnahmen oder sogar einem kinematographischen Film verfolgte (Abb. 3). Der ganze Vorgang der Passage des Kontrastmittels durch das Herz spielt sich in wenigen Sekunden ab. Wenn man den angefertigten Film aber im Zeitlupentempo betrachtet, so muß begreiflich sein, daß jede Einzelheit sich besonders deutlich darstellen muß und, da der Film jederzeit angehalten werden kann, auch eine ausführliche Diskussion möglich ist.

Der Herzkatheter hat uns aber noch weitere diagnostische Möglichkeiten in dem oben angedeuteten Sinne eröffnet. Wir sind heute in der Lage, durch Verschieben desselben von der oberen Hohlvene über Vorhof und R. Kammer bis in die Lungenschlagader an jedem beliebigen Punkt die Druckverhältnisse des Blutes zu messen und aus pathologischen Werten oft bindende Rückschlüsse zu ziehen. Ich will nur ein

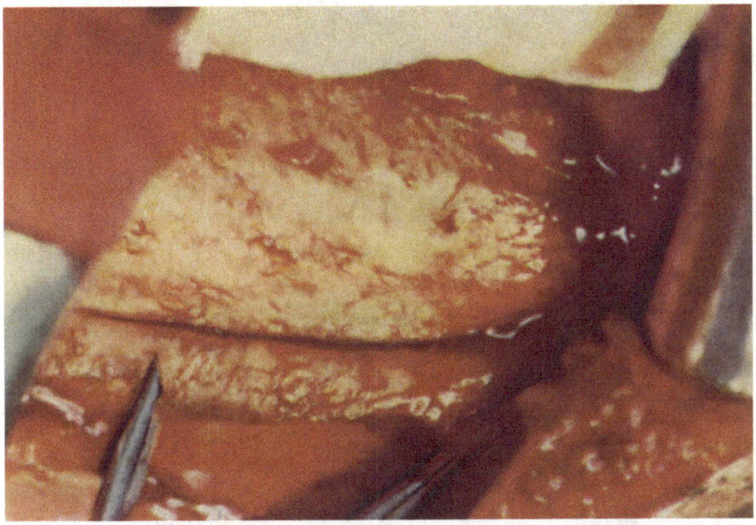

Abb. 1. Operation des Panzerherzens. Man sieht, wie die Schwielen von der Herzoberfläche abgelöst werden

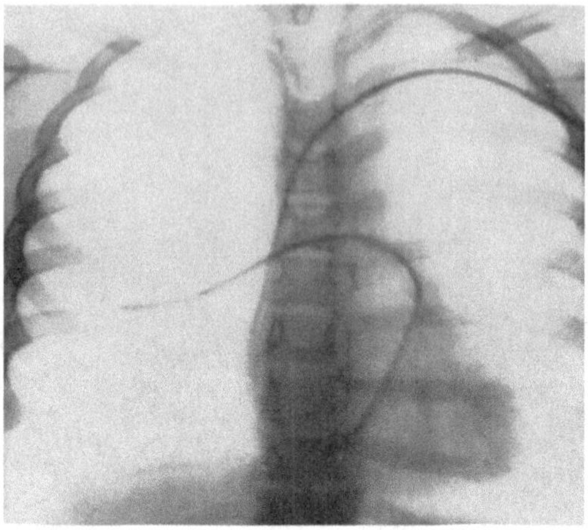

Abb. 2 Herzkatheter

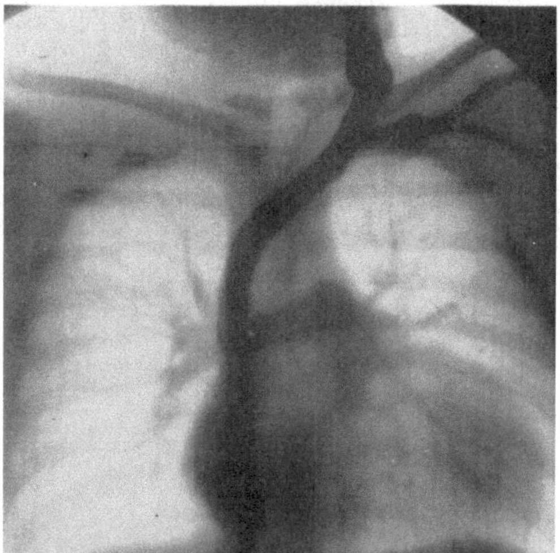

Abb. 3. Kontrastdarstellung des Herzens.
Das rechte Herz ist mit Kontrastmittel gefüllt

Beispiel zur Illustration anführen. Bestünde durch eine Verengerung an der Ausmündung der Lungenschlagader eine Stauung des Blutes in der R. Kammer, so würde der Blutdruck in derselben wesentlich erhöht sein, während der Druck in der Lungenschlagader, der Pulmonalis, erheblich vermindert sein müßte.

Besteht — ein anderes Beispiel — eine abnorme Verbindung zwischen den Vorhöfen oder Kammern des Herzens, so würde der L—R Shunt, wie man das direkte Übertreten des Blutes von einer zur anderen Seite des Herzens bezeichnet, durch den normalerweise im linken Herzen herrschenden stärkeren Druck diesen auch auf das R. Herz übertragen, und es könnten daraus wieder wichtige Rückschlüsse gezogen werden.

Und noch eine dritte, für unser Handeln oft ausschlaggebende diagnostische Möglichkeit hat uns der Herzkatheter eröffnet: die Untersuchung von Blutproben aus jedem beliebigen Abschnitt des Herzens auf ihre Sauerstoffsättigung. Es ist ja bekannt, daß das im rechten Herzen zirkulierende Blut Kohlensäure-beladen ist und in den Lungen arterialisiert, d. h. mit Sauerstoff beladen werden soll, um vom linken Herzen den Körpergeweben zugeführt zu werden. Man hat feststellen können, daß das Blut des R. Vorhofes, der R. Kammer und der Lugenschlagader konstante Sauerstoffwerte aufweist. Das ändert sich in dem Moment, wenn diesem Kohlensäure-beladenen Blut auf einem abnormen Wege, sei es, wie wir später sehen werden, durch eine Verbindung zwischen Aorta und Lugenschlagader oder zwischen den Vorhöfen oder sogar zwischen den Herzkammern, arterielles Blut, das die Lungen bereits passiert hatte, zugeführt wird. Aus den nun festzustellenden Sauerstoffgehaltswerten, die gegenüber dem Normalen wesentlich erhöht sein müssen, lassen sich wiederum wichtige Rückschlüsse auf den Zustand des Herzens ziehen.

Auf weitere herzdiagnostische Methoden glaube ich nicht näher eingehen zu müssen. Sie sind, wie die Blutdruckmessung, die Bestimmung des Minutenvolumens, die elektrokardiographische Untersuchung in verschiedenen Ableitungen, zum Teil sogar mit Herzschallschreibung, die Bestimmung der Blutgruppe, so allgemein bekannt und für jeden Untersuchungsablauf selbstverständlich.

Ich hoffe, daß mein Versuch, Ihnen die für die Diagnostik der Herzfehler so bedeutungsvollen Untersuchungsmethoden zu schildern, nicht zu verwirrend war. Er sollte nur zeigen, welche Vorbedingungen geschaffen und welche ungeheure Vorarbeit geleistet werden mußte, um zu dem erstrebten Ziel einer erfolgreichen Herzchirurgie zu kommen, und es ist aus dem gleichen Grunde notwendig, noch einige weitere Grundlagen zu erwähnen, die nicht weniger bedeutungsvoll für unser operatives Tun sind.

Es handelt sich dabei einmal um die Entdeckung der Antibiotica durch Fleming, des Penicillins und aller seiner Folgepräparate, sowie der Sulfonamide durch Domagk. Beide können neben einer streng durchgeführten Asepsis als grundsätzlich und wesentlich die eiterlose Wundheilung unterstützende und für uns heute unentbehrliche Medikamente angesehen werden.

Ein nächstes für uns unentbehrliches Mittel zur erfolgreichen Durchführung eines operativen Eingriffs am Herzen ist die Bluttransfusion. Wieviel wissenschaftliche Arbeit wurde auf die Blutgruppenforschung, auf die Erkennung der Blutgruppen und Untergruppen, wieviel Mühe auf die Anwerbung einer genügend großen Zahl von Blutspendern, auf die Herrichtung der notwendigen Blutkonserven und die Organisation des gesamten Blutspendewesens verwendet, wie es heute in so vollkommener Weise besteht, so daß wir in der Lage sind, jederzeit eine genügende Anzahl von Blutkonserven der gewünschten Blutgruppe zu erhalten.

Nach dem bisher Gesagten mag es verständlich sein, daß alle diagnostischen Methoden heute nicht mehr von einem Einzelnen bewältigt werden können, und so haben sich überall, wo Herzdiagnostik und operative Therapie getrieben werden, sogenannte Herzteams gebildet, die meist aus einem Internisten, Röntgenologen, Chirurgen und Pädiater bestehen. Diese Gemeinschaftsarbeit hat die Diagnostik der Herzfehler in ganz tiefgründiger Weise gefördert; sie muß, erweitert durch den Anaesthesisten und den mit dem Blutspendewesen vertrauten Arzt, in genau gleicher Weise auch während des operativen Eingriffs selbst wirksam sein. Denn dauernd läuft die elektrocardiographische Kontrolle des Herzens, die Überprüfung der Sauerstoffsättigung des Blutes, die Blutdruckkontrolle, der richtig dosierte Blutersatz u. ä. m.

Unter den geschilderten Voraussetzungen konnte nun an die Ausführung einer Reihe operativer Eingriffe am Herzen herangegangen werden.

Es würde den Rahmen dieses Vortrages bei weitem überschreiten, würde ich nur den Versuch machen wollen, Ihnen einen Überblick über alle Möglichkeiten angeborener Herzfehler zu geben. Gestatten Sie deshalb, daß ich die herausgreife, die in besonders erfolgreicher Weise durch einen operativen Eingriff günstig beeinflußt oder geheilt werden können.

Es ist vielleicht dem einen oder anderen bekannt, daß im embryonalen Leben und noch unmittelbar nach der Geburt eine Verbindung zwischen der Aorta und der

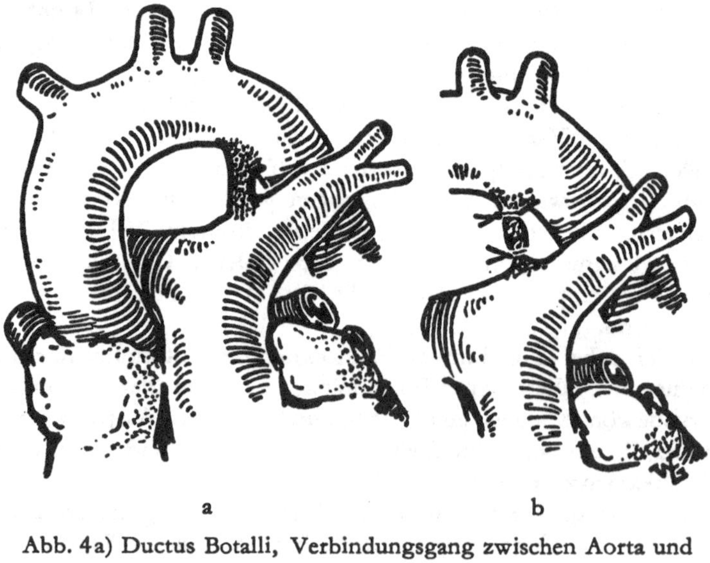

a b

Abb. 4a) Ductus Botalli, Verbindungsgang zwischen Aorta und art. Pulmonalis. b) Der Gang nach doppelter Unterbindung

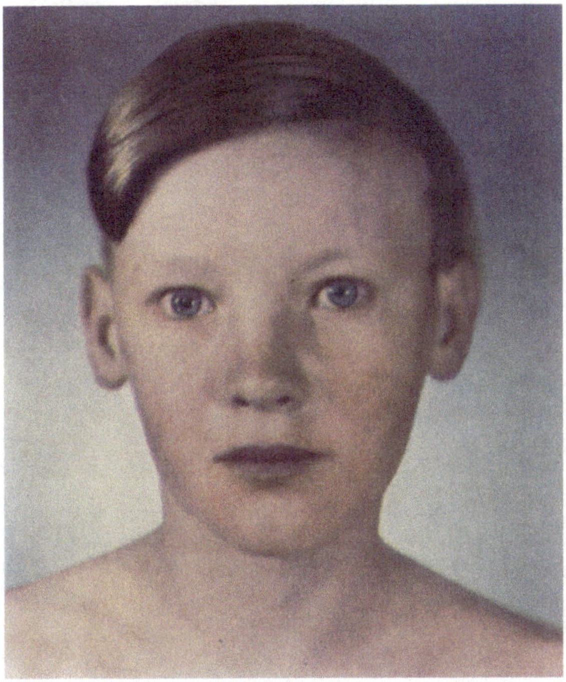

Abb. 5. Blausuchtkrankheit (Fallotsche Tetralogie)

Hauptlungenschlagader besteht, die normalerweise innerhalb relativ kurzer Zeit verschwindet. Es kommt aber vor, daß sie weiter bestehen bleibt und dann als L—R-Shunt krankhafte Erscheinungen auslöst und später zu entzündlichen Veränderungen neigt. Wir nennen diesen Gang den Ductus Botalli.

Dem Bostoner Chirurgen Gross gelang es 1938 zum ersten Mal, diesen Gang freizulegen und zu unterbinden (Abb. 4a, b) und damit die Zufuhr artiellen Blutes aus der Aorta zur Lungenschlagader in den Lungenkreislauf zu verhindern. Seitdem sind überall auf der Welt solche Eingriffe mit bestem Erfolg durchgeführt worden.

Eine zweite Erkrankung wesentlich komplizierterer Art ist die Fallotsche Erkrankung, die Fallotsche Tetralogie, die die eigentliche Blausuchtkrankheit (Abb. 5) dargestellt und sich aus mehreren fehlerhaften Komponenten, einer Verengerung der Ausflußbahn aus der R. Kammer, einem Defekt der Kammerscheidewand, einer Rechtsverlagerung der Aorta und einer Muskelvermehrung, einer Hypertrophie der Wand der R. Kammer, zusammensetzt. Diese Erkrankung setzt die Leistungsfähigkeit und Lebenserwartung der Kinder sehr herab, führt durch den chronischen Sauerstoffmangel zu einer Unfähigkeit auch nur geringer körperlicher Beanspruchungen, zu einer Überproduktion von roten Blutkörperchen und zur Entwicklung von sogenannten Trommelschlägelfingern, einer Auftreibung der äußeren Enden der Finger.

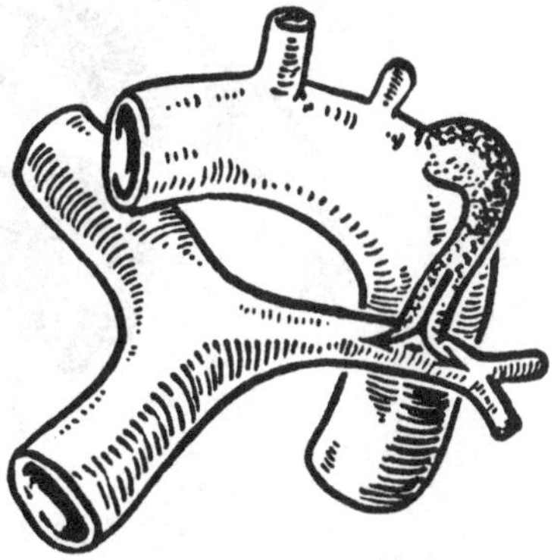

Abb. 6. Blalocksche Operation (oper. Verbindung zwischen art. Subclavia und art. Pulmonalis)

Die Beobachtung des Amerikaners Austin Helen Taussig, daß alle diese Erscheinungen in nur geringem oder jedenfalls vermindertem Maße vorhanden sind, wenn gleichzeitig der vorhin geschilderte Verbindungsgang zwischen Aorta und Pulmonalis bestand, führte Blalock in Baltimore 1945 dazu, einen künstlichen Ductus Botalli unter Verwendung der Unterschlüsselbein-Arterie lks. anzulegen, also eine Umgehungsoperation zu machen (Abb. 6).

Anstelle der erwähnten Arterie kann man auch künstliche Transplantate mit Erfolg verwenden, und gerade hier in Leipzig sind über diese Operationsmethode durch Herbst aussichtsreiche Erfahrungen gesammelt worden.

In neuester Zeit ist man bemüht, die Verengerung am Austritt der Lungenschlagader direkt anzugehen, sie von der R. Kammer nach dem Vorschlage von Brock-London 1948 direkt zu spalten und zu dehnen und damit die ausschlaggebende Ursache des Leidens auszuschalten.

Auf die gleiche Weise kann auch die isolierte Pulmonalstenose erfolgreich operiert werden.

Ein drittes angeborenes Leiden sei noch erwähnt, die Verengerung der Brustaorta direkt unterhalb des Aortenbogens. Durch die oft nur stricknadeldünne Öffnung gelangt nur ein geringer Teil des Blutes in den Unterkörper, während die Hauptmenge des Blutes im Oberkörper unter manchmals ganz exorbitant erhöhtem Blutdruck zirkulieren muß und eine Lebenserwartung über das 25. Lebensjahr durch die stete Gefahr eines Schlaganfalles fast ausschließt.

Dem Amerikaner Bayley gelang 1949 die erste erfolgreiche operative Beseitigung dieser Stenose und die Wiederherstellung eines normalen Kreislaufes auch im Bereich des Unterkörpers (Abb. 7a, b). Dabei wird die enge Stelle entfernt und die beiden normalweiten Enden der Aorta durch Naht miteinander vereinigt. Das ist aber nur möglich, wenn die Enge einen nur ganz kurzen Abschnitt (Abb. 8) umfaßt. Anderenfalls muß das durch die Resektion in Fortfall gekommene Stück durch ein

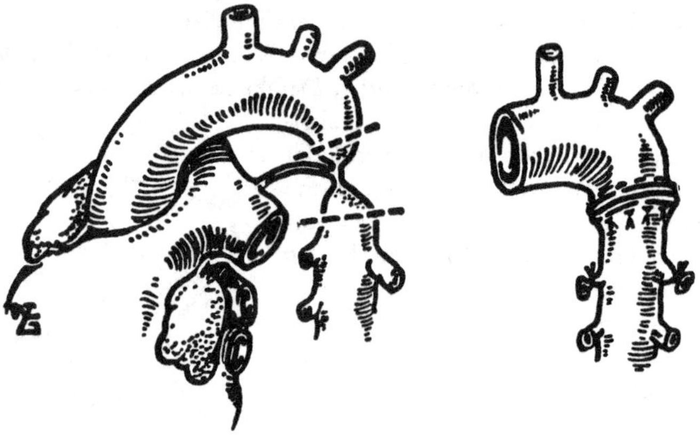

a b

Abb. 7a) Istmusstenose der Aorta
b) Der Zustand nach Resection und Naht der Aorta

Transplantat ersetzt werden. Ich erlaube mir, Ihnen die erfolgreiche Einpflanzung eines alloplastischen Transplantates aus unserer Klinik bei einem jungen Mädchen zu demonstrieren (Abb. 9, 10).

Es war und ist von größtem Interesse, die Einheilungsbedingungen solcher Transplantate im tierischen oder menschlichen Körper zu studieren und zu verfolgen, wie sich der Endzustand des Einheilungsvorganges darstellt. Eine große Zahl experimenteller Untersuchungen, von denen eine große Zahl auch an unserer Erfurter Klinik gemacht wurden, waren nötig, um hier zu endgültigen Resultaten und Schlüssen zu kommen. Es hier ist nicht der Ort und auch nicht die Zeit, auf alle sich hier ergebenden einschlägigen Fragen einzugehen. Das müßte einem gesonderten Vortrage vorbehalten bleiben.

Meine Damen und Herren!

Aus begreiflichen Gründen ist der Chirurg bestrebt, sogenannte „blinde Methoden", wie ich sie Ihnen bei der Beschreibung der Operationen bei der Blausucht zu schildern versuchte, durch Eingriffe zu ersetzen, die unter direkter Sicht des Auges vorgenommen werden können. Das hat sich besonders bei den Operationen als not-

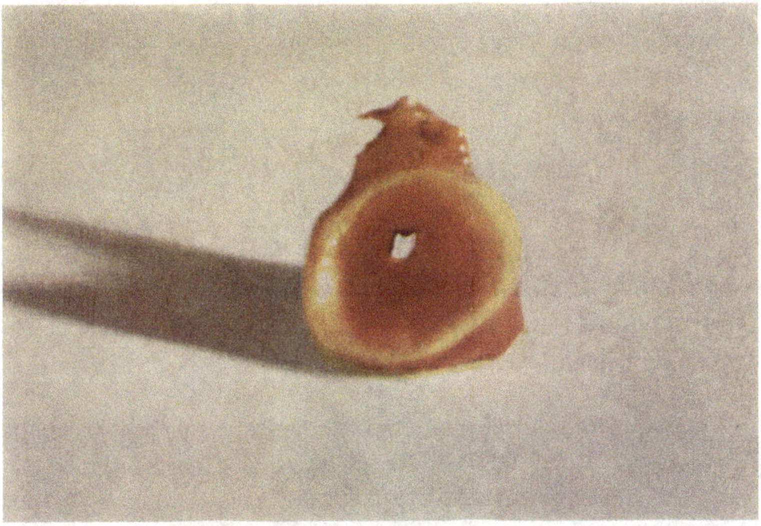

Abb. 8. Verengung der Aorta dicht unterhalb des Aortenbogens (Istmusstenose)

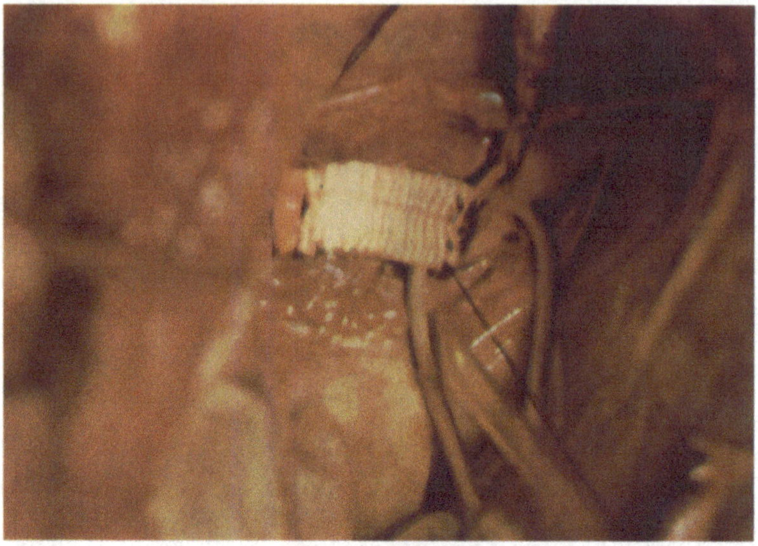

Abb. 9. Ersatz der Istmusstenose durch ein Transplantat unmittelbar nach der Einpflanzung (Chirurg. Klinik Erfurt)

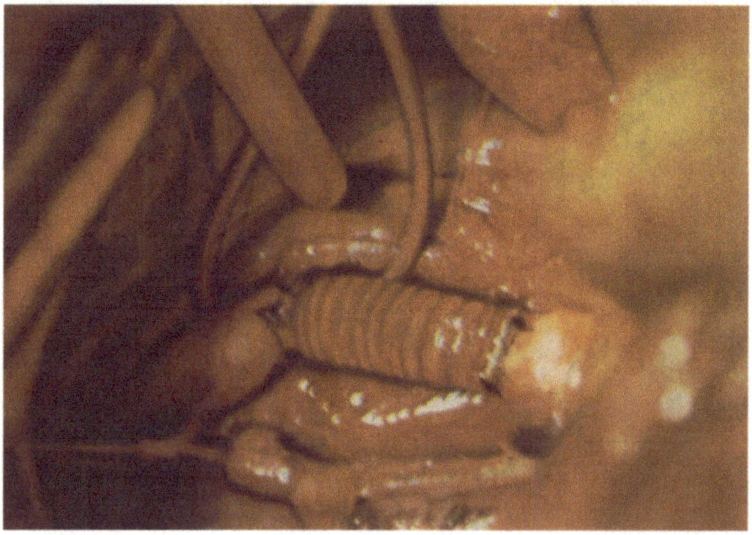

Abb. 10. Derselbe Fall wie in Abb. 9 nach Freigabe des Blutstromes

wendig erwiesen, bei denen es sich um den Verschluß angeborener Defekte der Scheidewände der Vorhöfe und besonders der Herzkammern handelt.

Hier kamen dem Chirurgen die Resultate der an Raum immer mehr gewinnenden Forschungen von Physiologen und internen Klinikern auf dem Gebiet der Stoffwechselvorgänge in den Geweben des Körpers entgegen.

Will der Chirurg einen der eben erwähnten Eingriffe unter Sicht des Auges ausführen, so muß er am offenen, blutleeren Herzen arbeiten können. Eine Unterbindung des Herzblutkreislaufes wird aber nur für wenige Minuten vertragen, weil die Gewebe und insbesondere das so sauerstoffbedürftige Zentralnervensystem, das Gehirn und der Herzmuskel, eine Absperrung der Sauerstoffzufuhr nicht länger als 3 Minuten vertragen. Diese Zeit reicht nicht, um den beabsichtigten Eingriff durchzuführen.

Die Resultate der Stoffwechselforschung ergaben nun, daß der Sauerstoffbedarf aller Gewebe unter dem Einfluß bestimmter Medikamente — der Ganglienblocker — und vor allem einer Unterkühlung des Körpers ganz erheblich herabgesetzt werden kann. Im großen und ganzen kann gesagt werden, daß jeder Grad der Temperaturherabsetzung eine Minderung des Sauerstoffbedarfs um 5% bedingt. Gelingt es uns z. B., die Körpertemperatur vom Normalwert von 37° auf 29°, also um 8° herabzusetzen, so würde der Sauerstoffbedarf um 40% gesenkt werden können.

Diese Erfahrungen hat sich die Chirurgie zu Nutze gemacht. Legt man den zu operierenden Kranken — natürlich in Narkose — in ein Eisbad, so kann die Körpertemperatur leicht beispielsweise auf 28—29° herabgesetzt und die Ausschaltung des Herzkreislaufes auf etwa die doppelte Zeit, von ca. 6 Minuten, heraufgesetzt werden. Dazu wird zunächst eine Drosselung der Blutzufuhr durch die Hohlvenen zum Herzen bewirkt und nach Leerpumpen des Herzens auch Aorta und Lungenschlagader durch Zügel verschlossen. Man kann nun das Herz eröffnen und beispielsweise einen Defekt des Vorhofes oder sogar der Kammerscheidewand verschließen.

Es ist verständlich, daß eine so erhebliche Unterkühlung des Körpers viele Funktionen desselben auch nachteilig beeinflussen kann. Schlagfrequenz und Minutenvolumen des Herzens, Blutdruck, Atemfrequenz und -tiefe, sowie der Ablauf der Erregungsleitung im Herzen selbst mit Störungen bis zum sogenannten Kammerflimmern, einer sehr bedrohlichen und oft nur schwer beeinflußbaren Komplikation, mußten mit besonderer Aufmerksamkeit verfolgt werden.

Eine fieberhafte, ja man kann sagen atemberaubende Forschertätigkeit setzte in den Vereinigten Staaten in den 40er Jahren ein, die sich an der Hand von zahlreichen Beobachtungen und einer Unzahl experimenteller Untersuchungen mit diesen Problemen befaßte, und es ist fascinierend, ihnen folgen zu dürfen. Als Resultat derselben kann hier zusammenfassend nur gesagt werden, daß ein operativer Eingriff am Herzen in Unterkühlung während seiner ganzen Dauer einer exakten Durchführung und Kontrolle der Narkose — der künstlichen Beatmung der Lungen, der dauernden elektrocardiographischen Beurteilung der Herzfunktion, der Sauerstoffsättigung des Blutes und Vermeidung einer Übersäuerung — einer Acidose und eines angesichts der Verminderung der Regulationsfähigkeit des Kreislaufes in unterkühltem Zustande richtig dosierten und zum richtigen Zeitpunkt erfolgenden

Blutersatzes in Kontrolle mit dem Minutenvolumen bedarf. Ein Team geschulter Fachleute ist also nicht nur in der Diagnostik der Herzfehler, sondern auch bei ihrer operativen Behandlung von für den Erfolg ausschlaggebender Bedeutung. Werfen Sie einen Blick in einen Operationssaal, in dem ein Eingriff am Herzen durchgeführt wird, so sehen Sie das Zentrum, den Operationstisch, umgeben von einer Unmenge von Apparaturen, die den eben erwähnten Zwecken dienen, und es ist ersichtlich, daß auch die Technik den sich dauernd steigernden Anforderungen der Forschungsergebnisse sich hat anpassen müssen. Es kann nicht genügend betont werden, daß der Erfolg auch hier das Resultat einer Gemeinschaftsarbeit geworden ist.

Es erwies sich nun, daß die durch Unterkühlung erreichte Zeit von etwa 6 Minuten für eine intracardiale Operation, insbesondere den Verschluß eines Defektes der Kammerscheidewand, doch noch nicht ausreichte, um die Eingriffe exakt und ohne zu erhebliche Schädigung der Kammermuskulatur durchzuführen.

So wurde nach anderen Methoden gesucht, um auch diese Klippe zu überwinden. Es sind Untersuchungen, die sich im wesentlichen auf den Zeitraum der letzten 10 Jahre erstrecken, wie ja überhaupt die Zeitspanne, in der die Herzchirurgie sich zu dem heutigen Stande entwickelt hat, nur wenig über 2 Dezennien umfaßt.

Jetzt ging es darum, die Zeit für den Eingriff am offenen Herzen dadurch um ein Erhebliches zu verlängern, daß man entweder unter Fortfall der Unterkühlung oder zugleich mit derselben und unter Ausschaltung der körpereigenen Herz-Lungen-Atmung das Blut des zu Operierenden einem künstlichen Herz-Lungensystem zuführte, in dem dieses arterialisiert und so mit Sauerstoff beladen über ein Pumpsystem unter Ausschaltung des Herzens wieder zugeführt werden konnte. Es ist das Prinzip des extracorporalen Kreislaufes.

Auch auf diesem Gebiet gingen einer brauchbaren Lösung dieses Problems eine Unzahl experimenteller Versuche und technischer Erprobungen voraus und das Resultat ist — das kann mit Genugtuung festgestellt werden —, daß es möglich ist, das venöse Blut aus den Hohlvenen abzuleiten und es in einem „Oxygenator“, einem Gefäß, in dem das Blut über ein sehr feines Drahtnetz herabrinnt, mit Sauerstoff zu beladen und es vermittelst eines Pumpensystems dem arteriellen Kreislauf des Kranken wieder zuzuführen. Dabei war es von besonderer Wichtigkeit, eine Haemolyse, eine Auflösung der Blutkörperchen, wie eine Gerinnung des Blutes zu verhindern.

Die ersten erfolgreichen Operationen am offenen Herzen mit der Herz-Lungen-Maschine wurden Mitte der 50er Jahre von Gibbon, Crafoord und Kirklin ausgeführt.

Ein anderes Prinzip sei interessehalber hier noch erwähnt, das von Lillehey in Minneapolis inauguriert wurde. Er führte das kohlensäure-beladene Blut des Kranken einem Spender zu, der die Arterialisation besorgte und das von ihm mit Sauerstoff beladene Blut dem Kranken wieder zurückgeben konnte. Auch dieses System hat sich bewährt. Zweifellos wird aber heute an immer weiteren Verbesserungen der Herz-Lungen-Maschine gearbeitet, wir stehen noch mitten in der Entwicklung.

Bewiesen ist jedenfalls durch jetzt auch in Deutschland schon vielfältig gesammelte Erfahrungen — es ziemt sich, in diesem Zusammenhang die Namen von Derra in

Düsseldorf und Zenker in München sowie Mörl und Schober in Halle zu nennen —, daß mit dem extracorporalen Kreislauf Operationen am offenen Herzen mit gutem Erfolg möglich geworden sind, an die bis dahin nicht gedacht werden konnte. Defekte in den Scheidewänden der Vorhöfe und Kammern des Herzens können heute bei für $^1/_2$ Stunde und noch länger offenem stillstehendem, blutleerem Herzen genäht oder sogar durch künstliche Prothesen verschlossen werden, ohne daß dadurch die später wieder in Gang kommende Herzaktion wesentlich beeinträchtigt wird.

Es ist nun notwendig, noch etwas über die operative Behandlung erworbener Herzfehler zu sagen.

Der bei weitem häufigste von ihnen ist die Mitralstenose, also eine Verengerung der zwischen dem linken Vorhof und der linken Kammer liegenden Klappe. Ursache der zunehmenden Verengerung der Klappenöffnung sind in der Mehrzahl überstandene fieberhafte rheumatische Erkrankungen. Kann der L. Vorhof die ihm über die Lungen angebotene Blutmenge nicht mehr vollständig dem großen Kreislauf zuführen, so muß sich das Blut rückwärts stauen, die Lungen sind dauernd vermehrt blutgefüllt und dasselbe trifft auch weiter rückläufig auf das rechte Herz zu.

Die Mitralstenose ist wie gesagt, ein häufiger Herzfehler. Man hat für England die Zahl der Mitralstenosen auf etwa 120000 berechnet. Entsprechende Zahlen lassen sich leicht für Deutschland und auch die DDR berechnen. Von ihnen sind fast die Hälfte reine Klappenverengerungen, während ein weiterer Teil noch durch eine sogenannte Insuffizienz der Klappe belastet ist. Die erste Hälfte ist einer Operation zugänglich, und man kann sagen, daß der Eingriff, der häufigste, der am Herzen heute durchgeführt wird, bereits zu einer Routineoperation geworden ist.

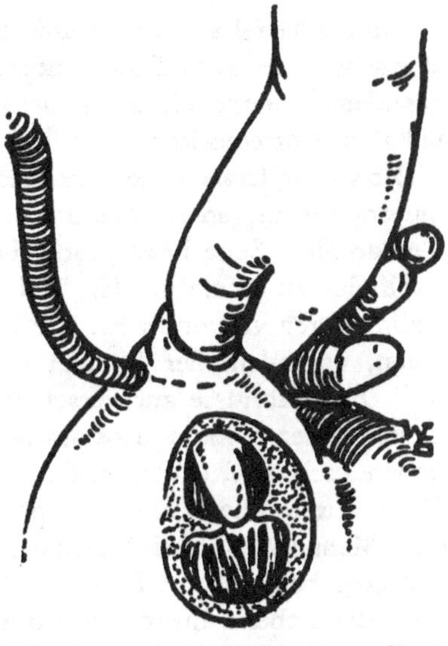
Abb. 11. Schematische Darstellung der Operation der Mitralstenose (digitale Klappensprengung)

An einer schematischen Abbildung darf ich Ihnen das Prinzip der Operation erläutern. Das linke Herzohr wird freigelegt, durch eine Öffnung in demselben kann man mit dem Finger in das Herz eingehen und die verengte Klappe entweder stumpf oder unter Zuhilfenahme eines am Finger befestigten kleinen Schneideinstrumentes soweit sprengen, daß sie ihre frühere Weite wieder erlangt (Abb. 11).

Es läßt sich auch der umgekehrte oder ein kombinierter Weg beschreiten, indem man die Klappensprengung von einer Öffnung in der linken Kammer bewerkstelligt. Der Erfolg des Eingriffs ist gewöhnlich ein unmittelbarer, denn sobald das Hindernis für das Strömen des Blutes beseitigt ist, ändern sich schlagartig auch die pathologischen Druckverhältnisse und die vorher in ihrer Aktionsfähigkeit so stark behinderten Menschen können nach einer entsprechend langen Karenzzeit ihrem früher gewohnten Leben wiedergegeben werden.

Das gleiche wie für die Mitralstenose kann leider noch nicht für die sogenannten Insuffizienzen der Klappen gesagt werden, bei denen es sich um eine mangelhafte Schlußfähigkeit der Klappensegel handelt. Aber auch hier bahnen sich Wege an, die einmal erfolgreich zu werden versprechen.

Ein Problem, das durchaus weitestes allgemeines Interesse beansprucht, ist das der Coronarerkrankungen, der Gefäße des Herzens, die die Herzmuskulatur ernähren. Die Ursache der sich besonders bei allen zivilisierten Nationen in steilem Anstieg befindlichen Erkrankungen dieser Gefäße und der durch sie bedingten Todesfälle ist ein durchaus komplexes Geschehen, bei dem das Überwiegen des einen oder anderen ursächlichen Momentes im Einzelfall zu analysieren nicht ganz einfach ist.

Ohne Zweifel spielen organische Vorgänge im Sinne der Atherosclerose vielfach eine sehr wesentliche Rolle. unter deren Einfluß es zu einer zunehmenden Einengung des Gefäßlumens bis zu seinem vollkommenen Verschluß, der allmählich oder plötzlich eintreten kann und dessen Folge der Herzinfakt ist, kommen kann.

Die andere Ursache der Coronarbeschwerden — es handelt sich dabei ja um Durchblutungsstörungen der Herzmuskulatur — ist auf der funktionellen Seite zu suchen. Gerade diese Seite beansprucht heute eine ganz besondere Aufmerksamkeit, da sie zweifellos zu einem großen Teil mit den im 20. Jahrhundert entstandenen Lebensbedingungen verknüpft ist. Die Rastlosigkeit des Lebens, die Belastung vieler Menschen, vor allem der Männer mit größter Verantwortung, die außerordentlichen seelischen Einflüsse auf verschiedenen Ebenen des Lebens der letzten Jahrzehnte, sie alle gehen nicht spurlos am Nervensystem, welchem neben vielen anderen Funktionen auch die Regulation der Herzdurchblutung anheimfällt, vorüber. So ist, bedingt durch übermäßige körperliche und seelische Beanspruchung, der Begriff der „Managerkrankheit“ entstanden.

Zugegeben, daß die funktionellen Störungen der Herztätigkeit durch eine Änderung der Lebensführung und durch medikamentöse Verordnungen günstig beeinflußt werden können, so kann doch an der Tatsache nicht vorbeigegangen werden, daß ein großer Teil der Durchblutungsstörungen durch eine Einengung, ja einen Verschluß der Gefäße des Herzens auf organischer Basis bedingt ist, dem verantwortlich die Zunahme der Herzinfarkte und der durch sie bedingten Todesfälle zugeschrieben werden muß.

So erklärt sich auch das Bestreben, die Durchblutungsstörungen der Herzmuskulatur auf der operativen Seite anzugreifen. Und so fehlt es nicht an z. T. erfolgreichen Versuchen, die Durchblutung durch Heranführen einer neuen Blutquelle zu verbessern. Es seien nur die Vorschläge erwähnt, das große Netz (O'Straugnessy) oder einen Lungenflügel (Lezius) oder den Brustmuskel (Beck) dem Herzen aufzusteppen und auf diese Weise eine Verbindung mit dem reichlichen Gefäßsystem dieser Gewebe herzustellen.

Besondere Beachtung verdient auch ein Vorschlag, ein an der Innenseite des Brustbeines bzw. der Rippen verlaufendes Gefäß — die mammaria interna — mit einem Ende in einen Kanal der Herzmuskulatur zu implantieren und der Herzmuskulatur auf diesem Wege eine neue Blutquelle zu schaffen. Die bisher mitgeteilten Ergebnisse können als durchaus ermutigend angesehen werden.

Zuletzt sei noch einer Erkrankung gedacht, die sich am Herzen selbst, häufiger aber am Aortenbogen und den tiefer gelegenen Abschnitten der Hauptschlagader entwickelt — des Herz- und Aortenaneurysmas, einer sackartigen Ausstülpung der Herz- oder Aortenwand, deren Ursache wir auf arteriosclerotischer oder luetischer Grundlage zu suchen haben.

Ferdinand Sauerbruch war einer der ersten, der ein Herzaneurysma mit Erfolg operierte. Eine kaum zu schildernde Dramatik zeigt diese einzigartige Operationssituation und kann nur restlose Bewunderung vor der Entschlußkraft des Operateurs und der Folgerichtigkeit der einzelnen Phasen der Operation hinterlassen.

Die Aneurysmen des Aortenbogens waren einem operativen Eingriff bisher nicht zugänglich. Aber auch auf diesem Sektor haben sich durch die Initiative amerikanischer Chirurgen, unter denen vor allem de Bakey in Texas zu nennen ist, Möglichkeiten und auch nennenswerte Erfolge gezeigt. Man kann nicht genug staunen, daß es ihm gelungen ist, den ganzen Aortenbogen mit den zum Kopf und zu den Armen führenden Gefäßen ohne Schädigung vor allem des Gehirns durch ein alloplastisches Transplantat, wie ich es Ihnen im Bilde der von uns operierten Aortenisthmusstenose zeigte, zu ersetzen. Das sind Großtaten der Chirurgie, deren Bedeutung zutiefst nur der beurteilen kann, der sich selbst mit Operationen am Herzen befaßt, aber wir alle verneigen uns in Ehrfurcht und Dankbarkeit vor dem Wagemut und der Schwere der Verantwortung der Männer, die den Entschluß zu einem solchen Eingriff faßten. Unter den deutschen Chirurgen, die auf diesem Gebiet besonders erfolgreich sind, ist Linder in Heidelberg zu nennen.

Meine Damen und Herren!

Aus dem, was ich Ihnen in einem kurzen Überblick über die heutigen Leistungen der Herzchirurgie vortragen durfte, haben Sie ersehen, daß das, was wir heute moderne Herzchirurgie im eigentlichen Sinne nennen, das Resultat von Forschungen der letzten 25, zum Teil aber erst der letzten 10—12 Jahre ist. Ein Siegeszug unvergleichlicher Art wurde angetreten und durchschritten. Möge der Lorbeer auf den Häuptern der Männer, die unter zum Teil unsäglichen Mühen zu den großen Erfolgen der Herzchirurgie geführt haben, immer grünen.

Eine für den Einzelnen kaum mehr übersehbare Arbeit wurde bewältigt mit größtem Enthusiasmus und mit dem Einsatz der ganzen Persönlichkeit.

Der eine oder andere mag vielleicht vermißt haben, daß ich die zahlreichen Varianten der Herzfehler nicht genauer geschildert habe. Das wäre zweifellos zu lehrhaft und auch zu ermüdend geworden. Auch kam es mir darauf gar nicht so sehr an. Viel wesentlicher schien es mir, Ihnen an der Hand einiger Beispiele aus dem modernsten Gebiete der Chirurgie zeigen zu dürfen oder sogar zu müssen, wie durch eine besonders intensive Initiative, durch einen aufopferungsfreudigen Einsatz für eine Idee, durch einen großen Fleiß, durch ein oft geniales Beobachten und Deuten von Naturvorgängen, durch eine auch bei Mißerfolgen nicht erlahmende experimentelle Arbeit und durch ein besonderes technisches Geschick, das als ein dem Menschen keineswegs immer in gleichem Maße von der Natur anvertrautes Geschenk gegeben wird, durch Entschlußkraft und eine Beherrschung oft unerwarteter und nicht voraussehbarer operativer Situationen ein Gebiet der menschlichen Pathologie in einer erstaunlich kurzen Zeitspanne Heilerfolgen zugeführt werden konnte, das bis vor noch nicht langer Zeit als unangreifbar galt.

Sie werden aus den genannten Namen der Forscher weiter entnommen haben, daß wir die Entwicklung der modernen Herzchirurgie, begründet von deutschen Chirurgen, später überwiegend amerikanischen Forschern zu verdanken haben. Leider war Deutschland von der Forschungsarbeit auf dem Gebiet der Herzchirurgie infolge des zweiten Weltkrieges so gut wie ausgeschlossen. Unmittelbar nach Beendigung desselben wurden aber die zwischen den Forschern der beiden Erdteile abgerissenen Verbindungen sehr schnell wieder aufgenommen, und der Initiative einer Reihe deutscher Fachleute — Chirurgen, Internisten und Röntgenologen — ist es zu verdanken, daß wir den Anschluß an die Forschungsergebnisse der Amerikaner wieder gewonnen haben, ein Beweis auch dafür, daß ohne einen dauernden Kontakt der Wissenschaft verschiedener Länder, einen Austausch ihrer Erfahrungen, eine Nutzbarmachung ihrer Forschungen nach der einen oder anderen Seite im Interesse der ganzen Menschheit nicht möglich ist.

Dank der Initiative einer Reihe bedeutender Männer hat die Entwicklung der Herzchirurgie einen rapiden Verlauf in einer unwahrscheinlich kurzen Zeit genommen. Und doch schieben sich immer wieder neue Riegel vor das Ringen um weitere Erkenntnis, und manche Mißerfolge, von denen kein Arzt und kein Chirurg verschont bleibt, zeigen mit aller Deutlichkeit die Begrenztheit aller menschlichen Leistungen und weisen ihn deshalb immer wieder auf die Verantwortung hin, die er gegenüber den sich ihm anvertrauenden Menschen zu tragen hat.

Trotz aller Erfolge und neuen Erkenntnisse, denen gerade die Chirurgie zum Durchbruch verholfen hat, haben wir keine Berechtigung zur Überheblichkeit. In neuen Zeiten, vor neuen Generationen türmen sich neue Probleme, werden neue Gesetze naturwissenschaftlichen Geschehens erkannt.

Möge die kommende Generation in Ehrfurcht vor den Meistern der Chirurgie mit Ernst ihren Aufgaben einer sinnvollen Synthese neuer naturwissenschaftlicher Erkenntnisse und wahren Arzttums entgegensehen und ihnen stets das notwendige Verständnis entgegenbringen. Dann wird auch deutscher Geist, wie schon früher, zur Erarbeitung neuer Erkenntnisse und zur Förderung deutscher, ja abendländischer Kultur ein Wesentliches beitragen können.

DREI BRIEFE ZUR GESCHICHTE DER AKADEMIE

Mitgeteilt von Prof. Dr. JOHANNES MÜLLER

Direktor der Universitätsbibliothek Leipzig

Bei der Aufarbeitung der wiedergefundenen Akten der Jablonowskischen Gesellschaft zu Leipzig fand sich ein kleiner Faszikel mit Briefen, die an Moritz Wilhelm Drobisch (1802—1896) gerichtet waren, der seit dem Jahre 1834 Mitglied der Jablonowskischen Gesellschaft war und lange Jahre der Präses der Gesellschaft gewesen ist.

Drei der markantesten Briefe betreffen die Geschichte der Sächsischen Akademie der Wissenschaften insofern, als Drobisch zu den ersten Mitgliedern der am 1. 7. 1846 neu gegründeten Akademie gehörte und neben Wilhelm Weber der stellvertretende Sekretar der mathematisch-physischen Klasse von 1846—1848 war. Wie die meisten anderen Mitglieder der Jablonowskischen Gesellschaft, die in die junge Akademie gewählt wurden, hat auch Drobisch seine Mitgliedschaft bei der Jablonowskischen Gesellschaft nicht aufgegeben, sondern eine sehr fruchtbare Tätigkeit auf viele Jahrzehnte entfaltet. Ihm ist die Reorganisation und Modernisierung der Jablonowskischen Gesellschaft zu verdanken, die sich besonders in der Aktualität der gestellten Preisfragen ausdrückt. Drobisch war seit 1826 ordentlicher Professor der Mathematik und übernahm 1842 noch eine Professur für Philosophie an der Universität Leipzig.

Drobischs Handakten enthalten die im folgenden erstmalig veröffentlichten Briefe von Gauß, Encke und Hausmann, die ihren besonderen Wert haben, da das Archiv der Sächsischen Akademie der Wissenschaften zu Leipzig zu den Kriegsverlusten gehört und die Briefe eine eindeutige Einschätzung der Neugründung durch die bekannten Akademien dokumentieren. Die Briefe haben folgenden Wortlaut:

Hochwohlgeborner Herr
Hochzuverehrender Herr Professor.

Ew. Hochwohlgeboren habe ich noch für die gütige Zusendung der Abhandlungen der Fürstlich Jablonowskischen Gesellschaft und für das verbindliche Schreiben, womit Sie dasselbe begleitet haben, meinen gehorsamsten Dank abzustatten. Indem ich Sie ersuche, dieser verehrten Gesellschaft meine tiefgefühlte Dankverpflichtung zu bezeugen, kann ich die verspätete Erfüllung dieser Pflicht nur mit meinem Gesundheitszustande entschuldigen, der in diesem durch die drückende Hitze so vielen Constitutionen gefährlichen Sommer immer ein leidender gewesen ist, und mich gezwungen hat, eine Menge von Geschäften auf günstigere Zeit zu procrastinieren.

Die neugebildete Königl. Sächsische Gesellschaft der Wissenschaften hat durch jene reichhaltige Sammlung Ihre Tätigkeit auf eine würdige und die schönsten Erwartungen rechtfertigen-

de Art eröffnet, und es ist nicht zu zweifeln, daß diese so viele geehrte Namen zählende Gesellschaft stets einen höchst ehrenvollen Platz unter ihren ältern Schwestern behaupten werde.

Genehmigen Sie die Bezeugung der aufrichtigen Hochachtung, mit welcher ich die Ehre habe zu beharren

Ew. Hochwohlgeboren
gehorsamster Diener
C. F. Gauß

Göttingen den 3. September 1846

Sr. Hochwohlgeboen
Herrn Professor Drobisch
zu Leipzig
d. G.

(Eingeg. d. 21. Septb.)

Carl Fr. Gauß spielt im 2. Teil auf die Festgabe der Abhandlungen an, die die Jablonowskische Gesellschaft zu Ehren der Eröffnung der neuen Akademie veröffentlicht hatte.

Die Königliche Akademie der Wissenschaften zu Berlin hat dem Unterzeichneten den eben so ehrenvollen als erfreulichen Auftrag ertheilt der am 200jährigen Geburtstage von Leibniz begründeten Königlich Sächsischen Gesellschaft der Wissenschaften ihren verbindlichsten Dank auszusprechen für die gefällige Übersendung des Bandes der Abhandlungen, und zugleich die Hoffnung anzudeuten, daß beide wissenschaftliche Gesellschaften, so eng schon durch die persönliche Bekanntschaft der meisten Mitglieder verbunden, auch als solche ihrem hohen Zwecke in enger Verbindung nachstreben werden.

Berlin d. 17 August 1846.
J. F. Encke
Vorsitzender Sekretar
der Königl. Akad. d. Wiss.
zu Berlin

An
Die königlich-Sächsische Gesellschaft der Wissenschaften
zu Leipzig
Angelegenheiten
der Königl. Preuss. Akademie
der Wissenschaften

Die hiesige Königliche Societät der Wissenschaften hat mit besonderem Vergnügen die von der Fürstlich Jablonowskischen Gesellschaft mittelst geehrten Schreibens vom 9ten Juli d. J. gütigst übersandten Abhandlungen, welche dieselbe bei Gelegenheit der Begründung der Königl. Sächsischen Gesellschaft der Wissenschaften am 200jährigen Geburtstage Leibnizens herausgegeben hat, erhalten, und mich beauftragt, für dieses werthvolle Geschenk ihren verbindlichsten

Dank zu bezeugen. Indem ich nun die Ehre habe, mich dieses Auftrages zu entledigen, ersuche ich die hochverehrliche Gesellschaft, die Versicherung meiner ausgezeichneten Hochachtung genehmigen zu wollen.

Göttingen, den 9ten August 1846.

J. Fr. L. Hausmann

Sekretair der Königl. Societät der Wissenschaften zu Göttingen.

Der bekannte Göttinger Geologe Johann Friedrich Ludwig Hausmann (1782—1859) erwähnt in seinem Schreiben die gleichen Abhandlungen, die auch Gauß (s. vorstehend) erhalten hat.

BIBLIOGRAPHIE HELLMUT KRETZSCHMAR

Bearbeitet von *MANFRED KOBUCH*

Herrn Prof. Dr. Hellmut Kretzschmar
zur Vollendung des 70. Lebensjahres am 12. Juli 1963 gewidmet

GLIEDERUNG

ABKÜRZUNGEN

AČ	Archivní časopis
AfD	Archiv für Diplomatik, Schriftgeschichte, Siegel- und Wappenkunde
AM	Archivmitteilungen
AZ	Archivalische Zeitschrift
BlldLG	Blätter für deutsche Landesgeschichte
ČsČH	Československý časopis historický
DA	Deutsches Archiv für Erforschung des Mittelalters
DGbll	Deutsche Geschichtsblätter
DLZ	Deutsche Literaturzeitung
DresdnerGBll	Dresdner Geschichtsblätter
FBPG	Forschungen zur brandenburgischen und preußischen Geschichte
GBllMagd	Geschichtsblätter für Stadt und Land Magdeburg
GWU	Geschichte in Wissenschaft und Unterricht
HJb	Historisches Jahrbuch
HGBll	Hansische Geschichtsblätter
HPB	Das historisch-politische Buch
HZ	Historische Zeitschrift
JbGMOD	Jahrbuch für die Geschichte Mittel- und Ostdeutschlands
JbNSt	Jahrbücher für Nationalökonomie und Statistik
JbrDG	Jahresberichte der deutschen Geschichte
JbrdG	Jahresberichte für deutsche Geschichte
KBGV	Korrespondenzblatt des Gesamtvereins der deutschen Geschichts- und Altertumsvereine
Kwart. hist.	Kwartalnik historyczny
MIÖG (MÖIG)	Mitteilungen des Instituts für österreichische Geschichtsforschung
Mitt.	Mitteilungen
NASG	Neues Archiv für Sächsische Geschichte und Altertumskunde

NLM	Neues Lausitzisches Magazin
NRS	Nuova revista storica
NuH	Natur und Heimat
PrJbb	Preußische Jahrbücher
SächsHBll	Sächsische Heimatblätter
SuA	Sachsen und Anhalt
ThLZ	Theologische Literaturzeitung
Veröff.	Veröffentlichung(en)
VSWG	Vierteljahrschrift für Sozial- und Wirtschaftsgeschichte
WZ HU Berlin	Wissenschaftliche Zeitschrift der Humboldt-Universität Berlin
WZ KMU Leipzig	Wissenschaftliche Zeitschrift der Karl-Marx-Universität Leipzig
ZfG	Zeitschrift für Geschichtswissenschaft
ZGschlholstG	Zeitschrift der Gesellschaft für schleswig-holsteinische Geschichte
ZVGSch	Zeitschrift des Vereins für die Geschichte Schlesiens
ZVKiGProvSachs	Zeitschrift des Vereins für Kirchengeschichte in der Provinz Sachsen
ZRG, GA	Zeitschrift der Savigny-Stiftung für Rechtsgeschichte. Germanistische Abteilung
Zs	Zeitschrift
ZVThürG	Zeitschrift des Vereins für Thüringische Geschichte und Altertumskunde

I. Selbständige Veröffentlichungen

Darstellungen

1. Historisch-statistisches Handbuch für den Regierungsbezirk Magdeburg. T. 1. Geschichte. Magdeburg: Peters 1926. 246 S., 1 Kt.
   Rez.: H. Beschorner, NASG 49 (1928), S. 171f. — A. Diestelkamp, GBllMagd 62 (1927), S. 165f. — A. Diestelkamp, H. Kretzschmar, W. Möllenberg, JbrdG 2 (1926), S. 582. — W. Hoppe, HZ 138 (1928), S. 182f. — W. Möllenberg, SuA 3 (1927), S. 375f. — H. Nebelsieck, ZVKiGProvSachs 23 (1927), S. 117f. — G. Wentz, KBGV 76 (1928), Sp. 80.
2. Geschichtliche Nachrichten von dem Geschlechte von Alvensleben seit 1800. Erg.-Bd zu S. M. Wohlbrücks „Geschichtlichen Nachrichten". Hrsg. vom Familienverband von Alvensleben. Burg b. M.: Hopfer 1930. XVI, 215 S., 12 Taf.
   Rez.: A. Diestelkamp, GBllMagd 66/67 (1931/32), S. 198f. — W. Möllenberg, SuA 7 (1931), S. 545.
3. Stolpen. Dresden: Heinrich 1934. 47 S. m. Abb. = Geschichtliche Wanderfahrten. 38.
   Rez.: R. Naumann, NASG 56 (1935), S. 94.
4. Sächsische Geschichte. Werden und Wandlungen eines deutschen Stammes und seiner Heimat im Rahmen der deutschen Geschichte. Bd 2. Geschichte der Neuzeit seit der Mitte des 16. Jahrhunderts. Dresden: Heinrich (1935). XI, 282 S. m. 12 Abb., 1 Kt.
   Rez. (Auswahl): A. Brabant, Dresdner GBll 43 (1936), S. 176. — K. G. Bruchmann, ZVGSch 70 (1936), S. 458f. — O. A. Hecker, JbrdG 11 (1935), S. 482f. — R. Jecht, NLM 111 (1937), S. 229. — R. Lehmann, Niederlausitzer Mitt. 24 (1936), S. 126f. — F. Lütge, JbNSt 143 (1936), S. 757f. — W. Lippert, NASG 57 (1936), S. 217—223 — W. Möllenberg, SuA 12 (1936), S. 279f. — W. Ohnsorge, FBPG 49 (1937)

S. 177—181. — F. v. Reinöhl, MÖIG 50 (1936), S. 433. — O. E. Schmidt, Mitt. des Landesvereins Sächs. Heimatschutz 26 (1937), S. 290—292. — H. Spangenberg, Reich und Länder 10 (1936), S. 126.

5. Heinrich von Treitschke. Dresden: Heimatwerk Sachsen, v. Baensch Stiftung 1938. 67 S. = Große Sachsen — Diener des Reiches. 10.
   Rez.: P. Sattler, JbrdG 14 (1938), S. 169.
6. Sproemberg, Heinrich u. Hellmut Kretzschmar: Zum 50. Jahrestag der Gründung der Abteilung Landesgeschichte. Leipzig: Karl-Marx-Universität, Inst. für Deutsche Gesch., Abt. Deutsche Landesgeschichte 1956. 13 S., 1 Abb.
   Auch in: WZ KMU Leipzig. Ges.- u. sprachw. R. 6 (1956/57), S. 201—206.
   Rez.: C. Haase, HGBll 75 (1957), S. 119.
7. Karl von Weber. Berlin: Akademieverl. 1958. 19 S. = Berichte über die Verhandlungen der Sächsischen Akademie der Wissenschaften zu Leipzig. Phil.-hist. Kl. Bd 104, H. 4.
   Rez.: H. Helbig, HPB 8 (1960), S. 47. — W. Ohnsorge, Der Archivar 13 (1960), Sp. 89f.
8. Die Zeit König Johanns von Sachsen 1854—1873. Mit Briefen und Dokumenten. Berlin: Akademieverl. 1960. 162 S. = Berichte über die Verhandlungen der Sächsischen Akademie der Wissenschaften zu Leipzig. Phil.-hist. Kl. Bd 105, H. 4.
   Rez.: W. Schüßler, HZ 193 (1961), S. 765. — E. Weis, AZ 59 (1963), S. 244 f.

Quelleneditionen

9. u. Horst Schlechte: Französische und sächsische Gesandtschaftsberichte aus Dresden und Paris 1848—1849. Berlin: Rütten & Loening (1956). 551 S. = Schriftenreihe des Sächsischen Landeshauptarchivs Dresden. 2/3.
   Rez.: Ch.-H. Poutas, Rev. d'hist. mod. et cont. 6 (1959), S. 159f. — H. Rautenberg, ZGschlholstG 81 (1957), S. 300. — A. Scharff, HPB 5 (1957), S. 114. — S. Schmidt, ZfG 6 (1958), S. 409—412. — H.-J. Schreckenbach, AM 7 (1957), S. 115—117. — V. Vomáčková, ČsČH 7 (1959), S. 185f. — P. Wentzcke, AZ 54 (1958), S. 226f. — P. Wentzcke, HZ 84 (1957), S. 133f. — J. Willaume, Kwart. hist. 64 (1957), S. 184—187.
10. u. Gerhard Schmidt: Dokumente zur deutschen Geschichte aus dem Sächsischen Landeshauptarchiv Dresden. (Mit 73 Faks.) Berlin: Rütten & Loening (1957). XII, 73 S. = Schriftenreihe des Sächsischen Landeshauptarchivs Dresden. 4.
   Rez.: K. A[ndrä], SächsHBll 3 (1957), H. 6, 2. Umschlags. — Z. Kolankowski, Archeion 29 (1959), S. 335—337. — W. Leesch, BlldLG 93 (1957), S. 311. — H. Quirin, JbGMOD 8 (1960), S. 482f. — H. Rößler, HPB 6 (1958), S. 38f. — A. Scharff, HZ 192 (1961), S. 711f. — R. Strauß, NuH 7 (1958), S. 31. — E. Weinzierl-Fischer, MIÖG 67 (1959), S. 235. — B. Zittel, AZ 54 (1958), S. 183—185.
11. Lebenserinnerungen des Königs Johann von Sachsen. Eigene Aufzeichnungen des Königs über die Jahre 1801 bis 1854. Göttingen: Vandenhoeck & Ruprecht 1958. 306 S., 2 Bl. Abb., 1 Stammtaf. = Deutsche Geschichtsquellen des 19. und 20. Jahrhunderts. Hrsg. von der Historischen Kommission bei der Bayerischen Akademie der Wissenschaften. 42.
   Rez.: R. Dietrich, JbGMOD 9/10 (1961), S. 581f. — O. Herding, GWU 9 (1958), S. 513. — W. Mommsen, VSWG 46 (1959), S. 430. — W. Real, HJb 79 (1960), S. 415f. — H. Rößler, HPB 6 (1958), S. 271. — R. Vierhaus, HZ 190 (1960), S. 117 bis 120.

Ungedruckte Arbeiten

12. Friedensburg, Walter u. Hellmut Kretzschmar: Geschichte des Staatsarchivs Magdeburg. o. O. u. J. 228 Bl. [Masch. Schr.]
13. Überblick über die Entwicklung Sachsens. o. O. 1946. 31 Bl. [Masch. Schr.]
13[a]. Kurze historische Übersicht des Landes Sachsen. (Dresden 1947.) 9 Bl. [Masch. Schr.]

II. Beiträge in Zeitschriften, Sammelwerken, Festschriften usw.

Darstellungen

14. Der Einfluß der hohenzollernschen Kolonisation auf die Ausbreitung des Deutschtums bis 1713. In: DGbll 19 (1918), S. 119–140.
    Rez.: V. Loewe, JbrDG 1 (1918), S. 93.
15. Die Beziehungen zwischen Brandenburg und den wettinischen Landen unter den Kurfürsten Albrecht Achilles und Ernst. 1464–1486. In: FBPG 35 (1922), S. 21–44; 37 (1925), S. 204–244.
    Rez.: F. Priebatsch, V. Loewe, O. Lerche, JbrDG 4 (1921), S. 57. — Diess., ebd. 6 (1923), S. 65. — W. Hoppe, JbrdG 1 (1925), S. 507. — R. Naumann, ebd., S. 543.
16. Der Magdeburger Geschichtsverein. In: Heimatkalender für Stadt und Land Magdeburg 1 (1924), S. 64.
17. Ranke in Magdeburg. In: GBllMagd 56/59 (1921/24), S. 168–170.
18. Bismarck und das Land Jerichow. In: Jerichower Land und Leute. Monatsblatt zur Heimatkunde in den beiden Jerichower Kreisen 3 (1924), Nr 4, S. 1f.
19. Zur Geschichte der sächsischen Sekundogeniturfürstentümer. [T. 1. Allgemeine Voraussetzungen. Sachsen-]Weißenfels, Querfurt, Barby. In: SuA 1 (1925), S. 312–343. [Forts. T. 2 s. Nr 24.]
    Rez.: R. Naumann, JbrdG 1 (1925), S. 543f.
20. Prinz Louis Ferdinand in Magdeburg. In: Heimatjahrbuch für den Reg.-Bez. Magdeburg 3 (1926), S. 47–50; auch in: Heimatkalender für die Börde 3 (1926), S. 47–50; auch in: Heimatkalender für Stadt und Land Magdeburg 3 (1926), S. 47–50.
21. Die Errichtung des Regierungsbezirks Magdeburg und seine Geschichte bis zur Mitte des 19. Jahrhunderts. In: Die Elbe. Zs. des Wirtschaftsverb. für den Reg.-Bez. Magdeburg 5 (1926), S. 58–69.
22. Überblick über die Geschichte des Reg.-Bez. Magdeburg von der Mitte des 19. Jahrhunderts bis zur Gegenwart. Ebd. S. 86–94, 122–126.
23. Sechzig Jahre Magdeburger Geschichtsverein. In: Montagsblatt. Organ für Heimatkunde. Wissenschaftl. Wochenbeil. der Magdeburger Zeitung 68 (1926), S. 321–323.
24. Zur Geschichte der sächsischen Sekundogeniturfürstentümer. T. 2. Die Linien Sachsen-Merseburg und Sachsen-Zeitz. In: SuA 3 (1927), S. 284–315.
    Rez.: A. Diestelkamp, JbrdG 3 (1927), S. 531.
25. Die Stellung Magdeburgs in der sächsischen Geschichte. In: Meißnisch-Sächsische Forschungen. Zur Jahrtausendfeier der Mark Meißen u. des Sächs. Staates hrsg. von W. Lippert. Dresden 1929, S. 152–185.
    Rez.: P. Arras, NASG 50 (1929), S. 265f. — J. Bauermann, GBllMagd 64 (1929), S. 119. — A. Diestelkamp, JbrdG 5 (1929), S. 494.

26. Herrschaft und Fürstentum Querfurt zwischen 1496 und 1815. In: Festschrift Armin Tille zum 60. Geburtstag überreicht von Freunden und Mitarbeitern. Weimar 1930, S. 87–117.
Rez.: J. Bauermann, GBllMagd 65 (1930), S. 156. – A. Diestelkamp, JbrdG 6 (1930), S. 398. – W. Lippert, NASG 51 (1930), S. 285. – W. Möllenberg, SuA 6 (1930), S. 415.

27. Die sächsische Verfassung vom 4. September 1831. In: NASG 52 (1931), S. 207–248.
Rez.: O. A. Hecker, JbrdG 7 (1931), S. 420f.

28. Zentralismus oder Regionalismus im sächsischen Archivwesen. In: Archivstudien. Zum siebzigsten Geburtstag von Woldemar Lippert... hrsg. von H. Beschorner. Dresden 1931, S. 131–140.
Rez.: A. Diestelkamp, SuA 8 (1932), S. 485. – W. Flach, ZVThürG N. F. 30 (1933), S. 328. – O. A. Hecker, JbrdG 7 (1931), S. 421. – J. Leipoldt, DresdnerGBll 39 (1931), S. 68. – H. O. Meisner, JbrdG 7 (1931), S. 102. – H. Richter, NASG 53 (1932), S. 136. – V. Vojtíšek, Výbor rozprav a studií. Praha 1953, S. 491. – G. Winter, KBGV 79 (1931), Sp. 314.

29. Hundert Jahre sächsische Verfassung. In: Amt und Volk 5 (1931), S. 138–141.

30. Zur Geschichte der sächsischen Diplomatie. In: Amt und Volk 6 (1932), S. 36–39.

31. Sachsen und Bismarck 1862/63. In: Dresdner Anzeiger. Wissenschaftl. Beil. 10 (1933), S. 185–187, 189–191.
Rez.: O. A. Hecker, JbrdG 9/10 (1933/34), S. 586. – G. M[asur], HZ 150 (1934), S. 210.

32. August der Starke (gest. am 1. Februar 1733). In: Amt und Volk 7 (1933), S. 1–5.

33. Zum Gedächtnis Augusts des Starken. In: Die feste Burg 22 (1933), S. 43.

34. Friedrich List und der sächsische Staat. (Mit e. Beil.: Schreiben Lists an den Hofrat von Langenn über seine persönlichen Verhältnisse.) In: NASG 54 (1933), S. 126–134.
Rez.: G. M[asur], HZ 150 (1934), S. 207. – H. Rachel, JbrdG 9/10 (1933/34), S. 445.

35. Reich und Länder im deutschen Archivwesen. Gedanken zur Hundertjahrfeier des Sächsischen Hauptstaatsarchivs. In: Dresdner Anzeiger 204 (1934), Nr 112 vom 24. April 1934.

36. Heinrich von Treitschkes Verhältnis zu Sachsen. In: PrJbb 239 (1935), S. 251–263.
Rez.: G. M[asur], HZ 152 (1935), S. 439. – P. Sattler, JbrdG 11 (1935), S. 143.

37. Wilhelm Krügers Tätigkeit im Generalgouvernement 1813/15. In: FBPG 48 (1936), S. 398–400.

38. Sachsen, Kurfürstentum. [Verzeichnis der diplomatischen Vertreter.] In: Repertorium der diplomatischen Vertreter aller Länder seit dem Westfälischen Frieden (1648). Hrsg. von Ludwig Bittner u. Lothar Groß. Bd 1. (1648–1715). Oldenburg, Berlin (1936), S. 448–458. [Forts. s. Nr 47.]

39. August der Starke. In: Gestalter deutscher Vergangenheit. Hrsg. von Peter Richard Rohden. Potsdam, Berlin o. J. [1937], S. 323–336.
Rez.: H. J. Häußler, FBPG 50 (1938), S. 354. – W. Reese, HZ 157 (1938), S. 324.

40. Die Anfänge des Geheimen Rates in Sachsen. In: Von Land und Kultur. Beiträge zur Geschichte des mitteldeutschen Ostens. Zum 70. Geburtstag Rudolf Kötzschkes hrsg. von Werner Emmerich. Leipzig 1937, S. 184–202.
Rez.: H. Beschorner, NASG 58 (1937), S. 227. – O. A. Hecker, JbrdG 13 (1937), S. 474f.

40a. Das Sächsische Hauptstaatsarchiv in Dresden und seine Bedeutung für die Familienforschung. In: Mitt. des Roland 22 (1937), S. 35—37.

41. Heinrich von Treitschke. In: Sächsische Lebensbilder. Bd 2. Hrsg. von der Sächs. Kommission für Geschichte. Leipzig 1938, S. 376—390, 1 Abb.
Rez.: P. Sattler, JbrdG 14 (1938), S. 171.

42. Andreas von Meyendorfs Meinungen vom Staat und von den Ständen nach seinem Landbuch (1578). In: Zur Geschichte und Kultur des Elb-Saale-Raumes. Festschrift für Walter Möllenberg. Hrsg. von O. Korn. Burg b. M. 1939, S. 231—245.
Rez.: G. Franz, ZVThürG N. F. 33 (1939), S. 485. — L. Knabe, SuA 15 (1939), S. 402. — W. Ohnsorge, NASG 61 (1939), S. 99.

43. Schicksal und Anteil Sachsens auf dem Wege zum Kriege 1866. In: NASG 60 (1939), S. 66—125.
Rez.: E. Botzenhart, HZ 161 (1940), S. 658.

44. Sachsen und der deutsche Osten. In: Deutsche Ostforschung. Ergebnisse und Aufgabe seit dem ersten Weltkrieg. Bd 2. Leipzig 1943, S. 121—142 = Deutschland und der Osten. Quellen und Forschungen zur Geschichte ihrer Beziehungen. 21.

45. 1848. In: Sächsisches Tageblatt 3 (1948), Nr 32 vom 17. März 1948.

46. Das sächsische Königtum im 19. Jahrhundert. Ein Beitrag zur Typologie der Monarchie in Deutschland. In: HZ 170 (1950), S. 457—493.
Rez.: J. Sigmann, Annales. Économies, sociétés, civilisations 7 (1952), S. 420f.

47. Sachsen, Kurfürstentum. [Verzeichnis der diplomatischen Vertreter.] In: Repertorium der diplomatischen Vertreter aller Länder seit dem Westfälischen Frieden (1648). Hrsg. u. d. Ltg von Leo Santifaller... von Friedrich Hausmann. Bd 2. (1716—1763). Zürich (1950), S. 330—344.

48. Methodische Gegenwartsfragen der Landesgeschichtsforschung. In: BlldLG 88 (1951), S. 28—40.
Rez.: O. Herding, HZ 173 (1952), S. 434.

49. Die Archive und die Gegenwartsprobleme der Landesgeschichtsforschung. Referat auf dem 30. Deutschen Archivtag in Marburg am 12. September 1951. In: Der Archivar 4 (1951), Sp. 116—125.

50. Archive und Heimatforschung. In: Archivarbeit und Geschichtsforschung. Hrsg. von der Hauptabteilung Archivwesen im Ministerium des Innern der Regierung der Deutschen Demokratischen Republik. Berlin (1952), S. 55—71.
Rez.: W. Leesch, Der Archivar 7 (1954), Sp. 134. — H. Meinert, AZ 53 (1957), S. 173f.

51. Anna, Herzogin von Sachsen, Prinzessin von Oranien (1544—1577). In: Neue Deutsche Biographie. Bd 1. Berlin (1953), S. 302.

52. August, letzter Administrator von Magdeburg und Herzog von Sachsen-Weißenfels (1614—1680). In: Neue Deutsche Biographie. Bd 1. Berlin (1953), S. 450.

53. Reichsgeschichte und Landesgeschichte in der Neuzeit. In: BlldLG 90 (1953), S. 1—16.

54. u. Leo Stern: Kritische Zwischenbilanz zum Themenkreis 1. In: 3. Arbeitstagung der Forschungsgemeinschaft Dokumente und Materialien zur Geschichte der deutschen Arbeiterbewegung am 7. u. 8. Dez. 1953 in Halle (Saale). 2. unveränd. Aufl. Berlin 1954, S. 141—147 = Archivalische Forschungen zur Geschichte der dt. Arbeiterbewegung. 1.

55. Gedanken über Archivinventare. In: AZ 50/51 (1955), S. 185—191.
Rez.: H. O. Meisner, AM 6 1956), S. 138. — F. Walter, MIÖG 65 (1957), S. 173.

56. Einleitung. In: Übersicht über die Bestände des Sächsischen Landeshauptarchivs und seiner Landesarchive. Leipzig 1955, S. 7–28.
Rez.: s. Nr 288.

57. Eindrücke aus schwedischen Archiven. In: AM 5 (1955), S. 17–19.
Rez.: Z. Šamberger, AČ 6 (1956), S. 109. – A. Perlińska, Archeion 27 (1957), S. 389.

58. Die wissenschaftliche Bedeutung der staatlichen Archive in der Deutschen Demokratischen Republik. In: AM 6 (1956), S. 71–76.
Rez.: B. Zittel, AZ 53 (1957), S. 230. – S. Mandl, Levéltári Közlemények 29 (1958), S. 301. – A. Perlińska, Archeion 27 (1957), S. 389. – Z. Ša[mberger], AČ 7 (1957), S. 101.

59. Einleitung. In: Französische und sächsische Gesandtschaftsberichte aus Dresden und Paris 1848–1849. Berlin (1956), S. 7–26.
Rez.: s. Nr 9.

60. Der Anteil Sachsens an der neueren deutschen Geschichte. In: Vom Mittelalter zur Neuzeit. Zum 65. Geburtstag von Heinrich Sproemberg hrsg. von Hellmut Kretzschmar. Berlin (1956), S. 291–311.
Rez.: E. Hühns, ZfG 5 (1957), S. 875f. – W. Lammers, HZ 188 (1959), S. 91. – H. L. Mikoletzky, MIÖG 67 (1959), S. 156. – H. Patze, VSWG 46 (1959), S. 98f. – B. Schwineköper, BlldLG 93 (1957), S. 455. – H. Thieme, ZRG, GA 77 (1960), S. 367.

61. Einleitung. In: Dokumente zur deutschen Geschichte aus dem Sächsischen Landeshauptarchiv. Berlin (1957), S. V–XII.
Rez.: s. Nr 10.

62. Georg Cracov (Cracau), sächs. Kanzler (1525–1575). In: Neue Deutsche Biographie. Bd 3. Berlin (1957), S. 385f.

63. Albert von Carlowitz (1802–1874). In: Neue Deutsche Biographie. Bd 3. Berlin (1957), S. 144f.

64. [Schlechte, Horst u.] Hellmut Kretzschmar: Les triages dans la D.D.R. et législation en la matière. In: Archivum 6 (1956). Paris 1958, S. 37f.

65. Geleitwort. In: Das Zinsregister des Klosters Marienstern. Hrsg. von Walther Haupt u. Joachim Huth. Bautzen 1957, S. IX.
Rez.: B. Schwineköper, AZ 59 (1963), S. 223.

66. Regionalismus und Zentralismus im staatlichen Archivwesen. In: Fünf Jahre Archivarbeit 1952–1957. Hauptreferate der zweiten Tagung der Archivare der Deutschen Demokratischen Republik, 24. bis 27. Juni 1957 in Leipzig. Als Ms. gedr. [1958], S. 48–60.
Rez.: L. Hass, Archeion 30 (1959), S. 205f.

66a. Einleitung. In: Lebenserinnerungen des Königs Johann von Sachsen. Eigene Aufzeichnungen des Königs über die Jahre 1801 bis 1854. Göttingen 1958, S. 9–39.
Rez.: s. Nr 11.

67. Historische Kommission. [Bericht.] In: Sächsische Akademie der Wissenschaften zu Leipzig. Jahrbuch 1957–1959. Berlin 1961, S. 230–232, 237f.

68. Falkenstein, Freiherren von. In: Neue Deutsche Biographie. Bd 5. Berlin (1961), S. 15f.

69. Friedrich August I. (August der Starke), Kurfürst von Sachsen, König von Polen (1670–1733). Ebd., S. 572f.

70. Friedrich August II., Kurfürst von Sachsen, König von Polen (1696–1763). Ebd., S. 573f.

71. Friedrich August I. der Gerechte, König von Sachsen (1750–1827). Ebd., S. 575f.

72. Friedrich August II., König von Sachsen (1797—1854). Ebd., S. 576f.
73. Friedrich August III., König von Sachsen (1865—1932). Ebd., S. 577.
74. Zur Geschichte des Oberlausitzer Landesarchivs. In: Oberlausitzer Forschungen. Beiträge zur Landesgeschichte... hrsg. von Martin Reuther. Leipzig 1961, S. 11—16.
    Rez.: S. Neumann, VSWG 50 (1963), S. 228. — G. Schmidt, AM 13 (1963), S. 118. — H. K. Schulze, ZRG, GA 80 (1963), S. 449.
75. Der Friedensschluß von Altranstädt 1706/07. In: Um die polnische Krone. Sachsen und Polen während des Nordischen Krieges 1700—1721. Berlin (1962), S. 161—183.
    Rez.: C. Grau, ZfG 10 (1962), S. 1719.
76. Blaschke, Karlheinz [u.] Hellmut Kretzschmar: ⟨Ober-⟩Sachsen und die Lausitzen. In: Geschichte der deutschen Länder. „Territorien-Ploetz". Bd 1. Die Territorien bis zum Ende des alten Reiches. Hrsg. von G. W. Sante u. Ploetz-Verl. Würzburg 1964, S. 473—499.

Quelleneditionen

77. Drei Briefe Christian Wilhelm Dohms aus dem Frühjahr 1809. In: FBPG 39 (1927), S. 104—110.
    Rez.: E. Posner, JbrdG 3 (1927), S. 466.
78. König Friedrich Wilhelms IV. Briefe an König Friedrich August II. von Sachsen. In: PrJbb 227 (1932), S. 28—50, 142—153, 245—263.
    Rez.: C. Hinrichs, JbrdG 8 (1932), S. 384.
79. Die Anfänge des Ministeriums Bismarck 1862/63 nach sächsischen Gesandtschaftsberichten. In: Archivar und Historiker. Studien zur Archiv- und Geschichtswissenschaft. Zum 65. Geburtstag von Heinrich Otto Meisner. Berlin (1956), S. 511—569.
    Rez.: A. Dereń, Archeion 27 (1957), S. 366. — W. A. Eckhardt, HPB 5 (1957), S. 39. — S. Furlani, NRS 41 (1957), S. 185. — H. Helbig, HZ 184 (1957), S. 606. — W. Leesch, BlldLG 92 (1956), S. 320. — G. Schilfert, ZfG 5 (1957), S. 160f. — B. Schwineköper, AM 6 (1956), S. 103. — J. Sydow, HJb 78 (1959), S. 185. — F. Walter, MIÖG 65 (1957), S. 182.

Elogen und Nachrufe

80. Ein großer sächsischer Forscher. Rudolf Kötzschke 70 Jahre alt. In: Dresdner Anzeiger 207 (1937), Nr 186 vom 7. Juli 1937.
81. Ein Leben für die Geschichte Sachsens. Rudolf Kötzschke zum 70. Geburtstag. In: Neue Leipziger Ztg vom 8. Juli 1937.
82. Walter Schwinkowski† [11. 3. 1884—14. 2. 1938]. In: NASG 61 (1940), S. 86f.
83. Martin Naumann† [12. 12. 1910—9. 9. 1941]. In: NASG 62 (1941), S. 195f.
84. Rudolf Kötzschke. 8. 7. 1867—3. 8. 1949. In: BlldLG 89 (1952), S. 343—346.
85. Walter Möllenberg. 1. 6. 1879—29. 12. 1951. In: BlldLG 90 (1953), S. 358f.
86. [Heinrich Otto Meisner zum 65. Geburtstag am 1. 4. 1955.] In: AM 5 (1955), H. 2, S. 24f.
87. Hans Beschorner† (5. 4. 1872—30. 1. 1956). In: AM 6 (1956), S. 61f.
88. Hans Beschorner (5. 4. 1872 bis 30. 1. 1956). In: AZ 52 (1956), S. 234f.
89. Willy Flach. 17. 1. 1903—17. 3. 1958. In: Sächsische Akademie der Wissenschaften zu Leipzig. Jahrbuch 1958—1960. Berlin 1961, S. 353f.
90. Walter Goetz. 11. 11. 1867—30. 10. 1958. Ebd., S. 358f.

III. Rezensionen[1]

Geschichtsblätter für Stadt und Land Magdeburg

Jg. 56/59. 1921/1924

91. Brinkmann, C.: Die preußische Handelspolitik vor dem Zollverein und der Wiederaufbau vor hundert Jahren. Berlin, Leipzig 1922. S. 174f.
92. Hofmann, A. v.: Das deutsche Land und die deutsche Geschichte. Berlin, Stuttgart 1920. S. 173.
93. Nachrichten der Familien Hornschuch, Hornschuh und Hornschu. Als Ms. gedr. [Jg. 1ff.] H. 1/2ff. 1923ff. — Geschichtsblätter der von Hoff. Bd 1ff., H. 1ff. — Mitteilungen des Familienverbandes Schrader. E. V. Berlin. Als Ms. gedr. Nr 1ff. 1921ff. S. 185f.
94. Schmidt, E.: Fiskalat und Strafprozeß. Archivalische Studien zur Geschichte der Behördenorganisation und des Strafprozeßrechtes in Brandenburg-Preußen. München 1921 = Veröff. d. Vereins für Gesch. d. Mark Brandenburg. S. 175f.
95. Spanier, M.: Geschichte der Juden in Magdeburg. Magdeburg 1923. S. 180f.
96. Stein, W.: Handels- und Verkehrsgeschichte der deutschen Kaiserzeit. Aus dem Nachlaß hrsg. von O. Held. Weimar 1922 = Abhandlungen zur Verkehrs- u. Seegesch. 10. S. 173f.
97. Wolff, R.: Politik des Hauses Brandenburg im ausgehenden fünfzehnten Jahrhundert (1486—1499). München, Leipzig 1919 = Veröff. d. Vereins für Gesch. d. Mark Brandenburg. S. 176.

Jg. 60. 1925

98. Acta Borussica. Denkmäler der preußischen Staatsverwaltung im 18. Jahrhundert. Die Behördenorganisation und die allgemeine Staatsverwaltung Preußens im 18. Jh. Bd 11,1. Akten vom Aug. 1756 bis Ende des Jahres 1757. Bd 11,2. Vom Ende des Jahres 1757 bis Ende des Jahres 1758. Bearb. von M. Hass, W. Peters u. E. Posner. Berlin 1922—1925. S. 124.
99. Clemen, O.: Briefe aus Magdeburg 1527—1530. In: Zs. für Kirchengeschichte. 44. N. F. 7. S. 135f.
100. Heckel, J.: Die evangelischen Dom- und Kollegiatstifter Preußens, insbesondere Brandenburg, Merseburg, Naumburg, Zeitz. Eine rechtsgeschichtliche Untersuchung. Stuttgart 1924. S. 125f.
101. Wartensleben, E. Gräfin: Hermann Graf von Wartensleben-Carow, Königl. Preuß. General der Kavallerie. Ein Lebensbild 1826—1921. Berlin 1921. S. 133f.
102. Stern, S.: Der preußische Staat und die Juden. T. 1. Die Zeit des Großen Kurfürsten und Friedrichs I. Abt. 1. Berlin 1925 = Veröff. d. Akad. f. d. Wissenschaft des Judentums. Hist. Sekt. 3. S. 124f.
103. Uhlemann, W.: Taucha. Das Werden einer Kleinstadt auf flurgeschichtlicher Grundlage aufgebaut. Crimmitschau 1924 = Obersächsische Heimatstudien. 2. S. 130f.

Jg. 61. 1926

104. Fehse, W.: Die Heimat als Schicksal in Wilhelm Raabes Leben und Werk. In: Deutschlands Erneuerung. 10. 1926. S. 184.

[1] Die Reihenfolge der Zeitschriften richtet sich nach dem Beginn der Mitarbeit.

105. Festschrift zum 50jährigen Jubiläum des Magdeburger Stadttheaters 1876–1926. Magdeburg 1926. S. 173f.
106. Kausch, F.: Der Brand von Burg. In: Jerichower Land und Leute. 4. 1925. S. 181.
107. Pieper, W.: Der Braunkohlenbergbau bei Helmstedt. In: Wirtschaftsblatt Niedersachsen. Nr 1/2 vom 1. 1. 1925. S. 181f.
108. Städtisches Reform-Realgymnasium Schönebeck a. d. Elbe. Festschrift zur Feier des 50jährigen Bestehens 1875–1925. Schönebeck 1925. S. 181.
109. Wentz, G.: Die Familie Krautt in Berlin und Magdeburg. ⟨Beamte und Offiziere des preußischen ancien régime.⟩ In: FBPG 38. 1926, S. 1–29. S. 185f.
110. Zeitschrift der Vereins für Kirchengeschichte in der Provinz Sachsen. 21. 1925. S. 181f.
111. 225 Jahre Buchdruckerei des Waisenhauses Halle/S. 28. Juni 1701–1926. Halle 1926. S. 180.

Jg. 62. 1927

112. Acta Borussica. Denkmäler der preußischen Staatsverwaltung im 18. Jahrhundert. Die Behördenorganisation und die allgemeine Staatsverwaltung Preußens im 18. Jh. Bd 12. Akten vom Januar 1759 bis zum Februar 1763. Bearb. von M. Hass, W. Peters, E. Posner. Berlin 1926. S. 173f.
113. Erben, W.: Theodor Sickel. Denkwürdigkeiten aus der Werdezeit eines deutschen Geschichtsforschers. München, Berlin 1926. S. 195f.
114. Giesau, H.: Geschichte des Provinzialverbandes von Sachsen 1825–1925. Merseburg 1926. S. 159f.
115. Haring, E.: Abriß der Geschichte der Provinz Sachsen und des Freistaates Anhalt. Leipzig, Berlin 1926. S. 160f.
116. Hentzen, A.: Ein Baugrundriß des Hauses Breiter Weg 30 im Kaiser-Friedrich-Museum. — Ders.: Der Alte Packhof in Magdeburg. In: Magdeburger Amtsblatt. 3. 1926, S. 396ff., 625–628. S. 182f.
117. Kretzschmar, J.: Der Heilbronner Bund 1632–35. 3 Bde. Lübeck 1922. S. 170f.
118. Maenicke, M.: Magdeburg. Eine Großstadtuntersuchung auf geographischer Grundlage. Hannover, Diss. 1926. S. 175.
119. Sens, W.: Bismarckland und Flämingsand. Versuch eines Heimatgeschichtsatlasses für die heutigen Kreise Jerichow 1 und Jerichow 2. Ziesar (1926). S. 191f.
120. Specht, R.: Das Stadtarchiv zu Zerbst. Zerbst 1926. S. 188f.
121. Stieda, W.: Magdeburger Theater vor 100 Jahren. In: Magdeburger Amtsblatt. 4. 1927, S. 419–421. S. 184.
122. Die vierte Wand. Organ der Deutschen Theater-Ausstellung Magdeburg 1927. H. 1 bis 22. Magdeburg 1926–1927. S. 183f.

Jg. 63. 1928

123. Volz, G. B.: Friedrich der Große im Bilde seiner Zeit. Berlin, Leipzig (1926). S. 70f.

Jg. 70/71. 1935/1936

124. Gringmuth, H.: Die Behördenorganisation im Herzogtum Magdeburg, ihre Entstehung und Eingliederung in den brandenburgisch-preußischen Staat. Halle, Phil. Diss. 1934. S. 214f.

Korrespondenzblatt des Gesamtvereins der deutschen Geschichts- und Altertumsvereine[1]

Jg. 71. 1923

125. Kaser, K.: Das Zeitalter der Reformation und Gegenreformation von 1517—1660. Stuttgart, Gotha 1922 = Weltgeschichte in gemeinverständlicher Darstellung. In Verbindung mit . . . hrsg. von L. M. Hartmann. 6. Sp. 41f.
126. Voges, H.: Die Schlacht bei Lutter am Barenberge am 27. August 1626. Mit 1 Kt. Leipzig 1922. Sp. 46.

Jg. 74. 1926

127. Brinkmann, E.: Aus Mühlhausens Vergangenheit. Ges. Vorträge und Aufsätze. Mühlhausen i. Thür. 1925. Sp. 151.
128. Gurlitt, C.: August der Starke. Ein Fürstenleben aus der Zeit des deutschen Barock. 2 Bde. Dresden 1924. Sp. 143—146.

Jg. 75. 1927

129. Meißner, D.: Thesaurus philopoliticus (Politisches Schatzkästlein). Die 830 Städtebilder neu hrsg. u. eingel. von F. Hermann u. L. Kraft. 2 Bde. Heidelberg 1927. Sp. 253f.
130. Haake, P.: August der Starke. Berlin, Leipzig (1926). Sp. 259—261.
131. Meiche, A.: Historisch-topographische Beschreibung der Amtshauptmannschaft Pirna. Dresden 1927. Sp. 257f.
132. Stolze, W.: Bauernkrieg und Reformation. Leipzig 1926 = Schriften des Vereins für Reformationsgesch. 141. Sp. 81f.

Jg. 76. 1928

133. Kaehler, S. A.: Wilhelm von Humboldt und der Staat. Ein Beitrag der Geschichte deutscher Lebensgestaltung um 1800. München 1927. Sp. 229f.

Jg. 77. 1929

134. Haake, P.: August der Starke im Urteil der Gegenwart. Sachsen zur Zeit Augusts des Starken. Berlin (1929). Sp. 143f.
135. Walther, K.: Das Finanzwesen der Stadt Dresden von 1894 bis 1914. Leipzig 1926. Sp. 144.

Jg. 78. 1930

136. Hartung, F.: Deutsche Geschichte vom Frankfurter Frieden bis zum Vertrag von Versailles 1871—1919. 3. Aufl. Bonn, Leipzig 1930. S. 218f.
137. Lippert, W.: Das Sächsische Hauptstaatsarchiv. Sein Werden und Wesen. 2. Aufl. Dresden 1930. Sp. 226f.
138. Kroker, E.: Aufsätze zur Stadtgeschichte und Reformationsgeschichte. Leipzig 1929. — Müller, E.: Das älteste Leipziger Bierverzeichnis von 1635. Eine Quelle zur mittelalterlichen Stadtgeschichte. In: Schriften des Vereins für Geschichte Leipzigs. 14. 1929, S. 52—77. Sp. 227.

[1] Forts. s. Blätter für deutsche Landesgeschichte. Neue Folge des Korrespondenzblattes.

139. Hundertfünfundzwanzig Jahre Zittauer Stadttheater. 1802–1927. (Zittau 1927.) Sp. 227.

Jg. 80. 1932

140. Schnabel, F.: Deutschlands geschichtliche Quellen und Darstellungen in der Neuzeit. T. 1. Das Zeitalter der Reformation 1500–1550. Leipzig 1931. S. 282f.

Blätter für deutsche Landesgeschichte

Neue Folge des Korrespondenzblattes

Jg. 88. 1951

141. Klopp, W. v.: Onno Klopp. Leben und Wirken. Hrsg. von F. Schnabel. München (1950). S. 254f.

Jg. 90. 1953

142. Hartung, F.: Deutsche Verfassungsgeschichte vom 15. Jh. bis zur Gegenwart. 5. Aufl. Stuttgart 1950. S. 310–312.

Jahresberichte für deutsche Geschichte

Jg. 1. 1925

143. [Literaturbericht über die] Provinz Sachsen. Bearb. von A. Diestelkamp, H. Kretzschmar, W. Möllenberg, A. Schmidt. S. 546–553.

Jg. 2. 1926

144. [Literaturbericht über die] Provinz Sachsen. Bearb. von A. Diestelkamp, H. Kretzschmar, W. Möllenberg. S. 581–588.

Sachsen und Anhalt

Bd 2. 1926

145. Seydewitz, Th. v.: Ernst Christoph Graf Manteuffel, Kabinettsminister Augusts des Starken. Persönlichkeit und Wirken. Dresden 1926 = Aus Sachsens Vergangenheit. 5. S. 402f.

Bd 3. 1927

146. Kirn, P.: Friedrich der Weise und die Kirche. Seine Kirchenpolitik vor und nach Luthers Hervortreten im Jahre 1517. Leipzig, Berlin 1926 = Beiträge zur Kulturgeschichte des Mittelalters und der Renaissance. 30. S. 393f.
147. Kretzschmar, J.: Der Heilbronner Bund 1632–1635. 3 Bde. Lübeck 1922. S. 382 bis 384.
148. Sartorius, O.: Die Nachkommenschaft D. Martin Luthers in vier Jahrhunderten nebst Anh. über Nachkommen seiner Seitenverwandten und vieler anderer Luther. (Dankelshausen 1926.) S. 392f.
149. Schulze, W.: Die wirtschaftliche Entwicklung der Stadt Zeitz. Ein Beitrag zur mitteldeutschen Wirtschaftsgeschichte. Zeitz 1927. S. 397f.

Bd 4. 1928

150. Frohn, A.: Die wirtschaftlichen Folgen des Dreißigjährigen Krieges für die Reichsstadt Mühlhausen i. Thür. Mühlhausen 1926 = Veröff. aus dem Mühlhäuser Stadtarchiv. 2. S. 400.
151. Kaiser, F. W.: Der niedersächsische Kreis nach dem Westfälischen Frieden 1651 bis 1673. (Die Kreistage zu Lüneburg und Braunschweig in den Jahren 1652–1673.) Hamburg, Phil. Diss. 1928. S. 394.
152. Deutsche Siedlungsforschungen. Rudolf Kötzschke zum 60. Geburtstage dargebracht von Freunden, Fachgenossen und Schülern. Leipzig, Berlin 1927. S. 411–414.

Bd 5. 1929

153. Beierlein, P. R.: Geschichte der Stadt und Burg Elsterberg i. V. Bd 1. Urkundenbuch. Elsterberg i. V. 1928. S. 453f.

Bd 6. 1930

154. Beierlein, P. R.: Geschichte der Stadt und Burg Elsterberg i. V. Bd 2. Geschichte der Kirche und der Schule. Dresden (1929). S. 408f.
155. Der Dom zu Meißen. Festschrift des Hochstifts Meißen 1929. Dresden (1929). – Gröger, H.: Tausend Jahre Meißen. Meißen 1929. – Meißnisch-Sächsische Forschungen. Zur Jahrtausendfeier der Mark Meißen und des Sächsischen Staates hrsg. von W. Lippert. Dresden 1929. – Rauda, F.: Meißen, die tausendjährige sächsische Elbstadt. Augsburg 1929 = Deutsche Kunstführer. 38. – Sachsen. 1000 Jahre deutscher Kultur. (M. Unterstützung ... hrsg. von K. Großmann.) Dresden 1929. – Schmidt, O. E.: Das tausendjährige Meißen. Dresden 1928. S. 416–419.

Zeitschrift des Vereins für Kirchengeschichte in der Provinz Sachsen

Jg. 22. 1926

156. Schmidt, A.: Geschichte des Augustinerklosters St. Clemens zu Brehna. Brehna 1924. S. 182.

Montagsblatt. Organ für Heimatkunde
Wissenschaftliche Wochenbeilage der Magdeburger Zeitung

Jg. 69. 1927

157. Brodbeck, C.: Philipp Wilhelm Reichsgraf zu Boineburg. Kurmainzischer Statthalter zu Erfurt (1656–1717). In: Mitt. des Vereins für die Geschichte u. Altertumskunde von Erfurt. 44. 1927, S. 1–175. S. 351.
158. Buchwald, G.: Die Matrikel des Hochstifts Merseburg 1469 bis 1558. Weimar 1926. S. 407.

Neues Archiv für Sächsische Geschichte und Altertumskunde

Bd 49. 1928

159. Anhaltische Geschichtsblätter. 1. 1925, H. 1. S. 329f.
160. Löscher, H.: Ursprung und Aufhebung der Kircheninspektionen. Leipzig 1927. S. 337f.

161. Sachsen. Kultur und Arbeit des sächsischen Landes. M. bes. Berücks. d. Kommunalwirtschaft und Kommunalpolitik. U. Mitw. ...hrsg. von [K.] Naumann u. E. Stein. Berlin-Friedenau 1928. S. 330f.
162. Schlechte, A.: Die Vorgeschichte der sächsischen Verfassung vom 4. Sept. 1831. Borna-Leipzig 1927. S. 335—337.
163. Friedensburg, W.: Urkundenbuch der Universität Wittenberg. T. 1 (1502—1611). T. 2 (1611—1813). Magdeburg 1926—1927 = Geschichtsquellen der Provinz Sachsen u. des Freistaates Anhalt. N. R. 3—4. S. 168f.

Bd 50. 1929

164. Beiträge zur thüringischen und sächsischen Geschichte. Festschrift für Otto Dobenecker zum 70. Geb. am 2. April 1929. Jena 1929. S. 252—256.

Bd 51. 1930

165. Béguelin, E.: En souvenir de Vattel 1714—67. Aus: Recueil de traveaux offert par la Faculté de Droit de l'Université de Neuchâtel à la Societé suisse des Juristes à l'occasion de sa réunion à Neuchâtel 15—17 Septembre 1929. S. 277.
166. Chemnitz. Hrsg. vom Rate der Stadt Chemnitz. Hauptschriftl. [P.] Uhle. 3. Aufl. Berlin-Halensee 1929. S. 290f.
167. Franke, R. W.: Zensur und Preßaufsicht in Leipzig 1830—1848. Mit e. Überblick über die gleichzeitige sächs. Preßgesetzgebung. Leipzig 1930. S. 278f.
168. Gerig, H.: Der Kölner Dompropst Christian August Herzog von Sachsen-Zeitz, Bischof von Raab. Seine diplomatische Tätigkeit am Niederrhein zu Beginn des spanischen Erbfolgekrieges im Dienst der Politik Kaiser Leopolds I. 1701—1703. Bonn 1930 = Rheinisches Archiv. Veröff. des Inst. f. Geschichtliche Landeskunde der Rheinlande. 12. S. 275.
169. Horn, D. B.: Saxony in the war of the Austrian succession. In: The English Historical Review, January 1929, S. 33—47. S. 276f.
170. Költzsch, F.: Kursachsen und die Juden in der Zeit Brühls. Engelsdorf-Leipzig 1928. S. 277f.
171. Handbuch für die Amtshauptmannschaft Leipzig. Hrsg. von Karl Linke. Leipzig 1926. S. 300f.
172. Meier, J.: Bilder aus dem katholischen Chemnitz. Gedenkschrift zur Hundertjahrfeier der Gemeinde St. Johann Nepomuk am 1. Februar 1928 und ihrer Pfarrkirche am 12. Oktober 1928. Chemnitz (1928). S. 290f.
173. Mitter, F. W.: Die Grundlagen der Gerichtsverfassung und das Eheding der Zittauer Ratsdörfer vom Beginn des 16. bis zum Ende des 18. Jahrhunderts. Leipzig 1928 = Rechtsgeschichtl. Abhandlgen des Forschungsinstituts für Rechtsgeschichte. 1. S. 303f.
174. Neuss, E.: Das Hallische Stadtarchiv. Seine Geschichte und seine Bestände. Halle 1930. S. 306f.
175. Weissenborn, B.: Geschichte des Schützenwesens in Halle und im besonderen der Halleschen Stadtschützen-Gesellschaft. Halle/S. 1929. S. 307.
176. Zinck, P. u. P. Kröber: Auswahl von Schriften über das Leipziger Land. Leipzig 1930. S. 301.
177. Zur Frage der Kirchschullehen. Schule, Schulbezirk und Kirchschullehen. Bearb. von e. Ausschuß des Sächs. Lehrerbereins. Leipzig 1929. S. 305f.

Bd 52. 1931

178. Haenchen, K.: Revolutionsbriefe 1848. Ungedrucktes aus dem Nachlaß König Friedrich Wilhelms IV. von Preußen. Leipzig 1930. S. 299f.
179. Hartung, E.: Die äußere Geschichte des Amtes Allstedt 1496—1575. Jena 1931. S. 300f.
180. Im Banne Napoleons. Aus den Erinnerungen des sächsischen Generalleutnants und Generaladjutanten des Königs Ferdinand von Funck. Hrsg. von A. Brabant. Dresden (1928).
In Rußland und in Sachsen 1812—1815. Aus den Erinnerungen des sächsischen Generalleutnants und Generaladjutanten des Königs Ferdinand von Funck. Hrsg. von A. Brabant. Dresden (1930). S. 157—159.
181. Kappner, H.: Die Geschichtswissenschaft an der Universität Jena vom Humanismus bis zur Aufklärung. Jena 1931 = ZVThürG N. F. Beih. 14. Beiträge zur Geschichte der Universität Jena. 3. S. 156.
182. Lahne, W.: Magdeburgs Zerstörung in der zeitgenössischen Publizistik. Gedenkschrift des Magdeburger Geschichtsvereins zum 10. Mai 1931. (Magdeburg 1931.) S. 293—295.
183. Mitteldeutsche Lebensbilder. Hrsg. von der Historischen Kommission für die Provinz Sachsen und für Anhalt. Bd 4—5. Lebensbilder des 18. u. 19. Jhs. Magdeburg 1929 bis 1930. S. 155f.
184. Plage, F.: Die Einnahme der Stadt Frankfurt/O. durch Gustav Adolf, König von Schweden, am 3. April 1931. Frankfurt/O. 1931. S. 293—295.

Bd 53. 1932

185. Kötzschke, R.: Die sächsische Staats- und Gemeindereform 1830/31 und ihre Bedeutung für den Aufschwung des wirtschaftlichen und geistigen Lebens im Lande, insbes. in Leipzig. In: Erinnerungsgabe des Rates der Stadt Leipzig zum 100jährigen Bestehen des Kollegiums der Stadtverordneten am 7. Oktober 1931. Leipzig 1931. S. 150.
186. Korselt, Th.: Verwaltungsgeschichte des amtshauptmannschaftlichen Bezirks Rochlitz i. Sa. von den Anfängen bis zur Gegenwart. Rochlitz 1932. S. 151.
187. Die auswärtige Politik Preußens 1858—1871. Diplomatische Aktenstücke, hrsg. von der Historischen Reichskommission. Abt. 2: Vom Amtsantritt Bismarcks bis zum Prager Frieden. Bd 3. Okt. 1862 bis Sept. 1863. Bearb. von R. Ibbeken. Oldenburg 1932. S. 143f.
188. Schmiedecke, A.: Die Revolution von 1848/49 in Halle. Halle 1932. S. 151.

Bd 54. 1933

189. Andreas, W.: Preußen und das Reich in Carl Augusts Geschichte. Rektoratsrede bei der Jahresfeier der Universität am 22. 11. 1932. Heidelberg 1932 = Heidelberger Rektoratsreden. 18. S. 167.
190. Jahresberichte für deutsche Geschichte. Jg. 6. 1930. U. red. Mitarb. von V. Löwe u. P. Sattler hrsg. von A. Brackmann u. F. Hartung. Leipzig 1932. S. 160.

Bd 55. 1934

191. Bergmann, A.: Carl-August-Bibliographie. Jena 1933 = Jenaer Germanistische Forschungen. 20. S. 184.

192. Crämer, U.: Der politische Charakter des weimarischen Kanzlers Friedrich von Müller und die Glaubwürdigkeit seiner „Erinnerungen“ 1806—1813. Jena 1934 = Beiträge zur thüringischen Geschichte. 1. S. 185f.
193. Crell, [H.]: Wie Kurfürst August von Sachsen den Wald um Lausa zur oberheidischen Wildbahn schuf. (Mühlberg ⟨Elbe⟩ 1933) = Veröff. des Dahlen-Belgerner Heidevereins. 1. S. 191.
194. Facius, F.: Staat, Verwaltung und Wirtschaft in Sachsen-Gotha unter Herzog Friedrich II. ⟨1961—1732⟩. Eine Studie zur Geschichte des Barockfürstentums in Thüringen. Gotha (1933) = Mitt. des Vereins für Gothaische Geschichte u. Altertumsforschung. Beih. zum Jg. 1932 u. 1933. S. 183f.
195. Fiedler, A.: Die staatswissenschaftlichen Anschauungen und die politisch-publizistische Tätigkeit des Nachkantianers Wilhelm Traugott Krug. Dresden 1933. S. 190.
196. Haferkorn, H.: Bernhard August von Lindenau, die Zollfrage und der mitteldeutsche Handelsverein. Leipzig 1933. S. 189f.
197. Jahresberichte für deutsche Geschichte. Jg. 7. 1931. U. red. Mitarb. von V. Löwe u. P. Sattler hrsg. von A. Brackmann u. F. Hartung. Leipzig 1934. S. 178f.
198. Olshausen, K. v.: Die Stellung der Großmächte zur sächsischen Frage auf dem Wiener Kongreß und deren Rückwirkung auf die Gestaltung der preußischen Ostgrenze. Quakenbrück (1932). S. 188f.
199. Die auswärtige Politik Preußens 1858—1871. Diplomatische Aktenstücke, hrsg. von der Historischen Reichskommission. Abt. 1. Vom Beginn der Neuen Ära bis zur Berufung Bismarcks. Bd 1. Nov. 1858 bis Dez. 1859. Bearb. von C. Friese. Abt. 2. Vom Amtsantritt Bismarcks bis zum Prager Frieden. Bd 4. Okt. 1863 bis April 1864. Bearb. von R. Ibbeken. Oldenburg 1933. S. 190f.
200. Rommel, O.: Mein erstes Semester in Jena. Tagebuchaufzeichnungen aus dem Winter 1821/22. Hrsg. von F. Schäfer. Jena 1932. S. 189.
201. Sickel, K.-E.: Johann Christoph Adelung. Seine Persönlichkeit und seine Geschichtsauffassung. Leipzig (1933). S. 156.

Bd 56. 1935

202. Clark, C. W.: Franz Joseph and Bismarck. The diplomacy of Austria before the war of 1866. Cambridge 1934. S. 83f.
203. Jahresberichte für deutsche Geschichte. Jg. 8. 1932. U. red. Mitarb. von P. Sattler hrsg. von A. Brackmann u. F. Hartung. Leipzig 1934. S. 73f.
204. Möllenberg, W.: Eike von Repgow und seine Zeit. Recht, Geist und Kultur des deutschen Mittelalters. Burg b. M. 1934. S. 76f.
205. Pönicke, H.: Sachsens Entwicklung zum Industriestaate ⟨1830—1871⟩. Dresden 1934. Pönicke, H.: Ein Pionier deutscher Arbeit. Johann Andreas Schubert, der Erbauer der ersten deutschen Lokomotive ⟨1808—1870⟩. Dresden 1935. S. 238f.
206. Die auswärtige Politik Preußens 1858—1871. Diplomatische Aktenstücke, hrsg. von der Historischen Reichskommission. Abt. 3. Die auswärtige Politik Preußens und des Norddeutschen Bundes vom Prager Frieden bis zur Begründung des Reiches und zum Friedensschluß mit Frankreich. Bd 8. Aug. 1866 bis Mai 1867. Bearb. von H. Michaelis. Oldenburg 1934. S. 84—86.
207. Quellen zur deutschen Politik Österreichs 1859—1866. U. Mitw. von O. Schmid hrsg. von H. Ritter v. Srbik. Bd 1. Juli 1853 bis Nov. 1861. Oldenburg 1934 = Deutsche Geschichtsquellen des 19. Jhs. 29. S. 227—230.

208. Rosenhagen, G.: Geschichte der evangelisch-reformierten Gemeinde in Dresden von ihrer Gründung bis zur Gleichberechtigung der Reformierten in Sachsen. 1689 bis 1835. Dresden 1934. S. 234f.

209. Rudolph, A.: Zwischen Harz und Lausitz. Ein Heimatbuch vom Gau Halle-Merseburg. Breslau 1935. S. 222f.

210. Srbik, H. Ritter v.: Deutsche Einheit. Idee und Wirklichkeit vom Heiligen Reich bis Königgrätz. Bd 1—2. München 1935. S. 226f.

Bd 57. 1936

211. Doering-Manteuffel, H. R.: Dresden und sein Geistesleben im Vormärz. Ein Beitrag zur Geschichte des kulturellen Lebens in der sächsischen Hauptstadt. Dresden 1935 = Arbeiten aus dem Ratsarchiv u. der Stadtbibliothek zu Dresden. 7. S. 93f.

212. Fuchs, W. P.: Die deutschen Mittelstaaten und die Bundesreform 1853—1860. Berlin 1934 = Historische Studien. 256. S. 84f.

213. Haenel, E.: Dresden. Berlin 1935 = Deutsche Lande — Deutsche Kunst. Hrsg. von B. Meier. S. 93.

214. Jahresberichte für deutsche Geschichte. Jg. 9/10. 1933/34. U. red. Mitarb. von P. Sattler hrsg. von A. Brackmann u. F. Hartung. Leipzig 1936. S. 77.

215. Körner, P.: Der Kampf um die Aufhebung der gutsherrlichen Gerichtsbarkeit im Königreich Sachsen bis zum Revolutionsjahre 1848. Bückeburg 1935. S. 90f.

216. Löscher, H.: Aus der Frühzeit der Zwönitzer Kantorei. Ein Beitrag zur Geschichte der Küsterei, Schule und Stadtschreiberei von Zwönitz i. S. bis zum Dreißigjährigen Kriege. Zwönitz 1930. S. 97.

217. Paul, J.: Gustav Adolf. Bd 1. Schwedens Aufstieg zur Großmachtstellung. Leipzig 1932. S. 225f.

218. Die auswärtige Politik Preußens 1858—1871. Diplomatische Aktenstücke, hrsg. von der Historischen Reichskommission. Abt. 2. Vom Amtsantritt Bismarcks bis zum Prager Frieden. Bd 5. April 1864 — April 1865 (mit e. Anh. zur Zollvereinspolitik Juli 1863 bis April 1864). Bearb. von R. Ibbeken. Oldenburg 1935. S. 86.

219. Quellen zur deutschen Politik Österreichs 1859—1866. U. Mitw. von O. Schmid hrsg. von H. Ritter v. Srbik. Bd 2. Nov. 1861 bis Jan. 1863. Oldenburg 1935 = Deutsche Geschichtsquellen des 19. Jhs. 30. S. 85.

220. Schlegel, W.: Wir Sachsen! (Berlin) 1935. S. 88f.

Bd 58. 1937

221. Deutsches Archiv für Landes- und Volksforschung. Schriftltg. E. Meynen. Jg. 1. 1937, H. 1. S. 118.

222. Berger, S.: Leopold von Ranke und seine Heimat. Merseburg o. J. [1936]. S. 114f.

223. Jahresberichte für deutsche Geschichte. Jg. 11. 1935. U. red. Mitarb. von P. Sattler hrsg. von A. Brackmann u. F. Hartung. Leipzig 1936. S. 85.

224. Marcks, E.: Der Aufstieg des Reiches. Deutsche Geschichte von 1807 bis 1870/71. 2 Bde. Stuttgart, Berlin 1936. S. 96.

225. Die auswärtige Politik Preußens 1858—1871. Diplomatische Aktenstücke, hrsg. von der Historischen Reichskommission. Abt. 3. Die auswärtige Politik Preußens und des Norddeutschen Bundes vom Prager Frieden bis zur Begründung des Reiches und zum Friedensschluß mit Frankreich. Bd 9. Mai 1867 bis April 1868. Bearb. von H. Michaelis. Oldenburg 1936. S. 92f.

226. Quellen zur deutschen Politik Österreichs 1859—1866. U. Mitw. von O. Schmid hrsg. von H. Ritter v. Srbik. Bd 3. Jan. 1863 bis März 1864. — Bd 4. März 1864 bis Aug. 1865. Oldenburg 1936—1937 = Deutsche Geschichtsquellen des 19. Jhs. 31—32. S. 93f.

227. Sachsen als Grenzland, ein Beispiel nationaler Lebensraumkunde. Hrsg. von Friedrich Grosch. 1. Sächs. Schulgeographentag 1935. Leipzig 1936. S. 87f.

Bd 59. 1938

228. Brandi, K.: Kaiser Karl V. Werden und Schicksal einer Persönlichkeit und eines Weltreiches. [Bd 1.] München (1937). S. 114.

229. Feine, H. E.: Das Werden des deutschen Staates seit dem Ausgang des Heiligen Römischen Reiches 1800 bis 1933. Stuttgart 1936. S. 115.

230. Heilfurth, G.: Neustädtel. Bilder vom Werden und Wesen einer erzgebirgischen Bergstadt. Schwarzenberg i. E. 1937. S. 120f.

231. Jahresberichte für deutsche Geschichte. Jg. 12. 1936. U. red. Mitarb. von P. Sattler u. V. Eichstädt hrsg. von A. Brackmann u. F. Hartung. Leipzig 1937. S. 107.

232. Keyser, E.: Bevölkerungsgeschichte Deutschlands. Leipzig 1938. S. 245f.

233. Die auswärtige Politik Preußens 1858—1871. Diplomatische Aktenstücke, hrsg. v. d. Historischen Reichskommission. Abt. 3. Die auswärtige Politik Preußens und des Norddeutschen Bundes vom Prager Frieden bis zur Begründung des Reichs und zum Friedensschluß mit Frankreich. Bd 2,1. Jan. bis Dez. 1860. Bearb. von C. Friese. Oldenburg 1938. — Quellen zur deutschen Politik Österreichs 1859—1866. U. Mitw. von O. Schmid hrsg. von H. Ritter v. Srbik. Bd 5, 1—2. Oldenburg 1938 = Deutsche Geschichtsquellen des 19. Jhs. 33 [—34]. S. 246f.

234. Wentzcke, P.: Die unvollendete Deutsche Revolution 1848. München 1938. S. 260.

Bd 60. 1939

235. Ahnlund, N.: Gustav Adolf. Aus dem Schwedischen übertr. von J. Paulsen u. P. W. v. Petzold. Berlin 1938. S. 144f.

236. Franz, E.: Ludwig Freiherr von der Pfordten. München 1938 = Schriftenreihe zur bayerischen Landesgeschichte. 29. S. 150f.

237. Hoffmann, K.: Volkstum und ständische Ordnung in Livland. Die Tätigkeit des General-Superintendenten Sonntag zur Zeit der ersten Bauernreformen. Königsberg, Berlin 1939 = Schriften der Albertus-Universität. 23. S. 330.

238. Kummer, F.: Dresden und seine Theaterwelt. Dresden 1938. S. 160.

239. Pekař, J.: Wallenstein 1630—1634. Tragödie einer Verschwörung. 2 Bde. Berlin 1938. S. 322f.

240. Die auswärtige Politik Preußens 1858—1871. Diplomatische Aktenstücke, hrsg. von der Historischen Reichskommission. Abt. 2. Vom Amtsantritt Bismarcks bis zum Prager Frieden. Bd 6. April 1865 bis März 1866. Bearb. von R. Ibbeken. — Abt. 3. Die auswärtige Politik Preußens und des Norddeutschen Bundes vom Prager Frieden bis zur Begründung des Reichs und zum Friedensschluß mit Frankreich. Bd 10. April 1868 bis Febr. 1986. Bearb. von H. Michaelis. Berlin 1939. S. 323f.

241. Schlegel, W.: August der Starke, Kurfürst von Sachsen, König von Polen. Berlin 1938. S. 145f.

Bd 61. 1940

242. Hartung, F.: Deutsche Geschichte 1871—1914. 4., neubearb. u. erw. Aufl. Leipzig 1939. S. 115f.
243. Hoffmann, P. T.: Die Elbe, Strom deutschen Schicksals und deutscher Kultur. Hamburg 1939. S. 102.
244. Franz, G.: Der deutsche Bauernkrieg. Neue Ausg. München, Berlin 1939. S. 272.
245. Jahresberichte für deutsche Geschichte. Jg. 13. 1937. U. red. Mitarb. von P. Sattler u. V. Eichstädt hrsg. von A. Brackmann u. F. Hartung. Leipzig 1939. S. 95f.
246. Kötzschke, R.: Seßhaftigkeit und Stammesneubildung im mitteldeutschen Raum. Vorstoß nach Obersachsen. In: Das Werden des Deutschen Volkes. Von der Vielfalt der Stämme zur Einheit der Nation. Berlin (1939), S. 241—272. S. 99f.
247. Lauber, E.: Metternichs Kampf um die europäische Mitte. Struktur seiner Politik von 1809 bis 1815. Wien, Leipzig 1939. S. 278—280.
248. Truss, E.: Die Politik des Großherzogtums Sachsen-Weimar 1862—1867. Jena 1940 = ZVThürG N. F. Beih. 22. S. 281—283.

Bd 62. 1941

249. Franz, G.: Der Dreißigjährige Krieg und das deutsche Volk. Untersuchungen zur Bevölkerungs- und Agrargeschichte. Jena 1940 = Arbeiten zur Landes- und Volksforschung. 6. S. 99f.
250. Hartung, F.: Volk und Staat in der deutschen Geschichte. Ges. Abhandlungen. Leipzig 1940. S. 98f.
251. Jahresberichte für deutsche Geschichte. Jg. 14. 1938. U. red. Mitarb. von P. Sattler u. V. Eichstädt hrsg. von A. Brackmann u. F. Hartung. Leipzig 1940. S. 96f.
252. Kranz, H.: Zeugnis der Zeiten. Urkunden, Dokumente, Selbstdarstellungen aus der Geschichte des deutschen Ostens. Frankfurt a. M. 1940. S. 198.
253. Pölnitz, G. Frh. v.: Jakob Fuggers Zeitungen und Briefe an die Fürsten des Hauses Wettin in der Frühzeit Karls V. 1519—1525. In: Nachr. d. Akad. der Wiss. in Göttingen. Phil.-hist. Kl. 1941, S. 89—160. S. 201f.
254. Redslob, E.: Die Welt vor hundert Jahren. Menschen und Kultur der Zeitenwende um 1840. Leipzig (1940). S. 102f.
255. Rößler, H.: Österreichs Kampf um Deutschlands Befreiung. Die deutsche Politik der nationalen Führer Österreichs 1805 bis 1815. 2 Bde. Hamburg 1940. S. 209—211.

Bd 63. 1942

256. Baumgarten, H.: Moritz von Sachsen, der Gegenspieler Karls V. Berlin 1941. — Koehler, P.: Moritz von Sachsen, der große Wettiner. Dresden (1942). S. 208f.
257. Brandi, K.: Kaiser Karl V. Werden und Schicksal einer Persönlichkeit und eines Weltreiches. Bd 2. Quellen und Erörterungen. München (1941). S. 209.
258. Franz, G.: Der Dreißigjährige Krieg und das deutsche Volk. Untersuchungen zur Bevölkerungs- und Agrargeschichte. 2. verm. Aufl. Jena 1943 = Arbeiten zur Landes- und Volksforschung. 6. S. 209.
259. Griewank, K.: Der Wiener Kongreß und die Neuordnung Europas 1814/15. Leipzig (1942). S. 211f.
260. Hintze, O.: Staat und Verfassung. Ges. Abhandlungen zur allgemeinen Verfassungsgeschichte. Hrsg. von F. Hartung. Leipzig (1941) = Hintze: Ges. Abhandlungen. Bd 1. S. 195f.

261. Holtzmann, R.: Geschichte der sächsischen Kaiserzeit. München 1941. S. 199f.
262. Deutsches Städtebuch. Handbuch städtischer Geschichte. Im Auftr. ...hrsg. von E. Keyser. Bd 2. Mitteldeutschland. Stuttgart, Berlin 1941. S. 187f.

Dresdner Anzeiger

Wissenschaftliche Beilage

Jg. 7. 1930

263. Bibl, V.: Das deutsche Schicksal. Berlin 1930. S. 197f.
264. Brabant, A.: Der Kampf um Kursachsen 1759. Dresden 1931 = Brabant: Das Heilige Römische Reich teutscher Nation im Kampfe mit Friedrich dem Großen. 3. S. 159f.

Historische Zeitschrift

Bd 159. 1938

265. Forschungen zur Geschichte Sachsens und Böhmens. Hrsg. von Rudolf Kötzschke. Dresden 1937. S. 151–153.

Bd 183. 1957

266. Schubert, F. H.: Ludwig Camerarius 1573–1651. Eine Biographie. Kallmünz 1955 = Münchener historische Studien. Abt. Neuere Geschichte. 1. S. 606–608.

Archivmitteilungen

Jg. 1. 1951

267. Eberhardt, H.: Goethes Umwelt. Forschungen zur gesellschaftlichen Struktur Thüringens. Weimar 1951 = Thüringische Archivstudien. 1. S. 32.

Jg. 4. 1954

268. Arkiv, samhälle och forskning. Svenska arkivsamfundets skriftserie. Nr 1 (1953). S. 80.
269. Hedar, S.: Statliga arkivalier i städernas arkiv. En författningsgranskning. In: Meddelanden från svenska riksarkivet för åren 1951–1952 (1954), S. 194–211. S. 80.

Jg. 5. 1955

270. Lhotsky, A.: Geschichte des Instituts für österreichische Geschichtsforschung 1854–1954. Graz, Köln 1954 = MIÖG Erg.-Bd 17, H. 1. S. 29–31.

Jg. 7. 1957

271. Företagsarkiven. Orientering om modern arkivorganisation. Stockholm 1956 = Svenska arkivsamfundets skriftserie. 3. S. 155f.

Deutsche Literaturzeitung

Jg. 72. 1951

272. Festschrift zur Feier des zweihundertjährigen Bestandes des Haus-, Hof- und Staatsarchivs. Hrsg. von Leo Santifaller. Bd 1. Wien 1949 = Mitt. des Österreichischen Staatsarchivs. Erg.-Bd 2. Sp. 468—472.
273. Meisner, H. O.: Urkunden- und Aktenlehre der Neuzeit. Leipzig 1950. Sp. 224—229.
274. Santifaller, L.: Das Institut für österreichische Geschichtsforschung. Festgabe zur Feier des zweihundertjährigen Bestandes des Wiener Haus-, Hof- und Staatsarchivs. Wien 1950 = Veröff. des Instituts für österreichische Geschichtsforschung. 11. Sp. 473f.

Jg. 74. 1953

275. Schlesinger, W.: Die Anfänge der Stadt Chemnitz und anderer mitteldeutscher Städte. Untersuchungen über Königtum und Städte während des 12. Jh. Weimar 1952. Sp. 736—738.

Jg. 75. 1954

276. Festschrift zur Feier des zweihundertjährigen Bestandes des Haus-, Hof- und Staatsarchivs. Hrsg. von Leo Santifaller. Bd 2. Wien 1951 = Mitt. den Österreichischen Staatsarchivs. Erg.-Bd 3. Sp. 353f.

Jg. 76. 1955

277. Festschrift Edmund E. Stengel zum 70. Geburtstag am 24. Dezember 1949 dargebracht von Freunden, Fachgenossen und Schülern. Münster, Köln 1952. Sp. 204—206.

Jg. 78. 1957

278. Urkundenbuch zur Geschichte der Babenberger in Österreich. Bd 2. Die Siegelurkunden der Babenberger und ihrer Nachkommen von 1216 bis 1279. Bd 3. Die Siegel der Babenberger. Bearb. von O. Frh. v. Mitis, erg. u. m. e. Einl. vers. von F. Gall. Wien 1954—1955 = Publikationen des Instituts für österreichische Geschichtsforschung. Reihe 3. Sp. 527f.

Jg. 79. 1958

279. Bachmann, W.: Das alte Plauen. Ein Beitrag zur Inventarisation der Bau- und Kunstdenkmale. Dresden 1954. Sp. 341f.
280. Forschungen zu Staat und Verfassung. Festgabe für Fritz Hartung. (Hrsg. von R. Dietrich u. G. Oestreich.) Berlin 1958. Sp. 653—655.

Das historisch-politische Buch

Jg. 2. 1954

281. Brenneke, A.: Archivkunde. Ein Beitrag zur Theorie und Geschichte des europäischen Archivwesens. Bearb. . . . u. erg. von W. Leesch. Leipzig 1953. S. 68.

Archivalische Zeitschrift

Bd 52. 1956

282. Schwineköper, B.: Gesamtübersicht über die Bestände des Landeshauptarchivs Magdeburg. Bd 1. Halle (Saale) 1954 = Quellen zur Geschichte Sachsen-Anhalts. 1. S. 255f.

Bd 53. 1957

283. Schwineköper, B.: Gesamtübersicht über die Bestände des Landeshauptarchivs Magdeburg. Bd 2. Halle (Saale) 1955 = Quellen zur Geschichte Sachsen-Anhalts. 3. S. 177.
284. Gringmuth-Dallmer, H., B. Schwineköper, M. Kobuch: Gesamtübersicht über die Bestände des Landeshauptarchivs Magdeburg. Bd 4. Halle (Saale) 1960 = Quellen zur Geschichte Sachsen-Anhalts. 8. S. 161.

Der Archivar

Jg. 12. 1959

285. Forschungen zur thüringischen Landesgeschichte. Friedrich Schneider zum 70. Geburtstag. Weimar 1958 = Veröff. des Thüringischen Landeshauptarchivs Weimar. 1. Sp. 146—148.

Jg. 15. 1962

286. Gringmuth-Dallmer, H.: Gesamtübersicht über die Bestände des Landeshauptarchivs Magdeburg. Bd 3, 1. Halle (Saale) 1961. — Gringmuth-Dallmer, H., B. Schwineköper, M. Kobuch: Gesamtübersicht über die Bestände des Landeshauptarchivs Magdeburg. Bd 4. Halle (Saale) 1960 = Quellen zur Geschichte Sachsen-Anhalts. 6, 8. Sp. 270f.

IV. Herausgegebene Schriften

Einzelveröffentlichungen

287. Richtlinien für die staatliche Archivpflege in Sachsen. Hrsg. vom Sächsischen Landeshauptarchiv. (Dresden) 1953. 40 S.
    Rez.: G. Vollmer, Der Archivar 8 (1955), Sp. 310.— W. Leesch, BlldLG 92 (1956), S. 342.
288. Übersicht über die Bestände des Sächsischen Landeshauptarchivs und seiner Landesarchive. Hrsg. u. Mitw. der Historischen Kommission bei der Sächsischen Akademie der Wissenschaften. Leipzig: Koehler u. Amelang 1955. 294 S., 16 Abb. = Schriftenreihe des Sächsischen Landeshauptarchivs Dresden. 1.
    Rez.: K. Blaschke, NuH 4 (1955), H. 9, 3. Umschlags. — H. Haußherr, DLZ 77 (1956), Sp. 117—120. — I. Hlaváček, AČ 6 (1956), S. 110—113. — H. Jäger — Sunstenau, Mitt. des Österr. Staatsarchivs 9 (1956), S. 603—605. — K. Konarski, Archeion 26 (1956), S. 268—276. — J. Krauße, Familie u. Volk 4 (1955), S. 160f. — W. Leesch, BlldLG 92 (1956), S. 341f. — H. O. Meisner, AM 5 (1955), H. 1, S. 29. — H. O. Meisner, ZfG 3 (1955), S. 472f. — G. Opitz, DA 12 (1956), S. 227f. — L. Santifaller, MIÖG 63 (1955) S. 139. — H. Schieckel, Heimatkundl. Bll. des Bezirkes

Dresden 1/2 (1955/56), H. 4/5, S. 93—96. — J. Schultze, HZ 182 (1956), S. 736. — H. Sturm, AZ 53 (1957), S. 175—177.

289. Vom Mittelalter zur Neuzeit. Zum 65. Geburtstag von Heinrich Sproemberg. Hrsg. von Hellmut Kretzschmar. Berlin: Rütten & Loening 1956. 439 S., 1 Abb. = Forschungen zur mittelalterlichen Geschichte. 1.
Rez.: A. v. Brandt, HGBll 75 (1957), S. 96—98. — E. Hühns, ZfG 5 (1957), S. 872—876. — W. Lammers, HZ 188 (1959), S. 88—94. — H. L. Mikoletzky, MIÖG 67 (1959), S. 154—157. — H. Patze, VSWG 46 (1959), S. 97—99. — B. Schwineköper, BlldLG 93 (1957), S. 455—457. — H. Thieme, ZRG, GA 77 (1960), S. 365—368.

Zeitschriften

290. Geschichtsblätter für Stadt und Land Magdeburg. Mitteilungen des Vereins für Geschichte und Altertumskunde des Herzogtums und Erzstifts Magdeburg. Hrsg. von Walter Möllenberg und Hellmut Kretzschmar. Magdeburg. 56/59. 1921/24 — 62. 1927.

291. Neues Archiv für Sächsische Geschichte und Altertumskunde. Begr. von Hubert Ermisch; hrsg. mit Unterstützung von Hellmut Kretzschmar von Woldemar Lippert. Dresden. 56. 1935—57. 1936; hrsg. von Hellmut Kretzschmar 58. 1937 — 63. 1942.

Schriftenreihen

292. Schriftenreihe des Sächsischen Landeshauptarchivs Dresden. Im Auftrage der Staatlichen Archivverwaltung im Ministerium des Innern hrsg. von Hellmut Kretzschmar. Nr 1. Leipzig 1955; Nr 2/3—5. Berlin 1956—1958.

293. Forschungen zur mittelalterlichen Geschichte. Hrsg. von H. Sproemberg u. H. Kretzschmar unter Mitarb. von ... Bd 1ff. Berlin (1956)ff.

Redaktionelle Mitarbeit

294. Archivalische Forschungen zur Geschichte der deutschen Arbeiterbewegung. Veröffentlicht vom Institut für Geschichte an der Deutschen Akademie der Wissenschaften zu Berlin, Abt. Dokumente und Materialien zur Geschichte der deutschen Arbeiterbewegung. Leitung Prof. Dr. Leo Stern. Bd 2, 1—2, 3, 1—2. Berlin 1954—1956.

V. In Referat (A) und Korreferat (B) betreute Dissertationen und Habilitationen

A

(295.) 1. Kaiser, Lisa: Der sächsische Staatsmann Hans von Bernstein. Untersuchungen zur Landesverwaltung des 16. Jahrhunderts. Leipzig, Phil. Diss. 1944.
Teildruck u. d. T.: Die oberste Bergverwaltung Kursachsens im 16. Jahrhundert. In: Forschungen aus mitteldeutschen Archiven. Zum 60. Geburtstag von Hellmut Kretzschmar. Berlin (1953), S. 255—269.

(296.) 2. Blaschke, Karlheinz: Die fünf neuen Leipziger Universitätsdörfer. Ein Beitrag zur Geschichte der Universität und des Leipziger Landes. Leipzig, Phil. Diss. 1950. Gedr. in: WZ KMU Leipzig. Ges.- u. sprachw. R. 1 (1951/52), S. 76—125.

(297.) 3. Jagen, Karla: Die Thüringische Landesordnung von 1446. Leipzig, Phil. Diss. 1951.
Autorreferat in: WZ KMU Leipzig. Ges.- u. sprachwiss. R. 1 (1951/52), S. 117.

(298.) 4. Battré, Herta: Beiträge zur Geschichte des Klosters Buch. Leipzig, Phil. Diss. 1951.

(299.) 5. Schreckenbach, Hans-Joachim: Kursachsen auf dem Westfälischen Friedenskongreß. Leipzig, Phil. Diss. 1952.

(300.) 6. Löschner, Harald: August Bebels politische Entwicklung während der Leipziger Jahre. Ein Beitrag zur neueren sächsischen Landesgeschichte. Leipzig, Phil. Diss. 1952.

(301.) 7. Neufeldt, Hans-Joachim: Die Verwaltung des sächsischen Amts Belzig und Rabenstein im Vergleich zur Ämterverwaltung in Brandenburg-Preußen vom Ende des 16. bis zum Anfang des 19. Jahrhunderts. Leipzig, Phil. Diss. 1952.
Autorreferat in: WZ KMU Leipzig 2 (1952/53), S. 401.

(302.) 8. Meißner, Christa: Die Geschichte der Zwickauer Muldenflößerei. Leipzig, Phil. Diss. 1954.

(303.) 9. Löschburg, Winfried: Die Entwicklung der Verfassung der Universität Leipzig im 19. Jahrhundert und der Widerstand des akademischen Senates gegen die Reaktivierung der alten Stände im Jahre 1850. Leipzig, Phil. Diss. 1956.
Autorreferat in: WZ KMU Leipzig. Ges.- u. sprachwiss. R. 5 (1955/56), S. 414 bis 416. Teildruck u. d. T.: Der Widerstand der Universität Leipzig gegen die Reaktivierung der alten Stände in Sachsen im Jahre 1850. In: Karl-Marx-Universität Leipzig. 1409—1959. Beiträge zur Universitätsgeschichte. Bd 1. Leipzig 1959, S. 312—327.

(304.) 10. Czok, Karl: Städtebünde und Zunftkämpfe in Deutschland während des 14. und 15. Jhs. mit besonderer Berücksichtigung der Verhältnisse in der Oberlausitz. Leipzig, Phil. Diss. 1957.
Teildruck u. d. T.: Städtebünde und Zunftkämpfe in ihren Beziehungen während des 14. und 15. Jahrhunderts (dargestellt am Oberlausitzer Sechsstädtebund). In: WZ KMU Leipzig. Ges.- und sprachwiss. R. 6 (1956/57), S. 517—542.

(305.) 11. Gleisberg, Herbert: Die Mitwirkung des Georg Heinrich von Carlowitz bei der Wiedereinführung des Seidenbaues in Sachsen. Leipzig, Phil. Diss. 1959.
Autorreferat in: WZ KMU Leipzig. Ges.- und sprachwiss. R. 9 (1959/60), S. 466—468. Teildruck ebd. 11 (1962), S. 431—444.

(306.) 12. Kluge, Reinhard: Fürst, Kammer und Geheimer Rat in Kursachsen von der Mitte des 16. bis zum Beginn des 18. Jahrhunderts. Leipzig, Phil. Diss. 1960.

(307.) 13. Hülm, Christa: Kurfürst Moritz von Sachsen. Wandel des Urteils über seine Politik. Kritische Untersuchungen zur Persönlichkeitswertung in der Geschichtsschreibung. Leipzig, Phil. Diss. 1961.
Autorreferat in: WZ KMU Leipzig. Ges.- u. sprachwiss. R. 11 (1962), S. 687f.

(308.) 14. Blaschke, Karlheinz: Bevölkerungsgeschichte von Sachsen bis zur industriellen Revolution. Leipzig, Hab. Schr. 1961.
Teildruck u. d. T.: Zur Bevölkerungsgeschichte Sachsens vor der industriellen Revolution. In: Beiträge zur deutschen Wirtschafts- und Sozialgeschichte. Berlin 1962, S. 133—169. — Bevölkerungsgang und Wüstungen in Sachsen während des späten Mittelalters. In: JbNSt 174 (1962), S. 414—429.

B

(309.) 15. Polenz, Peter v.: Die altenburgische Sprachlandschaft. Untersuchungen zur ostthüringischen Sprach- und Siedlungsgeschichte. Leipzig, Phil. Diss. 1953. Gedr. u. d. T.: Die altenburgische Sprachlandschaft. Untersuchungen zur ostthüringischen Sprach- und Siedlungsgeschichte. Tübingen 1954 = Mitteldeutsche Forschungen. 1.

(310.) 16. Heitz, Gerhard: Die Entwicklung der ländlichen Leinenproduktion Sachsens in der ersten Hälfte des 16. Jahrhunderts. Leipzig, Phil. Diss. 1953.
Autorreferat in: WZ KMU Leipzig. Ges.- u. sprachwiss. R. 3 (1953/54), S. 451 bis 453. Gekürzt auch: Berlin [1954. Masch. Schr., vervielf.] = Humboldt-Univ. zu Berlin, Wirtschaftswiss. Fak., Inst. für Wirtschaftsgesch. Arbeitsbericht 4. Gedr. u. d. T.: Ländliche Leinenproduktion in Sachsen (1470—1555). Berlin 1961 = Deutsche Akademie der Wissenschaften zu Berlin. Schriften des Instituts für Geschichte. R. 2. Landesgeschichte. Bd 4.

(311.) 17. Schmidt, Siegfried: Die Entwicklung der politischen Opposition im Königreich Sachsen zwischen 1830 und 1848. Jena, Phil. Diss. 1954.

(312.) 18. Walther, Hans: Die Orts- und Flurnamen des Kreises Rochlitz. Ein Beitrag zur Sprach- und Siedlungsgeschichte Westsachsens. Leipzig, Phil. Diss. 1955. Autorreferat in: WZ KMU Leipzig. Ges.- und sprachwiss. R. 5 (1955/56), S. 113—116. Gedr. u. d. T.: Die Orts- und Flurnamen des Kreises Rochlitz. Halle (Saale) 1957 = Deutsch-slawische Forschungen zur Namenkunde und Siedlungsgeschichte. 3.

(313.) 19. Kalisch, Johannes: Zur Polenpolitik Augusts des Starken 1697 bis 1700. Reformversuche in Polen am Ausgang des 17. Jhs. Leipzig, Phil. Diss. 1957. Teildruck u. d. T.: Pläne zur Belebung des Orienthandels über Kurland und Polen am Anfang des 17. Jhs. In: Hansische Studien. Heinrich Sproemberg zum 70. Geburtstag. Berlin 1961, S. 190—200 = Forschungen zur mittelalterlichen Geschichte. 8. — Sächsisch-polnische Pläne zur Gründung einer See- und Handelskompanie am Ausgang des 17. Jh. In: Um die polnische Krone. Sachsen und Polen während des Nordischen Krieges 1700—1721. Berlin (1962), S. 45—69 = Schriftenr. d. Komm. d. Hist. der DDR u. Volkspolens. 1.

(314.) 20. Pannach, Heinz: Verfassung und Verwaltung des Amtes Meißen bis zur Mitte des 16. Jahrhunderts. Leipzig, Phil. Diss. 1957.
Gedr. u. d. T.: Das Amt Meißen vom Anfang des 14. bis zur Mitte des 16. Jahrhunderts. Studien zur Sozialstruktur, Verfassung und Verwaltung. Berlin 1960 = Forschungen zur mittelalterlichen Geschichte. 5.

(315.) 21. Unger, Manfred: Stadtgemeinde und Bergwesen Freibergs im Mittelalter. Leipzig, Phil. Diss. 1957.
Autorreferat in: WZ KMU Leipzig. Ges.- u. sprachwiss. R. 8 (1958/59). S. 413f. Gedr. u. d. T.: Stadtgemeinde und Bergwesen Freibergs im Mittelalter. Weimar 1963 = Abhandlungen zur Handels- und Sozialgeschichte. 5.

(316.) 22. Thieme, Horst: Die ökonomischen und politischen Widersprüche bei der Erteilung von Konzessionen zur Gründung von Aktiengesellschaften in Preußen von 1850—1857. Leipzig, Phil. Diss. 1957.
Autorreferat in: WZ KMU Leipzig. Ges.- u. sprachwiss. R. 8 (1958/59), S. 530f.

(317.) 23. Schröter, Herbert: Die demokratische Bewegung in Sachsen zwischen 1849 und 1852. Leipzig, Phil. Diss. 1960.
Autorreferat in: WZ KMU Leipzig. Ges.- u. sprachwiss. R. 10 (1961), S. 161.

(318.) 24. Heitz, Gerhard: Sozialstruktur und Klassenkampf in Mecklenburg im 18. Jh. Studien zur Geschichte der ostelbischen Bauern in der Periode der zweiten Leibeigenschaft. Leipzig, Hab. Schr. 1960.

(319.) 25. Gottberg, Achim: Die Magistratur im politischen Urteil der französischen Physiokraten. Leipzig, Phil. Diss. 1960.
Autorreferat in: WZ KMU Leipzig. Ges.- u. sprachwiss. R. 10 (1961), S. 677—679.
Gedr. ebd. 12 (1963). S. 33—54.

(320.) 26. Pietschmann, Dietrich: Das preußische Finanzministerium unter Stein und Hardenberg. Ein Beitrag zur Geschichte der Entstehung der modernen Fachministerien in Preußen. Berlin, Phil. Diss. 1960.
Autorreferat in: WZ HU Berlin. Ges.- u. sprachwiss. R. 10 (1961), S. 122f.

VI. Ehrungen

Festschriften

(321.) 1. Forschungen aus mitteldeutschen Archiven. Zum 60. Geburtstag von Hellmut Kretzschmar. Hrsg. von der Staatlichen Archivverwaltung im Staatssekretatiat für Innere Angelegenheiten. (Wiss. Red.: H. Schlechte u. G. Meinert.) Berlin: Rütten & Loening (1953). 432 S., 3 Bl. Abb., 1 Bildn. = Schriftenreihe der Staatlichen Archivverwaltung. 3.
Rez.: G. Franz, HPB 2 (1954), S. 7. — S. Furlani, NRS 41 (1957), S. 183f. — H. Gringmuth-Dallmer, AM 4 (1954), S. 76—78. — H. Haußherr, ThLZ 79 (1954), S. 470. — O. Herding, GWU 5 (1954), S. 315f. — W. Leesch, DLZ 75 (1954), Sp. 609—612. — H. Meinert, AZ 49 (1954), S. 179—182. — W. Rohr, BlldLG 91(1954), S. 362f. — G. Schilfert, ZfG 1 (1953), S. 978—987. — W. Schlesinger, VSWG 41 (1954), S. 180—183. — J. Sydow, HJb 73 (1954), S. 232f. — [G.] T[hümmler], Sächs. HBll 8 (1962), S. 60f. — B. Vollmer, Der Archivar 7 (1954), Sp. 49—51.

(322.) 2. Herrn Prof. Dr. Hellmut Kretzschmar zum 60. Geburtstag von seinen Leipziger Schülern. 12. Juli 1953. [Leipzig] 1953. 165 Bl. [Masch. Schr.]
Mit Beiträgen von H. Battré, H. Bley, R. Drucker, G. Heitz, K. Jagen, H. Löschner, H.-J. Neufeldt, O. Rocholl, H.-J. Schreckenbach, M. Unger, H. Walther. Davon ersch. gedr.: M. Unger, Zum Barbarossaprivileg für Lübeck. In: WZ KMU Leipzig. Ges.- u. sprachw. R. 3 (1953/54), S. 439—443. — H. Walther, Zur Namenforschung in Ostmitteldeutschland. Ebd., S. 445—449.

(323.) 3. Festgabe Hellmut Kretzschmar zum 65. Geburtstag am 12. Juli 1958 überreicht von Freunden und Schülern. o. O. 1958. 178 Bl. [Masch. Schr.]
Mit Beiträgen von H. Gebauer, J. Heřman, H. Herz, M. Kobuch, R. Ogrissek, J. Schwippel. Davon ersch. gedr.: H. Herz u. M. Kobuch, Inhaltsverzeichnis und Autorenregister des Archivs für Urkundenforschung 1 (1908) — 18 (1944). In: AfD 5/6 (1959/60), S. 479—487. — Der Beitrag von R. Ogrissek erschien gekürzt in: Ogrissek, Siedlungsform und Sozialstruktur agrarischer Siedlungen in der Oberlausitz seit dem 16. Jahrhundert. Görlitz 1961, S. 74—83 = Schriftenreihe des Ratsarchivs der Stadt Görlitz. 2.

(324.) 1. H[aufe], H[einz]: Archivar und Historiker. Prof. Dr. Kretzschmar wurde 60 Jahre. In: Der Morgen 9 (1953), Nr. 160 vom 14. Juli 1953.

(325.) 2. H[aufe], H[einz]: Hellmut Kretzschmar wird 60 Jahre ... Mit Bildn. In: Sächsisches Tageblatt 8 (1953), Nr 111 vom 12. Juli 1953.

(326.) 3. Prof. Dr. Kretzschmar 60 Jahre. ([Verf.:] — güka —). In: Die Union 8 (1953), Nr 133 vom 11. Juli 1953.

(327.) 4. [Hellmut Kretzschmar zum 60. Geburtstag am 12. Juli 1953.] In: AM 3 (1953), S. 40.

(328.) 5. [Glückwünsche zur Vollendung des 65. Lebensjahres am 12. Juli 1958.] In: AM 8 (1958), H. 2, Beil.

(329.) 6. Kenner der sächsischen Geschichte. ([Verf.:] Dr. E.). In: Die Union 13 (1958), Nr 165 vom 19. Juli 1958.

(330.) 7. Blaschke, Karlheinz: Hellmut Kretzschmar zum 70. Geburtstag am 12. Juli 1963. In: Forschungen und Fortschritte 37 (1963), S. 221 f.

Stand der Bearbeitung: 12. 6. 1964

NAMENREGISTER

(Mitglieder seit der Gründung der Akademie und der mit ihr in Zusammenhang stehende Personenkreis)

ERGÄNZUNGEN

S. 43 Zu Friedrich Schmidt-Ott

Würdigungen. Reichshandbuch Dtsch. Ges. *2* (1931) 1665—66 (m. Bildn. u. Faks.). — Autobiogr.: Erlebtes und Erstrebtes 1860—1950 (Wiesb. 1952) 332 S. (m. Bildn.).

Nachrufe. A. Grimme, Mitt. Max-Planck-Ges. *1956* H. 2 S. 62—69 (m. Bildn.); auch in: Sammlung *11* (1956) H. 7/8. — G. Hess, Ruperto-Carola *19* (1956) S. 109 (m. Bildn. u. Faks.). — H. Koschmieder, Physik. Bl. *12* (1956) 327—28. — Chemiker-Ztg *80* (1956) 317—18; Leopoldina (3) *2* (1956) Nr. 1—5 S. 25.

S. 133 Zu Theodor Litt

Nachrufe. H. Welzel [u. a.], In Memoriam Theoder Litt. Reden, geh. am 11. Jan. 1963 bei d. Gedächtnisfeier d. Phil. Fak. d. Rhein. Friedrich-Wilhelms-Univ. Bonn (Bonn 1963) 50 S. (m. Bildn.) (Alma mater. 15.) — Tijdschrift voor philosophie. Utrecht *24* (1962) S. 781.

BERICHTIGUNG

S. 134 Der letzte Nachruf bei Wilhelm Maurenbrecher gehört an den Schluß von Friedrich Marx.

202 · 100/24/64

FSC
www.fsc.org
MIX
Papier | Fördert
gute Waldnutzung
FSC® C083411

Kolibri 360 GmbH
Ferdinand-Jühlke-Straße 7
99095 Erfurt, Deutschland
produktsicherheit@kolibri360.de